普通高等教育"十一五"国家级规划教材
21世纪高等教育工程管理系列教材

建筑结构

第4版

主　编　刘　雁
副主编　杨鼎久　许瑞萍
参　编　邹小静　袁志仁　马洪伟
主　审　周　氐　袁建力

机　械　工　业　出　版　社

本书是在第3版的基础上，根据新颁布、实施的《建筑结构可靠性设计统一标准》（GB 50068—2018）及现行国家和行业颁布、实施的其他相关规范修订而成的。全书共13章，主要内容包括：绪论、钢筋和混凝土材料的力学性能、混凝土结构基本计算原则、钢筋混凝土受弯构件正截面承载力、钢筋混凝土受弯构件斜截面承载力、钢筋混凝土受扭构件承载力、钢筋混凝土轴向受力构件承载力、正常使用极限状态验算及耐久性极限状态设计、预应力混凝土结构的基本概念、钢筋混凝土现浇楼盖设计、多层和高层混凝土结构、砌体结构、钢结构和房屋抗震设计基础知识。每章均配有内容提要、本章小结及复习题。本书文字通俗易懂，论述由浅入深、循序渐进，便于学习理解。

本书主要作为土建类工程管理专业的本科教材，还可作为土建类其他专业的教学参考书，并可供从事土建工程技术工作的专业人员学习、参考。

图书在版编目（CIP）数据

建筑结构/刘雁主编．— 4版．—北京：机械工业出版社，2020.8（2024.11重印）

普通高等教育“十一五”国家级规划教材．21世纪高等教育工程管理系列教材

ISBN 978-7-111-66338-6

Ⅰ.①建…　Ⅱ.①刘…　Ⅲ.①建筑结构-高等学校-教材　Ⅳ.①TU3

中国版本图书馆CIP数据核字（2020）第149678号

机械工业出版社（北京市百万庄大街22号　邮政编码100037）
策划编辑：冷　彬　责任编辑：冷　彬　臧程程
责任校对：张　薇　封面设计：张　静
责任印制：单爱军
保定市中画美凯印刷有限公司印刷
2024年11月第4版第9次印刷
184mm×260mm · 27.25印张 · 726千字
标准书号：ISBN 978-7-111-66338-6
定价：69.80元

电话服务　　网络服务
客服电话：010-88361066　机　工　官　网：www.cmpbook.com
010-88379833　机　工　官　博：weibo.com/cmp1952
010-68326294　金　书　网：www.golden-book.com
封底无防伪标均为盗版　机工教育服务网：www.cmpedu.com

序

随着21世纪我国建设进程的加快，特别是经济的全球化大发展和我国加入WTO以来，工程建设领域对从事项目决策和全过程管理的复合型高级管理人才的需求逐渐扩大，而这种扩大又主要体现在对应用型人才的需求上。这使得高校工程管理专业人才的教育培养面临新的挑战与机遇。

工程管理专业是教育部将原本科专业目录中的建筑管理工程、国际工程管理、投资与工程造价管理、房地产经营管理(部分)等专业进行整合后，设置的一个具有较强综合性和较大专业覆盖面的新专业。应该说，该专业的建设与发展还需要不断改革与完善。

为了能更有利于推动工程管理专业教育的发展及专业人才的培养，机械工业出版社组织编写了本套工程管理专业的系列教材。鉴于该学科的综合性、交叉性以及近年来工程管理理论与实践知识的快速发展，本套教材本着"概念准确、基础扎实、突出应用、淡化过程"的编写原则，力求做到既能够符合现阶段该专业教学大纲、专业方向设置及课程结构体系改革的基本要求，又可满足目前我国工程管理专业培养应用型人才目标的需要。

本套教材是在总结以往教学经验的基础上编写的，主要突出以下几个特点：

(1) 专业的融合性　工程管理专业是个多学科的复合型专业，根据国家提出的"宽口径、厚基础"的高等教育办学思想，本套教材按照该专业指导委员会制定的四个平台课程的结构体系方案，即土木工程技术平台课程及管理学、经济学和法律专业平台课程来规划配套。编写时注意不同的平台课程之间的交叉、融合，不仅有利于形成全面完整的教学体系，还可以满足不同类型、不同专业背景的院校开办工程管理专业的教学需要。

(2) 知识的系统性、完整性　因为工程管理专业培养的是复合型高级专业人才，该专业的毕业生可能是在国内外工程建设、房地产、投资与金融等领域从事相关管理工作，也可能是在政府、教学和科研单位从事管理、教学和科研工作，所以本套教材所包含的知识点较全面地覆盖了不同行业的人员在工作实践中需要掌握的各方面知识，同时在组织和设计上也考虑了与相邻学科有关课程的关联与衔接。

(3) 内容的实用性　教材编写遵循教学规律，避免大量理论问题的分析和讨论，提高可操作性和工程实践性，特别是紧密结合了工程建设领域实行的工程项目管理注册制的内容，与执业人员注册资格培训的要求相吻合，通过具体的案例分析和独立的案例练习，学生能够在建筑施工管理、工程项目评价、项目招标投标、工程监理、工程建设法规等专业领域获得系统深入的专业知识和基本训练。

（4）教材的创新性与时效性　本套教材及时地反映了工程管理理论与实践知识的更新，将学科最新的技术、标准和规范纳入教学内容，同时在法规、相关政策等方面与最新的国家法律法规保持一致。

相信本套教材的出版，将对工程管理专业教育的发展及高素质的复合型工程管理人才的培养起到积极的作用，同时也为高等院校专业教育资源和机械工业出版社专业的教材出版平台的深入结合，实现相互促进、共同发展的良性循环奠定基础。

第4版前言

本书的前3版被多所高等院校选用，受到广泛好评，编者收集了一些使用反馈意见，在继承前3版的优点和风格特色的基础上，结合《高等学校工程管理本科指导性专业规范》中“建筑结构”课程的教学大纲，根据新颁布、实施的《建筑结构可靠性设计统一标准》(GB 50068—2018) 及其他国家相关标准、规范规程，对本书第3版进行全面的修订，使其内容更密切结合专业需求和行业发展。

此次再版修订，除了对第3版的不妥之处进行修改、补充和完善外，主要完成了以下修订：

1）根据 GB 50068—2018 的相关规定，将结果极限状态分为承载能力极限状态、正常使用极限状态和耐久性极限状态（第2章)，并补充了耐久性极限状态的设计内容（第7章)。

2）根据 GB 50068—2018 的相关规定，在第2章2.1节中新增“设计状况”的内容。

3）对结构上可能出现的各种直接作用、间接作用进行了完善，补充了偶然作用的类型（第2章)。

4）根据 GB 50068—2018 的相关规定，对永久荷载效应起控制作用的组合的相关内容进行删减（第2章)。

5）根据 GB 50068—2018 的相关规定，将永久作用分项系数改为1.3（当该效应对承载力不利时）或不大于1.0（当该效应对承载力有利时)，可变荷载分项系数改为1.5，并修订了相关章节的例题（第2章)。

6）根据《建筑抗震设计规范》(GB 50011—2010) (2016年版）的相关规定，删除了砌体结构中内框架结构体系的相关内容（第11章)。

7）根据新颁布实施的《钢结构设计标准》(GB 50017—2017)，补充、完善了第12章的相关内容。

本书结合专业的特点，既正确、深入地讲述不同结构构件的受力性能，又翔实、全面地介绍相关设计方法和构造要求，在清晰讲述基本概念和计算原理的基础上，通过工程实例介绍计算及设计方法的应用。每章均设有内容提要、本章小结和复习题，以方便教师授课和学生学习。

此次修订对编写人员有所调整，具体的编写分工为：扬州大学刘雁编写绪论，第1~3章，第7章7.1、7.4节，第8章和附录；扬州大学杨鼎久编写第4章、第6章；扬州大学邹小静编写第5章、第9章；扬州大学马洪伟编写第12章；浙江大学宁波理工学院许瑞萍编写第7章7.2、7.3节，第11章；长春工程学院袁志仁编写第10章、第13章。本书由刘雁担任主编，杨鼎久、许瑞萍担任副主编，由周氐、袁建力担任主审。

本书此次修订和再版得到了编者所在单位和机械工业出版社一如既往的支持和帮助，在此一并致以诚挚的谢意。同时也对前3版主编杨鼎久及书后所列参考文献和相关资料的作者表示衷心的感谢。

鉴于本书所涉及的范围广、内容多，加之编者的水平有限，本修订版可能会存在新的不足，深望使用本书的广大师生和其他读者给予批评和指正，以便今后修改、完善。

编　者

第3版前言

为了更好地适应我国高等教育事业的发展，反映国家相关标准、规范规程的修订内容，符合工程管理等相关专业人才的培养要求，需对本书进行相应的修订，使其内容更密切结合我国的工程实际。

本书此次修订，力求文字简练，内容深入浅出。结合专业的特点，既正确深入地讲述不同结构构件的受力性能，又翔实全面地介绍相关设计方法，在清晰讲述基本概念和计算原理的基础上，通过工程实例，介绍计算及设计方法的应用。每章均设有内容提要、本章小结和复习题，以方便教师授课和学生学习。

本书的第1、2版出版后，被多所高等院校选用，作者也收集了一些使用反馈意见，为继承前两版的优点和风格特色，此次仍由上一版编写人员负责对相关章节进行修订。

本书的再版得到了编者所在单位和机械工业出版社一如既往的支持和帮助，及扬州大学出版基金的资助，在此一并致以诚挚的谢意。同时也对书后所列参考文献和相关资料的作者表示衷心的感谢。

鉴于本书所涉及的范围广、内容多，加之编者的水平有限，书中难免存在不妥或误漏之处，深望使用本书的广大师生和其他读者给予批评和指正，以便今后修改完善。

编　者

第 2 版前言

本书第 1 版于 2005 年出版，后被评为普通高等教育“十一五”国家级规划教材。本书出版后受到广大读者和院校的欢迎，几年内多次重印。

2010 年起，《混凝土结构设计规范》(GB 50010—2010)、《建筑抗震设计规范》(GB 50011—2010)、《砌体结构设计规范》(GB 50003—2011)、《建筑结构荷载规范》(GB 50009—2012)等相关规范进行了重新修订和颁布实施。为了反映建筑工程学科的进展、动态，结合建筑类工程管理专业的教学大纲要求，我们根据本书第 1 版在一些高等院校的使用反馈信息进行了修订。第 2 版力求做到从专业特点出发，精简文字，全面反映新规范的相关内容，在清晰讲述概念和原理的基础上，介绍工程中实用的计算方法并引用适量的工程实例。为便于教学，每章还配有章节提要、章节小结以及思考题与习题。

为了延续第 1 版的风格特色，此次修订沿用第 1 版的编写班底，由杨鼎久任主编，许瑞萍、邹小静任副主编，周氐教授和袁建力教授任主审。

本书得到了扬州大学出版基金的资助，在编写过程中还得到了编者所在单位和机械工业出版社的大力支持，在此一并致谢。

本次修订，参考了众多文献资料，在此也向相关作者表示感谢。

限于编者的水平，书中难免有不妥疏漏之处，我们恳请读者批评指正。希望有关院校及时反馈本书第 2 版的使用情况及意见，以便进行进一步完善。

编　者

第1版前言

本书是根据建筑类工程管理专业的教学大纲要求和最新颁布的相关规范——《建筑结构荷载规范》(GB 50009—2001)、《混凝土结构设计规范》(GB 50010—2002)、《建筑抗震设计规范》(GB 50011—2001)、《砌体结构设计规范》(GB 50003—2001)、《钢结构设计规范》(GB 50017—2003)和《建筑地基基础设计规范》(GB 50007—2002)等编写的。

本书编写时力求讲清概念和介绍实用的计算方法，书中配有大量典型的例题和习题，作为教材使用时，教学内容可根据具体教学情况选用。

本书的编写分工为：扬州大学杨鼎久编写绪论、第1~3章和附录，扬州大学邹小静编写第4章、第6章，扬州大学朱海宁编写第5章、第12章，浙江大学宁波理工学院许瑞萍编写第7章、第11章，黑龙江工程学院曹剑平编写第8~9章，长春工程学院袁志仁编写第10章、第13章。本书由杨鼎久任主编，许瑞萍、邹小静任副主编，周氏教授和袁建力教授任主审。

本书在编写过程中参阅、借鉴了其他优秀教材、专著和文献资料，在此一并向相关作者致谢。

本书得到了扬州大学出版基金的资助，在此谨表谢意。

由于编者的水平有限，加之成书时间仓促，书中难免存在不妥之处，我们诚恳地希望使用本书的读者多提宝贵意见和建议，以便修改完善。

本书配有相关教学课件，如有需要请与主编或本书编辑联系。主编联系方式：ydjyz@163. com。

编　者

目　录

绪 论

0.1 建筑结构的一般概念及各类结构的特点

建筑结构是指建筑物中由承重构件（梁、柱、桁架、墙、楼盖和基础）所组成的平面或空间骨架体系，用以承受作用在建筑物上的各种荷载，故应具有足够的强度、适当的刚度、稳定性和耐久性，从而满足建筑使用功能的要求。根据建筑物所用材料的不同，常见的建筑结构有混凝土结构、砌体结构、钢结构等。

0.1.1 混凝土结构

混凝土结构是指以混凝土材料为主，并根据需要配置钢筋、预应力筋等形成的受力构件所组成的结构，包括素混凝土结构、钢筋混凝土结构和预应力混凝土结构等。

素混凝土结构是指无筋或不配置受力钢筋的混凝土结构，常用于非承重结构。

预应力混凝土结构是指配有预应力钢筋，在结构受荷载作用之前，通过张拉或其他方法在结构中建立的一种压应力状态，使其能够部分或全部抵消由于使用阶段荷载作用所产生的拉应力，从而能够提高结构的抗裂性能。

钢筋混凝土结构是由钢筋和混凝土两种材料有机结合并共同受力的结构。混凝土抗压强度高，但抗拉强度很低，一般为抗压强度的1/20～1/8，同时混凝土破坏时具有明显的脆性性质；钢筋的抗拉和抗压强度都很高，且钢筋一般具有屈服现象，破坏时钢筋有显著的塑性变形能力。两种材料的有机结合，可以取长补短，很好地发挥它们各自的性能。

钢筋和混凝土两种材料的物理力学性能差别很大，它们能够有效地结合在一起共同工作的主要原因是：混凝土硬化后，在与钢筋的接触表面上存在黏结力，相互之间不易产生滑动，从而能够保证在外荷载作用下，两种材料的变形协调，共同受力；另一方面，钢筋和混凝土这两种材料的温度线胀系数相接近，钢筋为$1.2\times10^{-5}/℃$，混凝土为$(1.0\sim1.5)\times10^{-5}/℃$，所以不致因温度变化使两者之间产生过大的相对变形而破坏黏结；另外，包裹在钢筋外面的混凝土保护层只要有足够的厚度并对裂缝加以适当控制，就能够有效地防止钢筋锈蚀，从而使得结构具有很好的耐久性。

钢筋混凝土结构在土木工程中的应用最为广泛，除了这种结构能够很好地利用钢筋和混凝土这两种材料各自的特性外，还具有如下的优点：

（1）承载力高、节约钢材 与砌体结构、木结构相比，钢筋混凝土结构的承载力要高得多；与钢结构相比，其用钢量要少得多，在一定的条件下可以替代钢结构，因而节约钢材，降低工程造价。

（2）耐久性、耐火性好 因钢筋受到混凝土的保护而不易锈蚀，因而钢筋混凝土结构具有很好的耐久性；同时，不需像钢结构或木结构那样要经常进行保养维护。遭遇火灾时，混凝土是不良导热体，不会像木结构那样燃烧，也不会像钢结构那样很容易软化而失去承载力。

（3）整体性、可模性好 现浇混凝土结构或装配整体式混凝土结构具有很好的整体性，这对抗震、防爆等都十分有利；而且混凝土可以根据需要浇筑成各种复杂形状和尺寸的结构，其可模性远比其他结构优越。

（4）就地取材容易 在钢筋混凝土结构中，砂、石材料所占比例较大，一般情况下可以就地获得供应；而且还可以利用工业废料（如粉煤灰、工业废渣等），起到保护环境的作用。

但是，钢筋混凝土结构的缺点也是明显的：由于钢筋混凝土构件的截面尺寸相对较大，结构的自重一般很大，不适合用于建造超大跨、超高层结构；钢筋混凝土结构构件的抗裂性能较差，普通钢筋混凝土结构在正常使用阶段通常都是带裂缝工作的，对于要求抗裂或严格要求限制裂缝宽度的结构，就需要采取专门的结构或工程构造措施；此外，钢筋混凝土结构施工工期长、工艺较复杂，受环境、气候影响较大；隔热、隔声性能相对较差；不易修补与加固。这些不足之处使得钢筋混凝土结构的应用范围受到一些限制。但随着科学技术的发展，上述缺点正在逐步克服和改善之中，如采用质量轻、高强度的集料，可以极大地降低结构的自重；采用预应力技术，可以克服混凝土容易开裂的缺点；采用粘钢或植筋技术，可以解决加固的问题；采用装配式混凝土结构工厂化生产的方式，可以解决工期长、受环境气候影响大等问题。

混凝土结构可按不同的方法进行分类：

1）按受力状态和构造外形分为杆件系统和非杆件系统。杆件系统是指受弯、受拉、受压、受扭等作用的基本构件，如梁、板、柱等；非杆件系统则是指大体积结构及空间薄壁结构等。

2）按制作方式可分为整体式（现浇式）、装配式、整体装配式三种。整体式（现浇式）结构刚度大、整体性好，但施工工期长、模板工程多。装配式结构可实现工厂化生产，施工速度快，但整体性相对较差，且构件接头复杂。整体装配式则兼有整体式（现浇式）和装配式这两种结构的优点。

3）按有无配置受力钢筋分为钢筋混凝土结构和素混凝土结构。

4）按有无预应力分为普通钢筋混凝土结构和预应力混凝土结构。预应力混凝土结构的突出优点是，能利用高强度材料，减轻结构自重，建造较大跨度的结构。

0.1.2 砌体结构

砌体结构是指由块材（砖、石或砌块）用砂浆砌筑而成的结构。砌体结构具有悠久的历史，至今仍是应用十分广泛的结构形式。由于砌体结构所具有的自身特点，作为一种面广量大的结构形式，这种结构仍在不断发展和完善。

砌体结构具有如下的优点：

1）材料来源广泛，便于就地取材。石材、固体废物（粉煤灰等）、砂等，分布极为广泛，而且价格低廉，可节约钢材、木材、水泥这“三大材”。

2）砌体结构具有良好的耐火性和保温隔热性能，所修建的建筑物节能效果明显。

3）砌体结构的使用年限长，有很好的耐久性。

4）施工简单，无需模板及其他特殊设备，施工受季节影响小、可连续作业。

然而，砌体结构也有其明显的缺点：砌体除了抗压强度较好外，抗弯、抗拉、抗剪强度都相对较低；砌体结构的截面尺寸一般相对较大、耗用材料较多，自重也大；砌体的抗震和抗裂性能都较差；目前，砌体结构的施工仍为人工砌筑，劳动强度大，生产效率相对较低，而且质量不易保证。

为克服上述缺点，现在正在大力研究和开发各种新技术、新材料，如发展各种质量轻、强度高的砌块和砌筑砂浆，以减轻砌体质量，提高强度；利用工业废料，如粉煤灰、矿渣等制作砌块，减少和克服与农业争地的矛盾，也兼顾了环境保护；通过采用配筋砌体、设置钢筋混凝土构造柱及施加预应力等措施，来克服砌体结构整体性及抗震性能差等缺点。

0.1.3 钢结构

钢结构是以钢板和型钢等钢材通过焊接、铆接或螺栓连接等方法构筑而成的结构。钢结构与钢筋混凝土结构和砌体结构相比，具有以下的优点：

1）钢结构的自重较轻。虽然钢材的重度 γ 较大，但由于其强度高，制作构件所需的钢材用量相对较少。如果用材料的重度 γ 与强度 f 的比值 α 进行比较的话，建筑钢材的 α 为 $(1.7 \sim 3.7) \times 10^{-4}/\mathrm{m}$；木材的 α 约为 $5.4 \times 10^{-4}/\mathrm{m}$；钢筋混凝土的 α 约为 $18 \times 10^{-4}/\mathrm{m}$。以相同跨度、承受同等荷载的屋架相比，钢屋架的质量约为钢筋混凝土屋架的1/4～1/3，薄壁型钢屋架的质量则仅为钢筋混凝土屋架的1/10左右，所以钢结构相对较轻。这也使得运输、吊装施工较为方便，同时因减轻了竖向荷载，进而降低了基础部分的造价。

2）钢结构的强度较大，韧性和塑性较好，工作可靠。由于钢材的自身强度高，质量稳定，材质均匀，接近各向同性，理论计算的结果与实际材料的工作状况比较一致，而且其韧性和塑性较好，有很好的抗震、抗冲击能力，常用来制作大跨度、重承载的结构及超高层结构。

3）钢结构制作、施工简便，工业化程度高。由于钢结构的制作必须按严格的工艺采用机械进行加工，加上钢结构的原材料都是工厂生产的钢板、型钢，因此精度相对较高。钢结构的制作比较方便，既可以制作后整体吊装，也可以将散件运输到现场进行拼装。由于钢结构具有易于连接和拼装的特性，使得在加固、维修、部件更换、拆迁改造等方面显得方便和易于实现。

4）钢结构的密闭性能较好，尤其适于制作要求密闭的板壳结构、容器管道、闸门等。

但是，钢结构也有缺点，主要如下：

1）钢结构的缺点是耐腐蚀性较差，在有腐蚀性介质环境中的使用受到限制。对已建成的结构，还需要定期进行维护、涂装、镀锌等防锈、防腐处理，费用较高。

2）钢结构的耐火性能较差，温度在200℃以下时，其强度和弹性模量变化不大；200℃以上时，其弹性模量变化较大，强度降低、变形增大；达到600℃时，钢材即进入塑性状态而丧失承载力，所以接近高温的钢结构需要采取隔热防护措施。

3）钢结构在低温条件下可能会发生脆性断裂。

在建筑结构中，除了上述几种常用结构外，还有木结构、悬索结构和索膜结构等结构。由于木材的资源问题，在建筑工程中已很少采用实木结构，目前应用较多的是工程木（胶合木）结构。其他正在涌现和发展的新型结构不在本书中讲述，请参阅有关文献资料。

0.2　各类结构在工程中的应用

0.2.1　混凝土结构

混凝土结构是在研制出硅酸盐水泥（1824 年）后发展起来的，并从 19 世纪中期开始在土建工程领域逐步得到应用。与其他结构相比，混凝土结构虽然起步较晚，但因其具有很多明显的优点而得到迅猛发展，现已成为一种十分重要的结构形式。

在建筑工程中，住宅、商场、办公楼、厂房等多层建筑，广泛地采用混凝土框架结构或砌体墙体、混凝土屋（楼）盖的结构形式；高层建筑大多采用混凝土结构。国内的上海中心（地上 120 层，结构高度 574.6m）、广州周大福金融中心（地上 111 层，530m）、上海环球金融中心（101 层，492m）、台北国际金融中心（101 层，455m），国外的阿联酋迪拜的哈利法塔（169 层，828m）、莫斯科沃斯托克塔（95 层，374m）、马来西亚吉隆坡石油大厦（88 层，452m）、美国亚特兰大美洲银行广场（55 层，312m）等著名的高层建筑，也分别采用了混凝土结构或钢－混凝土组合结构。除高层外，在大跨度建筑方面，由于广泛采用预应力技术和拱、壳、V 形折板等形式，已使建筑物的跨度达到百米以上。

在交通工程中，大部分的中、小型桥梁都采用钢筋混凝土来建造，尤其是拱形结构的应用，使得桥梁的大跨度得以实现。例如，我国的重庆万州长江大桥，采用劲性骨架混凝土箱形截面，净跨达 420m；克罗地亚的克尔克Ⅱ号桥为跨度 390m 的敞肩拱桥。一些大跨度桥梁常采用钢筋混凝土与悬索或斜拉结构相结合的形式，悬索桥中如我国的润扬长江大桥（主跨 1490m）、日本的明石海峡大桥（主跨 1990m），斜拉桥中如我国的杨浦大桥（主跨 602m）、日本的多多罗大桥（主跨 890m）等，都是极具代表性的中外名桥。

在水利工程和其他构筑物中，钢筋混凝土结构也扮演着极为重要的角色，例如，长江三峡水利枢纽中高达 186m 的拦江大坝为混凝土重力坝，筑坝的混凝土用量达 1527 万 m^3。现在，仓储构筑物、管道、烟囱及塔类建筑也广泛采用混凝土结构。高达 553m 的加拿大多伦多电视塔，就是混凝土高耸建筑物的典型代表。此外，飞机场的跑道、海上石油钻井平台、高桩码头、核电站的安全壳等也都广泛采用混凝土结构。

0.2.2　砌体结构

砌体结构是最传统、古老的结构，自人类从巢、穴居进化到室居之初，就开始出现以块石、土坯为原料的砌体结构，进而发展为烧结砖、瓦的砌体结构。我国的万里长城、赵州桥，国外的埃及金字塔、意大利罗马斗兽场等，都是从古代流传下来的砖石砌体结构的佳作。混凝土砌块砌体的应用较晚，在我国，直到 1958 年才开始建造用混凝土空心砌块作墙体的房屋。砌体结构不仅适用于作建筑物的围护或承重墙体，而且可砌筑成拱、券、穹隆结构及塔式筒体结构；尤其在使用配筋砌体结构以后，在房屋建筑中，已从建造低矮民房发展到建造多层住宅、办公楼、厂房、仓库等。国外有用砌体作承重墙建造了 20 层楼的例子。

在桥梁及其他建筑方面，大量修建的拱桥则是充分利用了砌体结构抗压性能较好的特点，最大跨度可达 120m。由于砌体结构具有如前所述的优点，还被广泛地应用于修建小型水池、料仓、烟囱、渡槽、坝、堰、涵洞、挡土墙等工程。

随着新材料、新技术、新结构的不断研制和发展（诸如新型环保型砌块、高黏结性能的砂浆、墙板结构、配筋砌体等)，加上计算方法和试验技术手段的进步，砌体结构必将在房屋建筑、交通、水利、市政等领域中发挥更大的作用。

0.2.3 钢结构

钢结构是由古代的生铁结构发展而来的，在我国的秦始皇时代就有用生铁修筑的桥墩，在汉代及明代、清代建造了若干铁链悬桥，此外还有古代的众多铁塔。到了近代，钢结构已广泛应用于工业与民用建筑、水利、码头、桥梁、石油、化工、航空等领域。钢结构主要用于建造大型、重载的工业厂房（如冶金、锻压、重型机械厂的厂房)，大跨度的建筑（如飞机库、体育场馆、展览馆等)，高层及超高层建筑物的骨架，受振动或地震作用的结构，以及储油（气）罐、各种管道、井架、水闸闸门等。近年来，轻钢结构也广泛应用于厂房、办公用房、仓库等，并向住宅、别墅发展。

随着科学技术的发展和新连接技术、新的设计计算方法的出现，钢结构的结构形式、应用范围也会有新的突破和拓展。

0.3 本课程的主要内容、任务和学习方法

“建筑结构”课程是工程管理专业的专业课程之一。本课程主要介绍建筑结构中的三大结构体系——钢筋混凝土结构、砌体结构和钢结构的基本知识，内容包括：钢筋混凝土的材料、结构计算原则、钢筋混凝土基本构件（受弯、受剪、受扭、受拉和受压构件）承载力的计算、钢筋混凝土构件的变形和裂缝宽度验算、预应力混凝土结构的基本知识、钢筋混凝土现浇楼盖设计和钢筋混凝土框架结构，砌体的力学性能、砌体构件的承载力计算、墙体及过（圈）梁的布置计算，钢结构的材料和连接、钢柱和钢梁，房屋抗震设计基础知识等。

“建筑结构”课程的教学目的是使学生通过课程学习，能熟知与建筑结构相关的基本概念，掌握建筑结构的基本知识和理论，学会结构设计计算的方法，了解现行规范对结构构件计算及构造的有关规定；熟悉结构计算的基本方法与步骤，掌握建筑结构的基本构件及楼盖等的设计计算方法；能对结构构件进行截面设计、承载力复核，包括材料选择、结构方案确定、构件选型、配筋计算和构造设计等，进而能运用所获得的基本理论知识解决一般工程中的结构问题。本课程还设有一个课程设计（钢筋混凝土现浇楼盖设计)，以巩固和深化课程教学内容，培养学生的学习能力和解决工程实际问题的能力。

本课程的特点是内容多、符号多、公式多，构造规定也多，在学习中首先要注意理解概念，忌死记硬背、生搬硬套，要注意突出重点、难点；特别要做好及时复习总结工作，为此在本书每章结束后都附有“本章小结”，以帮助学生巩固和理解所学内容。其次，课程中的混凝土结构，由于其材料的物理力学性能的复杂性，混凝土构件在许多情况下受力分析复杂，难以直接建立理论分析方法，需要在大量的试验研究基础上确定理论分析中的参数，应用时还须考虑公式的适用条件和范围；另一方面，由于结构的设计计算受到方案、材料、截面尺寸及施工等诸多因素的影响，其结果不是唯一的，这也是与力学、数学等课程的不同之处。此外，本书每章最后还提供了一定数量的复习题，应在复习了教学内容、理解例题并掌握解题思路的基础上再动手做，不得照猫画虎，边看例题边做习题。

本课程还应注意结合规范一起学习。规范是约束技术行为的法律，但规范也不是一成不变的，计算方法与构造要求等都不可能尽善尽美。随着科学技术的发展和新研究成果的出现，以

及新材料、新的结构形式及新的施工工艺和技术的发明创造，规范一般每十年左右进行修订、补充，因此课程学习就应该与时俱进，培养了解遵守规范的意识和习惯。

本章小结

1）建筑结构的概念、作用、基本要求和常见的几种结构。

2）常见的几种结构（混凝土结构、砌体结构和钢结构）的特点和在工程中的应用。

3）学习本课程的目的和方法。

复习题

0-1　建筑结构的作用和基本要素是什么？

0-2　几种常见的结构（混凝土结构、砌体结构和钢结构）都有哪些优点和缺点？

0-3　钢筋和混凝土这两种不同材料能够有效地在一起共同工作的原因是什么？

0-4　请通过网络查阅混凝土结构、钢结构以及砌体结构在工程中的应用实例（每种结构不少于3个），并形成有该工程文字及图形的Word文档。

0-5　学习本课程应注意哪些问题？

1

第1章 钢筋和混凝土材料的力学性能

内容提要

本章主要介绍组成钢筋混凝土结构的材料——钢筋和混凝土在本课程中所用的力学性能及其相互之间的作用。

1）钢筋。钢筋的强度和变形，钢筋的成分、级别、品种和标志符号，混凝土结构对钢筋性能的要求。

2）混凝土。混凝土的强度和变形：单向应力作用下混凝土的强度（立方体抗压强度、轴心抗压强度和轴心抗拉强度）和复合受力状态下的强度；混凝土在一次短期荷载作用下的变形性能，以及在重复荷载、长期荷载作用下的变形性能。

3）钢筋与混凝土间的黏结，钢筋的锚固与连接。

1.1 钢筋

1.1.1 钢筋的品种分类和级别

在混凝土结构中使用的钢材，按外形可分为光面钢筋和变形钢筋两大类。光面钢筋俗称“圆钢”（图1-1a），光面钢筋的截面呈圆形，其表面光滑无花纹。变形钢筋也称为带肋钢筋，俗称“螺纹钢”，是在钢筋的表面轧制纵向和斜向的凸缘。根据凸缘的形状和排布不同，可分为螺旋纹（图1-1b）、人字纹（图1-1c）和月牙纹（图1-1d）等，螺旋纹钢筋与人字纹钢筋因其凸缘处有较大的应力集中，故目前已不生产。

建筑用钢按化学成分可分为碳素钢和普通低合金钢两类。碳的质量分数小于0.25%的为低碳钢，在0.25%～0.6%之间的为中碳钢，在0.6%～1.4%之间的为高碳钢。钢材的强度随碳含量的增加而提高，但塑性和韧性会随之降低。普通低合金钢则是在冶炼的过程中加入了少量的合金元素，如锰、硅、钒、钛等，以改善钢材的强度、塑性和焊接性等。

钢筋按生产工艺可分为热轧钢筋、冷加工钢筋（冷拉、冷拔）和热处理钢筋，其中应用最广泛的是热轧钢筋。

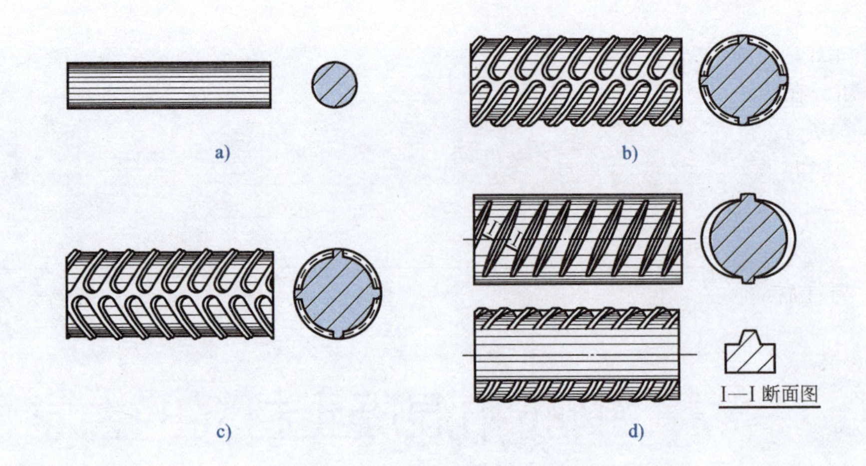

图 1-1　钢筋的表面及截面形状

我国《混凝土结构设计规范》(GB 50010—2010)(2015 年版)(以下简称《规范》)规定，在钢筋混凝土结构中使用的钢筋按强度不同可分为以下几种级别：

(1) HPB300 级　光面的低碳钢筋，用代号“Φ”表示，直径为 6～14mm，强度相对较低，但塑性、韧性较好，易焊接、易加工，价格也相对较低。但其与混凝土的黏结性能较差，主要用于小规格梁、柱的箍筋和其他混凝土构件的构造筋。

(2) HRB335 级　表面轧制成月牙肋的低合金钢筋，用代号Φ表示，直径为 6～14mm，是低合金钢，表面轧制成月牙肋。其强度较 HPB300 级高，塑性、韧性、焊接性都较好，主要用于中、小跨度楼板配筋以及剪力墙的分布筋配筋，还可用于构件的箍筋与构造配筋。

(3) HRB400 级 (HRBF400 级)　表面轧制成月牙肋的低合金钢筋，用代号Φ($Φ^F$) 表示，直径为 6～50mm，其强度较 HRB335 级高，是《规范》提倡的主导钢筋，钢筋混凝土结构中的纵向钢筋宜优先采用此级钢筋。还有 RRB400 级，用代号“$Φ^R$”表示，是将 HRB335 级钢筋热轧后，让其穿过高压水湍流管进行快速冷却，再利用钢筋芯部的余热自行回火。

(4) HRB500 级 (HRBF500 级)　表面轧制成月牙肋的低合金钢筋，用代号Φ($Φ^F$) 表示，直径为 6～50mm，强度较高，《规范》也主荐其作为纵向受力的主导钢筋。500MPa 级高强度钢筋用于高层建筑的柱、大跨度与重荷载梁的纵向受力配筋更为有利。

此外，还可以按刚度将钢筋分为柔性钢筋和劲性钢筋两类。柔性钢筋就是普通的圆形条状钢筋，而劲性钢筋则是指角钢、槽钢、工字钢等型钢。用劲性钢筋浇筑的混凝土也称为劲性混凝土，这种混凝土结构在施工时就能由型钢承受荷载，可节省支架，减少钢筋绑扎的工作量，加快工程进度。但用钢量相对较大。

工程上通常将直径小于 6mm 的钢筋称为钢丝；把多根 (2 股、3 股、7 股) 高强度钢丝捻制在一起的称为钢绞线；高强度光面钢丝的表面经机械刻痕处理后称为刻痕钢丝；经轧制成螺旋肋的则称为螺旋肋钢丝。高强度钢丝及钢绞线作为预应力筋用于预应力混凝土构件中。

1.1.2　钢筋的力学性能

1. 钢筋的应力 - 应变关系

钢筋按其力学性能的不同，可分为有明显屈服点的钢筋和没有明显屈服点的钢筋两大类。有明显屈服点的钢筋常称为软钢，在工程中常用的热轧钢筋就属于这类；没有明显屈服点的钢筋则称为硬钢，高强度钢丝、热处理钢筋就属于这类。

图 1-2 和图 1-3 分别为有明显屈服点的钢筋和无明显屈服点的钢筋的应力－应变关系曲线。由图 1-2 可知，在曲线到达 a 点之前，应力 σ 与应变 ε 的比值为常数，此常数即为钢筋的弹性模量 E_s（$\sigma=\varepsilon E_s$），a 点所对应的应力称为比例极限。曲线到达 b 点后，钢筋开始进入屈服阶段，该点称为屈服上限，c 点称为屈服下限。此后曲线大致呈水平状态到 d 点，所对应的应力称为屈服强度。过 d 点以后，曲线又开始上升，即应力又随应变的增加而增加，但应力与应变不再呈线性关系，直至达到最高点 e，此阶段称为强化阶段，e 点所对应的应力称为钢筋的极限抗拉强度 σ_b。再往后的曲线呈下降趋势，试件出现缩颈现象，当达到 f 点时，试件被拉断。

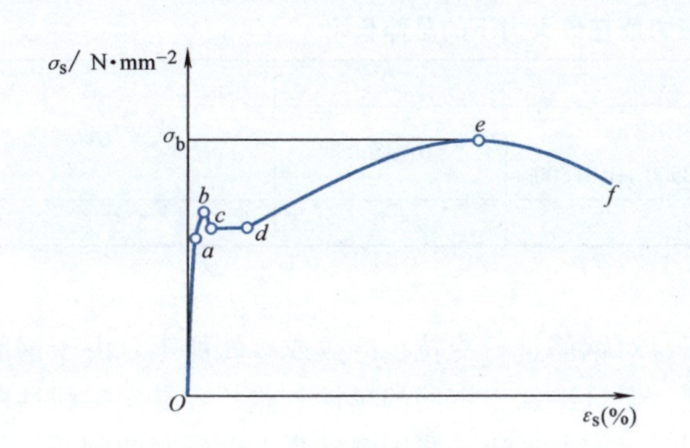

图 1-2　有明显屈服点的钢筋（软钢）的应力－应变关系曲线

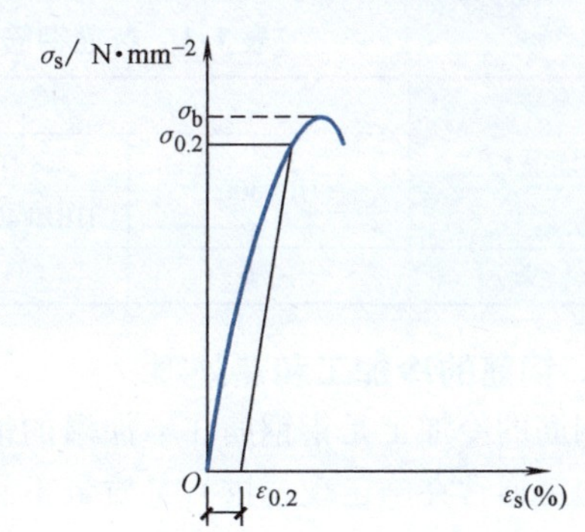

图 1-3　无明显屈服点的钢筋（硬钢）的应力－应变关系曲线

钢筋受压时的应力－应变关系在屈服之前与受拉时的规律相一致，屈服强度也基本相同；但屈服后，试件因横向塑性变形而面积增大，不会发生“材料破坏”，也就很难得到明显的抗压极限强度。

在钢筋混凝土结构构件中，由于钢筋达到屈服时将产生很大的塑性变形，构件会出现很大的变形和过宽的裂缝，以致无法满足正常使用要求，所以在进行钢筋混凝土构件计算时，对于有明显屈服点的钢筋，取其屈服强度作为钢筋的强度指标。

由图 1-3 可知，硬钢没有明显的屈服台阶，钢筋的强度很高，但其塑性较差，脆性较大。这类钢筋在计算时是以协定流限（也称为条件流限）作为强度指标的。协定流限是指钢筋经过加载和卸载后永久残余变形为 0.2% 时所对应的应力值，以 $\sigma_{0.2}$ 表示。《规范》取 $\sigma_{0.2}$ 为极限抗拉强度 σ_b 的 0.85 倍。

2. 钢筋的塑性性能

钢筋的塑性性能是以断后伸长率和冷弯性能来表述的。断后伸长率是指规定标距（如 $5d$ 或 $10d$，d 为钢筋直径预应力钢丝亦有取 100mm）的试件做拉伸试验时，拉断后的伸长量与拉伸前的原长度之比，以 δ_5、δ_{10} 表示。断后伸长率越大，钢筋的塑性性能就越好。钢筋的冷弯是将钢筋围绕规定直径（$D=d$ 或 $D=3d$）的辊轴进行弯转（图 1-4），要求达到规定的冷弯角度 α（180°或 90°）时，钢筋的表面不出现裂缝、起皮或断裂。

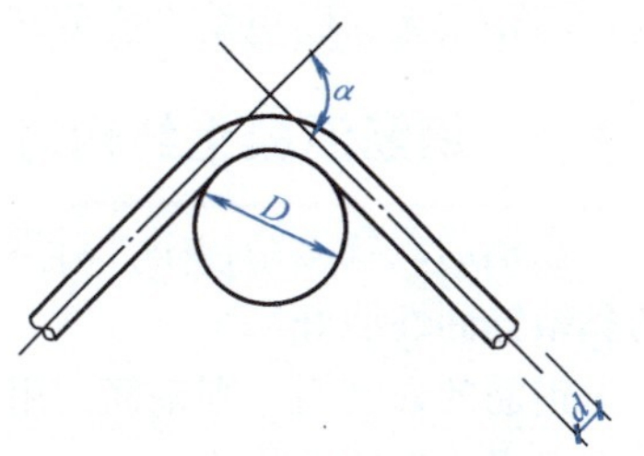

图 1-4　钢筋的冷弯试验

α—冷弯角度　D—辊轴直径

d—钢筋直径

D 越小，冷弯角度 α 越大，则钢筋的塑性性能越好。

《规范》还明确提出了对钢筋延性的要求，即钢筋在最大力下的总伸长率δ_{gt}应不小于表1-1规定的数值，最大力下的总伸长率（平均伸长率）δ_{gt}按下式计算

$$\delta_{gt}=\left(\frac{L-L_0}{L_0}+\frac{\sigma_b}{E_s}\right)\times 100\% \tag{1-1}$$

式中 L_0——试验前的原始标距；

L——试验后测量的标记之间的长度；

σ_b——钢筋的最大拉应力（极限抗拉强度）；

E_s——钢筋的弹性模量。

表1-1 普通钢筋及预应力筋在最大力下的总伸长率

钢筋品种	普通钢筋			预应力筋
	HPB300	HRB335 HRB400 HRBF400 HRB500 HRBF500	RRB400	
δ_{gt}（%）	10.0	7.5	5.0	3.5

3. 钢筋的冷加工和热处理

钢筋的冷加工是指钢筋在不加温的情况下，对钢筋进行冷拉、冷拔或冷轧加工。由于钢筋的冷加工通常在施工现场进行，质量不易控制，而且冷加工钢筋的延性较差，容易发生脆性断裂，焊接性较差，故目前在工程中已很少采用；再加上近年来我国强度高、性能好的钢筋、钢丝和钢绞线的市场供应情况良好，《规范》不再将冷加工钢筋列入。但也未禁止使用冷加工钢筋，在使用冷加工钢筋时应注意相应的规定。

钢筋的热处理是将某些钢号的热轧钢筋进行高温淬火和余热处理。钢筋经热处理后可提高强度，但因其延性、焊接性、机械连接性能及施工适应性的降低，应用受到一定的限制。

4. 钢筋的松弛与疲劳

钢筋的松弛是指钢筋受力后，在保持长度不变的情况下，其应力随时间的增长而逐渐降低的现象。钢筋的松弛对钢筋混凝土结构的影响不大，一般可以忽略；但在预应力混凝土结构中，则会引起预应力的损失，应予以考虑。

钢筋的疲劳破坏是指钢筋在多次重复荷载作用下发生脆性的突然断裂的现象。钢筋的疲劳强度低于静载作用下的极限强度，且与应力变化幅度、钢筋表面的形状、钢筋的尺寸、钢筋的等级、试验的方法、加载的频率和使用环境等因素有关。在钢筋混凝土吊车梁、桥梁、轨枕、海洋采油平台等设计时，需考虑钢筋的疲劳强度问题，应控制其在使用荷载作用下的应力幅度变化不要太大，以免发生疲劳破坏。

1.1.3 钢筋混凝土结构对钢筋性能的要求和选用原则

在钢筋混凝土结构中，对钢筋的性能要求主要是：强度高、塑性好、焊接性好、与混凝土的黏结锚固性能好。

钢筋的强度高，则钢筋的用量就少，可节省钢材。尤其在预应力混凝土结构中，可以充分发挥高强度钢筋的优势。

钢筋的塑性好，是要求钢筋在断裂前能有足够大的变形，使得钢筋混凝土构件具有良好的延性性能。而构件的延性性能主要取决于钢筋的塑性性能和配筋率，只要配筋率适当，钢筋的塑性好，则钢筋混凝土构件的延性性能就好，破坏前的预兆就明显。另一方面，钢筋的塑性性能好，钢筋的加工成形也较容易。

由于加工、运输的要求，除直径较小的钢筋外，一般钢筋都是直条供应的。因长度有限，所以在工程中需要将钢筋进行接长以满足需要。目前，钢筋接长常用的方法之一是焊接，所以要求钢筋具有较好的焊接性，以保证钢筋焊接接头的质量。

钢筋与混凝土之间的黏结力是两者共同工作的基础，钢筋的表面形状是影响黏结力的重要因素。为了加强钢筋和混凝土的黏结锚固，除了强度较低的 HPB300 级钢筋做成光面钢筋以外，HRB335 级、HRB400 级、HRBF400 级、RRB400 级、HRB500 级和 HRBF500 级钢筋都轧成带肋的变形钢筋。

综上所述，钢筋混凝土结构中的受力钢筋和预应力混凝土结构中的非预应力筋，应优先选用 HRB400 级、HRBF400 级、HRB500 级、HRBF500 级钢筋。而在预应力混凝土构件中所用的预应力筋，则应选用钢绞线、高强度钢丝和热处理钢筋等高强度钢材，从而能使“高强度”得以发挥。另外，对在特殊环境（如高温、低温等）中使用的构件，还应考虑钢材的化学成分，以适应需要。

1.2　混凝土

混凝土是由水泥、石子、砂、水及必要的添加剂（或掺合料）按一定的配合比组成的工程复合材料。由于混凝土内部结构复杂，其性能除与水泥的强度等级、水胶比、集料的性质、级配和混凝土的配合比等直接相关外，还受不同的成形方法、硬化养护条件、龄期、试件尺寸、试件形状、试验方法、加载速度等外部因素的影响，使混凝土所表现出的力学性能非常复杂。

1.2.1　混凝土的强度

在实际工程中，混凝土一般是在复合应力状态下工作的，但目前对混凝土在复合应力状态下强度的研究还未达到能简便地应用于理论计算的程度，因此在大部分的实用设计中，还是普遍采用混凝土在单向受力状态下的强度和变形；另一方面，为了克服上述不同因素变化的影响，各国对单向受力状态下混凝土强度的测定均规定了统一的标准试验方法。

1. 混凝土的立方体抗压强度和强度等级

我国把混凝土的立方体抗压强度（用符号 f_{cu} 表示）作为评价和衡量混凝土强度的基本指标。为了消除试件尺寸、养护的温度和湿度、龄期、加载等对抗压强度的影响，《规范》规定：以边长为 150mm 的立方体试件，按标准方法制作，并在 (20 ± 3)℃、相对湿度大于或等于 90% 的环境里养护 28d，用标准试验方法进行加压，取具有 95% 的保证率时得出的抗压强度作为混凝土强度的等级标准，并称为混凝土立方体抗压强度标准值，用符号 $f_{cu,k}$ 表示，其单位为 N/mm^2。《规范》规定，根据混凝土立方体抗压强度标准值把混凝土强度分为 14 个强度等级，分别以符号 C15、C20、C25、C30、C35、C40、C45、C50、C55、C60、C65、C70、C75、C80 表示。其中，C 表示混凝土，C 后的数字为立方体抗压强度标准值。

《规范》规定素混凝土结构的混凝土强度等级不应低于 C15；钢筋混凝土结构的混凝土强度等级不应低于 C20；当采用强度等级为 400MPa 及以上的钢筋时，混凝土强度等级不应低于 C25。预应力混凝土结构的混凝土强度等级不宜低于 C40，且不应低于 C30；承受重复荷载的钢筋混凝土构件，混凝土的强度等级不应低于 C30。同时，还应根据建筑物所处的环境条件确定混凝土的最低强度等级，以保证建筑物的耐久性。

2. 混凝土轴心抗压强度（棱柱体抗压强度）f_c

混凝土的抗压强度与试件的形状、尺寸密切相关。在实际工程中，钢筋混凝土构件的长度常比其横截面尺寸大得多。为更好地反映混凝土在实际构件中的受力情况，可采用混凝土的棱柱体试件测定其轴心抗压能力，所对应的强度称为混凝土轴心抗压强度，也称为棱柱体抗压强度，以符号f_c表示。

我国《混凝土物理力学性能试验方法标准》（GB/T 50081—2019）规定，混凝土轴心抗压强度测试的方法与立方体抗压强度的测试方法相同，为消除试验机上、下承压板摩擦的影响，同时也避免因试件的长细比太大出现附加偏心而影响轴心受压测试的结果，规定试件为150mm×150mm×300mm的棱柱体。大量的试验数据表明，混凝土的棱柱体抗压强度f_c^0与其立方体抗压强度f_{cu}^0之间存在一定的相关关系，如图1-5所示，该图为多家科研单位（中国建筑科学研究院、天津市建研所、陕西省建研所、交通部研究院等）的试验成果曲线。根据试验结果的分析，混凝土的棱柱体抗压强度标准值f_{ck}与其立方体抗压强度标准值$f_{cu,k}$的关系可按下式确定

$$f_{ck}=0.88\alpha_{c1}\alpha_{c2}f_{cu,k} \tag{1-2}$$

式中　α_{c1}——棱柱体抗压强度与立方体抗压强度之比，对于C50及以下强度等级的混凝土取$\alpha_{c1}=0.76$，C80取$\alpha_{c1}=0.82$，C50～C80之间按线性规律变化；

α_{c2}——混凝土脆性折减系数，仅对C40以上的混凝土考虑脆性折减系数，对于C40混凝土取$\alpha_{c2}=1.00$，C80时取$\alpha_{c2}=0.87$，C40～C80之间按线性规律变化；

0.88——考虑结构构件中的混凝土强度与试件混凝土强度之间的差异等因素而确定的试件混凝土强度修正系数。

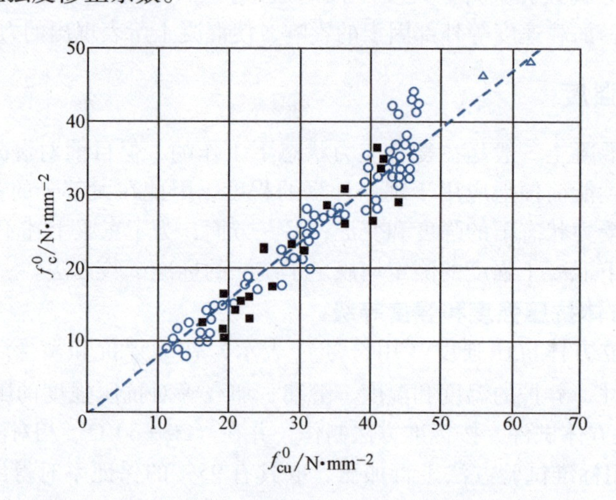

图1-5　混凝土轴心抗压强度与立方体抗压强度的关系

3. 混凝土轴心抗拉强度f_t

混凝土轴心抗拉强度也是混凝土的一个基本强度，用符号f_t表示。它是在计算钢筋混凝土构件及预应力混凝土构件的抗裂度和裂缝宽度及构件斜截面强度时的主要强度指标。混凝土的抗拉强度远比其抗压强度低，仅为f_{cu}的1/18～1/9，且f_{cu}越高，f_t/f_{cu}的值就越低，两者之间并非简单的线性关系。通过对比试验，混凝土轴心抗拉强度与混凝土立方体抗压强度的折算关系约为0.55次方的幂函数。作为强度标准值还应考虑保证率和试验变异系数δ的影响。混凝土轴心抗拉强度标准值f_{tk}与立方体抗压强度标准值$f_{cu,k}$的换算关系如下

$$f_{tk}=0.88\times0.395f_{cu,k}^{0.55}(1-1.645\delta)^{0.45}\alpha_{c2} \tag{1-3}$$

式中　$(1-1.645\delta)^{0.45}$——反映试验离散程度对混凝土强度标准值保证率影响的参数；

$0.395f_{cu,k}^{0.55}$——轴心抗拉强度与立方体抗压强度之间的折算关系。

0.88 和 α_{c2} 的取值与式（1-2）相同。

混凝土轴心抗拉强度可采用图 1-6a 中的方法直接测试：在混凝土试件（100mm × 100mm × 500mm）的两端对心埋设 150mm 长的变形钢筋（$d=16$mm），试验机夹住两端伸出的钢筋进行拉伸，直到试件中部产生横向裂缝破坏，其平均拉应力即为混凝土的轴心抗拉强度。但由于直接测试法的对中比较困难，加上混凝土内部的不均匀性，使得所测结果的离散程度较大。目前，混凝土轴心抗拉强度常用图 1-6b 中的间接测试法——劈裂法进行测试：给立方体或平放的圆柱体试件通过垫条施加压力线荷载，由弹性力学知识得知，在试件中间的垂直面上的很大范围（除垫条附近的极小部分以外）内将产生均匀的水平向拉应力，当此拉应力达到混凝土的抗拉强度时，试件便会对半劈裂。按弹性力学理论，混凝土的劈拉强度试验值 $f_{t,s}$ 可以用下式计算

$$f_{t,s}=\frac{2F}{\pi dl} \tag{1-4}$$

式中　F——破坏荷载；

d——圆柱体试件的直径或立方体试件的边长；

l——圆柱体试件的长度或立方体试件的边长。

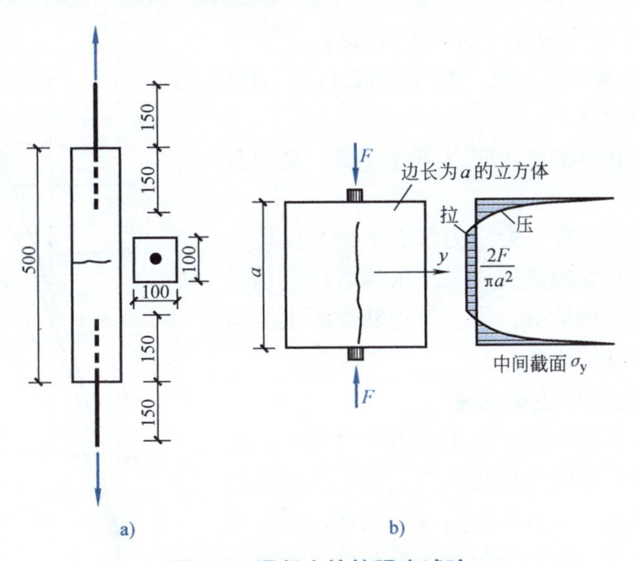

图 1-6　混凝土抗拉强度试验

a）直接法拉伸试验　b）间接法劈裂试验

4. 混凝土在复合应力状态下的强度

上述的混凝土抗压强度和抗拉强度都是指混凝土在单向受力条件下所得到的强度，但在实际的钢筋混凝土结构构件中，混凝土是很少处于单向受拉或受压状态的，而大都是处于双向或三向的复合应力状态，因此了解混凝土在复杂应力状态下的破坏和强度特性具有很重要的意义。但由于混凝土材料的特点，至今还未建立起统一的混凝土在复合受力状态下的强度理论，相关研究还多是以试验结果为依据的近似方法。

（1）双向应力状态下的强度　双向应力状态下的强度是在两个互相垂直的平面上作用着法向应力 σ_1 和 σ_2，第三个平面上的应力为零时，混凝土双向应力状态下的强度曲线，如图 1-7 所示。

双向受压（两个方向的应力为压应力，第三方向的应力为零）时，即在图1-7中的第一象限，混凝土的强度比单向受压时的强度有所提高。双向受拉（两个方向的应力为拉应力，第三方向的应力为零）时，即在图1-7中的第三象限，混凝土一向的抗拉强度基本与另一向的拉应力的大小无关，即双向受拉的强度与单向受拉的强度基本相同。图1-7中的第二、第四象限为一拉一压作用区。由图1-7可知，混凝土的抗压强度随另一向的拉应力的增加而降低。另一方面，混凝土的抗拉强度随另一向的压应力的增加而降低。

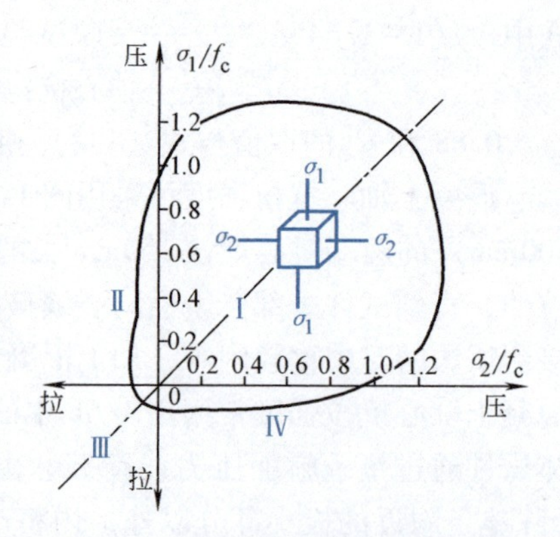

图1-7　混凝土双向应力状态下的强度曲线

(2) 复合应力状态下的强度　目前，混凝土在复合应力状态下强度的研究主要是指复合受压或在单轴向受压应力σ及剪（切）应力τ共同作用这两种情况。复合受压试验表明，在复合受压时，混凝土一向的抗压强度随另两向应力的增加而提高，同时混凝土的极限应变也有极大的提高。这是由于侧向压应力的存在，约束了混凝土的侧向变形，从而延缓了混凝土内部裂缝的产生和发展，这也使混凝土的延性得到明显提高。如图1-8所示为混凝土三向受压的试验曲线。

利用复合受压可以使混凝土强度得到提高这一特性，在工程中可将受压构件做成“约束混凝土”，如螺旋箍筋柱、钢管混凝土柱等。

图1-9为混凝土在单轴向压应力和剪（切）应力共同作用下的强度曲线。

由上述可知，混凝土在复合应力状态下的强度较为复杂，到目前为止，相关的研究成果还未能直接应用于常规设计计算，一旦有所突破，将会给钢筋混凝土结构的计算方法带来根本性的改变。

5. 影响混凝土强度的主要因素

在实际工程中，影响混凝土强度的因素有很多，如混凝土的配合比、原材料的品质与种类、施工中浇捣的密实程度、养护条件及混凝土的龄期等。通常，水泥的强度等级高、水胶比低、搅拌均匀、振捣充分、养护得当，则混凝土的强度就高；反之混凝土的强度就低。所以应根据使用要求对混凝土进行合理的设计，有条件时应做配合比试验；在原材料的选择中，应注意水泥的品种和强度等级的选用，石子的级配、粒径和自身强度等；加强施工管理，控制混凝土的施工质量，保证混凝土搅拌均匀、振捣密实；确保养护及时到位，保温保湿，使水泥得以充分水化，从而加快混凝土强度的发展。

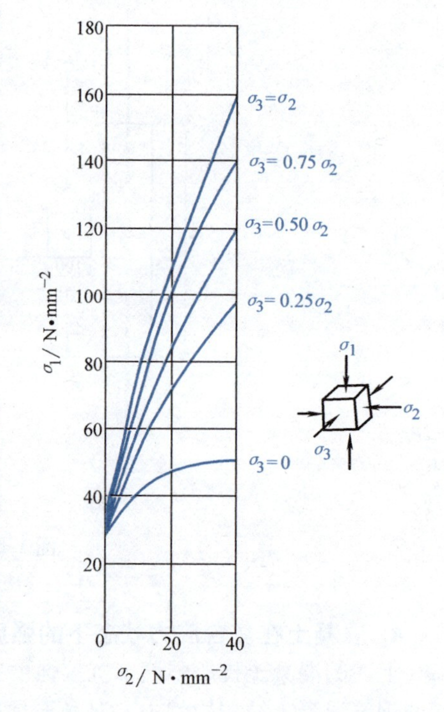

图1-8　混凝土三向受压的试验曲线

1.2.2　混凝土的变形

混凝土的变形可分为两类，一类为荷载（包括一次短期荷载、长期荷载和重复荷载）作用

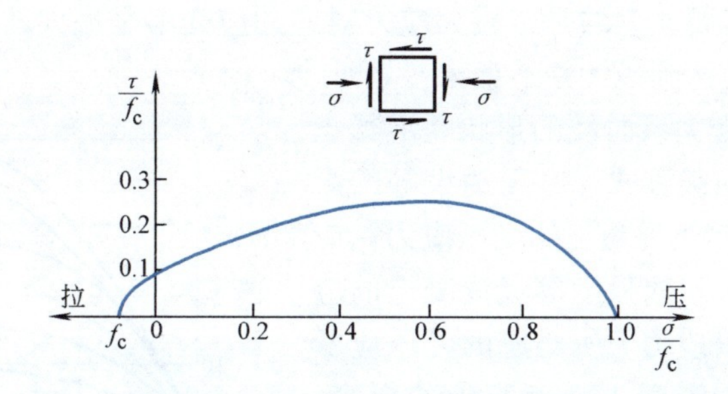

图 1-9　混凝土在单轴向压应力和剪（切）应力共同作用下的强度曲线

下的变形，另一类为非荷载作用的变形（主要为混凝土的收缩、膨胀和温度变形）。

1. 混凝土在一次短期荷载作用下的应力 - 应变关系

混凝土在单轴一次短期单调加载过程中的应力 - 应变关系，表现了混凝土最基本的力学性能，也是研究钢筋混凝土结构的强度、变形、裂缝、延性的基本依据。

图 1-10 为混凝土棱柱体标准试件受压时的应力 - 应变关系曲线，由图可知，曲线在 0*A* 段，应力较低（$\sigma \leqslant 0.3f_c^0$）时，曲线近似于直线，可将混凝土视为理想的弹性体，其内部的微裂缝还未发展，水泥凝胶体的黏性流动很小，主要是集料和水泥石受压后的弹性变形；当应力增大（$0.3f_c^0 < \sigma < 0.8f_c^0$）时，混凝土的非弹性性质逐渐显现，曲线弯曲，应变增长比应力增长的速度要快，内部的微裂缝开始发展，但仍处于稳定状态；当荷载进一步增加（$0.8f_c^0 < \sigma < 1.0f_c^0$）时，应变的增长速度进一步加快，曲线斜率急剧减小，微裂缝进入非稳定发展阶段；当应力达到 *C* 点时，混凝土发挥出其受压时的最大承载能力，即轴心抗压强度 f_c^0，此时混凝土内部的微裂缝已发展贯通，所对应的应变 ε_0 称为峰值应变。峰值应变与混凝土的强度等级有关，$\varepsilon_0 = (1.5 \sim 2.5) \times 10^{-3}$，常取 $\varepsilon_0 = 2.0 \times 10^{-3}$。在普通试验机上进行试验时，由于试验机在整个工作期间逐步积累了一定的变形能，低应力时，试件不会破坏；但当达到最大应力时，试验机释放的变形能就较大，试件将不能承受而发生突然破坏，故无法测得曲线的下降段。如给试验机加上控制应变速度的辅助装置，就可以测得曲线的下降段，即如图 1-10 所示的混凝土的应力 - 应变全过程曲线。

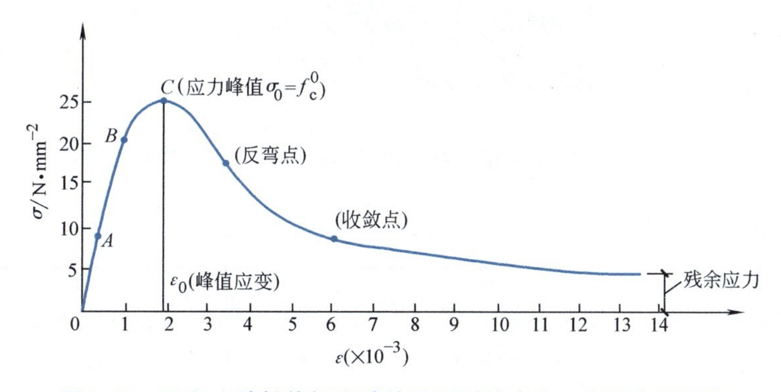

图 1-10　混凝土棱柱体标准试件受压时的应力 - 应变关系曲线

曲线超过 *C* 点以后，试件的承载力随应变的增加而降低，曲线呈下降趋势，试件表面出现纵向裂缝；在应变达到（$4 \sim 6) \times 10^{-3}$ 时，应力下降减缓，之后趋向于稳定的残余应力。由图 1-10可知，混凝土的应力 - 应变关系不是直线，这说明它不是弹性材料，只有在应力很低时才可将它视为弹性体；曲线的上升和下降，表明混凝土在破坏的过程中，其承载力有一个从增加到减少的过程。尤其需要注意的是，最大应力对应的应变不是最大的，最大应变对应的应力也不是最大的，而且应力达到最大并不意味着立即破坏。

混凝土的应力－应变关系曲线的形状受混凝土强度、组成材料、试验加载方式、有无约束等的影响。图1-11为不同强度等级混凝土的受压应力－应变关系曲线，由图可知，不同强度等级混凝土的应力－应变关系曲线的峰值应力f_c所对应的受压应变ε_0约在0.002处，但随着混凝土强度等级的提高，混凝土的极限压应变ε_{cu}却明显减小，说明混凝土强度越高，其脆性就越明显。《规范》规定：混凝土的极限压应变ε_{cu}可按$\varepsilon_{cu}=0.0033-(f_{cu,k}-50)\times10^{-5}$计算；如算得的$\varepsilon_{cu}>0.0033$，则取$\varepsilon_{cu}=0.0033$。

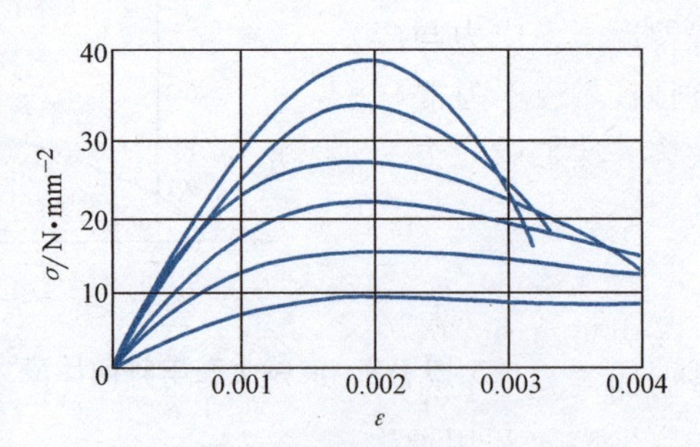

图1-11　不同强度等级混凝土的受压应力－应变关系曲线

混凝土的受拉应力－应变关系曲线的形状与受压时的相似，只是极限拉应变较小，约为极限压应变的1/20，$\varepsilon_{cu,t}=0.00015$。由于混凝土的极限拉应变太小，处于受拉区的混凝土极易开裂，所以钢筋混凝土构件通常都是带裂缝工作的。

2. 混凝土在重复荷载作用下的应力－应变关系

将混凝土试件加载到一定数值后，再予卸载，并多次循环这一过程，便可得到混凝土在重复荷载作用下的应力－应变关系曲线，如图1-12所示。由图1-12可知，混凝土在经过一次加、卸载循环后，其变形中有一部分恢复了，而有一部分则不能恢复。这些不能恢复的塑性变形在多次的循环过程中逐渐积累。

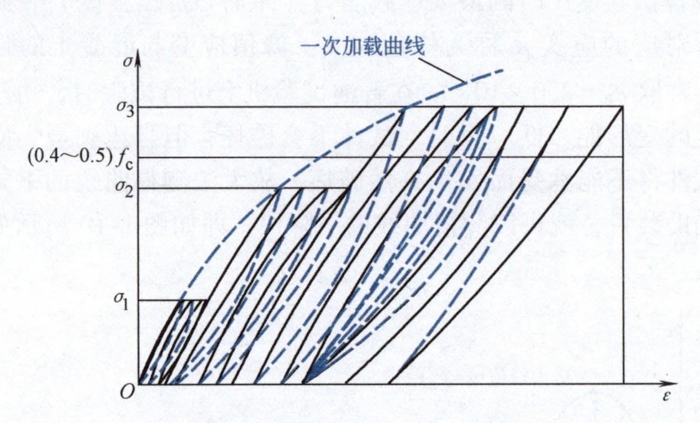

图1-12　混凝土在重复荷载作用下的应力－应变关系曲线

在上述试验中，如果在所加的应力较小时即予卸载，则在多次循环后，累积的塑性变形就不再增加，加、卸载的应力－应变关系曲线渐变为直线——呈弹性工作状态；如果所加的应力虽低于混凝土的抗压强度，但超过某一限值后，在经过多次循环以后混凝土也会发生破坏，这一限值就称为混凝土的疲劳强度，这种现象称为疲劳破坏。通常，将使试件在循环200万次时发生破坏的压应力称为混凝土的疲劳强度，以f_c^f表示。在工程中，吊车梁、汽锤基础等承受重复荷载的构件是需要进行疲劳验算的。

3. 混凝土的弹性模量E_c

弹性模量在力学中是联系应力和应变的重要参数，在钢筋混凝土构件的设计计算中，混凝土的弹性模量也是分析构件的应力分布、变形、温度应力及预应力混凝土结构的应力计算等的重要参数。混凝土属于弹塑性材料，在应力较小（$\sigma<0.3f_c$）时，应力 - 应变关系可视为直线；而在一般情况下，应力与应变不是直线关系，故混凝土的弹性模量就不为常量。如图 1-13 所示，将混凝土棱柱体一次加载应力 - 应变曲线的原点切线的斜率称为混凝土的原点切线模量，简称弹性模量 E_c

$$E_c=\tan\alpha_0 \tag{1-5}$$

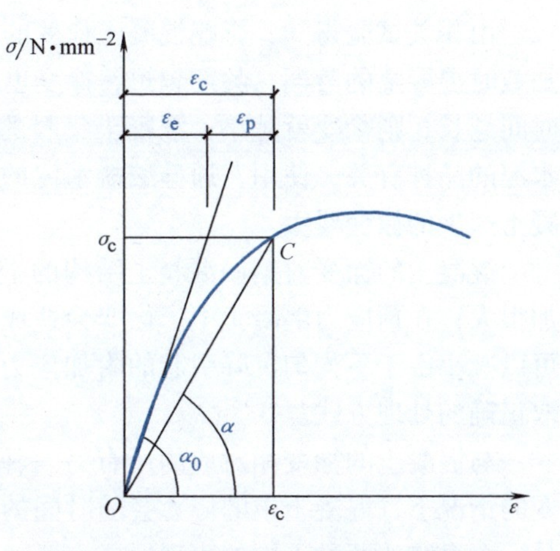

图 1-13　混凝土的弹性模量及变形模量

由于利用一次加载的应力 - 应变关系曲线不易准确测得混凝土的弹性模量，《规范》规定，混凝土的弹性模量利用混凝土在重复荷载作用下的性质，以 $\sigma=(0.4\sim0.5)f_c$ 重复加、卸载 5 ~ 10 次后，应力 - 应变关系曲线近似为直线，且该直线与第一次加载时曲线的原点切线基本平行的特点进行测定。同时根据大量的试验结果，《规范》给出不同强度等级的混凝土弹性模量 E_c（单位：N/mm²）的计算公式为

$$E_c=\frac{10^5}{2.2+\dfrac{34.7}{f_{cu,k}}} \tag{1-6}$$

当混凝土的应力较小时，E_c 能反映应力与应变的关系；当应力较大时，由于混凝土的塑性发展，E_c 就不再能准确反映混凝土的实际情况。

4. 混凝土在长期荷载作用下的变形——徐变

混凝土在长期荷载作用下，应力不变，其应变随时间的增长而继续增长的现象称为混凝土的徐变。徐变能使结构的内力发生重新分布，变形增大，并引起预应力的损失。如图 1-14 所示为混凝土的徐变 - 时间的关系曲线，图中的 ε_{ce} 是在加荷瞬间所产生的变形，称为瞬时应变；ε_{cr} 为在荷载保持不变的情况下，随时间的增长而不断增加的应变，即混凝土的徐变。由图 1-14 可知，徐变的发展规律是先快后慢，在前几个月，徐变增长很快，在第 1 年内完成 90% 左右，2 ~ 3年后基本趋于稳定。如经长期荷载作用后于某时卸载，则在卸载瞬间，混凝土将发生瞬时的弹性恢复应变 ε'_{ce}，其数值小于加载时的瞬时应变 ε_{ce}；之后还有一段恢复的变形 ε''_{ce}，这是徐变恢复的弹性后效，也称为“徐回”，而剩下的 ε'_{cr} 则是不可恢复的残余应变。

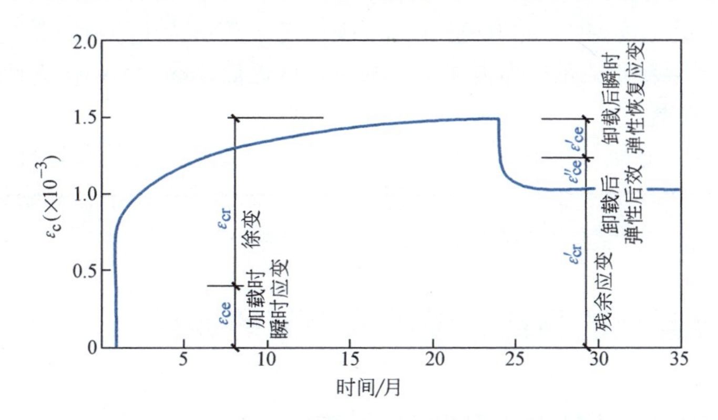

图 1-14　混凝土的徐变 - 时间的关系曲线

由相关试验得知，影响混凝土徐变的因素有许多：如应力的大小，应力越大，徐变就越大；加载时混凝土的龄期，龄期越短，徐变也就越大；水泥用量越多，徐变就越大；养护温度越高、时间越长，则徐变就越小；混凝土集料的级配越好、弹性模量越大，徐变也越小；此外，还和水泥的品种有关，使用普通硅酸盐水泥的混凝土比使用矿渣水泥、火山灰水泥及早强水泥的混凝土产生的徐变要大。

混凝土的徐变对钢筋混凝土结构的影响，在有些情况下是不利的，徐变会使构件的挠度增加很大；在预应力混凝土中，徐变会造成预应力的大量损失。但徐变也有有利的方面，如徐变可以减小由于不均匀沉降引起的附加应力和温度应力等，所以对徐变要有全面的认识，以便采取正确的处理方式。

与混凝土的徐变相对应的还有另一种现象——混凝土的松弛。混凝土的松弛是指在应变不变的情况下，混凝土中的应力会随时间的增加而逐渐降低的现象。混凝土的徐变和松弛实际上是一个事物的两种不同的表现形式。

5. 混凝土的非荷载作用变形

（1）干湿变形　混凝土由于环境湿度的变化而表现为干缩湿胀。混凝土在结硬干燥的过程中，由于毛细孔水的蒸发，使毛细孔中形成负压，随着空气湿度的降低，负压逐渐增大，产生收缩力，造成混凝土收缩；同时，水泥凝胶体颗粒的吸附水也发生部分蒸发，凝胶体因失水而产生收缩。另一方面，混凝土在水中硬化时，体积会有轻微膨胀，这是由于凝胶体粒子的吸附水膜增厚，使胶体粒子之间的距离增大所致。一般湿胀的变形量很小，不会对工程造成破坏；而干燥收缩能使混凝土的表面产生拉应力，进而导致开裂，影响混凝土的耐久性。

（2）温度变形　混凝土与其他材料一样，也会随温度的变化产生热胀冷缩变形。混凝土在结硬初期，水泥的水化会放出较多的热量，由于混凝土属于热的不良导体，使得混凝土的内外温差很大，造成混凝土的内胀外缩，混凝土的外表产生很大的拉应力，严重时混凝土将产生裂缝。这种温度裂缝在大体积、大面积混凝土工程中常会发生，是极为不利的。

（3）化学收缩　混凝土的化学收缩是由于水泥在水化结硬的过程中体积将变小，从而引起混凝土的收缩。化学收缩是不可恢复的，其数值一般很小。

1.2.3　混凝土的重度和耐久性

1. 混凝土的重度

混凝土的重力密度与其组成及施工等条件有密切关系。在无实测资料的情况下，以石灰岩、砂岩等为粗集料的混凝土按24kN/m^{3}取值，以花岗岩、玄武岩等为粗集料的混凝土，可按25kN/m^{3}取值。通常设计钢筋混凝土或预应力混凝土结构时，可近似地取25kN/m^{3}进行计算。

2. 混凝土的耐久性

混凝土的耐久性一方面与其组成、水胶比、密实度、氯离子含量和碱含量等有关，另一方面与其使用条件和使用环境密切相关，在渗透、冻融、腐蚀等作用下，其耐久性将会受到很大影响。有关耐久性的相关问题，将在本书第2章予以介绍。

1.3　钢筋与混凝土的黏结、锚固及钢筋的连接

1.3.1　钢筋与混凝土的黏结力及其影响因素

钢筋与混凝土这两种力学性能完全不同的材料之所以能在一起工作，除了两者具有相近的

温度线膨胀系数及混凝土对钢筋具有保护作用外，主要还由于在这两者之间的接触面上存在良好的黏结力。该黏结力由化学胶结力（混凝土与钢筋之间接触面的化学吸附作用力）、摩擦力（混凝土收缩握裹钢筋产生的力）和机械咬合力（钢筋的表面凹凸不平与混凝土的机械咬合作用）等组成，另外在钢筋端部的弯钩、弯折、焊接件等的附加机械作用也可计入。其中，化学胶结力较小，光面钢筋以摩擦力为主，变形钢筋则以机械咬合力为主。影响钢筋与混凝土之间黏结强度的因素主要有：

（1）混凝土的强度　钢筋与混凝土之间的黏结强度随混凝土强度等级的提高而增大，但也不完全与其成正比。

（2）钢筋的表面形状　变形钢筋比光面钢筋的黏结强度要大得多，凹凸不平的钢筋表面与混凝土之间产生的机械咬合力将显著增加黏结强度。光面钢筋的这一作用则较小，所以设计时要在受拉光面钢筋的端部做成弯钩，以增加锚固作用。

（3）混凝土保护层厚度及钢筋的净距　钢筋与混凝土的黏结力是需要在钢筋周围有一定厚度的混凝土才能实现和保证的。尤其是变形钢筋，如果周围的混凝土保护层厚度不足，就会产生劈裂裂缝，破坏黏结，导致钢筋被拔出，所以在构造上必须保证一定的混凝土保护层厚度及钢筋的间距。

（4）箍筋和端部焊接件的作用　箍筋能够限制内部裂缝的发展，在钢筋端部锚固区加焊的短钢筋、角钢、钢板等，均能有效地增大黏结作用，阻止受力钢筋被拔出。

此外，黏结力还和钢筋周围有无侧向压力及钢筋所处的位置有关。有侧向压力（如在梁的支承区的下部），则黏结力增大；顶层钢筋下部的混凝土厚度较大，由于混凝土的泌水下沉，钢筋的底面与混凝土的黏结力就将大大减弱。

1.3.2　保证钢筋与混凝土黏结的措施

为使钢筋与混凝土之间有足够的黏结作用，我国的设计规范是通过采用规定的混凝土保护层厚度、钢筋的间距、锚固长度和钢筋的搭接长度等构造措施来保证的，在设计和施工时必须严格遵守相应的规定。

（1）钢筋的锚固　为使钢筋和混凝土之间产生足够的黏结力，钢筋在混凝土中必须有可靠的锚固，一般用规定的锚固长度来保证。

当在计算中充分利用钢筋的抗拉强度时，受拉钢筋的基本锚固长度按下式计算

普通钢筋
$$l_{ab}=\alpha\frac{f_y}{f_t}d \tag{1-7}$$

预应力筋
$$l_{ab}=\alpha\frac{f_{py}}{f_t}d \tag{1-8}$$

式中　l_{ab}——受拉钢筋的基本锚固长度；

f_y、f_{py}——普通钢筋、预应力钢筋的抗拉强度设计值；

f_t——混凝土轴心抗拉强度设计值，当混凝土强度等级高于 C60 时，按 C60 取值；

d——锚固钢筋的直径；

α——锚固钢筋的外形系数，按表 1-2 取用。

表 1-2　锚固钢筋的外形系数 α

钢筋类型	光面钢筋	带肋钢筋	螺旋肋钢丝	三股钢绞线	七股钢绞线
α	0.16	0.14	0.13	0.16	0.17

注：光面钢筋的末端应做 180°弯钩，弯后的平直段长度不应小于 $3d$，但用作受压钢筋时可不做弯钩。

l_{ab}是钢筋的基本锚固长度，在工程中，实际的锚固长度 l_a还应根据锚固条件按下式计算，且不应小于0.6l_{ab}及200mm

$$l_a=\zeta_a l_{ab} \tag{1-9}$$

式中　l_a——受拉钢筋的锚固长度；

ζ_a——锚固长度修正系数，按如下要求取值：①带肋钢筋的公称直径大于25mm时取1.10；②环氧树脂涂层带肋钢筋取1.25；③施工时易受扰动的钢筋取1.1；④受力钢筋的实际配筋面积大于其设计计算面积时，取设计面积与实际面积的比值，但对有抗震设防要求及直接承受动荷载的结构构件，不应考虑此项修正；⑤锚固钢筋的保护层厚度为3d时修正系数取0.8，厚度为5d时修正系数取0.7，中间内插取值，d为锚固钢筋的直径；当多于一项时，可连乘计算，但不应小于0.6，对预应力筋可取1.0。

为减小钢筋的锚固长度，可在纵向受拉钢筋的末端采用如图1-15所示的附加机械锚固措施。采用机械锚固措施后的锚固长度（包括附加锚固端头在内）可取基本锚固长度 l_{ab}的60%。钢筋弯钩和机械锚固的形式和技术要求应符合表1-3的规定。

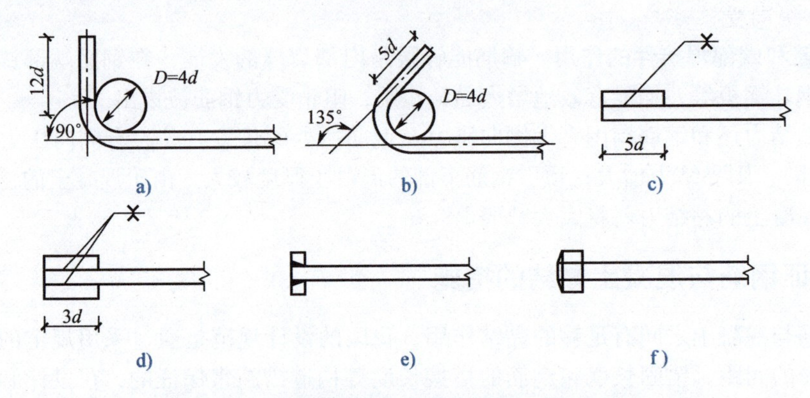

图1-15　钢筋的附加机械锚固形式及构造要求

a）90°弯钩　b）135°弯钩　c）一侧贴焊锚筋　d）两侧贴焊锚筋　e）穿孔塞焊锚板　f）螺栓锚头

表1-3　钢筋弯钩和机械锚固的形式和技术要求

锚固形式	技术要求
90°弯钩	末端90°弯钩，弯钩内径4d，弯后直段长度12d
135°弯钩	末端135°弯钩，弯钩内径4d，弯后直段长度5d
一侧贴焊钢筋	末端一侧贴焊长5d的同直径钢筋
两侧贴焊钢筋	末端两侧贴焊长3d的同直径钢筋
穿孔塞焊锚板	末端与厚度d的锚板穿孔塞焊
螺栓锚头	末端旋入螺栓锚头

注：1. 焊缝和螺纹长度应满足承载力要求。

2. 螺栓锚头和焊接锚板的承压净面积不应小于锚固钢筋截面面积的4倍。

3. 螺栓锚头的规格应符合相关标准的要求。

4. 螺栓锚头和焊接锚板的钢筋净间距不宜小于4d，否则应考虑群锚效应的不利影响。

5. 截面角部偏置锚固时，筋端弯钩和一侧贴焊锚筋的布筋方向宜偏向截面内侧。

当计算中充分利用了钢筋的抗压强度时，受压钢筋的锚固长度不应小于受拉钢筋锚固长度的0.7倍；受压钢筋不应采用末端弯钩和一侧贴焊锚筋的锚固措施。

（2）钢筋的连接　钢筋在构件中一般因长度不够需进行连接。钢筋接头的形式可分为焊接、绑扎搭接和机械连接（锥螺纹钢筋套筒连接、钢套筒挤压连接等）。钢筋的焊接和机械连接的接头应由相关的工艺规程和试验保证其接头质量。对于绑扎搭接接头（图1-16），则应做到：同一构件中的绑扎搭接接头宜相互错开，在同一绑扎搭接接头区段（1.3倍的搭接长度）内的受拉搭接钢筋接头面积百分率，对于梁类、板类及墙类构件不宜大于25%，对于柱类构件不宜大于50%；当工程中确有必要增大时，梁类构件不应大于50%，板、墙类及柱类构件可根据实际情况放宽。同一连接区段内搭接钢筋接头面积百分率为该区段内有搭接接头的钢筋截面面积与全部纵向钢筋截面面积之比，如在图1-16中，搭接钢筋接头面积百分率为50%。纵向受拉钢筋绑扎搭接接头的搭接长度应根据位于同一连接区段的搭接钢筋面积百分率按下式计算

$$l_l = l_a \zeta_l \tag{1-10}$$

式中　l_l——受拉钢筋的搭接长度；

l_a——受拉钢筋的锚固长度，由式（1-9）计算；

ζ_l——纵向受拉钢筋搭接长度修正系数，按表1-4取用。

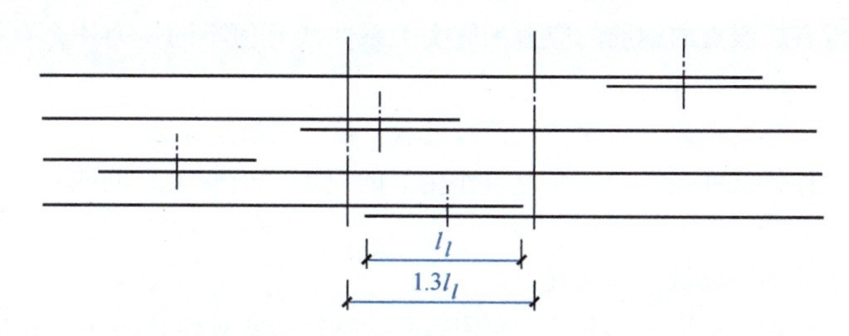

图1-16　纵向受拉钢筋绑扎搭接接头的长度及接头面积百分率的确定

表1-4　纵向受拉钢筋搭接长度修正系数ζ_l

纵向钢筋搭接接头面积百分率（%）	≤25	50	100
ζ_l	1.2	1.4	1.6

受压钢筋搭接时，搭接长度不应小于受拉钢筋锚固长度的0.7倍，且任何情况下不小于200mm。

（3）混凝土保护层厚度　混凝土保护层厚度是指钢筋外边缘到混凝土外表面的距离。《规范》规定，设计年限为50年的混凝土结构，混凝土保护层厚度的数值不应小于附表6的规定，且不应小于钢筋的直径或并筋的等效直径。并筋是在钢筋单筋布置有困难时，将钢筋2根或3根合并在一起布置，称为双并筋或三并筋。双并筋时的等效直径取单筋直径的$\sqrt{2}$倍；三并筋时的等效直径取单筋直径的$\sqrt{3}$倍。设计使用年限为100年时，应不小于附表6中规定数值的1.4倍。

本章小结

为学习钢筋混凝土结构的设计与构造，须先了解组成材料的特性及相互作用。本章主要介绍钢筋和混凝土这两种材料的物理力学性能。

1）钢筋的应力－应变关系曲线（软钢和硬钢），在屈服前视为弹性体；屈服后，钢筋的变形急剧加大，使得钢筋混凝土构件不适于继续承载，构件的挠度过大，裂缝过宽，故钢筋的设计强度取屈服强度（或条件屈服强度 $\sigma_{0.2}$）。

2）常用钢筋的级别名称、代号及在钢筋混凝土结构中对钢筋性能的要求：高强度、易于加工、焊接性好，与混凝土之间具有良好的黏结性能。

3）混凝土的强度等级是按由标准试验测得的立方体抗压强度决定的。混凝土的轴心抗压强度和轴心抗拉强度均可由混凝土的立方体抗压强度换算得到。混凝土在复合应力状态下的强度随侧向约束作用的不同或剪切面上的应力不同而不同。

4）混凝土不是理想的弹性材料。应了解并掌握混凝土在一次短期荷载作用下和在重复荷载作用下的应力－应变关系曲线、在长期荷载作用下的徐变特性、混凝土的弹性模量等概念。

5）钢筋与混凝土之间黏结力的组成和影响因素、钢筋的锚固长度计算、钢筋的连接，以及混凝土保护层的概念和最小保护层厚度的规定。

复习题

1-1　建筑用钢有哪些种类？常用钢筋的级别名称、代号有哪些？

1-2　有屈服点和没有屈服点的钢筋的应力－应变关系曲线有何不同？为什么取屈服强度作为钢筋的设计强度？

1-3　混凝土有哪几个强度指标？各用什么符号表示？相互关系是什么？

1-4　绘制混凝土棱柱体试件在一次短期荷载作用下的应力－应变关系曲线，并指出 f_c、ε_0、ε_{cu} 等特征值点。

1-5　什么是混凝土的弹性模量？如何确定？

1-6　什么是混凝土的徐变？影响徐变的主要因素有哪些？徐变对钢筋混凝土结构有哪些影响？

1-7　钢筋与混凝土之间的黏结力由哪几部分组成？影响钢筋与混凝土黏结强度的主要因素有哪些？

1-8　钢筋的锚固长度和搭接长度应如何确定？

第2章 混凝土结构基本计算原则

内容提要

本章主要介绍《建筑结构可靠性设计统一标准》（GB 50068—2018）（简称《统一标准》）及《规范》所采用的以概率理论为基础的极限状态设计方法的一些基本概念，阐述结构设计的总目标，明确结构的功能要求、可靠度及可靠指标、极限状态、结构上的作用（荷载）、荷载效应、荷载的代表值及各种组合、材料强度及其代表值等概念；围绕极限状态设计表达式讲述其内涵和应用。

2.1 建筑结构的功能要求和极限状态

2.1.1 建筑结构的功能要求

进行建筑结构设计的目的是：使所设计的结构在正常施工和正常使用的条件下满足各项预定的功能要求，并取得最佳的经济效果。建筑结构的功能要求主要包括以下三个方面：

(1) 安全性 安全性是指结构在正常使用和正常施工时能够承受可能出现的各种作用，如荷载、温度、支座沉降等；且在设计规定的偶然事件（如地震、爆炸、撞击等）发生时或发生后，结构仍能保持必要的整体稳定性，即结构仅发生局部损坏而不致倒塌。

(2) 适用性 适用性是指结构在正常使用时，能满足预定的使用要求，具有良好的工作性能，如不发生影响使用的过大变形、振动或过宽的裂缝等。

(3) 耐久性 耐久性是指结构在正常维护的条件下，建筑结构能完好使用到规定的设计年限，即结构在规定的环境中，在预定的时间内，其材料性能的恶化（如混凝土的风化、腐蚀、脱落，钢筋锈蚀等）不会导致结构失效。

上述结构的三方面的功能要求又统称为结构的可靠性，也就是结构在规定的设计使用年限（见表2-1），在规定的条件下（正常设计、正常施工、正常使用和正常维护）完成预定功能的能力。结构设计的目的就是既要保证结构安全、可靠，又要做到经济合理。

《统一标准》将设计使用年限分为四类，见表2-1。

表 2-1　设计使用年限分类

类　别	设计使用年限/年	示　例
1	5	临时性建筑结构
2	25	易于替换的结构构件
3	50	普通房屋和构筑物
4	100	标志性建筑和特别重要的建筑结构

2.1.2　建筑结构的极限状态

结构满足设计规定的功能要求时称为“可靠”；反之则称为“失效”。区分可靠和失效的标志则称为“极限状态”。结构的极限状态是指结构或结构的一部分超过某一特定的状态就不能满足设计规定的某一功能要求（或者说是濒于失效的状态），此特定的状态就称为该功能的极限状态。一旦超过这一状态，结构就将丧失某一功能而失效。根据功能要求，通常把结构的极限状态分为下列三类：

(1) 承载能力极限状态　对应于结构或结构构件达到最大承载力或不适于继续承载的变形的状态。当结构或构件出现下列状态之一时，就认为超过了承载能力极限状态，结构构件就不再满足安全性的要求：结构构件或连接因超过材料强度而破坏，或因过度变形而不适于继续承载；整个结构或其一部分作为刚体失去平衡；结构转变为机动体系；结构或结构构件丧失稳定；结构因局部破坏而发生连续倒塌；地基丧失承载力而破坏；结构或结构构件的疲劳破坏。

承载能力极限状态关系到结构的安全，是结构设计的首要任务，必须严格控制出现这种极限状态的可能性，即应具有较高的可靠度水平。

(2) 正常使用极限状态　对应于结构或结构构件达到正常使用的某项规定限值的状态。当结构或结构构件出现下列状态之一时，就认为超过了正常使用极限状态：影响正常使用或外观的变形；影响正常使用的局部损坏；影响正常使用的振动；影响正常使用的其他特定状态。

正常使用极限状态具体又分为不可逆正常使用极限状态和可逆正常使用极限状态两种。当产生超越正常使用要求的作用卸除后，该作用产生的后果不可恢复的为不可逆正常使用极限状态。当产生超越正常使用要求的作用卸除后，该作用产生的后果可以恢复的为可逆正常使用极限状态。

(3) 耐久性极限状态　对应于结构或结构构件在环境影响下出现的劣化达到耐久性能的某项规定限值或标志的状态。当结构或结构构件出现下列状态之一时，就认为超过了耐久性极限状态：影响承载能力和正常使用的材料性能劣化；影响耐久性能的裂缝、变形、缺口、外观、材料削弱等；影响耐久性能的其他特定状态。

正常使用和耐久性极限状态主要考虑结构的适用性和耐久性，超过正常使用和耐久性极限状态的后果一般不如超过承载能力极限状态的后果严重，但也不可忽略。在进行正常使用极限状态和耐久性设计时，其可靠度水平允许比承载能力极限状态的可靠度水平适当降低。

2.1.3　建筑结构的设计状况

设计状况为一定时段内建筑结构实际存在或可能发生的一组设计条件，设计应做到在该组条件下结构不超越有关的极限状态。建筑结构设计应区分下列设计状况：

(1) 持久设计状况　适用于结构使用时的正常情况，持续期一般与设计使用年限为同一数量级。建筑结构承受家具和正常人员荷载的状况属持久状况。

（2）短暂设计状况　适用于结构出现的临时情况，与设计使用年限相比，持续时间很短的状况，包括结构施工和维修时的情况等。结构施工时承受堆料荷载的状况属短暂状况。

（3）偶然设计状况　适用于结构出现的异常情况，在使用过程中出现概率很小，且持续期很短的状况。结构遭受火灾、爆炸、撞击时的情况属偶然状况。

（4）地震设计状况　适用于结构遭受地震时的情况。

对不同的设计状况，应采用相应的结构体系、可靠度水平、基本变量和作用组合等进行建筑结构可靠性设计。

在进行建筑结构设计时，对以上四种设计状况均应进行承载能力极限状态设计。对持久设计状况尚应进行正常使用极限状态设计，并宜进行耐久性极限状态设计；对短暂设计状况和地震设计状况可根据需要进行正常使用极限状态设计；对偶然设计状况可不进行正常使用极限状态和耐久性极限状态设计。

2.2　结构上的作用与作用效应

2.2.1　结构上的作用与荷载

1. 作用与荷载的定义

结构上的“作用”是指直接施加在结构上的集中力或分布力和引起结构外加变形或约束变形的原因（如基础沉降、温度变形、收缩、地震等）。前者称为“直接作用”，也常称为“荷载”；后者则称为“间接作用”。

2. 作用的分类和作用效应

《统一标准》将结构上的作用作如下分类：

（1）按随时间的变异分类　作用按随时间的变异可分为永久作用、可变作用和偶然作用。

1）永久作用是指在设计使用年限内始终存在，其量值变化与平均值相比可以忽略不计的作用；或其变化是单调的并趋于某个限值的作用。如结构自重、土压力、预加应力、地基变形、混凝土收缩、钢材焊接变形等。

2）可变作用是指在设计使用年限内其量值随时间变化，且其变化与平均值相比不可忽略不计的作用。如安装荷载、楼面活荷载和积灰荷载、风载、雪载、起重机荷载、温度变化、多遇地震等。

3）偶然作用指在设计使用年限内不一定出现，一旦出现其量值很大，且持续期很短的作用。如爆炸冲击力、撞击作用、龙卷风破坏、洪水作用、罕遇地震作用等。

（2）按随空间位置的变异分类　作用按随空间位置的变异可分为固定作用和自由作用。

1）固定作用是指在结构上具有固定空间分布的作用。当固定作用在结构某一点上的大小和方向确定后，该作用在整个结构上的作用即得以确定。如结构构件的自重、固定设备自重等。

2）自由作用是指在结构上给定的范围内具有任意空间分布的作用。如起重机荷载、人群荷载等。

（3）按结构的反应特点分类　作用按结构的反应特点可分为静态作用和动态作用。

1）静态作用是指使结构产生的加速度可以忽略不计的作用。如住宅与办公楼的楼面活荷载等。

2）动态作用是指使结构产生的加速度不可忽略不计的作用。如地震荷载、起重机荷载、机械设备振动、作用在高耸结构上的风荷载等。

（4）按有无限值分类　作用按有无限值可分为有界作用和无界作用。

1）有界作用具有不能被超越的且可确切或近似掌握界限值的作用。

2）无界作用没有明确界限值的作用。

2.2.2　结构上的作用效应 S_d

作用效应是结构由于各种作用（荷载）引起的内力（如轴力、弯矩、剪力、扭矩等）和变形（如挠度、转角、裂缝等）的总称，用 S_d 表示。通常，荷载效应与荷载的关系可用荷载值与荷载效应系数来表达，即按力学的分析方法计算得到。因结构上的荷载都不是确定值，而是随机变量，所以荷载效应也是随机变量。

2.2.3　荷载代表值

《建筑结构荷载规范》（GB 50009—2012）（以下简称《荷载规范》）将荷载分为三类：①永久荷载（恒荷载）；②可变荷载（活荷载）；③偶然荷载。在结构设计中，应根据不同的极限状态的要求计算荷载效应。《荷载规范》对不同的荷载给予了相应的规定量值，荷载这种量值称为荷载代表值。不同的荷载及在不同的极限状态情况下，就要求采用不同的荷载代表值进行计算。荷载代表值分别为：可变荷载标准值、可变荷载准永久值、可变荷载频遇值和可变荷载的组合值等。

1. 荷载标准值

荷载标准值是结构设计时采用的荷载基本代表值，其他的荷载代表值可以通过标准值乘以相应的系数得到。荷载标准值是指结构在使用期间内正常情况下可能出现的最大荷载值，它是根据设计基准期内最大荷载统计分布的特征值，用概率的方法确定的。但在工程中，大部分荷载还不具备充分的统计资料，而只是根据工程经验，通过分析判断确定的。《荷载规范》中把按这两种方式确定的代表值统称为荷载标准值。

（1）永久荷载标准值　对于结构的自重，可根据结构的设计尺寸、材料和构件的单位体积自重计算确定，即以其平均值作为荷载标准值（参见附表5-1）。对变异较大的材料和构件（如现场制作的保温材料、混凝土薄壁构件等），在设计时可根据该荷载对结构有利或不利取其自重的上限值或下限值。

（2）可变荷载标准值　《荷载规范》中给出了各种可变荷载标准值的取值，在设计时可查用（如民用建筑楼面均布活荷载标准值，可参见附表5-2）。

2. 可变荷载准永久值

可变荷载准永久值是指可变荷载在按正常使用极限状态进行设计时，考虑荷载效应准永久组合时所采用的代表值。可变荷载在结构设计基准期内有时会作用得大些，有时会作用得小些，其准永久值是指经常会出现的那一部分的量值，在性质上类似永久荷载。可变荷载准永久值可由可变荷载标准值乘以荷载准永久值系数求得

$$\text{可变荷载准永久值} = \psi_q \times \text{可变荷载标准值} \tag{2-1}$$

式中　ψ_q——荷载准永久值系数，其值小于1.0，可直接由《荷载规范》查用（参见附表5-2）。

3. 可变荷载的频遇值

可变荷载的频遇值是在设计基准期内，其超越的总时间为规定的较小比率或超越频数（或次数）为规定频率（或次数）的荷载值。该值是正常使用极限状态按频遇组合计算时所采用的

可变荷载代表值，可由可变荷载标准值乘以可变荷载频遇值系数ψ_f求得

$$\text{可变荷载的频遇值} = \psi_f \times \text{可变荷载的标准值} \tag{2-2}$$

式中　ψ_f——可变荷载频遇值系数，其值小于1.0，可直接由《荷载规范》查用。

4. 可变荷载组合值

当有两种或两种以上的可变荷载在结构上同时作用时，几个可变荷载同时都达到各自的最大值的概率是很小的，为使结构在两种或两种以上可变荷载作用时与仅有一种可变荷载作用时具有相同的安全水平，除一个主导荷载（产生最大荷载效应的荷载）仍用标准值外，对其他伴随荷载则可取可变荷载组合值为其代表值

$$\text{可变荷载的组合值} = \psi_c \times \text{可变荷载标准值} \tag{2-3}$$

式中　ψ_c——可变荷载组合值系数，其值小于1.0，可直接由《荷载规范》查用（参见附表5-2）。

由上述可知，可变荷载的准永久值、频遇值和组合值均可由可变荷载标准值乘以一个相应系数得到，所以可变荷载标准值是荷载的基本代表值。

2.3　结构抗力 R_d

2.3.1　结构抗力的概念

结构抗力是指结构或结构构件承受和抵抗荷载效应的能力，用R_d表示，如构件截面的承载力、刚度、抗裂度等。显然，结构的抗力与组成结构构件的材料性能、几何尺寸及计算模式等有关。由于材料性能、几何参数和计算模式都是随机变量，故结构抗力R_d也是随机变量。

2.3.2　结构构件的材料强度

1. 材料强度标准值

《统一标准》规定，材料强度标准值f_k是结构设计时采用的材料性能的基本代表值。材料强度标准值以材料强度的概率分布的某一分位值来确定。以混凝土强度为例，混凝土强度标准值按其概率分布的0.05分位值确定（图2-1），则其保证率为95%，也就是混凝土的实际强度低于强度标准值的可能性只有5%。

$$f_{cu,k} = \mu_c - 1.645\sigma_c \tag{2-4}$$

式中　μ_c——混凝土强度统计平均值；

σ_c——混凝土强度的统计标准差。

混凝土和钢筋的强度标准值参见附表1、附表2。

2. 材料强度的设计值

材料强度的设计值是用于承载力计算时的材料强度的代表值，它与材料的强度标准值的关

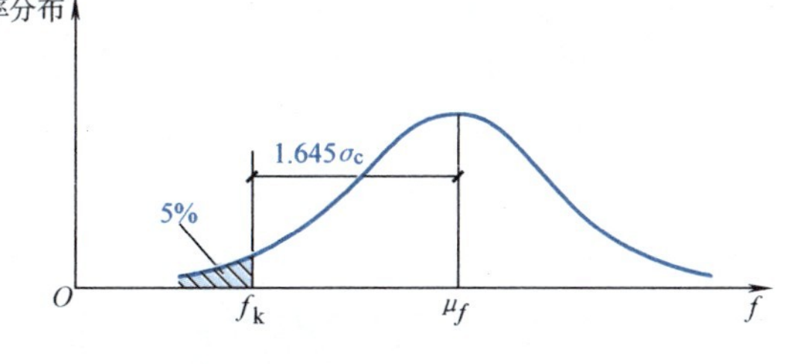

图2-1　混凝土强度标准值的取值

系如下

$$材料强度的设计值=\frac{材料强度的标准值}{材料强度分项系数} \tag{2-5}$$

式中 材料强度分项系数——混凝土的材料强度分项系数 $\gamma_c=1.40$；对于400MPa及以下的热轧钢筋，材料强度分项系数 $\gamma_s=1.10$；500MPa热轧钢筋取 $\gamma_s=1.15$；预应力钢筋取 $\gamma_s=1.20$。

混凝土和钢筋的强度设计值参见附表1、附表2和附表4。

2.4 概率极限状态设计法

现行《规范》的设计计算方法是以概率理论为基础的极限状态设计法，简称为概率极限状态设计法，是以结构的失效概率或可靠指标来度量结构的可靠度的。

2.4.1 功能函数与极限状态方程

结构设计的目的是保证所设计的结构构件满足一定的功能要求，也就是如前所述的：荷载效应 S_d 不应超过结构抗力 R_d。用来描述结构构件完成预定功能状态的函数 Z 称为功能函数。显然，功能函数可以用结构抗力 R_d 和荷载效应 S_d 表达为

$$Z=g(R_d,S_d)=R_d-S_d \tag{2-6}$$

当 $Z>0$（$R_d>S_d$）时，结构能完成预定功能，处于可靠状态。

当 $Z<0$（$R_d<S_d$）时，结构不能完成预定功能，处于失效状态。

当 $Z=0$（$R_d=S_d$）时，结构处于极限状态。

如图2-2所示，位于图中直线上方区域，即 $R_d>S_d$，结构处于可靠状态；位于直线下方区域，即 $R_d<S_d$，结构处于失效状态；位于直线上，即 $R_d=S_d$，结构处于极限状态，故把方程 $Z=g(R_d,S_d)=R_d-S_d=0$ 称为极限状态方程。

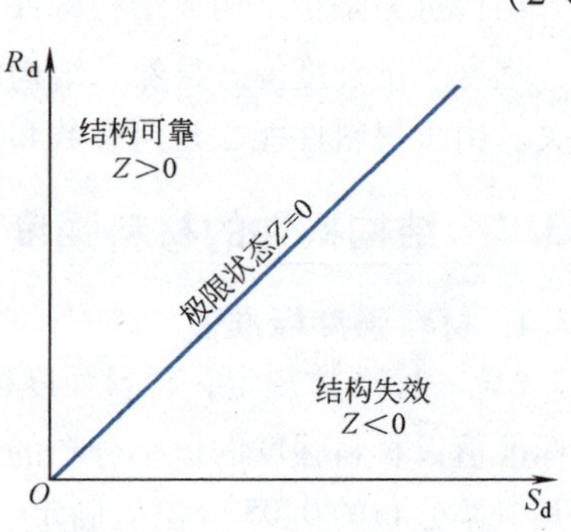

图2-2 结构所处状态示意图

2.4.2 结构的可靠度与失效概率

结构能完成预定功能（$R_d>S_d$）的概率称为"可靠概率"，以 P_s 表示；不能完成预定功能（$R_d<S_d$）的概率称为"失效概率"，以 P_f 表示。显然，$P_s+P_f=1$，即失效概率与可靠概率互补，故结构的可靠性也可以用失效概率来度量。如前所述，荷载效应 S_d 和结构的抗力 R_d 都是随机变量，所以 $Z=R_d-S_d$ 也应是随机变量，它是材料、荷载、几何尺寸参数、荷载效应计算公式及抗力计算模型等的不定性函数。如 R_d 和 S_d 服从正态分布，则 Z 也服从正态分布，即 Z 的概率分布曲线也是一条正态分布曲线，如图2-3所示。$Z=R_d-S_d<0$ 所出现的概率为图2-3中阴影部分的面积。

因为 Z 服从正态分布，由概率理论得知，Z 的平均值 μ_Z 和标准差 σ_Z 分别为

$$\mu_Z=\mu_R-\mu_S \tag{2-7}$$

$$\sigma_Z=\sqrt{\sigma_R^2+\sigma_S^2} \tag{2-8}$$

且由图2-3可知，结构的失效概率P_f与Z的平均值μ_Z的大小及标准差σ_Z的大小有关：若取$\beta=\mu_Z/\sigma_Z$，则β与P_f之间就存在对应关系，β越大则P_f就越小，结构就越可靠；反之，β越小则P_f就越大，结构就越容易失效，所以β也可以像P_f一样用来表述结构的可靠性，在工程上将β称为结构的“可靠指标”。当R与S均服从正态分布时，可靠指标β可由下式求得

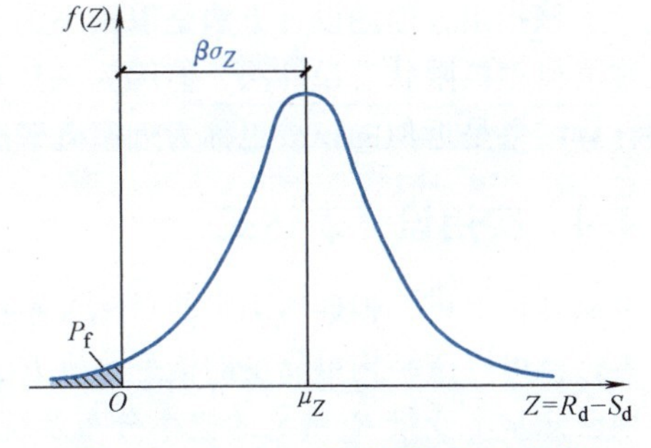

图2-3　$Z=R_d-S_d$的概率分布曲线

$$\beta=\frac{\mu_Z}{\sigma_Z}=\frac{\mu_R-\mu_S}{\sqrt{\sigma_R^2+\sigma_S^2}} \tag{2-9}$$

可靠指标β与失效概率P_f的对应关系见表2-2。

表2-2　可靠指标β与失效概率P_f的对应关系

β	2.7	3.2	3.7	4.2
P_f	3.5×10^{-3}	6.9×10^{-4}	1.1×10^{-4}	1.3×10^{-5}

2.4.3　建筑结构的安全等级和目标可靠指标

《统一标准》根据建筑结构破坏后果的严重程度，将建筑结构划为三个安全等级：重要的工业与民用建筑的安全等级为一级，如高层建筑、体育馆、影剧院等；大量一般性的工业与民用建筑的安全等级为二级；次要建筑的安全等级为三级（结构的安全等级划分参见表2-3）。

表2-3　建筑结构的安全等级划分

结构安全等级	破坏后果	结构类型
一级	很严重：对人的生命、经济、社会或环境产生影响很大	大型的公共建筑等重要结构
二级	严重：对人的生命、经济、社会或环境产生影响较大	普通的住宅和办公楼等一般结构
三级	不严重：对人的生命、经济、社会或环境产生影响较小	小型的或临时性储存建筑等次要结构

注：建筑结构抗震设计中的甲类建筑和乙类建筑，其安全等级宜规定为一级；丙类建筑，其安全等级宜规定为二级；丁类建筑，其安全等级宜规定为三级。

对于不同安全等级的结构，所要求的可靠指标β应不同，安全等级越高，β值也应取得越大。在正常情况下，失效概率P_f虽然很小，但总是存在的，所以从概率理论的观点，“绝对可靠”（$P_f=0$）的结构是不存在的。但只要失效概率小到可以接受的程度，就可以认为该结构是安全可靠的。为使所设计的结构既安全可靠又经济合理，就应该对不同情况下的可靠指标β值做出规定，即制订“目标可靠指标［β］”。《统一标准》根据不同的安全等级和破坏类型（延性破坏和脆性破坏）确定了结构承载能力极限状态设计时的目标可靠指标［β］，见表2-4。在结构设计时，就要求结构所具有的可靠指标β不小于目标可靠指标［β］。

表2-4　进行结构承载能力极限状态设计时的目标可靠指标［β］

破坏类型	安全等级		
	一　级	二　级	三　级
延性破坏	3.7	3.2	2.7
脆性破坏	4.2	3.7	3.2

应该指出，前述设计方法是以概率为基础，用各种功能要求的极限状态作为设计依据，所以称为概率极限状态设计法，但因为该法还不完善，在计算中还作了一些假设和简化处理，因而计算结果是近似的，故也称为近似概率法。

2.4.4　实用设计表达式

从理论上讲，根据所确定的目标可靠指标［β］，以及材料性能、荷载、构件尺寸、配筋用量等，就可以按结构可靠度的概率分析方法进行结构设计。但在计算结构构件的可靠指标β时，必须已知基本变量R_d和S_d的概率分布及统计参数μ_R、μ_S、σ_R和σ_S等。若在结构的极限状态方程中，基本变量多于两个或基本变量不服从正态分布，以及极限状态方程为非线性时，β值的计算就极为复杂，这对于一般结构构件的配筋设计是相当烦琐和没有必要的。为此，《统一标准》给出了以概率极限状态设计方法为基础的实用设计表达式。为使实用设计更为简化，考虑到工程技术人员的习惯，采用了以基本变量（如荷载、材料强度等）的标准值和相应的分项系数来表达的设计表达式。其中分项系数是按照目标可靠指标，并考虑到工程经验和习惯，经优选确定的。从而使得实用设计表达式的计算结果能近似地满足目标可靠指标的要求。

1. 承载能力极限状态设计表达式

《规范》规定：任何结构和结构构件都应进行承载力设计，以确保安全。设计时应考虑荷载效应的基本组合，必要时还应考虑荷载效应的偶然组合。

（1）基本表达式　结构或结构构件的破坏或过度变形的承载力极限状态设计的表达式为

$$\gamma_0 S_d \leq R_d = R_d(f_c, f_s, a_k, \cdots) \tag{2-10}$$

式中　γ_0——结构重要性系数；在持久设计状况和短暂设计状况下，对安全等级为一级的结构构件，不应小于1.1；对安全等级为二级的结构构件，不应小于1.0；对安全等级为三级的结构构件，不应小于0.9；对偶然设计状况和地震设计状况，结构构件的重要性系数不应小于1.0；

S_d——承载能力极限状态下作用效应的设计值：对持久设计状况和短暂设计状况应按作用的基本组合计算；对地震设计状况应按作用的地震组合计算；

R_d——结构或结构构件的承载力（抗力）设计值；

$R_d(f_c, f_s, a_k, \cdots)$——结构的承载力函数（如何构建及计算将在以后各章分别介绍）；

f_c、f_s——混凝土、钢筋的强度设计值；

a_k——几何参数标准值，当几何参数的变异性对结构性能有明显不利影响时，应另增减一个附加值。

式（2-10）中的$\gamma_0 S_d$可理解为内力设计值（即以后各章中的轴力N、弯矩M、剪力V和扭矩T等）。

结构整体或其一部分作为刚体失去静力平衡的承载能力极限状态设计，应符合下式规定

$$\gamma_0 S_{d,dst} \leq S_{d,stb} \tag{2-11}$$

式中　$S_{d,dst}$——不平衡作用效应设计值；

$S_{d,stb}$——平衡作用效应设计值。

（2）作用组合的效应设计值

1）基本组合。对持久设计状况和短暂设计状况，应采用作用基本组合，并应符合下列规定：

基本组合的效应设计值按下式中最不利值确定

$$S_d = \sum_{i\geqslant 1}\gamma_{G_i}S_{G_{ik}} + \gamma_P S_P + \gamma_{Q_1}\gamma_{L1}S_{Q_{1k}} + \sum_{j>1}\gamma_{Q_j}\gamma_{Lj}\psi_{cj}S_{Q_{jk}} \tag{2-12}$$

式中　γ_{G_i}——第 i 个永久荷载分项系数，当对结构构件的承载力不利时，取 1.3；对结构构件的承载力有利时，不应大于 1.0；

γ_{Q_1}、γ_{Q_j}——第 1 个和第 j 个可变荷载的分项系数，取 1.5；

γ_P——预应力作用的分项系数，当对结构构件的承载力不利时，取 1.3；对结构构件的承载力有利时，不应大于 1.0；

$S_{G_{ik}}$——第 i 个按永久荷载标准值 G_{ik} 计算的荷载效应值；

$S_{Q_{jk}}$——按可变荷载标准值 Q_{jk} 计算的荷载效应值，其中 $S_{Q_{1k}}$ 为诸可变荷载效应中起控制作用的；

S_P——预应力作用有关代表值效应；

γ_{L1}——第 1 个考虑结构设计使用年限调整系数；

ψ_{cj}——对可变荷载 Q_j 的组合值系数，一般情况下取 $\psi_{cj}=0.7$；对书库、档案库、密集书柜库、通风机房、电梯机房等取 $\psi_{cj}=0.9$；对工业建筑活荷载的组合值系数应按《荷载规范》取用。

2）偶然组合。荷载偶然组合的效应设计值按下列表达式进行确定

$$S_d = \sum_{i\geqslant 1}S_{G_{ik}} + S_P + S_{A_d} + \psi_{f1}S_{Q_{1k}} + \sum_{j>1}\psi_{qj}S_{Q_{jk}} \tag{2-13}$$

式中　S_{A_d}——偶然作用设计值的效应；

ψ_{f1}——第 1 个可变作用的频遇值系数；

ψ_{qj}——第 1 个和第 j 个可变作用的准永久值系数。

2. 正常使用极限状态设计表达式

按正常使用极限状态设计时，主要是验算结构构件的变形（挠度）、抗裂度和裂缝宽度。变形过大或裂缝过宽，虽然影响正常使用，但危害程度不及因承载力不足引起的结构破坏所造成的损失那么大，所以可适当降低对可靠度的要求。在按正常使用极限状态设计中，荷载和材料强度不再乘以分项系数，结构的重要性系数 γ_0 也不予考虑。

（1）基本表达式　正常使用极限状态应按下列的实用设计表达式进行设计

$$S_d \leqslant C \tag{2-14}$$

式中　S_d——正常使用极限状态的作用组合的效应设计值（变形、裂缝宽度等）；

C——结构构件达到正常使用要求的规定限值，如变形（挠度）、裂缝宽度等限值，按附表 7、附表 8 的规定采用。

1）变形验算。根据使用要求需控制变形的构件，应进行变形（主要是受弯构件的挠度）验算。验算钢筋混凝土受弯构件时，按荷载效应的准永久组合。对于预应力混凝土受弯构件，应按荷载的标准组合，并考虑荷载长期作用的影响，计算的最大挠度不超过规定的挠度限值。

2）裂缝控制验算。结构构件设计时，应根据所处的环境和使用要求选择相应的裂缝控制等级（查附表 8），并根据不同的裂缝控制等级进行抗裂和裂缝宽度的验算。裂缝控制等级划分为如下三级：

一级——对于正常使用阶段严格要求不出现裂缝的构件，按荷载效应的标准组合计算时，构件受拉边缘的混凝土不应产生拉应力。

二级——对于一般要求不出现裂缝的构件，按荷载效应的标准组合计算时，构件受拉边缘

的混凝土允许产生拉应力，但拉应力不应大于混凝土的轴心抗拉强度标准值f_{tk}；按荷载效应准永久组合计算时，构件受拉边缘的混凝土不宜产生拉应力。当有可靠经验时，可适当放松要求。

三级——对于允许出现裂缝的构件，按荷载效应准永久组合并考虑长期作用影响计算时，构件的裂缝宽度最大值w_{max}不应超过附表8规定的最大裂缝宽度限值。

属于一、二级的构件一般为预应力混凝土构件，对抗裂度要求较高。在工业与民用建筑工程中，普通钢筋混凝土结构的裂缝控制等级通常都属于三级。在水利工程中，对钢筋混凝土结构有时也有抗裂要求。

3）竖向自振频率验算。对混凝土楼盖应根据使用功能的要求进行竖向自振频率验算，并宜符合以下要求：住宅和公寓不宜低于5Hz；办公楼和旅馆不宜低于4Hz；大跨度公共建筑不宜低于3Hz。

（2）荷载效应组合　由于荷载的短期作用与长期作用对结构构件正常使用性能的影响不同，所以结构构件应根据不同的要求，分别采用荷载的标准组合、频遇组合或准永久组合计算荷载效应组合设计值。

1）对于标准组合，S_d按下式计算

$$S_d = \sum_{i \geqslant 1} S_{G_{ik}} + S_P + S_{Q_{1k}} + \sum_{j>1} \psi_{cj} S_{Q_{jk}} \tag{2-15}$$

2）对于准永久组合，S_d按下式计算

$$S_d = \sum_{i \geqslant 1} S_{G_{ik}} + S_P + \sum_{j \geqslant 1} \psi_{qj} S_{Q_{jk}} \tag{2-16}$$

式中　ψ_{qj}——第j个可变荷载的准永久值系数，按附表5-2采用。

3）对于频遇组合，S_d按下式计算

$$S_d = \sum_{i \geqslant 1} S_{G_{ik}} + S_P + \psi_{f1} S_{Q_{1k}} + \sum_{j>1} \psi_{qj} S_{Q_{jk}} \tag{2-17}$$

式中　ψ_{f1}——第1个可变荷载Q_{1k}的频遇值系数，按附表5-2采用。

对地震设计状况，应采用作用的地震组合。地震组合的效应设计值应符合现行国家标准《建筑抗震设计规范》（GB 50011—2010）（2016年版）的规定，详见本书第13章。

【例2-1】　一简支空心板，安全等级定为二级，板长3300mm，计算跨度3180mm，板宽900mm，板自重2.04kN/m²，后浇混凝土层厚40mm，板底抹灰层厚20mm，可变荷载标准值2.0kN/m²，准永久值系数0.4。试计算按承载能力极限状态和正常使用极限状态设计时的跨中截面弯矩设计值。

【解】　永久荷载标准值

板自重	2.04	kN/m²
40mm厚现浇混凝土	(25×0.04)kN/m² = 1.00	kN/m²
20mm板底抹灰	(20×0.02)kN/m² = 0.40	kN/m²
	Σ = 3.44	kN/m²
板长方向均布恒荷载标准值	(3.44×0.9)kN/m = 3.10	kN/m
可变荷载标准值	(2.0×0.9)kN/m = 1.80	kN/m

均布荷载下的跨中截面弯矩　$M = \frac{1}{8}ql^2$

（1）承载能力极限状态设计时的跨中截面弯矩设计值的计算

取$\gamma_0 = 1.0$，$\gamma_G = 1.3$，$\gamma_Q = 1.5$，$\gamma_L = 1.0$，则

$$M = \gamma_0 S_d = \gamma_0 (\gamma_G S_{Gk} + \gamma_{Q1}\gamma_L S_{Q_{1k}})$$

$$= 1.0 \times \left(1.3 \times \frac{1}{8} \times 3.10 \times 3.18^2 + 1.5 \times 1.0 \times \frac{1}{8} \times 1.80 \times 3.18^2\right) kN \cdot m = 8.51 kN \cdot m$$

（2）正常使用极限状态设计时的跨中截面弯矩设计值的计算

1）按荷载标准组合，则

$$M = S_{Gk} + S_{Q_{1k}}$$

$$= \left(\frac{1}{8} \times 3.10 \times 3.18^2 + \frac{1}{8} \times 1.80 \times 3.18^2\right) kN \cdot m = 6.19 kN \cdot m$$

2）按荷载准永久组合：由附表 5-2 查得 $\psi_q = 0.4$，则

$$M = S_{Gk} + \psi_{qj} S_{Q_{jk}}$$

$$= \left(\frac{1}{8} \times 3.10 \times 3.18^2 + 0.4 \times \frac{1}{8} \times 1.80 \times 3.18^2\right) kN \cdot m = 4.83 kN \cdot m$$

2.5　混凝土结构的环境类别

对混凝土耐久性极限状态影响最大的因素是环境，将混凝土结构的工作环境进行划分，可以使设计者针对不同的环境类别采取相应的措施。根据我国的统计调查并参考工程经验和国外的做法，《规范》将混凝土结构的使用环境分为五大类，作为耐久性极限状态设计的主要依据，混凝土结构的使用环境类别见表 2-5。

表 2-5　混凝土结构的使用环境类别

环 境 类 别	说　明
一	室内干燥环境；无侵蚀性静水浸没环境
二 a	室内潮湿环境；非严寒和非寒冷地区的露天环境；非严寒和非寒冷地区与无侵蚀性的水或土壤直接接触的环境；严寒和寒冷地区的冰冻线以下与无侵蚀性的水或土壤直接接触的环境
二 b	干湿交替环境；水位频繁变动环境；严寒和寒冷地区的露天环境；严寒和寒冷地区的冰冻线以上与无侵蚀性的水或土壤直接接触的环境
三 a	严寒和寒冷地区冬季水位变动区环境；受除冰盐影响环境；海风环境
三 b	盐渍土环境；受除冰盐作用环境；海岸环境
四	海水环境
五	受人为或自然的侵蚀性物质影响的环境

注：1. 室内潮湿环境是指构件表面经常处于结露或湿润状态的环境。
2. 严寒和寒冷地区的划分应符合国家标准《民用建筑热工设计规范》（GB 50176—2016）的有关规定。
3. 海岸环境和海风环境宜根据当地情况，考虑主导风向及结构所处迎风、背风部位等要素的影响，由调查研究和工程经验确定。
4. 受除冰盐影响环境是指受到除冰盐盐雾影响的环境；受除冰盐作用环境是指被除冰盐溶液溅射的环境及使用除冰盐地区的洗车房、停车楼等建筑。
5. 暴露的环境是指混凝土结构表面所处的环境。

耐久性极限状态设计的目标是要保证结构的使用年限，也就是设计使用寿命。我国设计标准的设计基准期为 50 年；重要的建筑的设计使用寿命要长一些，可达 100 年甚至更长，耐久性极限状态设计的具体内容见本书第 7 章 7.4 节。

本章小结

1）建筑结构的功能要求主要包括：安全性、适用性和耐久性，这三个方面统称为结构的可靠性，也就是结构在规定的设计基准期内（如50年），在规定的条件下（正常设计、正常施工、正常使用和正常维护）完成预定功能的能力。

2）结构的极限状态是指结构或结构的一部分超过某一特定的状态就不能满足设计规定的某一功能要求，此特定的状态就称为该功能的极限状态。极限状态可分为承载能力极限状态、正常使用极限状态和耐久性极限状态。建筑结构设计分为持久设计状况、短暂设计状况、偶然设计状况、地震设计状况，对四种设计状况均应进行承载能力极限状态的计算：对持久设计状况还应进行正常使用极限状态设计，并宜进行耐久性极限状态设计；对短暂设计状况和地震设计状况可根据需要进行正常使用极限状态设计；对偶然设计状况可不进行正常使用极限状态和耐久性极限状态设计。

3）结构上的“作用”是施加于结构上的力及引起结构变形的各因素的总称。直接施加于结构上的力称为直接作用，引起结构变形的因素称为间接作用。结构由于荷载原因引起的内力和变形总称为荷载效应，用 S_d 表示。荷载的代表值有：标准值、准永久值、频遇值和组合值，分别用于不同的设计计算情况。

4）抗力指的是结构构件抵抗荷载效应的能力，如构件截面的承载力、刚度、抗裂度等，用 R_d 表示。它是结构构件的材料强度及构件尺寸等的函数。

5）我国现行规范所采用的是以概率理论为基础的极限状态设计法，规定了结构不失效（$R_d - S_d \geqslant 0$）的保证率——结构的可靠度，并用可靠指标度量结构构件的可靠度。根据建筑结构的不同安全等级和不同的破坏特征确定目标可靠指标。在工程实际设计计算中，可靠度是通过实用的设计表达式体现的。在承载能力极限状态设计表达式中，荷载和材料强度均采用设计值，对多个可变荷载还引入组合值系数。在正常使用极限状态设计表达式中，荷载和材料强度均采用标准值，考虑荷载效应标准组合时，可变荷载采用标准值和组合值；考虑荷载效应准永久组合时，可变荷载采用准永久值。

6）影响混凝土耐久性极限状态的最大因素是环境，将混凝土结构的工作环境进行划分。根据我国的统计调查并参考工程经验和国外的做法，《规范》将混凝土结构的使用环境分为五大类。

复习题

2-1 结构设计应使结构满足哪些功能要求？

2-2 什么是结构的极限状态？结构的极限状态分为哪几类？包括哪些内容？受弯构件的抗剪计算和挠度验算分别属于哪类极限状态？什么是混凝土结构的耐久性极限状态？

2-3 什么是结构上的作用？什么是结构上的荷载效应？什么是结构抗力？为什么说它们都是随机变量？

2-4 什么是功能函数？如何用功能函数表达“失效”“可靠”和“极限状态”？

2-5 什么是失效概率、可靠指标？两者之间的关系如何？

2-6 建筑结构的安全等级如何划分？它与目标可靠指标之间的关系如何？

2-7 荷载的代表值有哪些？它们之间的关系如何？荷载的分项系数如何取值？

2-8 试说明混凝土强度的平均值、标准值和设计值之间的关系。

2-9 试写出承载能力极限状态设计的实用设计表达式，试说明表达式中各符号的意义。

2-10 试写出正常使用极限状态设计的实用设计表达式，式中的荷载和材料强度是如何取值的？根据不同的设计要求，应采用哪些荷载效应组合？

2-11 混凝土结构的使用环境是如何分类的？

2-12　一办公楼用钢筋混凝土简支梁如图 2-4 所示，计算跨度 $l_0=4.0\text{m}$，跨中承受集中活荷载标准值 $Q_k=6.0\text{kN}$，均布活荷载（标准值）$q_k=4.0\text{kN/m}$，承受均布恒荷载（标准值）$g_k=8.0\text{kN/m}$，结构的安全等级为二级，求：

1）承载能力极限状态设计时的跨中最大弯矩设计值。

2）荷载效应的标准组合值、荷载效应的准永久组合值。

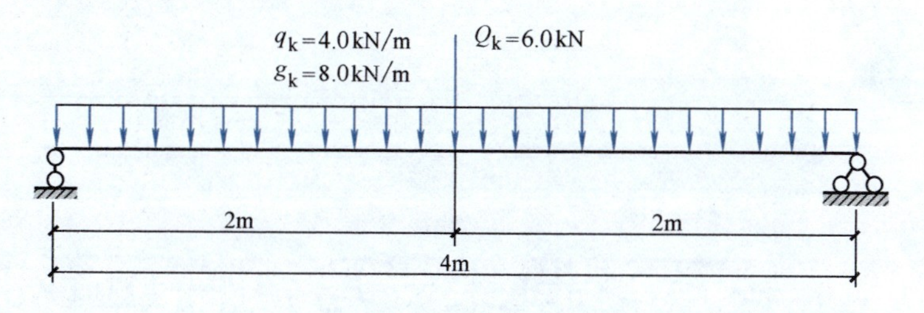

图 2-4　复习题 2-12 图

第3章 钢筋混凝土受弯构件正截面承载力

内容提要

本章主要讲述钢筋混凝土受弯构件（梁、板）在弯矩作用下，垂直于构件纵轴线的截面——正截面的受弯性能和受弯承载力设计计算方法。包括介绍受弯构件的基本构造要求、正截面受弯性能的试验研究、适筋梁正截面的三个工作阶段及各阶段的应力和应变情况、正截面的三种破坏形态及配筋率对正截面破坏的影响；重点讲述了单筋矩形截面、双筋矩形截面和T形截面的配筋计算和截面承载力复核计算。

3.1 概述

受弯构件是指受荷载后截面上同时受弯矩和剪力作用而轴力可忽略不计的构件。在土木工程中，梁和板是最常见的受弯构件。这类构件的破坏有两种可能：一种破坏主要是由于弯矩作用引起的，其破坏时截面大致与构件的轴线垂直正交，故称为正截面破坏；另一种破坏则主要是由弯矩和剪力共同作用引起的，其破坏截面与构件的轴线成一定的角度斜向相交，因而称为斜截面破坏。本章解决的是前一种破坏即正截面受弯承载力的问题，斜截面受剪承载力的问题在第4章介绍。

3.1.1 受弯构件的截面形状与尺寸

在房屋建筑工程中，梁、板的截面一般采用对称形状，建筑工程常用梁、板的截面形状如图3-1所示。交通工程常用梁、板的截面形状如图3-2所示。

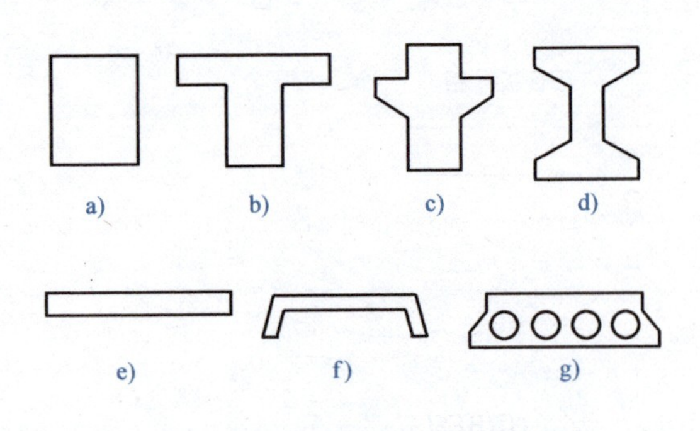

图3-1 建筑工程常用梁、板的截面形状

（1）梁的截面尺寸 在梁的设计中，截面尺寸的选用既要满足承载力条件，又要满足刚度要求，还应便于施工。常用矩形截面的宽度及T形截面的腹板宽度为120mm、

150mm、180mm、200mm、220mm、250mm，250mm以上按50mm为模数递增；截面的高宽比h/b，在矩形截面中一般为2.0～2.5，在T形截面中为2.5～4.0，有些预制的薄腹梁的高宽比可达到6左右。常用的梁高为：250mm、300mm、350mm、…、800mm，此部分以50mm为模数递增；800mm以上则以100mm为模数递增。从刚度条件出发，梁的高度常用高跨比（h/l）来估计，简支梁的高跨比取1/12～1/8，连续梁取1/14～1/10，并应在此范围内根据常用的模数尺寸取整。

（2）板的厚度　在设计钢筋混凝土楼盖时，由于板的混凝土用量占整个楼盖的混凝土用量多达一半甚至更多，从经济方面考虑宜采取较小的板厚。另一方面，由于板的厚度尺寸较小，施工误差的影响就相对较大，为此《规范》规定现浇钢筋混凝土板的最小厚度应满足表3-1的规定。在房屋建筑工程中，板的常用厚度有60mm、70mm、80mm、100mm、120mm。预制板可薄一些，且能以5mm为模数进行增减。板的宽度一般较大，设计时取单位宽度$b=1000$mm进行计算。

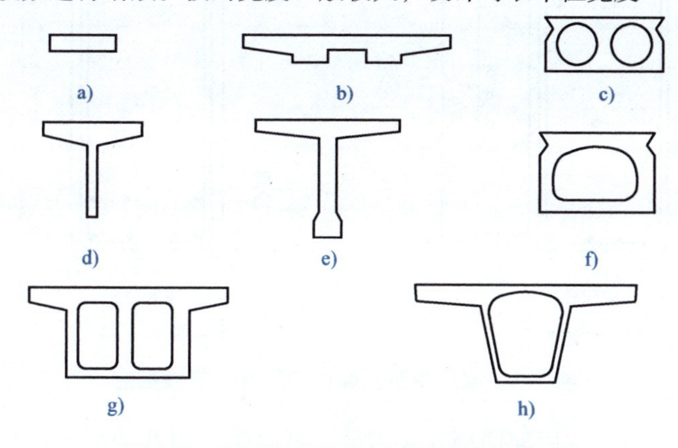

图3-2　交通工程常用梁、板的截面形状

表3-1　现浇钢筋混凝土板的最小厚度

板的类型		最小厚度/mm
单向板	屋面板	60
	民用建筑楼板	60
	工业建筑楼板	70
	行车道下的楼板	80
双向板		80
密肋楼盖	面板	50
	肋高	250
悬臂板（根部）	板的悬臂长度≤500mm	60
	板的悬臂长度=1200mm	100
无梁楼板		150
现浇空心楼盖		200

3.1.2　钢筋的选用

（1）梁的纵向受力筋　在梁中配置的纵向受力筋推荐采用HRB400级（HRBF400级）和HRB500级（HRBF500级）钢筋，也可采用HPB300级、HRB335级和RRB400级钢筋；常用的钢筋直径有12mm、14mm、16mm、18mm、20mm、22mm、25mm、28mm，必要时也可采用更粗的直径。在设计中，如需采用不同直径的钢筋时，其直径差至少为2mm，以便于在施工中识别，但也不宜超过4～6mm。梁中受力钢筋的根数不宜太多，否则会增加浇筑混凝土的困难；但也不宜太少，最少为两根。为便于混凝土的浇捣和保证混凝土与钢筋之间有足够的黏结力，梁内下部纵向钢筋的净距不应小于钢筋的直径和25mm；上部纵向钢筋的净距不应小于钢筋直径的1.5倍，同时不得小于30mm，如图3-3所示。纵向钢筋应尽可能布置成一排；如根数较多时也可排成两排，但此时因钢筋重心上移，内力臂随之减小；当两排还布置不下时，还可将钢筋成束布置。当钢筋排成两排或多于两排时，要避免上下钢筋互相错位，各排钢筋之间的净距不应小于钢筋直径和25mm，以免使混凝土浇筑困难。

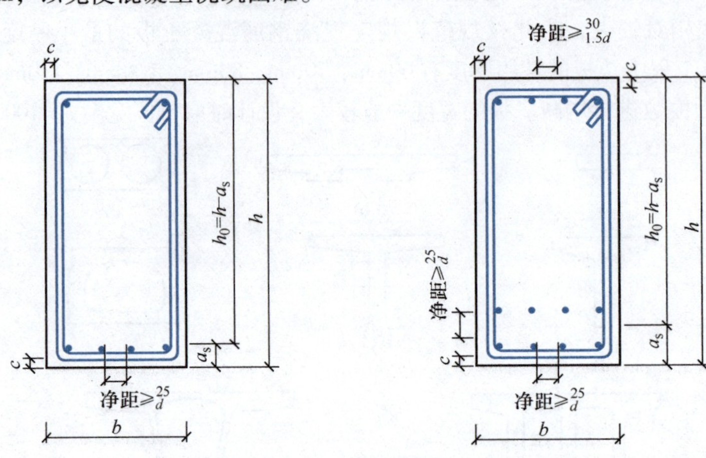

图3-3　钢筋净距、保护层厚度及有效高度

梁中配置钢筋的数量通常用配筋率ρ来衡量，纵向受拉钢筋的配筋率是指截面中纵向受拉钢筋的截面面积与截面有效面积之比，即

$$\rho=\frac{A_s}{bh_0} \tag{3-1}$$

式中　ρ——配筋率，按百分比计；

A_s——纵向受拉钢筋的截面面积；

b——梁的截面宽度；

h_0——梁的截面有效高度，为受拉钢筋截面的重心（合力作用点中心）至受压边缘的距离，$h_0=h-a_s$；a_s是纵向受拉钢筋合力点至受拉边缘的距离，可按实际尺寸计算，一般可近似按表3-2取用。

表3-2　梁纵向受拉钢筋合力点至受拉边缘的距离　（单位：mm）

环境等级	混凝土保护层最小厚度	箍筋直径6mm		箍筋直径8mm	
		受拉钢筋一排	受拉钢筋两排	受拉钢筋一排	受拉钢筋两排
一	20	35	60	40	65
二a	25	40	65	45	70
二b	35	50	75	55	80
三a	40	55	89	60	85
三b	50	65	90	70	95

（2）板内钢筋的配置　单向板内的配筋一般有纵向受力钢筋和分布钢筋两种，如图3-4所示。板中钢筋的常用直径有6mm、8mm、10mm、12mm。板内配筋不宜过稀，钢筋的间距一般取

70~200mm。板厚大于150mm时，钢筋间距不宜大于板厚的1.5倍，且不宜大于250mm。钢筋间距如太大，会导致传力不均匀，容易造成裂缝的宽度增大或混凝土局部破坏。

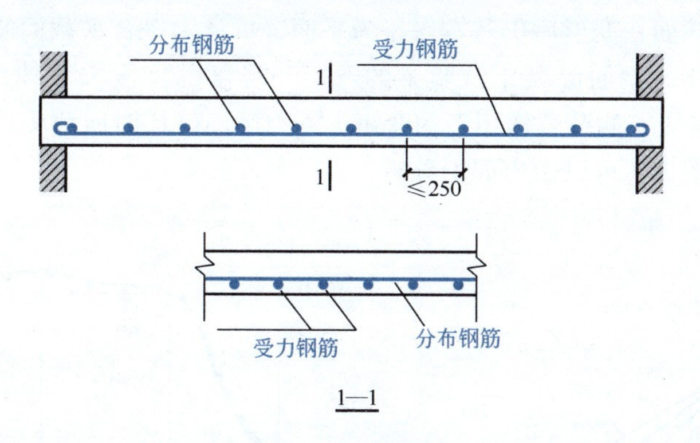

图3-4　板的配筋

除受力钢筋外，还应在垂直于受力钢筋的方向布置分布钢筋。分布钢筋的作用是将板面荷载更均匀地传给受力钢筋，同时还起到固定受力钢筋、抵抗温度变化和混凝土收缩应力的作用。分布钢筋的常用直径有6mm、8mm与10mm，且规定每米板宽中分布钢筋的面积不少于受力钢筋面积的15%；分布钢筋的间距不宜大于250mm，直径不宜小于6mm。当集中荷载较大时，分布钢筋的截面面积应适当加大，钢筋间距不宜大于200mm。分布钢筋应布置在受力钢筋的内侧。

3.2　受弯构件正截面受力性能试验

钢筋混凝土受弯构件的受力性能与截面尺寸、配筋量、材料强度等有关，再加上截面是由两种材料组成的，而且混凝土为非弹性、非均质材料，混凝土的抗拉、抗压强度存在巨大差异等原因，如仍按材料力学的方法进行计算，则结果肯定与实际情况不符。目前，钢筋混凝土构件的计算理论一般都是在大量试验的基础上建立起来的。

3.2.1　适筋梁正截面工作的三个阶段

梁的正截面试验装置如图3-5所示，为使研究的问题具有普遍性，试验首先从配筋率比较适当的梁——适筋梁开始。因为是研究梁的正截面问题，在梁上施加两个对称的集中荷载，在不考虑自重的情况下，就形成一段只有弯矩而没有剪力的“纯弯段”。利用应变测点检测沿梁高的应变分布情况；通过位移计B-1、B-2、B-3测定梁的跨中挠度；梁的开裂和裂缝的宽度则用读数放大镜观察。

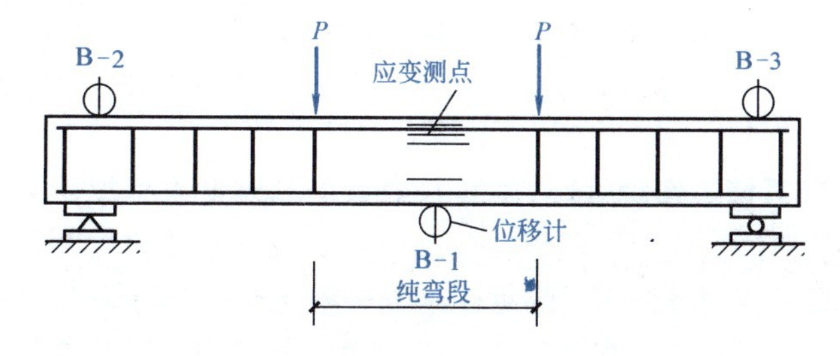

图3-5　梁的正截面试验装置

试验时，荷载由零开始分级增加，并逐级观察梁的变化：挠度、裂缝的出现与开展，以及钢筋和混凝土的应力和应变，并做好相应记录，一直加载到梁被破坏。图3-6为梁的实测应变分布图，由图可知，截面在变形后仍基本保持为平面，可认为符合平截面假定。

图3-7为配筋合适的钢筋混凝土试验梁的弯矩与挠度的实测关系曲线（M/M_u-f关系曲线），图中的M为在各级实测荷载作用下的弯矩，M_u为截面破坏时所测得的极限弯矩，f为挠度实测值。通过试验由图3-7可以做出如下分析：

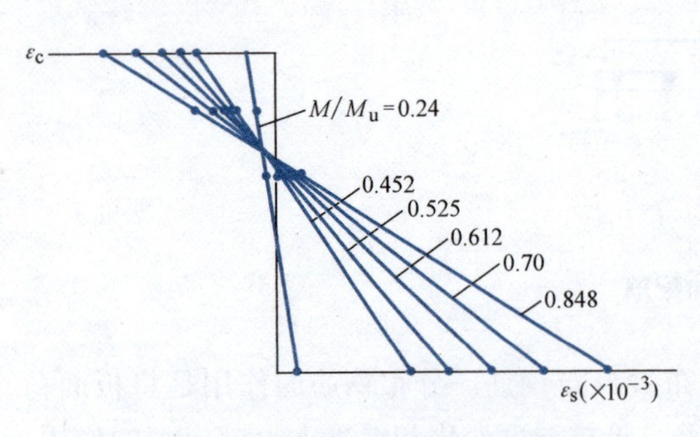

图3-6　梁的实测应变分布图

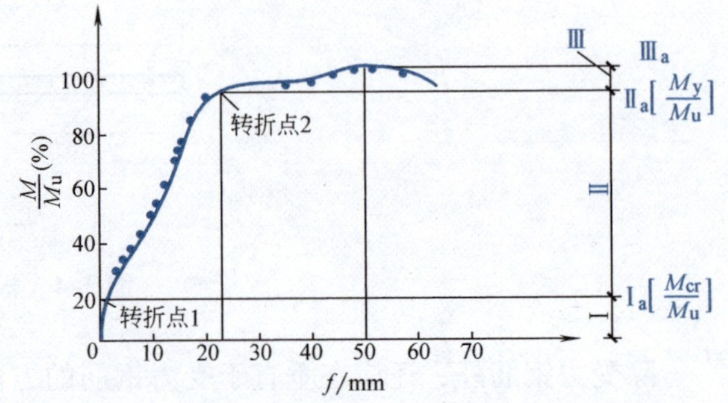

图3-7　M/M_u-f关系曲线

钢筋混凝土梁从加载到破坏，可分为三个阶段：

1）当弯矩较小时，挠度与弯矩的关系曲线接近线性，受拉区还没有出现裂缝，此阶段称为第Ⅰ阶段。随着荷载的增加，当弯矩超过构件的开裂弯矩M_{cr}后，构件开裂，关系曲线出现转折，进入第Ⅱ阶段。

2）在第Ⅱ阶段中，随着荷载的增长，裂缝不断加宽，并有新裂缝出现，挠度也不断增加。荷载继续增加，弯矩达到M_y时，钢筋受拉达到屈服，第Ⅱ阶段结束，关系曲线出现第二个转折点，进入第Ⅲ阶段。

3）在第Ⅲ阶段中，由于钢筋屈服，裂缝急剧开展，挠度迅速增大，当弯矩达到M_u时，受压混凝土的应变达到弯曲受压时的极限应变，截面即告破坏。

3.2.2　受弯构件正截面工作各阶段的应力状态

（1）第Ⅰ阶段（未裂阶段）　梁从开始加载到受拉区混凝土即将开裂为梁正截面受力的第Ⅰ阶段。在梁的纯弯段截取一段，如图3-8所示。加荷开始时，混凝土和钢筋的应力都不大，受拉区的拉力由受拉钢筋和受拉区的混凝土共同承担，混凝土的应力呈三角形分布。随着荷载的增大，由于混凝土的受拉强度很低，受拉区边缘的混凝土很快产生塑性变形，受拉区混凝土的应力由直线变为曲线；直到受拉区边缘的混凝土的应变达到混凝土的极限拉应变，此时受拉混凝土的应力分布已接近矩形，混凝土即将开裂，对应的弯矩为开裂弯矩M_{cr}，并用$Ⅰ_a$表示第Ⅰ阶段末，如图3-8a所示。由于此时混凝土还未开裂，故可作为受弯构件正截面抗裂计算的依据。

（2）第Ⅱ阶段（带裂缝工作阶段）　在第$Ⅰ_a$阶段的基础上再稍加荷载，受拉区边缘混凝土的应变就超过混凝土的极限拉应变，就会在该区段中的最薄弱处首先出现裂缝，梁进入第Ⅱ阶段——带裂缝工作阶段。在裂缝截面，除靠近中和轴处还有一部分未开裂的混凝土还能承担很小的拉力外，原来受拉区混凝土承担的拉力几乎全由钢筋承担，因此裂缝一旦出现，钢筋的应力就突然增加，裂缝也就具有一定的宽度。随着荷载的增加，裂缝不断扩大、延伸，使中和轴的位置不断上移，受压区混凝土的面积也随之逐步减小，受压区混凝土的塑性也开始表现出来，并逐渐明显，受压区混凝土的应力图形就由第Ⅰ阶段的直线变为曲线。荷载继续增加，直到使受拉钢筋的应力达到屈服强度，为第Ⅱ阶段结束，用Ⅱ_a表示，所对应的弯矩称为屈服弯矩M_y，如图3-8b所示。

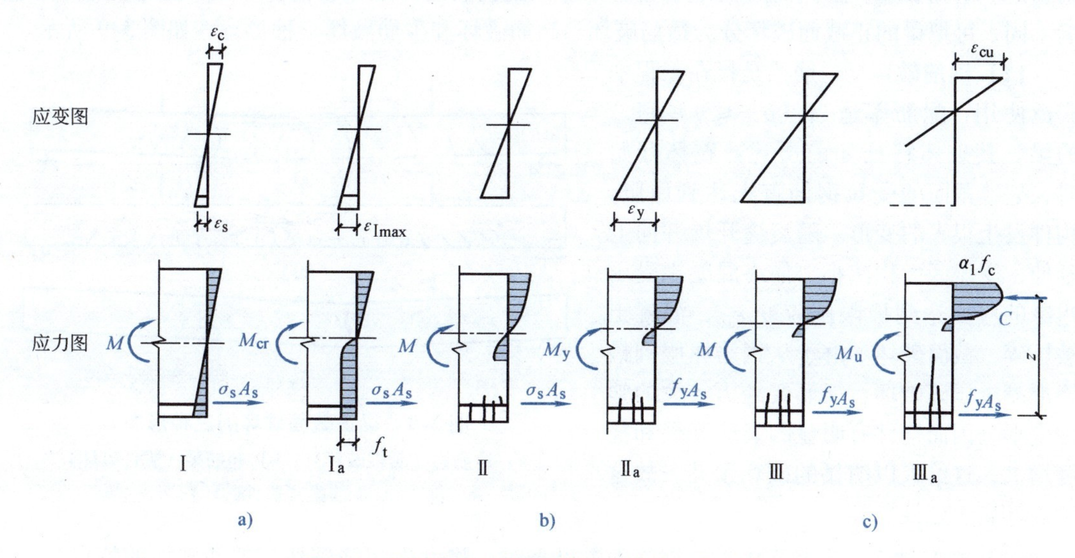

图3-8 钢筋混凝土梁正截面工作的三个阶段

在第Ⅱ阶段中，随着荷载的增加，梁的裂缝不断出现、加宽，挠度也不断加大。对于一般不要求抗裂的构件，在正常使用条件下多处于这个阶段，也就是说对于一般钢筋混凝土结构构件，在正常使用时都是带裂缝工作的，故第Ⅱ阶段的应力状态是受弯构件在使用阶段验算变形（挠度）和裂缝宽度的依据。

（3）第Ⅲ阶段（破坏阶段） 如荷载再继续增加，由于受拉钢筋屈服后，应变急剧增加，构件挠度陡增，屈服截面的裂缝迅速开展并向上延伸，中和轴也随之上移，迫使受压区混凝土的面积进一步减小，混凝土的压应力进一步增大，其塑性特征就更加明显，应力分布图形如图3-8c所示。当受压边缘混凝土的应变达到极限压应变时，受压区的混凝土被压碎，截面达到极限承载力M_u，梁被破坏，此阶段可用Ⅲ_a表示。采用极限状态设计方法的受弯承载力计算应以此应力状态为计算依据。

表3-3为适筋梁受弯正截面工作三个阶段的主要特征。

表3-3 适筋梁受弯正截面工作三个阶段的主要特征

受力阶段		第Ⅰ阶段	第Ⅱ阶段	第Ⅲ阶段
习称		未裂阶段	带裂缝工作阶段	破坏阶段
外观表象		没有裂缝、挠度很小	开裂、挠度和裂缝发展	钢筋屈服、混凝土压碎
混凝土应力图形	受压区	呈直线分布	应力呈曲线分布，最大值在受压区边缘处	受压区的高度更加减小，曲线丰满，最大值不在受压区边缘
	受拉区	前期为直线，后期呈近似矩形的曲线	大部分混凝土退出工作	混凝土全部退出工作
纵向受拉钢筋应力		$\sigma_s \leqslant 20 \sim 30\text{N/mm}^2$	$20 \sim 30\text{N/mm}^2 \leqslant \sigma_s \leqslant f_y$	$\sigma_s = f_y$
计算依据		抗裂	裂缝宽度和挠度	正截面受弯承载力

3.2.3　受弯构件正截面的破坏特征

如前所述，钢筋混凝土受弯构件的正截面承载力计算是以构件截面破坏阶段的应力状态为依据的。研究表明，正截面的破坏形态主要与纵向钢筋的配筋率ρ有关，按配筋率对破坏的影响不同，可把梁的正截面破坏分为适筋破坏、超筋破坏和少筋破坏三种形态，如图3-9所示。

（1）适筋破坏　适筋梁是指在工程中广泛使用、配筋率适当（$\rho_{min} \leqslant \rho \leqslant \rho_{max}$）的梁。其破坏特征如前所述：破坏开始时，裂缝截面的受拉钢筋首先达到屈服，构件发生很大的变形。随裂缝开展并向上延伸，受压区面积减小，最终混凝土受压边缘的应变达到极限压应变ε_{cu}，混凝土被压碎，截面破坏。由于从钢筋屈服到最终混凝土压碎破坏，钢筋要经历较大的塑性变形，因而构件有明显的裂缝开展和挠度增大，这给人以明显的破坏预兆，故这种破坏属于延性破坏。

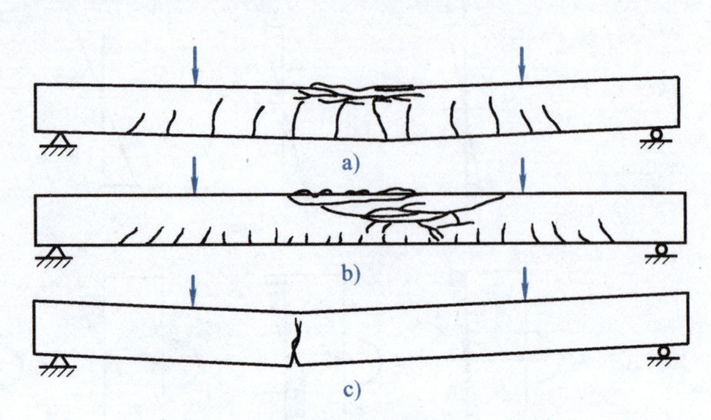

图3-9　梁正截面破坏的三种形态

a）适筋梁（延性破坏）　b）超筋梁（脆性破坏）　c）少筋梁（脆性破坏）

（2）超筋破坏　当截面中受拉钢筋配置过多时，将发生超筋破坏。超筋破坏的特点是：由于受拉钢筋的数量过多，加载后在受拉钢筋达到屈服强度之前，截面就已因受压混凝土被压碎而破坏。这种超筋梁在破坏时，裂缝的数量较多，但宽度很小，梁的挠度也较小；由于在混凝土压坏前，梁没有明显的破坏预兆，破坏带有一定的突然性，属于脆性破坏，这对结构的安全极为不利。另一方面，钢筋的强度也没有得到充分利用，承载力仅取决于混凝土的强度，而与钢筋的强度无关，因此在设计中不允许采用超筋梁。

（3）少筋破坏　如在受拉区配置的钢筋数量过少，在开始加载时，受拉区的拉力是由钢筋和混凝土共同承担的；当加载到构件开裂时，原混凝土所承担的拉力全由钢筋承担，钢筋的应力将突然增大，因钢筋的配筋截面面积过小，其应力会很快达到屈服强度，甚至经过流幅进入强化阶段。相应的裂缝一般只有一条，而且很宽，梁的挠度也很大，由于开裂时的荷载很小，受压区混凝土应力也还很小，虽然混凝土还未压碎，但构件实际上已不能使用。由此可知，少筋梁一旦开裂，就标志着破坏，可以认为开裂弯矩就是它的破坏弯矩。少筋构件的承载力主要取决于混凝土的抗拉能力，其承载能力很低，开裂前又没有明显预兆，也属于脆性破坏，在建筑结构中也不允许采用。

综上所述，在钢筋混凝土受弯构件设计时，只能采用适筋截面，而不允许采用超筋和少筋截面，因此就以适筋截面的破坏为基础，建立受弯构件正截面承载力的计算公式，再配以公式的适用条件，以限制超筋和少筋破坏的发生。

3.3　受弯构件正截面承载力计算的基本原则

3.3.1　正截面受弯承载力计算的几个基本假定

对正截面承载力进行计算，《规范》采取下列几点基本假定：

(1) 截面保持平面(平截面假定) 对于钢筋混凝土受弯构件，从加载开始直到最终破坏，截面上的平均应变均保持为直线分布，即符合平截面假定——截面上任意点的应变与该点到截面中和轴的距离成正比。

(2) 不考虑混凝土的抗拉强度 对极限状态承载力计算来说，受拉区混凝土早已开裂，大部分受拉区混凝土已退出工作，剩下靠近中和轴的混凝土虽仍承担拉力，但因其总量及内力臂都很小，完全可将其忽略，而对最终的计算结果几乎没有影响。

(3) 受压区混凝土的应力 - 应变关系采用理想化曲线 将混凝土的应力 - 应变关系理想化成如图 3-10 所示曲线。

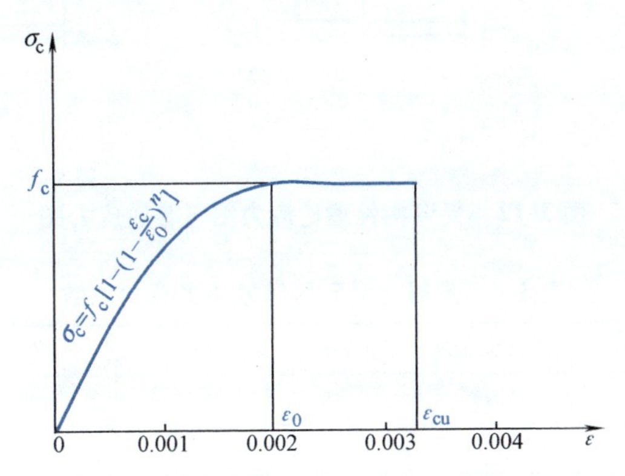

图 3-10 混凝土应力 - 应变关系理想化曲线

注：σ_c——混凝土压应变为 ε_c 时的压应力；

ε_0——受压区的混凝土压应力刚达到轴心抗压强度设计值 f_c 时的压应变，按 $\varepsilon_0=0.002+0.5(f_{cu,k}-50)\times10^{-5}$ 计，小于 0.002 时取 0.002；

ε_{cu}——正截面的混凝土极限压应变，按 $\varepsilon_{cu}=0.0033-(f_{cu,k}-50)\times10^{-5}$ 计，大于 0.0033 时取 0.0033；高强度混凝土的应力 - 应变关系曲线的上升比较陡，ε_{cu} 比较小，反映高强度混凝土的脆性加大；轴心受压时取 ε_0；

n——计算系数，按 $n=2-\left(\frac{1}{60}f_{cu,k}-50\right)$ 计算，大于 2.0 时，取 2.0。

(4) 纵向钢筋的应力 - 应变理想化曲线 纵向钢筋的应力取钢筋的应变与其弹性模量的乘积，但其绝对值不大于其相应的强度设计值。钢筋的应力 - 应变理想化曲线如图 3-11 所示。

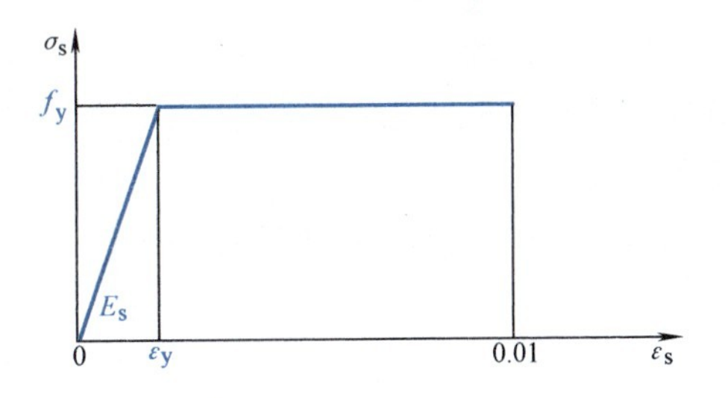

图 3-11 钢筋的应力 - 应变理想化曲线

3.3.2 受压混凝土的等效应力图形

如前所述，钢筋混凝土受弯构件的正截面承载力应该以适筋梁的第Ⅲ$_a$阶段的应力图形为依据进行计算。但图 3-8 中混凝土的应力是曲线分布的，即使根据混凝土的应力 - 应变关系的理想化曲线简化后的理论应力图形，要求受压区混凝土的压力合力也很困难。为简化计算，《规范》规定可以将受压混凝土的应力图形简化为等效的矩形应力图形，如图 3-12c 所示。进行等效代换的条件是：图 3-12b 和图 3-12c 中混凝土的压力合力 C 大小相等，且作用点位置不变。图 3-12 中，α_1 为矩形应力图形中混凝土的抗压强度与混凝土的轴心抗压强度的比值，β_1 为等效受压区高度 x 与实际受压区高度 x_0 的比值。根据等效代换的条件及利用基本假设，理论上可以得出等效应力图形中的参数 α_1 和 β_1。为进行简化，《规范》规定：混凝土强度在 C50 及以下时，取 $\alpha_1=1.0$ 和 $\beta_1=0.8$；其他强度等级混凝土则按表 3-4 中的数值取用。

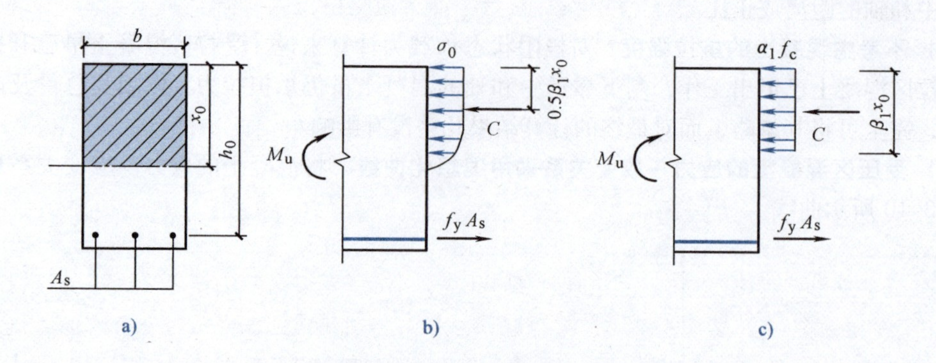

图 3-12 受弯构件理论应力图与等效应力图

表 3-4 混凝土受压区等效矩形应力系数

混凝土的强度等级	≤C50	C55	C60	C65	C70	C75	C80
α_1	1.0	0.99	0.98	0.97	0.96	0.95	0.94
β_1	0.8	0.79	0.78	0.77	0.76	0.75	0.74

3.3.3 界限相对受压区高度与最小配筋率

1. 界限相对受压区高度 ξ_b（适筋与超筋的界限）

为研究问题方便，引入受压区相对高度的概念。将等效代换后混凝土的受压区高度 x 与截面的有效高度 h_0 之比称为相对受压区高度，并用 ξ 表示，即

$$\xi=\frac{x}{h_0} \tag{3-2}$$

当截面中的受拉钢筋达到屈服，受压区混凝土也同时达到其抗压强度（受压区边缘混凝土的压应变达到其极限压应变 ε_{cu}）时，这种破坏称为界限破坏。“界限”是指适筋与超筋的分界，界限破坏时的相对受压区高度用 ξ_b 表示。根据平截面假设（图 3-13），利用简单的几何关系分析如下。

1）对于有屈服点的钢筋有

$$\xi_b=\frac{x_b}{h_0}=\frac{\beta_1 x_{0b}}{h_0}=\beta_1\frac{\varepsilon_{cu}}{\varepsilon_{cu}+\varepsilon_s}=\frac{\beta_1}{1+\dfrac{\varepsilon_s}{\varepsilon_{cu}}}=\frac{\beta_1}{1+\dfrac{f_y}{\varepsilon_{cu}E_s}} \tag{3-3a}$$

2）对于无屈服点的钢筋，取 $\varepsilon_s=0.002+\varepsilon_y=0.002+\dfrac{f_y}{E_s}$（图 3-14），并利用式（3-3a）有

$$\xi_b=\frac{x_b}{h_0}=\frac{\beta_1 x_{0b}}{h_0}=\beta_1\frac{\varepsilon_{cu}}{\varepsilon_{cu}+\varepsilon_s}=\frac{\beta_1}{1+\dfrac{0.002}{\varepsilon_{cu}}+\dfrac{f_y}{\varepsilon_{cu}E_s}} \tag{3-3b}$$

按照式（3-3），根据不同的钢筋强度、弹性模量和混凝土强度等级可推算出配置热轧钢筋时对应的界限相对受压区高度 ξ_b，见表 3-5。

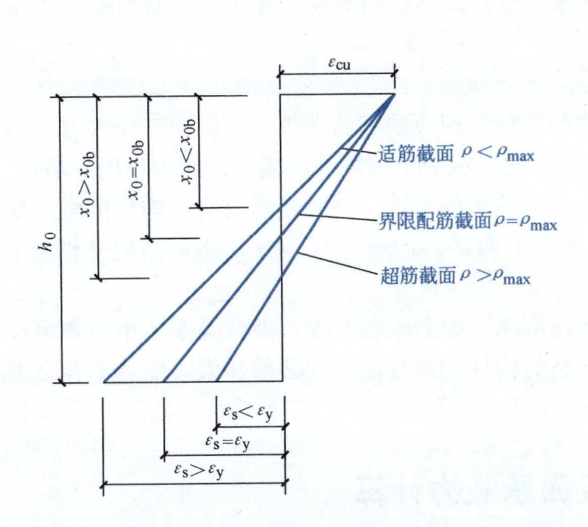

图 3-13　适筋、超筋、界限破坏时正截面平均应变图

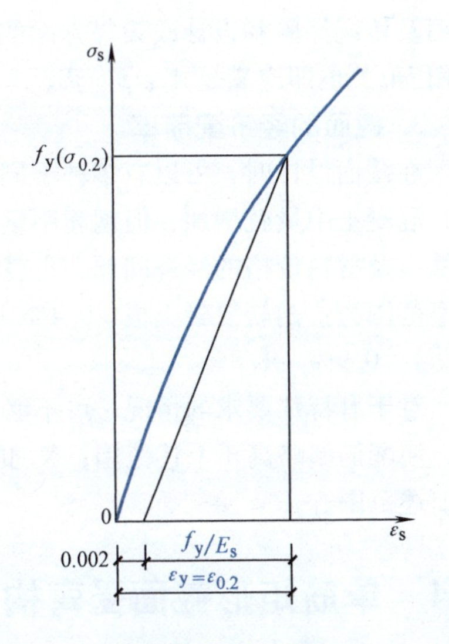

图 3-14　无明显屈服点钢筋的 $\sigma_s-\varepsilon_s$ 曲线

表 3-5　界限相对受压区高度 ξ_b

钢筋 \ 混凝土	≤C50	C60	C70	C80
HPB300	0.576	0.556	0.537	0.518
HRB335	0.550	0.531	0.512	0.493
HRB400 HRBF400 RRB400	0.518	0.499	0.481	0.429
HRB500 HRBF500	0.482	0.464	0.447	0.429

由式（3-3）及表 3-5 可知，ξ_b与钢筋级别、混凝土强度等级有关。在其他条件不变的情况下，钢筋强度越高，ξ_b值就越小；混凝土的极限应变 ε_{cu}越大，ξ_b值就越大。

当配筋数量超过界限状态破坏的配筋量时（发生超筋破坏），因钢筋的应力 σ_s要小于其设计强度f_y，从图 3-13 可以看出，相应的混凝土受压区高度也较界限状态破坏要大，则其相对受压区高度 $\xi\left(\xi=\dfrac{x}{h_0}\right)$也大于界限状态破坏时的 ξ_b。同理，当配筋数量少于界限状态破坏的配筋量时，钢筋的应变则要大于界限状态破坏时的应变，相对受压区高度 ξ 也就小于界限状态破坏时的 ξ_b，因此可以用相对受压区高度 ξ 与界限状态破坏时的 ξ_b之间的关系来判别是否超筋：若 $\xi>\xi_b$（即 $x>\xi_b h_0$），则截面超筋；反之，若 $\xi\leqslant\xi_b$（即 $x\leqslant\xi_b h_0$），则截面不超筋。

2. 适筋与少筋的界限及最小配筋率

最小配筋率，对于受弯构件来说，通常是指在此特定的配筋率情况下，截面破坏时所能承受的弯矩极限值 M_u与等同的素混凝土截面所能承受的弯矩 M_{cr}正好相等时的配筋率（素混凝土截面的开裂弯矩 M_{cr}即为破坏弯矩），以 ρ_{min}表示。由于在钢筋混凝土构件的设计中不允许出现少筋截面，因此《规范》规定：配筋截面必须保证配筋率不小于最小配筋率，否则认为将出现少筋破坏。截面最小配筋率 ρ_{min}的规定参见附表 9，表中数值除上述原则外，还有温度、混凝土的收缩及传统经验和设计政策等方面的考虑。注意，验算最小配筋率时应使用全部截面 bh，而不是用 bh_0，也即应满足 $A_s \geqslant \rho_{min} bh$。

3. 截面的经济配筋率

在截面设计时，可以有多种不同截面尺寸的选择，相应的配筋率也就不同。截面尺寸定得大，混凝土用量就增加，但钢筋用量可以减少；反之，混凝土用量可以减少，而钢筋用量增加。这就涉及材料价格的经济问题，也就有一个经济配筋率的范围。一般钢筋混凝土构件的常用配筋率范围为：钢筋混凝土板，0.4% ~0.8%；矩形截面梁，0.6% ~1.5%；T形截面梁（相对于梁肋），0.9% ~1.8%。

对于有特殊要求的情况，可不必拘泥于上述范围，如需减轻自重，则可选择较小的截面尺寸，使配筋率略高于上述范围；又如对要求抗裂的构件，则截面尺寸必须加大，配筋率就会低于上述范围。

3.4　单筋矩形截面受弯构件正截面承载力计算

3.4.1　计算基本公式及适用条件

1. 基本公式

单筋截面是指仅在构件的受拉区配置纵向受力钢筋的截面。根据图3-12所示的等效应力图形和基本假定，可得出单筋矩形截面受弯构件的正截面承载力计算简图，如图3-15所示。

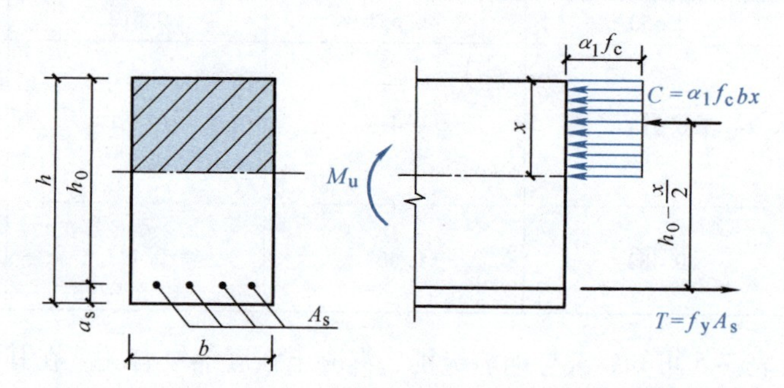

图3-15　单筋矩形截面受弯构件的正截面承载力计算简图

根据计算简图和截面内力平衡条件，并满足承载能力极限状态的计算要求，即可得出计算单筋矩形截面受弯构件正截面承载力的基本公式：

由水平力平衡有

$$\alpha_1 f_c bx = f_y A_s \tag{3-4}$$

由力矩平衡有

$$M \leqslant M_u = \alpha_1 f_c bx\left(h_0 - \frac{x}{2}\right) \tag{3-5a}$$

或

$$M \leqslant M_u = f_y A_s\left(h_0 - \frac{x}{2}\right) \tag{3-5b}$$

将 $\xi = x/h_0$ 代入式（3-4）~式（3-5b），有

$$\alpha_1 f_c bh_0\xi = f_y A_s \tag{3-6}$$

$$M \leqslant M_u = \alpha_1 f_c bh_0^2\xi(1-0.5\xi) \tag{3-7a}$$

或
$$M \leqslant M_u = f_y A_s h_0 (1 - 0.5\xi) \tag{3-7b}$$
式中　M——弯矩设计值，按承载能力极限状态荷载效应基本组合计算，并考虑结构重要性系数 γ_0 在内；

M_u——正截面极限抵抗弯矩；

f_c——混凝土轴心抗压强度设计值；

f_y——钢筋抗拉强度设计值；

A_s——纵向受拉钢筋的截面面积；

α_1——等效图形的混凝土抗压强度与 f_c 的比值，由表3-4查得；

b——矩形截面的宽度；

h_0——截面的有效高度；

x——按等效矩形应力图形计算的受压区高度。

由式（3-4）可得
$$x = \frac{f_y A_s}{\alpha_1 f_c b} \tag{3-8}$$
相对受压区高度可表示为
$$\xi = \frac{x}{h_0} = \frac{f_y A_s}{\alpha_1 f_c b h_0} = \rho \frac{f_y}{\alpha_1 f_c} \tag{3-9}$$
由式（3-9）可得
$$\rho = \xi \frac{\alpha_1 f_c}{f_y} \tag{3-10}$$

2. 基本公式的适用条件

上述基本公式是根据适筋截面的等效矩形应力图形推导出的，故仅适用于适筋截面。因为超筋截面破坏时，纵向受拉钢筋应力达不到其设计强度 f_y；少筋截面破坏时，受压区混凝土未压坏，故不能像适筋截面那样用 $\alpha_1 f_c bx$ 来表示受压区混凝土压力的合力，因此基本公式必须限制在满足适筋破坏的条件下才能使用。

（1）防止发生超筋破坏　为防止发生超筋破坏，设计时应满足
$$\xi \leqslant \xi_b \tag{3-11}$$
或
$$x \leqslant \xi_b h_0 \tag{3-12}$$
或
$$\rho \leqslant \rho_{max} = \xi_b \frac{\alpha_1 f_c}{f_y} \tag{3-13}$$
式（3-11）、式（3-12）和式（3-13）的意义相同，可用于不同场合，满足其中之一，则必满足其余两个。

（2）防止发生少筋破坏　为防止发生少筋破坏，设计时应满足
$$A_s \geqslant A_{s,min} = \rho_{min} bh \tag{3-14}$$
式中　ρ_{min}——最小配筋率，按附表9取用。

3.4.2　基本计算公式的应用

钢筋混凝土受弯构件的正截面承载力计算包括截面设计和承载力复核两类问题。

1. 截面设计

截面设计是指根据已知截面所需承担的弯矩设计值等条件，通过选择确定截面的尺寸与材料等级，计算配筋量并确定其布置。在截面设计中，根据已知条件不同可能遇到下列两种情况。

（1）情况1　已知弯矩设计值M，材料强度$\alpha_1 f_c$、f_y，截面尺寸$b\times h$，求所需的受拉钢筋面积$A_s=?$

公式法：先估计钢筋一排或两排放置，取定a_s，计算$h_0=h-a_s$，将已知数据代入式（3-4）和式（3-5a），或代入式（3-6）和式（3-7a），并联立求解得x（或ξ）和A_s；然后根据计算求得的钢筋面积A_s，利用附表10（或附表11）选择适当的钢筋直径和根数（间距），并进行配筋布置。选配钢筋时应使实际选配的截面面积与计算面积接近，一般不小于计算值，也不宜超过计算值过多，并应符合有关的构造规定。另外，还需验算基本公式的两个适用条件：

1）不导致超筋的条件，即要求$x\leqslant\xi_b h_0$（或$\xi\leqslant\xi_b$）。但若所计算的结果$x>\xi_b h_0$（或$\xi>\xi_b$），说明属于超筋情况，则应该加大截面尺寸或提高混凝土强度等级，或在受压区配置受压钢筋帮助混凝土抗压，成为双筋截面。

2）不导致少筋的条件，即要求实际的配筋面积应满足$A_s\geqslant\rho_{min}bh$，如不满足，则应按$A_s=\rho_{min}bh$进行配筋，或适当减小截面尺寸后重新计算。

计算表格法：其他与公式法相同，只是避免了求解二元二次方程组，具体做法是取

$$\alpha_s=\xi(1-0.5\xi) \tag{3-15}$$

和

$$\gamma_s=1-0.5\xi \tag{3-16}$$

将式（3-15）和式（3-16）分别代入式（3-7a）和式（3-7b）得

$$M\leqslant M_u=\alpha_s\alpha_1 f_c bh_0^2 \tag{3-17a}$$

或

$$M\leqslant M_u=\gamma_s f_y A_s h_0 \tag{3-18a}$$

由式（3-17a）可得

$$\alpha_s=\frac{M}{\alpha_1 f_c bh_0^2} \tag{3-17b}$$

由式（3-18a）可得

$$A_s=\frac{M}{\gamma_s f_y h_0} \tag{3-18b}$$

式中　α_s——截面抵抗矩系数；

　　　γ_s——内力臂系数。

根据α_s、γ_s和ξ之间的关系，可在适筋范围内预先计算出三者的关系表待查，参见附表12。截面设计时，首先按式（3-17b）计算出α_s；再根据附表12查出相对应的ξ或γ_s；再按式(3-6)或式（3-18b）计算纵向受拉钢筋A_s；最后验算配筋率，选配钢筋。由于附表12考虑了$\xi\leqslant\xi_b$这个条件，如能从表中查到ξ值时，即表示截面不超筋；若α_s太大，则在表中不能查到ξ，说明已超筋。其他与公式法相同。

也可直接用计算器求解，由式（3-15）二元一次方程的解可得

$$\xi=1-\sqrt{1-2\alpha_s} \tag{3-19}$$

将由式（3-17b）求得的α_s代入式（3-19）求出ξ，如满足条件$\xi\leqslant\xi_b$，则可按式（3-6）计算纵向受拉钢筋A_s；其他与表格法相同。

（2）情况2　已知弯矩设计值M，材料强度$\alpha_1 f_c$、f_y，求截面尺寸$b\times h$和纵向受拉钢筋面积$A_s=?$

按常用的高跨比、高宽比及模数尺寸，根据设计经验自行确定出截面尺寸$b\times h$；或先在经济配筋率的范围内取一ρ值，并设梁宽b值，根据式（3-9）计算ξ，按式（3-15）计算α_s，再利用下式计算h_0

$$h_0 = \sqrt{\frac{M}{\alpha_s \alpha_1 f_c b}} \tag{3-17c}$$

按 $h = h_0 + a_s$ 并取整，按常用高宽比 $h = (2 \sim 3)b$ 检视截面高度 h 是否恰当，若有不当，则重设 b、ρ，再求 h。一般两次循环即能满足要求。后续设计步骤与情况 1 相同。

2. 截面承载力复核

截面承载力复核是对已确定的截面（可能是已建成构件）进行计算，以校核截面承载力是否满足要求。一般是已知材料的设计强度 $\alpha_1 f_c$、f_y，截面尺寸 $b \times h$ 及 h_0，以及纵向钢筋的截面面积 A_s，要求计算该截面的极限抵抗弯矩 M_u，并与已知的弯矩设计值 M 进行比较，以确定截面是否安全，如不安全则要重新进行设计或采取加固措施。

首先，按式（3-8）计算受压区高度 x，并验算是否满足 $x \leqslant \xi_b h_0$。若满足 $x \leqslant \xi_b h_0$，则按式（3-5）计算 M_u，并与已知的 M 进行比较，如有 $M_u \geqslant M$，则截面的承载力满足要求；否则，不安全。若 $x > \xi_b h_0$，则说明截面超筋，应取 $\xi = \xi_b$（或 $x = x_b = \xi_b h_0$），并按式（3-7a）或式（3-5a）计算 M_u。

【例 3-1】 某楼面大梁的截面尺寸为 $b \times h = 250\text{mm} \times 500\text{mm}$（图 3-16），由荷载产生的跨中最大弯矩设计值 $M = 210\text{kN} \cdot \text{m}$，混凝土的强度等级为 C30（$\alpha_1 = 1.0$，$f_c = 14.3\text{N/mm}^2$，$f_t = 1.43\text{N/mm}^2$），钢筋采用 HRB400 级（$f_y = 360\text{N/mm}^2$），一类环境，安全等级为二级。求所需的纵筋面积 A_s。

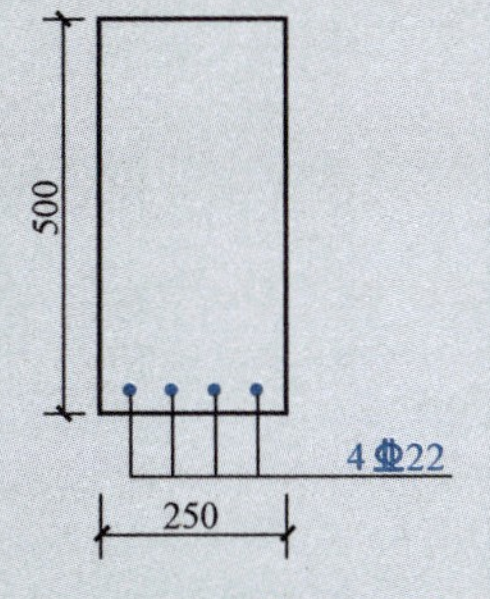

图 3-16　【例 3-1】截面配筋图

【解】 估计钢筋单排放置，取 $a_s = 40\text{mm}$，则 $h_0 = h - a_s = (500 - 40)\text{mm} = 460\text{mm}$，结构重要性系数 $\gamma_0 = 1.0$。

（1）用公式法求解

将已知数据代入式（3-5a）

$$1.0 \times 210 \times 10^6 = 1.0 \times 14.3 \times 250x\left(460 - \frac{x}{2}\right)$$

解得 $x_1 = 766.8\text{mm}$；$x_2 = 153.2\text{mm}$

因为 x 是受压区高度，不可能大于截面总高度 h，所以取 $x = 153.2\text{mm}$。

验算超筋条件，由表 3-5 查得 $\xi_b = 0.518$。

$x = 153.2\text{mm} < \xi_b h_0 = 0.518 \times 460\text{mm} = 238.28\text{mm}$，故不超筋。

将 $x = 153.2\text{mm}$ 代入式（3-4）得

$$1.0 \times 14.3 \times 250 \times 153.2 = 360A_s$$

$A_s = 1521.4\text{mm}^2$

查附表 10，选 4⌀22，$A_s = 1520\text{mm}^2$，配筋如图 3-16 所示。

验算最小配筋率

$$A_{s\min} = \left\{0.002bh, 0.45\frac{f_t}{f_y}bh\right\}_{\max} = \{250, 223.4\}_{\max}\text{mm}^2 = 250\text{mm}^2$$

$< A_s = 1520\text{mm}^2$（满足要求）。

（2）表格法求解

由式（3-17b）、式（3-19）得

$$\alpha_s=\frac{M}{\alpha_1 f_c b h_0^2}=\frac{210\times10^6}{1.0\times14.3\times250\times460^2}=0.2776$$

$$\xi=1-\sqrt{1-2\alpha_s}=1-\sqrt{1-2\times0.2776}=0.333<\xi_b=0.518$$

代入式（3-6）

$$A_s=\frac{\alpha_1 f_c b h_0\xi}{f_y}=\frac{1.0\times14.3\times250\times460\times0.333}{360}\text{mm}^2=1521.2\text{mm}^2$$

表格法与公式法计算结果相同。

【例3-2】 某梁跨中截面的最大弯矩 $M=200\text{kN}\cdot\text{m}$，环境类别为一类。选用混凝土强度等级为C30，钢筋为HRB400级钢筋。若将该梁设计成矩形截面，试确定其截面尺寸及受拉钢筋。

【解】 经查表有 $\alpha_1=1.0$，$f_c=14.3\text{N/mm}^2$，$f_t=1.43\text{N/mm}^2$，$f_y=360\text{N/mm}^2$。

与【例3-1】不同，本题需先确定截面尺寸。

设梁宽 $b=250\text{mm}$；在经济配筋率范围内选 $\rho=1\%$，由式（3-9）得

$$\xi=\rho\frac{f_y}{\alpha_1 f_c}=0.01\times\frac{360}{1.0\times14.3}=0.252$$

由式（3-15）得

$$\alpha_s=\xi(1-0.5\xi)=0.252\times(1-0.5\times0.252)=0.220$$

由式（3-17c）得

$$h_0=\sqrt{\frac{M}{\alpha_s\alpha_1 f_c b}}=\sqrt{\frac{200\times10^6}{0.220\times1.0\times14.3\times250}}\text{mm}=504.3\text{mm}$$

设钢筋一排布置，箍筋直径估选为8mm，则

$$a_s=40\text{mm},h=h_0+a_s=(504.3+40)\text{mm}=544.3\text{mm}$$

按模数取整有 $h=550\text{mm}$，则

$$h_0=h-a_s=（550-40）\text{mm}=510\text{mm}$$

$$\alpha_s=\frac{M}{\alpha_1 f_c b h_0^2}=\frac{200\times10^6}{1.0\times14.3\times250\times510^2}=0.215$$

由式（3-19）得

$$\xi=1-\sqrt{1-2\alpha_s}=1-\sqrt{1-2\times0.215}=0.245<\xi_b=0.518$$

代入式（3-6）得

$$A_s=\frac{\alpha_1 f_c b h_0\xi}{f_y}=\frac{1.0\times14.3\times250\times510\times0.245}{360}\text{mm}^2=1240.8\text{mm}^2$$

查附表10，选4Φ20，$A_s=1256\text{mm}^2$，配筋如图3-17所示。

验算最小配筋率

$$A_{s\min}=\left\{0.002bh,0.45\frac{f_t}{f_y}bh\right\}_{\max}=\{275\text{mm}^2,245.78\text{mm}^2\}_{\max}$$

$$=275\text{mm}^2$$

$$<A_s=1256\text{mm}^2$$　（满足要求）

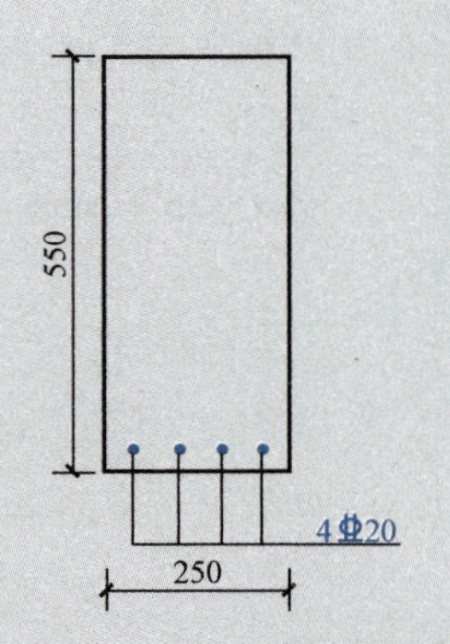

图3-17　【例3-2】截面配筋图

【例3-3】 某简支于砖墙上的现浇钢筋混凝土板如图3-18所示，板的厚度为80mm，计

算跨度为 $l_0=2.38\text{m}$，承受的均布活荷载标准值为 $q_k=2.0\text{kN/m}$，水磨石地面及细石混凝土垫层共 30mm 厚（平均重度为 22kN/m^3），板底粉刷 12mm 厚白灰砂浆（重度为 17kN/m^3），选用 C30 混凝土，纵筋采用 HRB400 级钢筋。构件的安全等级为二级。试确定板的配筋。

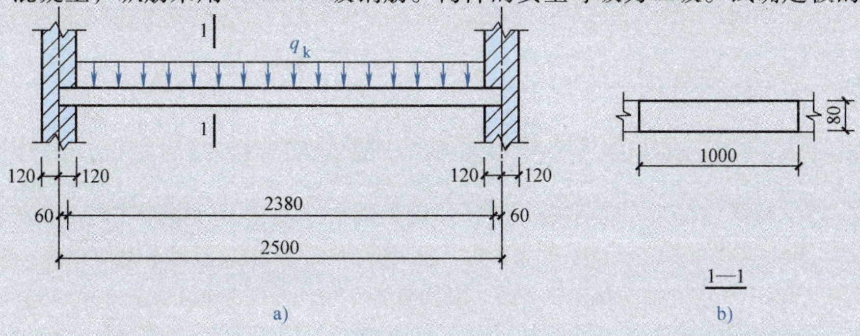

图 3-18 【例 3-3】图

【解】 取 1m 宽板带进行计算。

设板的 $a_s=20\text{mm}$，则 $h_0=h-a_s=(80-20)\text{mm}=60\text{mm}$。

荷载设计值计算：

恒荷载：钢筋混凝土板　$(1.0\times0.08\times25)\text{kN/m}=2\text{kN/m}$

水磨石地面及细石混凝土垫层　$(1.0\times0.03\times22)\text{kN/m}=0.66\text{kN/m}$

板底白灰砂浆粉刷　$(1.0\times0.012\times17)\text{kN/m}=0.204\text{kN/m}$

$$g_k=(2+0.66+0.204)\text{kN/m}=2.864\text{kN/m}$$

活荷载：　$q_k=1\times2.0\text{kN/m}=2\text{kN/m}$

取荷载分项系数 $\gamma_G=1.3$；$\gamma_Q=1.5$；$\gamma_L=1.0$。

$$q=(1.3\times2.864+1.5\times1.0\times2)\text{kN/m}=6.723\text{kN/m}$$

荷载效应组合的设计值——弯矩设计值

$$M=\gamma_0\frac{1}{8}ql^2=1.0\times\frac{1}{8}\times6.723\times2.38^2\text{kN}\cdot\text{m}=4.76\text{kN}\cdot\text{m}$$

查附表 1、附表 2 及表 3-4，$f_c=14.3\text{N/mm}^2$，$f_t=1.43\text{N/mm}^2$，$f_y=360\text{N/mm}^2$，$\alpha_1=1.0$；$\gamma_0=1.0$。由式（3-17b）和式（3-19）得

$$\alpha_s=\frac{M}{\alpha_1 f_c bh_0^2}=\frac{4.76\times10^6}{1.0\times14.3\times1000\times60^2}=0.092$$

$$\xi=1-\sqrt{1-2\alpha_s}=1-\sqrt{1-2\times0.092}=0.097<\xi_b=0.518$$

代入式（3-6）得

$$A_s=\frac{\alpha_1 f_c bh_0\xi}{f_y}=\left(\frac{1.0\times14.3\times1000\times60\times0.097}{360}\right)\text{mm}^2=231\text{mm}^2$$

查附表 11 选Φ8@200，$A_s=251\text{mm}^2$，配筋如图 3-19 所示。

验算最小配筋率

$$A_{s\min}=\left\{0.002bh,0.45\frac{f_t}{f_y}bh\right\}_{\max}=\{160\text{mm}^2,143\text{mm}^2\}_{\max}=160\text{mm}^2$$

$$<A_s=231\text{mm}^2\quad(\text{满足要求})$$

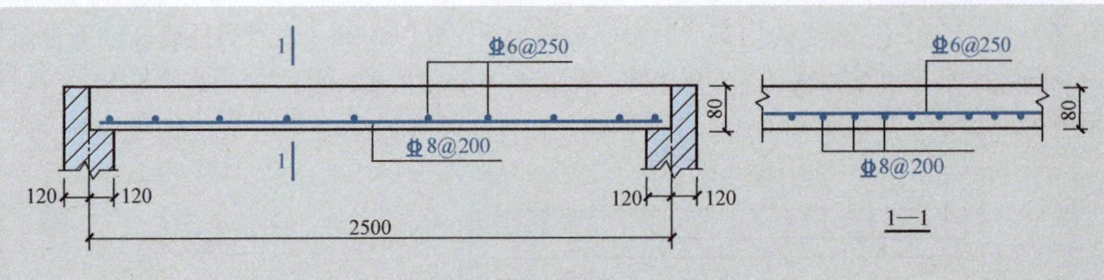

图 3-19 【例 3-3】截面配筋图

【例 3-4】 某钢筋混凝土矩形梁，所处环境类别为一类，设计使用年限 100 年，截面尺寸为 $b\times h=250\text{mm}\times 500\text{mm}$，混凝土为 C40，所用的纵向受拉钢筋为 HRB400 级，4Φ18，梁所承受的最大弯矩设计值 $M=160\text{kN}\cdot\text{m}$，箍筋直径为 8mm。试验算该梁是否安全。

【解】 查附表 1、附表 2 及表 3-5 有 $f_c=19.1\text{N/mm}^2$，$f_t=1.71\text{N/mm}^2$，$f_y=360\text{N/mm}^2$，$\xi_b=0.518$；$\gamma_0=1.1$；$A_s=1017\text{mm}^2$。

《规范》规定，对一类环境、设计使用年限为 100 年的结构，混凝土保护层的厚度应为《规范》规定的“最小保护层厚度”（20mm）的 1.4 倍，故混凝土保护层的厚度 c 应按下列方法计算

$$c=20\times 1.4\text{mm}=28\text{mm}$$

对应的 $a_s=c+d_v+\dfrac{d}{2}=\left(28+8+\dfrac{18}{2}\right)\text{mm}=45\text{mm}$

截面有效高度 $h_0=h-a_s=(500-45)\text{mm}=455\text{mm}$

验算基本公式的适用条件：

验算最小配筋率 $\rho=\dfrac{A_s}{bh}=\dfrac{1017}{250\times 500}=0.81\%$

$$\rho_{min}=\left\{0.2\%,0.45\frac{f_t}{f_y}\right\}_{max}=\left\{0.2\%,0.45\times\frac{1.71}{360}\right\}_{max}=\{0.2\%,0.21\%\}_{max}=0.21\%<0.81\%$$

故满足最小配筋率要求。

验算是否超筋 $\xi=\dfrac{f_yA_s}{\alpha_1 f_c bh_0}=\dfrac{360\times 1017}{1.0\times 19.1\times 250\times 455}=0.169<\xi_b=0.518$ 不超筋。

由式（3-7a）得

$$M_u=\alpha_1 f_c bh_0^2\xi(1-0.5\xi)=1.0\times 19.1\times 250\times 455^2\times 0.169\times(1-0.5\times 0.169)\text{N}\cdot\text{mm}$$

$$=152.94\times 10^6\text{N}\cdot\text{mm}=152.94\text{kN}\cdot\text{m}<\gamma_0 M=1.1\times 160\text{kN}\cdot\text{m}=176\text{kN}\cdot\text{m}$$

故该梁不安全。

3.5 双筋矩形截面受弯构件正截面承载力计算

3.5.1 双筋截面及适用情况

钢筋混凝土结构中，钢筋不但可以设置在构件的受拉区，而且还可以配置在受压区与混凝土共同抗压。这种在受压区和受拉区同时配置纵向受力钢筋的截面称为双筋截面。

用钢筋帮助混凝土抗压虽能提高截面的承载力，但因用钢量偏大，在一般情况下是不经济的。但在以下几种情况时，就需要采用双筋截面计算：

1）截面承受的弯矩很大，但截面的尺寸因受到限制而不能增大，混凝土的强度等级也受到施工等条件的限制不便提高，若按单筋截面考虑，就会发生超筋（$x>\xi_b h_0$）破坏，则必须配置成双筋截面。

2）在不同荷载组合下，截面承受的弯矩可能变号，则在梁截面的顶、底两侧均应配置受拉钢筋，此时应按双筋截面计算。

3）因抗震等原因，在截面的受压区必须配置一定数量的受压钢筋，如在计算中考虑钢筋的受压作用，则也应按双筋截面计算。

3.5.2　基本计算公式和公式的适用条件

1. 计算应力图形

双筋截面破坏时的受力特点与单筋截面相似：只要纵向受拉钢筋的数量不过多，双筋矩形截面的破坏仍然是纵向受拉钢筋先屈服（达到其抗拉强度f_y），然后受压区混凝土达到其抗压强度而被压坏。此时，受压区混凝土的应力分布图形为曲线，受压区边缘混凝土的应变已达极限压应变ε_{cu}。由于受压区混凝土的塑性变形的发展，设置在受压区的受压钢筋的应力一般也达到其抗压强度f'_y。

采用与单筋矩形截面相同的方法，也用等效的计算应力图形替代实际的应力图形，如图 3-20a所示，并可将其拆分为图 3-20b 和图 3-20c 之和。

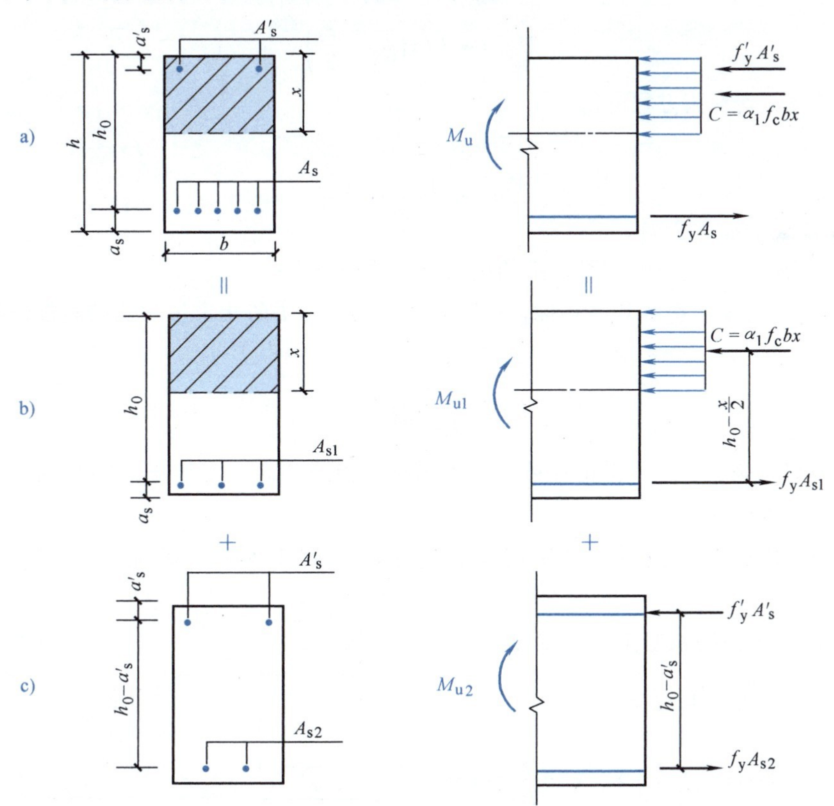

图 3-20　双筋矩形截面受弯承载力计算应力图形

2. 基本计算公式

根据计算应力图形列平衡方程即可得双筋矩形截面的基本计算公式：

由水平力平衡有

$$\alpha_1 f_c bx + f'_y A'_s = f_y A_s \tag{3-20}$$

由力矩平衡有

$$M \leqslant M_u = \alpha_1 f_c bx\left(h_0 - \frac{x}{2}\right) + f'_y A'_s (h_0 - a'_s) \tag{3-21}$$

式中 f'_y——钢筋的抗压强度设计值；

A'_s——受压钢筋的截面面积；

a'_s——受压钢筋的合力点至受压区边缘的距离。

其他符号与单筋矩形截面相同。

由式（3-20）和式（3-21）及图3-20可知，双筋矩形截面受弯承载力设计值 M_u 及纵向受拉钢筋 A_s 可视为由两部分组成：一部分是由受压混凝土和相应的受拉钢筋 A_{s1} 所承担的弯矩 M_{u1}（见图3-20b）；另一部分则是由受压钢筋 A'_s 和相应的受拉钢筋 A_{s2} 所承担的弯矩 M_{u2}（见图3-20c），即

$$M_u = M_{u1} + M_{u2} \tag{3-22}$$

$$A_s = A_{s1} + A_{s2} \tag{3-23}$$

根据图3-20b列平衡方程可得

$$f_y A_{s1} = \alpha_1 f_c bx \tag{3-24}$$

$$M_{u1} = \alpha_1 f_c bx\left(h_0 - \frac{x}{2}\right) \tag{3-25}$$

根据图3-20c列平衡方程可得

$$f_y A_{s2} = f'_y A'_s \tag{3-26}$$

$$M_{u2} = f'_y A'_s (h_0 - a'_s) \tag{3-27}$$

3. 计算公式的适用条件

在应用双筋的基本计算公式时，必须满足下列适用条件：

（1）$\xi \leqslant \xi_b$ 与单筋矩形截面相似，该限制条件也是为了防止发生超筋的脆性破坏。此条件也可表示为

$$\rho_1 = \frac{A_{s1}}{bh_0} \leqslant \xi_b \frac{\alpha_1 f_c}{f_y} \tag{3-28}$$

（2）$x \geqslant 2a'_s$ 该条件是为保证在截面达到承载力极限状态时受压钢筋能达到其抗压强度设计值 f'_y，以与基本公式符合。

双筋梁破坏时，双筋截面中受压钢筋的应变如图3-21所示。破坏时，混凝土达到极限应变。

利用图3-21可得按相似比例关系有

$$\frac{\varepsilon'_s}{\varepsilon_{cu}} = \frac{x_c - a'_s}{x_c} = 1 - \frac{a'_s}{x_c}$$

若取 $\varepsilon_{cu} = 0.0033$，$\beta_1 = 0.8$，$x_c = \dfrac{x}{\beta_1}$ 及 $x = 2a'_s$，代入上式并整理得

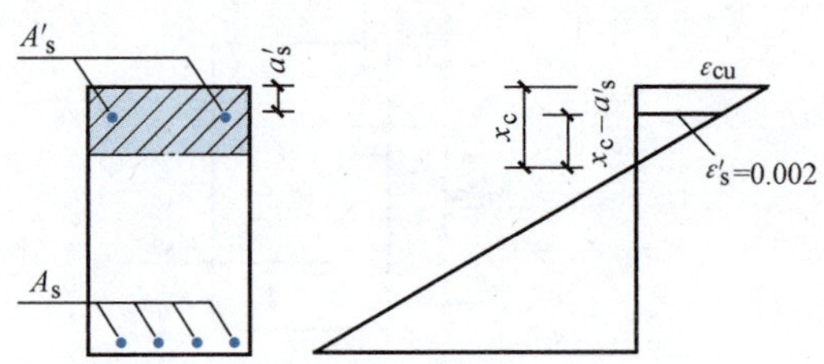

图3-21 双筋截面中受压钢筋的应变

$$\varepsilon_s' = 0.0033 \times \left(1 - \frac{0.8a_s'}{2a_s'}\right) = 0.00198 \approx 0.002$$

对于 HPB300 级、HRB335 级、HRB400 级和 RRB400 级钢筋，应变为 0.002 时应力都能达到强度设计值 f_y'；反之，若受压区的高度不能满足 $x \geqslant 2a_s'$，则其应变达不到 0.002，认为受压钢筋不屈服，即应力达不到 f_y'。

在实际的设计计算中，若出现 $x < 2a_s'$，表明受压钢筋达不到其抗压强度设计值，此时可近似地取 $x = 2a_s'$，即假设混凝土的压力合力点与受压钢筋的合力点重合，按这样的假设所计算的结果是偏于安全的，如图 3-22 所示。

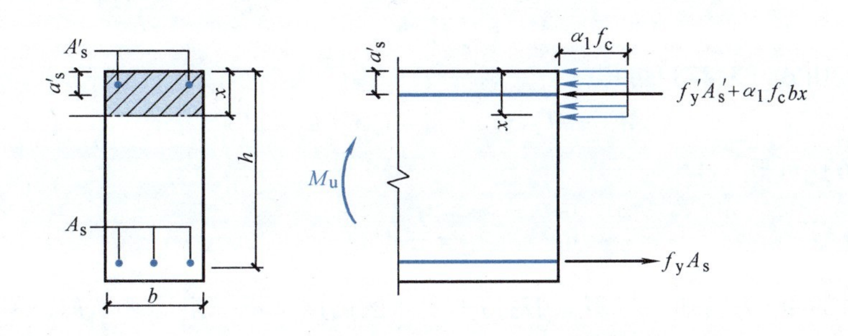

图 3-22　$x \leqslant 2a_s'$ 时双筋截面的计算简图

根据图 3-22 可得 $x \leqslant 2a_s'$ 时双筋截面的计算公式

$$M \leqslant M_u = f_y A_s (h_0 - a_s') \tag{3-29}$$

双筋截面因钢筋配置较多，通常都能满足最小配筋率的要求，可不再进行最小配筋率 ρ_{min} 验算。

此外，为保证受压钢筋抗压作用的发挥，防止受压钢筋过早压屈外凸，《规范》规定，双筋截面应配置封闭式箍筋，且弯钩的直线段长度不小于 5 倍的箍筋直径；箍筋的间距不应大于 15 倍受压纵向钢筋的最小直径及不大于 400mm，当一层内纵向受压钢筋多于 5 根且直径大于 18mm 时，箍筋间距不应大于 10 倍纵向钢筋的最小直径。同时，箍筋的直径不应小于受压钢筋最大直径的 1/4。当梁宽大于 400mm 且一层内的受压纵筋多于 3 根时，或梁宽不大于 400mm 但一层内的受压纵筋多于 4 根时，还应设复合箍筋。

3.5.3　基本公式的应用

1. 双筋截面的截面设计

设计双筋截面时，根据已知条件的不同可能遇到两种情况。

1）已知弯矩设计值 M，截面的尺寸 $b \times h$，材料的强度设计值，求受拉及受压钢筋的截面面积。

由已知条件知，在式（3-20）及式（3-21）中有 x、A_s 和 A_s' 三个未知数，不能直接求解，需补充一个条件后方程组才能有定解。由公式的适用条件 $x \leqslant \xi_b h_0$ 知，如令 $x = \xi_b h_0$，则可充分利用混凝土的抗压作用，从而使钢筋的总用量（$A_s + A_s'$）为最小，达到节约用钢的经济目的。

将 $x = \xi_b h_0$ 代入式（3-21），并取 $M = M_u$，经整理得

$$A_s' = \frac{M - \alpha_1 f_c b h_0^2 \xi_b (1 - 0.5\xi_b)}{f_y'(h_0 - a_s')} \tag{3-30}$$

由式（3-20）可得

$$A_s = A'_s\frac{f'_y}{f_y} + \xi_b\frac{\alpha_1 f_c b h_0}{f_y} \tag{3-31}$$

2）已知弯矩设计值M，截面的尺寸$b\times h$，材料的强度设计值，以及受压钢筋A'_s，求受拉钢筋的截面面积。此类问题一般是由于变号弯矩的需要，或由于构造要求，已在受压区配置了受压钢筋A'_s。此时，就不应做“充分利用混凝土的抗压强度”的考虑，而应充分利用A'_s的作用，以减少总钢筋用量。

由于A'_s已知，由式（3-27）可求得

$$M_{u2} = f'_y A'_s(h_0 - a'_s)$$

取$M = M_u$，由式（3-22）可得

$$M_{u1} = M - M_{u2} = M - f'_y A'_s(h_0 - a'_s) \tag{3-32}$$

由式（3-26）可得

$$A_{s2} = \frac{f'_y}{f_y}A'_s \tag{3-33}$$

注意，此时的M_{u1}为已知，与M_{u1}相对应的受压区高度x不一定等于$\xi_b h_0$，不能简单地用式（3-31）来计算A_s，而必须按与单筋矩形截面相同的方法计算相应于M_{u1}所需的钢筋截面A_{s1}，最后按式（3-23）求得总的受拉钢筋A_s。

求解这类问题时，还有可能会遇到如下两种情况：

① 求得的$x > \xi_b h_0$，说明原有的受压钢筋A'_s数量太少，不符合式（3-28）的条件，此时应按A'_s未知的情况1重新进行求解。

② 求得的$x < 2a'_s$，说明A'_s不能达到设计强度，则可根据式（3-29）求得所需受拉钢筋A_s：

$$A_s = \frac{M}{f_y(h_0 - a'_s)} \tag{3-34}$$

2. 双筋截面的承载力复核

双筋截面的承载力复核，是已知截面的尺寸、所用材料的强度设计值、受拉钢筋的截面面积A_s和受压钢筋的截面面积A'_s，要求计算截面的受弯承载力极限值M_u。

首先利用式（3-20）解出受压区高度x，再根据不同情况计算截面的受弯承载力极限值M_u。

$$x = \frac{f_y A_s - f'_y A'_s}{\alpha_1 f_c b} \tag{3-35}$$

若满足$\xi_b h_0 \geqslant x \geqslant 2a'_s$的条件，则直接利用式（3-21），将已知条件代入即可解得截面的受弯承载力极限值M_u。

1）若求得的$x < 2a'_s$，则直接利用式（3-29）进行计算

$$M_u = A_s f_y(h_0 - a'_s) \tag{3-36}$$

2）若求得的$x > \xi_b h_0$，说明截面处于超筋状态，破坏属于脆性破坏。将最大的受压区高度$x_b = \xi_b h_0$代入式（3-21）得

$$M_u = \alpha_1 f_c b h_0^2 \xi_b\left(1 - \frac{\xi_b}{2}\right) + f'_y A'_s(h_0 - a'_s) \tag{3-37}$$

将截面的受弯承载力极限值M_u与弯矩设计值进行比较，可判断所复核的截面是否安全。

【例3-5】 已知某钢筋混凝土矩形梁截面为 $b \times h = 200\text{mm} \times 400\text{mm}$（图3-23），采用C30级混凝土，钢筋为HRB400级，一类环境，构件安全等级二级，箍筋直径为6mm。截面的弯矩设计值 $M = 182.1\text{kN} \cdot \text{m}$，试配置该截面钢筋。截面设计时，$a_s$ 取值见表3-2。

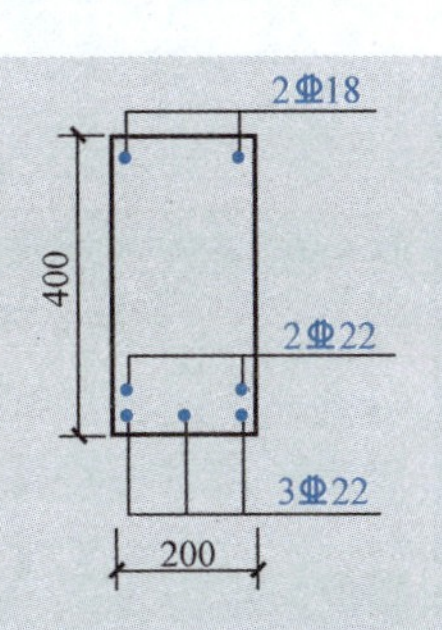

图3-23 【例3-5】截面配筋图

【解】 查附表1、附表2、表3-4及表3-5得 $f_c = 14.3\text{N/mm}^2$，$f_y = f'_y = 360\text{N/mm}^2$，$\alpha_1 = 1.0$，$\xi_b = 0.518$。

因弯矩较大，受拉钢筋设置为两排，$h_0 = h - a_s = (400 - 60)\text{mm} = 340\text{mm}$。

先按单筋截面考虑，所能承受的最大弯矩

$$\begin{aligned} M_u &= \alpha_1 f_c b h_0^2 \xi_b (1 - 0.5\xi_b) \\ &= 1.0 \times 14.3 \times 200 \times 340^2 \times 0.518 \times (1 - 0.5 \times 0.518)\text{N} \cdot \text{mm} \\ &= 126902984.2\text{N} \cdot \text{mm} = 126.9\text{kN} \cdot \text{m} < M = 182.1\text{kN} \cdot \text{m} \end{aligned}$$

故应按双筋截面进行设计。为使总用钢量最少，取 $x = \xi_b h_0$，按式（3-30）经整理得

$$A'_s = \frac{M - \alpha_1 f_c b h_0^2 \xi_b (1 - 0.5\xi_b)}{f'_y (h_0 - a'_s)} = \frac{182.1 \times 10^6 - 126.9 \times 10^6}{360 \times (340 - 40)}\text{mm}^2 = 511.1\text{mm}^2$$

由式（3-31）可得

$$\begin{aligned} A_s &= A'_s \frac{f'_y}{f_y} + \xi_b \frac{\alpha_1 f_c b h_0}{f_y} \\ &= \left(511.1 + \frac{0.518 \times 1.0 \times 14.3 \times 200 \times 340}{360}\right)\text{mm}^2 = 1910.3\text{mm}^2 \end{aligned}$$

截面钢筋配置：受压钢筋选用2⏀18（$A'_s = 509\text{mm}^2$），并兼作梁的架立钢筋。受拉钢筋选用5⏀22（$A_s = 1900\text{mm}$，误差仅为0.54%，满足要求），按两排布置，与开始假设一致。

截面配筋如图3-23所示。

【例3-6】 已知某钢筋混凝土矩形梁截面为 $b \times h = 200\text{mm} \times 500\text{mm}$（图3-24），采用C30混凝土，钢筋为HRB400级，梁的受压区已设置有2⏀20（$A'_s = 628\text{mm}^2$）的受压钢筋。二a类环境，构件安全等级二级，截面的弯矩设计值 $M = 217\text{kN} \cdot \text{m}$，试配置该截面钢筋。

【解】 查附表1、附表2、表3-4及表3-5得 $f_c = 14.3\text{N/mm}^2$，$f_y = f'_y = 360\text{N/mm}^2$，$\alpha_1 = 1.0$，$\xi_b = 0.518$。因弯矩较大，将受拉钢筋设置为两排，$h_0 = h - a_s = (500 - 70)\text{mm} = 430\text{mm}$，取受压钢筋单排设置，$a'_s = 40\text{mm}$。

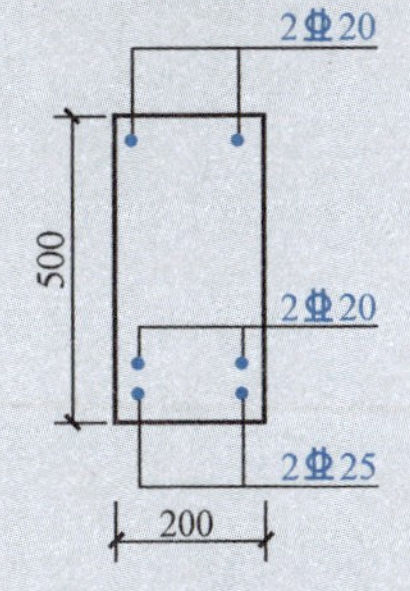

图3-24 【例3-6】截面配筋图

由式（3-33）可得

$$A_{s2} = \frac{f'_y}{f_y} A'_s = \frac{360}{360} \times 628\text{mm}^2 = 628\text{mm}^2$$

由式（3-27）可得

$$\begin{aligned} M_{u2} &= f'_y A'_s (h_0 - a'_s) = 360 \times 628 \times (430 - 40)\text{N} \cdot \text{mm} \\ &= 88.17 \times 10^6\text{N} \cdot \text{mm} \end{aligned}$$

由式（3-32）可得

$$M_{u1}=M-M_{u2}=(217-88.17)\text{kN}\cdot\text{m}=128.83\text{kN}\cdot\text{m}$$

故　$\alpha_{s1}=\dfrac{M_{u1}}{\alpha_1 f_c bh_0^2}=\dfrac{128.83\times10^6}{1.0\times14.3\times200\times430^2}=0.244$

$$\xi_1=1-\sqrt{1-2\alpha_{s1}}=1-\sqrt{1-2\times0.244}=0.284<\xi_b=0.518，不超筋。$$

受压区高度　$x=\xi_1 h_0=0.284\times430\text{mm}=122.12\text{mm}>2a'_s=2\times40\text{mm}=80\text{mm}$

因此　$A_{s1}=\dfrac{\alpha_1 f_c bh_0\xi_1}{f_y}=\dfrac{1.0\times14.3\times200\times430\times0.284}{360}\text{mm}^2=970.2\text{mm}^2$

受拉钢筋的总面积　$A_s=A_{s1}+A_{s2}=(970.2+628)\text{mm}^2=1598.2\text{mm}^2$

截面钢筋配置：查附表10，受拉钢筋选用2Φ20/2Φ25（$A_s=1610\text{mm}^2$），按两排布置，与假设一致。截面配筋如图3-24所示。

【例3-7】 已知某钢筋混凝土矩形梁截面为 $b\times h=300\text{mm}\times600\text{mm}$（图3-25），采用C35混凝土，钢筋为HRB400级，梁的受压区已设置有2根直径18mm（$A'_s=509\text{mm}^2$）的受压钢筋。构件安全等级二级，截面的弯矩设计值 $M=235\text{kN}\cdot\text{m}$，试配置该截面钢筋。

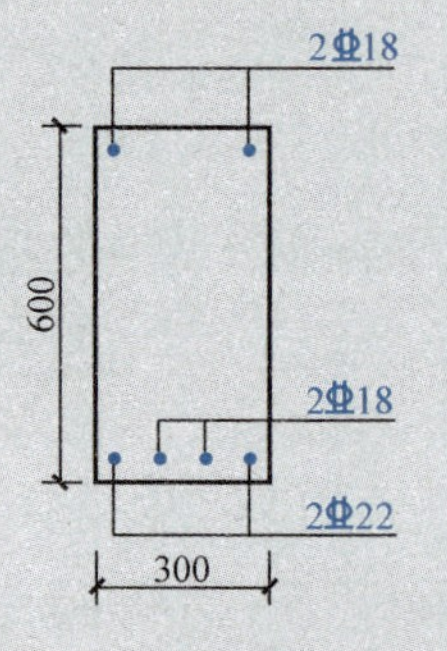

图3-25 【例3-7】截面配筋图

【解】 查附表1、附表2、表3-4及表3-5得，$f_c=16.7\text{N/mm}^2$，$f_y=f'_y=360\text{N/mm}^2$，$\alpha_1=1.0$，$\xi_b=0.518$。

因截面高度较大，将受拉钢筋设置为一排，$h_0=h-a_s=(600-40)\text{mm}=560\text{mm}$。

由式（3-27）可得

$$M_{u2}=f'_yA'_s(h_0-a'_s)=360\times509\times(560-40)\text{N}\cdot\text{mm}=95.29\times10^6\text{N}\cdot\text{mm}$$

由式（3-32）可得

$$M_{u1}=M-M_{u2}=(235-95.29)\text{kN}\cdot\text{m}=139.71\text{kN}\cdot\text{m}$$

故　$\alpha_{s1}=\dfrac{M_{u1}}{\alpha_1 f_c bh_0^2}=\dfrac{139.71\times10^6}{1.0\times16.7\times300\times560^2}=0.089$

$$\xi_1=1-\sqrt{1-2\alpha_s}=1-\sqrt{1-2\times0.089}=0.093<\xi_b=0.518，不超筋。$$

$$x=\xi_1 h_0=0.093\times560\text{mm}=52.1\text{mm}<2a'_s=2\times40\text{mm}=80\text{mm}$$

受拉钢筋可直接利用式（3-34）求得

$$A_s=\frac{M}{f_y(h_0-a'_s)}=\frac{235\times10^6}{360\times(560-40)}\text{mm}^2=1255.3\text{mm}^2$$

若不考虑受压钢筋的作用，按单筋矩形截面计算受拉钢筋：

$$\alpha_s=\frac{M}{\alpha_1 f_c bh_0^2}=\frac{235\times10^6}{1.0\times16.7\times300\times560^2}=0.1496$$

$$\xi=1-\sqrt{1-2\alpha_s}=1-\sqrt{1-2\times0.1496}=0.1629$$

受拉钢筋　$A_s=\xi\dfrac{\alpha_1 f_c}{f_y}bh_0$

$$=0.1629\times\frac{1.0\times16.7}{360}\times300\times560\text{mm}^2=1269.5\text{mm}^2$$

可见，本题如不考虑受压钢筋的作用，按单筋矩形截面计算的受拉钢筋，比考虑受压钢筋的作用计算出的受拉钢筋还略多。两者都是安全的。

最后配筋：选 2Φ22 + 2Φ18 ($A_s = 1269\text{mm}^2$)，如图 3-25 所示。

【例 3-8】 已知某钢筋混凝土矩形梁截面为 $b \times h = 200\text{mm} \times 500\text{mm}$，采用 C30 混凝土，钢筋为 HRB400 级。梁的受压区已设置有 2 根直径 18mm 的受压钢筋（$A'_s = 509\text{mm}^2$），受拉区为 3 根直径 25mm 的纵向受拉钢筋 $A_s = 1473\text{mm}^2$。构件安全等级二级，箍筋直径为 6mm，截面的弯矩设计值 $M = 200\text{kN} \cdot \text{m}$，试校核该截面的承载力。

【解】 因为

$$a_s = c + d_v + \frac{d}{2} = \left(20 + 6 + \frac{25}{2}\right)\text{mm} = 38.5\text{mm}$$

$$a'_s = c + d_v + \frac{d'}{2} = \left(20 + 6 + \frac{18}{2}\right)\text{mm} = 35\text{mm}$$

$$h_0 = h - a_s = (500 - 38.5)\ \text{mm} = 461.5\text{mm}$$

$$2a'_s = 2 \times 35\text{mm} = 70\text{mm},\ \xi_b h_0 = 0.518 \times 461.5\text{mm} = 239.1\text{mm}$$

$$x = \frac{f_y A_s - f'_y A'_s}{\alpha_1 f_c b} = \frac{360 \times 1473 - 360 \times 509}{1.0 \times 14.3 \times 200}\text{mm} = 121.34\text{mm}$$

所以满足条件　$\xi_b h_0 > x > 2a'_s$

由式（3-21）可得：

$$M_u = \alpha_1 f_c bx\left(h_0 - \frac{x}{2}\right) + f'_y A'_s (h_0 - a'_s)$$

$$= \left[1.0 \times 14.3 \times 200 \times 121.34 \times \left(461.5 - \frac{121.34}{2}\right) + 360 \times 509 \times (461.5 - 35)\right]\text{N} \cdot \text{mm}$$

$$= 217.25 \times 10^6\text{N} \cdot \text{mm} = 217.25\text{kN} \cdot \text{m} > M = 200\text{kN} \cdot \text{m}$$

所以该截面承载力满足要求。

3.6　T 形截面受弯构件正截面承载力计算

3.6.1　T 形截面及翼缘计算宽度 b'_f

由于在正截面受弯承载力计算中不考虑混凝土的抗拉作用，故可以将中和轴以下的受拉区混凝土去掉一部分（图 3-26），即形成 T 形，这对截面的承载力没有影响；而且既可节约混凝土，又可减轻结构的自重，故此类截面在工程中被广泛应用。

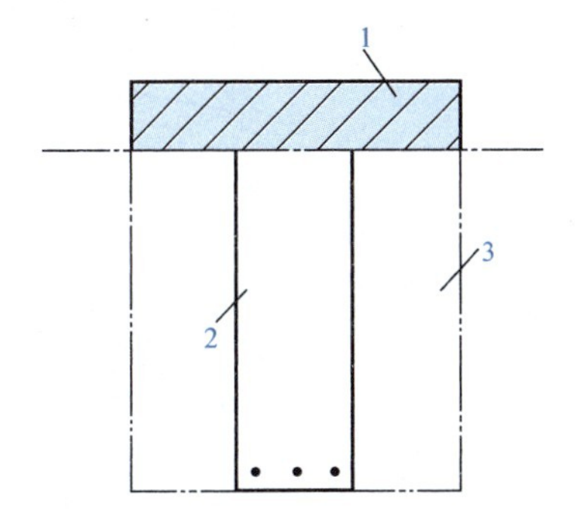

图 3-26　T 形截面的形成及各部分名称
1—翼缘　2—梁肋（腹板）　3—去掉的混凝土

图 3-27 为常见的 T 形截面构件。有些截面看似并非 T 形截面，但经过变化后也可按 T 形截面计算，如图 3-27c 所示的空心板、槽形板等。T 形截面是指具有受压翼缘的截面，而有些截面看似为 T 形，如图 3-27d 中的 2—2 截面，因翼缘部分不在受压区，故计算时不按 T 形截面考虑，仍应按矩形截面计算。

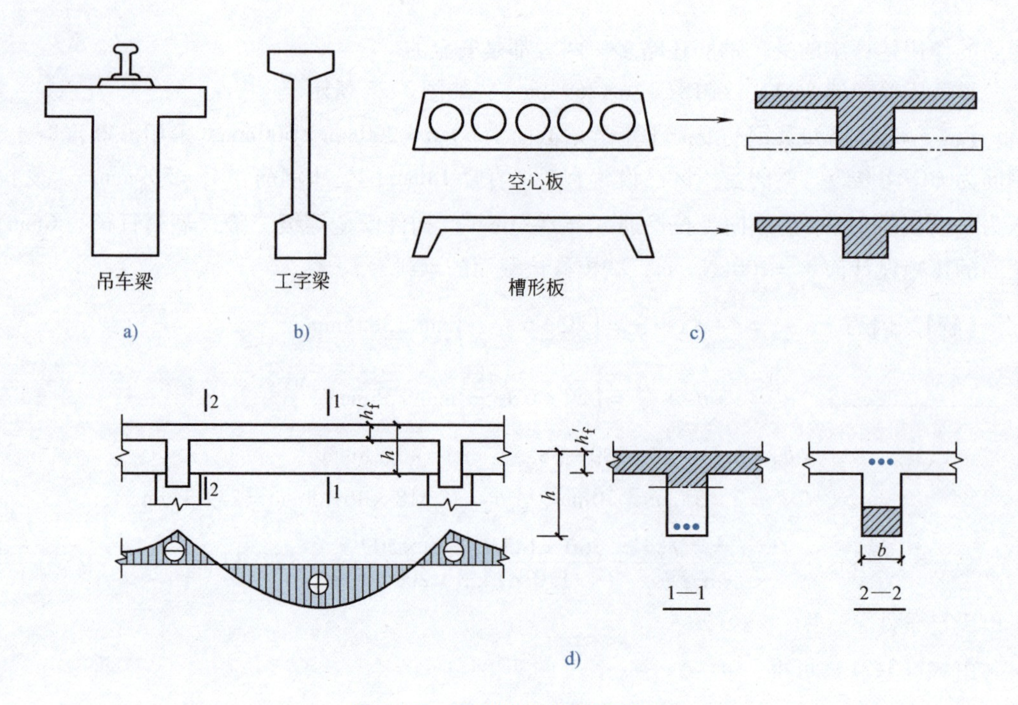

图3-27 常见的T形截面构件

T形截面的受压区相对较大（梁肋的上部、翼缘），混凝土承压一般足够，不需要受压的受力钢筋，故大多为单筋截面。

根据试验和理论分析得知，T形梁受弯以后，受压翼缘的压应力分布是不均匀的，压应力由梁肋向两边逐渐减小，如图3-28a、c所示。当翼缘宽度很大时，远离梁肋的一部分翼缘几乎不承受压力，因而在计算中，从受力的方面考虑，也就不能将距梁肋较远、受力很小的翼缘作为T形梁的部分进行计算。为了计算方便，《规范》假设，距梁肋一定范围内的翼缘全部参加工作，且在此范围内压应力的分布是均匀的，并按$\alpha_1 f_c$取值；而该范围以外的部分的混凝土则不参与受力，如图3-28b、d所示，这“一定范围”称为受压翼缘计算宽度，并用b'_f表示。由试验

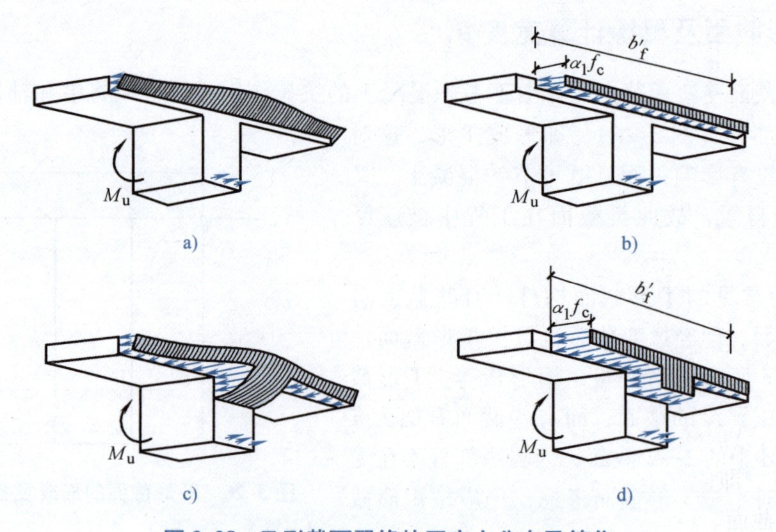

图3-28 T形截面翼缘的压应力分布及简化

和理论分析知，翼缘计算宽度 b_f' 与梁的工作情况（整体肋形梁或独立梁）、梁的跨度、翼缘厚度等有关。具体翼缘计算宽度 b_f' 的取值参见表 3-6 及图 3-29。计算时取表 3-6 三项的最小值。

表 3-6　T 形、I 形及倒 L 形截面受压翼缘计算宽度 b_f'

<table>
<tr><th colspan="3" rowspan="2">情　况</th><th colspan="2">T 形、I 形截面</th><th>倒 L 形截面</th></tr>
<tr><th>肋形梁、肋形板</th><th>独立梁</th><th>肋形梁、肋形板</th></tr>
<tr><td>1</td><td colspan="2">按计算跨度 l_0 考虑</td><td>$l_0/3$</td><td>$l_0/3$</td><td>$l_0/6$</td></tr>
<tr><td>2</td><td colspan="2">按梁（纵肋）净距 s_n 考虑</td><td>$b+s_n$</td><td>—</td><td>$b+s_n/2$</td></tr>
<tr><td rowspan="3">3</td><td rowspan="3">按翼缘高度 h_f' 考虑</td><td>$h_f'/h_0 \geq 0.1$</td><td>—</td><td>$b+12h_f'$</td><td>—</td></tr>
<tr><td>$0.1 > h_f'/h_0 \geq 0.05$</td><td>$b+12h_f'$</td><td>$b+6h_f'$</td><td>$b+5h_f'$</td></tr>
<tr><td>$h_f'/h_0 < 0.05$</td><td>$b+12h_f'$</td><td>b</td><td>$b+5h_f'$</td></tr>
</table>

注：1. 表中 b 为腹板宽度。

2. 肋形梁在梁跨内设有间距小于纵肋间距的横肋时（图 3-29b），则可不遵守表中所列情况 3 的规定。

3. 加腋的 T 形和倒 L 形截面（图 3-29c），当受压区加腋的高度 $h_h > h_f'$ 且加腋的长度 b_h 不大于 $3h_h$ 时，其翼缘计算宽度可按表 3-6 所列情况 3 分别增加 $2b_h$（T 形、I 形截面）和 b_h（倒 L 形截面）。

4. 独立梁受压区的翼缘板在荷载作用下，经验算沿纵肋方向可能产生裂缝时（图 3-29d），则计算宽度取用腹板宽度 b。

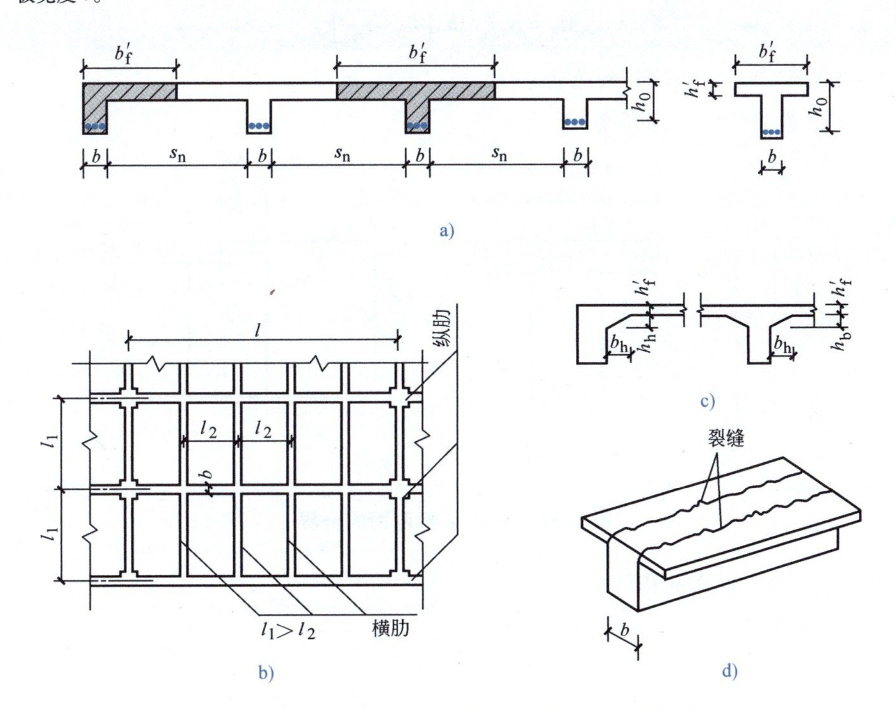

图 3-29　T 形、倒 L 形及加腋截面的翼缘计算宽度 b_f'

3.6.2　基本计算公式和公式的适用条件

1. 两类 T 形梁的判别

T 形梁受力以后，构件破坏时中和轴的位置可能有两种不同的情况：①中和轴在梁的翼缘内（图 3-30a），即 $x \leq h_f'$，称为第一类 T 形截面；②中和轴在梁肋中（图 3-30b），即 $x > h_f'$，称为第二类 T 形截面。

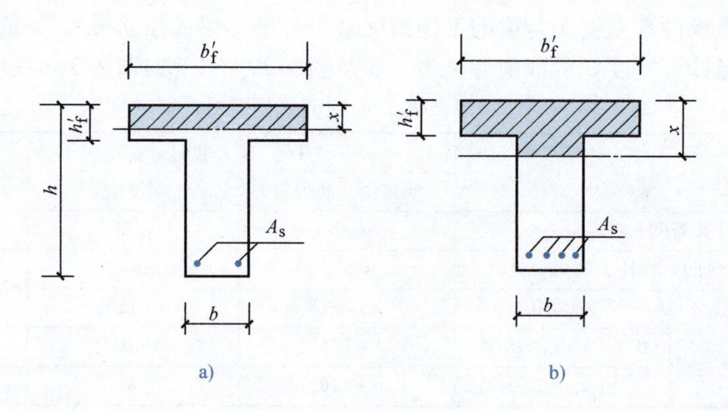

图 3-30 两类 T 形截面

两类 T 形截面的分界如图 3-31 所示，中和轴刚好位于翼缘下边缘（$x = h'_f$）时的情况。根据图 3-31 可列出界限情况下 T 形截面的平衡方程

$$\alpha_1 f_c b'_f h'_f = f_y A_s \tag{3-38}$$

$$M_u = \alpha_1 f_c b'_f h'_f \left(h_0 - \frac{h'_f}{2} \right) \tag{3-39}$$

式中 b'_f——T 形截面受压翼缘计算宽度；

h'_f——T 形截面受压翼缘高度。

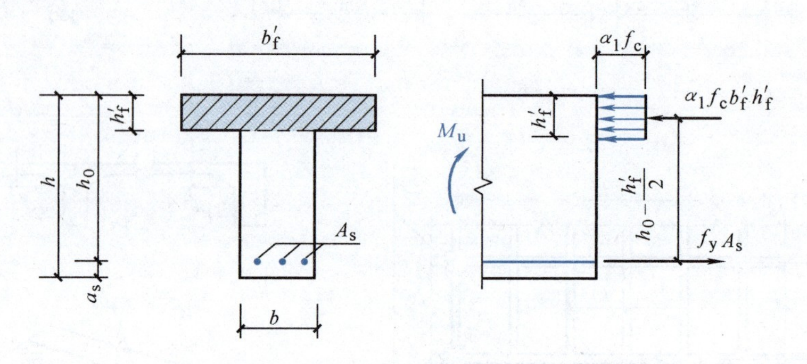

图 3-31 两类 T 形截面的分界

其他符号与单筋矩形截面相同。

由此可见，若满足

$$f_y A_s \leqslant \alpha_1 f_c b'_f h'_f \tag{3-40}$$

或

$$M \leqslant \alpha_1 f_c b'_f h'_f \left(h_0 - \frac{h'_f}{2} \right) \tag{3-41}$$

则必有 $x \leqslant h'_f$，即受拉钢筋的拉力小于或等于翼缘高度全部受压时的压力，即不需要全部翼缘受压就能与设计弯矩相平衡，故属于第一类 T 形截面；反之，若

$$f_y A_s > \alpha_1 f_c b'_f h'_f \tag{3-42}$$

或

$$M > \alpha_1 f_c b'_f h'_f \left(h_0 - \frac{h'_f}{2} \right) \tag{3-43}$$

则必有 $x > h'_f$，即仅翼缘高度全部受压已不足以与钢筋的拉力或设计弯矩相平衡，中和轴需下移，故属于第二类 T 形截面。

式（3-40）和式（3-42）适用于复核截面的承载力时的判别，此时的钢筋截面面积及截面的其他情况均为已知；而式（3-41）和式（3-43）适用于截面设计时的判别，因为此时的钢筋截面面积尚未得知。

2. 第一类 T 形截面的计算公式及适用条件

（1）基本计算公式　如图 3-32 所示，这类 T 形截面的中和轴位于翼缘内，受压区为矩形，在受力上它与梁宽为 b'_f 的矩形截面完全一样。因受拉区的形状与它的受弯承载力无关，故它的计算可按梁宽为 b'_f 的矩形截面进行，只需将原单筋矩形截面的计算公式中的梁宽 b 换成 b'_f 即可。

由图 3-32 可列出平衡方程

$$\alpha_1 f_c b'_f x = f_y A_s \tag{3-44}$$

$$M \leqslant M_u = \alpha_1 f_c b'_f x\left(h_0 - \frac{x}{2}\right) \tag{3-45}$$

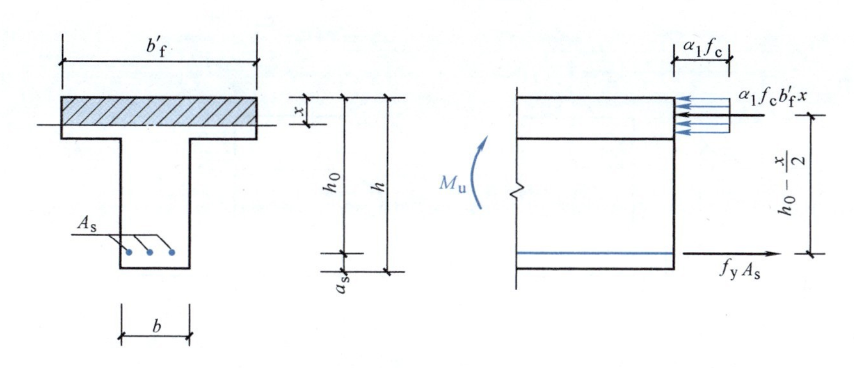

图 3-32　第一类 T 形截面的计算简图

（2）公式的适用条件　与单筋矩形截面相似，应用基本公式也应满足相应的适用条件。

1）防止超筋破坏条件，$x \leqslant \xi_b h_0$。因为是第一类 T 形截面，$x \leqslant h'_f$，一般截面的 h'_f/h_0 较小，故通常均能满足这一条件，而不需验算。

2）防止少筋破坏条件，$\rho \geqslant \rho_{min}$。验算该条件时需注意，此情况下的 ρ 是对梁肋部计算的，仍然用 $\rho = \dfrac{A_s}{bh}$ 计算，而不用 b'_f 计算。因为 ρ_{min} 是根据素混凝土梁的受弯承载力与同截面钢筋混凝土梁的受弯承载力相同的条件得出的，而肋宽为 b、梁高为 h 的 T 形截面素混凝土梁的受弯承载力比梁宽为 b、梁高为 h 的矩形截面素混凝土梁的受弯承载力提高不多，故第一类 T 形截面在验算最小配筋率时仍按 $b \times h$ 的矩形截面计算。

3. 第二类 T 形截面的计算公式及适用条件

（1）基本计算公式　第二类 T 形截面的计算简图如图 3-33 所示。

根据计算应力图形列平衡方程即可得第二类 T 形截面的基本计算公式：

由水平力平衡有

$$\alpha_1 f_c bx + \alpha_1 f_c (b'_f - b) h'_f = f_y A_s \tag{3-46}$$

由力矩平衡有

$$M \leqslant M_u = \alpha_1 f_c bx\left(h_0 - \frac{x}{2}\right) + \alpha_1 f_c (b'_f - b) h'_f\left(h_0 - \frac{h'_f}{2}\right) \tag{3-47}$$

由式（3-47）可知，第二类 T 形截面的受弯承载力设计值 M_u 可视为由两部分组成：一部分是由受压翼缘挑出部分的混凝土和相应的受拉钢筋 A_{s1} 所承担的弯矩 M_{u1}，如图 3-33b 所示；另

一部分是由腹板受压混凝土和相应的受拉钢筋 A_{s2} 所承担的弯矩 M_{u2}，如图 3-33c 所示，即

$$M_u = M_{u1} + M_{u2} \tag{3-48}$$

$$A_s = A_{s1} + A_{s2} \tag{3-49}$$

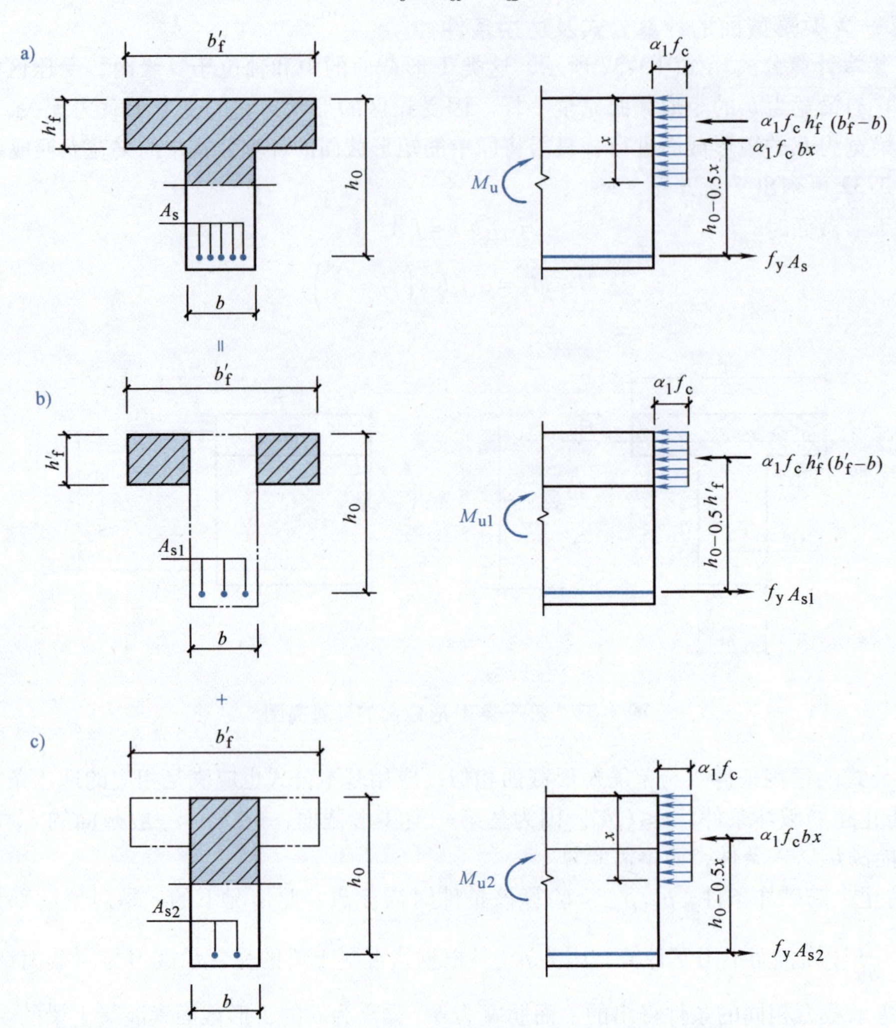

图 3-33　第二类 T 形截面的计算简图

根据图 3-33b 列平衡方程可得

$$f_y A_{s1} = \alpha_1 f_c (b'_f - b) h'_f \tag{3-50}$$

$$M_{u1} = \alpha_1 f_c (b'_f - b) h'_f \left(h_0 - \frac{h'_f}{2} \right) \tag{3-51}$$

根据图 3-33c 列平衡方程可得

$$f_y A_{s2} = \alpha_1 f_c bx \tag{3-52}$$

$$M_{u2} = \alpha_1 f_c bx \left(h_0 - \frac{x}{2} \right) \tag{3-53}$$

（2）公式的适用条件　具体如下：

1）防止超筋破坏条件，$x \leqslant \xi_b h_0$。由图 3-33c 可知，该条件也可表示为

$$\rho_2 = \frac{A_{s2}}{bh_0} \leqslant \frac{\alpha_1 f_c}{f_y}\xi_b$$

由于T形截面的受压区较大，一般不会发生超筋破坏情况。

2）防止少筋破坏条件。一般第二类T形截面的配筋数量较多，该条件必然满足，可不必验算。

3.6.3　基本公式的应用

1. T形截面的截面设计

设计T形截面时，已知截面的尺寸、材料的强度等级和弯矩设计值 M，求所需的受拉钢筋 A_s。

首先应根据已知条件，并利用式（3-41）或式（3-43）判别截面属于第一类还是第二类T形截面：满足式（3-41）的为第一类T形截面；满足式（3-43）的为第二类T形截面。

（1）第一类T形截面　第一类T形截面的截面设计方法，与截面尺寸为 $b'_f \times h$ 的单筋矩形截面的设计方法完全相同，应用式（3-44）和式（3-45）进行计算。在验算最小配筋率时注意截面宽度应取 b 而不是 b'_f。

（2）第二类T形截面　取 $M = M_u$，由已知条件可知，在式（3-46）及式（3-47）中有 x 和 A_s 两个未知数，可直接进行求解。也可根据图3-33，并利用计算表格求解：

由式（3-50）有

$$A_{s1} = \alpha_1 f_c (b'_f - b)\frac{h'_f}{f_y}$$

由式（3-51）有

$$M_{u1} = \alpha_1 f_c (b'_f - b) h'_f \left(h_0 - \frac{h'_f}{2}\right)$$

$$M_{u2} = M - M_{u1}$$

$$\alpha_{s2} = \frac{M_{u2}}{\alpha_1 f_c b h_0^2}$$

由此可查表（或计算）得 γ_{s2} 及 ξ，若满足 $\xi \leqslant \xi_b$，则

$$A_{s2} = \frac{\alpha_1 f_c b h_0 \xi}{f_y} \quad 或 \quad A_{s2} = \frac{M_{u2}}{\gamma_{s2} f_y h_0}$$

最终求得

$$A_s = A_{s1} + A_{s2}$$

若 $\xi > \xi_b$，则应采取加大截面尺寸、提高混凝土强度等级等措施来满足；也可采用设置受压钢筋的办法——双筋T形截面来满足要求，但不多用，因为可能导致不经济的结果。

2. T形截面的承载力复核

T形截面的承载力复核，已知截面的尺寸、所用材料的强度设计值、受拉钢筋的截面面积 A_s。要求计算截面的受弯承载力极限值 M_u，或验算承载设计弯矩 M 时是否安全。

首先应根据已知条件，并利用式（3-40）或式（3-42）判别属于第一类还是第二类T形截面：满足式（3-40）的为第一类T形截面；满足式（3-42）的为第二类T形截面。

（1）第一类T形截面　直接将 b'_f 替代单筋矩形截面公式中的 b，按单筋矩形截面的承载力复核的方法进行。

（2）第二类T形截面　利用式（3-46）确定 x

$$x=\frac{f_yA_s-\alpha_1f_c(b'_f-b)h'_f}{\alpha_1f_cb}$$

若满足 $x\leqslant\xi_bh_0$，则按式（3-47）计算 M_u；若 $x>\xi_bh_0$，则取 $x=\xi_bh_0$，再代入式（3-47）计算 M_u（或再与设计弯矩 M 进行比较，检验是否满足承载力要求）。

【例 3-9】 一肋形楼盖梁如图 3-34 所示，经计算该梁跨中截面的弯矩设计值 $M=160\text{kN}\cdot\text{m}$（含自重），梁的计算跨度为 $l_0=5.4\text{m}$，拟采用的钢筋为 HRB400 级，采用 C30 混凝土，所处环境为一类，拟用 8mm 箍筋。试为该梁的跨中截面配筋。

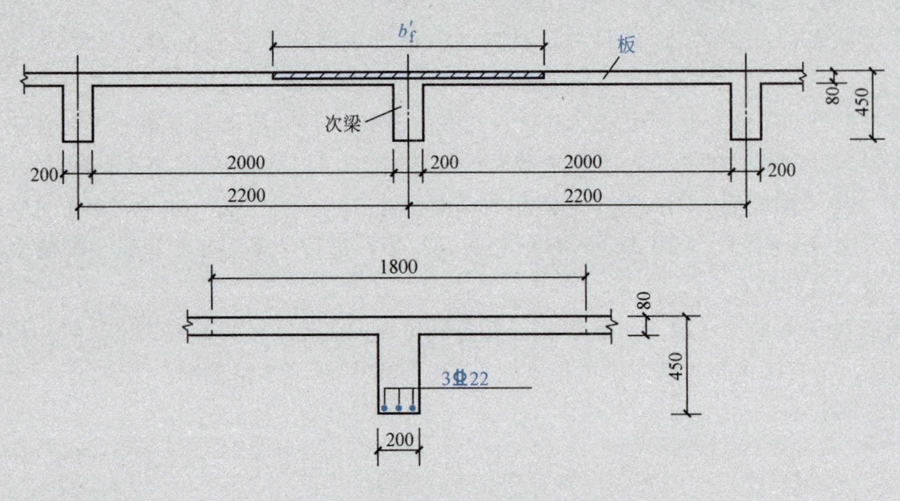

图 3-34　【例 3-9】图

【解】 查附表 1、附表 2、表 3-4 及表 3-5 得 $f_c=14.3\text{N/mm}^2$，$f_y=360\text{N/mm}^2$，$f_t=1.43\text{N/mm}^2$，$\alpha_1=1.0$，$\xi_b=0.518$。估取 $a_s=40\text{mm}$，$h_0=h-a_s=(450-40)\text{mm}=410\text{mm}$。

（1）确定翼缘计算宽度 b'_f

按计算跨度取：$b'_{f1}=l_0/3=5.4\text{m}/3=1.8\text{m}=1800\text{mm}$

按梁肋净距取：$b'_{f2}=b+s_n=(200+2000)\text{mm}=2200\text{mm}$

按翼缘高度取：$h'_f/h_0=80/410=0.195>0.1$，则 b'_f的取值不受此项限制。

故取该截面的翼缘计算宽度 $b'_f=1800\text{mm}$。

（2）判别 T 形截面类型

$$\alpha_1f_cb'_fh'_f\left(h_0-\frac{h'_f}{2}\right)=1.0\times14.3\times1800\times80\times(410-80/2)\text{N}\cdot\text{mm}$$

$$=761.9\times10^6\text{N}\cdot\text{mm}=761.9\text{kN}\cdot\text{m}>M=160\text{kN}\cdot\text{m}$$

故该截面属第一类 T 形截面。

（3）配筋计算

用查表法求解：将已知量代入单筋矩形截面的计算公式

$$\alpha_s=\frac{150\times10^6}{1.0\times14.3\times1800\times410^2}=0.0347$$

$$\xi=1-\sqrt{1-2\alpha_s}=1-\sqrt{1-2\times0.0347}=0.0353<\xi_b=0.518$$

$$A_s=\frac{\alpha_1 f_c b h_0 \xi}{f_y}=\frac{1.0\times14.3\times1800\times410\times0.0353}{360}\text{mm}^2=1034.82\text{mm}^2$$

选配钢筋　3Φ22（$A_s=1140\text{mm}^2$），如图 3-34 所示。

最小配筋率验算　$\left\{0.45\times\frac{1.43}{300},0.2\%\right\}_{\max}=\{0.21\%,0.2\%\}_{\max}=0.21\%$

$$A_s/bh=1140/(200\times450)=1.27\%\quad（满足要求）$$

【例 3-10】 某 T 形截面梁如图 3-35 所示，其各部分尺寸为：$b=300\text{mm}$，$h=800\text{mm}$，$b'_f=600\text{mm}$，$h'_f=100\text{mm}$。截面所承受的弯矩设计值 $M=650\text{kN}\cdot\text{m}$，混凝土的强度等级为 C25，钢筋为 HRB400 级，一类环境。试配置该截面钢筋。

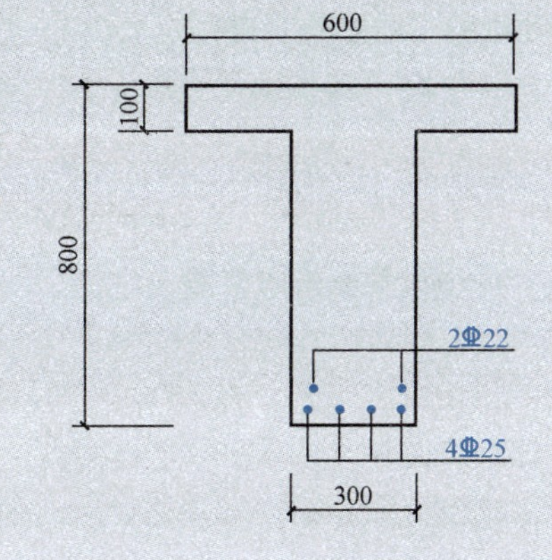

图 3-35　【例 3-10】图

【解】 查附表 1、附表 2、表 3-4 及表 3-5 得 $f_c=11.9\text{N/mm}^2$，$f_y=360\text{N/mm}^2$，$f_t=1.27\text{N/mm}^2$，$\alpha_1=1.0$，$\xi_b=0.518$。

考虑弯矩较大，估计钢筋需两排，取 $a_s=65\text{mm}$，$h_0=h-a_s=(800-65)\text{mm}=735\text{mm}$

（1）判别 T 形截面类型

$$\alpha_1 f_c b'_f h'_f\left(h_0-\frac{h'_f}{2}\right)=1.0\times11.9\times600\times100\times（735-100/2）\text{N}\cdot\text{mm}$$

$$=489.1\times10^6\text{N}\cdot\text{mm}=489.1\text{kN}\cdot\text{m}<M=650\text{kN}\cdot\text{m}$$

故该截面属第二类 T 形截面。

（2）配筋计算

由式（3-50）有

$$A_{s1}=\frac{\alpha_1 f_c(b'_f-b)h'_f}{f_y}=\frac{1.0\times11.9\times(600-300)\times100}{360}\text{mm}^2$$

$$=991.67\text{mm}^2$$

由式（3-51）有

$$M_{u1}=\alpha_1 f_c(b'_f-b)h'_f\left(h_0-\frac{h'_f}{2}\right)$$

$$=1.0\times11.9\times(600-300)\times100\times\left(735-\frac{100}{2}\right)\text{N}\cdot\text{mm}$$

$$=244.55\times10^6\text{N}\cdot\text{mm}=244.55\text{kN}\cdot\text{m}$$

$$M_{u2}=M-M_{u1}=(650-244.55)\text{kN}\cdot\text{m}=405.45\text{kN}\cdot\text{m}$$

$$\alpha_{s2}=\frac{M_{u2}}{\alpha_1 f_c b h_0^2}=\frac{405.45\times10^6}{1.0\times11.9\times300\times735^2}=0.210$$

$$\xi=1-\sqrt{1-2\alpha_{s2}}=1-\sqrt{1-2\times0.210}=0.238<\xi_b=0.518$$

$$A_{s2}=\frac{\alpha_1 f_c b h_0 \xi}{f_y}=\frac{1.0\times11.9\times300\times735\times0.238}{360}\text{mm}^2=1734.72\text{mm}^2$$

故 $A_s=A_{s1}+A_{s2}=(991.67+1734.72)\text{mm}^2=2726.39\text{mm}^2$

钢筋选配 2Φ22/4Φ25（$A_s=2724\text{mm}^2$），如图3-35所示。

【例3-11】 已知某T形截面梁如图3-36所示，其各部分尺寸为 $b=200\text{mm}$，$h=600\text{mm}$，$b'_f=400\text{mm}$，$h'_f=100\text{mm}$，截面所承受的弯矩设计值为 $M=300\text{kN}\cdot\text{m}$，所用混凝土的强度等级为C30，配有5根直径22mm的HRB400级钢筋（$A_s=1900\text{mm}^2$），箍筋直径为6mm，一类环境。试验算该截面是否满足承载力要求。

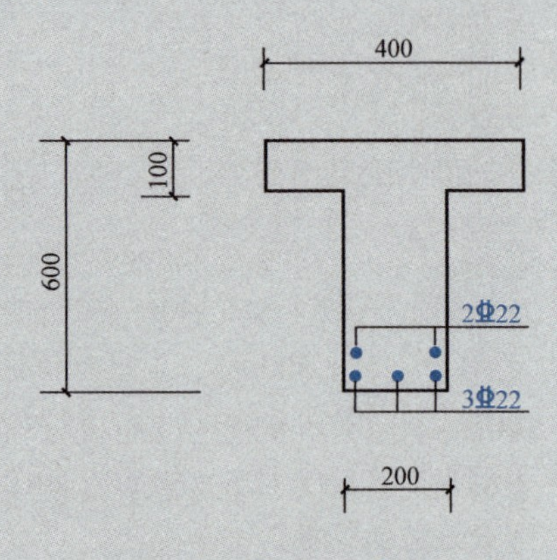

图3-36 【例3-11】图

【解】 查附表1、附表2、表3-4及表3-5得 $f_c=14.3\text{N/mm}^2$，$f_y=360\text{N/mm}^2$，$\alpha_1=1.0$，$\xi_b=0.518$。取

$$a_s=60\text{mm},h_0=h-a_s=(600-60)\text{mm}=540\text{mm}$$

判别T形截面类型

$$\alpha_1 f_c b'_f h'_f=(1.0\times14.3\times400\times100)\text{N}=572000\text{N}$$

$$<f_y A_s=(360\times1900)\text{N}=684000\text{N}$$

故该截面属第二类T形截面。

由式（3-46）有

$$x=\frac{f_y A_s-\alpha_1 f_c(b'_f-b)h'_f}{\alpha_1 f_c b}$$

$$=\frac{360\times1900-1.0\times14.3\times(400-200)\times100}{1.0\times14.3\times200}\text{mm}$$

$$=139.16\text{mm}<\xi h_0=0.518\times540\text{mm}=279.7\text{mm}，不超筋。$$

由式（3-47）有

$$M_u=\alpha_1 f_c bx\left(h_0-\frac{x}{2}\right)+\alpha_1 f_c(b'_f-b)h'_f\left(h_0-\frac{h'_f}{2}\right)$$

$$=\left[1.0\times14.3\times200\times139.16\times\left(540-\frac{139.16}{2}\right)+\right.$$

$$\left.1.0\times14.3\times(400-200)\times100\times\left(540-\frac{100}{2}\right)\right]\text{N}\cdot\text{mm}$$

$$=327.37\times10^6\text{N}\cdot\text{mm}=327.37\text{kN}\cdot\text{m}>M=300\text{kN}\cdot\text{m}$$

所以该截面承载力满足要求。

本章小结

1）基本构造要求。钢筋混凝土结构既需要理论计算，也需要合理的构造措施，才能满足设计和使用要求。由于钢筋混凝土结构的构造要求多而复杂，相关知识需逐步加深扩大。本章所述受弯构件截面的基本尺寸、混凝土保护层的厚度、配筋率，以及钢筋的直径、根数、间距、选用、布置等应熟知。

2）钢筋混凝土受弯构件的正截面性能试验。适筋梁的三个工作阶段：第Ⅰ阶段（未裂阶段，也称为整体工作阶段），受压区混凝土的应力分布为直线，受拉区钢筋和混凝土共同受拉，是抗裂计算的依据；第Ⅱ阶段（带裂缝工作阶段），受拉区混凝土开裂，裂缝截面受拉，混凝土大部分不再受拉，拉力由钢筋承担，受压区混凝土的应力呈曲线分布，是计算裂缝宽度和挠度的依据；第Ⅲ阶段（破坏阶段），受拉钢筋先达屈服，受压区混凝土被压碎，是正截面受弯承载力计算的依据。

正截面破坏的三种形态：在不同配筋率的情况下分为适筋、少筋和超筋三种破坏形态。适筋的破坏特征是受拉钢筋先屈服后，受压混凝土被压碎而截面破坏，因破坏前有明显的裂缝扩展和挠度增大的预兆，故称为延性破坏；超筋破坏的特点是受拉钢筋尚未屈服，而受压混凝土已被压碎，承载力取决于混凝土的强度，而与钢筋的强度无关，属无明显预兆的脆性破坏；少筋破坏的特点是，受拉区混凝土一开裂，受拉钢筋就屈服，裂缝只有一条且很宽，挠度也很大，开裂弯矩就是它的破坏弯矩，也属脆性破坏。工程中只允许用适筋梁而不允许用少筋梁和超筋梁。

3）四个基本假设和等效应力图形是建立基本计算公式的基础，应予很好理解。基本计算公式是根据等效应力图形求平衡列出的。注意$\xi \leqslant \xi_b$、$\rho \geqslant \rho_{min}$及双筋的$x \geqslant 2a'_s$等公式适用条件的意义和应用。

4）正截面承载力计算包括截面设计和承载力复核。单筋矩形截面的截面设计和承载力复核时的未知数均为两个（截面设计时为x、A_s或承载力校核时为x、M_u），可直接利用两个基本公式求解，也可用计算系数查表求解；双筋截面设计时要考虑A'_s是否已知，如A'_s未知，则应该补充$\xi = \xi_b$条件；T形截面则应首先确定受压翼缘的计算宽度b'_f，并判别属于第一类T形截面或第二类T形截面后再行计算。第一类T形截面就相当于截面宽度为b'_f的单筋矩形截面；第二类T形截面，则可将挑出的翼缘部分视为双筋截面中的A'_s，按A'_s为已知的双筋截面计算。

复习题

3-1　梁、板的截面尺寸和混凝土的保护层厚度是如何确定的？

3-2　构造上对梁的纵筋的直径、根数、间距、排数有哪些规定？板中钢筋有哪些？如何布置？

3-3　在受弯构件正截面试验中，适筋截面从加载到破坏经历了哪几个阶段？各阶段中钢筋和混凝土的应力和应变情况是什么？分别为哪种极限状态计算的依据？裂缝、挠度及中和轴的位置又是如何变化的？

3-4　钢筋混凝土受弯构件正截面的破坏形态有哪几种？各种破坏形态的特征是什么？为什么不允许使用超筋和少筋截面？如何限制出现超筋和少筋截面？

3-5　在钢筋混凝土受弯构件正截面承载力计算中有哪几个基本假定？其内容是什么？

3-6　等效应力图形的“等效”是指什么？混凝土的应力分布与实际应力图形中应力分布的关系是什么？

3-7　什么是“界限破坏”？界限破坏的特征是什么？ξ_b是如何得到的？它与哪些因素相关？

3-8　符号ρ、ξ、α_s、γ_s分别代表什么？相互之间的关系是什么？

3-9　影响钢筋混凝土受弯承载力的主要因素有哪些？当截面尺寸一定时，改变混凝土或钢筋的强度对受弯承载力的影响哪个更显效？

3-10　在应用单筋矩形截面受弯承载力的计算公式时，为什么要求满足$\xi \leqslant \xi_b$和$\rho \geqslant \rho_{min}$？

3-11　单筋截面的承载力复核时如何判别截面的破坏形态？如为超筋，应如何计算其极限弯矩？

3-12　在什么情况下采用双筋截面？双筋截面计算公式的适用条件是什么？意义是什么？截面设计时有哪两种情况？分别写出两种情况的计算步骤。

3-13　T形截面受压翼缘的计算宽度是如何确定的？

3-14　两类T形截面在截面设计和承载力复核时是如何判别的？分别写出第一、二类T形截面承载力计算（设计、复核）的步骤。

3-15　验算T形截面最小配筋率时为什么用梁肋宽度而不用受压翼缘的宽度？

3-16　试写出单筋、双筋和T形截面受弯构件的正截面承载力计算（包括截面设计和承载力复核）的计算机程序框图。

3-17　某钢筋混凝土矩形梁截面为$b \times h = 250\text{mm} \times 600\text{mm}$，承受的弯矩设计值$M = 260\text{kN} \cdot \text{m}$，环境类

别为一类，采用混凝土强度等级拟为C30，钢筋为HRB400级，估取$a_s=40$mm。试计算所需的纵向受拉钢筋截面面积A_s。

3-18 一现浇钢筋混凝土简支平板，其计算跨度$l_0=2.4$m，板顶面为30mm水泥砂浆面层，板底为12mm纸筋灰粉刷（16kN/m²），承受均布活荷载的标准值为2.0kN/m²，采用的混凝土强度等级为C30，HRB400级钢筋，一类环境，估取板厚为80mm，试为该板配筋（取1m为板的计算宽度）。

3-19 一单筋矩形梁截面为$b\times h=200\text{mm}\times450\text{mm}$，采用混凝土强度等级为C35，所配钢筋为4Φ16，$a_s=40$mm，若弯矩设计值$M=92\text{kN}\cdot\text{m}$，该梁是否安全？

3-20 已知一钢筋混凝土梁截面为$b\times h=200\text{mm}\times450\text{mm}$，混凝土强度等级为C20，已配有2根直径25mm和3根直径22mm的HRB400级纵向受拉钢筋，该截面在设计弯矩$M=170\text{kN}\cdot\text{m}$的作用下是否安全？

3-21 试按下列情况，列表计算各截面的受弯承载力极限值M_u，并分析混凝土强度等级、钢筋级别、截面的尺寸（高度、宽度）等因素对受弯承载力的影响。环境按一类考虑，箍筋直径均为6mm。

1）截面为$b\times h=200\text{mm}\times500\text{mm}$，混凝土强度等级为C30，4根直径18mm HRB400级钢筋。

2）截面为$b\times h=200\text{mm}\times500\text{mm}$，混凝土强度等级为C40，4根直径18mm HRB400级钢筋。

3）截面为$b\times h=200\text{mm}\times500\text{mm}$，混凝土强度等级为C30，4根直径18mm HRB500级钢筋。

4）截面为$b\times h=200\text{mm}\times500\text{mm}$，混凝土强度等级为C30，6根直径18mm HRB400级钢筋。

5）截面为$b\times h=250\text{mm}\times500\text{mm}$，混凝土强度等级为C30，4根直径18mm HRB400级钢筋。

6）截面为$b\times h=200\text{mm}\times600\text{mm}$，混凝土强度等级为C30，4根直径18mm HRB400级钢筋。

3-22 已知矩形简支梁的计算跨度$l_0=4.86$m，所承受的均布恒荷载标准值$g_k=9.5$kN/m（不包括自重），均布活荷载标准值$q_k=8$kN/m，采用C40级混凝土，HRB400级钢筋，环境类别为二a类。试确定该梁的截面尺寸和所需的纵筋。

3-23 已知一矩形梁截面为$b\times h=220\text{mm}\times500\text{mm}$，采用的混凝土强度等级为C30，HRB400级纵向受拉钢筋，承受设计弯矩$M=280\text{kN}\cdot\text{m}$，一类环境，$a_s=60$mm。求截面所需的纵向受拉钢筋$A_s$。

3-24 其他条件同复习题3-23，但已在受压区设有3根直径为18mm的HRB400级受压钢筋。试求此条件下的受拉钢筋A_s。

3-25 其他条件同复习题3-23，但已在受压区设有4根直径为22mm的HRB400级受压钢筋。试求此条件下的受拉钢筋A_s，并与复习题3-23和复习题3-24的结果进行比较，哪一方案的用钢总量多？原因是什么？

3-26 已知一钢筋混凝土矩形梁截面为$b\times h=200\text{mm}\times400\text{mm}$，混凝土强度等级为C30，HRB400级的纵筋，受拉钢筋为3Φ25，受压钢筋为2Φ16，一类环境。试求该截面所能承受的极限弯矩M_u。

3-27 已知一肋形楼盖次梁如图3-37所示，次梁的计算跨度$l_0=6$m，间距为2.4m，梁肋宽$b=200$mm，梁高$h=450$mm，该梁跨中截面所承受的弯矩设计值$M=150.5\text{kN}\cdot\text{m}$，混凝土强度等级为C30，钢筋采用HRB400级。试为此梁配筋。

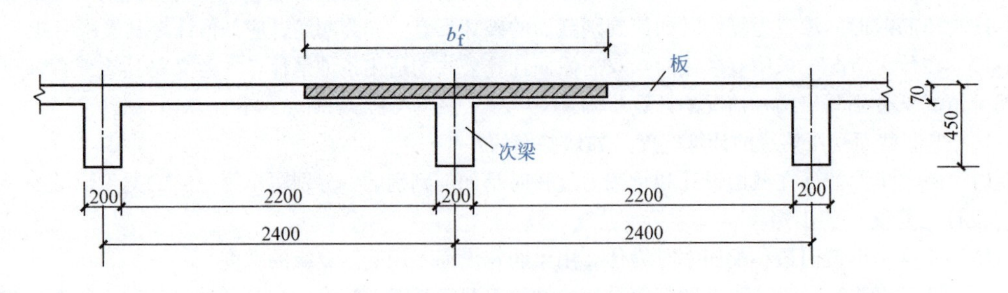

图3-37 复习题3-27图

3-28　某 T 形梁，$b'_f=500\text{mm}$，$b=200\text{mm}$，$h'_f=100\text{mm}$，$h=500\text{mm}$，混凝土强度等级为 C35，钢筋采用 HRB400 级，承受设计弯矩 $M=190\text{kN}\cdot\text{m}$，$a_s=40\text{mm}$，环境类别为一类。求所需的受拉钢筋截面面积 A_s。

3-29　已知一 T 形截面梁，$b'_f=600\text{mm}$，$b=300\text{mm}$，$h'_f=120\text{mm}$，$h=700\text{mm}$，混凝土强度等级为 C30，钢筋采用 HRB400 级，承受设计弯矩 $M=650\text{kN}\cdot\text{m}$，环境类别为一类，$a_s=60\text{mm}$。求所需的受拉钢筋截面面积。

3-30　一 T 形截面梁的截面尺寸及配筋情况如图 3-38 所示，已知所用混凝土的强度等级为 C35，钢筋为 HRB400 级，若截面的弯矩设计值 $M=500\text{kN}\cdot\text{m}$。试计算该梁截面的承载力是否足够。

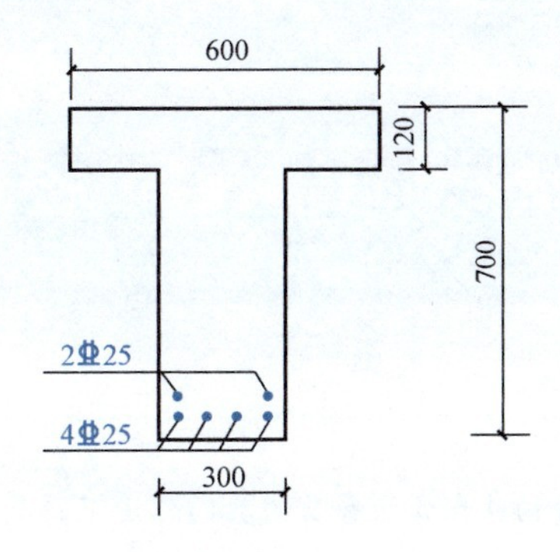

图 3-38　复习题 3-30 图

第4章 钢筋混凝土受弯构件斜截面承载力

内容提要

本章主要讲述钢筋混凝土受弯构件在弯矩和剪力共同作用下斜截面的受力特点与破坏形态，以及影响斜截面受剪承载力的主要因素。介绍了钢筋混凝土无腹筋梁和有腹筋梁斜截面受剪承载力的计算公式和适用条件，以及防止斜截面破坏的主要构造要求。重点阐述了钢筋混凝土受弯构件在弯矩和剪力共同作用下的截面设计和截面复核。本章还介绍了材料抵抗弯矩图的概念、作法和用途，以及纵向钢筋的弯起、锚固等构造规定。

4.1 概述

受弯构件除了承受弯矩外，还同时承受剪力的作用。受弯构件除了在主要承受弯矩作用的区段内会发生如第3章所述的正截面破坏以外，在剪力和弯矩共同作用的剪弯区段还会产生斜向裂缝，并可能发生斜截面的剪切或弯曲破坏。此时，剪力 V 将成为控制构件的性能和设计的主要因素。斜截面破坏一般带有脆性破坏的性质，缺乏明显的预兆，因此在实际工程中应当避免，在设计时必须进行斜截面承载力的计算。

为了防止构件发生斜截面破坏，通常需要在梁内设置与梁轴线垂直的箍筋，也可同时设置与主拉应力方向平行的斜向钢筋来共同承担剪力。斜向钢筋通常由正截面强度不需要的纵向钢筋弯起而成，称为弯起钢筋。箍筋和弯起钢筋统称为腹筋。腹筋、纵向钢筋和架立钢筋构成钢筋骨架，如图4-1所示。有腹筋和纵向钢筋的梁称为有腹筋梁；仅配纵向钢筋的梁称为无腹筋梁。

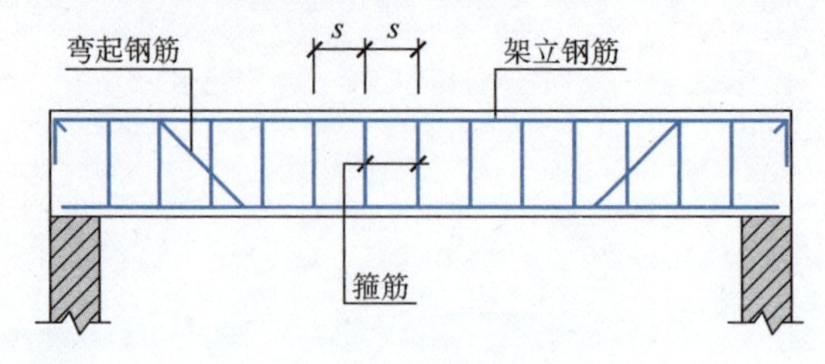

图4-1 有腹筋梁配筋图

4.2　斜截面破坏的主要形态

4.2.1　剪跨比

剪跨比是个无量纲参数，是梁内同一截面所承受的弯矩与剪力两者的相对比值，定义为$\lambda=M/(Vh_0)$。它反映了截面上弯曲正应力σ与剪应力τ的相对比值。由于正应力和剪应力决定了主应力的大小和方向，因此剪跨比影响斜截面的受剪承载力和破坏形态。对如图4-2所示集中荷载作用下的梁，C截面的剪跨比为

$$\lambda=\frac{M}{Vh_0}=\frac{R_Aa}{R_Ah_0}=\frac{a}{h_0} \tag{4-1}$$

式中　a——集中荷载作用点至邻近支座的距离，称为剪跨。

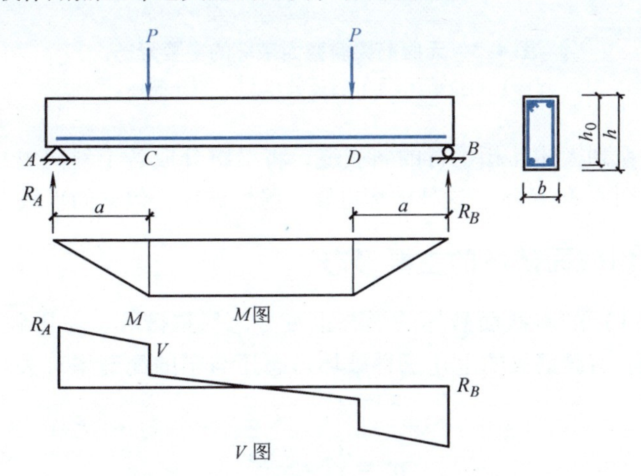

图4-2　集中荷载作用下梁的剪跨比λ

4.2.2　无腹筋梁斜截面破坏的主要形态

对无腹筋梁，其斜截面破坏形态主要取决于剪跨比λ的大小，主要破坏形态有三种。

1. 斜拉破坏

当剪跨比或跨高比较大时（$\lambda>3$或$l/h_0>12$），发生斜拉破坏。其破坏特征是：斜裂缝一旦出现，很快就会形成一条主要斜裂缝，并迅速向集中荷载作用点延伸，梁被分成两部分而破坏，如图4-3a所示。这种破坏是由于混凝土斜向拉坏引起的，属于突然发生的脆性破坏，梁的承载力较低。

2. 剪压破坏

剪跨比或跨高比介于上述两种破坏之间时（$1\leqslant\lambda\leqslant3$或$4\leqslant l/h_0\leqslant12$），发生剪压破坏。其破坏特征是：斜裂缝出现后，随着荷载继续增长，将出现一条延伸较长、相对开展较宽的主要斜裂缝，称为临界斜裂缝。荷载继续增大，临界斜裂缝上端的剩余截面逐渐缩小，最终剩余的受压区混凝土在剪压复合应力作用下被剪压破坏，如图4-3b所示。这种破坏仍为脆性破坏，梁的承载力较斜拉破坏高，较斜压破坏低。

3. 斜压破坏

当剪跨比或跨高比较小时（$\lambda<1$或$l/h_0<4$），发生斜压破坏。其破坏特征是：在剪弯区段

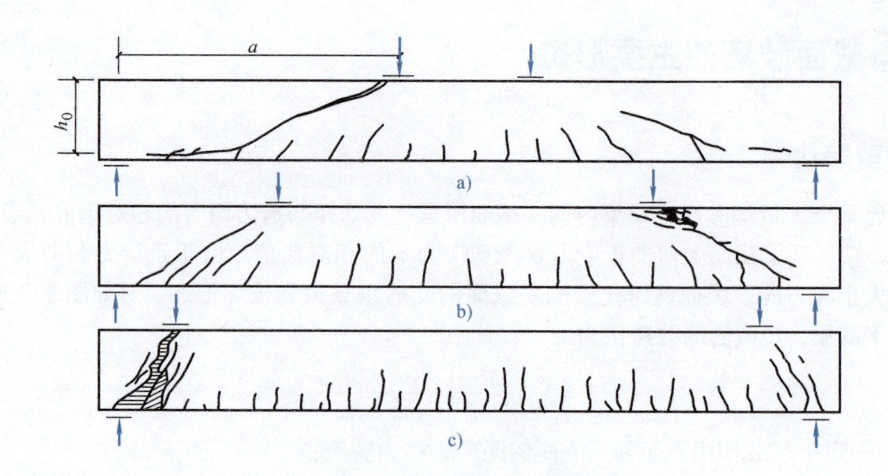

图 4-3　无腹筋梁斜截面破坏的主要形态

a）斜拉破坏　b）剪压破坏　c）斜压破坏

内，梁的腹部出现一系列大体互相平行的斜裂缝，将梁腹分成若干斜向短柱，最后由于混凝土斜向压酥而破坏，如图 4-3c 所示。这种破坏也属于脆性破坏，但梁的承载力相对较高。

4.2.3　有腹筋梁斜截面破坏的主要形态

有腹筋梁（图 4-1）的斜截面破坏的形态也可分为斜拉破坏、剪压破坏、斜压破坏三种。与无腹筋梁不同的是，有腹筋梁的上述三种破坏形态还与梁的配箍率有关。钢筋混凝土梁的配箍率按下式计算

$$\rho_{sv}=\frac{A_{sv}}{bs}=\frac{nA_{sv1}}{bs} \tag{4-2}$$

式中　ρ_{sv}——配箍率；

A_{sv}——配置在同一截面内箍筋各肢的截面面积之和，$A_{sv}=nA_{sv1}$；

n——同一截面内箍筋的肢数；

A_{sv1}——单肢箍筋的截面面积；

b——梁的截面宽度（或肋宽）；

s——沿梁长度方向箍筋的间距。

由式（4-2）可知，配箍率是指单位水平截面面积上的箍筋截面面积，如图 4-4 所示。

1. 斜拉破坏

当配箍率过小、剪跨比较大时发生。斜裂缝一旦出现，与斜裂缝相交的箍筋不足以承担由混凝土承担的拉力，箍筋很快屈服而不能限制斜裂缝的开展，其破坏性质与无腹筋梁相似，这种破坏为斜拉破坏。

2. 剪压破坏

当剪跨比和配箍率适中时发生。斜裂缝发生时，与斜裂缝相交的箍筋不会立即屈服，由于箍筋受力而延缓和限制了斜裂缝的开展，荷载可以有较大的增长。当荷载继续增加，箍筋屈服后就不能再限制斜裂缝的开展。最后剪压区的混凝土在剪压复合应力作用下达到极限强度，就发生剪压破坏。

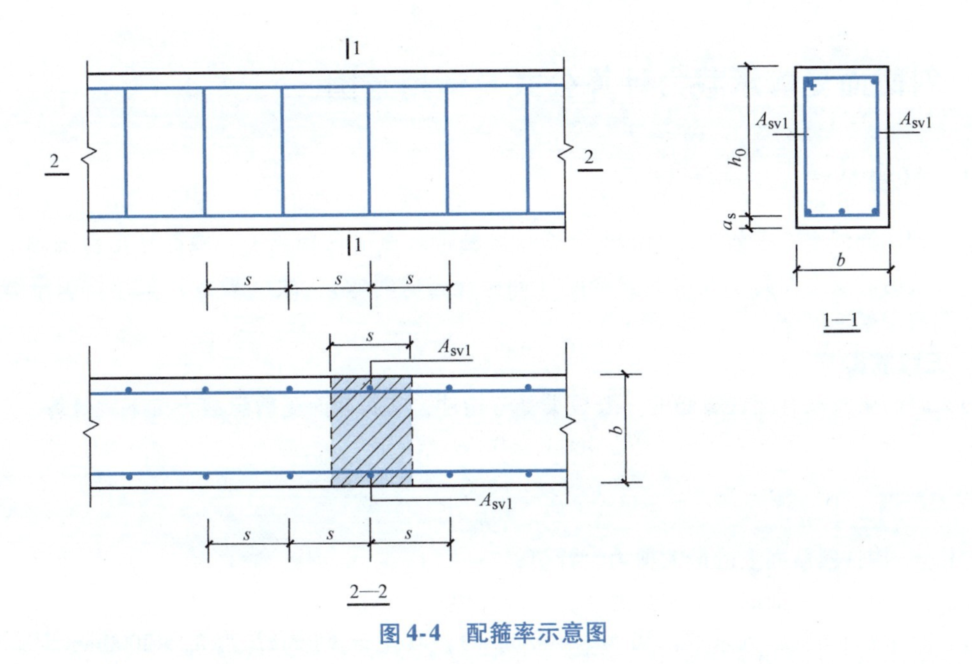

图 4-4　配箍率示意图

3. 斜压破坏

当剪跨比较小而配箍率过大（或薄腹梁）时发生。在箍筋尚未受拉屈服时，斜裂缝间的混凝土会因主压应力过大而发生斜压破坏；此时，梁的受剪承载力取决于混凝土强度及截面尺寸。

4.3　影响斜截面受剪承载力的主要因素

影响斜截面受剪承载力的因素很多，主要有剪跨比、混凝土强度、箍筋强度及配箍率、纵筋配筋率等。

1. 剪跨比

试验表明，剪跨比 λ 是影响集中荷载作用下无腹筋梁的破坏形态和受剪承载力的最主要的因素之一。对无腹筋梁，随着剪跨比的增大，破坏形态发生显著变化，梁的受剪承载力明显降低。但当剪跨比 $\lambda>3$ 时，剪跨比对梁的受剪承载力无显著影响。对于有腹筋梁，随着配箍率的增加，剪跨比对受剪承载力的影响逐渐变小。

2. 混凝土强度

梁的斜裂缝的出现及抗剪的最终破坏均与混凝土强度有关，故混凝土强度对梁的受剪承载力的影响很大。梁的受剪承载力随混凝土强度的提高而提高，两者大致为线性关系。

3. 箍筋强度及配箍率

对于有腹筋梁，当斜裂缝出现后，箍筋不仅可以直接承受部分剪力，还能抑制斜裂缝的开展和延伸，提高剪压区混凝土的抗剪能力，间接地提高梁的受剪承载力。配箍率越大，箍筋强度越高，斜截面的抗剪能力也就越高。但当配箍率超过一定数值后，斜截面受剪承载力就不再提高。

4. 纵筋配筋率

由于纵筋的增加相应地加大了压区混凝土的高度，间接地提高了梁的抗剪能力，故纵筋配筋率对无腹筋梁的受剪承载力也有一定影响。纵筋配筋率越大，无腹筋梁的斜截面抗剪能力也就越大，两者大致为线性关系；但对有腹筋梁，其影响相对不太大。在《规范》的斜截面受剪承载力计算公式中，还没有考虑纵筋配筋率的影响。

4.4 斜截面受剪承载力计算公式及适用范围

4.4.1 计算公式

考虑到钢筋混凝土受剪破坏的突然性及试验数据的离散性相当大，因此从设计准则上应该保证构件抗剪的安全度高于抗弯的安全度（即保证强剪弱弯），故《规范》采用抗剪承载力试验的下限值以保证安全。

1. 无腹筋梁

对无腹筋梁及没有配置腹筋的一般板类受弯构件，其斜截面受剪承载力按下式计算

$$V \leqslant V_c = 0.7\beta_h f_t b h_0 \tag{4-3}$$

$$\beta_h = \left(\frac{800}{h_0}\right)^{1/4} \tag{4-4}$$

式中 V——构件斜截面上的最大剪力设计值；

V_c——构件斜截面混凝土的受剪承载力设计值；

β_h——截面高度影响系数，当 $h_0 < 800$mm 时，取 $h_0 = 800$mm；当 $h_0 > 2000$mm 时，取 $h_0 = 2000$mm；

f_t——混凝土轴心抗拉强度设计值。

2. 有腹筋梁

如前所述，钢筋混凝土斜截面受剪的主要破坏形态有斜拉、斜压和剪压破坏三种。对于斜拉和斜压破坏，一般是采用构造措施加以避免；而对于剪压破坏，由于其受剪承载力的变化幅度较大，应由计算来控制。《规范》中斜截面的受剪承载力计算公式就是针对剪压破坏的。

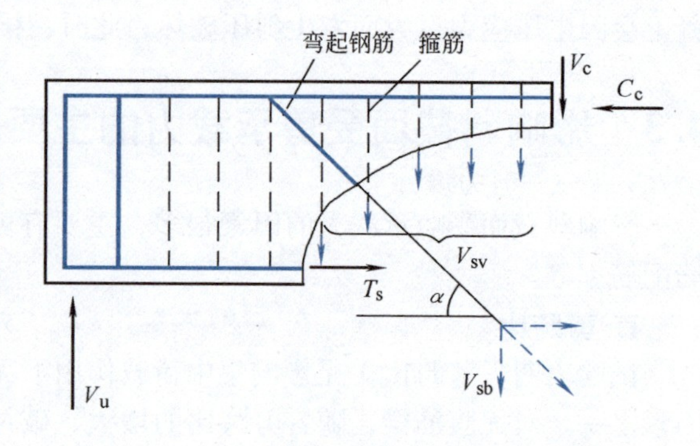

图 4-5 斜截面的受剪承载力计算简图

取出临界斜裂缝至支座间的一段脱离体进行分析，如图 4-5 所示。

(1) 当仅配有箍筋时 矩形、T 形和 I 形截面的受剪承载力计算公式为

$$V \leqslant V_u = V_{cs} = \alpha_{cv} f_t b h_0 + f_{yv}\frac{A_{sv}}{s}h_0 \tag{4-5}$$

式中 V_{cs}——构件斜截面上混凝土和箍筋的受剪承载力设计值；

V_u——构件斜截面受剪承载力极限值；

α_{cv}——斜截面混凝土受剪承载力系数，对于一般受弯构件取 0.7；对于集中荷载作用下（包括作用有多种荷载，其中集中荷载对支座截面或节点边缘所产生的剪力值占总剪力 75% 以上的情况）的独立梁取值为 $\frac{1.75}{\lambda+1}$，λ 为计算截面的剪跨比，可取 $\lambda = a/h_0$，当 $\lambda < 1.5$ 时取值为 1.5，当 $\lambda > 3$ 时取值为 3；

f_{yv}——箍筋的抗拉强度设计值；

A_{sv}——配置在同一截面内箍筋各肢的截面之和，$A_{sv} = nA_{sv1}$；

s——沿构件长度方向箍筋的间距。

(2) 同时配有箍筋和弯起钢筋时　矩形、T 形和 I 形截面的受弯构件，其斜截面受剪承载力计算公式为

$$V \leqslant V_{u} = V_{cs} + V_{sb} \tag{4-6}$$

$$V_{sb} = 0.8 f_{y} A_{sb} \sin\alpha_{s} \tag{4-7}$$

式中　V_{sb}——弯起钢筋的受剪承载力设计值；

A_{sb}——同一弯起平面内的弯起钢筋截面面积；

f_{y}——弯起钢筋的抗拉强度设计值；

α_{s}——弯起钢筋与梁纵向轴线的夹角，当 $h \leqslant 800$mm 时，α_{s}常取为 45°；当 $h \geqslant 800$mm 时，α_{s}常取为 60°；

0.8——考虑到弯起钢筋与破坏斜截面相交位置的不确定性，其应力可能达不到屈服强度时的应力不均匀系数。

4.4.2　适用范围

受弯构件斜截面承载力计算公式是根据剪压破坏的受力特点推出的，因此不适用于斜压破坏和斜拉破坏的情况。为此，《规范》规定了式（4-5）、式（4-6）的上、下限值。

(1) 上限值——最小截面尺寸限制条件　为了避免斜压破坏的发生，梁的截面尺寸应满足下列要求，否则箍筋配置再多也不能提高斜截面受剪承载力

当 $h_{w}/b \leqslant 4$ 时　$$V \leqslant 0.25 \beta_{c} f_{c} b h_{0} \tag{4-8}$$

当 $h_{w}/b \geqslant 6$ 时　$$V \leqslant 0.2 \beta_{c} f_{c} b h_{0} \tag{4-9}$$

当 $4 < h_{w}/b < 6$ 时　$$V \leqslant 0.025\left(14 - \frac{h_{w}}{b}\right) \beta_{c} f_{c} b h_{0} \tag{4-10}$$

式中　V——剪力设计值；

b——矩形截面的宽度，T 形截面或 I 形截面的腹板宽度；

h_{0}——截面的有效高度；

h_{w}——截面腹板高度，矩形截面取有效高度 h_{0}，T 形截面取有效高度减去翼缘高度，I 形截面取腹板净高；

β_{c}——混凝土强度影响系数，当混凝土强度等级不超过 C50 时，取为 1.0；当混凝土强度等级为 C80 时，取为 0.8，其间按线性内插。

(2) 下限值——最小配箍率（$\rho_{sv,min}$）　为了避免斜拉破坏的发生，梁中抗剪箍筋的配箍率应满足

$$\rho_{sv} = \frac{A_{sv}}{bs} \geqslant \rho_{sv,min} \tag{4-11}$$

$$\rho_{sv,min} = 0.24 \frac{f_{t}}{f_{yv}} \tag{4-12}$$

4.5　斜截面受剪承载力的计算步骤和方法

4.5.1　斜截面受剪承载力的计算位置

如图 4-6 所示，在计算斜截面的受剪承载力时，其剪力设计值的计算截面应按下列规定采用：

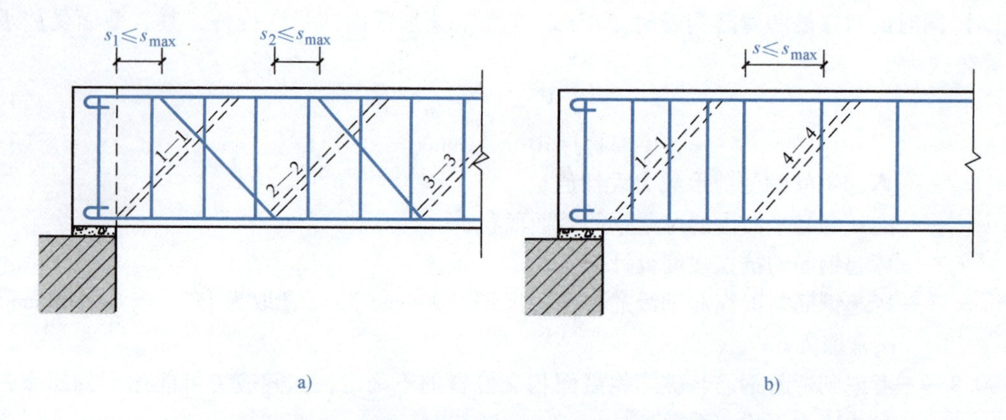

图4-6 斜截面受剪承载力剪力设计值的计算位置

a）配箍筋和弯起钢筋的梁 b）只配箍筋的梁

注：1—1为支座边缘处的斜截面；2—2、3—3为受拉区弯起钢筋弯起点的斜截面；4—4为箍筋截面面积或间距改变处的斜截面。

计算剪力设计值时，当计算支座边缘处的截面时，取支座边缘的剪力设计值；计算箍筋数量改变处的截面时，取箍筋数量开始改变处的剪力设计值；计算第一排弯起钢筋弯起点处的截面时，取支座边缘处的剪力设计，计算以后各排弯起钢筋弯起点处的截面时，取前一排（对支座而言）弯起钢筋弯起点处的剪力设计。

4.5.2 受弯构件斜截面受剪承载力计算步骤和方法

受弯构件斜截面受剪承载力计算包含截面设计和截面复核两类问题。

1. 截面设计

已知剪力设计值V，截面尺寸b、h、a_s，材料强度f_c、f_t、f_y、f_{yv}，要求配置腹筋。计算步骤如下：

（1）验算截面尺寸 依据式（4-8）、式（4-9）或式（4-10），验算构件的截面尺寸是否满足要求。若不满足，应加大截面尺寸或提高混凝土强度等级，直至满足。

（2）验算是否需要按计算配置腹筋 若满足$V \leqslant 0.7 f_t b h_0$或$V \leqslant \dfrac{1.75}{\lambda+1} f_t b h_0$，仅需按构造要求确定箍筋的直径和间距；若不满足，则应按计算配置腹筋。

（3）仅配箍筋 按构造规定初步选定箍筋直径d和箍筋肢数n，依据式（4-5）求出箍筋间距s。所取箍筋间距s应满足最小配箍率的要求，即$\rho_{sv}=\dfrac{nA_{sv1}}{bs} \geqslant \rho_{sv,min}$；同时，还应满足梁内箍筋最大间距的构造要求，即$s \leqslant s_{max}$（$s_{max}$见表4-1）。

（4）同时配置箍筋和弯起钢筋 先根据已配纵筋确定弯起钢筋的截面面积A_{sb}，按式(4-7)计算出弯起钢筋的受剪承载力V_{sb}，再由式（4-6）及式（4-5）计算出所需箍筋的截面面积A_{sv}。

2. 截面复核

已知截面尺寸b、h、a_s，配筋量n、A_{sv1}、s，弯起钢筋的截面面积A_{sb}及与梁纵向轴线的夹角α_s，材料强度设计值f_c、f_t、f_y、f_{yv}。要求：①求斜截面受剪承载力V_u；②若已知斜截面剪力设计值V时，复核梁斜截面承载力是否满足要求。计算步骤如下：

1）按式（4-8）或式（4-9）、式（4-10）复核截面尺寸限制条件。如不满足，则应根据截面限制条件所确定的 V 作为 V_u。

2）复核配箍率，并根据表 4-1、表 4-2 的规定复核箍筋最大间距、箍筋最小直径是否满足构造要求。

表 4-1　梁中箍筋最大间距 s_{max}　（单位：mm）

梁高 h	$150<h\leqslant300$	$300<h\leqslant500$	$500<h\leqslant800$	$h>800$
$V\leqslant0.7f_tbh_0$	200	300	350	400
$V>0.7f_tbh_0$	150	200	250	300

表 4-2　梁中箍筋最小直径　（单位：mm）

梁高 h	$h\leqslant800$	$h>800$
箍筋直径	6	8

注：梁中配有计算需要的纵向受压钢筋时，箍筋直径还应不小于受压纵筋直径的 1/4。

3）将已知条件代入斜截面承载力计算式（4-5）、式（4-6）计算 V_u。

4）若已知剪力设计值 V，当 $V_u/V\geqslant1$ 时，则表示斜截面受剪承载力满足要求，否则不满足。

【例 4-1】 已知一矩形截面简支梁，截面尺寸为 $b\times h=200\text{mm}\times400\text{mm}$，$a_s=40\text{mm}$，承受均布荷载，支座边缘剪力设计值 $V=130\text{kN}$，混凝土强度等级为 C30（$f_c=14.3\text{N/mm}^2$，$f_t=1.43\text{N/mm}^2$），箍筋采用 HRB400 级钢筋（$f_y=360\text{N/mm}^2$），采用只配箍筋方案，求箍筋数量。

【解】（1）复核梁截面尺寸

$h_w=h-a_s=(400-40)\text{mm}=360\text{mm}$，而因 $h_w/b=360/200=1.8<4$，故该简支梁属一般受弯构件。由于混凝土强度等级小于 C50，取 $\beta_c=1.0$。由式（4-8）得

$$0.25\beta_cf_cbh_0=0.25\times1.0\times14.3\times200\times360\text{N}=257400\text{N}>130000\text{N}$$

所以截面尺寸足够。

（2）验算是否要按计算配置箍筋

由于

$$0.7f_tbh_0=0.7\times1.43\times200\times360\text{N}=72072\text{N}<130000\text{N}$$

故应按计算配置箍筋。

（3）仅配箍筋

根据式（4-5）有

$$V=0.7f_tbh_0+f_{yv}\frac{nA_{sv1}}{s}h_0$$

$$\frac{nA_{sv1}}{s}=\frac{V-0.7f_tbh_0}{f_{yv}h_0}=\frac{130000-72072}{360\times360}=0.447$$

若选Φ6，$A_{sv1}=28.3\text{mm}^2$，$n=2$，则

$$s=\frac{2\times28.3}{0.447}\text{mm}=126.6\text{mm}$$

取 $s=120\text{mm}$，则配箍率为

$$\rho_{sv}=\frac{A_{sv}}{bs}=\frac{2\times28.3}{200\times120}=0.236\%>\rho_{sv,min}=0.24\frac{f_t}{f_{yv}}=0.24\times\frac{1.43}{360}=0.095\%$$

箍筋直径Φ6满足表4-2规定的最小直径6mm的要求，间距120mm也满足表4-1规定的最大间距200mm的要求，故该梁箍筋按Φ6@120沿梁长均匀布置。

【例4-2】　一根钢筋混凝土矩形截面简支梁，梁截面尺寸为$b=250\text{mm}$、$h=500\text{mm}$，其计算简图如图4-7所示（荷载设计值中已包含自重）。由正截面承载力计算已在梁的跨中配置了一排纵向钢筋，混凝土为C30（$f_c=14.3\text{N/mm}^2$，$f_t=1.43\text{N/mm}^2$），箍筋采用HRB400级钢筋（$f_{yv}=360\text{N/mm}^2$），求所需的腹筋数量。

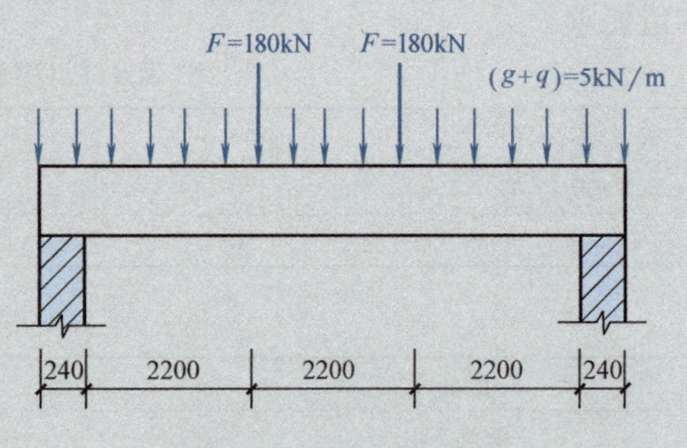

图4-7　【例4-2】图

【解】（1）计算支座边剪力值

由竖向力平衡得

$$V=\frac{1}{2}(g+q)l_n+F=\left(\frac{1}{2}\times5\times6.6+180\right)\text{kN}=196.5\text{kN}$$

其中集中力所产生的剪力值V_F占总剪力V的百分比为

$$\frac{V_F}{V}=\frac{180}{196.5}=91.6\%>75\%$$

所以应考虑剪跨比的影响。

（2）复核截面尺寸

截面的有效高度为

$$h_0=h-a_s=(500-40)\text{mm}=460\text{mm}$$

$$\frac{h_w}{b}=\frac{460}{250}=1.84<4\text{，同时}\beta_c=1.0\text{，由式（4-8）得}$$

$$0.25\beta_c f_c bh_0=0.25\times1\times14.3\times250\times460\text{N}=411125\text{N}>196500\text{N}$$

截面尺寸满足要求。

（3）计算剪跨比λ

由式（4-1）得

$$\lambda=\frac{a}{h_0}=\frac{2200}{460}=4.78>3\text{，取}\lambda=3$$

（4）验算是否需要按计算配箍筋

$$\frac{1.75}{\lambda+1}f_t bh_0=\frac{1.75}{3+1}\times1.43\times250\times460\text{N}=71947\text{N}<196500\text{N}$$

所以需要按计算配箍筋。

（5）计算箍筋数量

由式（4-5）得

$$V=\frac{1.75}{\lambda+1}f_t bh_0+f_{yv}\frac{A_{sv}}{s}h_0$$

$$\frac{A_{sv}}{s}=\frac{V-\frac{1.75}{\lambda+1}f_t bh_0}{f_{yv}h_0}=\frac{196500-71947}{360\times460}\text{mm}=0.752\text{mm}$$

选Φ8，$A_{sv1}=50.3\text{mm}^2$，$n=2$，则

$$s=\frac{2\times50.3}{0.752}\text{mm}=133.8\text{mm}$$

查表4-1，得$s_{max}=200\text{mm}$，故取$s=130\text{mm}$，即箍筋采用Φ8@130，沿梁长均匀布置。

（6）验算最小配箍率

$$\rho_{sv}=\frac{nA_{svl}}{bs}=\frac{2\times50.3}{250\times130}=0.31\%\geqslant\rho_{svmin}=0.24\frac{f_t}{f_{yv}}$$

$$=0.24\times\frac{1.43}{360}=0.095\%$$

故满足要求。

【例4-3】 如图4-8所示一两端支承在砖墙上的钢筋混凝土矩形截面简支梁，$b\times h=250\text{mm}\times500\text{mm}$，$a_s=65\text{mm}$，混凝土强度等级为C30，纵筋采用HRB400，箍筋采用HRB400，承受均布荷载设计值$g+q=60\text{kN/m}$（含自重），梁的净跨l_n为5m，计算跨度l_0等于5.24m。要求设计该梁。

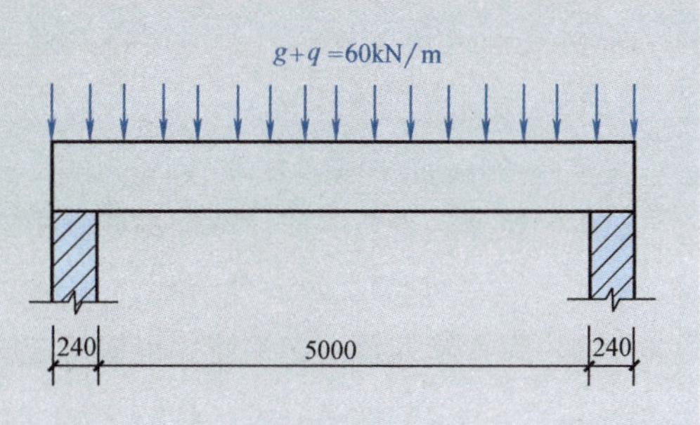

图4-8　【例4-3】图

【解】 查附表1、附表2及表3-5得$f_c=14.3\text{N/mm}^2$，$f_t=1.43\text{N/mm}^2$，$f_{yv}=360\text{N/mm}^2$，$f_y=360\text{N/mm}^2$，$\alpha_1=1.0$，$\xi_b=0.518$。

（1）计算内力

跨中最大弯矩为

$$M=\frac{1}{8}(g+q)l_0^2=\frac{1}{8}\times60\times5.24^2\text{kN}\cdot\text{m}=206\text{kN}\cdot\text{m}$$

支座边缘最大剪力为

$$V=\frac{1}{2}(g+q)l_n=\frac{1}{2}\times60\times5\text{kN}=150\text{kN}$$

（2）验算截面尺寸限制条件

$$h_w=h-a_s=(500-65)\text{mm}=435\text{mm}$$

$$\frac{h_w}{b}=\frac{435}{250}=1.74<4，属于一般梁，则由式（4-8）得$$

$$0.25\beta_cf_cbh_0=0.25\times1.0\times14.3\times250\times435\text{N}=388781\text{N}>150000\text{N}$$

截面尺寸符合要求。

（3）正截面承载力计算

1）判别是否需设计成双筋梁。单筋截面所能承受的最大弯矩为

$$M_{max}=\alpha_1f_cbh_0^2\xi_b(1-0.5\xi_b)$$
$$=1\times14.3\times250\times435^2\times0.518\times(1-0.5\times0.518)\text{N}\cdot\text{mm}$$
$$=259658490\text{N}\cdot\text{mm}=260\text{kN}\cdot\text{m}>M=206\text{kN}\cdot\text{m}$$

不需设计成双筋梁。

2）计算所需纵筋面积。由式（3-17）得

$$\alpha_s=\frac{M}{\alpha_1 f_c bh_0^2}=\frac{206\times10^6}{1.0\times14.3\times250\times435^2}=0.3045$$

$$\xi=1-\sqrt{1-2\alpha_s}=1-\sqrt{1-2\times0.3045}=0.375<\xi_b=0.518$$

代入式（3-6）有

$$A_s=\frac{\alpha_1 f_c bh_0\xi}{f_y}=\frac{1.0\times14.3\times250\times435\times0.375}{360}\text{mm}^2=1620\text{mm}^2$$

3）验算最小配筋率。选2Φ16/4Φ20($A_s=1659\text{mm}^2$)，则

$$\rho=\frac{A_s}{bh}=\frac{1659}{250\times500}=1.3\%>\rho_{min}=0.20\%$$

且大于$(45f_t/f_y)\%=(45\times1.43/360)\%=0.18\%$

满足要求。

（4）斜截面承载力计算

1）验算是否需要按计算配箍筋。由式（4-3）有

$$0.7\beta_h f_t bh_0=0.7\times1\times1.43\times250\times435\text{N}=108859\text{N}<V=150000\text{N}$$

2）配置箍筋及弯起钢筋。根据所配纵向钢筋，设弯起2Φ16纵筋作为弯起钢筋，$A_{sb}=402\text{mm}^2$，$\alpha_s=45°$。根据式（4-6）、式（4-5）及式（4-7）有

$$V=0.7f_t bh_0+f_{yv}\frac{A_{sv}}{s}h_0+0.8f_y A_{sb}\sin\alpha_s$$

$$150000=108859+360\times\frac{A_{sv}}{s}\times435+0.8\times360\times402\times0.707$$

由上式解得$\frac{A_{sv}}{s}<0$，故按构造要求及最小配箍率配置箍筋。取Φ6，$A_{sv1}=28.3\text{mm}^2$，$n=2$，则

$$\rho_{sv}=\frac{nA_{sv1}}{bs}=\frac{2\times28.3}{250s}\geqslant\rho_{sv,min}=0.24\frac{f_t}{f_{yv}}=0.24\times\frac{1.43}{360}$$

$s\leqslant237.5\text{mm}$，取$s=200\text{mm}$，$s=s_{max}=200\text{mm}$。

3）验算纵筋弯起点处斜截面承载力。纵筋弯起点处剪力为V_1，弯起钢筋的水平投影长度为

$$s_b=h-a_s-a'_s=(500-65-35)\text{mm}=400\text{mm}$$

$$V_1=\frac{1}{2}(g+q)l_1=\frac{1}{2}\times60\times(5-2\times0.60)\text{kN}=114\text{kN}$$

配置Φ6@200，箍筋所能承受的剪力为

$$\begin{aligned}V&=V_{cs}=0.7f_t bh_0+f_{yv}\frac{nA_{sv}}{s}h_0\\&=\left(108859+360\times\frac{2\times28.3}{200}\times435\right)\text{N}\\&=153177\text{N}=153\text{kN}>V_1=114\text{kN}(\text{满足抗剪要求})\end{aligned}$$

该梁配筋如图4-9所示。

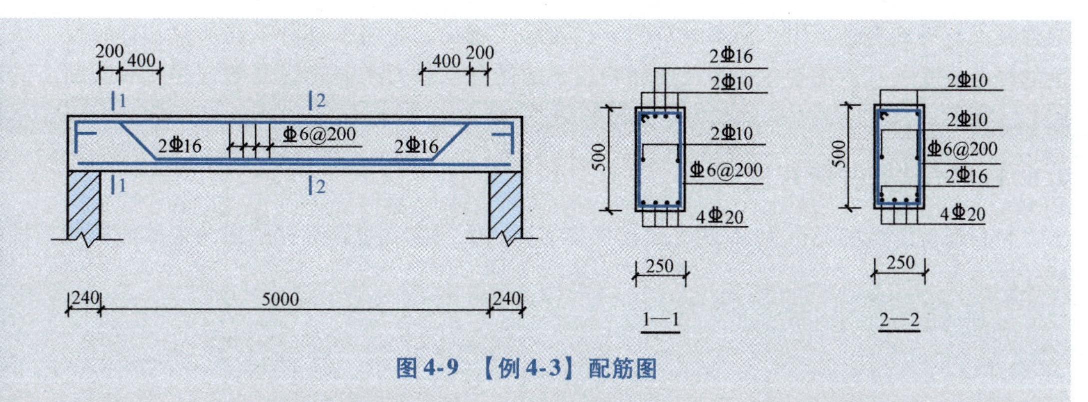

图 4-9 【例 4-3】配筋图

【例 4-4】 一两端支承在砖墙上的矩形截面简支梁，$b \times h = 250\text{mm} \times 500\text{mm}$，$a_s = 65\text{mm}$，混凝土强度等级为 C30，箍筋采用 HRB400，已配有双肢箍Φ8@150，求该梁所能承受的最大剪力设计值 V；若梁的净跨 l_n 为 5m，按受剪承载力计算的梁所能承受均布荷载设计值 $g+q$（含自重）是多少？

【解】 查附表 1、附表 2 得 $f_c = 14.3\text{N/mm}^2$，$f_t = 1.43\text{N/mm}^2$，$f_{yv} = 360\text{N/mm}^2$。

（1）计算 V_{cs}

由式（4-5）得

$$V_{cs} = 0.7 f_t b h_0 + f_{yv}\frac{A_{sv}}{s}h_0$$

$$= \left(0.7 \times 1.43 \times 250 \times 435 + 360 \times \frac{2 \times 50.3}{150} \times 435\right)\text{N}$$

$$= 213885\text{N} = 213.9\text{kN}$$

（2）复核梁截面尺寸及配筋率

由式（4-8）有

$$0.25\beta_c f_c b h_0 = 0.25 \times 1.0 \times 14.3 \times 250 \times 435\text{N} = 388781\text{N} > V = 213885\text{N}$$

$$\rho_{sv} = \frac{nA_{sv1}}{bs} = \frac{2 \times 50.3}{250 \times 150} = 0.268\% \geqslant \rho_{sv,min} = 0.24\frac{f_t}{f_{yv}} = 0.24 \times \frac{1.43}{360} = 0.095\%$$

且箍筋直径和间距符合构造规定。

梁所能承受的最大剪力设计值 $V = V_{cs} = 213885\text{N}$。

（3）均布荷载值确定

按受剪承载力计算，该梁所能承受的均布荷载设计值为

$$g + q = \frac{2V_{cs}}{l_n} = \frac{2 \times 213885}{5000}\text{kN/m} = 85.6\text{kN/m}$$

按受剪承载力计算的梁所能承受均布荷载设计值 $g+q$（含自重）是 85.6kN/m。

4.6　纵向钢筋的截断和弯起

在进行梁的设计中，纵向钢筋和箍筋通常都是由控制截面的内力根据正截面和斜截面的承载力计算公式确定的。如果按最不利内力计算的纵筋既不弯起也不截断，沿梁通长布置，则必然会满足任一截面上的承载力要求。这种纵筋沿梁通长布置的配筋方式，构造虽然简单，但钢

筋强度没有得到充分利用，是不经济的。在实际工程中，常将一部分纵筋弯起，有时也会将多余的钢筋截断（这就需要根据正截面和斜截面的受弯承载力来确定纵筋的弯起点和截断点的位置）。

4.6.1　材料抵抗弯矩图

材料抵抗弯矩图又称为M_R图，是按照梁实配的纵筋的数量计算并画出的各截面所能抵抗的弯矩图形。

抵抗弯矩可近似由下式求出

$$M_R = f_y A_s h_0 \left(1 - \frac{\rho f_y}{2\alpha_1 f_c}\right) \tag{4-13}$$

式中　M_R——总的抵抗弯矩值；

A_s——实际配置的纵向受拉钢筋截面面积。

其中每根钢筋的抵抗弯矩值，可近似按相应的钢筋截面面积与总受拉钢筋截面面积的比值进行分配，即

$$M_{Ri} = \frac{A_{si}}{A_s} M_R \tag{4-14}$$

式中　A_{si}——任意一根纵筋的截面面积；

M_{Ri}——任意一根纵筋的抵抗弯矩值。

图4-10为一承受均布荷载的简支梁，设计弯矩图为aob，根据o点的最大弯矩计算所需的纵向受拉钢筋为4Φ20。钢筋若是通长布置，则按照定义，抵抗弯矩图是矩形$aa'b'b$。由图4-10可知，抵抗弯矩图完全包住了设计弯矩图，所以梁各截面的正截面和斜截面受弯承载力都满足。显然，在设计弯矩图与抵抗弯矩图之间钢筋强度有富余，且受力弯矩越小，钢筋强度富余就越多。为了节省钢材，可以将其中一部分纵向受拉钢筋在保证正截面和斜截面受弯承载力的条件下弯起或截断。

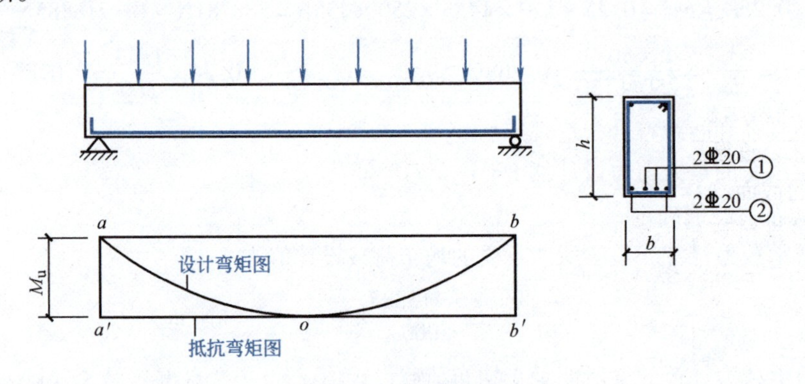

图4-10　抵抗弯矩图

如图4-11所示，根据钢筋的面积比划分出各钢筋所能抵抗的弯矩。分界点为l点，l—n是①号钢筋（2Φ20）所抵抗的弯矩值；l—m是②号钢筋（2Φ20）所抵抗的弯矩值。现拟将①号钢筋截断，首先过点l画一条水平线，该线与设计弯矩图的交点为e、f，其对应的截面为E、F，在E、F截面处为①号钢筋的理论不需要点，因为余下的②号钢筋已足以抵抗设计弯矩，故e、f称为①号钢筋的“理论截断点”；同时，也是余下的②号钢筋的“充分利用点”，因为在e、f处的抵抗弯矩值恰好与设计弯矩值相等，②号钢筋的抗拉强度被充分利用。值得注意的是，e、f

虽然为①号钢筋的“理论截断点”，但实际上①号钢筋是不能在 e、f 点切断的，还必须再延伸一段锚固长度后才能切断；而且一般在梁的下部受拉区是不切断钢筋的。有关内容将在 4.6.2 节中介绍。

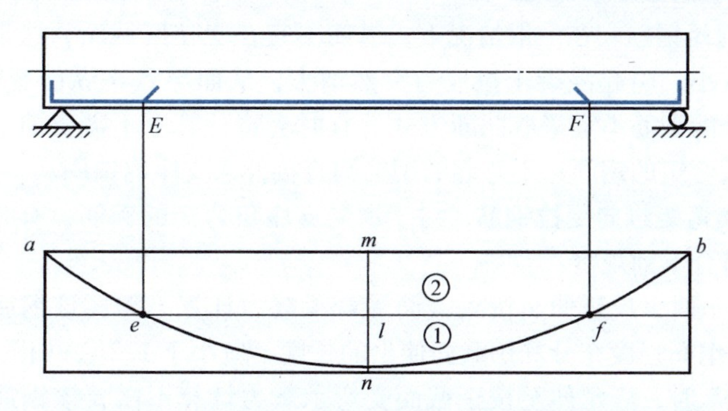

图 4-11　钢筋的“理论截断点”“充分利用点”

若在 e、f 处将①号钢筋截断，则这两点的抵抗弯矩发生突变，e、f 两点之外的抵抗弯矩减少了 ge 和 hf。其抵抗弯矩图如图 4-12 所示。

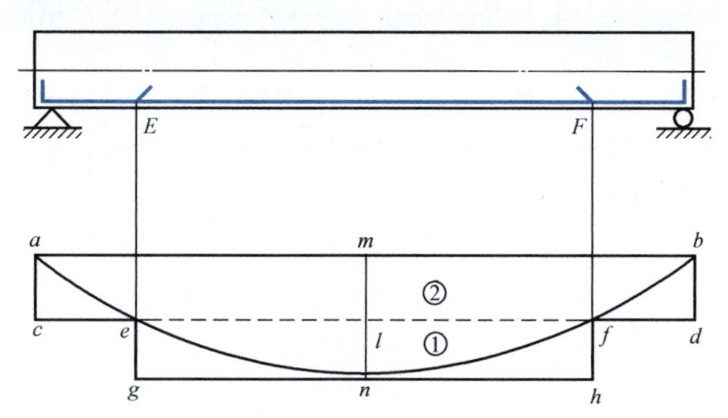

图 4-12　钢筋截断时抵抗弯矩图的画法

如图 4-13 所示，若将①号钢筋在 K 和 P 截面处开始弯起，由于该钢筋从弯起点开始逐渐由拉区进入压区，逐渐脱离受拉工作，所以其抵抗弯矩也自弯起点处逐渐减小，直至弯起钢筋与梁轴线相交的截面（I、J 截面）处；此时①号钢筋进入了受压区，其抵抗弯矩消失，故该钢筋在弯起部分的抵抗弯矩值为直线变化，即斜线段 ki 和 pj。在 i 点和 j 点之外，①号钢筋不再参加正截面受弯工作。其抵抗弯矩图如图 4-13 中 $aciknpjdb$ 所示。

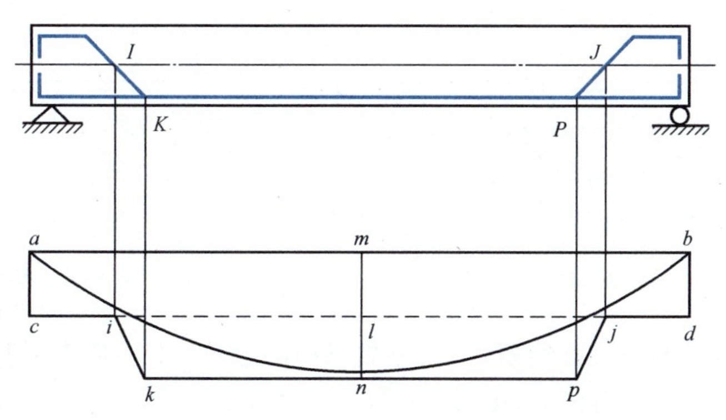

图 4-13　钢筋弯起时抵抗弯矩图的画法

4.6.2　纵向受拉钢筋的截断与弯起位置

1. 纵向受拉钢筋的截断和锚固

（1）梁跨中正弯矩钢筋　在一般情况下，纵筋不宜在受拉区截断，这是因为截断处受力钢筋的截面面积突然减小，引起混凝土拉应力突然增大，从而导致在纵筋截断处过早出现裂缝，故对梁底承受正弯矩的钢筋不宜采取截断方式。有时会将计算上不需要的钢筋弯起作为抗剪钢筋或作为承受支座负弯矩的钢筋；不弯起的钢筋则直接伸入支座内锚固。

（2）支座截面负弯矩纵向受拉钢筋　对于承受支座负弯矩的钢筋，有时可截断部分钢筋以节约钢材，此时应符合下列规定：

1）当 $V \leqslant 0.7f_tbh_0$时，应延伸至按正截面受弯承载力计算不需要该钢筋的截面以外不小于 $20d$ 处截断，且从该钢筋强度充分利用截面伸出的长度不应小于 $1.2l_a$，如图4-14所示。

2）当 $V>0.7f_tbh_0$时，应延伸至按正截面受弯承载力计算不需要该钢筋的截面以外不小于 h_0且不小于 $20d$ 处截断，且从该钢筋强度充分利用截面伸出的长度不应小于 $1.2l_a+h_0$，如图4-14所示。

3）当按上述规定确定的截断点仍位于负弯矩受拉区内时，应延伸至按正截面受弯承载力计算不需要该钢筋的截面以外不小于 $1.3h_0$且不小于 $20d$ 处截断，且从该钢筋强度充分利用截面伸出的长度不应小于 $1.2l_a+1.7h_0$。

（3）简支端支座钢筋的锚固　伸入支座的纵向钢筋应有足够的锚固长度（图4-15），以防止斜裂缝形成后纵向钢筋被拔出。简支梁简支端和连续梁简支端的下部纵筋伸入梁支座范围内的锚固长度 l_{as}应符合下列规定：

当 $V \leqslant 0.7f_tbh_0$时　　$l_{as} \geqslant 5d$　　(4-15)

当 $V>0.7f_tbh_0$时

带肋钢筋　　$l_{as} \geqslant 12d$　　(4-16)

光面钢筋　　$l_{as} \geqslant 15d$　　(4-17)

式中　d——纵筋的最大直径。

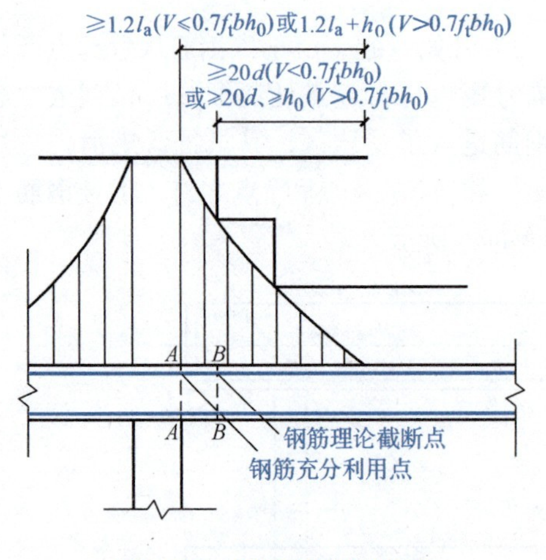

图4-14　钢筋的截断位置

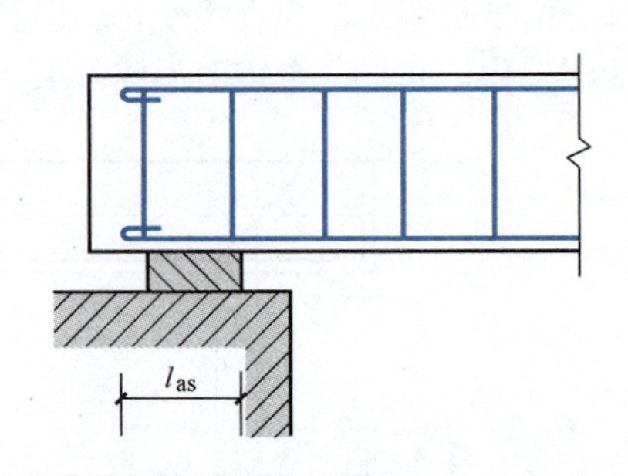

图4-15　简支端支座钢筋的锚固

（4）悬臂梁的受拉钢筋　在钢筋混凝土悬臂梁中的悬臂部分，应有不少于两根上部钢筋伸至悬臂梁外端，且向下的弯折长度不应小于 $12d$；其余钢筋不应在梁的上部截断，而应按纵向钢筋弯起的规定向下弯折，并按弯起钢筋的锚固规定进行锚固。

2. 纵向受拉钢筋的弯起

纵向受拉钢筋弯起时，应同时满足下列三种要求：

(1) 保证正截面的受弯承载力　在梁的受拉区中，弯起钢筋的弯起点应设在按正截面受弯承载力计算不需要该钢筋的截面以外，同时弯起钢筋与梁中心线的交点应在钢筋的“理论不需要点”以外，即要使整个抵抗弯矩图都包在设计弯矩图以外，如图 4-16 所示。

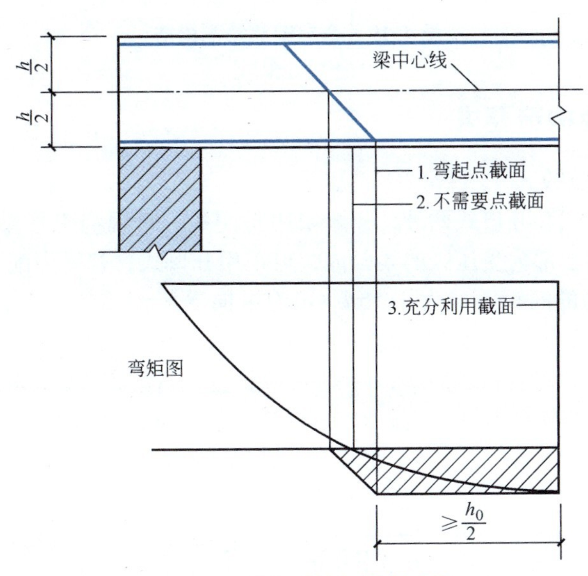

图 4-16　纵向受拉钢筋的弯起

(2) 保证斜截面的受弯承载力　纵筋的弯起点与该钢筋“充分利用点”之间的距离不应小于 $h_0/2$，如图 4-16 所示。

(3) 保证斜截面的受剪承载力　当按计算需设置弯起钢筋时，应保证前一排钢筋的下弯点至后一排钢筋的上弯点的距离应不大于表 4-1 中的规定，如图 4-17 所示。否则，斜裂缝就可能不与弯起钢筋相交，使斜截面因受剪承载力不足而发生破坏。

此外，弯起钢筋应按图 4-18a 配置，而不应采用图 4-18b 所示的浮筋。弯起钢筋的水平段锚固长度应满足图 4-19 所示的要求。

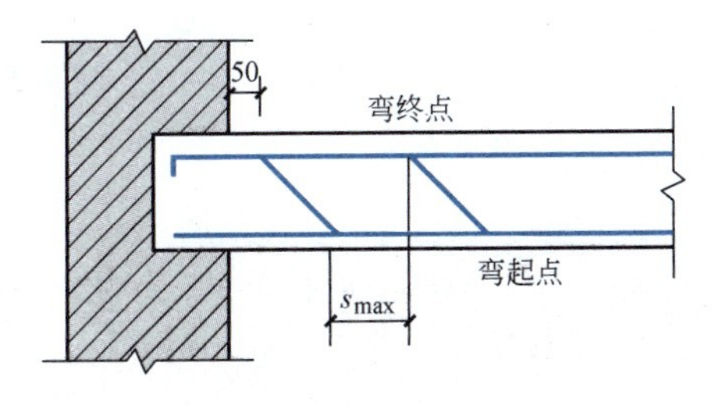

图 4-17　弯起钢筋最大间距

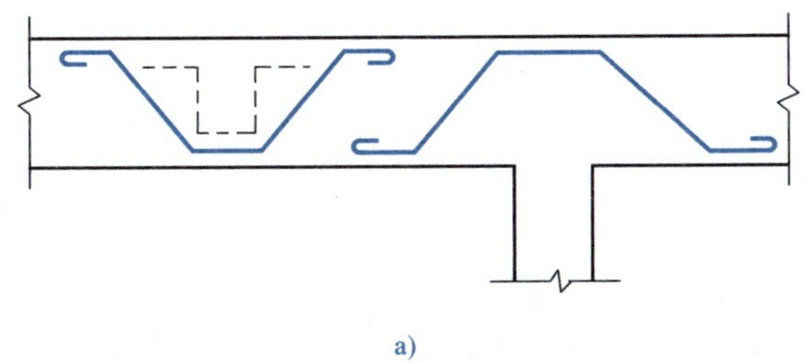

a)　　b)

图 4-18　吊筋及浮筋

a) 吊筋　b) 浮筋

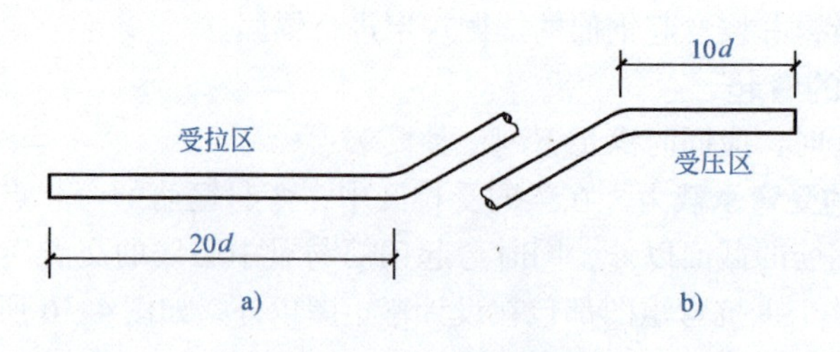

图 4-19　弯起钢筋端部构造

4.6.3　箍筋的其他构造要求

1. 箍筋的形式和肢数

箍筋的形式有封闭式和开口式两种，一般采用封闭式。对现浇 T 形梁，当不承受扭矩和动荷载时，在跨中截面的上部为受压区的梁段内，可采用开口式；若梁中配有计算的受压钢筋时，均应采用封闭式。箍筋的间距不应大于 15d（d 为纵向受压钢筋的最小直径），同时不应大于 400mm；当一层内纵向受压钢筋多于 5 根且直径大于 18mm 时，箍筋间距不应大于 10d。

箍筋的肢数有单肢、双肢和四肢等，一般采用双肢。当梁宽 $b>400$mm 且一层内的纵向受压钢筋多于 3 根时，或当梁的宽度不大于 400mm 但一层内的纵向受压钢筋多于 4 根时，应设置复合箍（单肢箍只在梁宽很小时采用）。常用的箍筋形式如图 4-20 所示。

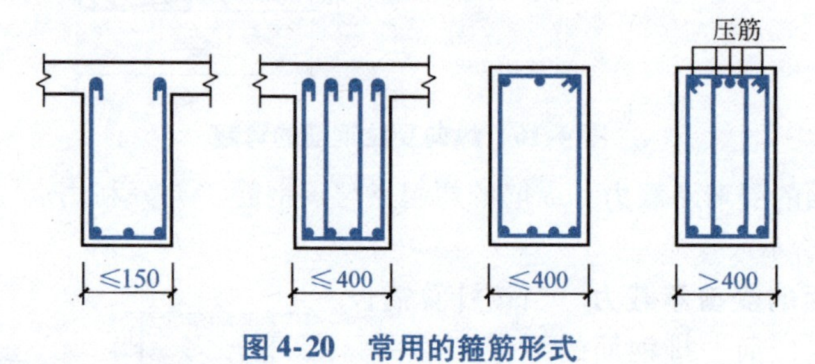

图 4-20　常用的箍筋形式

2. 箍筋设置的要求

对矩形、T 形和工字形截面梁，当 $V\leqslant 0.7f_t bh_0$ 时，对集中荷载作用下的独立梁，当 $V\leqslant 1.75f_t bh_0/(\lambda+1)$ 时，应按下列规定配置构造箍筋：

1）当截面高度 $h<150$mm 时，可不设置箍筋。

2）当 150mm$\leqslant h\leqslant$300mm 时，可仅在构件端部各 1/4 跨度范围内设置箍筋。但当构件中部 1/2 跨度范围内有集中荷载作用时，则应沿梁全长设置箍筋。

3）当 $h>300$mm 时，应沿梁全长设置箍筋。

箍筋的最大间距可参考表 4-1 中的数据确定。

最小箍筋直径可参考表 4-2 取值。当梁中配有计算需要的纵向受压钢筋时，箍筋直径还应不小于 $d/4$，d 为纵向受压钢筋中的最大直径。

本章小结

1）影响斜截面受剪承载力的因素主要有剪跨比、混凝土强度、箍筋强度及配箍率、纵向钢筋配筋率等，计算公式是以主要影响参数为变量，以试验统计为基础建立起来的。

2）影响受弯构件斜截面受剪承载力的主要因素有剪跨比 λ、配箍率 ρ_{sv} 和箍筋强度、混凝土强度和纵向钢筋的配筋率。钢筋混凝土斜截面受剪的主要破坏形态有斜拉破坏、斜压破坏和剪压破坏，这三种破坏均为脆性破坏。斜截面的受剪承载力计算公式是对应于剪压破坏的，对于斜拉和斜压破坏一般采用构造措施加以避免，即限制最小截面尺寸、限制最大箍筋间距、限制最小箍筋直径及不小于最小配箍率。

3）斜截面承载力计算包括截面设计和承载力复核。计算时要注意斜截面承载力可能有多处比较薄弱的部位，这些部位都要进行复核，即应考虑不同区段的 V_{cs} 及 $V_{cs}+V_{sb}$ 的控制范围分别计算。

4）材料抵抗弯矩图是按照梁实配的纵筋的数量计算并画出的各截面所能抵抗的弯矩图，要掌握利用材料抵抗弯矩图并根据正截面和斜截面的承载力来确定纵筋的弯起点和截断点的位置的方法。

5）基本构造要求：钢筋混凝土结构既需要理论计算也需要合理的构造措施，才能满足设计和使用要求。本章所述纵筋的锚固要求，箍筋直径、肢数、间距等要求熟知。

复习题

4-1　简述受弯构件斜截面破坏形态与正截面破坏形态的不同之处。

4-2　钢筋混凝土有腹筋梁斜截面受剪的主要破坏形态有哪几种？各自发生的条件是什么？它们的破坏特征如何？怎样防止各种破坏形态的发生？

4-3　影响斜截面受剪承载力的因素主要有哪些？为什么配置腹筋不能提高斜压破坏的受剪承载力？

4-4　什么是广义剪跨比？什么是计算剪跨比？其表示的力学含义各是什么？

4-5　箍筋的作用主要有哪些？

4-6　斜截面受剪承载力计算公式的适用条件有哪些？为什么要对梁的截面尺寸加以限制？为什么要规定最小配箍率和条件 $s\leqslant s_{max}$？

4-7　在什么情况下按构造配箍筋？此时如何确定箍筋的直径和间距？

4-8　箍筋的设置满足最大间距和最小直径要求时，是否一定满足最小配箍率的要求？

4-9　计算斜截面受剪承载力时，计算截面的位置应如何确定？

4-10　斜截面受剪承载力的两种计算公式各适用于哪种情况？

4-11　什么是抵抗弯矩图？它与设计弯矩图的关系应当怎样？什么是钢筋强度的充分利用点和理论截断点？

4-12　如何根据抵抗弯矩图确定弯起钢筋弯起位置？当纵向受拉钢筋必须在受拉区截断时，应如何确定钢筋的实际截断点的位置？

4-13　若将抵抗正弯矩的纵向钢筋弯起抗剪，确定弯起位置应满足哪些要求？如纵向钢筋弯起后要抵抗支座负弯矩，确定弯起位置又应满足哪些要求？

4-14　试绘出图4-21（均布荷载作用的悬臂梁，均布荷载作用的外伸梁，均布荷载作用的连续梁，水平荷载作用的框架）所示结构或构件可能发生斜裂缝的状况。

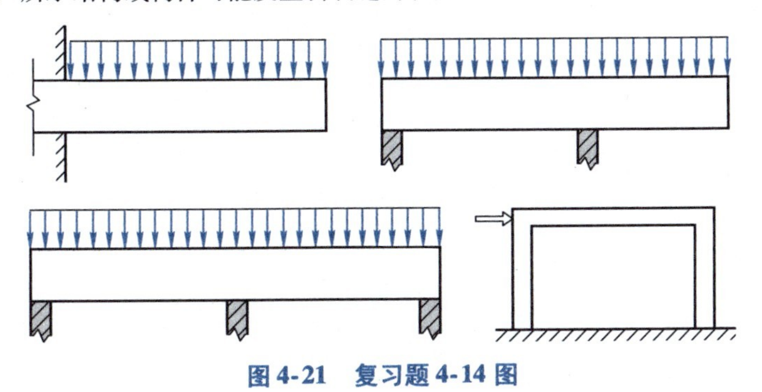

图4-21　复习题4-14图

4-15　已知一矩形截面简支梁，两端支承在240mm厚的砖墙上，梁净跨5.56m，截面尺寸 $b \times h = 250\text{mm} \times 500\text{mm}$，$a_s = 65\text{mm}$。梁承受均布荷载，其中永久荷载标准值 $g_k = 20\text{kN/m}$，可变荷载标准值 $q_k = 30\text{kN/m}$，所用的混凝土强度等级为C30（$f_c = 14.3\text{N/mm}^2$，$f_t = 1.43\text{N/mm}^2$），箍筋采用HRB400级钢筋（$f_y = 360\text{N/mm}^2$），采用只配箍筋方案，试为该梁配置箍筋。

4-16　其余条件同4-15题，根据梁的正截面强度计算已在梁的跨中配置了6Φ22（采用HRB400级钢筋，$f_y = 360\text{N/mm}^2$），考虑将抵抗正截面弯矩的纵向钢筋部分弯起抗剪，求所需的腹筋数量。

4-17　一两端支承在砖墙上的矩形截面简支梁，梁的净跨为5m，计算跨度 l_0 等于5.24m，承受均布荷载设计值 $g + q = 60\text{kN/m}$（含自重）。要求设计该梁（应考虑梁正、斜截面承载力要求），并画出梁配筋图。

4-18　一矩形截面简支梁，$b \times h = 200\text{mm} \times 400\text{mm}$，$a_s = 35\text{mm}$，混凝土强度等级为C30（$f_c = 14.3\text{N/mm}^2$，$f_t = 1.43\text{N/mm}^2$），箍筋采用HRB400（$f_y = 360\text{N/mm}^2$），已配有双肢箍Φ6@100，求该梁所能承受的最大剪力设计值 V。若梁的净跨 l_n 为3.76m，计算跨度 l_0 等于4m，由正截面强度计算已配置了3Φ16的纵向受拉钢筋（采用HRB400级钢筋，$f_y = 360\text{N/mm}^2$），梁所能承受均布荷载设计值 $g + q$（含自重）是多少？

第5章 钢筋混凝土受扭构件承载力

内容提要

本章主要介绍纯扭及在弯矩、剪力、扭矩共同作用下构件的承载力计算方法、计算公式和相关的构造要求，包括纯扭构件的开裂扭矩、破坏特征，以及抗扭纵筋和箍筋的配筋强度比的概念及承载力计算；构件在弯矩、剪力、扭矩共同作用下的破坏特征，剪扭相关性，截面限制条件和承载力计算方法。

5.1 概述

受扭构件也是一种基本构件。在工程中常见的受扭构件如雨篷梁、吊车梁、框架的边梁和螺旋楼梯等均承受扭矩作用，而且大都处于弯矩、剪力、扭矩共同作用下的复合受力状态，纯扭的情况极少。工程上有两类受扭构件：

1）构件中的扭矩可以直接由荷载静力平衡求出的，称为平衡扭转。此时，受扭构件必须具有足够的抗扭承载力，否则将引起结构破坏，如砌体结构中支撑悬臂板的雨篷梁及承受侧向力时的起重机梁，如图5-1a、b所示。

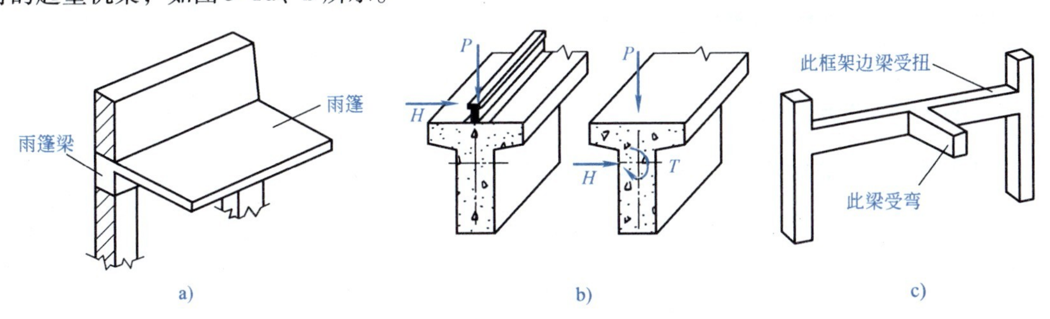

图5-1　工程中的钢筋混凝土受扭构件

a)、b）平衡扭转　c）协调扭转

2）在超静定结构中，扭矩是由相邻构件的变形而产生的，如图5-1c所示的框架边梁。扭矩的大小与受扭构件的抗扭刚度有关，称为协调扭转。对于协调扭转，由于构件在受力过程中混凝土的开裂将显著降低构件的抗扭刚度，所承受的扭矩也将随之减小，一般情况下，可增加适量的构造钢筋而不做专门计算。

5.2　纯扭构件的破坏特征和承载力计算

5.2.1　纯扭构件的破坏特征

如将钢筋混凝土纯扭构件视为弹性材料，则在开裂前，其应力状态应与弹性扭转理论基本吻合。由于开裂前受扭钢筋的应力很低，故可近似忽略钢筋的影响。受扭构件在扭矩 T 作用下，矩形截面上的剪应力分布情况如图5-2a所示，最大剪应力 τ_{max} 发生在截面长边的中点，且

$$\tau_{max}=\frac{T}{W_{te}} \tag{5-1}$$

式中　T——扭矩；

W_{te}——弹性抗扭截面系数（截面模量）。

若为塑性材料，则应力分布如图5-2b所示。

由材料力学知识可知，构件侧面的主拉应力 σ_{tp} 和主压应力 σ_{cp} 相等，主拉应力和主压应力迹线沿构件表面呈螺旋形。当主拉应力达到混凝土抗拉强度时，在构件长边中的某个薄弱部位首先开裂，裂缝沿主压应力迹线迅速延伸。对于素混凝土构件，一旦开裂就会导致构件破坏，破坏面呈一空间扭曲面，如图5-3所示。

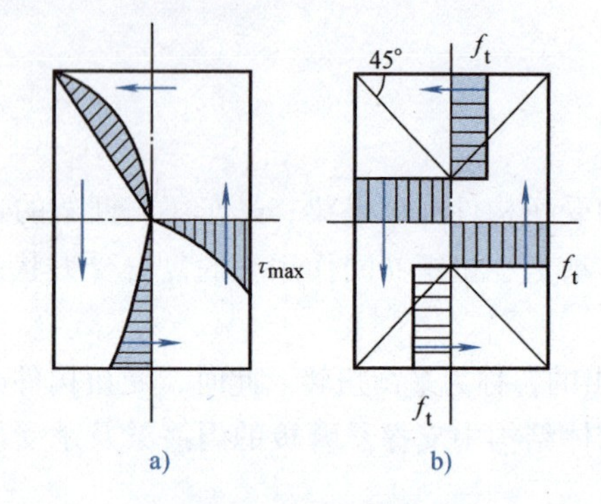

图5-2　弹性和塑性材料受扭截面应力分布

a）弹性剪应力分布　b）塑性剪应力分布

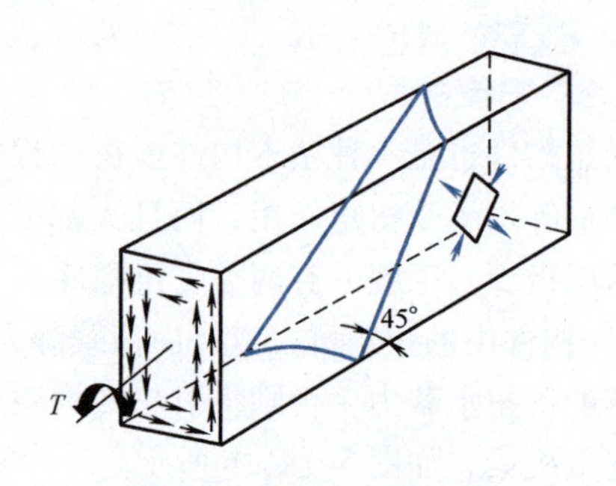

图5-3　受扭构件的开裂

5.2.2　矩形截面开裂扭矩

按弹性理论，当主拉应力 $\sigma_{tp}=\tau_{max}=f_t$ 时，构件开裂，即

$$\tau_{max}=\frac{T_{cr,e}}{W_{te}}=f_t \tag{5-2}$$

$$T_{cr,e}=f_tW_{te} \tag{5-3}$$

式中　$T_{cr,e}$——弹性开裂扭矩；

f_t——混凝土的抗拉强度；

W_{te}——弹性抗扭截面系数。

按塑性理论，对理想弹塑性材料，截面上某一点应力达到材料极限强度时并不立即破坏，而是保持极限应力继续变形，扭矩仍可继续增加，直到截面上各点应力均达到材料极限强度，才达到极限承载力。此时，截面上的剪应力分布分为四个区（图5-2b），分别计算各区合力及其对截面形心的力偶之和，可求得塑性极限开裂扭矩为

$$T_{cr,p}=f_t\frac{b^2}{6}(3h-b)=f_tW_t \tag{5-4}$$

式中　$T_{cr,p}$——塑性极限开裂扭矩；

f_t——混凝土的抗拉强度；

W_t——塑性抗扭截面系数。

混凝土材料既非完全弹性，也不是理想弹塑性，而是介于两者之间的材料，达到开裂极限状态时截面的应力分布介于弹性和理想弹塑性之间，因此开裂扭矩也介于 $T_{cr,e}$ 和 $T_{cr,p}$ 之间。为简便实用，《规范》规定，钢筋混凝土纯扭构件的开裂扭矩可按塑性应力分布的方法进行计算，再引入修正系数以考虑应力非完全塑性分布的影响。根据试验结果，该修正系数在0.87～0.97之间，为安全起见，《规范》取为0.7。则开裂扭矩的计算公式为

$$T_{cr}=0.7f_tW_t \tag{5-5}$$

对矩形截面，塑性抗扭截面系数 W_t 按下式计算

$$W_t=\frac{b^2}{6}(3h-b) \tag{5-6}$$

5.2.3　纯扭构件的承载力计算

1. 开裂后的受力性能

由前述主拉应力方向可知，受扭构件最有效的配筋形式应是沿主拉应力迹线呈螺旋形布置。但螺旋形配筋施工复杂，且不能适应变号扭矩的作用，实际受扭构件的配筋采用箍筋与抗扭纵筋形成的空间配筋方式。开裂前，扭矩 T 与扭转角 θ 基本呈直线关系，如图5-4所示。开裂后，由于部分混凝土退出受拉工作，构件的抗扭刚度明显降低，$T-\theta$ 关系曲线上出现一不大的水平段。对配筋适量的构件，开裂后受扭钢筋将承担扭矩产生的拉应力，荷载可以继续增大，$T-\theta$ 关系沿斜线上升，裂缝不断向构件内部和沿主压应力迹线发展延伸，在构件表面裂缝呈螺旋状，将表面展开后如图5-5所示。

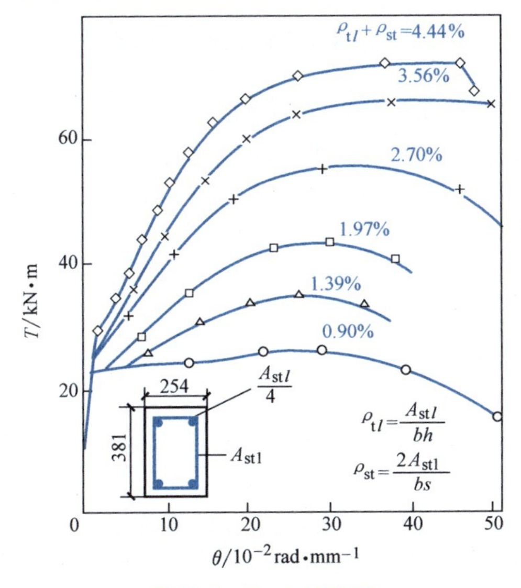

图5-4　$T-\theta$ 关系图

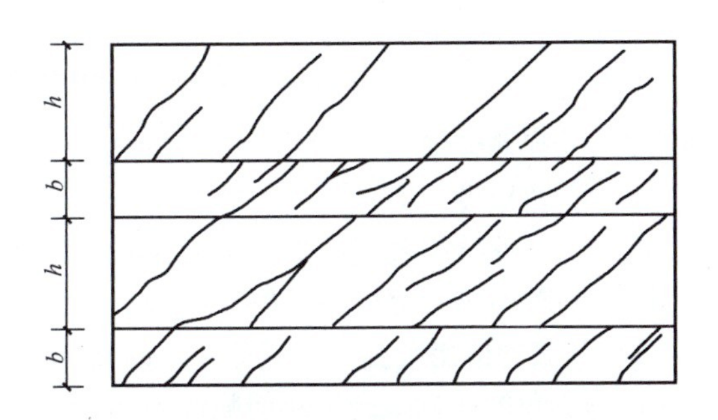

图5-5　纯扭构件裂缝分布表面展开图

当接近极限扭矩时，在构件长边上有一条裂缝发展成为临界裂缝，并向短边延伸，与这条空间裂缝相交的箍筋和纵筋均达到屈服，$T-\theta$ 关系曲线趋于水平。最后在另一个长边上的混凝土发生受压破坏，达到极限破坏。

2. 破坏特征

受扭构件的破坏形态与构件的配筋情况密切相关。对于箍筋和纵筋配置都合适的情况，与临界（斜）裂缝相交的钢筋都能先达到屈服，然后混凝土压坏。此时，构件的破坏与受弯适筋梁的破坏类似，具有一定的延性，破坏时的极限扭矩与配筋数量有关。当配筋数量过少时，由于所配钢筋不足以承担混凝土开裂后释放的拉应力，构件一旦开裂，将导致扭转角迅速增大而破坏。此时，构件的破坏与受弯构件中的少筋梁类似，呈脆性破坏特征，受扭构件的承载力取决于混凝土的抗拉强度。当箍筋和纵筋配置都过多时，则会在钢筋屈服前混凝土就压坏，为受压脆性破坏（受扭构件的这种超筋破坏称为“完全超筋”，受扭承载力取决于混凝土的抗压强度）。由于受扭钢筋是由箍筋和受扭纵筋两部分钢筋组成的，当两者的配筋量不相匹配时，就会出现一个未达到屈服、另一个达到屈服的“部分超筋”破坏情况。

用配筋强度比 ζ 来表示受扭箍筋和受扭纵筋两者之间的强度关系

$$\zeta=\frac{A_{stl}s}{A_{st1}u_{cor}}\frac{f_y}{f_{yv}} \tag{5-7}$$

式中　A_{stl}——受扭构件全部受扭纵筋的截面面积；

A_{st1}——受扭构件沿截面周边所配箍筋的单肢截面面积；

f_y、f_{yv}——受扭纵筋、受扭箍筋的抗拉强度设计值；

s——抗扭箍筋的间距，如图 5-6 所示；

u_{cor}——截面核心部分的周长，$u_{cor}=2(b_{cor}+h_{cor})$，其中 b_{cor}、h_{cor} 为从箍筋内表面计算的截面核心部分的短边和长边尺寸，如图 5-6 所示。

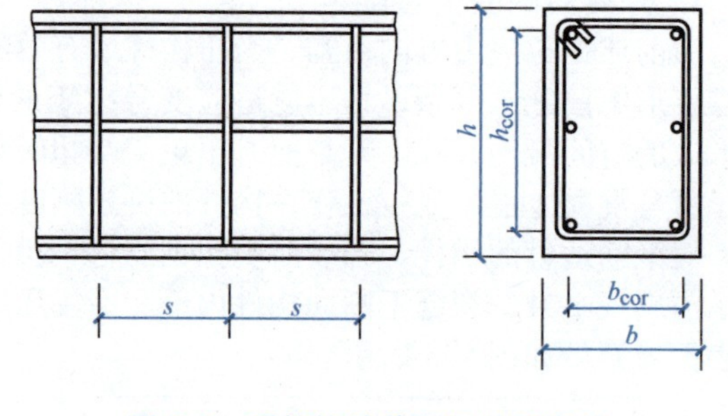

图 5-6　受扭构件截面尺寸及钢筋

试验表明，当 $0.5\leqslant\zeta\leqslant2.0$ 时，受扭破坏时纵筋和箍筋基本上都能达到屈服强度。但由于两者配筋量的差别，屈服的顺序是有先后的。《规范》建议取 $0.6\leqslant\zeta\leqslant1.7$，设计中通常可取 $1.0\leqslant\zeta\leqslant1.3$。当 $\zeta>1.7$ 时，取 $\zeta=1.7$。

3. 纯扭构件承载力计算公式

（1）基本公式　《规范》规定纯扭构件的承载力按以下计算公式计算

$$T\leqslant T_u=0.35f_tW_t+1.2\sqrt{\zeta}\frac{f_{yv}A_{st1}}{s}A_{cor} \tag{5-8}$$

式中　ζ——配筋强度比，按式（5-7）计算；

T——扭矩设计值；

W_t——塑性抗扭截面系数，矩形截面按式（5-6）计算；

A_{cor}——截面核心部分的面积，$A_{cor}=b_{cor}h_{cor}$。

（2）公式的适用范围　为避免产生超筋和少筋破坏，在设计中还应满足以下条件：

1）为避免配筋过多产生超筋脆性破坏，截面应满足下式要求

$$T\leqslant0.2\beta_cf_cW_t \tag{5-9}$$

2）为防止少筋脆性破坏，纯扭构件的配箍率应满足下式要求

$$\rho_{st}=\frac{2A_{st1}}{bs}\geqslant\rho_{st,min}=0.28\frac{f_t}{f_{yv}} \tag{5-10}$$

3）对于纯扭构件，其受扭纵筋的配筋率应满足下式要求

$$\rho_{tl}=\frac{A_{stl}}{bh}\geqslant\rho_{tl,min}=0.85\frac{f_t}{f_y} \tag{5-11}$$

5.3　弯剪扭构件的破坏形式和承载力计算

5.3.1　破坏形式

扭矩使纵筋产生拉应力，与受弯时的钢筋拉应力叠加，使钢筋拉应力增大，从而会使受弯承载力降低。而扭矩和剪力产生的剪应力总会在构件的截面上叠加，因此承载力总是小于剪力和扭矩单独作用的承载力，如图 5-7 所示。

弯剪扭构件的破坏形态与三个外力之间的比例关系和配筋情况有关，主要有三种破坏形式：

（1）弯型破坏　如图 5-8 所示，当弯矩较大，扭矩和剪力均较小时，弯矩起主导作用。裂缝首先在弯曲受拉底面出现，然后发展到两个侧面。底部纵筋同时承受弯矩和扭矩产生的拉应力的叠加作用，如底部纵筋不是很多时，则破坏始于底部纵筋屈服，承载力受底部纵筋控制。受弯承载力因扭矩的存在而降低。

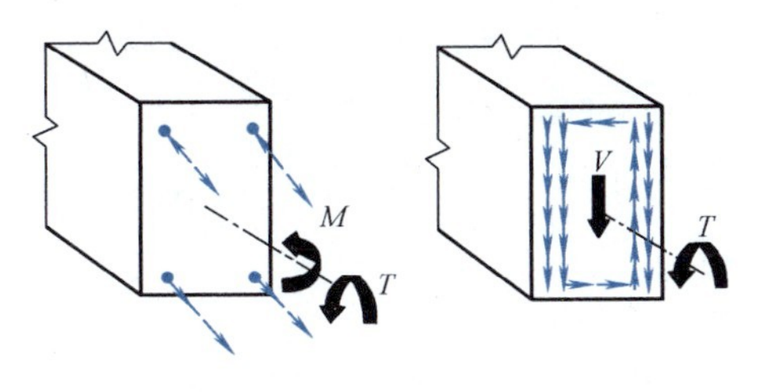

图 5-7　弯剪扭构件

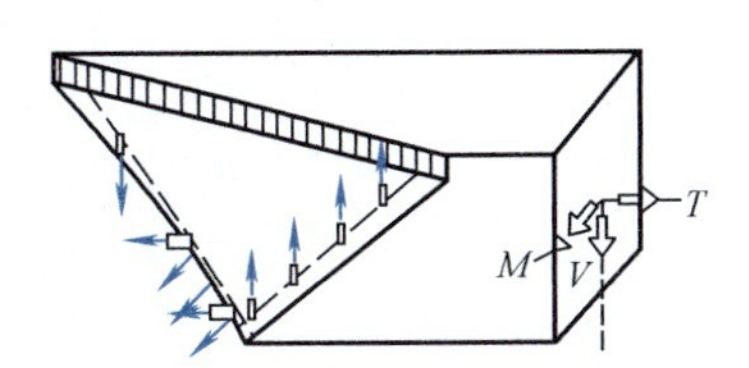

图 5-8　弯型破坏

（2）扭型破坏　如图 5-9 所示，当扭矩较大，弯矩和剪力较小，且顶部纵筋小于底部纵筋时发生。扭矩引起的顶部纵筋的拉应力很大，而弯矩引起的压应力很小，所以导致顶部纵筋的拉应力大于底部纵筋的拉应力，构件破坏是由于顶部纵筋先达到屈服，然后底部混凝土压碎，承载力由顶部纵筋的拉应力所控制。由于弯矩对顶部产生压应力，抵消了一部分扭矩产生的拉应力，因此弯矩对受扭承载力有一定的提高。但对于顶部和底部纵筋对称布置的情况，总是底部纵筋先达到屈服，将不可能出现扭型破坏。

（3）剪扭型破坏　如图 5-10 所示，当弯矩较小，对构件的承载力不起控制作用时，构件主要在扭矩和剪力共同作用下产生剪扭型或扭剪型的受剪破坏。裂缝从一个长边（剪力方向一致的一侧）的中点开始出现，并向顶面和底面延伸，最后在另一侧的长边混凝土压碎而达到破坏。如配筋合适，破坏时与斜裂缝相交的纵筋和箍筋达到屈服。当扭矩较大时，以受扭破坏为主；当剪力较大时，以受剪破坏为主。由于扭矩和剪力产生的剪应力总会在构件的一个侧面上叠加，因此承载力总是小于剪力和扭矩单独作用的承载力。

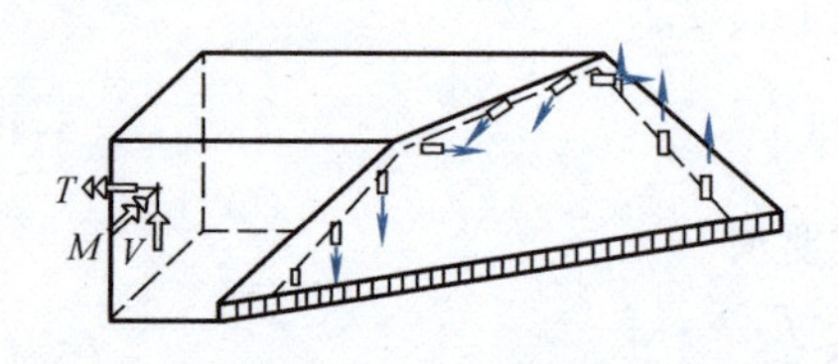

图 5-9　扭型破坏

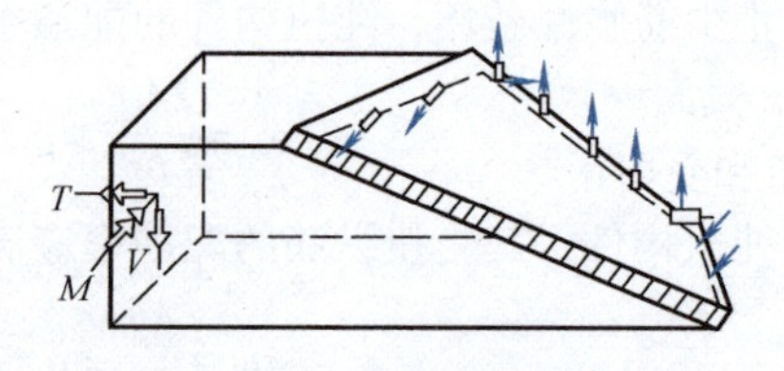

图 5-10　剪扭型破坏

5.3.2　弯剪扭构件的承载力计算

1. 在弯扭作用下的承载力计算

在弯矩和扭矩的共同作用下，各项承载力是相互关联的，其相互影响十分复杂。为了简化，《规范》建议采用叠加法计算，偏于安全地将受弯所需的纵筋与纯扭所需的纵筋和箍筋分别计算后进行叠加。

2. 在剪扭作用下的承载力计算

对于剪扭共同作用，《规范》采用混凝土部分承载力相关、箍筋部分承载力叠加的方法。

根据试验结果分析，混凝土部分承载力的剪扭相关关系可近似取为一个1/4的圆，并可用折线 *ABCD* 代替，如图5-11所示。取 T_c、V_c 为剪扭共同作用时混凝土的受扭、受剪承载力，T_{co}、V_{co} 为扭矩和剪力单独作用时混凝土的受扭和受剪承载力，则由图5-11可知，在 *AB* 水平段，$V_c/V_{co} \leqslant 0.5$，剪力影响较小，可予忽略，取 $T_c/T_{co}=1.0$；*CD* 段，$T_c/T_{co} \leqslant 0.5$，扭矩影响较小，可予以忽略，取 $V_c/V_{co}=1.0$；在 *BC* 斜线段，取参数 $\beta_t=T_c/T_{co}$，则有 $V_c/V_{co}=1.5-\beta_t$，即 $T_c=\beta_t T_{co}$，$V_c=(1.5-\beta_t)V_{co}$；故有

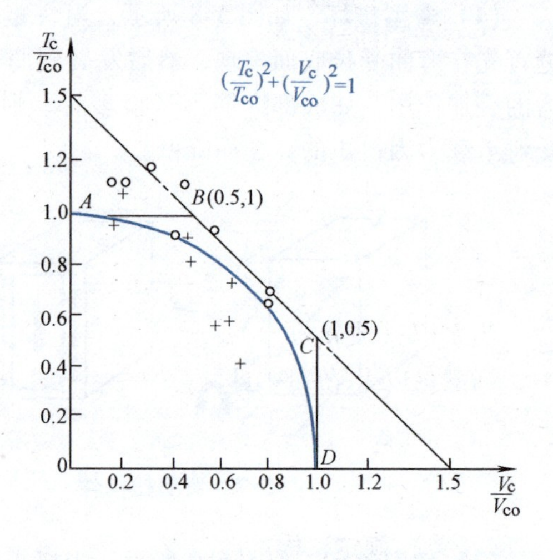

图 5-11　混凝土部分剪扭承载力相关关系

$$\beta_t=\frac{1.5}{1+\dfrac{V_c/V_{co}}{T_c/T_{co}}} \tag{5-12}$$

式中　β_t——剪扭构件混凝土受扭承载力降低系数；

T_c、V_c——剪扭共同作用时混凝土的受扭、受剪承载力；

T_{co}、V_{co}——扭矩和剪力单独作用时混凝土的受扭、受剪承载力。

近似取 $\dfrac{V}{T}=\dfrac{V_c}{T_c}$，代入式（5-12）有

$$\beta_t=\frac{1.5}{1+\dfrac{V/V_{co}}{T/T_{co}}} \tag{5-13}$$

由前述知，对于一般构件，$T_{co}=0.35f_t W_t$、$V_{co}=0.7f_t bh_0$，将其代入式（5-13）有

$$\beta_t=\frac{1.5}{1+0.5\dfrac{V}{T}\dfrac{W_t}{bh_0}} \tag{5-14}$$

当$\beta_t<0.5$时，取$\beta_t=0.5$；$\beta_t>1.0$时，取$\beta_t=1.0$。

对于矩形截面一般剪扭构件，《规范》规定，在考虑了剪扭构件混凝土受扭承载力降低系数β_t后，其受扭和受剪承载力分别按以下两式进行计算

受扭承载力
$$T \leqslant T_u = 0.35\beta_t f_t W_t + 1.2\sqrt{\zeta} f_{yv}\frac{A_{stl}}{s}A_{cor} \tag{5-15}$$

受剪承载力
$$V \leqslant V_u = 0.7(1.5-\beta_t) f_t b h_0 + f_{yv}\frac{nA_{sv1}}{s}h_0 \tag{5-16}$$

对于以集中荷载作用为主的独立矩形剪扭构件，在考虑了剪扭构件混凝土受扭承载力降低系数β_t后，其受剪承载力按下式计算

$$V \leqslant V_u = \frac{1.75}{\lambda+1}(1.5-\beta_t) f_t b h_0 + f_{yv}\frac{nA_{sv1}}{s}h_0 \tag{5-17}$$

式中β_t按下式计算

$$\beta_t = \frac{1.5}{1+0.2(\lambda+1)\dfrac{V}{T}\dfrac{W_t}{bh_0}} \tag{5-18}$$

式中　λ——计算截面的剪跨比，按第4章的规定取用。

为避免配筋过多产生超筋破坏，矩形剪扭构件的截面应满足下式要求：

当h_w/b（或h_w/t_w）不大于4时

$$\frac{V}{bh_0} + \frac{T}{0.8W_t} \leqslant 0.25\beta_c f_c \tag{5-19a}$$

当h_w/b(或h_w/t_w)等于6时

$$\frac{V}{bh_0} + \frac{T}{0.8W_t} \leqslant 0.20\beta_c f_c \tag{5-19b}$$

当h_w/b（或h_w/t_w）大于4但小于6时，按线性内插法确定。

当满足以下条件时，可不进行受剪扭承载力计算，仅按最小配筋率和构造要求确定配筋

$$\frac{V}{bh_0} + \frac{T}{W_t} \leqslant 0.7f_t \tag{5-20}$$

3. 在弯矩、剪力、扭矩共同作用下的承载力计算

《规范》规定，构件在弯矩、剪力和扭矩共同作用下的承载力可按下述方法进行计算：

1）按受弯构件计算在弯矩作用下所需的纵向钢筋的截面面积。

2）按剪扭构件计算承受剪力所需的箍筋截面面积，以及计算承受扭矩所需的纵向钢筋截面面积和箍筋截面面积。

3）叠加上述计算所得的纵向钢筋截面面积和箍筋截面面积，即得最后所需的纵向钢筋截面面积和箍筋截面面积。

当剪力$V\leqslant 0.35f_t bh_0$或$V\leqslant 0.875f_t bh_0/(\lambda+1)$时，可忽略剪力的影响，仅按受弯构件的正截面受弯承载力和纯扭构件的受扭承载力分别进行计算；当扭矩$T\leqslant 0.175f_t W_t$时，可忽略扭矩的影响，仅按受弯构件的正截面受弯承载力和斜截面受剪承载力分别进行计算。

4）对于弯剪扭构件，为防止少筋破坏，箍筋配筋率应满足下式要求

$$\rho_{sv} = \frac{A_{sv}}{bs} \geqslant \rho_{sv,min} = 0.28\frac{f_t}{f_{yv}} \tag{5-21}$$

式中　A_{sv}——同一截面内箍筋各肢的全部截面面积；如采用复合箍筋时，则截面核心内的箍筋不应计入。

5）纵向钢筋的配筋率应满足下式要求

$$\rho = \frac{A_{stl}}{bh} \geqslant \rho_{tl,\min} \tag{5-22}$$

式中　$\rho_{tl,\min}$——弯剪扭构件受扭纵向钢筋的最小配筋率，按下式计算

$$\rho_{tl,\min} = 0.6\sqrt{\frac{T}{Vb}}\frac{f_t}{f_y} \tag{5-23}$$

在采用式（5-23）计算时，若 $T/(Vb)>2$，则取 $T/(Vb)=2$ 计算。

4. 配筋构造要求

（1）受扭纵筋　受扭纵筋除应满足强度要求和最小箍筋配筋率的要求外，在配置时还要求受扭纵筋的间距不大于200mm和梁的截面宽度；在截面的四角必须设置纵筋，其余的纵筋则沿截面的周边均匀对称布置。可将相重叠部位的受弯纵筋和受扭纵筋的截面面积先行叠加，再选配钢筋。受扭纵筋的搭接和锚固均应按受拉钢筋的构造要求处理。

（2）受扭箍筋　受扭箍筋除应满足强度要求和最小箍筋配筋率的要求以外，其形状还应满足图5-12所示的要求，即箍筋必须做成封闭式，箍筋的末端应做成135°弯钩，弯钩的端头平直端长度不得小于10d（d为箍筋直径）。箍筋间距应满足受剪最大箍筋间距的要求，且不大于截面短边尺寸。若采用复合箍筋时，在计算时不应考虑位于截面内部的箍筋的作用。

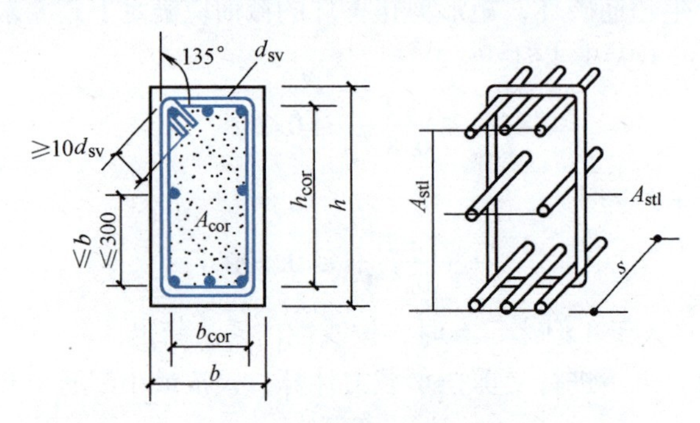

图5-12　受扭构件中箍筋和受扭纵筋的配置

【例5-1】　一受均布荷载作用的矩形截面梁，采用混凝土强度等级为C30，纵筋为HRB400级，箍筋为HRB400级，$b \times h = 250\text{mm} \times 600\text{mm}$，经内力计算得出截面承受的弯矩设计值 $M=100\text{kN}\cdot\text{m}$（构件的顶部受拉），剪力设计值 $V=98\text{kN}$，扭矩设计值 $T=25\text{kN}\cdot\text{m}$，试为此截面配筋（$a_s=40\text{mm}$，$\xi_b=0.518$）。

【解】　（1）验算截面尺寸

查表得 $f_c=14.3\text{N/mm}^2$。

$$h_0 = h - a_s = (600-40)\text{mm} = 560\text{mm}$$

$$W_t = \frac{b^2}{6}(3h-b) = \frac{250^2}{6}\times(3\times600-250)\text{mm}^3 = 1.615\times10^7\text{mm}^3$$

$$\frac{V}{bh_0}+\frac{T}{0.8W_t} = \left(\frac{98\times10^3}{250\times560}+\frac{25\times10^6}{0.8\times1.615\times10^7}\right)\text{N/mm}^2 = 2.63\text{N/mm}^2$$

$$0.25\beta_c f_c = 0.25\times1.0\times14.3\text{N/mm}^2 = 3.58\text{N/mm}^2 > 2.63\text{N/mm}^2$$

截面尺寸满足要求。

（2）验算能否忽略剪力和扭矩的作用

$$0.35f_t bh_0 = 0.35\times1.43\times250\times560\text{N} = 7.01\times10^4\text{N} = 70.1\text{kN} < V = 98\text{kN}$$

$$0.175f_t W_t = 0.175\times1.43\times1.615\times10^7\text{N}\cdot\text{mm} = 4.04\times10^6\text{N}\cdot\text{mm} < T = 25\times10^6\text{N}\cdot\text{mm}$$

故剪力和扭矩均不可忽略。

（3）验算是否可以不进行受剪扭承载力计算

$$\frac{V}{bh_0}+\frac{T}{W_t}=\frac{98\times10^3}{250\times560}+\frac{25\times10^6}{1.615\times10^7}=2.25\text{N/mm}^2 > 0.7f_t = 0.7\times1.43\text{N/mm}^2 = 1.00\text{N/mm}^2$$

故需进行受剪扭承载力计算。

（4）计算受弯纵筋

$$\alpha_s=\frac{M}{\alpha_1 f_c bh_0^2}=\frac{100\times10^6}{1.0\times14.3\times250\times560^2}=0.089$$

$$\xi = 1-\sqrt{1-2\alpha_s}=1-\sqrt{1-2\times0.089}=0.093<\xi_b=0.518$$

$$A_s=\frac{\alpha_1 f_c \xi bh_0}{f_y}=\frac{1.0\times14.3\times0.093\times250\times560}{360}\text{mm}^2=517.2\text{mm}^2$$

（5）计算箍筋

$$\beta_t=\frac{1.5}{1+0.5\dfrac{V}{T}\dfrac{W_t}{bh_0}}=\frac{1.5}{1+0.5\times\dfrac{98\times10^3\times1.615\times10^7}{25\times10^6\times250\times560}}=1.223>1.0\text{，取}\beta_t=1.0\text{。}$$

由式（5-16）有

$$98000=0.7\times(1.5-1)\times1.43\times250\times560+360\times\frac{2A_{sv1}}{s}\times560$$

$$\frac{A_{sv1}}{s}=0.069\text{mm}$$

$$b_{cor}=(250-2\times25)\text{mm}=200\text{mm}$$

$$h_{cor}=(600-2\times25)\text{mm}=550\text{mm}$$

由式（5-15）有

$$25\times10^6=0.35\times1\times1.43\times1.615\times10^7+1.2\times\sqrt{\zeta}\times360\times\frac{A_{st1}}{s}\times200\times550$$

取 $\zeta=1.2$ 代入，有 $\dfrac{A_{st1}}{s}=0.325\text{mm}$。

（6）计算抗扭纵筋

由式（5-7）有

$$A_{stl}=\frac{\zeta A_{st1} f_{yv} u_{cor}}{sf_y}=\frac{1.2\times0.325\times360\times2\times(200+550)}{360}\text{mm}^2=585\text{mm}^2$$

（7）配置钢筋

箍筋　$$\frac{A_{sv}}{s}=\frac{A_{sv1}}{s}+\frac{A_{st1}}{s}=(0.069+0.325)\text{mm}=0.394\text{mm}$$

选Φ8 双肢箍筋，$A_{sv}=50.3\text{mm}^2$，所以有 $s=50.3/0.394\text{mm}=127.7\text{mm}$。

取箍筋为双肢⌀8@100，验算配箍率

$$\rho_{sv}=\frac{2\times50.3}{250\times100}=0.00402>\rho_{min}=0.28\frac{f_t}{f_{yv}}=0.28\times\frac{1.43}{360}=0.00111$$

纵筋：根据截面尺寸，拟将受扭纵筋分四层布置，则每层受扭纵筋的截面面积为$\frac{1}{4}A_{stl}=\frac{1}{4}\times585\text{mm}^2=146\text{mm}^2$，截面的中部两排和下部的一排均取用2⌀12（$226\text{mm}^2$）；在截面顶部，受扭纵筋与受弯纵筋叠加为

$$\frac{1}{4}A_{stl}+A_s=(146+571.2)\text{mm}^2=717.2\text{mm}^2$$

选3⌀18（763mm^2），截面配筋如图5-13所示。

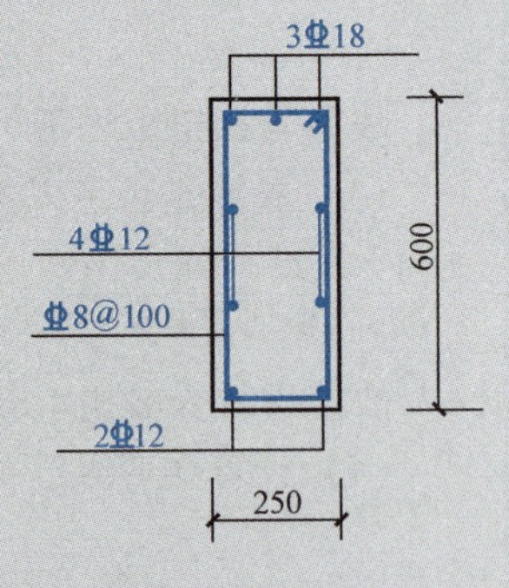

图5-13　截面配筋图

本章小结

1）扭转是构件的基本受力形式之一，绝大多数构件处于弯矩、剪力、扭矩共同作用的复合受扭情况。

2）混凝土既不是理想的弹性材料又不是理想的塑性材料，混凝土构件的开裂扭矩按理想的弹性应力分布计算，其值偏低；按理想的塑性应力分布计算，其值偏高。混凝土构件的开裂扭矩的计算方法是在塑性应力分布计算的基础上，根据试验结果乘以一个修正系数。《规范》为偏于安全起见，取该系数为0.7。

3）在实际结构中，采用由横向封闭箍筋与纵向受力钢筋组成的空间骨架来抵抗扭矩。ζ称为抗扭纵筋和抗扭箍筋的配筋强度比。ζ的取值范围为0.6~1.7，常取$\zeta=1.2$。受扭承载力计算公式的截面限制条件是为了防止发生超筋破坏，规定抗扭纵筋和箍筋的最小配筋率是为了防止发生少筋破坏。

4）构件受扭、受剪，以及与受弯承载力之间的相互影响问题过于复杂，为简化计算，《规范》对弯剪扭构件的计算采用混凝土部分承载力相关、箍筋部分承载力叠加的方法。β_t称为剪扭构件混凝土受扭承载力降低系数。

复习题

5-1　什么是平衡扭转？什么是协调扭转？

5-2　受扭构件的开裂扭矩是按什么方法计算的？

5-3　钢筋混凝土纯扭构件的破坏形式有哪几类？各在什么条件下发生？在设计中如何避免？

5-4　抗扭钢筋的合理配置形式是怎样的？有哪些相关的构造要求？

5-5　弯剪扭构件承载力计算的原则是什么？β_t表示什么？

5-6　已知一钢筋混凝土矩形截面构件，$b\times h=250\text{mm}\times500\text{mm}$；在均布荷载作用下，截面承受的弯矩设计值$M=90\text{kN}\cdot\text{m}$，剪力设计值$V=150\text{kN}$，扭矩设计值$T=32\text{kN}\cdot\text{m}$；混凝土采用C30级，所用钢筋均为HRB400级，试为该截面配筋。

第6章 钢筋混凝土轴向受力构件承载力

内容提要

本章主要讲述钢筋混凝土构件在轴心受压及偏心受压状态下，截面承载力的设计方法及构造要求，还介绍了受拉构件的承载力计算方法。

对于轴心受压构件，分别介绍配有普通箍筋柱和配有螺旋式箍筋柱的正截面承载力计算方法，适用条件及构造要求，以及长细比对构件承载力影响的物理意义。

对于偏心受压构件，则分别介绍了大偏心和小偏心受压构件的破坏形态、判别条件，正截面承载力的计算方法、适用条件及构造要求，以及 $N-M$ 关系曲线及其应用。

6.1 概述

钢筋混凝土轴向受力构件可分为受压和受拉两大类，工程中大多为受压构件。钢筋混凝土受压构件又分为轴心受压构件和偏心受压构件两类。当轴向压力的合力作用线与构件纵向形心轴线重合时，称为轴心受压构件，如图6-1所示；当弯矩和轴力共同作用于构件上或当轴向力的合力作用线与构件纵向形心轴线不重合时，称为偏心受压构件，如图6-2所示。

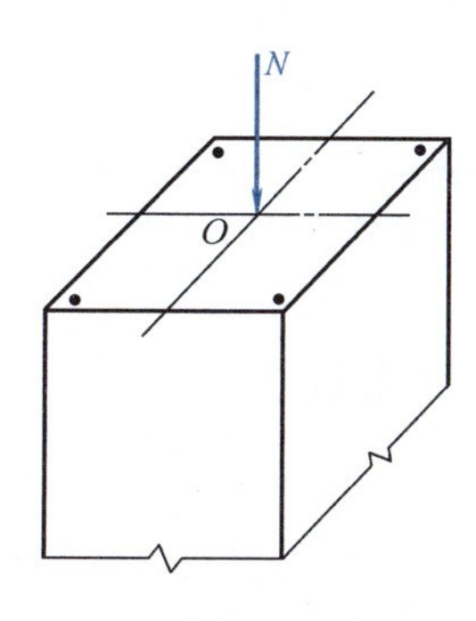

图6-1 轴心受压

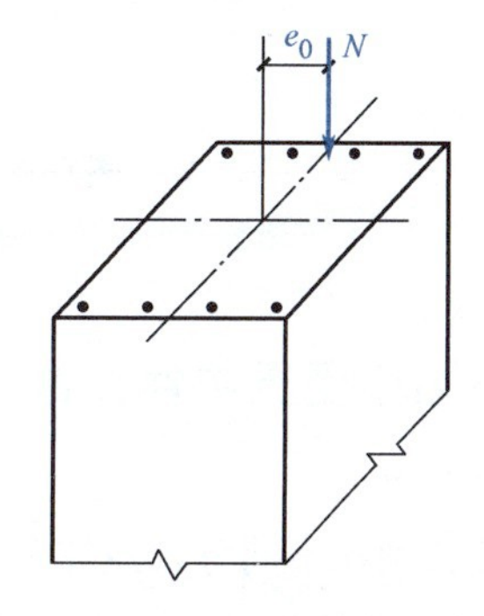

图6-2 偏心受压

在实际工程中，由于混凝土质量不均匀、配筋不对称、施工制作误差等原因，构件受压时一般具有初始偏心，并不存在理想的轴心受压构件。考虑到有些构件如桁架的受压腹杆、竖向荷载作用下的等跨框架的中柱，实际存在的弯矩很小，可忽略不计，就可以近似看成轴心受压构件，如图6-3所示。

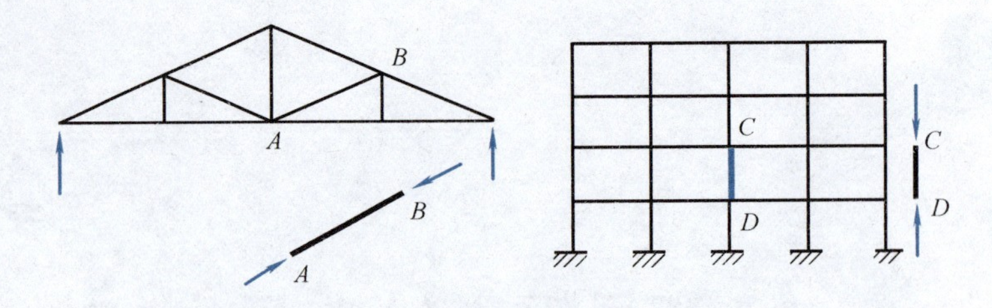

图6-3　轴心受压构件实例

6.2　轴心受压构件正截面承载力计算

根据配筋方式的不同，钢筋混凝土轴心受压构件有两种：配有纵筋及普通箍筋的钢筋混凝土轴心受压构件；配有纵筋及螺旋式或焊接环式箍筋的钢筋混凝土轴心受压构件，如图6-4所示。

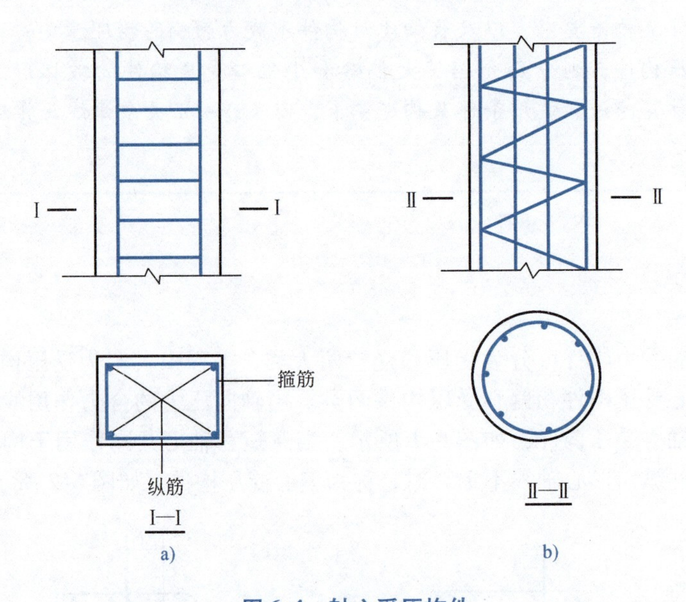

图6-4　轴心受压构件

a）普通箍筋轴心受压构件　b）螺旋式箍筋轴心受压构件

6.2.1　普通箍筋轴心受压构件正截面受压承载力计算

1. 短柱的试验研究

轴心受压构件按长细比不同分为短柱和长柱，《规范》规定以 $l_0/i=28$ 为界，其中 l_0 为柱的计算长度，i 为截面的最小回转半径。由大量的短柱试验可知，在轴心压力 N 作用下，柱截面上的应变基本上是均匀分布的。当N较小时，构件处于线弹性阶段，钢筋与混凝土的应力与应变成正比。随着N的增大，混凝土逐渐进入非线性阶段，而由于此时应变较小，纵筋仍处于线弹性阶段，此时在相同的荷载增量下，纵筋应力迅速增加，混凝土应力增长减缓。当N增加到一定量时，纵筋受压达到屈服，应力保持不变，混凝土压应力增长加快；最后柱的四周出现与荷载平行的纵向裂缝，箍筋间的纵向钢筋压屈外鼓，混凝土被压碎，构件破坏，其破坏属于材料破坏，如图6-5a所示。

破坏时，钢筋混凝土短柱达到最大承载力的极限压应变（一般为0.0025～0.0035），因此钢筋将达到抗压强度f'_y，截面的混凝土也将达到其抗压强度f_c。

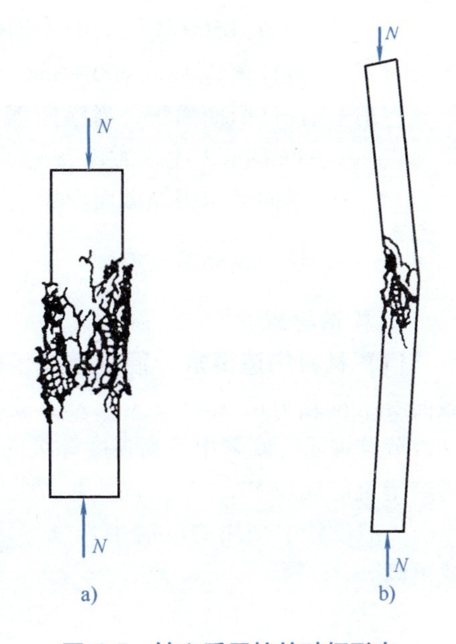

图6-5　轴心受压柱的破坏形态
a）短柱的破坏形态　b）长柱的破坏形态

2. 长柱的破坏

由于长细比增加和各种随机因素引起的附加偏心距的存在，长柱在荷载作用下将产生附加弯曲和横向挠度，而横向挠度又加大了荷载的偏心距；随着荷载的增加，附加弯曲和横向挠度将不断增大，这样互相影响的结果是使长柱在轴力和弯矩的共同作用下而破坏，如图6-5b所示。故长柱的承载力低于短柱的承载力，且长细比越大，承载力的降低就越多。当长细比很大时，则会发生失稳破坏。《规范》目前采用稳定系数φ来考虑这一影响。φ值主要与柱子的长细比l_0/b有关，按表6-1取用。

表6-1　钢筋混凝土受压构件的稳定系数φ

l_0/b	≤8	10	12	14	16	18	20	22	24	26	28
l_0/d	≤7	8.5	10.5	12	14	15.5	17	19	21	22.5	24
l_0/i	≤28	35	42	48	55	62	69	76	83	90	97
φ	1.00	0.98	0.95	0.92	0.87	0.81	0.76	0.70	0.65	0.60	0.56
l_0/b	30	32	34	36	38	40	42	44	46	48	50
l_0/d	26	28	29.5	31	33	34.5	36.5	38	40	41.5	43
l_0/i	104	111	118	125	132	139	146	153	160	167	174
φ	0.52	0.48	0.44	0.40	0.36	0.32	0.29	0.26	0.23	0.21	0.19

注：表中l_0为构件的计算长度，部分钢筋混凝土柱的计算长度按表6-2、表6-3取值；b为矩形截面的短边尺寸；d为圆形截面的直径；i为截面的最小回转半径。

3. 基本计算公式

根据图6-6，由纵向力的平衡条件可得

$$N \leqslant N_u = 0.9\varphi(f_c A + f'_y A'_s) \tag{6-1}$$

式中　N——轴心压力设计值（包含结构重要性系数γ_0）；

0.9——为保持与偏心受压构件正截面承载力计算有相近的可靠度时的调整系数；

φ——钢筋混凝土受压构件的稳定系数，按表6-1选用；

f_c、f'_y——混凝土抗压强度设计值和纵向钢筋抗压强度设计值，按附表1、附表2取用（若采用 HRB500 级钢筋时，钢筋的抗压强度设计值f'_y应取 400N/mm^2)；

A——构件截面面积，当纵向钢筋配筋率$\rho'\geqslant$ 3% 时，A 应改为A_c，$A_c=A-A'_s$；

A'_s——纵向受压钢筋截面面积；

ρ'——纵向钢筋配筋率，$\rho'=\dfrac{A'_s}{A}$。

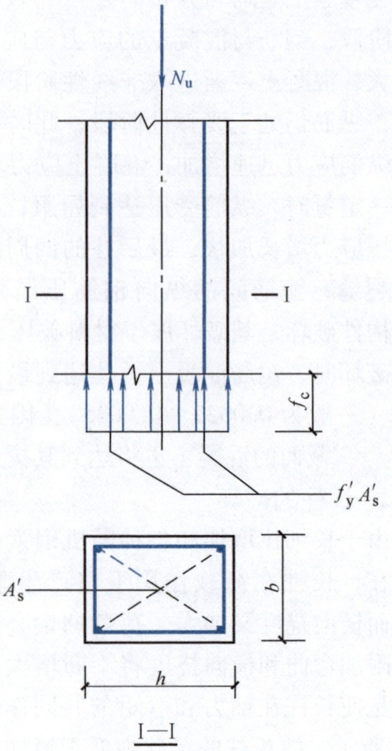

4. 构造要求

(1) 材料构造要求 混凝土抗压强度对构件正截面受压承载力的影响较大，为了减小柱的截面尺寸，节约钢筋，应采用较高强度等级的混凝土。对于高层建筑的底层柱，一般采用更高强度等级的混凝土。一般设计中采用的混凝土强度等级为 C25 ~ C40 或更高。

钢筋设计中纵向钢筋应采用 HRB400、HRB500、HRBF400、HRBF500 级钢筋，箍筋宜采用 HRB400、HRBF400、HPB300、HRB500、HRBF500 级钢筋，也可采用 HRB335 级钢筋。

N_u I — — I f_c $f'_y A'_s$ A'_s b h I—I

图 6-6 普通箍筋柱轴心受压承载力计算简图

(2) 截面形式及尺寸 轴心受压构件一般都采用正方形，有时也采用圆形及其他正多边形截面形式。为了方便施工，以及避免因长细比过大而降低受压构件的截面承载力，截面尺寸一般不小于 250mm×250mm，而且要符合模数要求：800mm 以下采用 50mm 模数；800mm 以上则采用 100mm 模数。一般宜控制 $l_0/b\leqslant30$，$l_0/d\leqslant25$。

(3) 纵向钢筋 纵向钢筋是钢筋骨架的主要组成部分，为便于施工和保证骨架有足够的刚度，纵筋直径不宜小于 12mm，通常选用 16 ~ 28mm。全部纵向钢筋的配筋率不宜大于 5%。纵向钢筋要沿截面四周均匀布置，根数不得少于 4 根。纵筋间距不应小于 50mm，且不宜大于 300mm。

(4) 箍筋 钢筋混凝土受压构件中箍筋的作用是约束混凝土、防止纵向钢筋受压时压曲，同时保证纵向钢筋的正确位置，并作为纵向钢筋的支点组成整体骨架。柱中箍筋应做成封闭式箍筋。

箍筋直径不应小于 d/4（d 为纵受压筋的最大直径），且不应小于 6mm。箍筋间距不应大于 400mm，且不应大于构件的短边尺寸；同时，在绑扎骨架中不应大于 15d（d 为纵向钢筋的最小直径）。箍筋末端应做成 135°弯钩，弯钩末端平直段长度不小于 5 倍的箍筋直径。

当柱中全部纵向钢筋的配筋率超过 3% 时，箍筋直径不应小于 8mm，间距不应大于纵向钢筋最小直径的 10 倍，且不应大于 200mm。箍筋末端应做成 135°的弯钩，弯钩末端平直段长度不小于 10 倍的箍筋直径。箍筋也可焊成封闭环式。

当柱截面短边大于 400mm 但截面各边纵向钢筋多于 3 根时，或当柱截面短边不大于 400mm 但截面各边纵向钢筋多于 4 根时，应根据纵向钢筋至少每隔一根放置于箍筋转弯处的原则设置如图 6-7 所示的复合箍筋。复合箍筋的直径和间距与基本箍筋相同。

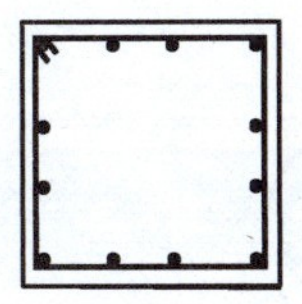
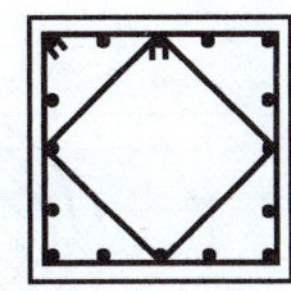
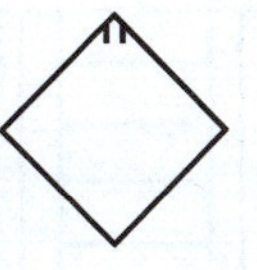
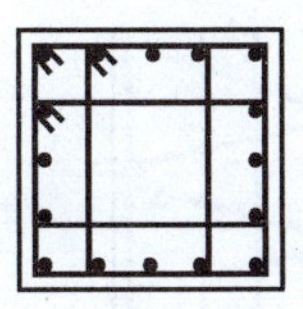
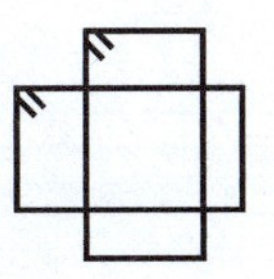

图 6-7 方柱的箍筋形式

【例 6-1】 有一钢筋混凝土普通箍筋轴心受压柱，截面尺寸为 400mm×400mm，柱的计算长度 $l_0=5.0\text{m}$，轴心压力设计值 $N=2500\text{kN}$，采用混凝土强度等级为 C30（$f_c=14.3\text{N/mm}^2$），纵筋采用 HRB400（$f'_y=360\text{N/mm}^2$），箍筋采用 HRB400。求该柱中所需钢筋截面面积，并作截面配筋图。

【解】 1）确定稳定系数 φ。由 $l_0/b=5000/400=12.5$，查表 6-1 得 $\varphi=0.94$。

2）由 $N=0.9\varphi(f_cA+f'_yA'_s)$ 得

$$A'_s=\frac{\left(\dfrac{N}{0.9\varphi}-f_cA\right)}{f'_y}$$

$$=\frac{\dfrac{2500\times1000}{0.9\times0.94}-14.3\times400\times400}{360}\text{mm}^2=1853\text{mm}^2$$

配置纵向钢筋 8⌀18（$A'_s=2036\text{mm}^2$）。

3）验算配筋率。

$$\rho'=\frac{A'_s}{A}=\frac{2036}{400\times400}=1.27\%$$

$$3\%>\rho'>\rho_{\min}=0.55\%$$

截面配筋如图 6-8 所示。

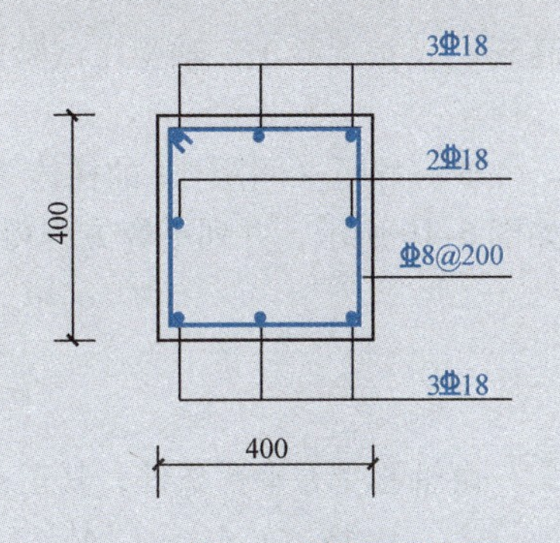

图 6-8 【例 6-1】截面配筋图

6.2.2 螺旋式箍筋柱正截面受压承载力

1. 试验研究分析

当轴心受压构件承受的轴向荷载设计值较大，但其截面尺寸由于建筑上及使用上的要求而受到限制，若设计成普通箍筋柱，即使提高了混凝土强度等级和增加了纵筋用量仍不能满足承载力要求时，可考虑采用螺旋式（或焊接环式）箍筋柱，以提高构件的承载能力。这种柱的用钢量相对较大，构件的延性好，适用于抗震需要。螺旋式箍筋柱常设计成圆形截面，如图 6-9 所示。

螺旋式箍筋（或焊接环式箍筋），当其间距较密时，它对混凝土的作用就如一个套箍，它能有效地限制混凝土核心部分的横向变形，使核心混凝土处在三向压应力作用下工作，从而使混凝土抗压强度极限压应变得到很大提高。由于这种柱通过配置横向钢筋间接地提高柱的纵向承载力，故也称这种柱为间接钢筋柱，所配的螺旋式（或焊接环式）箍筋称为间接钢筋。试验结果表明，轴向压力不大时，螺旋箍筋柱与普通箍筋柱的受力变形没有多大差别，当轴向压力逐步加大时，纵筋受压屈服，螺旋箍筋外面的保护层剥落，柱受压面积减小，承载力有所下降。

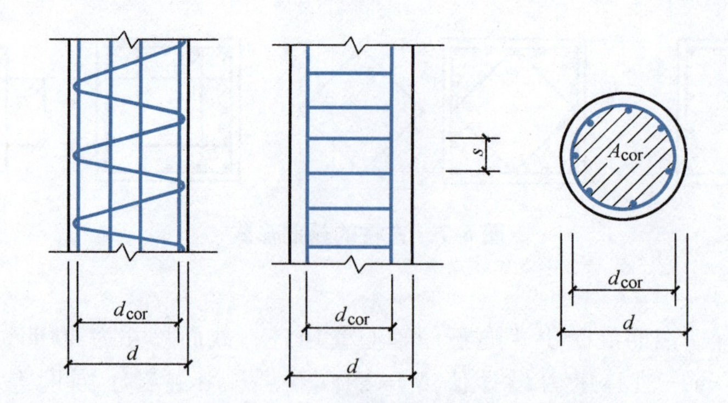

图 6-9　配有螺旋式（或焊接环式）箍筋柱及截面

但较小的螺旋箍筋间距有效地防止了螺旋箍筋之间纵筋的压屈，所以纵筋能继续受压。随着变形的增大，核心混凝土横向膨胀，间接钢筋中的拉应力也随之加大，直至间接钢筋屈服，才不再能有效地约束混凝土的横向变形，最终构件破坏。

2. 承载力计算

当有径向压应力 σ_2 从周围作用在混凝土上时，核心混凝土的抗压强度将从单向受压的 f_c 提高到 f_{cc}，按混凝土三轴受压试验的结果可得

$$f_{cc}=f_c+4\sigma_2 \tag{6-2}$$

取一螺距（间距）s 的柱体为脱离体，螺旋箍筋的受力状态如图 6-10 所示，并列平衡方程得

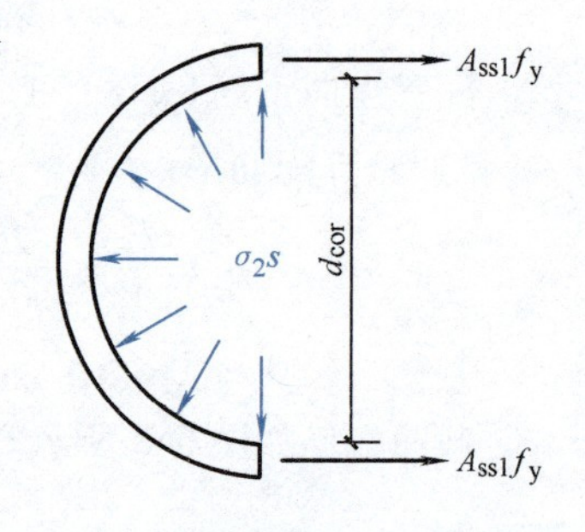

图 6-10　螺旋箍筋的受力状态

$$\sigma_2 s d_{cor}=2f_y A_{ss1}$$

$$\sigma_2=\frac{2f_y A_{ss1}}{s d_{cor}}$$

由轴心受力平衡条件，其正截面受压承载力可推导如下

$$\begin{aligned} N &\leqslant f_{cc}A_{cor}+f'_yA'_s=(f_c+4\sigma_2)A_{cor}+f'_yA'_s \\ &=f_cA_{cor}+f'_yA'_s+\frac{8f_yA_{ss1}}{sd_{cor}}\cdot\frac{\pi d_{cor}^2}{4} \\ &=f_cA_{cor}+f'_yA'_s+2f_yA_{sso} \end{aligned}$$

考虑到可靠度的调整系数 0.9 及高强度混凝土的特性，《规范》规定采用下列公式计算配有螺旋式（或焊接环式）间接钢筋柱正截面受压承载力

$$N\leqslant 0.9(f_cA_{cor}+f'_yA'_s+2\alpha f_yA_{sso}) \tag{6-3}$$

$$A_{sso}=\frac{\pi d_{cor}A_{ss1}}{s} \tag{6-4}$$

式中　f_y——间接钢筋的抗拉强度设计值；

A_{cor}——构件的核心截面面积（即间接钢筋表面范围内的混凝土面积）；

A_{sso}——螺旋式（或焊接环式）间接钢筋的换算截面面积；

d_{cor}——构件的核心截面直径（即间接钢筋内表面之间的距离）；

A_{ss1}——螺旋式（或焊接环式）单根间接钢筋的截面面积；

s——间接钢筋沿构件轴线方向的间距；

α——间接钢筋对混凝土约束的折减系数：当混凝土强度等级不超过 C50 时，取 1.0；当混凝土强度等级为 C80 时，取 0.85，其间按线性内插法确定。

按式（6-3）算得的构件受压承载力设计值不应大于按式（6-1）算得的构件受压承载力设计值的1.5倍，以免混凝土保护层过早剥落。

当遇到下列任意一种情况时，不考虑间接钢筋影响仍按式（6-1）进行设计：

1）当 $l_0/d>12$ 时，由于构件将发生失稳破坏，间接钢筋不能发挥作用。

2）当按式（6-3）算得的受压承载力小于按式（6-1）算得的受压承载力时。

3）当间接钢筋的换算截面面积 A_{sso} 小于纵向钢筋的全部截面面积的25%时，认为间接钢筋配置得太少，不能起到套箍的作用。

3. 构造要求

当计算中考虑间接钢筋的作用时，其间接钢筋的间距不应大于80mm及 $d_{cor}/5$，且不应小于40mm；间接钢筋的直径应符合普通箍筋柱中箍筋的要求。纵向钢筋通常为6~8根沿周边等距离配置。

【例6-2】 有一钢筋混凝土圆形截面螺旋式箍筋柱，直径 $d=400$mm，柱的计算长度 $l_0=4.2$m，轴心压力设计值 $N=2950$kN。采用混凝土强度等级为C30，纵向钢筋和箍筋均采用HRB400。混凝土保护层厚度30mm。求该柱中所需纵筋及箍筋。

【解】（1）判别螺旋箍筋柱是否适用

$l_0/d=4200/400=10.5<12$，适用。

（2）选用 A'_s

柱的截面面积为

$$A=\frac{\pi d^2}{4}=\frac{3.14\times400^2}{4}\text{mm}^2=125600\text{mm}^2$$

取 $\rho'=0.025$，则 $A'_s=\rho'A=(0.025\times125600)\text{mm}^2=3140\text{mm}^2$

选用8Φ22（$A'_s=3041\text{mm}^2$）。

（3）求所需的间接钢筋换算截面面积 A_{sso}

设箍筋（间接钢筋）内表面圆直径 $d_{cor}=340$mm，则柱的核心截面面积为

$$A_{cor}=\frac{\pi d_{cor}^2}{4}=\frac{3.14\times340^2}{4}\text{mm}^2=90746\text{mm}^2$$

混凝土强度为C30，故混凝土约束的折减系数 $\alpha=1.0$。根据式（6-3）得

$$A_{sso}=\frac{\frac{N}{0.9}-(f_cA_{cor}+f'_yA'_s)}{2\alpha f_y}$$

$$=\frac{\frac{2950000}{0.9}-(14.30\times90746+360\times3140)}{2\times1\times360}\text{mm}^2=1180\text{mm}^2$$

因 $A_{sso}>0.25A'_s=(0.25\times3140)\text{mm}^2=785\text{mm}^2$，故可考虑螺旋箍筋的作用。

（4）确定螺旋箍筋的直径和间距

假定螺旋箍筋的直径取为10mm，$A_{ss1}=78.5\text{mm}^2$，则螺旋箍筋的间距

$$s=\frac{\pi d_{cor}A_{ss1}}{A_{sso}}=\frac{3.14\times340\times78.5}{1229}\text{mm}=68\text{mm}$$

取 $s=60\text{mm}$，满足 $40\text{mm}\leq s\leq 80\text{mm}$ 以及 $s\leq 0.2d_{cor}=0.2\times 340\text{mm}=68\text{mm}$。

（5）复核承载力及混凝土保护层是否过早脱落

由 $l_0/d=10.5$ 查表 6-1 得 $\varphi=0.95$，则

$$A_{sso}=\frac{\pi d_{cor}A_{ss1}}{s}=3.14\times 340\times\frac{78.5}{60}\text{mm}^2=1397\text{mm}^2$$

代入式（6-3）有

$$\begin{aligned}N_{u1}&=0.9(f_cA_{cor}+f_y'A_s'+2\alpha f_yA_{sso})\\&=0.9\times(14.3\times 90746+360\times 3041+2\times 1\times 360\times 1397)\text{N}\\&=3058441\text{N}=3058\text{kN}>N=2950\text{kN}\end{aligned}$$

截面承载力符合要求。

按普通箍筋柱的计算式（6-1）计算

$$\begin{aligned}N_{u2}&=0.9\varphi(f_cA+f_y'A_s')\\&=0.9\times 0.95\times(14.3\times 125600+360\times 3041)\text{N}=2471668\text{N}=2472\text{kN}\end{aligned}$$

$$1.5N_{u2}=1.5\times 2471668\text{N}=3707502\text{N}>N_{u1}=3058441\text{N}$$

该螺旋箍筋柱满足要求，混凝土保护层不会过早脱落。

6.3 偏心受压构件正截面承载力计算

6.3.1 偏心受压构件正截面破坏形态

根据试验研究，钢筋混凝土偏心受压构件按照破坏特征可分为受拉破坏（习惯上称为大偏心受压破坏）和受压破坏（习惯上称为小偏心受压破坏）两类。

1. 大偏心受压破坏

当偏心距 e_0 较大，且在偏心另一侧的纵向钢筋 A_s 配置适量时，发生大偏心受压破坏。这种破坏的特点是受拉区的钢筋首先达到屈服强度 f_y，混凝土主裂缝不断开展，压区混凝土应力不断增加，最后受压区的混凝土也达到极限压应变。破坏时，除非受压区高度太小，一般情况下受压区纵筋 A_s' 也能达到抗压屈服强度 f_y'，如图 6-11a 所示。这种破坏形态的受拉区混凝土有明显的垂直于构件轴线的横向裂缝，在破坏之前有明显的预兆，属于延性破坏。

2. 小偏心受压破坏

当偏心距 e_0 较小或很小时，或者虽然偏心距较大，但配置了过多的受拉钢筋时，发生小偏心受压破坏。这种破坏的特点是靠近纵向力一侧的混凝土首先被压碎，同时钢筋 A_s' 达到抗压强度 f_y'；而远离纵向力一侧的钢筋 A_s 不论是受拉还是受压，一般情况下不会屈服（图 6-11b 与图 6-11c）。这种破坏形态在破坏之前没有明显的预兆，属于脆性破坏。

6.3.2 两种偏心受压破坏形态的界限

大、小偏心受压破坏形态的根本区别就在于远离纵向力一侧的纵向钢筋 A_s 在破坏时是否达到受拉屈服。显然，在大、小偏心受压破坏之间存在一种界限破坏，其特征是远离轴向力一侧的钢筋在受拉屈服的同时，靠近轴向力一侧的混凝土被压碎，此时的受压区相对高度 $\xi=\xi_b$，由

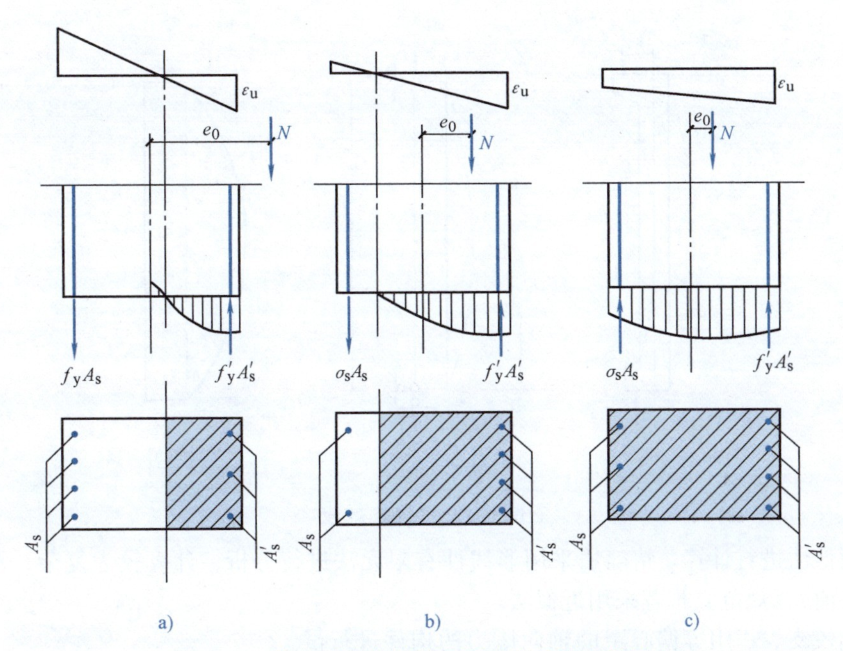

图6-11 偏心受压构件截面受力的几种破坏形态

此可知：

当满足下列条件时，为大偏心受压破坏

$$\xi \leqslant \xi_b \text{或} x \leqslant x_b \tag{6-5}$$

当满足下列条件时，为小偏心受压破坏

$$\xi > \xi_b \text{或} x > x_b \tag{6-6}$$

6.3.3 偏心受压构件的二阶效应

1. 基本概念

偏心受压杆件中产生的挠曲二阶效应（$N-\delta$）是偏压杆件中由轴向压力在产生了挠曲变形 δ 的杆件内引起的曲率和弯矩增量，即构件承担的实际弯矩 $M=N(e_0+\delta)$ 大于初始弯矩 $M_0=Ne_0$。

这种由加载后构件的变形而内力增大的情况称为“二阶效应”。初始弯矩称为“一阶弯矩”，附加弯矩称为“二阶弯矩”。图6-12列出了这种情况。

根据钢筋混凝土偏心受压柱的长细比不同，一般分为短柱、长柱和细长柱三类。短柱是指长细比较小，一般指 l_0/h 或 l_0/d 不大于5，此时附加弯矩平均不会超过截面一阶弯矩的5%，在计算时可不考虑纵向弯曲引起的附加弯矩对构件承载力的影响，构件的破坏是材料破坏引起的；长柱则是指长细比较大，一般指 l_0/h 或 l_0/d 在5～30之间，在纵向压力作用下，柱子产生的纵向弯曲已不能忽视，其正截面受压承载力有所降低，但构件的最终破坏还是由于材料强度达到极限而破坏；细长柱是指长细比更大时，一般指 l_0/h 或 l_0/d 大于30，构件的破坏已不是由于构件的材料破坏所引起，而是由于构件的纵向弯曲失去平衡引起，破坏称为失稳破坏。在设计中应尽量避免采用细长柱。

2. 考虑 $N-\delta$ 效应的弯矩增大系数

由上述可知，计算偏压构件的承载力时，应考虑二阶效应。根据设计的不同要求，可采用

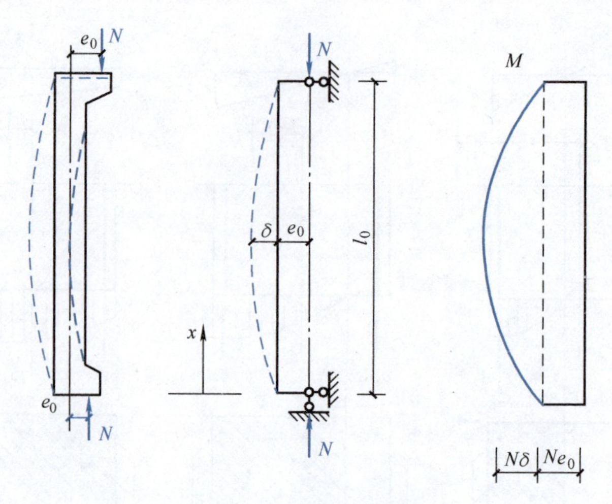

图 6-12　$N-\delta$ 效应

精确法或近似法进行计算。精确法采用非线性有限元法进行分析，计算较为复杂，需借助计算机进行。目前，《规范》推荐采用近似法。

用两端铰支、作用等偏心距的轴向压力的构件进行试验，根据偏心受压构件两端弯矩值不同，纵向弯曲引起的二阶弯矩可能遇到以下三种情况：

（1）构件两端弯矩值相等且单曲率弯曲　图 6-13a 表示两端作用着由一阶弯矩分析求得的偏心距为 e_i 的轴向力 N，故两侧弯矩均为 Ne_i。在 Ne_i 作用下构件将产生如图虚线所示的弯曲变形，其中 δ 表示最大弯矩点由弯曲引起的侧移；这时柱高中间的总弯矩值为 $M_{max}=N(e_i+\delta)$。

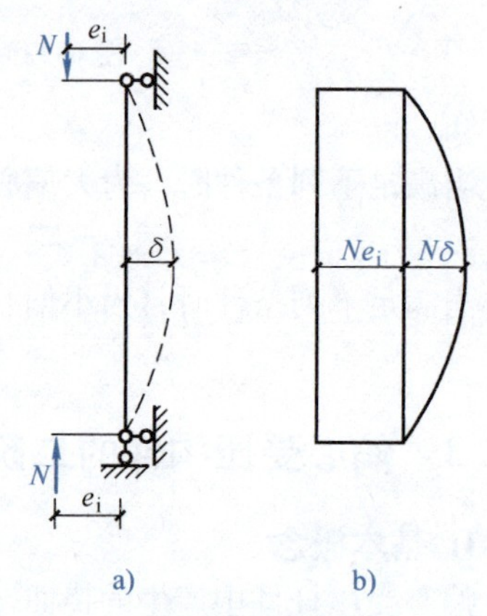

图 6-13　两端弯矩值相等时的二阶弯矩

（2）构件两端弯矩值不相等且单曲率弯曲　构件承受的两端弯矩值不相等，但两端弯矩均使构件的同一侧受拉（单曲率弯曲）时，其最大侧移出现在离端部的某一距离处，如图 6-14a 所示。其中，$M_2=Ne_{i2}$、$M_1=Ne_{i1}$，$M_2>M_1$。考虑附加偏心距 δ 后，图 6-14d 所示的最大弯矩 $M_{max}=M_d+N\delta$，其中 $N\delta$ 为纵向弯曲引起的附加弯矩，如图 6-14c 所示。

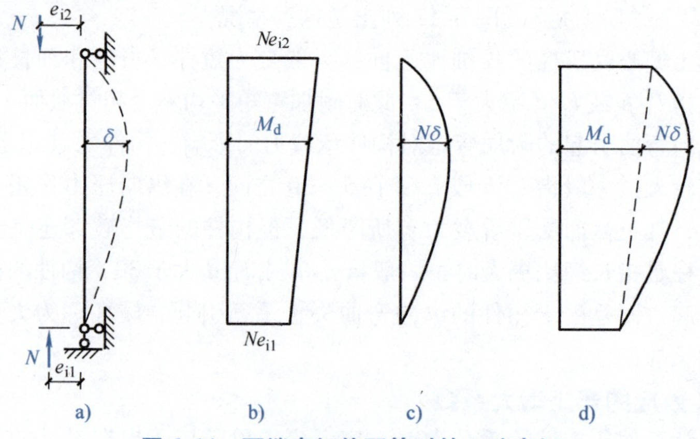

图 6-14　两端弯矩值不等时的二阶弯矩

（3）构件两端弯矩值不相等且双曲率弯曲　图 6-15a 表示两端弯矩值不相等且双曲率弯曲的情况，由两端不相等弯矩 $M_2 = Ne_{i2}$、$M_1 = Ne_{i1}$ 引领的构件弯矩分布如图 6-15b 所示。纵向弯曲引起的二阶弯矩 $N\delta$，如图 6-15c 所示；总弯矩 $M = M_d + N\delta$ 有两种可能的分布，如图 6-15d、e 所示。图 6-15d 中二阶弯矩未引起最大弯矩的增加，即构件最大弯矩在柱端，并等于 Ne_{i2}。图 6-15e中，最大弯矩在距柱端某一距离处，其值 $M_{max} = M_d + N\delta$。

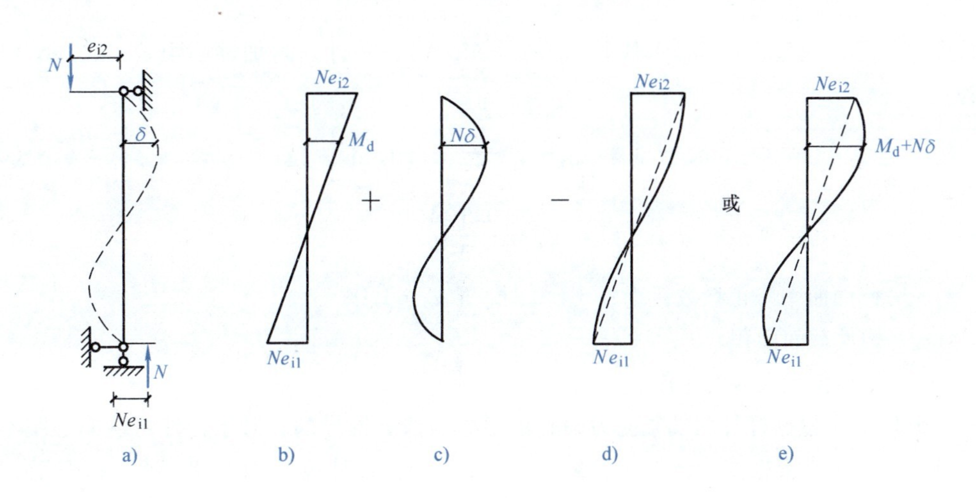

图 6-15　两端弯矩值不等且符号相反时的二阶弯矩

根据试验结果及分析，引入在承载能力极限状态下的构件中点的弯矩增大系数 η_{ns} 的计算公式。然后，通过对各种杆系结构变形特征的分析，求出在不同情况下的杆端截面偏心距调节系数 C_m，以求得不同情况下构件控制截面的弯矩（包括二阶弯矩）。

设考虑杆件自身挠曲影响的控制截面弯矩设计值 $M = N(e_{02} + \delta) = \eta_{ns} Ne_{02}$，则

$$\eta_{ns} = 1 + \frac{\delta}{e_{02}} \tag{6-7}$$

式中　η_{ns}——弯矩增大系数，表示二阶效应引起的柱中总弯矩与初始弯矩之比；$e_{02} = M/N$。由材料力学知识可知，横向挠度近似表达为

$$\delta = \frac{\phi l_0^2}{10} \tag{6-8}$$

式中　ϕ——挠曲线的曲率。根据截面的平均应变符合平截面假定，发生破坏时的截面曲率为

$$\phi_b = \frac{K\varepsilon_{cu} + \varepsilon_y}{h_0} \tag{6-9}$$

式中　K——长期荷载作用下由于混凝土徐变使压应变增大的修正系数，一般取 1.25；

ε_{cu}——界限破坏时截面受压区边缘混凝土的极限压应变，一般取值为 0.0033；

ε_y——界限破坏时受拉钢筋的拉应变，一般取值为 0.002。

实际上，对偏压构件不一定发生界限破坏，大、小偏心的弯矩值总是小于界限破坏时的弯矩，因此截面的曲率一般也小于 ϕ_b。考虑该因素，对式（6-9）乘以系数 ζ_c，于是有

$$\phi = \phi_b \zeta_c = \frac{1.25 \times 0.0033 + 0.002}{h_0} \zeta_c = \frac{1}{163.3 h_0} \zeta_c \tag{6-10}$$

将式（6-10）代入式（6-8）并整理得

$$\delta = \frac{l_0^2}{1633h_0}\zeta_c \tag{6-11}$$

将式（6-11）代入式（6-7），令 $h=1.1h_0$，得到

$$\eta_{ns} \approx 1 + \frac{1}{1300\frac{e_{02}}{h_0}}\left(\frac{l_0}{h}\right)^2\zeta_c \tag{6-12}$$

按照《规范》规定，用 M_2/N 代替 e_{02}（$e_{02}=M_2/N$），并计入附加偏心距 e_a，式（6-12）即改写为

$$\eta_{ns} = 1 + \frac{1}{1300(M_2/N+e_a)/h_0}\left(\frac{l_0}{h}\right)^2\zeta_c \tag{6-13}$$

$$\zeta_c = \frac{0.5f_cA}{N} \tag{6-13a}$$

式中　ζ_c——截面曲率修正系数，当 $\zeta_c>1.0$ 时，取 $\zeta_c=1.0$；

A——构件截面面积；

M_2——绝对值较大端的弯矩。

式（6-13）是根据杆件两端轴向力偏心距相等的情况推导的，对于杆件两端偏心距不等的情况必须进行修正。根据试验结果并借鉴美国混凝土结构设计规范 ACI318—08，《规范》规定，除排架结构柱以外的偏心受压构件，考虑轴向压力在挠曲杆件中产生的二阶效应后控制截面的弯矩设计值应按下式计算

$$M = C_m\eta_{ns}M_2 \tag{6-14}$$

当 $C_m\eta_{ns}<1.0$ 时取1.0。

式中　C_m——构件端截面偏心距调节系数，小于0.7时取值0.7。

在经典弹性解析解的基础上，考虑了钢筋混凝土柱非弹性的影响，并根据有关试验资料给出 C_m 按下列公式计算

$$C_m = 0.7 + 0.3\frac{M_1}{M_2} \tag{6-15}$$

式中　M_1、M_2——已考虑侧移影响的偏心受压构件两端截面按结构弹性分析确定的对同一主轴的组合弯矩设计值，绝对值较大端为 M_2，绝对值较小端为 M_1；当构件按单曲率弯曲时，M_1/M_2 取正值，否则取负值。

国内对不同杆端弯矩比、不同轴压比和不同长细比的杆件进行分析的结果表明，弯矩作用平面内截面对称的偏心受压构件，当同一主轴方向的杆端弯矩比 M_1/M_2 不大于0.9且轴压比（即 $N/(f_cA)$）不大于0.9时，若构件的长细比满足下式的要求，则可不考虑轴向压力在该方向挠曲杆件中产生的附加弯矩影响

$$\frac{l_0}{i} \leqslant 34 - 12\frac{M_1}{M_2} \tag{6-16}$$

式中　l_0——构件的计算长度；

i——偏心方向的截面回转半径。

3. 构件的计算长度 l_0

1）刚性屋盖单层房屋排架柱、露天吊车柱和栈桥柱的计算长度 l_0 按表6-2取用。

表6-2　刚性屋盖单层房屋排架柱、露天吊车柱和栈桥柱的计算长度

柱的类别		l_0		
		排架方向	垂直排架方向	
			有柱间支撑	无柱间支撑
无吊车①房屋柱	单跨	$1.5H$	$1.0H$	$1.2H$
	两跨及多跨	$1.25H$	$1.0H$	$1.2H$
有吊车房屋柱	上柱	$2.0H_u$	$1.25H_u$	$1.5H_u$
	下柱	$1.0H_l$	$0.8H_l$	$1.0H_l$
露天吊车柱和栈桥柱		$2.0H_l$	$1.0H_l$	—

注：1. H为从基础顶面算起的柱子全高；H_l为从基础顶面至装配式吊车梁底面或现浇式吊车梁顶面的柱子下部高度；H_u为从装配式吊车梁底面或现浇式吊车梁顶面算起的柱子上部高度。

2. 表中有吊车房屋排架柱的计算长度，当计算中不考虑吊车荷载时，可按无吊车房屋柱的计算长度采用，但上柱的计算长度仍可按有吊车房屋采用。

3. 表中有吊车房屋排架柱的上柱在排架方向的计算长度，仅适用于$H_u/H_l \geqslant 0.3$的情况；当$H_u/H_l < 0.3$时，计算长度宜采用$2.5H_u$。

①“吊车”一词属不规范的专业名词，应改为“起重机”，但此处沿用《规范》中的用法，不做修改，后同。

2）一般多层房屋中梁、柱为刚接的框架结构，各层柱的计算长度按表6-3取用。

表6-3　框架结构各层柱的计算长度

楼盖类型	柱的类型	柱计算长度	楼盖类型	柱的类型	柱计算长度
现浇楼盖	底层柱	$1.0H$	装配式楼盖	底层柱	$1.25H$
	其余各层柱	$1.25H$		其余各层柱	$1.5H$

注：表中H对底层柱为从基础顶面到一层楼盖顶面的高度；对其余各层柱为上下两层楼盖顶面之间的高度。

6.3.4　轴向力的附加偏心距e_a与初始偏心距e_i

考虑到工程实际中存在各种不确定因素，如混凝土质量不均匀，配筋的不对称，荷载位置的不确定及施工偏差等，《规范》规定在偏心受压构件承载力计算中应计入轴向压力在偏心方向存在的附加偏心距e_a，其值应取20mm和偏心方向截面最大尺寸的1/30两者中的较大值。

在设计计算时，按上述方法求得考虑二阶效应后控制截面上的弯矩M，即可求得轴向力N对截面中心的偏心距$e_0=M/N$。计入轴向力产生的附加偏心距e_a，轴向力的初始偏心距e_i应按下式计算

$$e_i = e_0 + e_a \tag{6-17}$$

6.3.5　矩形截面偏心受压构件正截面承载力

1. 基本假定

钢筋混凝土偏心受压构件正截面的承载力的计算和受弯构件相似，采用如下的基本假定：

1）平截面假定，即构件正截面在变形之后仍保持平面。

2）截面受拉区混凝土不参加工作。

3）截面受压区混凝土的应力图形采用等效矩形，其受压强度取为$\alpha_1 f_c$，矩形应力图形的受压区计算高度x与由平截面假定所确定的实际中性轴高度x_0的比值取β_1。α_1、β_1的取值同前。

4）当截面受压区高度$x \geqslant 2a_s'$时，受压钢筋能达到受压强度设计值f_y'。

2. 矩形截面偏心受压构件大、小偏心的初步判别

在设计计算前，应先初步判别其破坏形态，即判别构件是属于大偏心受压还是小偏心受压，以便采用不同的方法进行计算。但在进行设计计算之前，由于钢筋的截面面积A_s'和A_s未知，相应的混凝土受压区高度无法确定，所以不能直接利用式（6-5）和式（6-6）来判别截面属于何种受力状态。在正常配筋情况下，可按下列方法进行初步的判别：

1）当$e_i \leqslant 0.3h_0$时，可按小偏心受压进行计算。

2）当$e_i > 0.3h_0$时，可先按大偏心受压进行计算，计算过程中得到ξ后，再根据ξ的值最终确定截面属于哪一种受力情况。

应该注意：区分大、小偏心受压破坏形态的界限仍为式（6-5）和式（6-6）所示的条件。

3. 大偏心受压构件承载力计算

（1）基本计算公式　根据基本假定及大偏心受压破坏的形态，可得截面应力计算图形如图6-16所示。由计算简图和截面内力平衡条件可得大偏心受压正截面承载力计算的基本公式，其平衡方程式为

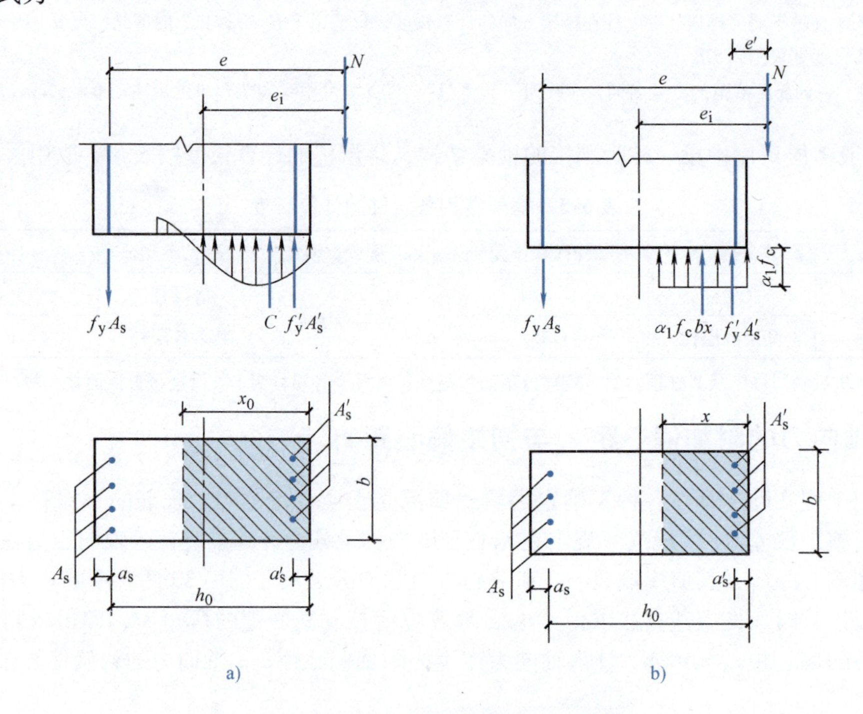

图6-16　大偏心受压截面应力计算图

$$\Sigma N = 0 \qquad N \leqslant \alpha_1 f_c bx + f_y' A_s' - f_y A_s \tag{6-18}$$

$$\Sigma M_{A_s} = 0 \qquad Ne \leqslant \alpha_1 f_c bx\left(h_0 - \frac{x}{2}\right) + f_y' A_s' (h_0 - a_s') \tag{6-19}$$

其中

$$e = e_i + \frac{h}{2} - a_s \tag{6-20}$$

（2）公式的适用条件　具体如下：

1）为了保证构件破坏时受拉钢筋A_s达到屈服，设计时应满足

$$\xi \leqslant \xi_b \text{或} x \leqslant x_b \tag{6-21}$$

2）为了保证构件破坏时受压钢筋A_s'达到屈服，设计时应满足

$$x \geqslant 2a'_s \tag{6-22}$$

当 $x < 2a'_s$ 时，可偏安全地取 $x = 2a'_s$，如图6-17所示，并对纵向受压钢筋 A'_s 的合力点取矩，可得

$$Ne' = f_y A_s (h_0 - a'_s) \tag{6-23}$$

其中

$$e' = e_i - \frac{h}{2} + a'_s \tag{6-24}$$

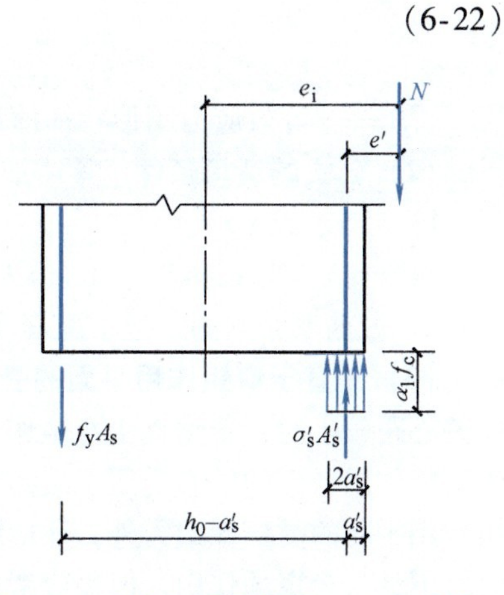

图6-17　大偏心受压截面 $x < 2a'_s$ 时的应力计算图

将上列大偏心受压构件承载力公式中的 Ne、Ne' 改为 M，以及式（6-18）中的 N 取为零，就会发现它与双筋截面受弯构件的承载力公式完全一样，故大偏心受压构件的计算步骤与双筋受弯构件基本相同。

3）配筋率必须满足最小配筋率的要求，即

$$\rho \geqslant \rho_{min} \tag{6-25}$$

$$\rho' \geqslant \rho'_{min} \tag{6-26}$$

4. 小偏心受压构件承载力计算

（1）基本计算公式　小偏心受压时的截面应力分布经简化后成计算应力图形，如图6-18所示。

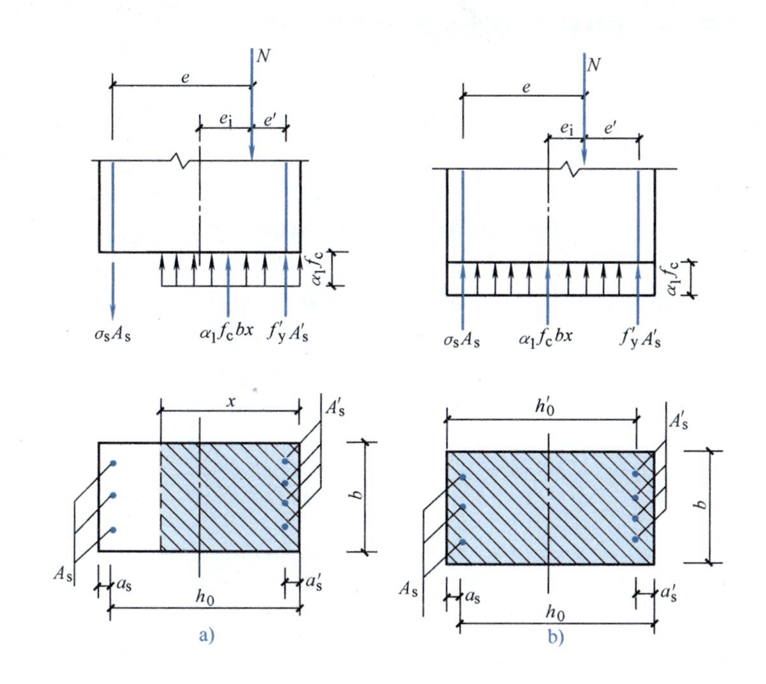

图6-18　小偏心受压截面应力计算图

此时，截面的平衡方程式为

$$\sum N = 0 \qquad N \leqslant \alpha_1 f_c bx + f'_y A'_s - \sigma_s A_s \tag{6-27}$$

$$\sum M_{A_s} = 0 \qquad Ne \leqslant \alpha_1 f_c bx\left(h_0 - \frac{x}{2}\right) + f'_y A'_s (h_0 - a'_s) \tag{6-28}$$

式中　σ_s——纵筋 A_s 的应力值，可近似按下式计算

$$-f'_y \leqslant \sigma_s = \frac{\xi - \beta_1}{\xi_b - \beta_1} f_y < f_y \tag{6-29}$$

β_1——等效应力图形特征值系数，由表3-4确定。

（2）公式的适用条件 具体如下：

1）$\xi > \xi_b$或$x > x_b$。

2）$x \leqslant h$，当$x > h$时，取$x = h$。

3）配筋率必须满足最小配筋率的要求，即满足式（6-25）及式（6-26）的要求。

（3）垂直于弯矩作用平面的受压承载力验算 当轴向压力设计值N较大且弯矩作用平面内的偏心距较小时，若垂直于弯矩作用平面的长细比较大或边长较小，则截面强度有可能由垂直于弯矩作用平面的轴心受压承载力起控制作用，因此《规范》规定：偏心受压构件除应计算弯矩作用平面的受压承载力外，还应按轴心受压构件验算垂直于弯矩作用平面的受压承载力。此时，不计入弯矩的作用，但仍应考虑稳定系数φ的影响。

6.3.6 矩形截面非对称配筋的计算方法

矩形截面非对称配筋的计算可分为截面设计和承载力复核两类。

1. 截面设计

（1）大偏心受压（$e_i > 0.3h_0$） 分以下两种情况。

1）情况一：A_s及A'_s均未知。由基本公式式（6-18）和式（6-19）可知，此时有三个未知数A_s、A'_s和ξ，此时为使$A_s + A'_s$的总用钢量最小，应取$\xi = \xi_b$，使受压区混凝土的作用充分发挥，并保证受拉钢筋屈服。

2）情况二：已知A'_s求A_s。此时，可直接利用基本公式式（6-18）和式（6-19）求得唯一解，其计算过程与双筋矩形截面受弯构件类似，在计算中应注意验算适用条件。

【例6-3】 某钢筋混凝土柱$b \times h = 500\text{mm} \times 500\text{mm}$；承受轴向压力设计值$N = 1450\text{kN}$，弯矩设计值$M_1 = 280\text{kN} \cdot \text{m}$，$M_2 = 300\text{kN} \cdot \text{m}$；柱的计算长度$l_0 = 5\text{m}$，$a_s = a'_s = 40\text{mm}$；混凝土强度等级为C30，钢筋采用HRB400。若采用非对称配筋，试求考虑$N - \delta$效应后纵向钢筋的截面面积。

【解】 1）查表得$f_c = 14.3\text{N/mm}^2$，$f_y = f'_y = 360\text{N/mm}^2$。

2）控制截面弯矩M：

$$h_0 = h - a_s = (500 - 40)\text{mm} = 460\text{mm}$$

由式（6-15）有

$$C_m = 0.7 + 0.3\frac{M_1}{M_2} = 0.7 + 0.3 \times \frac{280}{300} = 0.98 > 0.7$$

由式（6-13a）有

$$\zeta_c = \frac{0.5 f_c A}{N} = \frac{0.5 \times 14.3 \times 500 \times 500}{1450 \times 10^3} = 1.23 > 1.0$$

取$\zeta_c = 1.0$。

$h/30 = 500/30\text{mm} = 16.7\text{mm} < 20\text{mm}$，故取$e_a = 20\text{mm}$。

由式（6-13）有

$$\eta_{ns} = 1 + \frac{1}{1300(M_2/N + e_a)/h_0}\left(\frac{l_0}{h}\right)^2\zeta_c$$

$$= 1 + \frac{1}{1300 \times \left(\frac{300 \times 10^6}{1450 \times 10^3} + 20\right)/460} \times 10^2 \times 1.0 = 1.16$$

由式（6-14）有

$$M = C_m\eta_{ns}M_2 = 0.98 \times 1.16 \times 300\text{kN} \cdot \text{m} = 341.04\text{kN} \cdot \text{m} > 300\text{kN} \cdot \text{m}$$

3）判别大小偏压。由式（6-17）有

$$e_i = e_0 + e_a = \left(\frac{341040}{1450} + 20\right)\text{mm} = 255.2\text{mm}$$

$$e_i = 255.2\text{mm} > 0.3h_0 = 0.3 \times 460\text{mm} = 138\text{mm}$$

按大偏压计算。

由式（6-20）有

$$e = e_i + \frac{h}{2} - a_s = (255.2 + 250 - 40)\text{mm} = 465.2\text{mm}$$

4）求受压钢筋截面面积 A'_s。取 $\xi = \xi_b = 0.518$，将已知条件代入式（6-19），得

$$A'_s = \frac{Ne - \alpha_1 f_c bh_0^2\xi_b(1 - 0.5\xi_b)}{f'_y(h_0 - a'_s)}$$

$$= \frac{1450 \times 10^3 \times 465.2 - 1.0 \times 14.3 \times 500 \times 460^2 \times 0.518 \times (1 - 0.5 \times 0.518)}{360 \times (460 - 40)}\text{mm}^2$$

$$= 620\text{mm}^2$$

5）求受拉钢筋截面面积。将上述求得的 A'_s 值代入式（6-18），得

$$A_s = \frac{\alpha_1 f_c bh_0\xi_b + f'_y A'_s - N}{f_y} = \frac{1.0 \times 14.3 \times 500 \times 460 \times 0.518 + 360 \times 620 - 1450000}{360}\text{mm}^2$$

$$= 1325\text{mm}^2$$

实选受压钢筋：3Φ18，$A'_s = 763\text{mm}^2 > 0.002bh = 0.002 \times 500 \times 500\text{mm}^2 = 500\text{mm}^2$

实选受拉钢筋：3Φ25，$A_s = 1473\text{mm}^2 > 0.002bh = 500\text{mm}^2$

混凝土规范中要求，在偏心受压柱中，垂直于弯矩作用平面的侧面上的纵筋，其中距不宜大于 300mm。为满足该规定，需在柱侧面上增配纵筋。为方便施工，一般柱中纵筋按直径分不宜超过 2 种，故本题增配了 2Φ18 的纵筋。纵筋 2Φ18 的截面面积是 509mm²。

全部纵向钢筋配筋率：$\rho = \frac{A_s + A'_s}{bh}\ \frac{763 + 1473 + 509}{500 \times 500} = 1.1\% > \rho_{min} = 0.55\%$

配筋截面如图 6-19 所示。

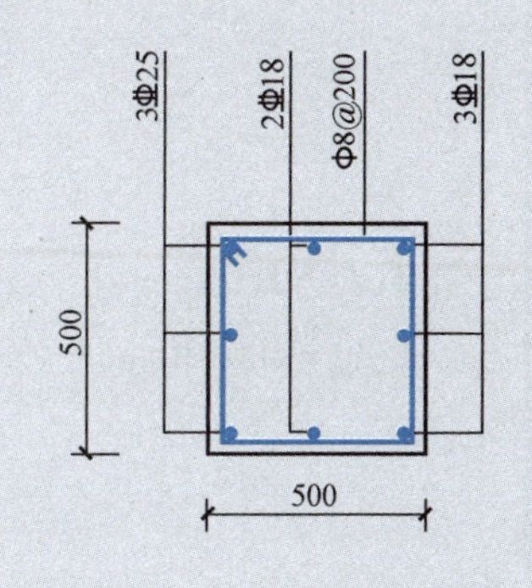

图 6-19　【例 6-3】配筋图

【例6-4】 条件同【例6-3】，但已选定受压一侧钢筋为3Φ25（$A'_s=1473\text{mm}^2$），求受拉钢筋的截面面积A_s。

【解】 步骤1）、2）、3）同【例6-3】。

4）求受压区相对高度ξ。将$x=\xi h_0$代入式（6-19）整理得

$$\xi=1-\sqrt{1-\frac{Ne-f'_yA'_s(h_0-a'_s)}{0.5\alpha_1 f_c bh_0^2}}$$

$$=1-\sqrt{1-\frac{1450\times10^3\times465.2-360\times1473\times420}{0.5\times1\times14.3\times500\times460^2}}$$

$$=0.37<\xi_b=0.518$$

$$x=\xi h_0=0.37\times460\text{mm}=170.2\text{mm}>2a_s=2\times40\text{mm}=80\text{mm}$$

5）求受拉钢筋截面面积A_s。

$$A_s=\frac{\alpha_1 f_c b\xi h_0+f'_yA'_s-N}{f_y}$$

$$=\frac{1\times14.3\times500\times0.37\times460+360\times1473-1450000}{360}\text{mm}^2$$

$$=826\text{mm}^2$$

6）实选3Φ20，则$A_s=942\text{mm}^2>0.002bh=500\text{mm}^2$

全部纵筋配筋率$\rho=\frac{1473+628+942}{500\times500}=1.22\%>\rho_{\min}=0.55\%$

配筋截面如图6-20所示。

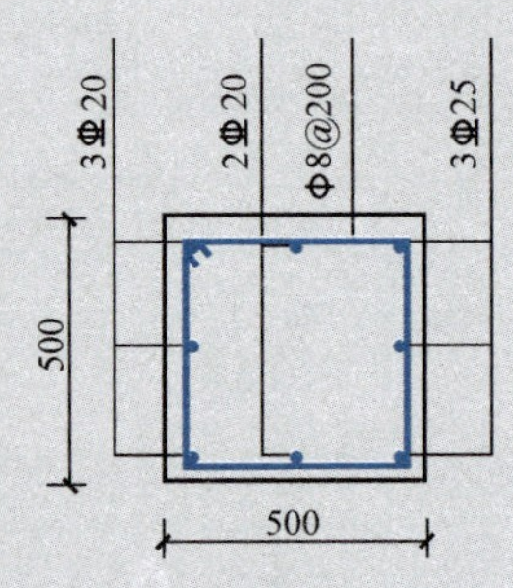

图6-20 【例6-4】配筋图

【例6-5】 有一偏心受压柱，柱的计算长度$l_0=4\text{m}$，其截面尺寸为$b\times h=400\text{mm}\times400\text{mm}$，$a_s=a'_s=40\text{mm}$；材料选用热轧钢筋HRB400（$f_y=f'_y=360\text{N/mm}^2$，C30混凝土$f_c=14.3\text{N/mm}^2$）；$\xi_b=0.518$，承受轴向压力设计值$N=250\text{kN}$，弯矩设计值$M_1=M_2=150\text{kN}\cdot\text{m}$；采用非对称配筋，求$A_s$及$A'_s$。

【解】 1）计算控制截面弯矩M。

$$h_0=h-a_s=(400-40)\text{mm}=360\text{mm}$$

$$C_m=0.7+0.3\frac{M_1}{M_2}=0.7+0.3\times1.0=1.0$$

$$\zeta_c=\frac{0.5f_cA}{N}=\frac{0.5\times14.3\times400\times400}{250\times10^3}=4.58>1.0$$

取$\zeta_c=1.0$。

$h/30=400/30\text{mm}=13.3\text{mm}<20\text{mm}$，故取$e_a=20\text{mm}$。

$$\eta_{ns}=1+\frac{1}{1300(M_2/N+e_a)/h_0}\left(\frac{l_0}{h}\right)^2\zeta_c$$

$$=1+\frac{1}{1300\times\left(\frac{150\times10^6}{250\times10^3}+20\right)/360}\times10^2\times1.0=1.04$$

$$M=C_m\eta_{ns}M_2=1.0\times1.04\times150\text{kN}\cdot\text{m}=156\text{kN}\cdot\text{m}>150\text{kN}\cdot\text{m}$$

2）求初始偏心距 e_i。

$$e_0=\frac{M}{N}=\frac{156\times10^6}{250\times10^3}\text{mm}=624\text{mm}$$

$$e_i=e_0+e_a=(624+20)\text{mm}=644\text{mm}$$

3）判别大、小偏心受压。$e_i=644\text{mm}>0.3h_0=108\text{mm}$，按大偏压计算。

$$e=e_i+\frac{h}{2}-a_s=(644+200-40)\text{mm}=804\text{mm}$$

4）求受压钢筋截面面积。取 $\xi=\xi_b$，代入基本公式得：

$$A'_s=\frac{Ne-\alpha_1 f_c bh_0^2\xi_b(1-0.5\xi_b)}{f'_y(h_0-a'_s)}$$

$$=\frac{250\times10^3\times804-1\times14.3\times400\times360^2\times0.518\times(1-0.5\times0.518)}{360\times(360-40)}\text{mm}^2<0$$

取 $A'_s=\rho_{min}bh=0.002\times400\times400\text{mm}^2=320\text{mm}^2$

选用3⌀16（$A'_s=603\text{mm}^2$）钢筋，此时本题就变成了已知 A'_s 求 A_s 的问题，下面的计算同【例6-4】，请读者自行完成。

配筋截面如图6-21所示。

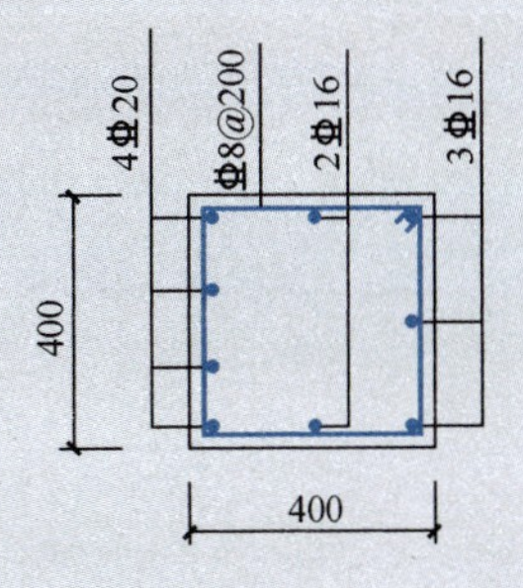

图6-21 【例6-5】配筋图

（2）小偏心受压（$e_i<0.3h_0$） 由式（6-27）、式（6-28）、式（6-29）可知，未知数共有 A'_s、A_s、σ_s 和 x（ξ）四个，必须补充另一条件。

由于小偏心受压时，远离纵向力一侧的纵向钢筋 A_s 不管是受拉还是受压均不会屈服，因此 A_s 可按最小配筋率配置，即取 $A_s=\rho_{min}bh=0.2\%bh$。这样再利用基本公式就可求得 x 和 A'_s。

此外，当 $N>f_c bh$ 时，为了防止 A_s 受压破坏，应按下式进行验算

$$Ne'\leqslant f_c bh\left(h'_0-\frac{h}{2}\right)+f'_yA_s(h'_0-a_s) \tag{6-30a}$$

$$e'=\frac{h}{2}-a'_s-(e_0-e_a) \tag{6-30b}$$

【例6-6】 已知：$N=2500\text{kN}$，$M_1=220\text{kN}\cdot\text{m}$；$M_2=250\text{kN}\cdot\text{m}$；$b=400\text{mm}$，$h=600\text{mm}$，$a_s=a'_s=40\text{mm}$；混凝土强度等级为C30（$f_c=14.3\text{N/mm}^2$），采用热轧钢筋HRB400（$f_y=f'_y=360\text{N/mm}^2$，$\xi_b=0.518$）；柱计算长度 $l_0=4.5\text{m}$；采用非对称配筋，求 A_s 及 A'_s。

【解】 1）求控制截面弯矩 M：

$$h_0=h-a_s=(600-40)\text{mm}=560\text{mm}$$

$$C_m=0.7+0.3\frac{M_1}{M_2}=0.7+0.3\times\frac{220}{250}=0.96>0.7$$

$$\zeta_c=\frac{0.5f_cA}{N}=\frac{0.5\times14.3\times600\times400}{2500\times10^3}=0.69<1.0$$

$h/30=600/30\text{mm}=20\text{mm}$，故取 $e_a=20\text{mm}$。

$$\eta_{ns}=1+\frac{1}{1300(M_2/N+e_a)/h_0}\left(\frac{l_0}{h}\right)^2\zeta_c$$

$$=1+\frac{1}{1300\times(100+20)/560}\times\left(\frac{4500}{600}\right)^2\times0.69=1.14$$

$M=C_m\eta_{ns}M_2=0.96\times1.14\times250\text{kN}\cdot\text{m}=273.6\text{kN}\cdot\text{m}>250\text{kN}\cdot\text{m}$

2）判别大、小偏心受压。

$$e_i=e_0+e_a=(273600/2500+20)\text{mm}=129.4\text{mm}$$

$e_i=129.4\text{mm}<0.3h_0=0.3\times560\text{mm}=168\text{mm}$，按小偏心受压计算。

$$e=e_i+\frac{h}{2}-a_s=(129.4+300-40)\text{mm}=389.4\text{mm}$$

3）求受拉钢筋的截面面积。

取 $A_s=\rho_{min}bh=0.002\times400\times600\text{mm}^2=480\text{mm}^2$

选受力钢筋3Φ16，$A_s=603\text{mm}^2$。

由基本方程

$$N=\alpha_1f_cbx+f'_yA'_s-\sigma_sA_s$$

$$\sigma_s=\frac{f_y}{\xi_b-\beta_1}\left(\frac{x}{h_0}-\beta_1\right)$$

$$Ne=\alpha_1f_cbx\left(h_0-\frac{x}{2}\right)+f'_yA'_s(h_0-a'_s)$$

代入数值得

$$2500\times10^3=1.0\times14.3\times400x+360A'_s-\frac{360}{0.518-0.8}\left(\frac{x}{560}-0.8\right)\times603$$

$$2500\times10^3\times389.4=1.0\times14.3\times400x\left(560-\frac{x}{2}\right)+360A'_s(560-40)$$

化简得：$x^2+169.94x-226129.66=0$

解得：$x=398.1\text{mm}<h$

代入上式得：$A'_s=809.8\text{mm}^2$

选受压钢筋2Φ20＋1Φ16，$A'_s=829.1\text{mm}^2>0.002bh=0.002\times400\times600\text{mm}^2=480\text{mm}^2$

整个纵筋配筋率：

$$\rho=\frac{A_s+A'_s}{bh}=\frac{603+829.1+402}{400\times600}=0.76\%>\rho_{min}=0.55\%$$

4）垂直弯矩平面方向的验算。根据 $l_0/b=4500/400=11.25$，查表得 $\varphi=0.97$。

$N\leqslant0.9\varphi[f_cA+f'_y(A'_s+A_s)]$

$=0.9\times0.97\times[14.3\times400\times600+360\times(829.1+603+402)]\text{N}$

$=3572557\text{N}>2500000\text{N}$

满足要求。

配筋截面如图6-22所示。

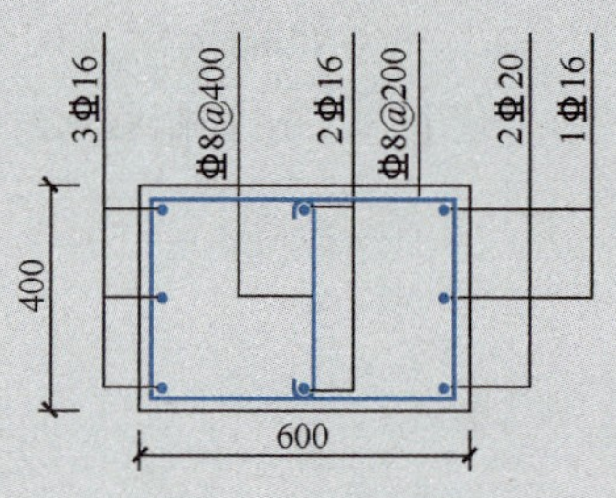

图6-22　【例6-6】配筋图

2. 承载力复核

进行承载力复核时，已知 b、h、A_s 及 A'_s，混凝土强度等级及钢筋级别，构件长细比 l_0/h，轴向力设计值 N 和弯矩设计值 M，验算截面是否安全；或已知 N 值，求所能承受的弯矩设计值 M。

（1）大偏心受压非对称配筋截面复核　当 $e_i \geqslant 0.3h_0$ 时，可先按大偏心受压计算。根据图 6-16b 的截面应力计算图形，对轴向压力 N 的作用点取矩，由平衡条件可得

$$\alpha_1 f_c bx\left(e - h_0 + \frac{x}{2}\right) - f_y A_s e + f'_s A'_s e' = 0 \tag{6-31}$$

由式（6-31）计算出 x，按以下情况计算：

1）当 $2a'_s \leqslant x \leqslant x_b$ 时，说明确为大偏心受压，则由大偏心受压的基本公式式（6-18）求出承载力 N_u，如 $N \leqslant N_u$，安全；否则为不安全。

2）当 $x > x_b$ 时，说明截面实为小偏心受压，应改为用小偏心受压公式重新复核。

（2）小偏心受压非对称配筋截面复核　当 $e_i < 0.3h_0$ 时，或虽然 $e_i \geqslant 0.3h_0$，但 $x > x_b$ 时，应按小偏心受压进行截面复核。依据如图 6-18b 所示的截面应力计算图形，对轴向压力 N 的作用点取矩，由平衡条件可得

$$\alpha_1 f_c bx\left(\frac{x}{2} - e' - a'_s\right) - f'_y A'_s e' - \sigma_s A_s e = 0 \tag{6-32}$$

式中　$e' = \dfrac{h}{2} - e_i - a'_s$。

将 $\sigma_s = \dfrac{\xi - \beta_1}{\xi_b - \beta_1} f_y$ 代入式（6-32），即可求得 x 值。根据小偏心受压构件的基本计算公式即可求出 N_u。如果 $N \leqslant N_u$，即为安全。

【例 6-7】　已知一钢筋混凝土受压柱截面承受的轴向压力 $N = 1250\text{kN}$，$M_1 = M_2 = 375\text{kN}\cdot\text{m}$；截面尺寸为 $b = 400\text{mm}$，$h = 600\text{mm}$，$a_s = a'_s = 40\text{mm}$；所用的混凝土强度等级为 C30（$f_c = 14.3\text{N/mm}^2$），采用热轧钢筋 HRB400（$f_y = f'_y = 360\text{N/mm}^2$），$\xi_b = 0.518$，$A_s = 1256\text{mm}^2$（4Φ20），$A'_s = 1520\text{mm}^2$（4Φ22）；构件计算长度 $l_0 = 3.0\text{m}$。试复核该截面。

【解】　$h_0 = h - a_s = (600 - 40)\ \text{mm} = 560\text{mm}$

$$e_a = \frac{h}{30} = \frac{600}{30}\text{mm} = 20\text{mm}$$

$$\frac{l_0}{i} = \frac{l_0}{\sqrt{\dfrac{I}{A}}} = \frac{l_0}{\sqrt{\dfrac{bh^3_{1/2}}{bh}}} = \frac{l_0}{\sqrt{\dfrac{1}{12}h^2}} = \frac{3000}{0.289 \times 600} = 17.3$$

$$\zeta_c = \frac{0.5 f_c bh}{N} = \frac{0.5 \times 14.3 \times 400 \times 600}{1250000} \approx 1.37，取 \zeta_c = 1.0$$

$$\eta_{ns} = 1 + \frac{1}{1300(M_2/N + e_a)/h_0}\left(\frac{l_0}{h}\right)^2 \zeta_c$$

$$= 1 + \frac{1}{1300 \times [375 \times 10^6/(1250 \times 10^3) + 20]/560} \times \left(\frac{3000}{600}\right)^2 \times 1.0 = 1.034$$

$$C_m = 0.7 + 0.3\frac{M_1}{M_2} = 0.7 + 0.3 \times \frac{375}{375} = 1$$

$$M = C_m \eta_{ns} M_2 = 1 \times 1.034 \times 375\text{kN}\cdot\text{m} = 387.75\text{kN}\cdot\text{m}$$

$$e_0 = \frac{M}{N} = \frac{387.75 \times 10^6}{1250 \times 10^3}\text{mm} = 310.2\text{mm}$$

$$e_i = e_0 + e_a = (310.2 + 20)\text{mm} = 330.2\text{mm} > 0.3h_0 = 168\text{mm}$$

按大偏心受压计算。

$$e = e_i + \frac{h}{2} - a_s = \left(330.2 + \frac{600}{2} - 40\right)\text{mm} = 590.2\text{mm}$$

$$e' = e_i - \frac{h}{2} + a'_s = \left(330.2 - \frac{600}{2} + 40\right)\text{mm} = 70.2\text{mm}$$

由式（6-31）有

$$\xi = -\left(\frac{e}{h_0} - 1\right) + \sqrt{\left(\frac{e}{h_0} - 1\right)^2 + \frac{2(f_y A_s e - f'_y A'_s e')}{\alpha_1 f_c b h_0^2}}$$

$$= -\left(\frac{590.2}{560} - 1\right) + \sqrt{\left(\frac{590.2}{560} - 1\right)^2 + \frac{2 \times (360 \times 1256 \times 590.2 - 360 \times 1520 \times 70.2)}{1 \times 14.3 \times 400 \times 560^2}}$$

$$= 0.454 < 0.518$$

$$> \frac{2a'_s}{h_0} = \frac{2 \times 40}{560} = 0.143$$

$$N_u = \alpha_1 f_c b h_0 \xi + f'_y A'_s - f_y A_s = (1 \times 14.3 \times 400 \times 560 \times 0.454 + 360 \times 1520 - 360 \times 1256)\text{N}$$

$$= 1549.29\text{kN} > 1250\text{kN}$$

可见设计是安全的。

6.3.7 矩形截面对称配筋的计算方法

如果偏心受压构件两侧的受力纵筋配置完全相同，即 $A_s = A'_s$、$f_y = f'_y$，称该构件截面为对称配筋截面。对称配筋不但设计简便而且施工方便，是实际工程中偏心受压柱常见的配筋形式。通常用于控制截面在不同荷载组合下可能承受正、负弯矩作用，如承受不同方向风荷载的框架柱，以及为避免安装可能出现错误的预制排架柱等，都应采用对称配筋。

1. 对称配筋的截面配筋设计

已知截面内力设计值 M、N，截面尺寸为 $b \times h$，计算长度 l_0，钢筋及混凝土强度等级（f_c，f_y，f'_y）。要求计算纵筋截面面积 $A_s = A'_s$。

（1）大、小偏心受压的判别 先假设属于大偏心受压，将 $A_s = A'_s$，$f_y = f'_y$代入式（6-18）可得

$$N = \alpha_1 f_c b x \tag{6-33}$$

$$x = \frac{N}{\alpha_1 f_c b} \tag{6-34}$$

或

$$\xi = \frac{N}{\alpha_1 f_c b h_0} \tag{6-35}$$

因此在截面配筋设计时，对称配筋的偏心受压柱截面可直接用 x 来判别大、小偏心受压：

1）当 $x \leqslant x_b$ 或 $\xi \leqslant \xi_b$ 时，属于大偏心受压。

2）当 $x > x_b$ 或 $\xi > \xi_b$ 时，属于小偏心受压。

（2）对称配筋大偏心受压截面设计公式 具体如下：

$$N \leqslant \alpha_1 f_c b x \tag{6-36}$$

$$Ne \leqslant \alpha_1 f_c bx\left(h_0 - \frac{x}{2}\right) + f'_y A'_s (h_0 - a'_s) \tag{6-37}$$

公式的适用条件仍为：①$x \leqslant x_b$或$\xi \leqslant \xi_b$和②$x \geqslant 2a'_s$。其意义与非对称配筋情况同，当$x < 2a'_s$时，取$x = 2a'_s$，仍按式（6-23）计算，并取$A_s = A'_s$。

（3）对称配筋小偏心受压设计公式　由式（6-27）、式（6-28）、式（6-29）可得

$$N \leqslant \alpha_1 f_c bx + \left(1 - \frac{\xi - \beta_1}{\xi_b - \beta_1}\right) f_y A_s \tag{6-38}$$

$$Ne \leqslant \alpha_1 f_c bx\left(h_0 - \frac{x}{2}\right) + f'_y A'_s (h_0 - a'_s) \tag{6-39}$$

用以上公式计算，且考虑$A_s = A'_s$，$f_y = f'_y$，$a_s = a'_s$，可得一关于ξ的三次方程，解出ξ后即可求出配筋。但用此方法求解，计算太烦琐。《规范》建议可近似按下式进行计算

$$A'_s = \frac{Ne - \xi(1 - 0.5\xi)\alpha_1 f_c bh_0^2}{f'_y (h_0 - a'_s)} \tag{6-40}$$

$$\xi = \frac{N - \xi_b \alpha_1 f_c bh_0}{\dfrac{Ne - 0.43\alpha_1 f_c bh_0^2}{(\beta_1 - \xi_b)(h_0 - a'_s)} + \alpha_1 f_c bh_0} + \xi_b \tag{6-41}$$

其适用条件仍为：①$x > x_b$或$\xi > \xi_b$；②$x \leqslant h$，若$x > h$取$x = h$。

2. 对称配筋的截面复核

对称配筋的截面复核可按不对称配筋的承载力复核方法进行计算，但在计算时取$f_y = f'_y$，$A_s = A'_s$。

【例6-8】　条件同【例6-3】，采用对称配筋，试求纵向钢筋的截面面积A_s和A'_s。

【解】　步骤1）、2）同【例6-3】。

3）判别大、小偏心受压。

$$x = \frac{N}{\alpha_1 f_c b} = \frac{1450000}{1 \times 14.3 \times 500}\text{mm} = 203\text{mm} < \xi_b h_0 = 0.518 \times 460\text{mm} = 238\text{mm}$$

$x = 203\text{mm} > 2a'_s = 80\text{mm}$，按大偏心受压计算。

4）求纵向钢筋截面面积A_s和A'_s。

$$A_s = A'_s = \frac{Ne - \alpha_1 f_c bx\left(h_0 - \dfrac{x}{2}\right)}{f'_y (h_0 - a'_s)}$$

$$= \frac{1450 \times 10^3 \times 465.2 - 1 \times 14.3 \times 500 \times 203 \times \left(460 - \dfrac{203}{2}\right)}{360 \times (460 - 40)}\text{mm}^2$$

$$= 1020\text{mm}^2$$

由计算结果可知，同等条件下，对称配筋截面的用钢量要比不对称配筋截面的用钢量略多一些。在【例6-3】中，计算所需总用钢量$A_s + A'_s = 1945\text{mm}^2$；而在本例中，$A_s + A'_s = 2040\text{mm}^2$，多用4.9%。

【例6-9】　条件同【例6-6】，采用对称配筋，试求纵向钢筋的截面面积A_s和A'_s。

【解】　步骤1）同【例6-6】。

2）判别大、小偏心受压。

$$x=\frac{N}{\alpha_1 f_c b}=\frac{2500000}{1\times14.3\times400}\text{mm}=437\text{mm}>\xi_b h_0=0.518\times560\text{mm}=290.08\text{mm}$$

按小偏心受压计算。

3）求相对受压区高度ξ。代入式（6-41）

$$\xi=\frac{N-\xi_b\alpha_1 f_c bh_0}{\dfrac{Ne-0.43\alpha_1 f_c bh_0^2}{(\beta_1-\xi_b)(h_0-a'_s)}+\alpha_1 f_c bh_0}+\xi_b$$

$$=\frac{2500000-0.518\times1\times14.3\times400\times560}{\dfrac{2500000\times389.4-0.43\times1.0\times14.3\times400\times560^2}{(0.8-0.518)\times(560-40)}+1.0\times14.3\times400\times560}+0.518$$

$$=0.701$$

$$x=\xi h_0=0.701\times560\text{mm}=392.56\text{mm}>\xi_b h_0=0.518\times560\text{mm}=290\text{mm}$$

$$x=392.56\text{mm}<h=600\text{mm}$$

4）求纵向钢筋截面面积A_s和A'_s。根据式（6-40）有

$$A_s=A'_s=\frac{Ne-\xi(1-0.5\xi)\alpha_1 f_c bh_0^2}{f'_y(h_0-a'_s)}$$

$$=\frac{2500000\times389.4-0.701\times(1-0.5\times0.701)\times1.0\times14.3\times400\times560^2}{360\times(560-40)}\text{mm}^2$$

$$=837.54\text{mm}^2$$

同上题，对称配筋截面的用钢量比不对称配筋截面的用钢量要多，而且对小偏心受压，这种差别更明显。

在【例6-6】中，$A_s+A'_s=1432\text{mm}^2$，而在本例中，$A_s+A'_s=837.54\times2\text{mm}^2=1675\text{mm}^2$，多用18.5%。

5）垂直弯矩平面方向的验算。根据$l_0/b=4500/400=11.25$，查表得$\varphi=0.97$。

$$N\leqslant N_u=0.9\varphi\ [f_cA+f'_y\ (A'_s+A_s)]$$

$$=0.9\times0.97\times\ [14.3\times400\times600+360\times\ (837.54+837.54+402)]\ \text{N}$$

$$=3648921\text{N}>2500000\text{N}$$

满足要求。

6.3.8　偏心受压构件正截面承载力N_u和M_u的关系

偏心受压构件达到承载力极限状态时，截面所能承受的轴力N_u和弯矩M_u是相关的，构件截面可在不同的N_u和M_u组合下达到承载能力极限状态。现以工程中常采用的对称配筋的偏心受压构件来说明两者的关系。

1. 大偏心受压破坏的N_u-M_u关系曲线

取$N=N_u$及$e=e_i+\dfrac{h}{2}-a_s$，将式（6-36）代入式（6-37）中，并取$M_u=N_ue_i$，整理得

$$M_u = \frac{N_u}{2}\left(h - \frac{N_u}{\alpha_1 f_c b}\right) + f'_y A'_s (h_0 - a'_s) \tag{6-42}$$

由式（6-42）可知，N_u与M_u之间存在二次函数关系，如图6-23中上升曲线bc所示。b点相应于界限破坏，c点相应于构件的正截面受弯破坏。

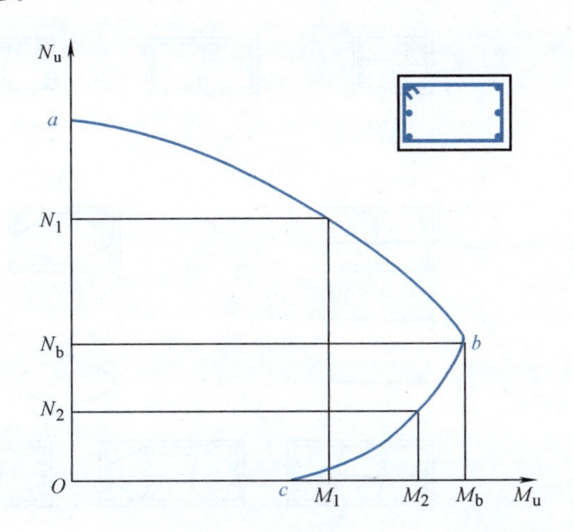

图 6-23　对称配筋偏心受压构件 $N_u - M_u$ 关系曲线

2. 小偏心受压破坏的 $N_u - M_u$ 关系曲线

同样取$N = N_u$及$e = e_i + \frac{h}{2} - a_s$，将式（6-38）代入式（6-39）中，并取$M_u = N_u e_i$可得

$$M_u = -N_u\left(\frac{h}{2} - a_s\right) + \xi(1 + 0.5\xi)\alpha_1 f_c b h_0^2 + f'_y A'_s (h_0 - a'_s) \tag{6-43}$$

因为ξ是N_u的一次函数，因此上式表示在小偏心受压时，N_u与M_u之间也存在二次函数关系。如图6-23中的曲线ab，a点相应于轴心受压，此时N_u达到最大值。

3. $N_u - M_u$关系曲线的意义与特点

（1）$N_u - M_u$关系曲线的意义　$N_u - M_u$关系曲线是偏心受压构件承载力计算的依据。平面内任意一点（N，M）若处于此曲线之内，则表明该截面不会破坏；若处于此曲线之外，则表示该截面破坏；若该点恰好在曲线上，则处于极限状态。凡在ab曲线上的任意一点所对应的N、M组合都将引起小偏心受压破坏，凡在bc曲线上的任意一点所对应的N、M组合都将引起大偏心受压破坏。

（2）$N_u - M_u$关系曲线的特点　由曲线走势可以看出：在大偏心受压破坏情况下（即曲线bc段），随着轴向压力N的增大，截面所能承受的弯矩M也相应提高（b点为钢筋与混凝土同时达到其强度设计值的界限状态）；在小偏心受压情况下（即曲线ab段），随着轴向压力N的增大，截面所能承担的弯矩M相应降低。由此可得出结论：

1）$M=0$（轴心受压）时，N最大；界限状态（曲线中b点）时，M最大。

2）小偏心受压情况下，N随M的增大而减小，即在相同的M值下N值越大就越不安全；大偏心受压情况时，在某一M值下，N越大就越安全。

3）由于对称配筋界限状态时所对应的$N_b = \alpha_1 f_c b h_0 \xi_b$，故此时$N_b$只与材料强度和截面的尺寸有关，而与配筋数量无关。

6.3.9　偏心受压构件的基本构造要求

对于偏心受压构件，除应满足配有普通箍筋的轴心受压构件的纵筋、箍筋及截面尺寸等基本要求外，《规范》规定还应满足如下的构造要求：

1）在承受单向作用弯矩的偏心受压构件中，每一侧纵向钢筋的最小配筋率不应小于0.2%。

2）当偏心受压柱的截面高度$h \geqslant 600$mm时，在柱的侧面上应设置直径不小于10mm的纵向构造钢筋，并设置相应的复合箍筋或拉筋，如图6-24所示。

3）在偏心受压柱中，垂直于弯矩作用平面的侧面上的纵筋及轴心受压柱中各边的纵筋，其中距不宜大于300mm。

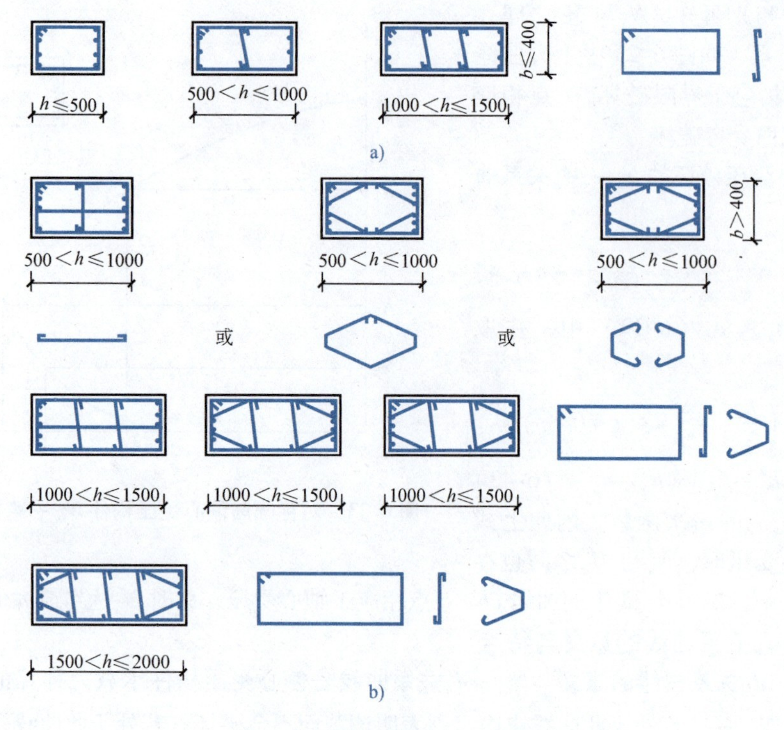

图6-24　复合箍筋、拉筋的形式

a）$b\leqslant400$　b）$b>400$

6.4　偏心受压构件斜截面受剪承载力计算

6.4.1　试验研究分析

在实际工程中，偏心受压构件除同时承受轴向力和弯矩作用外，还会受到剪力作用。当剪力较小时，可不考虑其斜截面的强度问题；但当剪力较大时，应计算其斜截面受剪承载力。试验表明，轴向力 N 不太大时，对构件的斜截面受剪承载力起有利作用；当 $N/f_c bh$ 在0.3～0.5范围内时，轴向压力 N 对抗剪强度的有利影响达到峰值；若轴向压力 N 更大，则构件的抗剪强度反而会随着 N 的增大而逐渐下降。

6.4.2　偏心受压构件斜截面承载力计算公式

1. 计算公式

$$V\leqslant\frac{1.75}{\lambda+1}f_t bh_0+f_{yv}\frac{A_{sv}}{s}h_0+0.07N \tag{6-44}$$

式中　λ——偏心受压构件计算截面的剪跨比；

N——与剪力设计值 V 相应的轴心压力设计值，当 $N>0.3f_cA$ 时，取 $N=0.3f_cA$，其中 A 为截面面积。

2. 计算剪跨比的取值

1）对各类结构的框架柱，宜取 $\lambda=M/(Vh_0)$；对框架结构中的框架柱，当其反弯点在层高范围内时，可取 $\lambda=H_n/(2h_0)$。当 $\lambda<1$ 时，取 $\lambda=1$；当 $\lambda>3$ 时，$\lambda=3$。此处，M 为计算截面上与剪力设计值 V 相应的弯矩设计值，H_n 为柱的净高。

2）对其他偏心受压构件，当承受均布荷载时，取 $\lambda=1.5$；当承受的集中荷载对支座截面或节点边缘所产生的剪力值占总剪力值的75%以上时，取 $\lambda=a/h_0$。当 $\lambda<1.5$ 时，取 $\lambda=1.5$；当 $\lambda>3$ 时，取 $\lambda=3$。此处，a 为集中荷载至支座或节点边缘的距离。

3. 公式的适用条件

为了防止在箍筋充分发挥作用之前产生由混凝土的斜向压碎引起的斜压型剪切破坏，框架柱截面应满足下列条件

$$V\leqslant 0.25\beta_c f_c bh_0 \tag{6-45}$$

当满足下式时，框架柱可不进行斜截面抗剪强度计算，仅需按构造要求配置箍筋

$$V\leqslant \frac{1.75}{\lambda+1.5}f_t bh_0+0.07N \tag{6-46}$$

6.5 受拉构件承载力计算

由于混凝土是抗压较强而抗拉较弱的材料，故通常不将钢筋混凝土作为受拉构件使用，但有时也会遇到，如钢筋混凝土桁架的下弦杆、钢筋混凝土水管管壁、水池壁等。与受压构件相似，钢筋混凝土受拉构件也分为轴心受拉和偏心受拉两类。

6.5.1 轴心受拉构件

1. 试验研究分析

轴心受拉构件从加载到破坏也大致经历了三个阶段。在混凝土裂缝出现前，钢筋与混凝土共同受拉；裂缝出现后，混凝土退出工作，钢筋承担全部拉力，其应力随荷载的增加呈线性变化；最终受拉钢筋屈服，构件破坏，如图6-25所示。

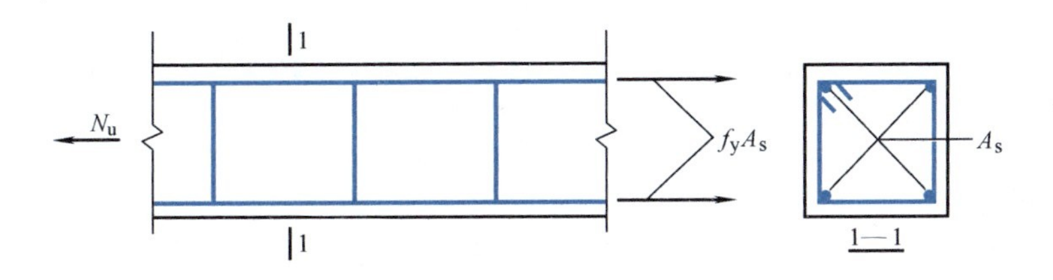

图6-25　轴心受拉构件计算简图

2. 正截面承载力计算公式

根据图6-25，由力平衡可得

$$N\leqslant N_u=f_yA_s \tag{6-47}$$

式中　N——轴向拉力设计值；

f_y——受拉钢筋的抗拉强度设计值；

A_s——受拉钢筋的截面面积。

6.5.2 偏心受拉构件正截面承载力计算

1. 偏心受拉构件的分类

偏心受拉构件截面上作用有偏心距为 e_0（$e_0=M/N$）的轴向拉力。根据偏心距 e_0 的大小，可以分成大偏心受拉和小偏心受拉两种受力状况，如图6-26所示。图中，A_s 为距偏心拉力较近一侧的纵筋截面面积，A'_s 为距偏心拉力较远一侧的纵筋截面面积。当作用力 N 作用于 A_s 与 A'_s 范围之间$\left(\text{图6-26a，}e_0<\dfrac{h}{2}-a_s\right)$时，截面全部受拉，偏心距相对较小，称为小偏心受拉；当作用力 N 作用于 A_s 与 A'_s 范围以外$\left(\text{图6-26b，}e_0>\dfrac{h}{2}-a_s\right)$时，截面部分受拉、部分受压，偏心距相对较大，称为大偏心受拉。

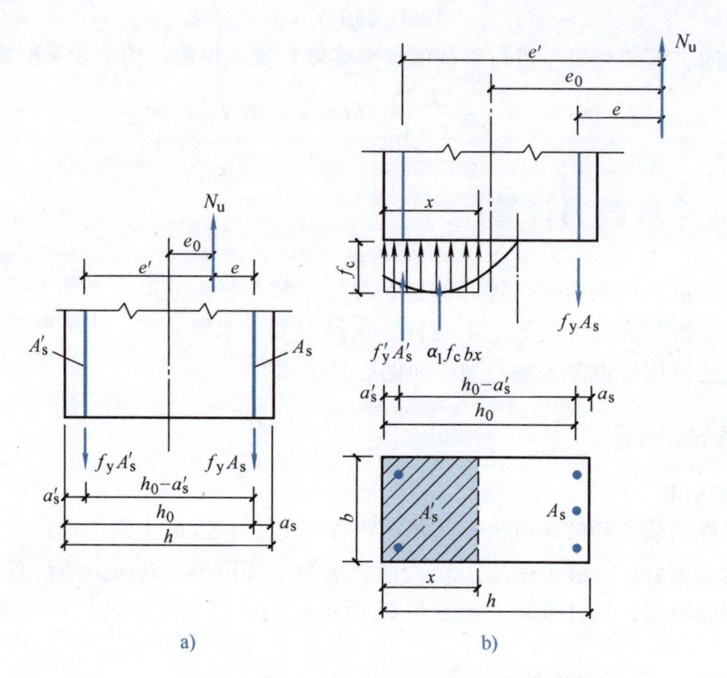

图6-26 偏心受拉构件正截面承载力计算图形

a）小偏心受拉 b）大偏心受拉

2. 小偏心受拉

在小偏心拉力作用下，整个截面混凝土都将裂通，混凝土全部退出工作，拉力由两侧纵筋共同承担。当两侧纵筋达到屈服时，截面达到破坏状态，如图6-26a所示。

分别对截面两侧钢筋 A_s 及 A'_s 取矩，则

$$Ne\leqslant N_ue=f_yA'_s(h_0-a'_s) \tag{6-48}$$

$$Ne'\leqslant N_ue'=f_yA_s(h'_0-a_s) \tag{6-49}$$

式中 e——轴向拉力作用点至 A_s 合力点的距离，$e=\dfrac{h}{2}-e_0-a_s$；

e'——轴向拉力作用点至 A'_s 合力点的距离，$e'=\dfrac{h}{2}+e_0-a'_s$；

e_0——轴向力对截面重心的偏心距，$e_0=\dfrac{M}{N}$。

3. 大偏心受拉

由于轴向拉力N作用于A_s与A_s'范围以外，因此大偏心受拉构件在整个受力过程中都存在混凝土的受压区。破坏时，裂缝不会裂通；当A_s配置适量时，破坏特点与大偏心受压破坏时相似，如图6-26b所示；当A_s配置过多时，破坏特点与小偏心受压破坏时相似。当$x\leqslant 2a_s'$时，A_s'也不会受压屈服。

根据图6-26b，由平衡条件得

$$N\leqslant N_u=f_yA_s-f_y'A_s'-\alpha_1f_cbx \tag{6-50}$$

$$Ne\leqslant N_ue=\alpha_1f_cbx\left(h_0-\frac{x}{2}\right)+f_y'A_s'(h_0-a_s') \tag{6-51a}$$

$$Ne\leqslant N_ue=\alpha_1f_cbh_0^2\xi(1-0.5\xi)+f_y'A_s'(h_0-a_s') \tag{6-51b}$$

式中 e——轴向拉力作用点至A_s合力点的距离，$e=e_0-\dfrac{h}{2}+a_s$。

公式适用条件为

$$x\leqslant\xi_bh_0 \tag{6-52}$$

$$x\geqslant 2a_s' \tag{6-53}$$

如果$x>\xi_bh_0$，则受压区混凝土将可能先于受拉钢筋屈服而被压碎。这种破坏是无预兆的脆性破坏，而且受拉钢筋的强度也没有得到充分利用，这种情况在设计中应当避免。

如果$x<2a_s'$，截面破坏时受压钢筋不能屈服，此时可以取$x=2a_s'$，由对受压钢筋形心的力矩平衡条件得

$$Ne'=A_sf_y(h_0-a_s') \tag{6-54}$$

式中 e'——轴向拉力作用点至A_s'合力点的距离，$e'=e_0+\dfrac{h}{2}-a_s'$。

在截面设计时，如果A_s与A_s'均未知，则还需补充一个条件：取$\xi=\xi_b$，使A_s+A_s'最小，将式（6-50）和式（6-51）联立，可解出A_s与A'_s；如果已知A'_s求A_s，则应先根据式（6-51）求出x或ξ，若满足式（6-52）、式（6-53），根据式（6-50）可求出所需A_s。如发现$x>\xi_bh_0$，说明所配A_s'过少，应重新配置，此时按A_s与A_s'均未知进行设计；如发现$x<2a_s'$，说明受压钢筋不屈服，则按式（6-54）计算A_s。

6.5.3 偏心受拉构件斜截面承载力计算

轴向拉力的存在将使构件的抗剪能力明显降低，而且降低的幅度随轴向拉力的增加而增大。但试验表明，构件内箍筋的抗剪能力基本上不受轴向拉力的影响，而是保持在与受弯构件相似的情况下不变。

《规范》采用如下公式计算

$$V\leqslant V_u=\frac{1.75}{\lambda+1.0}f_tbh_0+f_{yv}\frac{nA_{sv1}}{s}h_0-0.2N \tag{6-55}$$

式中 N——按设计剪力V的相同荷载情况求得的相应设计轴向拉力；

λ——计算截面的剪跨比，取$\lambda=a/h_0$，a为集中荷载到支座之间的距离，当$\lambda<1$时，取$\lambda=1$；当$\lambda>3$时，取$\lambda=3$。

由式（6-55）可知，不等式右侧的一、二项与受集中荷载的受弯构件是相同的形式，第三项则考虑了轴向拉力对抗剪能力的降低作用。考虑到构件内箍筋的抗剪能力基本上不受轴向拉力的影响，《规范》还要求按式（6-55）的右侧计算出的数值不得小于$f_{yv}\dfrac{nA_{sv1}}{s}h_0$，且$f_{yv}\dfrac{nA_{sv1}}{s}h_0$值

不小于$0.36f_t bh_0$。

本章小结

1）钢筋混凝土轴心受压短柱的破坏是因混凝土和钢筋达到了各自的极限强度而导致的，由于纵向弯曲的影响将降低构件的承载力，因而应考虑稳定系数φ的影响。

2）螺旋式（或焊接环式）箍筋通过对核心混凝土的约束，可间接地提高构件的承载力，这种以横向约束来提高构件承载力的办法非常有效，也常应用于受压构件的工程加固。

3）偏心受压构件是以受拉钢筋首先屈服还是受压混凝土首先压碎来判别大、小偏心受压的破坏类型的，$\xi \leqslant \xi_b$时为大偏心受压构件，$\xi > \xi_b$时为小偏心受压构件。

4）大偏心受压构件正截面承载力计算与双筋梁的正截面承载力计算类似。而小偏心受压构件，由于远离纵向力那一侧的钢筋A_s不论是受压还是受拉，一般都达不到屈服，故在设计时可利用A_s为最小配筋量的条件使设计简单合理。

5）不论大、小偏心受压构件，在计算时都应计入附加偏心距e_a。

6）在计算钢筋混凝土偏心受压构件时，应考虑长细比对承载力的影响，具体反映在弯矩增大系数η_{ns}中。

7）对于一个给定截面材料的偏心受压构件，其承载力N、M会有无数组合。可以画出一条确定的$N-M$关系曲线，由该曲线可知，当为大偏心受压情况时，截面所受N越大，则可承受的M也会越大；当为小偏心受压情况时，截面所受N越大，则可承受的M就越小。

8）根据偏心拉力作用在偏心受拉构件上的位置不同，可分为大偏心受拉和小偏心受拉两种类型。大偏心受拉的受力特点和承载力计算类似于受弯构件或大偏心受压构件，小偏心受拉的受力特点和承载力计算类似于轴心受拉构件。

9）偏心受压构件或偏心受拉构件的斜截面抗剪计算，与受弯构件截面独立梁受集中荷载的抗剪公式类似。轴向压力在一定范围内对抗剪有利，而轴向拉力则将降低抗剪承载力。

复习题

6-1　在轴心受压构件的承载力计算公式中，系数φ的意义是什么？为什么一般都将轴心受压构件截面设计成对称（圆形、正方形、正多边形）的图形？

6-2　螺旋式（或焊接环式）箍筋柱与普通箍筋柱的受压承载力和变形能力有什么不同？

6-3　螺旋式（或焊接环式）箍筋柱承载力提高的原因是什么？螺旋式（或焊接环式）箍筋柱的适用条件是什么？

6-4　矩形截面受压构件中的大、小偏心破坏有什么本质区别？如何判别？

6-5　采用附加偏心距e_a和偏心距增大系数η_{ns}，以及构件端截面偏心距调节系数C_m的含义各是什么？

6-6　大、小偏心受压构件的正截面应力计算图形各是怎样的？两种破坏形态的特征各是什么？

6-7　在计算大偏心受压构件的配筋时：①假定$\xi = \xi_b$的意义是什么？求得的A_s'和$A_s \leqslant 0$还应满足哪些构造要求？②当A_s'为已知及出现$\xi \leqslant 2a_s'/h_0$时，如何确定钢筋的截面面积？

6-8　在计算小偏心受压构件的配筋时，为什么一般取A_s等于最小配筋量？

6-9　截面采用对称配筋会多用钢筋，为什么实际工程中还大量采用这种配筋方式？

6-10　请根据$N-M$相关曲线说明大偏心受压及小偏心受压时轴向力与弯矩的关系，以及它在设计时的用途。

6-11　偏心受压构件斜截面抗剪承载力如何计算？轴向压力N对构件的抗剪作用有什么影响？

6-12　根据力的平衡说明大偏心受拉构件截面上必然存在受压区，而小偏心受拉则一定是全截面受拉。

6-13　有一钢筋混凝土受压普通箍筋柱，截面尺寸为350mm×350mm，柱的计算长度 $l_0=4.5\text{m}$，轴心压力设计值 $N=1800\text{kN}$；采用混凝土强度等级为C30，纵筋采用HRB400。求该柱中所需钢筋截面面积，并作截面配筋图。

6-14　有一钢筋混凝土圆形截面螺旋式箍筋柱，直径 $d=400\text{mm}$，柱的计算长度 $l_0=4.5\text{m}$，轴心压力设计值 $N=2100\text{kN}$。采用混凝土强度等级为C30，纵向钢筋采用6根直径为20mm的HRB400级钢筋，箍筋采用HRB400。混凝土保护层厚度为30mm。求该柱中所需箍筋用量。

6-15　某钢筋混凝土框架柱，截面尺寸为400mm×450mm；承受轴向压力 $N=320\text{kN}\cdot\text{m}$，弯矩设计值 $M_1=-100\text{kN}\cdot\text{m}$，$M_2=300\text{kN}\cdot\text{m}$；柱计算长度 $l_0=6\text{m}$；混凝土强度等级为C30。求控制截面弯矩设计值。

6-16　某钢筋混凝土矩形柱 $b\times h=400\text{mm}\times500\text{mm}$；承受轴向压力设计值 $N=1200\text{kN}$，弯矩设计值 $M_1=M_2=280\text{kN}\cdot\text{m}$；柱的计算长度 $l_0=5\text{m}$，$a_s=a_s'=40\text{mm}$；混凝土强度等级为C30，钢筋采用HRB400。若采用非对称配筋，试求纵向钢筋 A_s 及 A_s'。

6-17　条件同复习题6-16，但已选定受压钢筋为4⌀20，求纵向受拉钢筋的截面面积 A_s。

6-18　有一矩形截面偏心受压柱，其截面尺寸为 $b\times h=500\text{mm}\times600\text{mm}$，$l_0=4\text{m}$，$a_s=a_s'=40\text{mm}$；采用C30混凝土，钢筋HRB335；承受内力设计值 $N=500\text{kN}$，$M_1=M_2=425\text{kN}\cdot\text{m}$。采用非对称配筋，求纵向钢筋 A_s 及 A_s'。

6-19　已知一钢筋混凝土受压柱截面，承受的荷载设计值为 $N=2100\text{kN}$，$M_1=190\text{kN}\cdot\text{m}$，$M_2=220\text{kN}\cdot\text{m}$；截面尺寸为 $b=400\text{mm}$，$h=500\text{mm}$，取 $a_s=a_s'=40\text{mm}$；混凝土强度等级为C30，采用热轧钢筋HRB400；柱的计算长度 $l_0=5\text{m}$，采用非对称配筋，求 A_s 及 A_s'。

6-20　已知一钢筋混凝土受压柱截面，所承受的轴向压力设计值 $N=1360\text{kN}$；截面尺寸为 $b=300\text{mm}$，$h=500\text{mm}$，取 $a_s=a_s'=40\text{mm}$；$M_1=M_2=125\text{kN}\cdot\text{m}$；混凝土强度等级为C30，采用热轧钢筋HRB400；$A_s=A_s'=763\text{mm}^2$（3⌀18）；构件计算长度 $l_0=6\text{m}$。试复核该截面。

6-21　已知条件同复习题6-16，采用对称配筋，试求纵向钢筋的截面面积 A_s 和 A_s'。

6-22　已知条件同复习题6-18，采用对称配筋，试求纵向钢筋的截面面积 A_s 和 A_s'。

第7章 正常使用极限状态验算及耐久性极限状态设计

内容提要

根据结构功能要求，钢筋混凝土结构构件设计除必须满足安全性要求进行承载能力极限状态设计计算外，还应满足正常使用极限状态和耐久性极限状态的要求。本章将介绍钢筋混凝土结构正常使用极限状态验算和耐久性极限状态设计的有关内容。

正常使用极限状态可理解为结构或结构构件达到使用功能上允许的某个限值的状态。根据结构的工作条件及使用要求，验算钢筋混凝土构件的裂缝宽度和挠度。本章主要介绍裂缝出现前后构件各截面的应力状态、平均裂缝宽度的计算，最后得出最大裂缝宽度公式；介绍受弯构件的变形（挠度）验算，钢筋混凝土梁的刚度（短期和长期）及挠度验算的公式。

本章最后简要介绍混凝土结构的耐久性极限状态设计方法。

7.1 概述

为保证结构安全可靠，结构设计时须使结构满足各项预定的功能要求，即安全性、适用性和耐久性。第4~7章讨论了各类钢筋混凝土构件的承载力计算和设计方法，主要解决结构构件的安全性问题。本章将介绍钢筋混凝土结构正常使用极限状态验算和耐久性极限状态设计的有关内容。

结构的适用性是指不需要对结构进行维修（或少量维修）和加固的情况下继续正常使用的性能。如屋面梁板变形过大，导致屋面积水；结构侧移变形过大，影响门窗的开关；厂房吊车梁变形过大，使吊车不能正常运行；水池、油罐等开裂会引起渗漏问题；结构振动频率或振幅过大，致使使用者不舒适；以及裂缝过宽和变形过大，不仅影响结构的观瞻，引起使用者的不安，裂缝过宽还可能使钢筋产生锈蚀，影响结构的耐久性等。这些都使结构的适用性即正常使用性能受到影响。

结构的耐久性是指在设计确定的环境作用和维修、使用条件下，结构构件在规定设计使用年限内保持其安全性和适用性的能力。如混凝土受有害介质的侵蚀，混凝土构件的碳化和裂缝过宽，导致预应力钢筋和直径较细的受力主筋具备锈蚀条件等；混凝土中的碱集料反应、侵蚀性介质的腐蚀、反复冻融等，导致混凝土产生劣化，宏观上会出现开裂、剥落、膨胀、松软及材料强度下降等，都会使得结构承载力降低，随着时间的推移而影响到结构的安全性和适用性。

由上述分析可知，影响结构的适用性和耐久性的因素很多，与结构安全性相比，一般情况下工程中遇到的混凝土结构适用性和耐久性问题更多。钢筋混凝土构件的裂缝和变形控制是关系到结构能否满足适用性和耐久性要求的重要问题，应根据结构的工作环境及使用要求，验算裂缝宽度和挠度，使其不超过《规范》规定的限值。同样，混凝土结构构件的耐久性极限状态设计，应包括保证构件质量的预防性处理措施、减小侵蚀作用的局部环境改善措施、延缓构件出现损伤的表面防护措施和延缓材料性能劣化速度的保护措施等内容，应使结构构件出现耐久性极限状态标志或限值的年限不小于其设计使用年限。

7.2　裂缝宽度验算

7.2.1　裂缝控制的目的和要求

（1）耐久性的要求　这是长期以来被广泛认为控制裂缝宽度的理由。如果构件所处环境的湿度过大，将引起钢筋锈蚀。钢筋的锈蚀是一种膨胀过程，最终将导致混凝土顺筋方向的锈蚀裂缝甚至混凝土保护层的剥落。水利、给水排水结构中的水池、管道等结构的开裂，将会引起渗漏水。

（2）外观要求　裂缝开展过宽，有损结构外观，会令人产生不安全感。经调查研究，一般认为裂缝宽度超过 0.4mm 就会引起人们的关注，因此应将裂缝宽度控制在这个能被大多数人接受的水平。

裂缝按其成因可分为两大类：一类是由荷载作用引起的裂缝；另一类是由非荷载因素引起的裂缝，如混凝土收缩、温度变化、钢筋锈蚀及地基不均匀沉降等原因引起的裂缝。调查表明，工程实践中结构物产生的裂缝，非荷载为主引起的约占 80%，荷载为主引起的约占 20%。

荷载裂缝是由荷载产生的主拉应力超过混凝土的抗拉强度引起的。在钢筋混凝土结构构件中，裂缝的方向与结构的受力状态有直接的关系，一般与主拉应力方向垂直，如受弯构件的纯弯段的垂直裂缝、弯剪段的斜裂缝等。为控制荷载裂缝的宽度，应根据构件的使用要求和所处的环境条件进行裂缝宽度的验算。

对于非荷载引起的裂缝，目前还没有完善的可供实际应用的计算方法，因此设计施工时应特别重视，采取一些由工程经验积累的有效措施，以防止裂缝的产生或减小裂缝的宽度。例如由温度变化引起的裂缝，主要是由于结构变形受到约束，混凝土中将产生拉应力，当此拉应力超过混凝土的抗拉强度时将导致混凝土开裂。设法消除约束，允许结构自由变形或有意识地使变形集中于某些部位并采取相应的措施，可以避免因温差引起的开裂。《规范》中控制这类温度收缩裂缝采取的措施是，规定钢筋混凝土结构的伸缩缝最大间距；同时，为了减小温度裂缝的宽度，应该根据《规范》的要求采取一定的措施，如配置适量的温度钢筋、减小配筋间距等。

地基不均匀沉降或构件支座过大的沉降差均会在结构构件中产生内力，从而引起开裂。控制这类裂缝的主要措施是，当地基各部分土质不一、建筑物各部分层数和荷载相差较大时，均应设置沉降缝，将基础和上部结构自下而上分开，以使各部分可自由沉降。对钢筋锈蚀引起的锈蚀膨胀裂缝，《规范》中规定了受力钢筋的混凝土保护层最小厚度（见附表 6），以控制这种裂缝的发生。

目前，《规范》中有关裂缝控制的验算，主要是对荷载作用下各类受力构件的垂直裂缝进行的。《规范》规定，构件按荷载的准永久组合计算，并考虑荷载长期作用的影响所求的最大裂缝宽度 w_{max} 不应超过《规范》规定的钢筋混凝土构件最大裂缝宽度限值 w_{lim}，w_{lim} 参见附表8。由于混凝土的非匀质性，抗拉强度离散性大，因而构件裂缝的出现和开展宽度也带有随机性，计算裂缝宽度比较复杂，对裂缝宽度和裂缝间距的计算至今仍为半理论半经验的方法。

7.2.2　裂缝开展机理

现以图7-1所示的钢筋混凝土拉杆为例说明裂缝出现和开展的过程。当轴向拉力很小，$N < N_{cr}$ 时，构件还未出现裂缝，钢筋和混凝土中的拉应力沿构件轴线都是均匀分布的。随着构件轴向拉力的增加，当混凝土拉应变达到其极限拉应变时，构件将出现第一条裂缝，如图7-1a所示。第一条裂缝出现的位置是随机的，当混凝土的抗拉强度分布有几个最薄弱截面时，将同时产生数条第一批裂缝。裂缝出现后，各截面原来均匀分布的应力状态立即发生变化：裂缝截面处的混凝土退出工作，应力为零，如图7-1b所示。全部的拉力由钢筋承担，使裂缝截面处受拉钢筋的应力和应变突然增大形成一峰值，如图7-1c所示。离开裂缝的截面，由于混凝土与钢筋之间的黏结作用，突增的钢筋应力又逐渐传给混凝土，使混凝土的应力逐渐增大，钢筋应力逐渐减小。

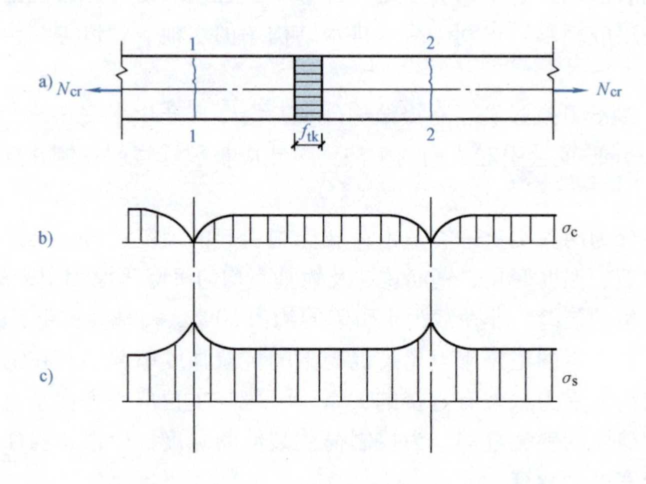

图7-1　第一条裂缝出现后的受力状态

当继续少许加载时，在离开裂缝截面一定距离的部位，当轴向拉力引起的拉应力超过该处的混凝土抗拉强度时，且又具备了出现裂缝的条件，就可能出现第二批裂缝，此时构件各截面的应力又将发生变化。由混凝土的应力变化可知，当裂缝间距小到一定程度后，受钢筋与混凝土之间的黏结作用的限制，离开裂缝各截面混凝土的应力就达不到混凝土抗拉强度，即使轴向力再增加，混凝土也不会出现新的裂缝，此时可认为裂缝基本稳定。一般在荷载标准值作用下，构件中的裂缝基本出齐，间距基本稳定，裂缝大致呈等间距分布。如果再增大荷载，只会使裂缝宽度增大，一般将不再有新的裂缝出现。此时，各条裂缝在钢筋位置处达到各自的宽度 w_1，w_2，…，w_n。各截面的混凝土应力和钢筋应力的变化如图7-2所示。

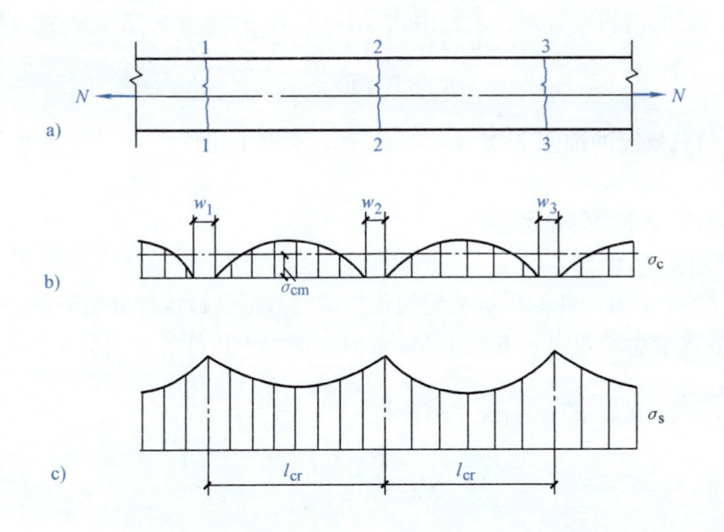

图7-2 各截面的混凝土应力和钢筋应力的变化

7.2.3 平均裂缝宽度 w_m 计算

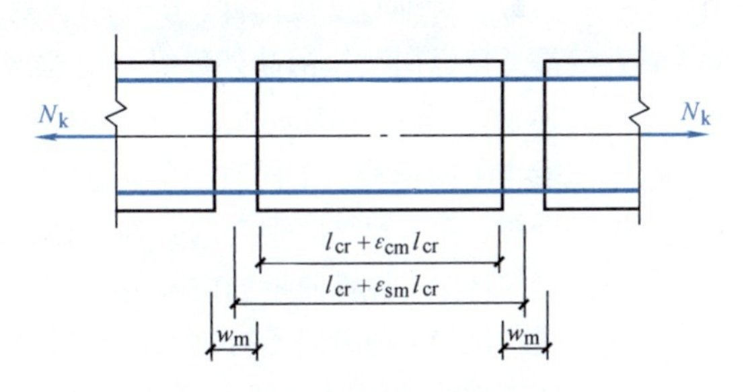

图7-3 平均裂缝宽度计算简图

根据黏结－滑移理论，裂缝宽度是由于钢筋与混凝土之间的黏结破坏，出现相对滑移，引起裂缝处混凝土回缩而产生的，因此平均裂缝宽度应等于平均裂缝间距区段内，沿钢筋水平位置处的钢筋伸长值与混凝土伸长值之差（图7-3），并按下式计算

$$w_m = \varepsilon_{sm} l_{cr} - \varepsilon_{cm} l_{cr} = \varepsilon_{sm} l_{cr}\left(1 - \frac{\varepsilon_{cm}}{\varepsilon_{sm}}\right) \tag{7-1}$$

式中 ε_{cm}——混凝土受拉的平均应变；

ε_{sm}——纵向钢筋的平均应变；

l_{cr}——平均裂缝间距；

w_m——平均裂缝宽度。

试验表明，混凝土的受拉平均应变 ε_{cm} 要比纵向钢筋的平均应变 ε_{sm} 小得多，大致为 $\varepsilon_{cm}/\varepsilon_{sm}=0.15$。令 $1-\varepsilon_{cm}/\varepsilon_{sm}=\alpha_c$，则 $\alpha_c=0.85$，在正常使用阶段，钢筋尚未屈服，$\varepsilon_{sm}=\sigma_{sm}/E_s$，于是

$$w_m = 0.85\frac{\sigma_{sm}}{E_s} l_{cr} \tag{7-2}$$

式中 σ_{sm}——纵向钢筋的平均应力；

E_s——钢筋的弹性模量。

令钢筋的平均应变 ε_{sm} 与裂缝截面处的钢筋应变 ε_{sq} 之比为裂缝间纵向受拉钢筋应变不均匀系数，即

$$\psi = \frac{\varepsilon_{sm}}{\varepsilon_{sq}} \tag{7-3}$$

如用裂缝截面处的钢筋应力来表示，由式（7-3）有 $\sigma_{sm}=\psi\sigma_{sq}$，代入式（7-2），得

$$w_m=0.85\psi\frac{\sigma_{sq}}{E_s}l_{cr} \tag{7-4}$$

式中 σ_{sq}——按荷载效应的准永久组合计算的钢筋混凝土构件纵向受拉钢筋在裂缝截面处的应力；

ψ——钢筋应变不均匀系数。

1. 平均裂缝间距 l_{cr} 计算

《规范》经对各类受力构件的平均裂缝间距的试验数据进行统计分析表明，当最外纵向受拉钢筋外边缘至受拉区底边的距离 c_s 不大于65mm时，混凝土构件的平均裂缝间距可按下式计算

$$l_{cr}=\beta\left(1.9c_s+0.08\frac{d_{eq}}{\rho_{te}}\right) \tag{7-5}$$

$$d_{eq}=\frac{\sum n_i d_i^2}{\sum n_i \nu_i d_i} \tag{7-6}$$

$$\rho_{te}=\frac{A_s}{A_{te}} \tag{7-7}$$

式中 β——系数，对轴心受拉构件，$\beta=1.1$；对其他受力构件，$\beta=1.0$；

c_s——最外层纵向受拉钢筋外边缘至受拉区底边的距离（mm），当 $c_s<20$mm 时；取 $c_s=20$mm；当 $c_s>65$mm 时，取 $c_s=65$mm；

d_{eq}——配置不同钢种、不同直径的钢筋时，受拉区纵向受拉钢筋的等效直径（mm）；

d_i——受拉区第 i 种纵向钢筋的公称直径（mm）；

n_i——受拉区第 i 种纵向钢筋的根数；

ν_i——受拉区第 i 种纵向受拉钢筋的相对黏结特性系数（见表7-1）；

ρ_{te}——按有效受拉混凝土截面面积 A_{te} 计算的纵向受拉钢筋配筋率，当 $\rho_{te}<0.01$ 时，取 $\rho_{te}=0.01$；

A_{te}——有效受拉混凝土截面面积，按下列规定取用：对轴心受拉构件，A_{te} 取构件截面面积；对受弯、偏心受压和偏心受拉构件，取 $A_{te}=0.5bh+(b_f-b)h_f$，如图7-4所示。

表7-1　钢筋的相对黏结特性系数

钢筋类别	非预应力钢筋		先张法预应力钢筋			后张法预应力钢筋		
	光面钢筋	带肋钢筋	带肋钢筋	螺旋肋钢丝	钢绞线	带肋钢筋	钢绞线	光面钢丝
ν_i	0.7	1.0	1.0	0.8	0.6	0.8	0.5	0.4

注：对环氧树脂涂层带肋钢筋，其黏结特性系数应按表中系数的0.8倍取用。

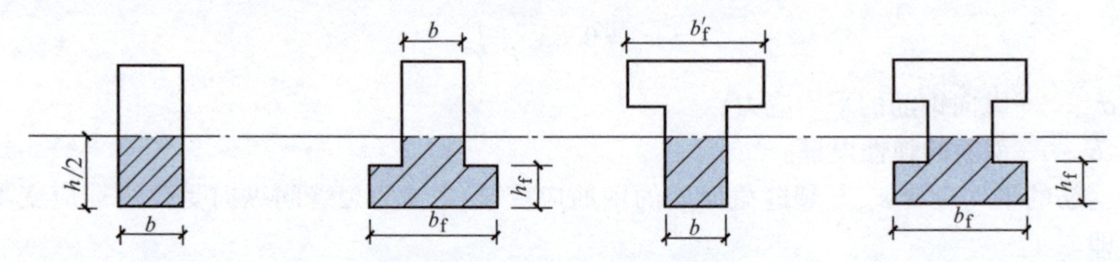

图7-4　有效受拉混凝土截面面积

2. 裂缝截面钢筋应力 σ_{sq} 计算

裂缝截面纵向受拉钢筋应力按荷载效应的准永久组合作用下，使用阶段（Ⅱ阶段）的应力状态的不同公式计算。

1）轴心受拉构件（图 7-5a）。计算公式为

$$\sigma_{sq}=\frac{N_q}{A_s} \tag{7-8}$$

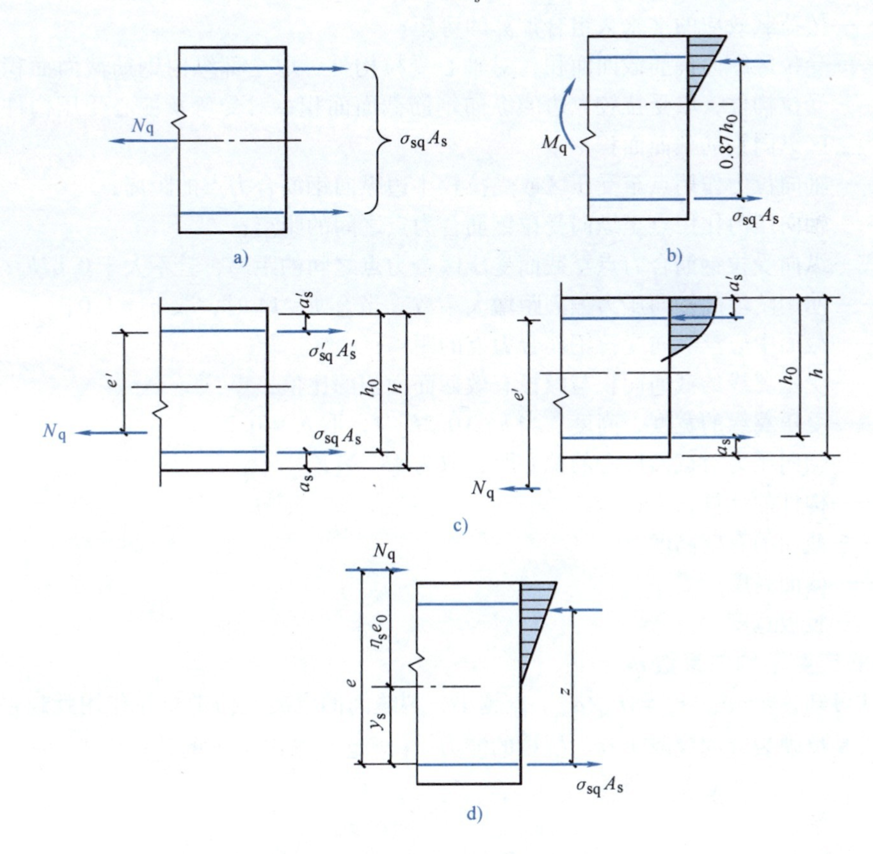

图 7-5　构件使用阶段的应力状态

2）受弯构件（图 7-5b）。计算公式为

$$\sigma_{sq}=\frac{M_q}{0.87h_0A_s} \tag{7-9}$$

3）偏心受拉构件（图 7-5c）。计算公式为

$$\sigma_{sq}=\frac{N_qe'}{A_s(h_0-a_s')} \tag{7-10}$$

4）偏心受压构件（图 7-5d），对受压区合力点 C 取矩，由力矩平衡条件可得

$$\sigma_{sq}=\frac{N_q(e-z)}{A_sz} \tag{7-11}$$

$$z=\left[0.87-0.12(1-\gamma_f')\left(\frac{h_0}{e}\right)^2\right]h_0, z\leqslant 0.87h_0 \tag{7-12}$$

$$\gamma'_{\mathrm{f}}=\frac{(b'_{\mathrm{f}}-b)h'_{\mathrm{f}}}{bh_0} \tag{7-13}$$

$$e=\eta_{\mathrm{s}}e_0+y_{\mathrm{s}} \tag{7-14}$$

$$\eta_{\mathrm{s}}=1+\frac{1}{1400e_0/h_0}\left(\frac{l_0}{h}\right)^2 \tag{7-15}$$

式中 N_{q}——按荷载效应的准永久组合计算的轴向力；

M_{q}——按荷载效应的准永久组合计算的弯矩；

A_{s}——受拉区纵向钢筋截面面积，对轴心受拉构件，取全部纵向钢筋截面面积；对偏心受拉构件，取受拉较大边的纵向钢筋截面面积；对受弯及偏心受压构件，取受拉区纵向钢筋截面面积；

e'——轴向拉力作用点至受压区或受拉较小边纵向钢筋合力点的距离；

e——轴向压力作用点至纵向受拉钢筋合力点之间的距离；

z——纵向受拉钢筋合力点至截面受压区合力点之间的距离，且不大于$0.87h_0$；

η_{s}——使用阶段的轴向压力偏心距增大系数，当$l_0/h\leqslant14$时，取$\eta_{\mathrm{s}}=1.0$；

y_{s}——截面中心至纵向受拉钢筋合力点的距离；

γ'_{f}——受压翼缘的截面面积与腹板有效截面面积的比值；

b'_{f}、h'_{f}——受压翼缘的宽度、高度，当$h'_{\mathrm{f}}>0.2h_0$时，取$h'_{\mathrm{f}}=0.2h_0$；

e_0——轴向压力对截面形心的偏心距，取为$M_{\mathrm{q}}/N_{\mathrm{q}}$；

l_0——构件的计算长度；

h_0——截面的有效高度；

h——截面高度；

b——腹板宽度。

3. 钢筋应变不均匀系数 ψ

由前述可知，$\psi=\varepsilon_{\mathrm{sm}}/\varepsilon_{\mathrm{sq}}=\sigma_{\mathrm{sm}}/\sigma_{\mathrm{sq}}$，$\psi$越小，裂缝间的混凝土协助抗拉作用就越强，因此$\psi$的物理意义是反映裂缝间混凝土参与抗拉的能力。《规范》给出了ψ的计算公式

$$\psi=1.1-0.65\frac{f_{\mathrm{tk}}}{\sigma_{\mathrm{sq}}\rho_{\mathrm{te}}} \tag{7-16}$$

当$\psi<0.2$时，取$\psi=0.2$；$\psi>1.0$，取$\psi=1.0$。

7.2.4 最大裂缝宽度 $w_{\max}$

从平均裂缝宽度计算最大裂缝宽度时，需要考虑两个因素：

1）加载时最大裂缝宽度的扩大系数τ_{s}。由于混凝土的非均匀性，每条裂缝的宽度是不均匀的，有宽有窄。从大量的统计分析得知，受弯构件的最大裂缝宽度与平均裂缝宽度的比值为1.66，即最大裂缝宽度的扩大系数$\tau_{\mathrm{s}}=1.66$。轴心受拉构件和偏心受拉构件，由于早期黏结破坏较为严重，宽度较大的裂缝出现的频率较大，最大裂缝宽度与平均裂缝宽度的比值为1.9。

2）构件长期使用后的扩大系数τ_l。在构件长期使用后，由于受拉区混凝土收缩、受压区混凝土徐变和黏结-滑移徐变等因素，裂缝还会不断加宽。根据长期试验得出的实测结果，长期裂缝宽度与短期裂缝宽度之比平均为1.66，考虑到长期荷载只占总荷载的一部分，故取长期使用的扩大系数为$\tau_l=1.5$。

在考虑了上述两个因素后，对矩形、T形、倒T形和工字形截面的钢筋混凝土各类受力构件，得到最大裂缝宽度计算公式为

$$w_{\max}=\tau_s\tau_l w_m=\alpha_c\tau_s\tau_l\psi\frac{\sigma_{sq}}{E_s}\beta\left(1.9c_s+0.08\frac{d_{eq}}{\rho_{te}}\right) \tag{7-17}$$

令 $\alpha_{cr}=\alpha_c\tau_s\tau_l\beta$，则上式为

$$w_{\max}=\alpha_{cr}\psi\frac{\sigma_{sq}}{E_s}\left(1.9c_s+0.08\frac{d_{eq}}{\rho_{te}}\right) \tag{7-18}$$

式中　α_{cr}——构件受力特征系数。

α_{cr}按以下方式取值：轴心受拉构件，$\alpha_{cr}=2.70$；偏心受拉构件，$\alpha_{cr}=2.40$；受弯和偏心受压构件，$\alpha_{cr}=1.90$（对于偏心受压构件，当 $e_0/h_0\leqslant0.55$ 时可不验算裂缝宽度）。

7.2.5　控制及减小裂缝宽度的措施

由式（7-17）计算出的最大裂缝宽度 $w_{\max}$不应超过《规范》规定的最大裂缝宽度的限值 $w_{\lim}$（见附表 8）。当计算出的最大裂缝宽度不满足要求时，宜采取下列措施以减小裂缝宽度：

（1）合理布置钢筋　从最大裂缝宽度计算公式式（7-18）可以看出，受拉钢筋直径与裂缝宽度成正比，在相同面积情况下，钢筋直径越大，裂缝宽度就越大，因此在满足《规范》对纵向钢筋最小直径和钢筋最小间距规定的前提下，梁内尽量采用直径略小、根数略多的配筋方式，这样可以有效地分散裂缝，减小裂缝的宽度。

（2）适当增加钢筋截面面积　从最大裂缝宽度计算公式式（7-18）可以看出，裂缝宽度与裂缝截面受拉钢筋的应力成正比，与有效受拉配筋率成反比，因此可适当增加钢筋截面面积 A_s，以提高 ρ_{te} 和降低 σ_{sq}。

（3）尽可能采用带肋钢筋　光圆钢筋的黏结特性系数为 0.7，带肋钢筋为 1.0，表明带肋钢筋与混凝土的黏结较光圆钢筋要好得多，裂缝宽度也会减小。

【例 7-1】　某轴心受拉构件，截面尺寸为 $b\times h=200\text{mm}\times140\text{mm}$；承受轴心拉力准永久组合值 $N_q=198\text{kN}$；混凝土强度等级为 C30，保护层厚度 $c=20\text{mm}$；箍筋直径为 6mm，纵向钢筋采用 HRB400，已配有 6Φ16 纵向钢筋；最大裂缝宽度限值 $w_{\lim}=0.2\text{mm}$。验算最大裂缝宽度是否满足要求。

【解】　1）查附表 1、附表 10 得 $f_{tk}=2.01\text{N/mm}^2$，纵筋截面面积 $A_s=1206\text{mm}^2$。$c_s=(20+6)\text{mm}=26\text{mm}$。

2）轴心拉力准永久值 $N_q=198\text{kN}$。

3）参数计算。

$$\sigma_{sq}=\frac{N_q}{A_s}=\frac{198\times10^3}{1206}\text{N/mm}^2=164.2\text{N/mm}^2$$

$$\rho_{te}=\frac{A_s}{A_{te}}=\frac{1206}{200\times140}=0.043>0.01$$

$$\psi=1.1-0.65\frac{f_{tk}}{\sigma_{sq}\rho_{te}}=1.1-0.65\times\frac{2.01}{164.2\times0.043}=0.915$$

4）最大裂缝宽度计算。

$$\begin{aligned}w_{\max}&=2.7\psi\frac{\sigma_{sq}}{E_s}\left(1.9c_s+0.08\frac{d_{eq}}{\rho_{te}}\right)\\&=2.7\times0.915\times\frac{164.2}{2.0\times10^5}\times\left(1.9\times26+0.08\times\frac{16}{0.043}\right)\text{mm}\\&=0.16\text{mm}<w_{\lim}=0.2\text{mm}\quad（满足要求）\end{aligned}$$

【例7-2】　已知钢筋混凝土简支梁，计算跨度 $l_0=6\text{m}$；承受恒荷载标准值 $g_k=3\text{kN/m}$，活荷载标准值 $q_k=7\text{kN/m}$，准永久组合值系数 $\psi_q=0.4$；截面尺寸为 $b\times h=200\text{mm}\times500\text{mm}$；已配有3Φ18受力钢筋，$A_s=763\text{mm}^2$，混凝土强度等级为C30，$c_s=26\text{mm}$；最大裂缝宽度限值 $w_{lim}=0.3\text{mm}$。验算最大裂缝宽度是否满足要求（$a_s=35\text{mm}$）。

【解】　1）查附表1得 $f_{tk}=2.01\text{N/mm}^2$。

2）按荷载准永久组合计算的弯矩值。

$$M_q=\frac{1}{8}(g_k+0.4q_k)l_0^2=\frac{1}{8}\times(3+0.4\times7)\times6^2\text{kN}\cdot\text{m}=26.1\text{kN}\cdot\text{m}$$

3）参数计算。

$$h_0=h-a_s=(500-35)\text{mm}=465\text{mm}$$

$$\sigma_{sq}=\frac{M_q}{0.87A_sh_0}=\frac{26.1\times10^6}{0.87\times763\times465}\text{N/mm}^2=84.6\text{N/mm}^2$$

$$\rho_{te}=\frac{A_s}{A_{te}}=\frac{763}{0.5\times200\times500}=0.015>0.01$$

$$\psi=1.1-0.65\frac{f_{tk}}{\sigma_{sq}\rho_{te}}=1.1-0.65\times\frac{2.01}{84.6\times0.015}=0.07,\text{取}\ \psi=0.2$$

4）最大裂缝宽度计算。

$$\begin{aligned}w_{max}&=1.9\psi\frac{\sigma_{sq}}{E_s}\left(1.9c_s+0.08\frac{d_{eq}}{\rho_{te}}\right)\\&=1.9\times0.2\times\frac{84.6}{2.0\times10^5}\times\left(1.9\times26+0.08\times\frac{18}{0.015}\right)\text{mm}\\&=0.023\text{mm}<w_{lim}=0.3\text{mm}\quad（满足要求）\end{aligned}$$

【例7-3】　有一钢筋混凝土矩形截面偏心受压柱，其计算长度 $l_0=5.0\text{m}$，截面尺寸为 $b\times h=400\text{mm}\times600\text{mm}$；混凝土的强度等级为C30；$c_s=30\text{mm}$。采用HRB400级钢筋对称配筋，$A_s$和$A_s'$均为4Φ22，承受由荷载准永久值产生的轴向压力值 $N_q=350\text{kN}$；荷载偏心距 $e_0=515\text{mm}$，最大裂缝宽度限值 $w_{lim}=0.2\text{mm}$。验算最大裂缝宽度是否满足要求。

【解】　1）查附表1、附表10得 $f_{tk}=2.01\text{N/mm}^2$，纵向受拉钢筋截面面积 $A_s=1520\text{mm}^2$。

2）参数计算。

$h_0=h-a_s=h-(c_s+d/2)=[600-(30+22/2)]\text{mm}=559\text{mm}$

$e_0/h_0=515/559=0.921>0.55$，须验算裂缝宽度。

$l_0/h_0=5/0.559=8.94<14$，取 $\eta_s=1.0$。

轴向压力作用点至纵向受拉钢筋 A_s 合力点距离 e 为

$$e=\eta_se_0+y_s=\eta_se_0+h/2-a_s=[1.0\times515+600/2-(600-559)]\text{mm}=774\text{mm}$$

内力臂高度 z 为

$$\begin{aligned}z&=\left[0.87-0.12(1-\gamma_f')\left(\frac{h_0}{e}\right)^2\right]h_0\\&=\left[0.87-0.12\times(1-0)\times\left(\frac{559}{774}\right)^2\right]\times559\text{mm}\\&=451.34\text{mm}<0.87h_0=0.87\times559\text{mm}=486.33\text{mm}\end{aligned}$$

3）计算ρ_{te}、σ_{sq}。

$$\sigma_{sq}=\frac{N_q(e-z)}{A_s z}=\frac{350\times10^3\times(774-451.34)}{1520\times451.34}\text{N/mm}^2=164.6\text{N/mm}^2$$

$$\rho_{te}=\frac{A_s}{A_{te}}=\frac{1520}{0.5\times400\times600}=0.0127>0.01$$

$$\psi=1.1-0.65\frac{f_{tk}}{\sigma_{sq}\rho_{te}}=1.1-0.65\times\frac{2.01}{164.6\times0.0127}=0.475$$

4）计算最大裂缝宽度。

$$w_{max}=1.9\psi\frac{\sigma_{sq}}{E_s}\left(1.9c_s+0.08\frac{d_{eq}}{\rho_{te}}\right)$$

$$=1.9\times0.475\times\frac{164.6}{2.0\times10^5}\times\left(1.9\times30+0.08\times\frac{22}{0.0127}\right)\text{mm}$$

$$=0.145\text{mm}<w_{lim}=0.2\text{mm}\quad（满足要求）$$

7.3　受弯构件变形验算

7.3.1　变形控制的目的和要求

（1）使用功能的要求　例如某些工业厂房的梁、板构件，如果挠度过大，将影响仪器、设备的正常工作，影响产品的加工精度。刚性屋面结构中，如果梁、板挠度过大，将使屋面积水引起渗漏；砌体结构中，如果梁的变形过大，则梁的转角也大，将导致梁在砖墙上的支承面积和支承反力的作用位置发生变化，从而可能危及砖墙的稳定。另外，楼盖结构应具有适当的刚度，以免在人群使用时产生颤动，令人不安。

（2）防止非结构构件的损坏　如果房间的分隔墙采用脆性材料，则当支承梁、板的挠度过大时，将导致其开裂、装修脱落乃至损坏。过梁的挠度也不应影响门窗的正常启闭。

（3）结构外观的要求　根据经验，人们能够接受的最大挠度为$l_0/250\sim l_0/200$（l_0为梁的计算跨度），超过这个限度就会引起用户的关注和不安。

根据以上要求，规范规定了受弯构件的挠度限值，见附表7。

7.3.2　钢筋混凝土受弯构件变形的特点

由材料力学知识知，匀质弹性材料梁的挠度f可按下列公式计算

$$f=C\frac{Ml_0^2}{EI}\tag{7-19}$$

式中　M——弯矩组合值；

l_0——梁的计算跨度；

EI——梁截面的抗弯刚度；

C——与荷载类型和支承条件有关的系数，如简支梁承受均布荷载，$C=5/48$。

由于匀质弹性材料构件的抗弯刚度EI为一常数，因此梁的挠度f与弯矩M成正比。如图7-6所示，图中的虚线表示f与M为线性关系。而对于钢筋混凝土梁，从第3章可知，挠度f与

M 的关系在第Ⅱ阶段（正常使用阶段）变为曲线；随着弯矩的增大，挠度增长比弯矩增加更快，这也反映出截面的刚度在不断降低，不再保持为一个常值，而是一个随弯矩而变化的变值。

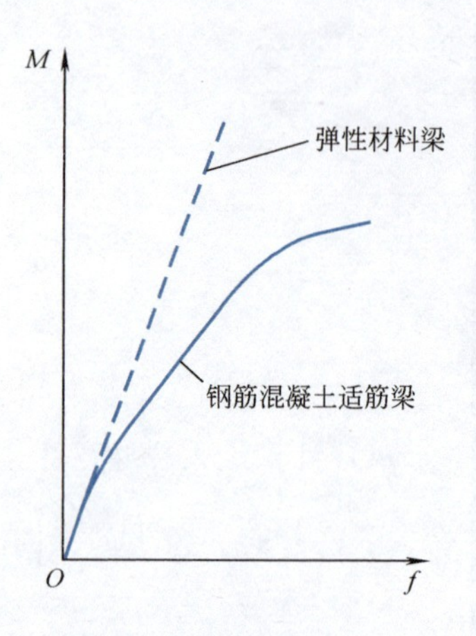

图 7-6　受弯构件 $M-f$ 的关系曲线

由于在钢筋混凝土受弯构件中采用了平截面假定，所以计算钢筋混凝土受弯构件的挠度仍可采用材料力学中给出的公式，但梁的抗弯刚度需进行一些修正，即用 B 代替原材料力学公式中的 EI。由此可知，受弯构件的挠度计算就转变为求钢筋混凝土梁的抗弯刚度 B 的问题了。

7.3.3　短期刚度 B_s 计算

短期刚度就是指钢筋混凝土梁在加载时刻的截面抗弯刚度。

1. 开裂前短期刚度计算

对于钢筋混凝土梁，在第Ⅰ阶段（应力阶段）也就是开裂前，混凝土受拉区已表现出一定的塑性，抗弯刚度已有一定程度的降低，通常可偏安全地取钢筋混凝土构件的短期刚度为

$$B_s = 0.85E_cI_0 \tag{7-20}$$

式中　E_c——混凝土的弹性模量；

I_0——换算截面的惯性矩。

2. 开裂后构件短期刚度计算

对于大部分构件来说，一般都是带裂缝工作的，即处于正常使用阶段——第Ⅱ阶段。在此阶段，由于构件受拉区开裂，裂缝截面的受拉区混凝土逐步退出工作，截面抗弯刚度比第Ⅰ阶段明显减小。

由材料力学知识可知，梁截面的曲率半径 r_c、刚度 EI 和弯矩 M 之间有如下关系

$$\frac{1}{r_c} = \frac{M}{EI} \tag{7-21}$$

钢筋混凝土梁同样可以采用式（7-21）计算，但须对截面曲率和刚度进行修正，如用短期刚度 B_s 代替上式中的 EI，则式（7-21）改写为

$$\frac{1}{r_c} = \frac{M}{B_s} \tag{7-22}$$

由式（7-22）可知，梁截面刚度可通过曲率进行计算，因此计算刚度问题就转化为计算曲率的问题了。钢筋混凝土构件一般带裂缝工作，因此其变形验算以第Ⅱ阶段的应力状态为依据，如图 7-7 所示。

为简化起见，截面上的应变中和轴位置、曲率均采用平均值。由图 7-7 可知，平均曲率 $1/r_{cm}$ 的计算公式为

$$\frac{1}{r_{cm}} = \frac{\varepsilon'_{cm} + \varepsilon_{sm}}{h_0} \tag{7-23}$$

将式（7-23）代入式（7-22），则有

$$B_s = \frac{M}{1/r_{cm}} = \frac{Mh_0}{\varepsilon'_{cm} + \varepsilon_{sm}} \tag{7-24}$$

取钢筋的内力臂长度为 ηh_0，并引入受压混凝土平均应变综合系数 ζ。由图 7-7 及材料力学

知识可得

$$\varepsilon_{sm} = \psi\varepsilon_s = \psi\frac{\sigma_{sq}}{E_s} = \psi\frac{M_q}{\eta A_s h_0 E_s} \tag{7-25}$$

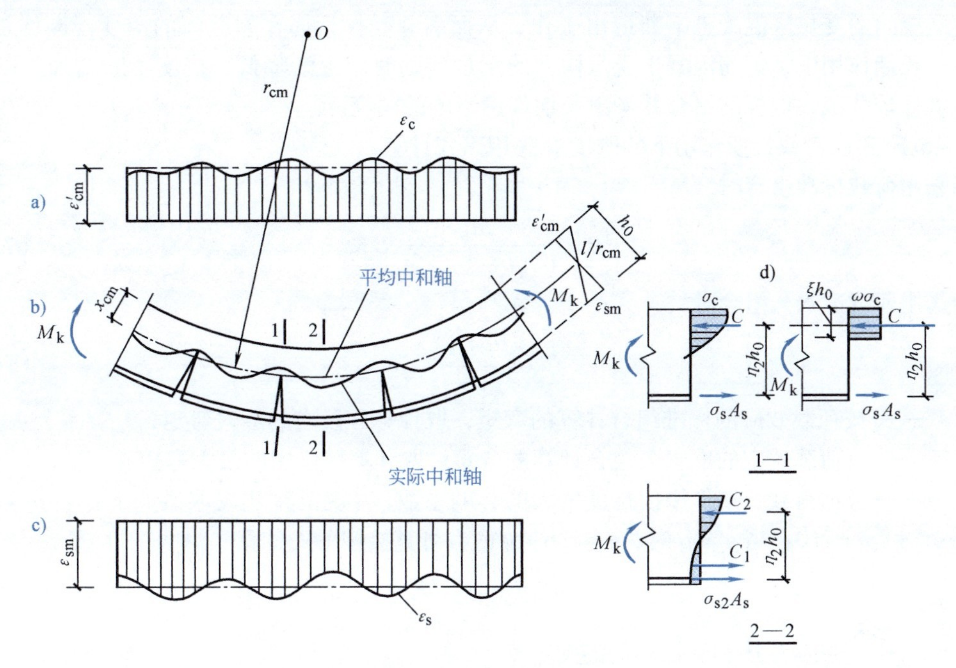

图 7-7　构件中混凝土和钢筋应力分布

$$\varepsilon'_{cm} = \frac{M_q}{\zeta b h_0^2 E_c} \tag{7-26}$$

将式（7-25）和式（7-26）代入式（7-24），得

$$B_s = \frac{h_0}{\dfrac{1}{\zeta b h_0^2 E_s} + \dfrac{1}{\eta h_0 A_s E_s}} \tag{7-27}$$

令 $\alpha_E = \dfrac{E_s}{E_c}$，$\rho = \dfrac{A_s}{bh_0}$，并近似取 $\eta = 0.87$，经整理可得

$$B_s = \frac{E_s A_s h_0^2}{1.15\psi + \dfrac{\alpha_E\rho}{\zeta}} \tag{7-28}$$

根据受弯构件实测结果分析，可取

$$\frac{\alpha_E\rho}{\zeta} = 0.2 + \frac{6\alpha_E\rho}{1 + 3.5\gamma'_f} \tag{7-29}$$

式中　γ'_f——T 形、工字形截面受压翼缘面积与腹板有效面积之比，$\gamma'_f = (b'_f - b)h'_f/(bh_0)$，当 $h'_f > 0.2h_0$，取 $h'_f = 0.2h_0$。

最后整理得，短期刚度的计算公式为

$$B_s = \frac{E_s A_s h_0^2}{1.15\psi + 0.2 + \dfrac{6\alpha_E\rho}{1 + 3.5\gamma'_f}} \tag{7-30}$$

7.3.4　刚度 B 的计算

对于钢筋混凝土构件，由于受压区混凝土的徐变，以及受拉钢筋和混凝土之间的滑移、徐变，使裂缝间的受拉区混凝土不断退出工作，从而引起受拉钢筋在裂缝间的应变不断增加，因此在荷载长期作用下，钢筋混凝土受弯构件的刚度将随时间逐渐降低，挠度不断增加。以 B 表示受弯构件按荷载效应标准组合并考虑长期作用影响的刚度。

《规范》建议荷载长期作用下的刚度 B 采用下式计算：

当采用荷载标准组合时

$$B=\frac{M_k}{M_q(\theta-1)+M_k}B_s \tag{7-31a}$$

当采用荷载准永久组合时

$$B=\frac{B_s}{\theta} \tag{7-31b}$$

式中　M_k——按荷载效应的标准组合计算的弯矩，取计算区段内的最大弯矩；

M_q——按荷载效应的准永久组合计算的弯矩，取计算区段内的最大弯矩；

θ——考虑荷载长期作用使挠度增大的影响系数，《规范》建议取值如下：当 $\rho'=0$ 时，$\theta=2.0$；当 $\rho'=\rho$ 时，$\theta=1.6$；θ 值也可直接按下式计算

$$\theta=2.0-\frac{0.4\rho'}{\rho} \tag{7-32}$$

式中　ρ'、ρ——纵向受压和受拉钢筋的配筋率。

截面形状对长期荷载作用下的挠度也有影响，对翼缘位于受拉区的倒T形截面，由于在短期荷载作用下，受拉区混凝土参与受拉的程度较矩形截面要大，因此在长期荷载作用下，受拉区混凝土退出工作的影响也较大，挠度增加也较多，故按式（7-32）计算出的 θ 值需再乘以1.2的增大系数。

7.3.5　受弯构件的挠度验算

受弯构件在正常使用极限状态下的挠度，可以根据构件的刚度 B 用结构力学的方法计算。但如前所述，钢筋混凝土受弯构件开裂后的截面刚度不仅与其截面尺寸有关，还与截面弯矩的大小有关。

如图7-8所示为一承受均布荷载的简支梁，其弯矩是中间大两边小，但截面刚度却是中间小两边大。跨中截面有最大弯矩 M_{max}，但截面刚度为最小值 B_{min}。尽管整根梁的截面尺寸是相同的，但各截面的刚度却不相同，如按变刚度来计算梁的挠度是十分复杂的。考虑到近支座截面的刚度虽然较大，但对挠度计算值影响不大，为简化计算，《规范》假定各同号弯矩区段内的刚度相等，并取用该区段内最大弯矩 M_{max} 截面处的刚度作为该区段的抗弯刚度。对允许出现裂缝的构件，它就是该区段的最小刚度 B_{min}。这就是受弯构件计算挠度时的“最小刚度原则”。采用最小刚度原则按等刚度方法计算构件挠度，相当于使近支座截面的刚度比实际刚度减小，使挠度计算值偏大；另一方面，由于梁中斜裂缝的开展，还存在剪切变形，而按上

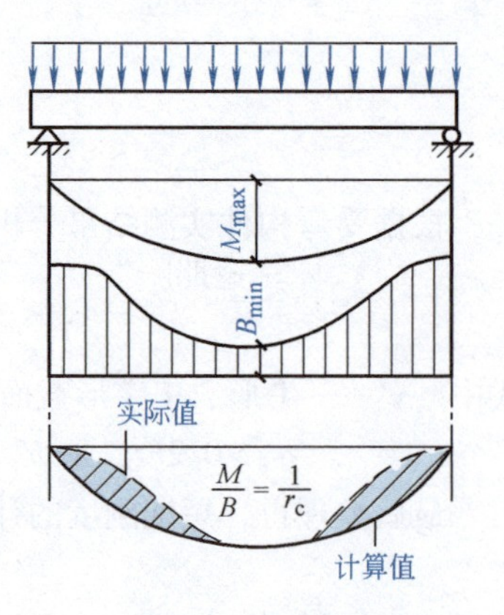

图7-8　简支梁抗弯刚度分布图

述方法计算挠度时，只考虑了弯曲变形，故使挠度计算值偏小。一般情况下，计算的偏大值和偏小值相互抵消，使试验梁挠度的实测值与计算值符合良好。采用最小刚度原则用等刚度法计算钢筋混凝土受弯构件的挠度完全可满足工程要求。

此外，《规范》还规定，当计算跨度内的支座截面刚度不大于跨中截面刚度的 2 倍或不小于跨中截面刚度的 1/2 时，该跨也可按等刚度构件进行计算，其构件刚度可取跨中最大弯矩截面的刚度。

按上述方法计算的挠度值不应超过《规范》规定的挠度限值 $[f]$（附表 7），即

$$f \leqslant [f] \tag{7-33}$$

7.3.6　减小受弯构件挠度的措施

如果验算挠度不满足式（7-33）的要求，则应采取措施减小受弯构件的挠度。要想减小受弯构件的挠度，就必须加大构件的刚度。从式（7-30）可知，增加刚度（也就是减小构件的挠度）最有效的办法是增加构件的截面高度 h。从式（7-31a）与式（7-31b）可知，减小 θ 也可以增大刚度，可以通过配置受压钢筋来减小混凝土的徐变，降低 θ 值。

【例 7-4】 已知钢筋混凝土简支梁，计算跨度 $l_0=6\text{m}$；承受恒荷载（永久荷载）标准值 $g_k=15\text{kN/m}$，活荷载（可变荷载）标准值 $q_k=15\text{kN/m}$（准永久值系数 $\psi_q=0.4$）；截面尺寸为 $b\times h=250\text{mm}\times 500\text{mm}$；已配有 4⌀22 受拉钢筋，$A_s=1520\text{mm}^2$，箍筋直径为 6mm，混凝土强度等级 C30；保护层厚度 $c=20\text{mm}$；挠度的限值 $[f]=l_0/200$。请验算构件的挠度是否满足要求。

【解】（1）计算 M_q（根据最小刚度原则，应计算弯矩最大截面）

$$M_q=\frac{1}{8}(g_k+\psi_q q_k)l_0^2=\frac{1}{8}\times(15+0.4\times 15)\times 6^2\text{kN}\cdot\text{m}=94.5\text{kN}\cdot\text{m}$$

（2）计算参数

$$h_0=[500-(20+6+22/2)]\text{mm}=463\text{mm}$$

$$\sigma_{sq}=\frac{M_q}{0.87A_s h_0}=\frac{94.5\times 10^6}{0.87\times 1520\times 463}\text{N/mm}^2=154\text{N/mm}^2$$

$$\rho_{te}=\frac{A_s}{A_{te}}=\frac{1520}{0.5\times 250\times 500}=0.0243>0.01$$

$$\psi=1.1-0.65\frac{f_{tk}}{\sigma_{sq}\rho_{te}}=1.1-0.65\times\frac{2.01}{154\times 0.0243}=0.751$$

（3）计算短期刚度 B_s

$$\alpha_E=\frac{E_s}{E_c}=\frac{2.0\times 10^5}{3.0\times 10^4}=6.667$$

$$\rho=\frac{A_s}{bh_0}=\frac{1520}{250\times 463}=0.0131$$

矩形截面，$\gamma_f'=0$

$$B_s=\frac{E_sA_sh_0^2}{1.15\psi+0.2+\dfrac{6\alpha_E\rho}{1+3.5\gamma'_f}}$$

$$=\frac{2.0\times10^5\times1520\times463^2}{1.15\times0.751+0.2+\dfrac{6\times6.667\times0.0131}{1+0}}\text{N}\cdot\text{mm}^2$$

$$=410\times10^{11}\text{N}\cdot\text{mm}^2$$

（4）计算 B

由于 $\rho'=0$，$\theta=2.0$

$$B=\frac{B_s}{\theta}=\frac{410\times10^{11}}{2.0}=205.2\times10^{11}$$

（5）计算挠度

$$f=\frac{5}{48}\frac{M_ql_0^2}{B}=\frac{5}{48}\times\frac{94.5\times10^6\times6000^2}{205.2\times10^{11}}\text{mm}=17.27\text{mm}$$

（6）验算

$$f=17.27\text{mm}<[f]=l_0/200=6000/200\text{mm}=30\text{mm}$$

满足要求。

7.4　混凝土结构耐久性极限状态设计

我国混凝土结构量大面广，若因耐久性不足而失效，或为了继续正常使用而进行相当规模的维修、加固或改造，势必要付出更高的代价。因此，混凝土结构除应进行承载力计算和裂缝、变形验算外，还应进行耐久性设计。目前，对影响混凝土结构耐久性的因素及规律的研究还不够深入，还难以达到能进行定量设计的程度。《统一标准》对结构耐久性可采用经验方法、半定量方法和定量控制耐久性失效概率的方法进行设计，本节仅介绍混凝土结构耐久性设计的经验方法。

7.4.1　影响混凝土结构耐久性的主要因素

影响混凝土结构耐久性的因素可分为内部因素和外部因素两个方面。内部因素主要有混凝土强度，密实性，水泥用量、水灰比、氯离子及碱含量、外加剂用量和保护区厚度等；外部因素主要是环境条件，包括温度、湿度、CO_2含量及侵蚀性介质等。另外，设计缺陷、施工质量差或使用中维修不当等也会影响结构的耐久性。

1. 混凝土碳化

混凝土中的碱性物质［$Ca(OH)_2$］在混凝土内的钢筋表面形成氧化膜，它能有效地保护钢筋，防止钢筋发生锈蚀。但由于大气中的二氧化碳（CO_2）与混凝土中的 $Ca(OH)_2$ 发生反应，生成碳酸钙（$CaCO_3$），使混凝土的pH值降低；其他物质，如二氧化硫（SO_2）、硫化氢（H_2S）也能与混凝土中的 $Ca(OH)_2$ 发生类似的反应，使混凝土碱度下降，这就是混凝土的碳化。碳化对混凝土本身是无害的，但当碳化深度等于或大于混凝土保护层厚度时，将破坏钢筋表面的氧化膜，从而引起钢筋锈蚀。此外，碳化还会加剧混凝土的收缩，可能导致混凝土的开裂。因此，混凝土碳化是影响混凝土结构耐久性的重要因素之一。

为了提高混凝土结构的抗碳化能力，可采取下列措施：设计合理的混凝土配合比，限制水泥的最低用量，合理采用掺合料；保证混凝土保护层的最小厚度；保证混凝土的施工质量，以提高混凝土的密实性；使用覆盖面层（水泥砂浆或涂料等）。

2. 钢筋锈蚀

钢筋锈蚀是混凝土结构耐久性的常见问题。由于混凝土碳化或氯离子的作用，当混凝土的pH值降低到9以下时，钢筋表面的钝化膜遭到破坏，在有足够的水分和氧的环境下，钢筋将产生锈蚀。钢筋锈蚀产生的铁锈［氢氧化亚铁 $Fe(OH)_2$］体积一般增大2～4倍，铁锈体积膨胀，会导致混凝土保护层胀开，促使锈蚀加剧。

防止钢筋锈蚀的措施主要有降低水灰比，增加水泥用量，加强混凝土的密实性；保证有足够的混凝土保护层厚度；采用涂面层，防止 CO_2、O_2 和 Cl^- 的渗入；采用钢筋阻锈剂；使用防腐蚀钢筋，如环氧涂层钢筋、镀锌钢筋等；对钢筋采用阴极防护法等。

3. 混凝土的冻融破坏

混凝土水化结硬后，内部有很多毛细孔。在浇筑混凝土时，为了得到必要的和易性，往往水用量会比水泥水化所需要的多，这些多余的水分滞留在混凝土的毛细孔中。当遇到低温时水分因结冰产生体积膨胀，引起混凝土内部结构破坏。反复冻融，就会使混凝土的损伤积累达到一定程度而引起结构破坏。冻融破坏在水利水电，港口码头，道路桥梁等工程中较为常见。

防止混凝土冻融循环的主要措施是降低水灰比，减少混凝土中多余的水分。冬期施工时混凝土中可掺入防冻剂，同时应加强养护，防止早期受冻。

4. 混凝土的碱集料反应

混凝土集料中的某些活性矿物与混凝土微孔中碱性溶液产生化学反应称为碱集料反应。碱集料反应产生的碱—硅酸盐凝胶，吸水后会产生膨胀，体积可增大3～4倍，从而使混凝土开裂、剥落，强度降低，甚至导致破坏。

防止碱集料反应的主要措施是采用低碱水泥，或掺入粉煤灰降低碱性，也可对含活性成分的骨料加以控制。

5. 侵蚀性介质的腐蚀

在石油、化学、轻工、冶金及港湾工程中，化学介质对混凝土的腐蚀很普遍。有些化学介质侵入造成混凝土中的一些成分溶解、流失，从面引起混凝土裂缝、孔隙，甚至松软破碎；有些化学介质侵入，与混凝土中的一些成分发生化学反应，引起体积膨胀，导致混凝土破坏。如硫酸盐溶液与混凝土水泥石中的氢氧化钙及水化铝酸钙发生化学反应，生成石膏和硫铝酸钙，产生体积膨胀，使混凝土破坏；由于混凝土是碱性材料，遇到化工企业，地下水特别是沼泽或泥炭地区广泛存在碳酸及溶有 CO_2 的水时，会使混凝土发生酸腐蚀，使混凝土产生裂缝、脱落，并导致破坏；在海港、近海结构中的混凝土构筑物，经常受到海水的侵蚀，海水中的 Cl^- 和硫酸镁对混凝土有较强的腐蚀作用。

7.4.2　混凝土结构耐久性极限状态设计方法

混凝土结构的耐久性极限状态，是指经过一定使用年限后，结构及其一部分达到或超过某种特定状态，以致结构不能满足预定功能要求的状态。混凝土结构耐久性极限状态设计的目标，应使结构构件出现耐久性极限状态标志或限值的年限不小于其设计使用年限。与承载能力极限状态和正常使用极限状态设计相似，也可建立结构耐久性极限状态方程进行耐久性设计。由于混凝土结构耐久性设计涉及面广，影响因素多，机理复杂，而且对有些影响因素及规律的研究尚欠深入，目前还难以达到进行定量设计的程度。《规范》中混凝土结构耐久性设计，即根据混凝土结构所处的环境类别和设计使用年限，采取不同的技术措施和构造要求来保证结构的耐久性。这种方法概念清楚，设计简单，基本上能保证在规定的设计使用年限内结构应有的使用性能和安全储备。

混凝土结构应根据设计使用年限和环境类别进行耐久性设计。设计使用年限可根据建筑物的重要程度，按表2-1确定。

混凝土结构的耐久性与其使用环境密切相关。同一结构在强腐蚀环境中比在一般大气环境中的耐久性差。对混凝土结构的使用环境进行分类，可使设计者针对不同的环境类别采取不同的设计对策，使结构达到设计使用年限的要求。《规范》将混凝土结构的环境类别分为五类，见表2-5。

混凝土结构耐久性的设计内容包括：确定结构所处的环境类别；提出对混凝土材料的耐久性基本要求；确定构件中钢筋的混凝土保护层厚度；明确不同环境条件下的耐久性技术措施；提出结构使用阶段的检测与维护要求。

7.4.3 混凝土结构耐久性极限状态设计的基本要求

根据影响结构耐久性的内部和外部因素，《规范》规定，混凝土结构应采取下列技术构造措施，以保证耐久性的要求。

1）对一、二和三类环境类别，设计使用年限为50年的混凝土结构，其混凝土材料应符合表7-2的规定。

表7-2 结构混凝土耐久性的基本要求

<table>
<tr><th>环境类别</th><th>最大水胶比</th><th>最低强度等级</th><th>最大氯离子含量（%）</th><th>最大碱含量/(kg/m³)</th></tr>
<tr><td>一</td><td>0.60</td><td>C20</td><td>0.3</td><td>不限制</td></tr>
<tr><td>二a</td><td>0.55</td><td>C25</td><td>0.2</td><td rowspan="4">3.0</td></tr>
<tr><td>二b</td><td>0.50（0.55）</td><td>C30（C25）</td><td>0.15</td></tr>
<tr><td>三a</td><td>0.45（0.50）</td><td>C35（C30）</td><td>0.15</td></tr>
<tr><td>三b</td><td>0.40</td><td>C40</td><td>0.1</td></tr>
</table>

注：1. 氯离子含量指其占胶凝材料总量的百分率。
2. 预应力构件混凝土中的最大氯离子含量为0.06%，其最低混凝土强度等级宜按表中的规定提高两个等级。
3. 素混凝土构件的水胶比及最低强度等级的要求可适当放松。
4. 当有可靠工程经验时，二类环境中的最低混凝土强度等级可降低一个等级。
5. 处于严寒和寒冷地区的二b、三a类环境中的混凝土应使用引气剂，并可采用括号中的有关参数。
6. 当使用非碱活性集料时，对混凝土中的碱含量可不作限制。

2）应采取的加强混凝土结构及构件耐久性的技术措施有：①预应力混凝土结构中的预应力筋应根据具体情况采取表面防护、孔道灌浆、加大混凝土保护层厚度等措施，外露的锚固端应采取封锚和混凝土表面处理等有效措施；②有抗渗要求的混凝土结构，混凝土的抗渗等级应符合有关标准的要求；③严寒及寒冷地区的潮湿环境中，结构混凝土应满足抗冻要求，混凝土的抗冻等级应符合有关标准的要求；④处于二、三类环境中的悬臂构件，宜采用悬臂梁-板的结构形式，或在其上表面增设防护层；⑤处于二、三类环境中的结构构件，其表面的预埋件、吊钩、连接件等金属部件应采取可靠的防锈措施；⑥处在三类环境中的混凝土结构构件，可采用阻锈剂、环氧树脂涂层钢筋或其他具有耐腐蚀性的钢筋，采取阴极保护措施或采用可更换的构件等措施。

3）一类环境中，设计使用年限为100年的混凝土结构，应符合下列规定：①钢筋混凝土结构的最低强度等级为C30，预应力混凝土结构的最低强度等级为C40；②混凝土的最大氯离子含量为0.06%；③宜使用非碱活性骨料；当使用碱活性骨料时，混凝土中的最大碱含量为3.0kg/m^3；④混凝土保护层厚度应符合附表6的规定。

4）二类、三类环境中，设计使用年限为100年的混凝土结构，应采取专门的有效措施。如限制混凝土的水灰比；适当提高混凝土的强度等级；保证混凝土的抗冻性能；提高混凝土的抗渗能力；使用环氧涂层钢筋；构造上避免积水；构件表面增加防护层使之不直接承受环境作用等。特别是规定维修的年限或对结构构件进行局部更换，均可延长主体结构的实际使用年限。

5）耐久性环境类别为四类和五类的混凝土结构，其耐久性要求应符合有关标准的规定。

对临时性的混凝土结构，可不考虑混凝土的耐久性要求。

为了保证混凝土结构的耐久性，除应根据环境类别和使用年限对混凝土的质量提出要求以外，《规范》还通过规定最小保护层厚度等构造措施进行控制；在设计使用年限内，对出现的可见耐久性缺陷应及时进行处理；按规定维护或更换构件表面的防护层；根据设计要求的规定更换可更换构件；建立定期检查和维护的制度。

本章小结

1）进行承载力极限状态的计算是为了满足结构构件的安全性，而进行正常使用极限状态的验算是为了满足结构构件的适用性和耐久性，因后者如果不满足所造成的后果不如前者严重，因此在进行正常使用极限状态的验算时采用材料强度的标准值和荷载的准永久值。

2）钢筋混凝土结构构件除荷载裂缝外，还有许多非荷载原因引起的裂缝，如温度收缩裂缝、钢筋锈蚀裂缝及地基不均匀沉降引起的裂缝等。对于某些结构而言，非荷载原因引起的裂缝可能更为严重，因此要引起重视，应从结构构造措施和施工质量方面尽量避免和减小非荷载原因引起的裂缝。

3）由于混凝土的非匀质性和混凝土抗拉强度的离散性，裂缝的间距和宽度也是不均匀的，因此引入平均裂缝间距和平均裂缝宽度的概念。要注意最大裂缝宽度中引入的两个增大系数，一个是加载时最大裂缝宽度的扩大系数，另一个是构件长期使用后的扩大系数。

4）减小裂缝宽度的措施主要是增加受拉钢筋的用量，减小受拉钢筋的直径，不采用光面钢筋。

5）构件的变形验算主要是指受弯构件的挠度验算。挠度计算可采用材料力学的公式，但抗弯刚度需要修正，并采用最小刚度原则进行计算。最小刚度原则是指取同号弯矩区段内的抗弯刚度相等，并取弯矩最大截面的刚度作为该区段的抗弯刚度。

6）减小挠度最有效的措施是增加截面的高度。

7）结构的耐久性是指结构及其构件在预计的设计使用年限内，在正常维护和使用条件下，在指定的工作环境中，结构不需要进行大修就可满足正常使用和安全性的能力。由于混凝土结构耐久性设计涉及面广，影响因素多，与结构的承载力设计不同，耐久性设计目前还达不到定量设计的程度。采用宏观控制的方法，《规范》根据环境类别和设计使用年限对结构混凝土提出相应的限制和要求，以保证其耐久性。这种方法虽不能定量地界定准确的设计使用年限，但基本上能保证在规定的设计使用年限内结构应有的使用性能和安全储备。

复习题

7-1　如何进行受弯构件的裂缝宽度验算？

7-2　根据构件最大裂缝宽度计算公式，说明影响裂缝宽度的主要因素有哪些。

7-3　减小裂缝宽度的措施有哪些？

7-4　什么是受弯构件挠度计算中的最小刚度原则？计算受弯构件挠度的步骤有哪些？

7-5　影响钢筋混凝土受弯构件刚度的主要因素有哪些？提高构件刚度的最有效措施是什么？

7-6　有一钢筋混凝土屋架下弦杆，截面尺寸为 $b \times h = 200\text{mm} \times 160\text{mm}$；承受轴心拉力准永久组合值 $N_q = 200\text{kN}$；混凝土强度等级为 C25；$c_s = 25\text{mm}$；钢筋采用 HRB400，已配有 4Φ16 纵向钢筋；最大裂缝宽度限值 $w_{\lim} = 0.2\text{mm}$。验算最大裂缝宽度是否满足要求。

7-7　有一钢筋混凝土矩形截面偏心受拉构件，截面尺寸为 $b \times h = 200\text{mm} \times 160\text{mm}$；混凝土强度等级为 C30，已配有 HRB400 级钢筋，A_s 和 A_s' 各为 3Φ20；$c_s = 26\text{mm}$；按荷载效应的准永久组合计算的轴向拉力标准值 $N_q = 280\text{kN}$，弯矩值 $M_q = 6.25\text{kN} \cdot \text{m}$；最大裂缝宽度限值 $w_{\lim} = 0.2\text{mm}$。验算最大裂缝宽度是否满足要求。

7-8　钢筋混凝土矩形截面简支梁，计算跨度 $l_0 = 6\text{m}$；承受恒荷载标准值 $g_k = 20\text{kN/m}$（包括自重），可变荷载标准值 $q_k = 12\text{kN/m}$（准永久值系数 $\varphi_q = 0.5$）；截面尺寸为 $b \times h = 250\text{mm} \times 600\text{mm}$；已配有 2Φ22 + 2Φ20 纵向受拉钢筋，$A_s = 1388\text{mm}^2$，混凝土强度等级为 C30；$c_s = 20\text{mm}$；最大裂缝宽度限值 $w_{\lim} = 0.3\text{mm}$，挠度的限值 $[f] = l_0/250$。

（1）验算构件的挠度是否满足要求。

（2）验算最大裂缝宽度是否满足要求。

7-9　试分析一下混凝土结构耐久性的主要影响因素。《规范》采用了哪些措施来保证结构的耐久性？

7-10　试分析混凝土碳化和钢筋锈蚀的机理，并阐述主要影响因素。

第8章 预应力混凝土结构的基本概念

内容提要

本章从预应力的概念入手，介绍施加预应力的目的和两种主要的施加预应力的方法（先张法和后张法）；预应力混凝土所用材料，常用的锚具、夹具；预应力损失的概念、分类、计算方法及其组合；预应力混凝土轴心受拉构件各阶段应力状态的分析和设计计算方法，以及有关预应力混凝土结构的基本构造要求。

8.1 预应力混凝土的基本原理

普通钢筋混凝土受拉与受弯等构件，由于混凝土的抗拉强度及极限拉应变值都很低（其极限拉应变值为$0.1\times10^{-3}\sim0.15\times10^{-3}$），所以对使用上不允许出现裂缝的构件，受拉钢筋的应力只能控制在$20\sim30\text{N/mm}^2$，其强度不能被充分利用。即使对于允许开裂的构件，当裂缝宽度控制在0.2～0.3mm时，受拉钢筋的应力也只能用到250N/mm^2左右。若采用高强度钢筋，在使用阶段其应力可达到$500\sim1000\text{N/mm}^2$，但此时构件的裂缝宽度将很大，无法满足其裂缝及变形控制的要求，因此在普通钢筋混凝土结构中采用高强度钢筋是不能充分发挥其作用的，这就使得普通钢筋混凝土结构不能用于大跨和重载结构或承受动力荷载。

为了避免普通钢筋混凝土结构过早出现裂缝，并充分利用高强度钢筋和高强度混凝土，目前采用的方法是在结构承受外荷载作用之前，在结构使用阶段的受拉区预先施加压应力，从而可以部分或全部抵消由使用阶段外荷载产生的拉应力，推迟和限制了受拉区裂缝的开展，充分利用钢筋的抗拉能力，提高结构的抗裂度和刚度。

现以图8-1所示的预应力混凝土简支梁为例，说明预应力混凝土的基本原理。

在外荷载作用之前，预先在梁的受拉区施加一对集中压力N，使梁跨中截面的上边缘混凝土产生预拉应力σ_{pt}，下边缘混凝土产生预压应力σ_{pc}，如图8-1a所示；当使用荷载q作用时，梁跨中截面的下边缘混凝土将产生拉应力σ_{ct}，上边缘混凝土产生压应力σ_c，如图8-1b所示。这样，在预压力N和使用荷载q的共同作用下，该梁跨中截面的下边缘混凝土的应力为σ_{ct} -

σ_{pc}，该应力一般为拉应力，但也有可能为压应力；上边缘混凝土的应力为 $\sigma_c - \sigma_{pt}$，一般为压应力，但也有可能为拉应力，如图 8-1c 所示。由此可知，预应力混凝土构件可推迟和限制构件裂缝的开展，提高构件的抗裂度和刚度，从根本上克服了普通钢筋混凝土结构抗裂性差的主要缺点，并为采用高强度钢筋和高强度混凝土创造了条件。这种由配置受力的预应力筋通过张拉或其他方法建立预加应力的混凝土结构，称为预应力混凝土结构。

预应力混凝土构件可根据截面的应力状态分为全预应力混凝土、部分预应力混凝土。全预应力混凝土是指在使用荷载作用下，不允许截面上混凝土出现拉应力的情况；部分预应力混凝土则是指预应力混凝土构件在使用荷载作用下，允许截面上混凝土出现拉应力甚至开裂，但最大裂缝宽度不得超过允许值。此外，还有近年发展起来的无黏结预应力混凝土技术，是用专用油脂涂于预应力钢筋表面，并用塑料包裹后制成无黏结预应力钢筋，使预应力筋与施加预应力的混凝土之间没有黏结力。施工时，在浇筑混凝土之前可直接将无黏结预应力筋如非预应力钢筋一样布设，混凝土达到一定强度后，直接张拉钢筋并锚固，张拉力直接由锚具传递到混凝土上去。

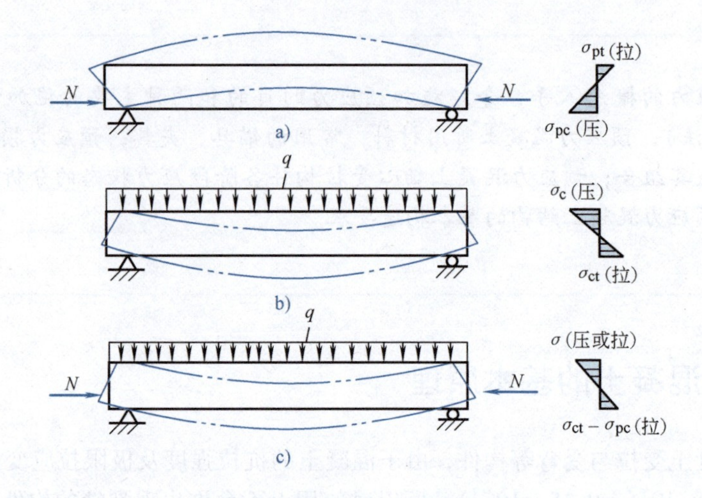

图 8-1　预应力混凝土简支梁

a）集中预压力 N 作用下　b）使用荷载 q 作用下　c）集中预压力 N 与使用荷载 q 共同作用下

8.1.1　施加预应力的方法

施加预应力的方法主要为机械张拉法。

机械张拉法是目前最常用的方法。它是通过机械张拉设备张拉配置在结构构件内的纵向预应力筋，利用钢筋的弹性回缩来挤压混凝土，使混凝土受到预压。机械张拉法按照张拉钢筋与浇筑混凝土的先后顺序分为先张法和后张法两种。

（1）先张法　先张法是在浇筑混凝土之前先张拉预应力筋的施工方法，其主要工序如图8-2所示。

先张法施工工艺简单，生产效率高，夹具可多次重复使用，质量容易保证，通常适用在专用的长线台座（或钢模）上生产中小型预制构件，如屋面板、空心楼板、檩条等。

（2）后张法　后张法是在结硬后的混凝土构件上张拉预留孔道里预应力筋的施工方法，其主要工序如图 8-3 所示。

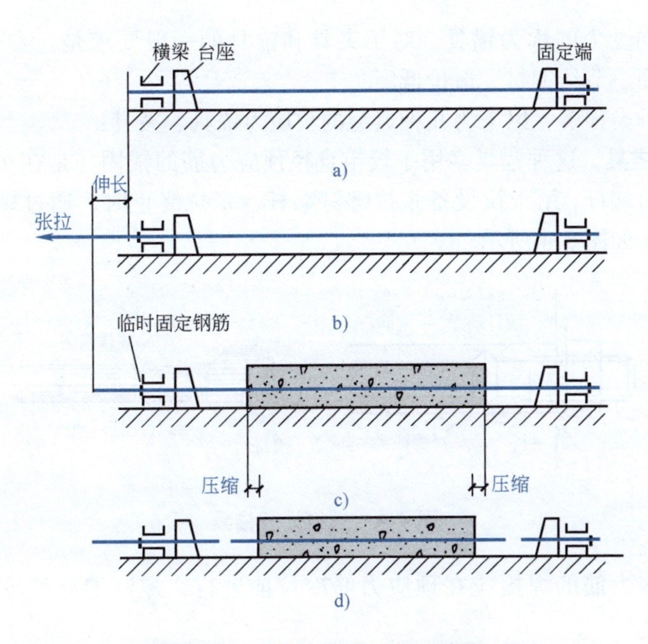

图8-2　先张法主要工序示意图

a）钢筋就位　b）张拉钢筋　c）通过夹具临时固定钢筋，浇筑混凝土并养护
d）放松钢筋，钢筋回缩，混凝土受预压

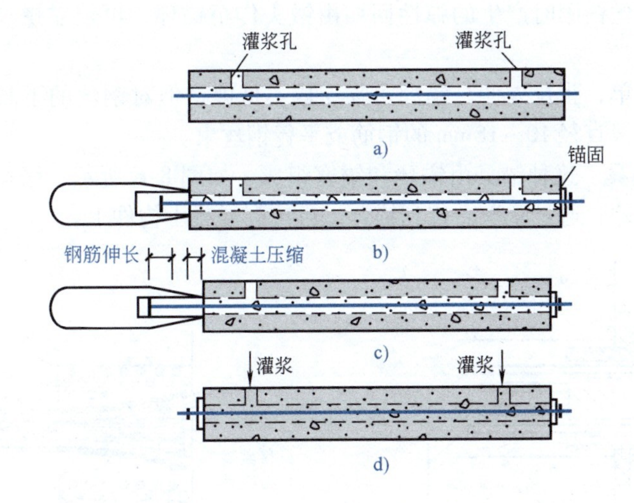

图8-3　后张法主要工序示意图

a）浇筑构件并预留孔道，穿入预应力筋　b）安装专用千斤顶
c）张拉钢筋　d）通过锚具锚固钢筋，拆除千斤顶，孔道灌浆

后张法不需要专门的台座，适用在现场制作大型构件，但其施工工艺较复杂，锚具加工要求的精度较高，成本较高。

8.1.2　预应力混凝土构件的锚具和夹具

预应力混凝土构件的锚具和夹具是用于锚固预应力钢筋的工具，是制造预应力混凝土构件所不可缺少的部件。通常将构件制成后能够取下重复使用的称为夹具；永久锚固在构件端部，与构件联成一体共同受力的称为锚具。对于夹具和锚具的一般要求是：安全可靠、性能优良、构造简单、使用方便、节约钢材、造价低廉。

锚具、夹具的种类很多，以下为几种典型的预应力锚具、夹具：

（1）螺钉端杆锚具　这种锚具多用于较粗直径预应力筋的锚固，是在单根预应力筋的两端对焊上一根短的螺钉端杆，用张拉设备张拉螺钉端杆，张拉终止时，通过螺母及垫板将预应力钢筋锚固在构件上，如图 8-4 所示。

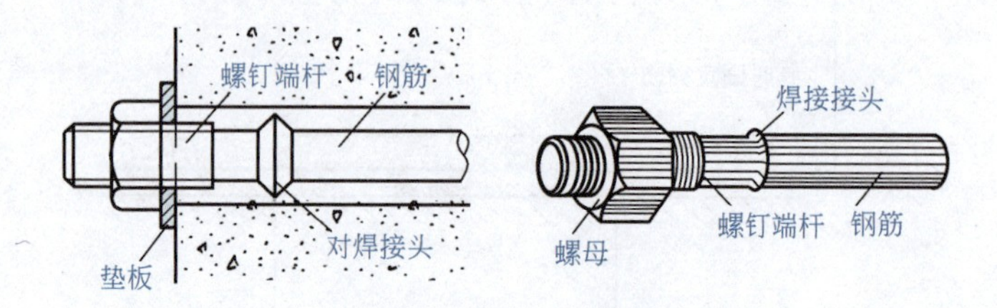

图 8-4　螺钉端杆锚具

螺钉端杆与预应力筋的焊接应在预应力筋冷拉前进行，螺钉端杆经冷拉后不得发生塑性变形。

螺钉端杆锚具构造简单、操作方便、受力可靠、滑移量小，且可以多次使用；其缺点是对预应力筋下料长度的精确度要求较高，以免螺纹长度不足。

（2）镦头锚具　这种锚具是利用预应力钢丝的粗镦头来实现钢丝的锚固，如图 8-5 所示。张拉终止，预应力钢丝锚固时产生的弹性回缩由镦头传至锚环，再依靠螺纹并经过垫板传到混凝土构件上。

镦头锚具加工简单，张拉方便，锚固可靠，成本低廉；但对钢丝的下料长度要求严格。镦头锚具适用于锚固多根直径 10 ~ 18mm 的钢筋或平行钢丝束。

（3）钢质锥形锚具　这种锚具由锚环和锚塞组成，如图 8-6 所示。张拉终止，预应力钢丝锚固时产生的弹性回缩，通过摩擦力传到锚环，再传到混凝土构件上。

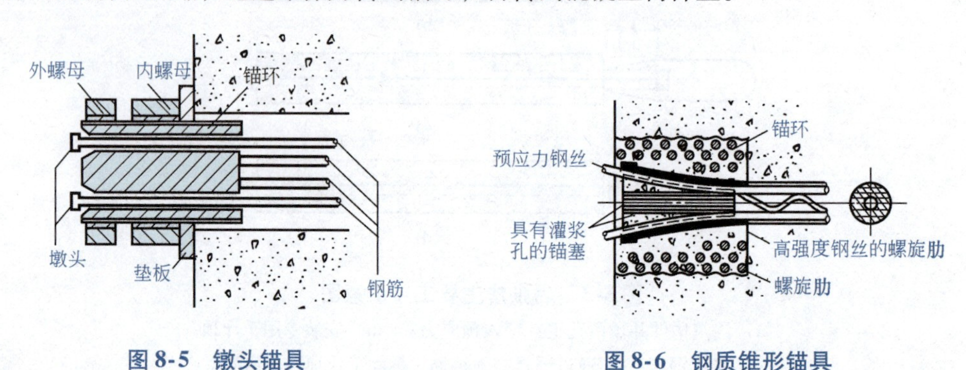

图 8-5　镦头锚具　　**图 8-6　钢质锥形锚具**

钢质锥形锚具既可用于张拉端，也可用于固定端。它适用于锚固多根直径 5 ~ 12mm 的平行钢丝束或多根直径 13 ~ 15mm 的平行钢绞线束。

（4）JM 型锚具　这种锚具由锚环与夹片组成，JM12 型锚具如图 8-7 所示。张拉终止，预应力钢丝锚固时产生的弹性回缩，通过摩擦力传给夹片，夹片依靠其斜面上的承压力传给锚环，再传到混凝土构件上。

由于 JM 型锚具将预应力筋各自独立地分开锚固于夹片的各个锥形孔内，故它既可用于张拉端，也可用于固定端，适用于锚固较粗的钢筋和钢绞线。

（5）QM 型锚具 这种锚具由锚环与夹片组成一个独立的锚固单元，如图 8-8 所示。使用时，由于夹片内的孔有齿，故能使其咬合预应力筋，进而带动夹片进入锚环锥孔内，使预应力筋获得牢固可靠的锚固。QM 型锚具的特点是任意一根钢绞线发生滑移或断裂都不会影响其他钢绞线的锚固，故其性能可靠、互换性好、群锚能力强。它既可用于张拉端，也可用于固定端，适用于锚固各类钢丝束和钢绞线。

（6）XM 型锚具 XM 型锚具的锚固原理与 QM 型锚具相似，夹片形式为斜弧形，如图 8-9 所示。与 QM 型锚具相比，XM 型锚具可锚固更多根数的钢绞线预应力束，常用于大型预应力混凝土结构。

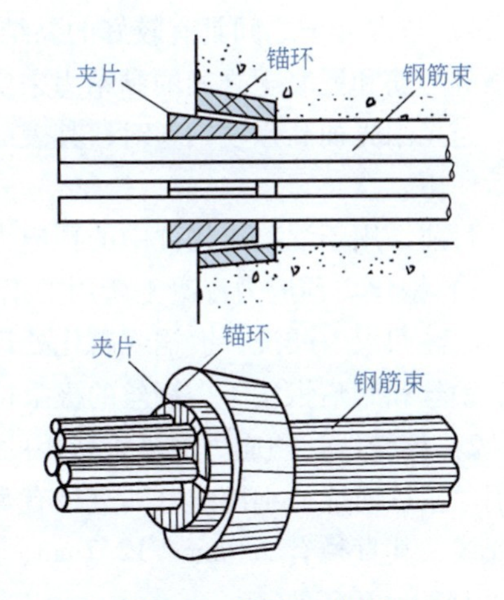

图 8-7 JM12 型锚具

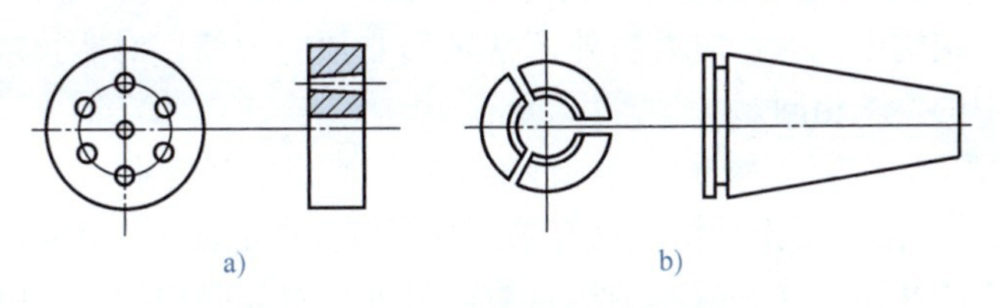

图 8-8 QM 型锚具
a）锚环 b）夹片

除了上述的几种锚具以外，我国近年对预应力混凝土构件的锚具、夹具进行了大量的试验研制工作，开发出了 SF、YM、VLM 和 B&S 型等新型锚具，使预应力混凝土结构锚具、夹具的锚固性能得到进一步提高。

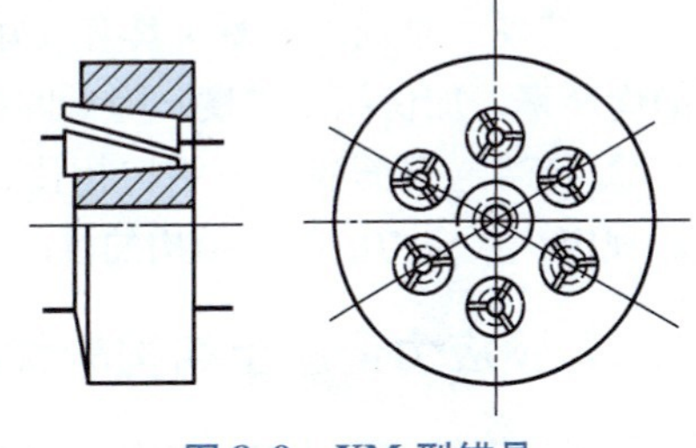

图 8-9 XM 型锚具

8.1.3 预应力混凝土对材料的要求

预应力混凝土构件在施工阶段，预应力筋因张拉时就有很高的拉应力，同时混凝土也将承受较大的预压应力；在使用阶段，预应力筋的拉应力会进一步增高。这些都要求预应力混凝土构件采用强度等级较高的钢材和混凝土。

（1）预应力筋 预应力混凝土构件所用的钢材，应具有下列性能：

1）强度高。混凝土预压应力的大小主要取决于预应力筋张拉后回缩的能力。考虑到构件在制作过程中还会出现各种因素造成的预应力损失，因此需要采用较高的张拉应力，这必然要求预应力筋应具有较高的抗拉强度，否则就不能建立有效的预压应力。

2）具有一定的塑性。为了避免预应力混凝土构件发生脆性破坏，保证在构件破坏之前具有较大的变形能力，要求预应力筋具有一定的伸长率。当构件处于低温环境或受到冲击荷载作用时，更应注意其塑性和抗冲击强度的要求。

3）良好的加工性能。预应力筋应具有较好的冷拉、冷拔和焊接性能等，在经弯转或“镦粗”后应不影响其物理力学性能。

4）与混凝土之间具有较好的黏结强度。先张法预应力混凝土构件预应力的建立，主要依靠其预应力筋和混凝土之间的黏结力来实现，因此预应力筋与混凝土之间必须要有足够的黏结强度。当采用光面高强度钢丝时，其表面应经“刻痕”或“压波”等措施处理，或者捻制成钢绞线后使用。

目前，用于混凝土构件中的预应力钢材主要有钢丝、钢绞线及预应力螺纹钢筋等。

1）钢丝。预应力混凝土所用的钢丝是将碳的质量分数为0.5%～0.9%的优质高碳钢轧制成盘条，经回火、酸洗、镀铜或磷化处理后多次冷拔而成。常用钢丝的主要类型有光面钢丝、螺旋肋钢丝和刻痕钢丝等。钢丝的极限抗拉强度标准值可达1570～1770N/mm^2。

2）钢绞线。预应力混凝土所用的钢绞线是用多根高强度钢丝在绞线机上扭绞而成的。用三根钢丝扭绞而成的钢绞线，其直径有8.6mm、10.8mm和12.9mm三种；用七根钢丝扭绞而成的钢绞线，其直径有9.5mm、12.7mm、15.2mm和17.8mm四种。钢绞线的极限抗拉强度标准值可达1570～1960N/mm^2。

3）预应力螺纹钢筋。预应力螺纹钢筋的直径较大，有18mm、25mm、32mm、40mm和50mm五种直径，其极限抗拉强度标准值可达980～1230N/mm^2。

在预应力混凝土结构中，除预应力筋外还常采用非预应力筋，对非预应力筋的要求与在普通钢筋混凝土结构中的要求相同。

（2）混凝土 预应力混凝土构件所用的混凝土，应满足下列要求：

1）强度高。在预应力混凝土结构中只有采用强度较高的混凝土，才能建立起较高的预压应力，同时可减小构件的截面尺寸，减轻结构自重。另外，对先张法构件，强度较高的混凝土可提高钢筋与混凝土之间的黏结力；对后张法构件，则可承受锚固端的局部压应力。

2）收缩、徐变小。混凝土的收缩、徐变小，可以减小混凝土因收缩、徐变引起的预应力损失，从而建立较高、有效的预压应力。

3）快硬、早强。混凝土具有较好的快硬、早强性，可以提高台座、模具、夹具及张拉设备等的周转率，加快施工进度，降低间接费用。

4）与普通钢筋混凝土结构相比，预应力混凝土结构应采用强度等级更高的混凝土。《规范》规定，预应力混凝土结构的混凝土强度等级不宜低于C40，且不应低于C30。

8.1.4 预应力混凝土结构的优缺点

与普通钢筋混凝土结构相比，预应力混凝土结构具有下列优点：

1）抗裂性好。通过对结构使用阶段的受拉区预先施加预压应力，可以避免结构在使用荷载作用下受拉区出现裂缝或裂缝过宽的现象，从而改善结构的使用性能，提高结构的耐久性。对于某些抗裂性要求较高的结构和构件，如钢筋混凝土水池、油罐、压力容器及单层工业厂房屋架下弦杆件等，采用预应力混凝土尤为必要。

2）可充分利用高强度钢材，减轻结构自重。在普通钢筋混凝土结构中，由于裂缝宽度和挠度的限制，高强度钢材不可能被充分利用；而在预应力混凝土结构中，可以充分利用材料的高强度性能，减小构件的截面尺寸，减轻结构自重。

3）提高受剪承载力。预应力钢筋可显著降低构件中的主拉应力，延缓构件斜裂缝的出现与开展，提高构件的抗剪能力。

4）提高抗疲劳强度。预应力混凝土结构中，由于预应力钢筋已经预先张拉，在重复荷载作用下，钢筋中的应力循环幅度必然降低，而钢筋混凝土结构的疲劳破坏一般是由钢筋的疲劳所控制的，这对于以承受动力荷载为主的结构是很有利的。

5）经济性好。实践表明，同普通钢筋混凝土结构相比，预应力混凝土结构可节省 20% ~ 40% 的混凝土、30% ~60% 的主筋钢材；与钢结构相比，则可降低一半以上的造价。

6）卸载后的结构变形或裂缝可以恢复。预应力混凝土结构，在使用活荷载移去后，裂缝会闭合，变形也会部分恢复。这种变形的复位能力，可以减少结构地震后的残余变形，便于结构更快地修复使用。

当然，预应力混凝土结构也存在一些缺点，如施工对机械设备和施工技术条件要求较高，所用材料的单价较高，施工工序多而复杂，相应的设计计算比普通钢筋混凝土结构要复杂得多，变形性能也较普通钢筋混凝土结构差一些。

8.1.5　预应力混凝土结构的发展

19 世纪后期美国工程师 P. H. Jackson 就提出了对混凝土施加预应力改善其受力性能的概念。由于早期钢材和混凝土的强度较低、锚具性能较差，没有充分认识混凝土的收缩、徐变及其他预应力损失对预应力效应的影响，使预应力混凝土的预应力效果不显著，影响了其推广使用。20 世纪初法国工程师 Eugene Freyssinet 提出必须采用高强钢材和高强混凝土以减少混凝土收缩与徐变（蠕变）所造成的预应力损失，使混凝土构件长期保持预压应力之后，预应力混凝土才开始进入实用阶段。随着高强度钢材的大量生产，锚具、夹具性能的提高，以及预应力混凝土设计理论的发展和完善，预应力混凝土得到了真正的发展。从早期的建造工业建筑、桥梁、轨枕、水池等结构或构件，到目前广泛应用于居住建筑、大跨和大空间公共建筑、高层建筑、高耸结构、地下结构、海洋结构、压力容器、大吨位囤船结构、核电站安全壳及机场跑道等各个领域。

我国的预应力技术是在 20 世纪 50 年代后期起步的，当时采用冷拉钢筋作为预应力筋，生产预制混凝土屋架、起重机梁等工业厂房构件。70 年代在民用建筑中开始推广冷拔低碳钢丝配筋的预制预应力混凝土中小型构件。80 年代后，结合我国现代多层工业厂房与大型公共建筑发展的需要，出现了高强度钢丝与钢绞线配筋的现代预应力混凝土，我国预应力技术从单个构件发展到预应力混凝土结构的新阶段。

8.2　预应力混凝土构件设计的一般规定

8.2.1　张拉控制应力

张拉控制应力是指在张拉预应力筋时，张拉设备（千斤顶油压表）所指示的总张拉力除以预应力筋截面面积所得到的应力值，用 σ_{con} 表示。它是预应力筋在构件受荷载作用前所经受的最大应力。

为了充分发挥预应力混凝土的优点，张拉控制应力 σ_{con} 宜定得尽可能高一些，以使混凝土获得较高的预压应力，提高构件的抗裂性。但如果张拉控制应力 σ_{con} 定得过高，则构件在施工阶段，其预拉区就可能因为拉应力过大而直接开裂，或者由于开裂荷载接近其破坏荷载，导致构件在破坏前无明显的预兆；后张法构件还可能在构件端部出现混凝土局部受压破坏。另外，为了减少预应力损失，构件有时还需要进行超张拉，而钢筋的实际屈服强度具有一定的离散性，如将张拉控制应力定得过高，也有可能使个别预应力筋的应力超过其屈服强度，产生较大的塑性变形，从而达不到预期的预应力效果；对于高强度钢丝，甚至会发生脆断，也会产生过大的应力松弛。

张拉控制应力 σ_{con} 的取值除与预应力钢材的种类有关外，还和张拉方法有关。

冷拉钢筋属于软钢，以屈服强度作为强度标准值，所以张拉控制应力 σ_{con} 可以定得高一些。而钢丝和钢绞线属于硬钢，塑性差，且以极限抗拉强度作为强度标准值，故张拉控制应力 σ_{con} 应该定得低一些。

先张法是浇筑混凝土之前在台座上张拉预应力筋，混凝土是在钢筋放张后才产生弹性压缩的，故需要考虑混凝土弹性压缩引起的应力降低。而后张法是在混凝土构件上张拉钢筋，在张拉的同时混凝土被压缩，因而不必再考虑混凝土的弹性压缩所引起的应力降低，所以后张法构件的张拉控制应力 σ_{con} 应比先张法构件定得低一些。

《规范》规定，预应力钢筋的张拉控制应力 σ_{con} 不应超过表 8-1 规定的限值，且消除应力钢丝、钢绞线、中强度预应力钢丝的张拉控制应力不应小于 $0.4f_{ptk}$；预应力螺纹钢筋的张拉控制应力不宜小于 $0.5f_{pyk}$。

表 8-1　张拉控制应力限值

钢 筋 种 类	张拉控制应力	钢 筋 种 类	张拉控制应力
消除应力钢丝、钢绞线	$0.75f_{ptk}$	预应力螺纹钢筋	$0.85f_{pyk}$
中强度预应力钢丝	$0.70f_{ptk}$		

注：1. 表中 f_{ptk}、f_{pyk} 为预应力钢筋的强度标准值，详见附表 3。

2. 当符合下列情况之一时，表 8-1 中的张拉控制应力限值可提高 $0.05f_{ptk}$ 或 $0.05f_{pyk}$：

1）要求提高构件在施工阶段的抗裂性能而在使用阶段的受压区内设置的预应力筋。

2）要求部分抵消由于应力松弛、摩擦、钢筋分批张拉，以及预应力筋与张拉台座之间的温差等因素产生的预应力损失。

8.2.2　预应力损失及减少预应力损失的措施

预应力混凝土构件在施工及使用过程中，预应力筋的张拉应力值并不是始终不变的，由于各种原因（如由于预应力筋与孔道壁之间的摩擦，锚具夹片的滑移，混凝土的收缩、徐变及钢筋的应力松弛等因素）会使得预应力筋的张拉应力从 σ_{con} 逐步减少。这种预应力筋应力的降低，即为预应力损失，用 σ_l 表示。

由于引起预应力损失的因素很多，而且有些因素引起的预应力损失值还随时间的增长和环境的变化而变化，并且又进一步相互影响，所以要精确计算和确定预应力损失值是一项非常复杂的工作。目前，对于预应力损失的计算，各国规范的规定大同小异，一般均采用分项计算再叠加确定总预应力损失的方法，下文介绍各项预应力损失的计算方法。

1. 锚具变形和预应力筋内缩引起的预应力损失 σ_{l1}

（1）直线预应力筋　直线预应力筋当张拉到 σ_{con} 后即被锚固于台座或构件上，由于锚具变形（如螺母、垫板与构件之间缝隙的挤紧）和预应力筋的滑移使钢筋回缩，引起预应力损失 σ_{l1}，其值可按下式计算

$$\sigma_{l1}=\frac{a}{l}E_s \tag{8-1}$$

式中　a——张拉端锚具变形和预应力筋内缩值（mm），按表 8-2 取用；

l——张拉端至锚固端之间的距离（mm）。

表 8-2　张拉端锚具变形和预应力筋内缩值 a　　（单位：mm）

锚具类别		a
支承式锚具（钢丝束镦头锚具等）	螺母缝隙	1
	每块后加垫板的缝隙	1
夹片式锚具	有顶压时	5
	无顶压时	6～8

注：1. 表中的锚具变形和预应力筋内缩值也可根据实测数据确定。
2. 其他类型的锚具变形和预应力筋内缩值应根据实测数据确定。

对于块体拼成的结构，其预应力损失还应计入块体间填缝的预压变形。当采用混凝土或砂浆为填缝材料时，每条填缝的预压变形可取 1mm。

(2) 曲线预应力筋　当后张法构件采用曲线预应力筋时，由于反摩擦的作用，锚固损失在张拉端最大，沿预应力筋逐步减小，直到消失，如图 8-10 所示。根据变形协调原理，后张法构件曲线预应力筋由于锚具变形和预应力筋内缩引起的预应力损失 σ_{l1}，可按下列公式计算

$$\sigma_{l1}=2\sigma_{\mathrm{con}}l_{\mathrm{f}}\left(\frac{\mu}{r_{\mathrm{c}}}+\kappa\right)\left(1-\frac{x}{l_{\mathrm{f}}}\right) \quad (8\text{-}2)$$

反向摩擦影响长度 l_{f} 按下式计算

$$l_{\mathrm{f}}=\sqrt{\frac{aE_{\mathrm{s}}}{1000\sigma_{\mathrm{con}}\left(\dfrac{\mu}{r_{\mathrm{c}}}+\kappa\right)}} \quad (8\text{-}3)$$

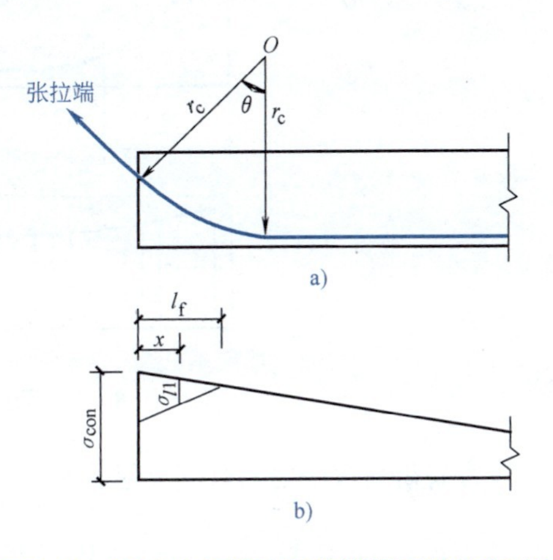

图 8-10　预应力钢筋端部曲线段因锚具变形和钢筋回缩引起的预应力损失计算图
a）预应力钢筋端部曲线段示意图　b）σ_{l1} 分布图

式中　r_{c}——圆弧形曲线预应力筋的曲率半径（m）；
κ——考虑孔道每米长度局部偏差的摩擦系数，按表 8-3 取用；
μ——预应力筋与孔道壁之间的摩擦系数，按表 8-3 取用；
x——张拉端至计算截面的孔道长度（m），可近似取该段孔道在纵轴上的投影长度；
a——张拉端锚具变形和预应力筋内缩值（mm），按表 8-2 取用。

(3) 减少 σ_{l1} 损失的措施　选择变形小的锚具或使预应力筋内缩小的锚具、夹具，并尽量少用垫板；对先张法预应力混凝土构件可增加台座长度。当台座长度超过 100m 时，σ_{l1} 可忽略不计。

表 8-3　摩擦系数 κ 及 μ 值

孔道成型方式	κ	μ	
		钢绞线、钢丝束	预应力螺纹钢筋
预埋金属波纹管	0.0015	0.25	0.50
预埋塑料波纹管	0.0015	0.15	
预埋钢管	0.0010	0.30	
抽芯成型	0.0014	0.55	0.60
无黏结预应力筋	0.0040	0.09	

注：摩擦系数也可根据实测数据确定。

2. 预应力筋与孔道壁之间摩擦引起的预应力损失 σ_{l2}

后张法预应力混凝土构件，当采用直线预应力筋时，由于预留孔道位置偏差、内壁粗糙及预应力筋表面粗糙等原因，使预应力筋在张拉时与孔道壁之间产生摩擦阻力。这种摩擦阻力距离预应力筋的张拉端越远，其影响就越大；当采用曲线预应力筋时，由于曲线孔道的曲率使预应力筋与孔道壁之间产生附加的法向力和摩擦力，摩擦阻力更大，如图 8-11 所示。

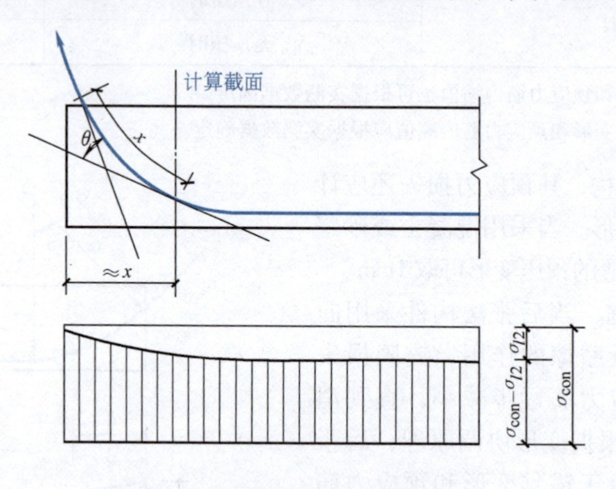

图 8-11　摩擦引起的预应力损失

预应力筋与孔道壁之间摩擦引起的预应力损失 σ'_{l2}，可按下列公式计算

$$\sigma_{l2}=\sigma_{con}\left(1-\frac{1}{e^{\kappa x+\mu\theta}}\right) \tag{8-4}$$

式中　x——张拉端至计算截面的孔道长度（m），可近似取该段孔道在纵轴上的投影长度；

θ——张拉端至计算截面孔道部分切线的夹角（rad）；

κ——考虑孔道每米长度局部偏差的摩擦系数，按表 8-3 取用；

μ——预应力筋与孔道壁之间的摩擦系数，按表 8-3 取用。

当 $\kappa x+\mu\theta \leqslant 0.3$ 时，可按下列公式近似计算

$$\sigma_{l2}=(\kappa x+\mu\theta)\sigma_{con} \tag{8-5}$$

对多曲率的曲线孔道或由直线段与曲线段组成的孔道，应分段计算摩擦引起的预应力损失。

减少 σ_{l2} 损失的措施有：

(1) 两端张拉　对于较长的构件可在两端进行张拉，则计算中的孔道长度可减少一半，如图 8-12b 所示。但这个措施将引起 σ_{l1} 的增加，使用时应加以注意。

(2) 超张拉　如张拉程序为：$0\to1.1\sigma_{con}$ 持荷 $2\min\to0.85\sigma_{con}\to\sigma_{con}$（图 8-12c），则可减少 σ_{l2} 损失。当张拉端 A 超张拉至 $1.1\sigma_{con}$ 时，预应力筋中的预拉应力将沿 EHD 分布。当张拉端的张拉应力降低至 $0.85\sigma_{con}$ 时，由于预应力筋回缩时孔道摩擦力的反向影响，预应力筋的预拉应力将沿 $FGHD$ 分布。当张拉端 A 再次张拉至 σ_{con} 时，预应力筋中的预拉应力将沿 $CGHD$ 分布，它比一次张拉至 σ_{con} 的预拉应力分布均匀，且预应力损失也有所减少。

3. 加热养护时，预应力筋与台座之间的温差引起的预应力损失 σ_{l3}

为了缩短先张法构件的生产周期，混凝土浇筑后常进行蒸汽养护。升温时，新浇筑的混凝土还未结硬，钢筋受热后可自由伸长，但两端的台座是固定不动的，即台座间的距离保持不变，这必然使张拉后受力的预应力筋变松弛，产生预应力损失。降温时，混凝土已结硬并同预应力筋结成整体共同回缩，而且两者的温度线膨胀系数相近，故所产生的预应力损失无法消除。

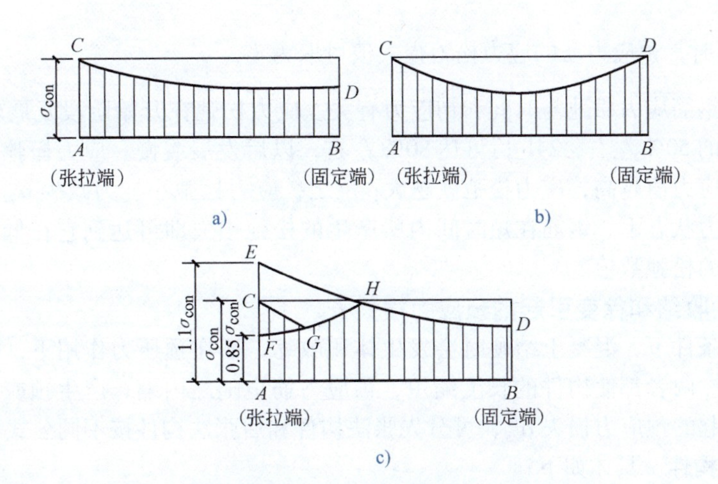

图8-12 钢筋张拉方法对减少预应力损失的影响

a) 一端张拉 b) 两端张拉 c) 超张拉

设混凝土加热养护时，受张拉的预应力筋与承受拉力的设备（台座）之间的温差为 Δt，钢筋的温度线膨胀系数为 $\alpha = 1\times10^{-5}/℃$，则 σ_{l3} 可按下式计算

$$\sigma_{l3} = \varepsilon_s E_s = \frac{\Delta l}{l}E_s = \frac{\alpha l \Delta t}{l}E_s = \alpha E_s \Delta t$$

$$= 1\times10^{-5}\times2.0\times10^5\Delta t\text{N/mm}^2 = 2\Delta t\text{N/mm}^2 \tag{8-6}$$

为减少 σ_{l3} 损失，可采用两次升温养护的办法，即在蒸汽养护混凝土时，先控制养护温差不超过20℃，待混凝土强度达到7.5～10N/mm²后，再逐渐升温至规定的养护温度。此时，可认为钢筋与混凝土已结成整体，能够一起胀缩而无预应力损失。如果是在钢模上张拉预应力筋，由于预应力筋是锚固在钢模上的，升温时两者温度相同，因此不会因温差而产生预应力损失。

4. 预应力筋的应力松弛引起的预应力损失 σ_{l4}

钢筋在高应力作用下，其塑性变形具有随时间而增长的性质。在钢筋长度保持不变的条件下，其应力会随时间的增长而逐渐降低，这种现象称为钢筋的应力松弛。下面介绍预应力筋的应力松弛引起的预应力损失 σ_{l4} 的计算方法。

（1）预应力钢丝、钢绞线 具体如下：

对于普通松弛预应力钢丝、钢绞线

$$\sigma_{l4} = 0.4\left(\frac{\sigma_{con}}{f_{ptk}} - 0.5\right)\sigma_{con} \tag{8-7}$$

对于低松弛预应力钢丝、钢绞线

当 $\sigma_{con} \leqslant 0.7 f_{ptk}$ 时，

$$\sigma_{l4} = 0.125\left(\frac{\sigma_{con}}{f_{ptk}} - 0.5\right)\sigma_{con} \tag{8-8}$$

当 $0.7 f_{ptk} < \sigma_{con} \leqslant 0.8 f_{ptk}$ 时，

$$\sigma_{l4} = 0.2\left(\frac{\sigma_{con}}{f_{ptk}} - 0.575\right)\sigma_{con} \tag{8-9}$$

（2）中强度预应力钢丝 具体如下：

$$\sigma_{l4} = 0.08\sigma_{con} \tag{8-10}$$

（3）预应力螺纹钢筋 具体如下：

$$\sigma_{l4} = 0.03\sigma_{con} \tag{8-11}$$

当$\frac{\sigma_{con}}{f_{ptk}}\leqslant 0.5$时，预应力筋的应力松弛损失值可取为零。

试验表明，钢筋应力松弛与时间和初应力有关。应力松弛在开始阶段发展较快，1h 松弛可达全部松弛损失的50%左右，24h 后可达80%左右，以后发展缓慢。应力松弛与初应力呈线性关系，张拉控制应力值越高，应力松弛就越大；反之，应力松弛小。为减少σ_{l4}损失可进行超张拉，因为在高应力状态下，钢筋在短时间内所产生的松弛损失即可达到它在低应力下需经过较长时间才能完成的松弛数值。

5. 混凝土的收缩和徐变引起的预应力损失 σ_{l5}

在一般湿度条件下，混凝土结硬时会发生体积收缩，而在预压力作用下，混凝土会发生沿压力方向的徐变。两者都使构件的长度缩短，预应力筋也随之内缩，产生预应力损失。混凝土的收缩和徐变引起的预应力损失σ_{l5}，可分先张法构件和后张法构件按不同公式计算。

（1）先张法构件　具体如下：

$$\sigma_{l5}=\frac{60+340\frac{\sigma_{pc}}{f'_{cu}}}{1+15\rho} \tag{8-12}$$

$$\sigma'_{l5}=\frac{60+340\frac{\sigma'_{pc}}{f'_{cu}}}{1+15\rho'} \tag{8-13}$$

（2）后张法构件　具体如下：

$$\sigma_{l5}=\frac{55+300\frac{\sigma_{pc}}{f'_{cu}}}{1+15\rho} \tag{8-14}$$

$$\sigma'_{l5}=\frac{55+300\frac{\sigma'_{pc}}{f'_{cu}}}{1+15\rho'} \tag{8-15}$$

式中　σ_{pc}、σ'_{pc}——受拉区、受压区预应力筋合力点处的混凝土法向压应力；

f'_{cu}——施加预应力时的混凝土立方体抗压强度；

ρ、ρ'——受拉区、受压区预应力筋和非预应力钢筋的配筋率。对先张法构件，有

$$\rho=\frac{A_p+A_s}{A_0}\quad\rho'=\frac{A'_p+A'_s}{A_0} \tag{8-16}$$

对后张法构件，有

$$\rho=\frac{A_p+A_s}{A_n}\quad\rho'=\frac{A'_p+A'_s}{A_n} \tag{8-17}$$

式中　A_0——换算截面面积；

A_n——混凝土净截面面积。

A_0、A_n的计算方法参见8.3.1节。

对于对称配置预应力筋和非预应力筋的构件，配筋率ρ、ρ'应按钢筋总截面面积的一半计算。

由式（8-12）~式（8-15）的比较可见，后张法构件的σ_{l5}、σ'_{l5}取值小于先张法构件，这是因为后张法构件在施加预应力时混凝土已产生一部分收缩。对处于高湿度环境下的结构，如贮水池等，按上述公式计算的σ_{l5}、σ'_{l5}值可降低50%；当结构处于年平均相对湿度低于40%的环境下，σ_{l5}、σ'_{l5}值应增加30%。

由于混凝土收缩和徐变引起的预应力损失 σ_{l5} 在预应力总损失中所占的比例较大，故应采取有效措施减少 σ_{l5}。采用高强度等级水泥，减少水泥用量，降低水胶比，采用干硬性混凝土；选择级配较好的集料，加强振捣，提高混凝土的密实性，注意加强混凝土养护等，都可以减少混凝土的收缩和徐变引起的预应力损失。

6. 环形构件混凝土受螺旋式预应力筋局部挤压引起的预应力损失 σ_{l6}

环形构件混凝土由于受螺旋式预应力筋的挤压而产生局部压陷，使得预应力筋环的直径减小，引起预应力损失 σ_{l6}。

σ_{l6} 的大小与环形构件的直径 d 成反比，构件直径 d 越小，预应力损失 σ_{l6} 就越大。《规范》规定：当 $d \leqslant 3\text{m}$ 时，取 $\sigma_{l6} = 30\text{N/mm}^2$；当 $d > 3\text{m}$ 时，取 $\sigma_{l6} = 0$。

8.2.3　预应力损失值的组合

上述各项预应力损失是按不同张拉施工方式和在不同阶段分批产生的。通常以混凝土预压时刻为界限，把混凝土预压前完成的预应力损失称为第一批损失（$\sigma_{l\mathrm{I}}$），混凝土预压后完成的预应力损失称为第二批损失（$\sigma_{l\mathrm{II}}$）。

预应力混凝土构件在各阶段的预应力损失值可按表8-4的规定进行组合。

表8-4　预应力混凝土构件在各阶段的预应力损失值的组合

预应力损失值的组合	先张法构件	后张法构件
混凝土预压前（第一批）的损失 $\sigma_{l\mathrm{I}}$	$\sigma_{l1}+\sigma_{l2}+\sigma_{l3}+\sigma_{l4}$	$\sigma_{l1}+\sigma_{l2}$
混凝土预压后（第二批）的损失 $\sigma_{l\mathrm{II}}$	σ_{l5}	$\sigma_{l4}+\sigma_{l5}+\sigma_{l6}$

注：先张法构件由于钢筋应力松弛引起的损失值在第一批和第二批损失中所占的比例如需区分，可根据实际情况确定。

预应力损失的计算值与实际预应力损失值之间可能有一定的误差，为避免总损失计算值偏小带来的不利影响，《规范》规定当计算求得的预应力总损失 $\sigma_l = \sigma_{l\mathrm{I}} + \sigma_{l\mathrm{II}}$ 小于下列数值时，应按下列数值取用：先张法构件，100N/mm^2；后张法构件，80N/mm^2。

8.3　预应力混凝土轴心受拉构件的应力分析

预应力混凝土构件从张拉钢筋开始直到构件破坏，可分为两个阶段：施工阶段和使用阶段。施工阶段是指构件承受使用荷载之前的受力阶段；使用阶段是指构件承受外荷载之后的受力阶段。设计预应力混凝土构件时，除保证使用阶段的承载力和抗裂度要求外，还要进行施工阶段验算，因此必须对预应力混凝土构件在施工阶段和使用阶段的应力状态进行分析。下面以轴心受拉构件为例，按先张法和后张法两种情况分别介绍构件在各阶段的应力状态。

8.3.1　先张法构件

先张法预应力混凝土轴心受拉构件各阶段钢筋和混凝土的应力变化过程见表8-5。

1. 施工阶段

1）张拉预应力筋。见表8-5中的b项，在台座上张拉截面面积为 A_{p} 的预应力筋至控制应力 σ_{con}，这时预应力筋的总预拉力为 $\sigma_{\mathrm{con}}A_{\mathrm{p}}$。

表 8-5　先张法预应力混凝土轴心受拉构件各阶段钢筋和混凝土的应力变化过程

受力阶段		简图	预应力筋应力 σ_p	混凝土应力 σ_{pc}	非预应力筋应力 σ_s
施工阶段	a. 在台座上穿钢筋		0	—	—
	b. 张拉预应力钢筋		σ_{con}	—	—
	c. 完成第一批损失		$\sigma_{con}-\sigma_{l\,\mathrm{I}}$	0	0
	d. 放松预应力筋	$\sigma_{pe\mathrm{I}}A_p$　$\sigma_{pc\mathrm{I}}$(压)	$\sigma_{pe\,\mathrm{I}}=\sigma_{con}-\sigma_{l\,\mathrm{I}}-\alpha_E\sigma_{pc\,\mathrm{I}}$	$\sigma_{pc\,\mathrm{I}}=\dfrac{(\sigma_{con}-\sigma_{l\,\mathrm{I}})A_p}{A_0}$ （压）	$\sigma_{s\,\mathrm{I}}=\alpha_E\sigma_{pc\,\mathrm{I}}$ （压）
	e. 完成第二批损失	$\sigma_{pe\mathrm{II}}A_0$　$\sigma_{pc\mathrm{II}}$(压)	$\sigma_{pe\,\mathrm{II}}=\sigma_{con}-\sigma_l-\alpha_E\sigma_{pc\,\mathrm{II}}$	$\sigma_{pc\,\mathrm{II}}=\dfrac{(\sigma_{con}-\sigma_l)A_p-\sigma_{l5}A_s}{A_0}$ （压）	$\sigma_{s\,\mathrm{II}}=\alpha_E\sigma_{pc\,\mathrm{II}}+\sigma_{l5}$ （压）
使用阶段	f. 加载至 $\sigma_{pc}=0$	N_{p0}　0　N_{p0}	$\sigma_{p0}=\sigma_{con}-\sigma_l$	0	σ_{l5} （压）
	g. 加载至裂缝即将出现	N_{cr}　f_{tk}(拉)　N_{cr}	$\sigma_{pcr}=\sigma_{con}-\sigma_l+\alpha_E f_{tk}$	f_{tk} （拉）	$\alpha_E f_{tk}-\sigma_{l5}$ （拉）
	h. 加载至构件破坏	N_u　N_u	f_{py}	0	f_y （拉）

2）完成第一批预应力损失 $\sigma_{l\,\mathrm{I}}$。见表8-5中的c项，张拉钢筋完毕后，将预应力筋锚固在台座上，浇筑混凝土并进行养护。由于锚具变形、温差和钢筋应力松弛，产生第一批预应力损失 $\sigma_{l\,\mathrm{I}}$。此时，预应力筋的拉应力由 σ_{con} 降低至 $\sigma_{con}-\sigma_{l\,\mathrm{I}}$，由于预应力筋还未放张，混凝土的应力 $\sigma_{pc}=0$，非预应力钢筋的应力 $\sigma_s=0$。

3）放松预应力筋、预压混凝土。见表8-5中的d项，当混凝土的强度达到其设计强度的75%以上时，混凝土与钢筋之间具有了足够的黏结力，即可放张预应力筋。由于混凝土已结硬，依靠钢筋和混凝土之间的黏结力，预应力筋回缩的同时使混凝土产生预压应力 $\sigma_{pc\,\mathrm{I}}$。根据钢筋与混凝土的变形协调关系，预应力筋的拉应力也相应减小了 $\alpha_E\sigma_{pc\,\mathrm{I}}$，此时预应力筋的有效预拉应力为

$$\sigma_{pe\,\mathrm{I}}=\sigma_{con}-\sigma_{l\,\mathrm{I}}-\alpha_E\sigma_{pc\,\mathrm{I}} \tag{8-18}$$

式中　α_E——钢筋弹性模量与混凝土弹性模量的比值，$\alpha_E=E_s/E_c$。

同样，非预应力钢筋也将产生预压应力，其大小为

$$\sigma_{s\,\mathrm{I}}=\alpha_E\sigma_{pc\,\mathrm{I}}\quad（压） \tag{8-19}$$

根据力的平衡条件可得

$$\sigma_{pe\,\mathrm{I}}A_p=\sigma_{pc\,\mathrm{I}}A_c+\sigma_{s\,\mathrm{I}}A_s \tag{8-20}$$

将式（8-18）和式（8-19）代入式（8-20），可得

$$\sigma_{pc\,\mathrm{I}}=\frac{(\sigma_{con}-\sigma_{l\,\mathrm{I}})A_p}{A_c+\alpha_EA_s+\alpha_EA_p}=\frac{N_{p\,\mathrm{I}}}{A_n+\alpha_EA_p}=\frac{N_{p\,\mathrm{I}}}{A_0} \tag{8-21}$$

式中　A_c——扣除预应力筋和非预应力筋截面面积后的混凝土截面面积；

A_n——净截面面积，即扣除孔道、凹槽等削弱部分的混凝土全部截面面积及纵向非预应力钢筋截面面积换算成混凝土的截面面积之和，对由不同强度等级混凝土组成的截面，应根据混凝土弹性模量的比值换算成同一强度等级的截面面积，$A_n=A_c+\alpha_EA_s$；

A_0——换算截面面积，包括净截面面积及全部纵向预应力筋截面面积换算成混凝土的截面面积，$A_0=A_c+\alpha_EA_s+\alpha_EA_p$；

$N_{p\,\mathrm{I}}$——完成第一批预应力损失后，预应力筋的总预拉力，$N_{p\,\mathrm{I}}=(\sigma_{con}-\sigma_{l\,\mathrm{I}})A_p$。

4）混凝土受到预压应力，完成第二批预应力损失 $\sigma_{l\,\mathrm{II}}$。见表8-5中的e.项，随着时间的增长，由于混凝土发生收缩、徐变，以及预应力筋进一步松弛，产生第二批预应力损失 $\sigma_{l\,\mathrm{II}}$。此时，由于钢筋和混凝土进一步缩短，混凝土的压应力由 $\sigma_{pc\,\mathrm{I}}$ 降低至 $\sigma_{pc\,\mathrm{II}}$，预应力筋的拉应力由 $\sigma_{pe\,\mathrm{I}}$ 降低至 $\sigma_{pe\,\mathrm{II}}$，非预应力筋的压应力也由 $\sigma_{s\,\mathrm{I}}$ 变为 $\sigma_{s\,\mathrm{II}}$，于是

$$\sigma_{pe\,\mathrm{II}}=\sigma_{con}-\sigma_{l\,\mathrm{I}}-\alpha_E\sigma_{pc\,\mathrm{I}}-\sigma_{l\,\mathrm{II}}+\alpha_E(\sigma_{pc\,\mathrm{I}}-\sigma_{pc\,\mathrm{II}})=\sigma_{con}-\sigma_l-\alpha_E\sigma_{pc\,\mathrm{II}} \tag{8-22}$$

式中　$\alpha_E(\sigma_{pc\,\mathrm{I}}-\sigma_{pc\,\mathrm{II}})$——由于混凝土压应力减小，构件的弹性压缩有所恢复，其差额值所引起的预应力筋中拉应力的增加量。

此时，非预应力筋产生的压应力 $\sigma_{s\,\mathrm{II}}$ 应包括 $\alpha_E\sigma_{pc\,\mathrm{II}}$ 及由于混凝土收缩、徐变而在预应力筋中产生的压应力 σ_{l5}，所以

$$\sigma_{s\,\mathrm{II}}=\alpha_E\sigma_{pc\,\mathrm{II}}+\sigma_{l5}\quad（压） \tag{8-23}$$

由力的平衡条件求得

$$\sigma_{pe\,\mathrm{II}}A_p=\sigma_{pc\,\mathrm{II}}A_c+\sigma_{s\,\mathrm{II}}A_s$$

将式（8-22）和式（8-23）代入上式，可得

$$\sigma_{pc\,\mathrm{II}}=\frac{(\sigma_{con}-\sigma_l)A_p-\sigma_{l5}A_s}{A_c+\alpha_EA_s+\alpha_EA_p}=\frac{N_{p\,\mathrm{II}}-\sigma_{l5}A_s}{A_0} \tag{8-24}$$

式中　$\sigma_{pcⅡ}$——全部损失完成后，在混凝土中所建立的预压应力；

$N_{pⅡ}$——完成全部预应力损失后，预应力筋的总预拉力，$N_{pⅡ}=(\sigma_{con}-\sigma_l)A_p$。

2. 使用阶段

(1) 加载至混凝土的预压应力为零时　见表8-5中的f. 项，当构件承受的轴向拉力N_{p0}使混凝土预压应力$\sigma_{pcⅡ}$全部抵消，即混凝土的应力为零，截面处于“消压”状态，$\sigma_{pcⅡ}=0$。这时，预应力筋和非预应力筋的应力增量均应为$\alpha_E\sigma_{pcⅡ}$，由此即可求得此时预应力筋的应力σ_{p0}和非预应力筋的应力σ_{s0}

$$\sigma_{p0}=\sigma_{peⅡ}+\alpha_E\sigma_{pcⅡ}$$

将式（8-22）代入上式，可得

$$\sigma_{p0}=\sigma_{con}-\sigma_l \tag{8-25}$$

$$\sigma_{s0}=\sigma_{sⅡ}-\alpha_E\sigma_{pcⅡ}=\alpha_E\sigma_{pcⅡ}+\sigma_{l5}-\alpha_E\sigma_{pcⅡ}=\sigma_{l5}\quad(压) \tag{8-26}$$

轴向拉力N_{p0}可由力的平衡条件求得

$$N_{p0}=\sigma_{p0}A_p-\sigma_{s0}A_s$$

将式（8-25）和式（8-26）代入上式，可得

$$N_{p0}=(\sigma_{con}-\sigma_l)A_p-\sigma_{l5}A_s=N_{pⅡ}-\sigma_{l5}A_s$$

由式（8-24）知

$$N_{pⅡ}-\sigma_{l5}A_s=\sigma_{pcⅡ}A_0$$

$$N_{p0}=\sigma_{pcⅡ}A_0 \tag{8-27}$$

式中　N_{p0}——混凝土应力为零时的轴向拉力，称为“消压拉力”。

(2) 加载至裂缝即将出现　见表8-5中的g. 项，当轴向拉力超过N_{p0}后，混凝土开始受拉。当荷载加至N_{cr}，即混凝土的拉应力达到其轴心抗拉强度标准值f_{tk}时，混凝土即将开裂。此时，预应力筋和非预应力筋的应力增量均应为$\alpha_E f_{tk}$，则

$$\sigma_{pcr}=\sigma_{p0}+\alpha_E f_{tk}=\sigma_{con}-\sigma_l+\alpha_E f_{tk} \tag{8-28}$$

$$\sigma_s=\alpha_E f_{tk}-\sigma_{l5}\quad(拉) \tag{8-29}$$

轴向拉力N_{cr}也可由力的平衡条件求得

$$N_{cr}=\sigma_{pcr}A_p+\sigma_s A_s+f_{tk}A_c$$

将式（8-28）和式（8-29）代入上式，可得

$$N_{cr}=(\sigma_{pcⅡ}+f_{tk})A_0 \tag{8-30}$$

式中　N_{cr}——混凝土即将开缝时的轴向拉力，称为“开裂拉力”。

由此可知，由于预压应力$\sigma_{pcⅡ}$的作用，使得预应力混凝土轴心受拉构件的抗裂拉力比普通钢筋混凝土轴心受拉构件要大很多（通常$\sigma_{pcⅡ}$比f_{tk}大得多），这就是预应力混凝土构件较普通钢筋混凝土构件抗裂性好的原因。

(3) 加载至构件破坏　见表8-5中的h. 项，当轴向拉力超过N_{cr}后，混凝土开始出现裂缝。在裂缝截面处，混凝土就不再承受拉力，拉力全部由预应力筋和非预应力筋承担。当钢筋应力达到设计强度时，构件破坏。此时，极限轴向拉力N_u可由力的平衡条件求得

$$N_u=f_{py}A_p+f_y A_s \tag{8-31}$$

式中　f_{py}——预应力筋的抗拉强度设计值；

f_y——非预应力筋的抗拉强度设计值。

由式（8-31）可知，施加预应力并不能提高构件的承载力。

图8-13为先张法预应力混凝土轴心受拉构件应力变化示意图，虚线表示相同截面、配筋和

材料的普通钢筋混凝土构件的应力变化示意图。

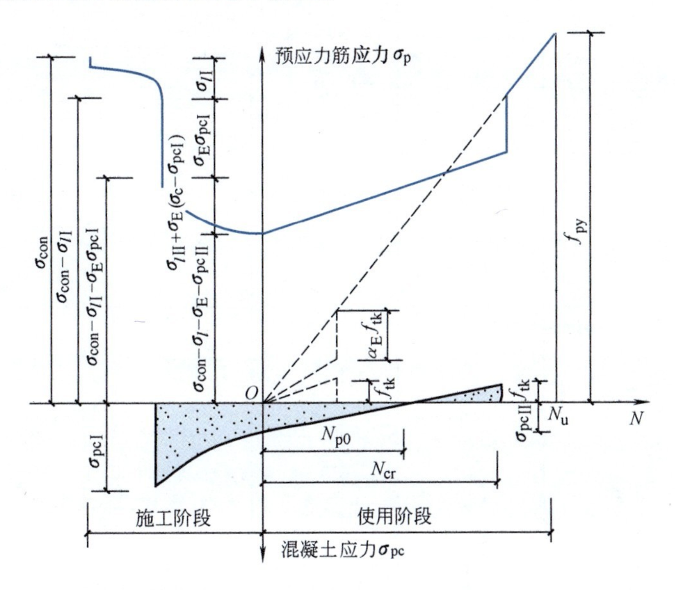

图 8-13　先张法预应力混凝土轴心受拉构件应力变化示意图

8.3.2　后张法构件

后张法预应力混凝土轴心受拉构件各阶段钢筋和混凝土的应力变化过程见表 8-6。

1. 施工阶段

（1）浇筑混凝土并养护直至预应力筋张拉前　见表 8-6 中的 a. 项，此阶段中可以认为构件截面上没有任何应力。

（2）张拉预应力筋　见表 8-6 中的 b. 项，在张拉预应力筋的过程中，千斤顶的反作用力同时传递给混凝土，使混凝土受到弹性压缩，并产生摩擦损失 σ_{l2}。

此时，预应力筋中的拉应力为

$$\sigma_{pe}=\sigma_{con}-\sigma_{l2} \tag{8-32}$$

非预应力钢筋中的压应力为

$$\sigma_s=\alpha_E\sigma_{pc}\quad（压） \tag{8-33}$$

由力的平衡条件求得

$$\sigma_{pe}A_p=\sigma_{pc}A_c+\sigma_sA_s$$

将式（8-32）和式（8-33）代入上式，可得

$$(\sigma_{con}-\sigma_{l2})A_p=\sigma_{pc}A_c+\alpha_E\sigma_{pc\,\mathrm{II}}\sigma_{pc}A_s$$

$$\sigma_{pc}=\frac{(\sigma_{con}-\sigma_{l2})A_p}{A_c+\alpha_EA_s}=\frac{(\sigma_{con}-\sigma_{l2})A_p}{A_n} \tag{8-34}$$

式中　A_c——扣除非预应力钢筋截面面积及孔道、凹槽等削弱部分后的混凝土截面面积。

（3）预应力筋张拉完毕并予锚固至完成第一批预应力损失 $\sigma_{l\mathrm{I}}$　见表 8-6 中的 c. 项，张拉预应力筋后，由于锚具变形和预应力筋内缩引起预应力损失 σ_{l1}。此时，预应力筋的拉应力由 σ_{pe}降低至 $\sigma_{pe\,\mathrm{I}}$，即

表 8-6 后张法预应力混凝土轴心受拉构件各阶段钢筋和混凝土的应力变化过程

受力阶段		简图	预应力筋应力 σ_p	混凝土应力 σ_{pc}	非预应力筋应力 σ_s
施工阶段	a. 穿钢筋		0	0	0
	b. 张拉钢筋	$\sigma_{pe}A_p$；σ_{pc}(压)	$\sigma_{con}-\sigma_{l2}$	$\sigma_{pc}=\dfrac{(\sigma_{con}-\sigma_{l2})A_p}{A_n}$(压)	$\sigma_s=\alpha_E\sigma_{pc}$(压)
	c. 完成第一批损失	$\sigma_{peI}A_p$；σ_{pcI}(压)	$\sigma_{pe\,I}=\sigma_{con}-\sigma_{l\,I}$	$\sigma_{pc\,I}=\dfrac{(\sigma_{con}-\sigma_{l\,I})A_p}{A_n}$(压)	$\alpha_{s\,I}=\alpha_E\sigma_{pc\,I}$(压)
	d. 完成第二批损失	$\sigma_{peII}A_p$；σ_{pcII}(压)	$\sigma_{pe\,II}=\sigma_{con}-\sigma_l$	$\sigma_{pc\,II}=\dfrac{(\sigma_{con}-\sigma_l)A_p-\sigma_{l5}A_s}{A_n}$(压)	$\sigma_{s\,II}=\alpha_E\sigma_{pc\,II}+\sigma_{l5}$(压)
使用阶段	e. 加载至 $\sigma_{pc}=0$	N_{p0}；N_{p0}；0	$\sigma_{p0}=\sigma_{con}-\sigma_l+\alpha_E\sigma_{pc\,II}$	0	σ_{l5}(压)
	f. 加载至裂缝即将出现	N_{cr}；N_{cr}；f_{tk}(拉)	$\sigma_{pcr}=\sigma_{con}-\sigma_l+\alpha_E\sigma_{pcII}+\alpha_E f_{tk}$	f_{tk}(拉)	$\alpha_E f_{tk}-\sigma_{l5}$(拉)
	g. 加载至构件破坏	N_u；N_u	f_{py}	0	f_y(拉)

$$\sigma_{pe\,\mathrm{I}} = \sigma_{con} - \sigma_{l2} - \sigma_{l1} = \sigma_{con} - \sigma_{l\,\mathrm{I}} \tag{8-35}$$

若混凝土获得的预压应力为 $\sigma_{pc\,\mathrm{I}}$，则非预应力钢筋中的压应力为

$$\sigma_{s\,\mathrm{I}} = \alpha_E \sigma_{pc\,\mathrm{I}} \quad (压) \tag{8-36}$$

由力的平衡条件求得

$$\sigma_{pe\,\mathrm{I}} A_p = \sigma_{pc\,\mathrm{I}} A_c + \sigma_{s\,\mathrm{I}} A_s$$

将式（8-35）和式（8-36）代入上式，可得

$$(\sigma_{con} - \sigma_{l\,\mathrm{I}}) A_p = \sigma_{pc\,\mathrm{I}} A_c + \alpha_E \sigma_{pc\,\mathrm{I}} A_s$$

$$\sigma_{pc\,\mathrm{I}} = \frac{(\sigma_{con} - \sigma_{l\,\mathrm{I}}) A_p}{A_c + \alpha_E A_s} = \frac{N_{p\,\mathrm{I}}}{A_n} \tag{8-37}$$

式中　$N_{p\,\mathrm{I}}$——完成第一批预应力损失后，预应力筋的总预拉力，$N_{p\,\mathrm{I}} = (\sigma_{con} - \sigma_{l\,\mathrm{I}}) A_p$。

（4）混凝土受到预压应力后至完成第二批预应力损失 $\sigma_{l\,\mathrm{II}}$　见表 8-6 中的 d. 项，由于钢筋应力松弛及混凝土的收缩和徐变（对于环形构件还有局部挤压变形），引起预应力损失 σ_{l4}、σ_{l5}（以及 σ_{l6}），即完成第二批预应力损失 $\sigma_{l\,\mathrm{II}} = \sigma_{l4} + \sigma_{l5}$（$+\sigma_{l6}$）。此时，预应力筋的拉应力由 $\sigma_{pe\,\mathrm{I}}$ 降低至 $\sigma_{pe\,\mathrm{II}}$，即

$$\sigma_{pe\,\mathrm{II}} = \sigma_{con} - \sigma_{l\,\mathrm{I}} - \sigma_{l\,\mathrm{II}} = \sigma_{con} - \sigma_l \tag{8-38}$$

若混凝土所获得的预压应力为 $\sigma_{pc\,\mathrm{II}}$，非预应力筋中的压应力相应为

$$\begin{aligned}\sigma_{s\,\mathrm{II}} &= \alpha_E \sigma_{pc\,\mathrm{I}} + \sigma_{l5} - \alpha_E (\sigma_{pc\,\mathrm{I}} - \sigma_{pc\,\mathrm{II}}) \\ &= \alpha_E \sigma_{pc\,\mathrm{II}} + \sigma_{l5} \quad (压)\end{aligned} \tag{8-39}$$

由力的平衡条件求得

$$\sigma_{pe\,\mathrm{II}} A_p = \sigma_{pc\,\mathrm{II}} A_c + \sigma_{s\,\mathrm{II}} A_s$$

将式（8-38）和式（8-39）代入上式，可得

$$(\sigma_{con} - \sigma_l) A_p = \sigma_{pc\,\mathrm{II}} A_c + (\alpha_E \sigma_{pc\,\mathrm{II}} + \sigma_{l5}) A_s$$

$$\sigma_{pc\,\mathrm{II}} = \frac{(\sigma_{con} - \sigma_l) A_p - \sigma_{l5} A_s}{A_c + \alpha_E A_s} = \frac{(\sigma_{con} - \sigma_l) A_p - \sigma_{l5} A_s}{A_n} \tag{8-40}$$

2. 使用阶段

（1）加载至混凝土的预压应力为零　见表 8-6 中的 e. 项，当构件承受的轴向拉力 N_{p0} 使混凝土预压应力 $\sigma_{pc\,\mathrm{II}}$ 被全部抵消，即混凝土的应力 $\sigma_{pc\,\mathrm{II}} = 0$，这时，预应力筋和非预应力筋的应力增量应为 $\alpha_E \sigma_{pc\,\mathrm{II}}$，则

$$\sigma_{p0} = \sigma_{pe\,\mathrm{II}} + \alpha_E \sigma_{pc\,\mathrm{II}} = \sigma_{con} - \sigma_l + \alpha_E \sigma_{pc\,\mathrm{II}} \tag{8-41}$$

$$\sigma_{s0} = \sigma_{s\,\mathrm{II}} - \alpha_E \sigma_{pc\,\mathrm{II}} = \alpha_E \sigma_{pc\,\mathrm{II}} + \sigma_{l5} - \alpha_E \sigma_{pc\,\mathrm{II}} = \sigma_{l5} \quad (压) \tag{8-42}$$

由力的平衡条件可求得轴向拉力 N_{p0}

$$N_{p0} = \sigma_{p0} A_p - \sigma_{s0} A_s$$

将式（8-41）和式（8-42）代入上式，可得

$$N_{p0} = (\sigma_{con} - \sigma_l + \alpha_E \sigma_{pc\,\mathrm{II}}) A_p - \sigma_{l5} A_s \tag{8-43a}$$

由式（8-40）知

$$(\sigma_{con} - \sigma_l) A_p - \sigma_{l5} A_s = \sigma_{pc\,\mathrm{II}} (A_c + \alpha_E A_s)$$

故

$$\begin{aligned}N_{p0} &= \sigma_{pc\,\mathrm{II}} (A_c + \alpha_E A_s) + \alpha_E \sigma_{pc\,\mathrm{II}} A_p \\ &= \sigma_{pc\,\mathrm{II}} (A_c + \alpha_E A_s + \alpha_E A_p) = \sigma_{pc\,\mathrm{II}} A\end{aligned} \tag{8-43b}$$

（2）加载至裂缝即将出现　见表 8-6 中的 f 项，当轴向拉力超过 N_{p0} 后，混凝土开始受拉。当荷载加至 N_{cr}，混凝土的拉应力达到其轴心抗拉强度标准值 f_{tk} 时，混凝土即将开裂，这时预应

力筋和非预应力筋的应力增量均应为 $\alpha_E f_{tk}$，则

$$\sigma_{pcr} = \sigma_{p0} + \alpha_E f_{tk} = \sigma_{con} - \sigma_l + \alpha_E \sigma_{pc\text{II}} + \alpha_E f_{tk} \tag{8-44}$$

$$\sigma_s = \alpha_E f_{tk} - \sigma_{l5} \quad (\text{拉}) \tag{8-45}$$

开裂拉力 N_{cr} 可由力的平衡条件求得

$$N_{cr} = \sigma_{pcr} A_p + \sigma_s A_s + f_{tk} A_c$$

将式（8-44）和式（8-45）代入上式，可得

$$\begin{aligned} N_{cr} &= (\sigma_{con} - \sigma_l + \alpha_E \sigma_{pc\text{II}} + \alpha_E f_{tk}) A_p + (\alpha_E f_{tk} - \sigma_{l5}) A_s + f_{tk} A_c \\ &= (\sigma_{con} - \sigma_l + \alpha_E \sigma_{pc\text{II}}) A_p - \sigma_{l5} A_s + f_{tk} (A_c + \alpha_E A_s + \alpha_E A_p) \end{aligned}$$

由式（8-43a）和式（8-43b）知

$$N_{p0} = \sigma_{pc\text{II}} A_0 = (\sigma_{con} - \sigma_l + \alpha_E \sigma_{pc\text{II}}) A_p - \sigma_{l5} A_s$$

则

$$N_{cr} = \sigma_{pc\text{II}} A_0 + f_{tk} A_0 = (\sigma_{pc\text{II}} + f_{tk}) A_0 \tag{8-46}$$

(3) 加载至构件破坏　见表 8-6 中的 g 项，与先张法构件相同，当轴向拉力达到 N_u 时，构件破坏，此时预应力筋和非预应力筋的应力分别达到 f_{py} 和 f_y。由力的平衡条件可得

$$N_u = f_{py} A_p + f_y A_s \tag{8-47}$$

图 8-14 为后张法预应力混凝土轴心受拉构件应力变化示意图。

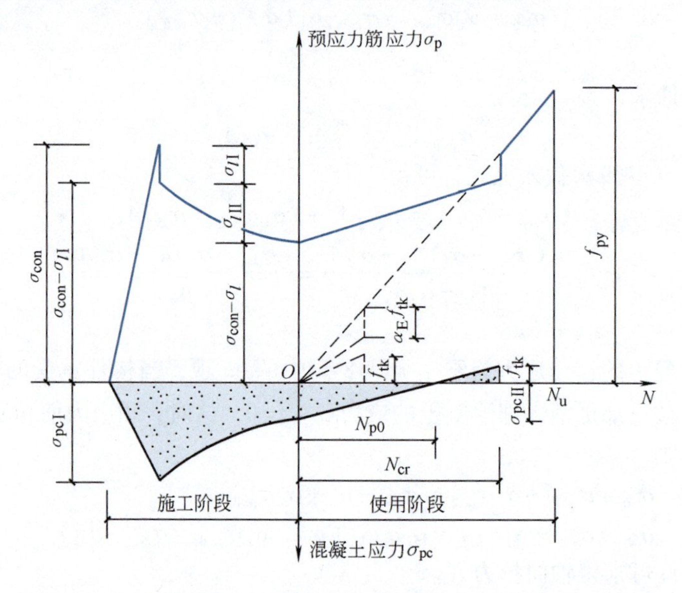

图 8-14　后张法预应力混凝土轴心受拉构件应力变化示意图

8.3.3　先张法和后张法的比较

比较表 8-5、表 8-6 及图 8-13、图 8-14 可得如下结论：

1）在施工阶段，当完成第二批预应力损失后，混凝土所获得的预压应力为 $\sigma_{pc\text{II}}$。先张法和后张法构件的计算公式形式基本相同，只是由于两者不同的施工工艺，而使其 σ_l 的具体计算值有所不同。同时，在计算公式中，先张法构件采用换算截面面积 A_0，而后张法构件采用净截面面积 A_n。如果采用相同的 σ_{con}、相同的材料强度等级、相同的混凝土截面尺寸、相同的预应力筋及截面面积，由于 $A_0 > A_n$，则后张法构件建立的有效预压应力 $\sigma_{pc\text{II}}$ 要比先张法构件高一些。

2）在使用阶段，不论先张法还是后张法构件，N_{p0}、N_{cr}和N_u的计算公式形式都相同，但在计算N_{p0}和N_{cr}时，两种方法的$\sigma_{pcⅡ}$是不同的。

3）由于预压应力$\sigma_{pcⅡ}$的作用，使得预应力混凝土轴心受拉构件出现裂缝的时间要比普通钢筋混凝土轴心受拉构件迟得多，故其抗裂度显著提高，但出现裂缝时的荷载值与构件的破坏荷载值比较接近，所以其延性较差。

4）预应力混凝土轴心受拉构件从开始张拉直至其破坏，预应力筋始终处于高拉应力状态，而混凝土在轴向拉力达到N_{p0}之前也始终处于受压状态，两种材料能充分发挥各自的材料性能。

5）当材料的强度等级和截面尺寸相同时，预应力混凝土轴心受拉构件与普通钢筋混凝土轴心受拉构件的正截面受拉承载力完全相同。

8.4　预应力混凝土轴心受拉构件的计算和验算

在进行预应力混凝土轴心受拉构件设计时，除保证使用阶段的承载力和抗裂度及裂缝宽度要求外，还要进行施工阶段强度验算和后张法构件局部承压验算。

8.4.1　正截面受拉承载力

根据各阶段应力分析，当预应力混凝土轴心受拉构件加载至破坏时，全部荷载应由预应力筋和非预应力筋承担，计算简图如图8-15所示。其正截面受拉承载力可按下式计算

$$N \leqslant N_u = f_{py}A_p + f_yA_s \tag{8-48}$$

式中　N——轴向拉力设计值；

f_{py}、f_y——预应力筋、非预应力筋的抗拉强度设计值；

A_p、A_s——预应力筋、非预应力筋的截面面积。

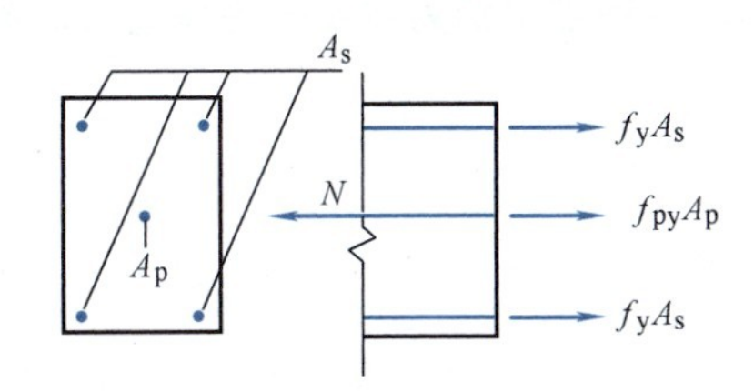

图8-15　轴心受拉构件正截面受拉承载力计算

8.4.2　裂缝控制验算

预应力混凝土轴心受拉构件的裂缝控制验算，根据不同的抗裂度等级要求，可分别进行计算。

1. 严格要求不出现裂缝的构件

要求在按荷载效应标准组合计算时，构件的混凝土中不应产生拉应力，即应满足

$$\sigma_{ck} - \sigma_{pcⅡ} \leqslant 0 \tag{8-49}$$

式中　$\sigma_{pcⅡ}$——扣除全部预应力损失后抗裂验算边缘混凝土的预压应力，按式（8-24）或式（8-40）计算；

σ_{ck}——荷载效应标准组合下抗裂验算边缘混凝土的法向应力，按下式计算

$$\sigma_{ck} = \frac{N_k}{A_0} \tag{8-50}$$

式中　N_k——按荷载效应标准组合计算的轴向力值；

A_0——构件换算截面面积，$A_0 = A_c + \alpha_E A_s + \alpha_E A_p$。

2. 一般要求不出现裂缝的构件

要求在按荷载效应标准组合计算时，构件受拉边缘混凝土的拉应力不应大于混凝土轴心抗拉强度标准值，即应符合下列条件

$$\sigma_{ck} - \sigma_{pc\mathrm{II}} \leqslant f_{tk} \tag{8-51}$$

3. 允许出现裂缝的构件

对于允许出现裂缝的预应力混凝土轴心受拉构件，应验算其裂缝宽度。按荷载效应标准组合并考虑长期作用影响计算时，构件的最大裂缝宽度不应超过附表 8 规定的最大裂缝宽度限值，即应符合下列条件

$$w_{max} = \alpha_{cr}\psi \frac{\sigma_{sk}}{E_s}\left(1.9c + 0.08\frac{d_{eq}}{\rho_{te}}\right) \leqslant w_{lim} \tag{8-52}$$

式中　α_{cr}——构件受力特征系数，对预应力混凝土轴心受拉构件取 $\alpha_{cr} = 2.2$；

σ_{sk}——按荷载效应标准组合计算的预应力混凝土构件纵向受拉钢筋的等效应力，$\sigma_{sk} = \dfrac{N_k - N_{p0}}{A_p + A_s}$；

ρ_{te}——按有效受拉混凝土截面面积计算的纵向受拉钢筋配筋率，$\rho_{te} = \dfrac{A_s + A_p}{A_{te}}$，当 $\rho_{te} <$ 0.01 时，取 $\rho_{te} = 0.01$；

A_p、A_s——受拉区纵向预应力筋和非预应力筋截面面积；

其余符号同第 7 章。

对环境类别为二 a 类的预应力混凝土构件，在荷载准永久组合下，受拉边缘应力还应符合下列规定

$$\sigma_{cq} - \sigma_{pc} \leqslant f_{tk} \tag{8-53}$$

式中　σ_{cq}——荷载效应准永久组合下抗裂验算边缘混凝土的法向应力，$\sigma_{cq} = \dfrac{N_q}{A_0}$；

N_q——按荷载效应准永久组合计算的轴向拉力值。

8.4.3　施工阶段验算

预应力混凝土构件在制作、运输、吊装等施工阶段的受力状态，不同于使用阶段的受力状态，所以除了应对构件使用阶段的承载力和裂缝控制进行验算外，还应对施工阶段的受力情况进行验算。它包括施工阶段的承载力验算和后张法构件锚固区的局部承压验算。

1. 承载力验算

当放张预应力筋（先张法构件）或张拉预应力筋（后张法构件）时，混凝土将承受最大的预压应力 σ_{cc}，而此时的混凝土强度一般还未达到其设计强度（例如仅达到其设计强度等级的 75%）。为了保证施工阶段混凝土的受压承载力，当张拉（或放张）预应力筋时，构件截面边缘混凝土的法向压应力应符合下列规定

$$\sigma_{cc} \leqslant 0.8f'_{ck} \tag{8-54}$$

式中　f'_{ck}——张拉（或放张）预应力筋时，与混凝土立方体抗压强度 f'_{cu} 相应的轴心抗压强度标准值，可按附表 1 以线性内插法取用；

σ_{cc}——相应施工阶段计算截面边缘混凝土压应力。

σ_{cc} 可按下列公式计算：

1）先张法构件按第一批预应力损失出现后计算 σ_{cc}，即

$$\sigma_{cc} = \frac{(\sigma_{con} - \sigma_{l\mathrm{I}})A_p}{A_0} \tag{8-55}$$

2）后张法构件按不考虑预应力损失值计算 σ_{cc}，即

$$\sigma_{cc}=\frac{\sigma_{con}A_p}{A_n} \tag{8-56}$$

2. 后张法构件端部锚固区局部受压分析

后张法预应力混凝土构件的预压力，是通过锚具经垫板传递给混凝土的。一般锚具下的垫板与混凝土的接触面积很小，而预压力又很大，因此锚具下的局部混凝土将承受较大的压应力，如图 8-16 所示。在这种局部压应力的作用下，可能引起构件端部出现纵向裂缝，甚至导致局部受压破坏，故对后张法预应力混凝土构件端部的局部受压验算，应包括抗裂和承载能力的验算。

构件端锚具下的应力状态是很复杂的，根据圣维南原理，锚具下的局部压应力要经过一段距离才能扩散到整个截面上，因此要把图 8-16a、b 中作用在截面 AB 中面积 A_l 上的局部压应力 F_l 逐渐扩散到整个截面上，使得在这个截面上构件全截面均匀受压，就需要有一定的距离（大约是构件的高度）。常把从构件端部局部受压到全截面均匀受压的这个区段，称为预应力混凝土构件的锚固区。

混凝土受局部压力作用时，混凝土内的应力分布是很不均匀的（图 8-16c），沿 x 方向的正应力 σ_x，在块体 $ABCD$ 中的绝大部分都是压应力；沿 y 方向的正应力 σ_y，在块体的 $AOBGFE$ 部分是压应力，而在 $EFGDC$ 部分是拉应力，最大拉应力发生在 H 点。当外荷载逐渐增加，H 点的拉应变超过混凝土的极限拉应变值时，混凝土就会出现纵向裂缝，若承载力不足，则会导致局部受压破坏。

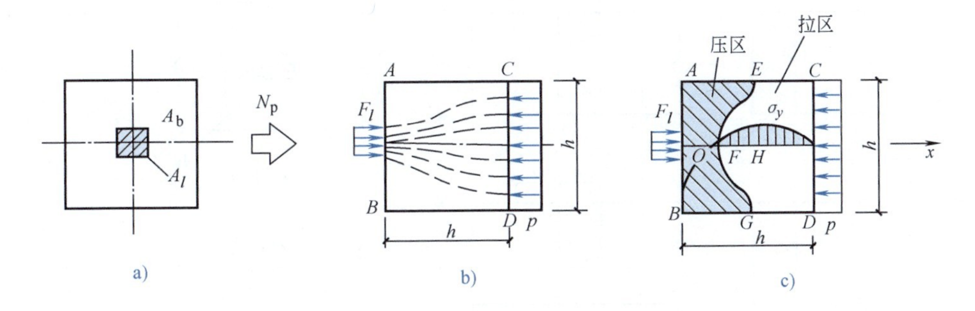

图 8-16　构件端部混凝土局部受压时的内力分布

试验表明，影响混凝土局部受压纵向裂缝及承载能力的主要因素有：

(1) 混凝土局部受压的计算底面积 A_b 与局部受压面积 A_l 之比　由局部受压的试验结果可知，局部受压强度提高系数 $\beta_l=f_{cl}/f_c$（f_{cl} 为混凝土的局部受压强度）在一定范围内，随 A_b/A_l 的增大而增大，但增长逐渐趋缓。

(2) 间接钢筋体积与混凝土体积之比　间接钢筋体积与混凝土体积之比为间接钢筋的体积配筋率 ρ_V。当构件配有间接钢筋或螺旋钢筋时，由于横向钢筋产生径向压力，限制了混凝土的横向变形，抑制了微裂缝的发展，使混凝土处于三向受压状态，提高了混凝土的抗压强度和抗变形能力。试验表明，在一定范围内，ρ_V 越大，构件的局部受压承载能力就越高。

3. 锚固区抗裂验算（端部受压区截面尺寸验算）

为了满足构件端部局部受压区的抗裂要求，防止由于构件端部受压面积太小而在施加预应力时出现沿构件长度方向的裂缝，对配置间接钢筋的预应力混凝土构件，其局部受压区的截面尺寸应符合下列要求

$$F_l\leqslant 1.35\beta_c\beta_l f_c A_{ln} \tag{8-57}$$

$$\beta_l=\sqrt{\frac{A_b}{A_l}} \tag{8-58}$$

式中　F_l——局部受压面上作用的局部荷载或局部压力设计值，对后张法预应力混凝土构件中的锚头局部受压区的应力设计值，应取 $F_l=1.2\sigma_{con}A_p$；

f_c——混凝土轴心抗压强度设计值，在后张法预应力混凝土构件的张拉阶段验算中，应根据相应阶段的混凝土立方体抗压强度值按附表 1 以线性内插法确定；

β_c——混凝土强度影响系数，当混凝土强度等级不超过 C50 时，取 $\beta_c=1.0$；当混凝土强度等级为 C80 时，取 $\beta_c=0.8$；其间按线性内插法确定；

β_l——混凝土局部受压时的强度提高系数；

A_{ln}——混凝土局部受压净面积，对后张法构件，应在混凝土局部受压面积中扣除孔道、凹槽等部分的面积；

A_b——局部受压的计算底面积，可由局部受压面积与计算底面积按同心、对称的原则确定，对常用情况，可如图 8-17 所示取用；

A_l——混凝土局部受压面积，有垫板时，考虑预应力沿锚具垫圈边缘在垫板中按 45°扩散后传至混凝土的受压面积，如图 8-18 所示。

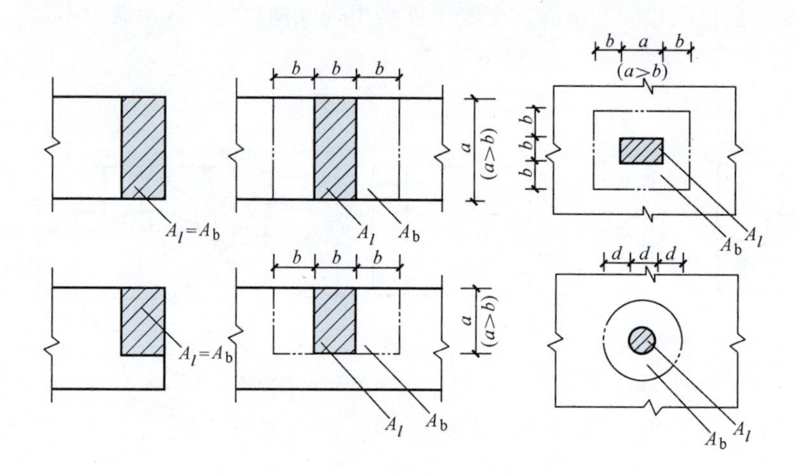

图 8-17　局部受压的计算底面积

4. 局部受压承载力计算

为防止构件在锚固区段发生局部受压破坏，应配置间接钢筋（钢筋网片或螺旋式钢筋）以加强对混凝土的约束，从而提高局部受压承载力。当配置方格网式或螺旋式间接钢筋且其核心面积 $A_{cor}\geqslant A_l$时，局部受压承载力应符合下列规定

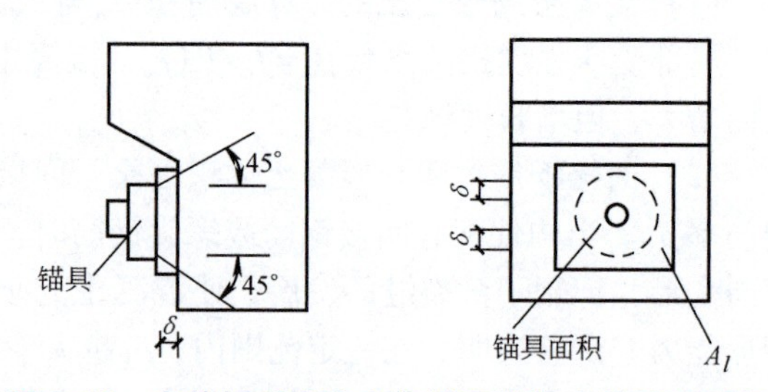

图 8-18　有垫板时预应力传递至混凝土的受压面积

$$F_l\leqslant 0.9(\beta_c\beta_l f_c+2\alpha\rho_V\beta_{cor}f_{yv})A_{ln} \tag{8-59}$$

式中　α——间接钢筋对混凝土约束的折减系数，当混凝土强度等级不超过 C50 时，取 $\alpha=1.0$；当混凝土强度等级为 C80 时，取 $\alpha=0.85$；其间按线性内插法确定；

β_{cor}——配置间接钢筋的局部受压承载力提高系数，可按下列公式计算

$$\beta_{cor}=\sqrt{\frac{A_{cor}}{A_l}} \tag{8-60}$$

A_{cor}——方格网式或螺旋式间接钢筋内表面范围内的混凝土核心面积，其重心应与A_l的重心重合，计算中按同心、对称的原则取值，当$A_{cor}\geqslant A_b$时，应取$A_{cor}=A_b$；

f_{yv}——间接钢筋抗拉强度设计值；

ρ_V——间接钢筋的体积配筋率（核心面积A_{cor}范围内单位混凝土体积所含间接钢筋的体积）。

其余符号同式（8-57）。

根据间接钢筋的配置形式，分方格网配筋和螺旋式配筋，按不同公式计算。

1）方格网配筋（图8-19a）。计算公式为

$$\rho_V=\frac{n_1A_{s1}l_1+n_2A_{s2}l_2}{A_{cor}s} \tag{8-61}$$

式中　n_1、A_{s1}——方格网沿l_1方向的钢筋根数、单根钢筋的截面面积；

n_2、A_{s2}——方格网沿l_2方向的钢筋根数、单根钢筋的截面面积；

s——方格网式或螺旋式间接钢筋的间距，宜取30～80mm。

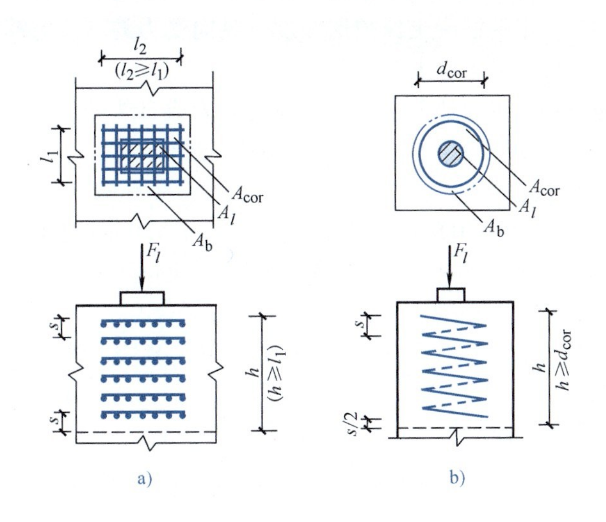

图8-19　局部受压区的间接钢筋

a）方格网式配筋　b）螺旋式配筋

此时，钢筋网两个方向上单位长度内钢筋截面面积的比值不宜大于1.5。

2）螺旋式配筋（图8-19b）。计算公式为

$$\rho_V=\frac{4A_{ss1}}{d_{cor}s} \tag{8-62}$$

式中　A_{ss1}——单根螺旋式间接钢筋的截面面积；

d_{cor}——螺旋式间接钢筋内表面范围内的混凝土截面直径。

间接钢筋应布置在如图8-19所示规定的高度h范围内，对方格网式钢筋不应少于4片；对螺旋式钢筋不应少于4圈。

8.5 预应力混凝土构件的基本构造要求

预应力混凝土构件的构造要求，除应满足钢筋混凝土结构的有关规定外，还应根据其张拉工艺、锚固措施及预应力筋种类的不同，满足相应的构造要求。

8.5.1 先张法构件

1. 预应力筋的净间距

先张法预应力混凝土构件应保证钢筋（丝）与混凝土之间有可靠的黏结力，宜采用变形钢筋、刻痕钢丝、螺旋肋钢丝和钢绞线等。

先张法预应力筋的净间距应根据浇筑混凝土、施加预应力及钢筋锚固等的要求确定。预应力筋的净间距不应小于其公称直径（或等效直径）的2.5倍，且应符合下列规定：对热处理钢筋及钢丝，不应小于15mm；对三股钢绞线，不应小于20mm；对七股钢绞线，不应小于25mm。

2. 预应力筋的保护层

为保证预应力筋与周围混凝土的黏结锚固，防止放张预应力筋时在构件端部沿预应力筋周围出现纵向裂缝，必须有一定的混凝土保护层厚度。纵向受力的预应力筋的混凝土保护层厚度取值同普通钢筋混凝土构件，且不小于15mm。

对有防火要求的建筑物，以及处于海水环境与受人为或自然的侵蚀性物质影响的环境中的建筑物，其混凝土保护层厚度还应符合国家现行有关标准的要求。

3. 构件端部的加强措施

1）对单根配置的预应力筋，其端部宜设置长度不小于150mm且不少于4圈的螺旋肋；当有可靠经验时，也可利用支座垫板上的插筋，但插筋数量不应少于4根，其长度不宜小于120mm。

2）对分散布置的多根预应力筋，在构件端部10d（d为预应力筋直径）范围内应设置3~5片与预应力筋垂直的钢筋网。

3）当构件端部与下部支承结构焊接时，应考虑混凝土收缩、徐变及温度变化所产生的不利影响，宜在构件端部可能产生裂缝的部位设置足够的非预应力纵向构造钢筋。

8.5.2 后张法构件

1. 预留孔道的构造要求

后张法预应力钢丝束、钢绞线束的预留孔道应符合下列规定：

1）对预制构件，孔道的水平净间距不宜小于50mm；孔道至构件边缘的净间距不宜小于30mm，且不宜小于粗集料粒径的1.25倍，也不宜小于孔道直径的1/2。

2）预留孔道的内径应比预应力钢丝束或钢绞线束的外径及需穿过孔道的连接器的外径大6~15mm，且孔道的截面积宜为穿入预应力束截面积的3.0~4.0倍。

3）在构件两端及中部应设置灌浆孔或排气孔，灌浆孔或排气孔的孔距不宜大于12m。灌浆顺序宜先灌注下层孔道，再灌注上层孔道；对较大的孔道或预埋管孔道，宜采用二次灌浆法。

4）在制作时需要预先起拱的构件，预留孔道宜随构件同时起拱。

要求预留孔道位置应正确，孔道平顺，接头不漏浆，端部的预埋钢板应垂直于孔道中心线等。

2. 锚具

后张法预应力筋所用锚具的形式和质量应符合国家现行有关标准的规定。

3. 构件端部的加强措施

1）构件端部的尺寸应考虑锚具和布置，以及张拉设备的尺寸和局部受压的要求，必要时应适当加大。

2）构件端部的锚固区，应按 8.4 节的相关规定进行局部受压承载力计算，并配置间接钢筋。

3）在预应力筋的锚具下及张拉设备的支承处，应设置预埋钢垫板及构造横向钢筋网片或螺旋式钢筋等局部加强措施。

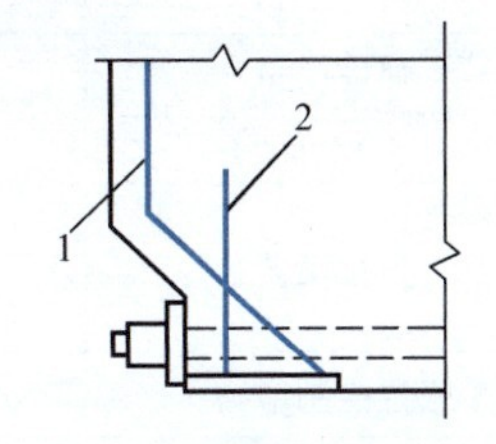

图 8-20　端部凹进处的构造钢筋

1—折线构造钢筋

2—竖向构造钢筋

4）当构件在端部有局部凹进时，应增设折线构造钢筋或其他有效的构造钢筋，如图 8-20 所示。当有足够依据时，也可采用其他的端部附加钢筋的配置方法。

5）对外露金属锚具，应采取涂刷油漆、砂浆封闭等可靠的防锈措施。

【例 8-1】 某 18m 跨度预应力拱形屋架下弦杆，如图 8-21 所示，设计条件见表 8-7，试对该下弦杆进行使用阶段及施工阶段承载力计算和抗裂度验算。

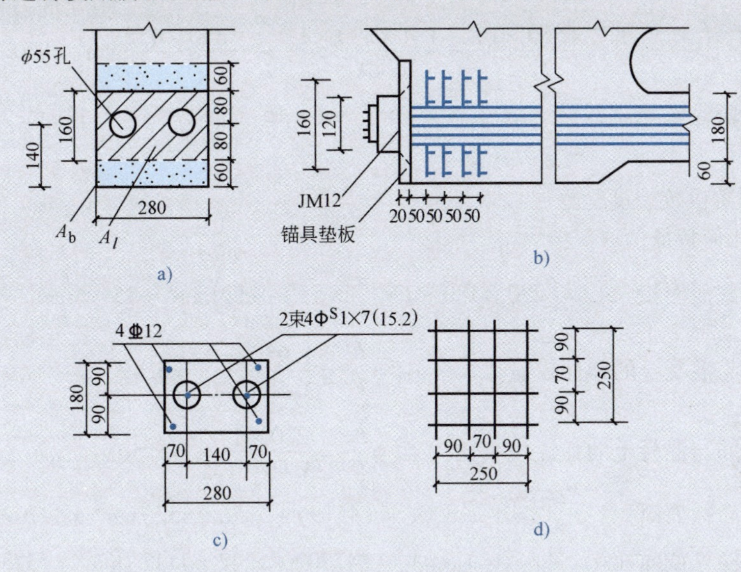

图 8-21　【例 8-1】图

a）受压面积图　b）下弦端节点　c）下弦截面配筋　d）钢筋网片

表 8-7　设计条件

材　　料	混　凝　土	预应力筋	非预应力筋
品种和强度等级	C60	钢绞线	HRB400
截面	280mm × 180mm 孔道 2ϕ55	4 Φ^{S}1 × 7 （d = 15.2mm）	4 Φ 12 （$A_s = 452\text{mm}^2$）
材料强度 /（N/mm²）	$f_c = 27.5$　$f_{ck} = 38.5$ $f_t = 2.04$　$f_{tk} = 2.85$	$f_{py} = 1220$ $f_{ptk} = 1720$	$f_y = 360$ $f_{yk} = 400$

（续）

材　料	混　凝　土	预应力筋	非预应力筋
弹性模量 /（N/mm^2）	$E_c = 3.6 \times 10^4$	$E_s = 1.95 \times 10^5$	$E_s = 2.0 \times 10^5$
张拉工艺	后张法，一端张拉，采用 JM12 锚具 孔道为充压橡胶管抽芯成型，超张拉5%		
张拉控制应力	$\sigma_{con} = 0.75 f_{ptk} = 0.75 \times 1720 N/mm^2 = 1290 N/mm^2$		
张拉时混凝土强度	$f'_{cu} = 60 N/mm^2$		
杆件内力	永久荷载标准值产生的轴向拉力标准值 $N_k = 650kN$ 可变荷载标准值产生的轴向拉力标准值 $N_k = 300kN$ 可变荷载的准永久值系数为0.4		
裂缝控制等级	严格要求不出现裂缝构件		

【解】　(1) 按使用阶段承载力计算所需预应力筋面积

由式（8-48）得

$$A_p = \frac{N - f_y A_s}{f_{py}} = \frac{(1.2 \times 650 \times 10^3 + 1.4 \times 300 \times 10^3) - 360 \times 452}{1220} mm^2 = 850.2 mm^2$$

采用2束普通松弛钢绞线，每束 $4\Phi^S 1 \times 7$（$d = 15.2mm$，$A_p = 1112mm^2$），如图 8-21c 所示。

(2) 使用阶段抗裂度验算

1) 截面几何特征值。

混凝土的截面面积　$A_c = \left(280 \times 180 - 2 \times \frac{\pi}{4} \times 55^2 - 452\right) mm^2 = 45196 mm^2$

预应力筋与混凝土的弹性模量比　　$\alpha_{E1} = \frac{E_s}{E_c} = \frac{1.95 \times 10^5}{3.60 \times 10^4} = 5.42$

非预应力筋与混凝土的弹性模量比　$\alpha_{E2} = \frac{E_s}{E_c} = \frac{2.0 \times 10^5}{3.60 \times 10^4} = 5.56$

混凝土的净截面面积　　$A_n = A_c + \alpha_{E2} A_s = (45196 + 5.56 \times 452) mm^2 = 47709 mm^2$

混凝土的换算截面面积　$A_0 = A_n + \alpha_{E1} A_p = (47709 + 5.42 \times 1112) mm^2 = 53736 mm^2$

2) 计算预应力损失值。

① 锚具变形和钢筋内缩损失 σ_{l1}。采用 JM12 型锚具（夹片式锚具），由表 8-2 查得 $a = 5mm$，则

$$\sigma_{l1} = \frac{a}{l} E_s = \frac{5}{18000} \times 1.95 \times 10^5 N/mm^2 = 54.17 N/mm^2$$

② 孔道摩擦损失 σ_{l2}。直线配筋，一端张拉，故 $\theta = 0$，$x = 18m$。充压橡胶管抽芯成型，由表 8-3 查得，$\kappa = 0.0014$，$\mu = 0.55$，则

$$\kappa x + \mu\theta = 0.0014 \times 18 = 0.0252 < 0.2$$

故由式（8-5）得

$$\sigma_{l2} = (\kappa x + \mu\theta) \sigma_{con} = 0.0252 \times 1290 N/mm^2 = 32.51 N/mm^2$$

则第一批预应力损失为

$$\sigma_{l\,\mathrm{I}}=\sigma_{l1}+\sigma_{l2}=(54.17+32.51)\,\mathrm{N/mm^2}=86.68\mathrm{N/mm^2}$$

③ 预应力筋的应力松弛损失 σ_{l4}。采用 2 束普通松弛钢绞线，超张拉工艺张拉，由式（8-7）有

$$\sigma_{l4}=0.4\left(\frac{\sigma_{\mathrm{con}}}{f_{\mathrm{ptk}}}-0.5\right)\sigma_{\mathrm{con}}=0.4\times\left(\frac{1290}{1720}-0.5\right)\times1290\mathrm{N/mm^2}=129\mathrm{N/mm^2}$$

④ 混凝土的收缩和徐变损失 σ_{l5}。此时，混凝土预压应力 σ_{pc} 仅考虑第一批预应力损失，故由式（8-37），可得

$$\sigma_{\mathrm{pc}}=\sigma_{\mathrm{pc\,I}}=\frac{N_{\mathrm{p\,I}}}{A_{\mathrm{n\,I}}}=\frac{(\sigma_{\mathrm{con}}-\sigma_{l\,\mathrm{I}})A_{\mathrm{p}}}{A_{\mathrm{c}}+\alpha_{\mathrm{E2}}A_{\mathrm{s}}}=\frac{(1290-86.68)\times1112}{47709}\mathrm{N/mm^2}=28.05\mathrm{N/mm^2}$$

$$\frac{\sigma_{\mathrm{pc}}}{f'_{\mathrm{cu}}}=\frac{28.05}{60}=0.468<0.5$$

$$\rho=\frac{A_{\mathrm{p}}+A_{\mathrm{s}}}{A_{\mathrm{n}}}=\frac{1112+452}{47709}=0.0328$$

由式（8-14）有

$$\sigma_{l5}=\frac{55+300\dfrac{\sigma_{\mathrm{pc}}}{f'_{\mathrm{cu}}}}{1+15\rho}=\frac{55+300\times\dfrac{28.05}{60}}{1+15\times0.0328}\mathrm{N/mm^2}=130.86\mathrm{N/mm^2}$$

第二批预应力损失

$$\sigma_{l\,\mathrm{II}}=\sigma_{l4}+\sigma_{l5}=(129+130.86)\,\mathrm{N/mm^2}=259.86\mathrm{N/mm^2}$$

总预应力损失

$$\sigma_{l}=\sigma_{l\,\mathrm{I}}+\sigma_{l\,\mathrm{II}}=(86.68+259.86)\,\mathrm{N/mm^2}=346.54\mathrm{N/mm^2}>80\mathrm{N/mm^2}$$

3）抗裂度验算。混凝土的有效预压应力 $\sigma_{\mathrm{pc\,II}}$，由式（8-40）求得

$$\sigma_{\mathrm{pc\,II}}=\frac{(\sigma_{\mathrm{con}}-\sigma_{l})A_{\mathrm{p}}-\sigma_{l5}A_{\mathrm{s}}}{A_{\mathrm{n}}}=\frac{(1290-346.54)\times1112-130.86\times452}{47709}\mathrm{N/mm^2}=18.92\mathrm{N/mm^2}$$

在荷载效应的标准组合下

$$N_{\mathrm{k}}=(650+300)\,\mathrm{kN}=950\mathrm{kN}$$

$$\sigma_{\mathrm{ck}}=\frac{N_{\mathrm{k}}}{A_0}=\frac{950\times10^3}{53736}\mathrm{N/mm^2}=17.68\mathrm{N/mm^2}$$

$$\sigma_{\mathrm{ck}}-\sigma_{\mathrm{pc\,II}}=(17.68-18.92)\,\mathrm{N/mm^2}<0\quad（满足抗裂要求）$$

（3）施工阶段承载力验算

达最大张拉力时构件截面上的混凝土压应力

$$\sigma_{\mathrm{cc}}=\frac{\sigma_{\mathrm{con}}A_{\mathrm{p}}}{A_{\mathrm{n}}}=\frac{1290\times1112}{47709}\mathrm{N/mm^2}=30.07\mathrm{N/mm^2}$$

而 $f'_{\mathrm{ck}}=38.5\mathrm{N/mm^2}$，故有

$$\sigma_{\mathrm{cc}}<0.8f'_{\mathrm{ck}}=0.8\times38.5\mathrm{N/mm^2}=30.8\mathrm{N/mm^2}\quad（满足要求）$$

（4）施工阶段构件端部锚固区局部受压验算

1）锚固区抗裂验算。计算混凝土局部受压面积 A_l 时，可考虑预应力沿锚具垫圈边缘在垫板中按45°扩散后传至混凝土的受压面积。JM12 锚具的直径为100mm，锚具下的垫板厚20mm，在此近似取如图8-21a所示的斜线矩形面积，即

$$A_l = 280 \times (120 + 2 \times 20)\,\text{mm}^2 = 44800\text{mm}^2$$

局部受压的计算底面积

$$A_b = 280 \times (160 + 2 \times 60)\,\text{mm}^2 = 78400\text{mm}^2$$

混凝土局部受压净面积

$$A_{ln} = \left(44800 - 2 \times \frac{\pi}{4} \times 55^2\right)\text{mm}^2 = 40048\text{mm}^2$$

$$\beta_l = \sqrt{\frac{A_b}{A_l}} = \sqrt{\frac{78400}{44800}} = 1.323$$

当 $f_{cu,k} = 60\text{N/mm}^2$ 时，按线性内插法得 $\beta_c = 0.933$。由式（8-57）可得

$$1.35\beta_c\beta_l f_c A_{ln} = 1.35 \times 0.933 \times 1.323 \times 27.5 \times 40048\text{N} = 1835223\text{N} \approx 1835.2\text{kN}$$

$$F_l = 1.2\sigma_{con}A_p = 1.2 \times 1290 \times 1112\text{N}$$

$$= 1721376\text{N} \approx 1721.4\text{kN} < 1.35\beta_c\beta_l f_c A_{ln} = 1835.2\text{kN} \quad （满足要求）$$

2）局部受压承载力计算。设置4片Φ8钢筋网片，间距 $s = 50\text{mm}$，钢筋直径 $d = 8\text{mm}$，$f_{yv} = 270\text{N/mm}^2$。

$A_{s1} = A_{s2} = 50.3\text{mm}^2$，如图8-21b、d所示，则

$A_{cor} = 250 \times 250\text{mm}^2 = 62500\text{mm}^2 < A_b = 78400\text{mm}^2$

$$\beta_{cor} = \sqrt{\frac{A_{cor}}{A_l}} = \sqrt{\frac{62500}{44800}} = 1.181$$

$$\rho_V = \frac{n_1 A_{s1} l_1 + n_2 A_{s2} l_2}{A_{cor} s} = \frac{4 \times 50.3 \times 250 + 4 \times 50.3 \times 250}{62500 \times 50} = 0.032$$

按线性内插法，求得折减系数 $\alpha = 0.95$。则由式（8-59）可得

$$0.9(\beta_c\beta_l f_c + 2\alpha\rho_V\beta_{cor}f_{yv})A_{ln}$$

$$= 0.9 \times (0.933 \times 1.323 \times 27.5 + 2 \times 0.95 \times 0.032 \times 1.181 \times 270) \times 40048\text{N}$$

$$= 1922262\text{N} = 1922.3\text{kN} > F_l = 1721.4\text{kN} \quad （满足要求）$$

本章小结

1）对混凝土构件施加预应力，是克服混凝土构件自重大、易开裂的最有效途径之一。与普通钢筋混凝土结构相比，预应力混凝土结构具有许多显著的优点，因而在工程中得到了越来越广泛的应用。

2）预应力损失是预应力混凝土结构中特有的现象。预应力混凝土构件中引起预应力损失的因素较多，不同预应力损失出现的时刻和延续的时间受许多因素制约，这给计算工作增添了复杂性。深刻认识预应力损失现象，把握其变化规律，这对于理解预应力混凝土构件的设计计算十分重要。

3）在施工阶段，预应力混凝土构件的计算分析是基于材料力学的分析方法，先张法构件和后张法构件采用不同的截面几何特征；在使用阶段，构件开裂前，材料力学的方法仍适用于预应力混凝土构件的分析，且先

张法构件和后张法构件都采用换算截面进行。

4)预应力混凝土构件的各阶段应力分析是预应力混凝土构件设计的基础。预应力混凝土构件的承载力计算和正常使用极限状态验算都与普通钢筋混凝土构件有着密切的联系。

5)与普通钢筋混凝土构件相比,预应力混凝土构件的计算较麻烦,构造较复杂,施工与制作要求一定的机械设备与技术条件,这给预应力混凝土结构的广泛应用带来一定的限制。但随着高强度材料、现代设计方法和施工工艺的不断改进与完善,新型、高效的预应力结构体系将在我国的基本建设中发挥越来越大的作用。

复习题

8-1　什么是预应力混凝土?为什么要对构件施加预应力?

8-2　与普通钢筋混凝土构件相比,预应力混凝土构件有什么优缺点?

8-3　预应力混凝土构件对材料有什么要求?为什么预应力混凝土构件所选用的材料都要求有较高的强度?

8-4　什么是张拉控制应力?为什么对预应力筋的张拉应力要进行控制?

8-5　预应力损失有哪些?如何减小各项预应力损失值?

8-6　什么是第一批和第二批预应力损失?先张法和后张法构件的各项预应力损失是怎样组合的?

8-7　试述先张法和后张法预应力混凝土轴心受拉构件在施工阶段和使用阶段各自的应力变化过程及相应应力值的计算公式。

8-8　预应力混凝土轴心受拉构件使用阶段的承载力计算和抗裂度验算的内容是什么?

8-9　为什么要对预应力混凝土构件进行施工阶段的验算?对后张法构件如何进行构件端部锚固区局部受压验算?

8-10　预应力混凝土构件的主要构造要求有哪些?

8-11　某预应力混凝土轴心受拉构件,长 24m,截面尺寸为 250mm × 160mm。混凝土为 C50,预应力筋为 $10\Phi^{H}9$ 螺旋肋钢丝(图 8-22)。采用先张法在 50m 台座上张拉(超张拉 5%),端头采用镦头锚具固定预应力筋。蒸汽养护时构件与台座之间的温差 $\Delta t = 20℃$,混凝土达到强度设计值的 75% 时放张预应力筋。试计算各项预应力损失。

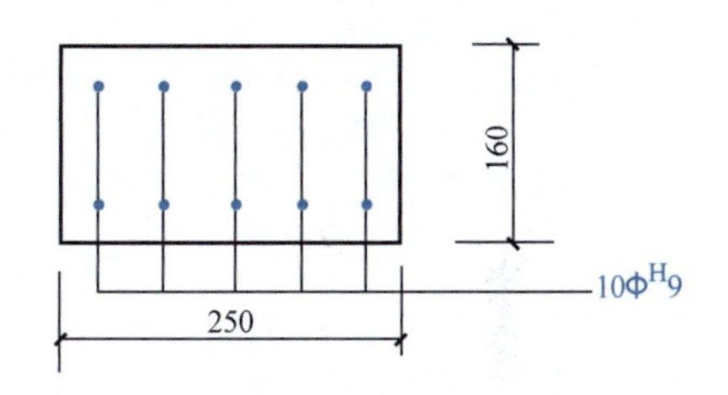

图 8-22　复习题 8-11 图

8-12　某 24m 跨度预应力拱形屋架下弦,如图 8-23 所示。设计条件见表 8-8,试对该下弦进行使用阶段及施工阶段的承载力计算和抗裂度验算。

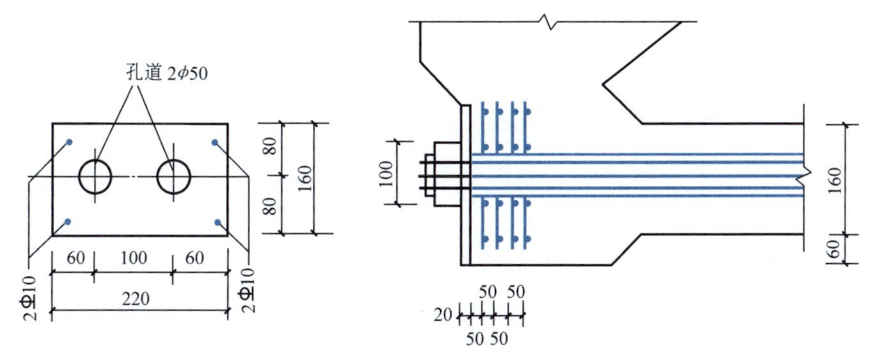

图 8-23　复习题 8-12 图

表 8-8　复习题 8-12 设计条件

材料	混凝土	预应力筋	非预应力筋
品种和强度等级	C50	—	HRB335
截面	220mm × 160mm 孔道 2ϕ50	每束 4 Φ^{H}9	4 Φ10 ($A_s = 314\text{mm}^2$)
材料强度/(N/mm²)	$f_c = 23.1$　$f_{ck} = 32.4$ $f_t = 1.89$　$f_{tk} = 2.64$	$f_{py} = 1110$ $f_{ptk} = 1570$	$f_y = 300$ $f_{yk} = 335$
弹性模量/(N/mm²)	$E_c = 3.45 \times 10^4$	$E_s = 2.0 \times 10^5$	$E_s = 2.0 \times 10^5$
张拉工艺	后张法，一端张拉，采用 JM12 锚具 孔道为预埋钢管 第一批预应力损失 $\sigma_{l\text{I}} = 68.13\text{N/mm}^2$ 第二批预应力损失 $\sigma_{l\text{II}} = 176.9\text{N/mm}^2$		
张拉控制应力	$\sigma_{con} = 0.75 f_{ptk} = 0.75 \times 1570\text{N/mm}^2 = 1177.5\text{N/mm}^2$		
张拉时混凝土强度	$f'_{cu} = 50\text{N/mm}^2$		
杆件内力	永久荷载标准值产生的轴向拉力 $N_k = 280\text{kN}$ 可变荷载标准值产生的轴向拉力 $N_k = 130\text{kN}$ 可变荷载的准永久值系数为 0.5		
裂缝控制等级	一般要求不出现裂缝构件		

第9章 钢筋混凝土现浇楼盖设计

内容提要

本章主要讲述钢筋混凝土连续梁、板和楼梯、雨篷等的设计计算方法。介绍现浇楼盖的结构布置特点、受力变形特征及各种类型楼盖的适用范围；重点介绍现浇整体式单向板肋梁楼盖的内力按弹性理论及考虑塑性内力重分布的计算方法，以及现浇双向板肋梁楼盖的内力按弹性理论计算的近似方法。对简化梁板结构的计算简图、确定可变荷载的最不利布置和内力包络图绘制、荷载折算等给出了具体的方法。介绍了现浇钢筋混凝土楼盖中连续梁、板的截面设计特点及配筋构造的基本要求。

9.1 概述

钢筋混凝土楼盖是建筑结构中的重要组成部分，是由梁、板、柱（或无梁）组成的梁板结构体系，是在工业与民用建筑中的屋盖、楼盖、阳台、雨篷、楼梯等构件中广泛采用的一种结构形式。工程结构中其他属于梁板结构体系的结构构件还有很多，如板式基础、水池的顶板和底板、挡土墙、桥梁的桥面结构等。由此可知，了解楼盖结构的选型，正确布置梁格，掌握结构的计算和构造，具有重要的工程意义。

9.1.1 钢筋混凝土楼盖的结构类型

1. 钢筋混凝土楼盖的结构形式

钢筋混凝土楼盖的结构形式主要有以下几种：

(1) 肋梁楼盖 肋梁楼盖由相交的梁和板组成（图9-1a），它是楼盖中最常见的结构形式。这种结构的特点是构造简单，结构布置灵活，用钢量较少；缺点是模板工程比较复杂。图9-1b为一梁板式筏板基础，实际可视为一倒置的肋梁楼盖。

(2) 井式楼盖 井式楼盖的特点是两个方向的柱网及梁的截面尺寸均相同，而且正交，如图9-2所示。由于是两个方向共同受力，因而梁的截面高度较肋梁楼盖要小，故适宜用于跨度

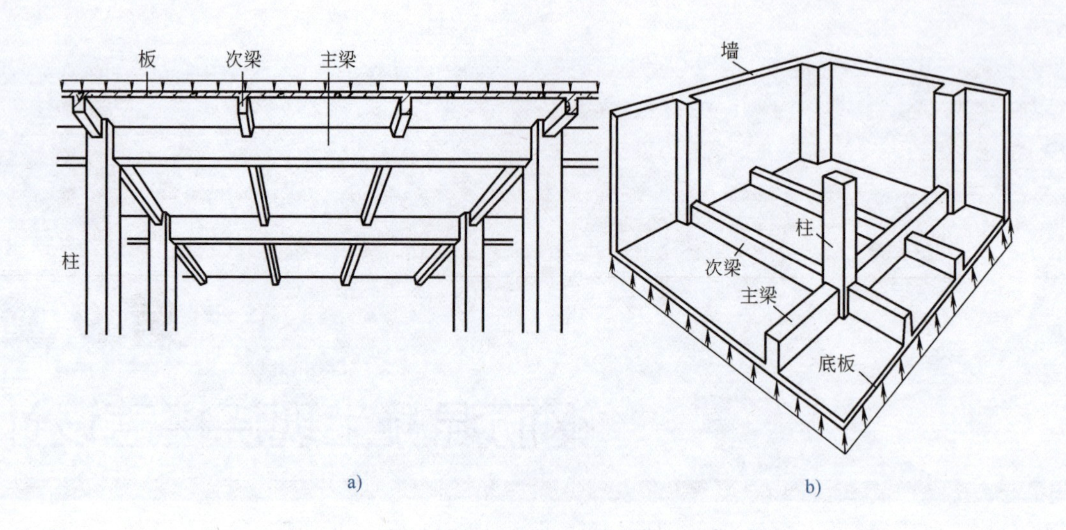

图 9-1　梁板结构

a）肋梁楼盖　b）板式基础

较大且柱网呈方形布置的结构。

（3）密肋楼盖　密肋楼盖由密布的小梁（肋）和板组成，如图 9-3 所示。密肋楼盖由于梁肋的间距小，板厚也很小，梁高也较肋梁楼盖要小，故结构的自重较轻。

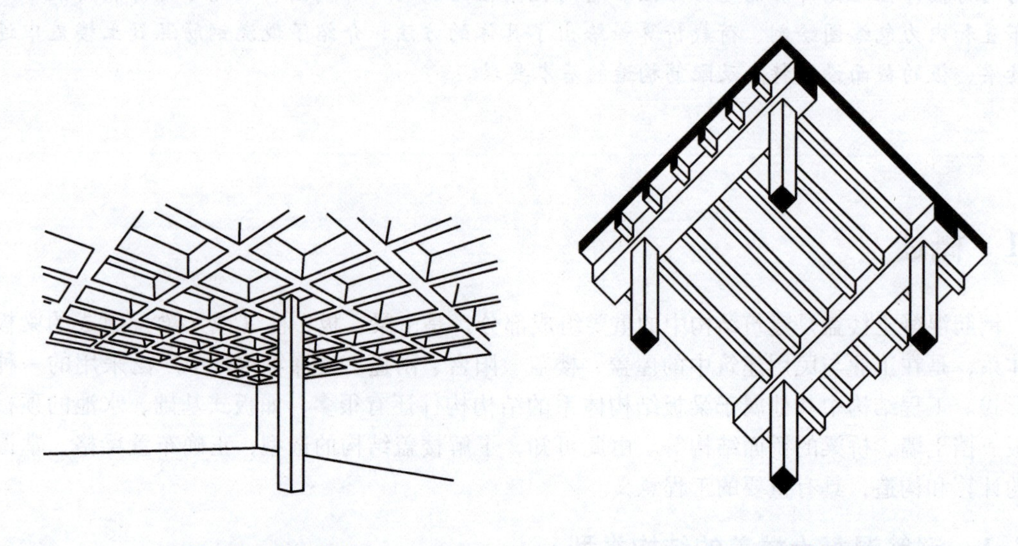

图 9-2　井式楼盖　　图 9-3　密肋楼盖

（4）无梁楼盖　无梁楼盖又称为板柱楼盖。这种楼盖不设梁，而将板直接支撑在带有柱帽（或无柱帽）的柱上，如图 9-4 所示。无梁楼盖顶棚平整，通常用于车库、书库、仓库、商场等工程中，也用于水池的顶板、底板和平板式筏板基础等处。

2. 按施工方法划分钢筋混凝土楼盖

钢筋混凝土楼盖按其施工方法可分为：

（1）现浇整体式楼盖　混凝土为现场浇筑，其优点是刚度大，整体性好，抗震、抗冲击性能好，防水性好，结构布置灵活；其缺点是模板用量大，现场作业量大，工期较长，施工受季

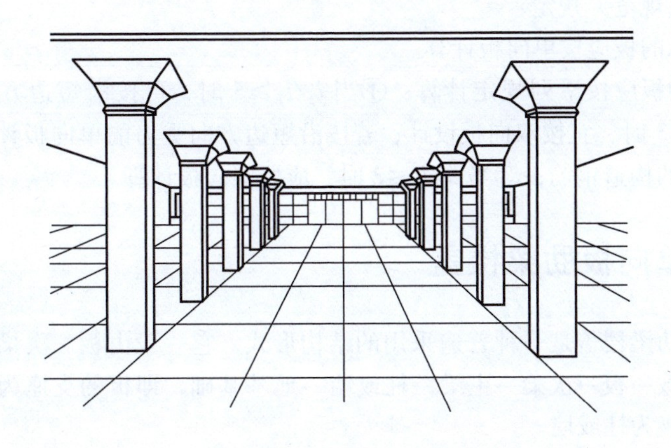

图9-4　无梁楼盖

节影响比较大。多层工业建筑的楼盖、楼面承受某些特殊设备荷载或有较复杂孔洞时，常采用现浇整体式楼盖。随着商品混凝土、泵送混凝土及工具式模板的广泛使用，整体式楼盖在多高层建筑中的应用日益增多。

（2）装配式楼盖　它是将预制的梁板构件在现场装配而成。其优点是施工速度快，省工省材，符合建筑工业化的要求；但这种结构的缺点是结构的刚度和整体性不如现浇整体式楼盖，于抗震不利，因而不宜用于高层建筑，在抗震设防要求较高的地区已被限制使用。

（3）装配整体式楼盖　装配整体式混凝土楼盖由预制板（梁）上现浇一叠合层而成为一个整体。其最常见的做法是在板面做40mm厚的配筋现浇层，它的整体性介于整体式和装配式结构之间，另有节省模板的特点。装配整体式楼盖适用于荷载较大的多层工业厂房、高层民用建筑及有抗震设防要求的建筑。

9.1.2　单向板与双向板

整体式钢筋混凝土楼盖，按板的支承和受力条件不同可分为单向板和双向板两类。现以图9-5所示的四边简支矩形板为例予以说明。

设板上承受均布荷载 q，l_1、l_2分别为其短、长跨方向的计算跨度。设想把整块板在两个方向上分别划分成一系列相互垂直的板带，则板上的荷载将分别由两个方向的板带传递给各自的支座。取出跨度中点上两个相互垂直单位宽度的板带，设沿短跨方向传递的荷载为 q_1，沿长跨方向传递的荷载为 q_2，

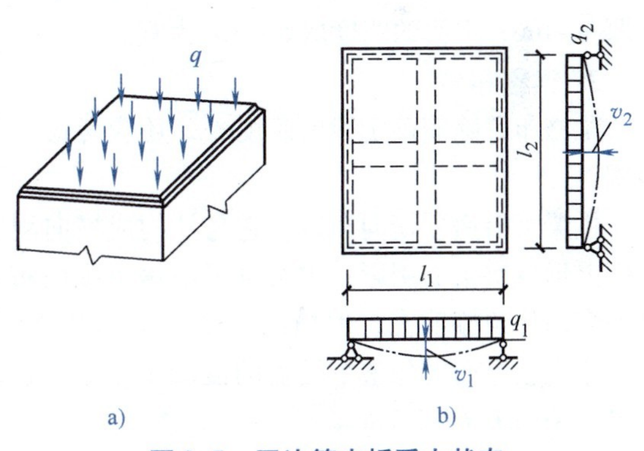

图9-5　四边简支板受力状态

则 $q=q_1+q_2$。当忽略相邻板带对它们的影响时，近似将这两条板带视为简支，由跨度中点处挠度相等的条件可求出，当 $l_2/l_1=2$ 时，$q_1=0.94q$ 和 $q_2=0.06q$。可以证明，当 $l_2/l_1>2$ 时，荷载主要沿短跨方向传递，故可忽略荷载沿长跨方向的传递，而称其为“单向板”；当 $l_2/l_1\leqslant2$ 时，在两个跨度方向弯曲相差不多，故荷载沿两个方向传递，称为“双向板”。

为方便设计，《规范》规定：

1）两对边支承的板应按单向板计算。

2）四边支承的板应按下列规定计算：①当 $l_2/l_1 \geqslant 3$ 时，可按沿短边方向受力的单向板计算；②当 $2 < l_2/l_1 < 3$ 时，宜按双向板设计；若按沿短边方向受力的单向板计算时，则应沿长边方向布置足够数量的构造钢筋；③当 $l_2/l_1 \leqslant 2$ 时，应按双向板计算。

9.2 整体式单向板肋梁楼盖

整体式单向板肋梁楼盖是一种普遍采用的结构形式，它一般由板、次梁和主梁组成。其荷载的传递路线是荷载→板→次梁→主梁→柱或墙→地基基础，即板的支座为次梁，次梁的支座为主梁，主梁的支座为柱或墙。

整体式单向板肋梁楼盖的设计步骤一般为：

1）结构平面布置，并初步拟定板厚和主、次梁的截面尺寸。

2）确定梁、板的计算简图，即明确其荷载、支座、跨度和跨数等。

3）梁、板的内力分析计算。

4）按计算及构造要求配筋。

5）绘制楼盖施工图。

9.2.1 结构平面布置

平面楼盖结构布置的主要任务是要合理地确定柱网和梁格，它通常是在建筑设计初步方案提出的柱网和承重墙布置的基础上进行的。

1. 柱网布置

柱网布置应与梁格布置统一考虑。柱网尺寸（即梁的跨度）过大，将使梁的截面过大而增加材料用量和工程造价；反之柱网尺寸过小，会使柱和基础的数量增多，也会使造价增加，并将影响房屋的使用，因此柱网布置应综合考虑房屋的使用要求和梁的合理跨度。通常次梁的跨度取4～6m、主梁的跨度取5～8m为宜。

2. 梁格布置

梁格布置除需确定梁的跨度外，还应考虑主、次梁的方向和次梁的间距，并与柱网布置相协调。

主梁可沿房屋横向布置，它与柱构成横向刚度较强的框架体系，但因次梁平行侧窗，而使顶棚上形成次梁的阴影；主梁也可沿房屋纵向布置，它便于通风等管道的通过，并且因次梁垂直侧窗而使顶棚明亮，但横向刚度较差。次梁间距（即板的跨度）增大，可使次梁数量减少，但会增大板厚而增加整个楼盖的混凝土用量。在确定次梁间距时，以使板厚较小为宜，常用的次梁间距为1.7～2.7m。

在主梁跨度内以布置2根及2根以上的次梁为宜，以使其弯矩变化较为平缓，有利于主梁的受力；当楼板上开有较大的洞口时，还应沿洞口周围布置小梁；主梁和次梁应避免搁置在门窗洞口上。

3. 柱网与梁格布置

在满足房屋使用要求的基础上，柱网与梁格的布置应力求简单、规整，以使结构受力合理、节约材料、降低造价。同时，板厚和梁的截面尺寸也应尽可能统一，以便于设计、施工及满足美观要求。

单向板肋梁楼盖结构平面布置方案主要有以下三种：

1）主梁沿横向布置，次梁沿纵向布置（图9-6a）。该方案的优点是主梁和柱可形成横向框架，横向抗侧移刚度大，各榀横向框架由纵向次梁相连，房屋整体性好。

2）主梁纵向布置，次梁横向布置（图9-6b）。这种布置适用于横向柱距比纵向柱距大得多的情况。它的优点是减小了主梁的截面高度，可增加室内净高。

3）只布置次梁，不设置主梁（图9-6c）。此方案适用于有中间走道的砌体墙承重混合结构房屋。

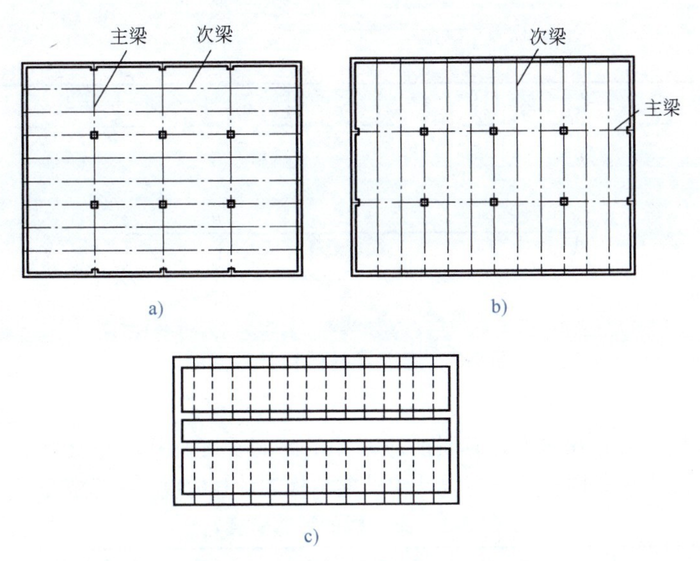

图9-6　单向板肋梁楼盖结构布置

a）主梁沿横向布置　b）主梁沿纵向布置　c）不设置主梁

9.2.2　计算简图

单向板肋梁楼盖的板、次梁、主梁和柱均整浇在一起，形成一个复杂体系，但由于板的刚度很小，次梁的刚度又比主梁的刚度小很多，因此可以将板看作被简单支承在次梁上的结构部分，将次梁看作被简单支承在主梁上的结构部分，则整个楼盖体系可以分解为板、次梁和主梁几类构件单独进行计算。在设计中，板和主、次梁可视为多跨连续梁（板），其计算简图应表示出梁（板）的跨数与计算跨度、支座的特点，以及荷载的形式、位置及大小等。

1. 支座特点

在肋梁楼盖中，当板或梁支承在砖墙（或砖柱）上时，由于其嵌固作用较小，可假定为铰支座，其嵌固的影响可在构造设计中加以考虑。

当板的支座是次梁，次梁的支座是主梁时，则次梁对板、主梁对次梁都将有一定的嵌固作用，为简化计算，通常也假定为铰支座，由此引起的误差将在内力计算时加以调整。

若主梁的支座是柱，其计算简图应根据梁、柱的抗弯刚度比而定，如果梁的抗弯刚度比柱的抗弯刚度大很多时（通常认为主梁与柱的线刚度比大于3~4），可将主梁视为铰支于柱上的连续梁进行计算，否则应按框架梁设计。

2. 计算跨数

连续梁任何一个截面的内力值与其跨数、各跨跨度、刚度及荷载等因素有关，但对某一跨来说，若相隔两跨以上，则上述因素对该跨内力的影响很小，因此为了简化计算，对于跨数多于五跨的等跨度（或跨度相差不超过10%）、等刚度、等荷载的连续梁（板），可近似地按五跨计算。从图9-7中可知，实际结构1、2、3跨的内力按五跨连续梁（板）计算简图采用，其余中间各跨（第4跨）的内力均按五跨连续梁（板）的第3跨采用。这种简化，在工程上已具有足够的精度，因而广为应用。

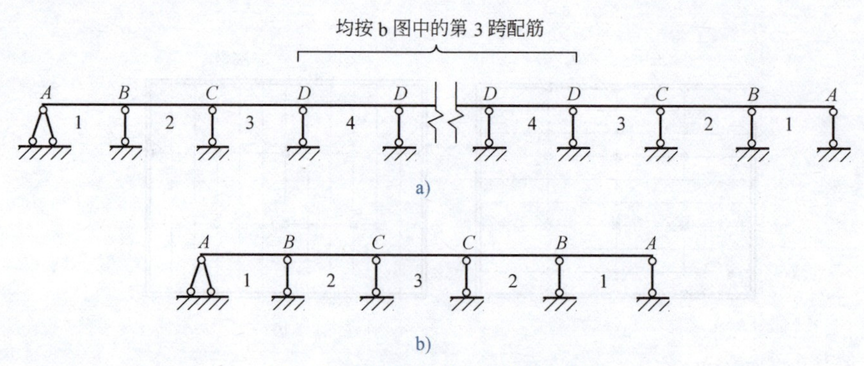

图9-7　连续梁（板）计算简图

3. 计算跨度

梁、板的计算跨度是指在内力计算时所应采用的跨间长度，其值与支座反力的分布有关，即与构件本身的刚度和支承条件有关。在设计中，梁、板的计算跨度 l_0 一般按表9-1的规定取用。

表9-1　梁、板的计算跨度 l_0

跨数	支座情形		计算跨度 l_0 板	计算跨度 l_0 梁
单跨	两端简支		$l_0=l_n+h$	
	一端简支，一端与梁整体连接		$l_0=l_n+h$	$l_0=l_n+a\leqslant1.05l_n$
	两端与梁整体连接		$l_0=l_n$	
多跨	两端简支		当 $a\leqslant0.1l_c$ 时，$l_0=l_c$ 当 $a>0.1l_c$ 时，$l_0=1.1l_n$	当 $a\leqslant0.05l_c$ 时，$l_0=l_c$ 当 $a>0.05l_0$ 时，$l_0=1.05l_n$
	一端嵌入墙内、另一端与梁整体连接	按塑性计算	$l_0=l_n+0.5h$	$l_0=l_n+0.5a$
		按弹性计算	$l_0=l_n+(h+a')/2$	$l_0=l_c\leqslant1.025l_n+0.5a'$
	两端均与梁整体连接	按塑性计算	$l_0=l_n$	$l_0=l_n$
		按弹性计算	$l_0=l_c$	$l_0=l_c$

注：l_n—支座间净距；l_c—支座中心间的距离；h—板的厚度；a—边支座宽度；a'—中间支座宽度；l_0—计算跨度。

4. 荷载取值

楼盖上的荷载有恒荷载和活荷载两种。恒荷载一般为均布荷载，它主要包括结构自重、各构造层自重、永久设备自重等。活荷载的分布通常是不规则的，一般均折合成等效均布荷载计算，主要包括楼面活荷载（如使用人群、家具及一般设备的重力）、屋面活荷载和雪荷载等。

楼盖恒荷载的标准值按结构实际构造情况通过计算确定，楼盖的活荷载标准值按《荷载规范》确定。在设计民用房屋的楼盖时，应注意楼面活荷载的折减问题，因为当梁的负荷面积较大时，全部满载的可能性较小，故应对活荷载标准值按规范进行折减，其折减系数依据房屋类别和楼面梁的负荷范围大小取0.6～1.0不等。

当楼面板承受均布荷载时，通常取宽度为1m的板带进行计算，如图9-8a所示。在确定板

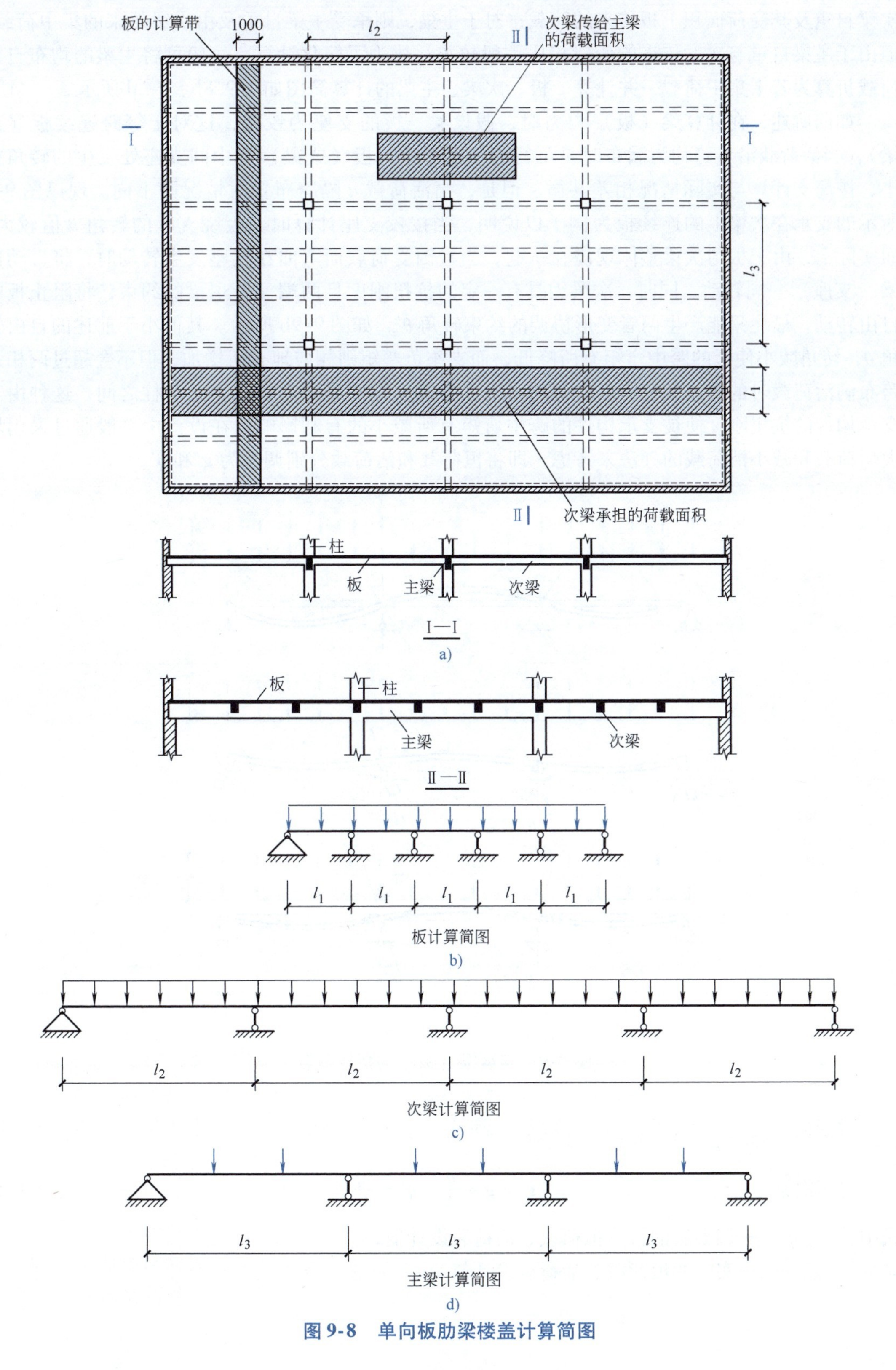

图9-8　单向板肋梁楼盖计算简图

传递给次梁的荷载和次梁传递给主梁的荷载时，一般均忽略结构的连续性而按简单支承进行计算，所以对次梁取相邻板的跨中线所分割出来的面积作为它的受荷面积；次梁所承受的荷载为次梁自重及其受荷面积上板传来的荷载；对于主梁，则承受主梁自重及由次梁传来的集中荷载，但由于主梁自重与次梁传来的荷载相比一般较小，故为了简化计算，一般可将主梁的均布自重荷载折算为若干集中荷载一并计算。板、次梁、主梁的计算简图如图9-8b、c、d所示。

如前所述，在计算梁（板）内力时，假设梁、板的支座为铰接，这对于等跨连续板（或梁），当活荷载沿各跨均为满布时是可行的，因为此时板（或梁）在中间支座处发生的转角很小，按简支计算与实际情况相差甚微。但是，当活荷载 q 隔跨布置时情况则不同。现以图9-9所示的支承在次梁上的连续板为例予以说明，当按铰支座计算时，板绕支座的转角 θ 值较大。而实际上，由于板与次梁整体现浇在一起，当板因受荷载而弯曲在支座发生转动时，将带动次梁（支座）一同转动。同时，次梁因具有一定的抗扭刚度且两端又受主梁的约束，将阻止板的自由转动，最终只能产生两者变形协调的约束转角 θ'，如图9-9b所示。其值小于前述的自由转角 θ，转角减小使板的跨中弯矩有所降低，而支座负弯矩则相应地有所增加，但不会超过两相邻跨布满活荷载时的支座负弯矩。类似的情况也会发生在次梁与主梁及主梁与柱之间，这种由于支承构件的抗扭刚度使被支承构件的跨中弯矩有所减小的有利影响，在设计中一般通过采用增大恒荷载和减小活荷载的办法来考虑，即将恒荷载和活荷载分别调整为 g' 和 q'。

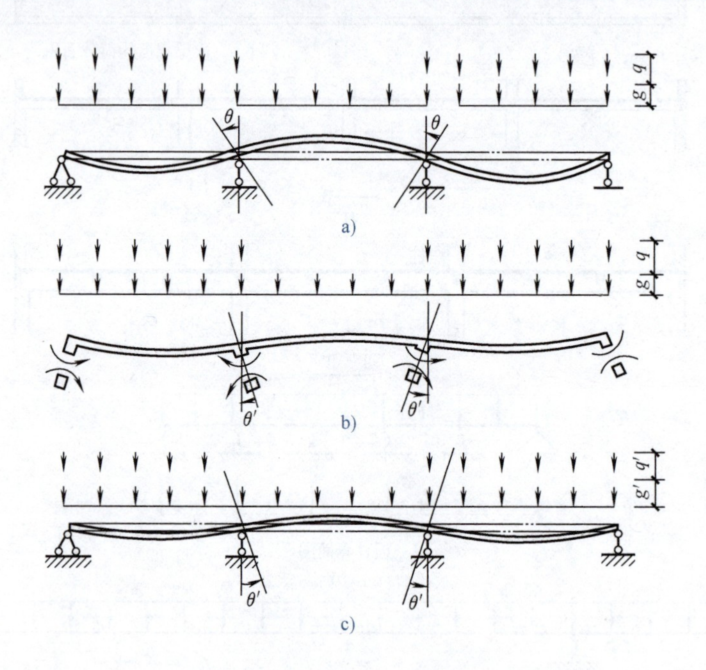

图9-9　连续梁（板）的折算荷载

对于板
$$g' = g + \frac{q}{2} \quad q' = \frac{q}{2} \tag{9-1}$$

对于次梁
$$g' = g + \frac{q}{4} \quad q' = \frac{3q}{4} \tag{9-2}$$

式中　g'、q'——调整后的折算恒荷载、活荷载设计值；

g、q——实际的恒荷载、活荷载设计值。

对于主梁，因转动影响很小，一般不予考虑。

当板（或梁）搁置在砌体或钢结构上时，荷载不进行调整。

9.2.3　按弹性理论方法的结构内力计算

钢筋混凝土连续梁、板的内力按弹性理论方法计算，是假定梁、板为理想弹性体系，因而其内力计算可按结构力学中所述的方法进行。

钢筋混凝土连续梁、板所受恒荷载是保持不变的，而活荷载在各跨的分布则是变化的。由于结构设计必须使构件在各种可能的荷载布置下都能安全可靠使用，所以在计算内力时，应研究活荷载如何布置将使梁、板内各截面可能产生的内力绝对值最大，即要考虑荷载的最不利布置和结构的内力包络图。

1. 活荷载的最不利布置

对于单跨梁，显然是当全部恒荷载和活荷载同时作用时将产生最大的内力。但对于多跨连续梁的某一指定截面，一般并不是所有荷载同时布满梁上各跨时引起的内力为最大。图 9-10 为五跨连续梁在不同跨间荷载作用下的内力图。从图中可以看出其内力图的变化规律：当活荷载作用在某跨时，该跨跨中为正弯矩，邻跨跨中则为负弯矩，然后正、负弯矩相间。研究各弯矩图的变化规律和不同组合后的结果，可以确定截面活荷载最不利布置的原则为：

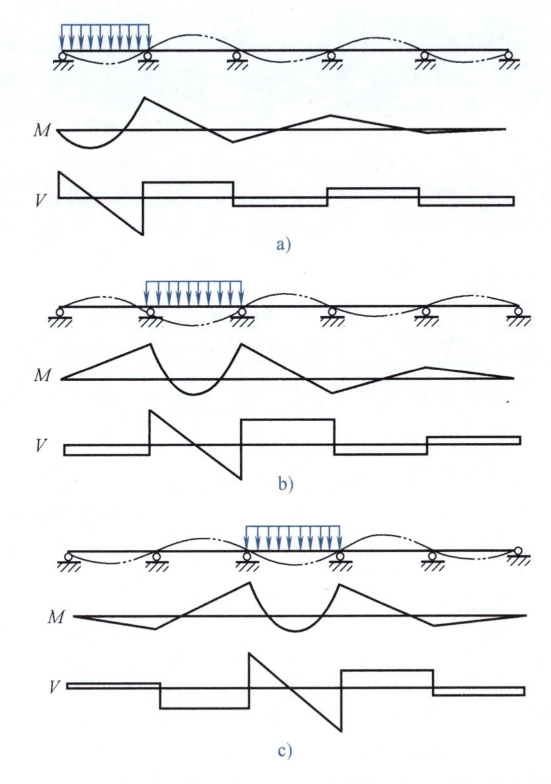

图 9-10　五跨连续梁在不同跨间荷载作用下的内力图

1）求某跨跨中的最大正弯矩时，应在该跨布置活荷载，然后向两侧隔跨布置。按图 9-11a 所示布置活荷载，将使 1、3、5 跨跨中产生最大正弯矩；按图 9-11b 所示布置活荷载，将使 2、4 跨跨中产生最大正弯矩。

2）求某跨跨中的最大负弯矩时，该跨不布置活荷载，而在其左右邻跨布置，然后向两侧隔跨布置。按图 9-11a 所示布置活荷载，将使 2、4 跨跨中产生最大负弯矩；按图 9-11b 所示布置活荷载，将使 1、3、5 跨跨中产生最大负弯矩。

3）求某支座截面的最大负弯矩时，应在该支座相邻两跨布置活荷载，然后向两侧隔跨布置。按图 9-11c 所示布置活荷载，将使 B 支座截面产生最大负弯矩；按图 9-11d 所示布置活荷载，将使 C 支座截面产生最大负弯矩。

4）求某支座截面的最大剪力时，其活荷载布置与求该截面最大负弯矩时的布置相同，如图 9-11c、d 所示布置活荷载，将使 B、C 支座产生最大剪力。

梁上的恒荷载应按实际情况布置。

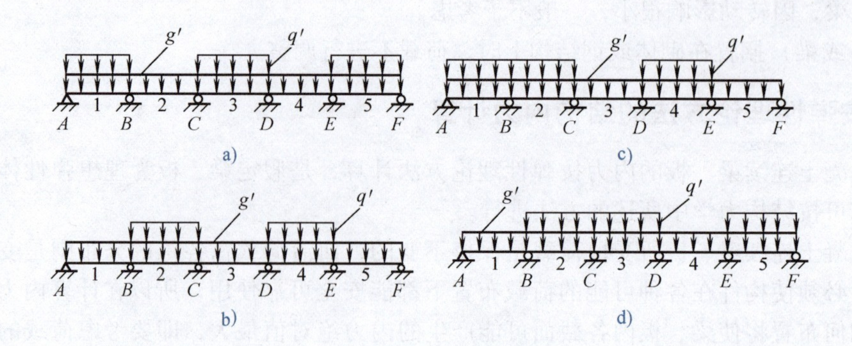

图 9-11 五跨连续梁最不利荷载组合

a）恒 + 活 1 + 活 3 + 活 5（产生 $M_{1\max}$、$M_{3\max}$、$M_{5\max}$、$M_{2\min}$、$M_{4\min}$）

b）恒 + 活 2 + 活 4（产生 $M_{2\max}$、$M_{4\max}$、$M_{1\min}$、$M_{3\min}$、$M_{5\min}$）

c）恒 + 活 1 + 活 2 + 活 4（产生 $M_{B\max}$、$V_{B左\max}$、$V_{B右\max}$）

d）恒 + 活 2 + 活 3 + 活 5（产生 $M_{C\max}$、$V_{C左\max}$、$V_{C右\max}$）

活荷载布置确定后即可按结构力学的方法进行连续梁、板的内力计算。

2. 内力计算

明确活荷载的不利布置后，即可按结构力学中所述的方法求出弯矩和剪力。为了减轻计算工作量，已将等跨连续梁、板在各种不同布置荷载作用下的内力系数制成计算表格，详见附表13。设计时直接从表中查得内力系数后，按下式计算各截面的弯矩和剪力值，作为截面设计的依据：

在均布荷载作用下

$$M = 表中系数 \times ql^2 \tag{9-3}$$

$$V = 表中系数 \times ql \tag{9-4}$$

在集中荷载作用下

$$M = 表中系数 \times Pl \tag{9-5}$$

$$V = 表中系数 \times P \tag{9-6}$$

式中 q——均布荷载设计值（kN/m）；

P——集中荷载设计值（kN）；

l——计算跨度。

若连续梁、板的各跨跨度不相等但相差不超过10%时，仍可近似地按等跨内力系数表进行计算。但当求支座负弯矩时，计算跨度可取相邻两跨的平均值（或取其中较大值）；而求跨中弯矩时，则取相应跨的计算跨度。若各跨的板厚及梁的截面尺寸不同，但其惯性矩之比不大于1.5时，可不考虑构件刚度的变化对内力的影响，仍可用上述内力系数表计算内力。

3. 内力包络图

根据各种最不利荷载组合，按一般结构力学方法或利用前述表格进行计算，即可求出各种荷载组合作用下的内力图（弯矩图和剪力图），把它们叠画在同一坐标图上，其外包线所形成的图形即为内力包络图，它表示连续梁、板在各种荷载最不利布置下各截面可能产生的最大内力值。图9-12为五跨连续梁的弯矩包络图和剪力包络图，它是确定连续梁纵筋、弯起钢筋、箍筋的布置和绘制配筋图的依据。

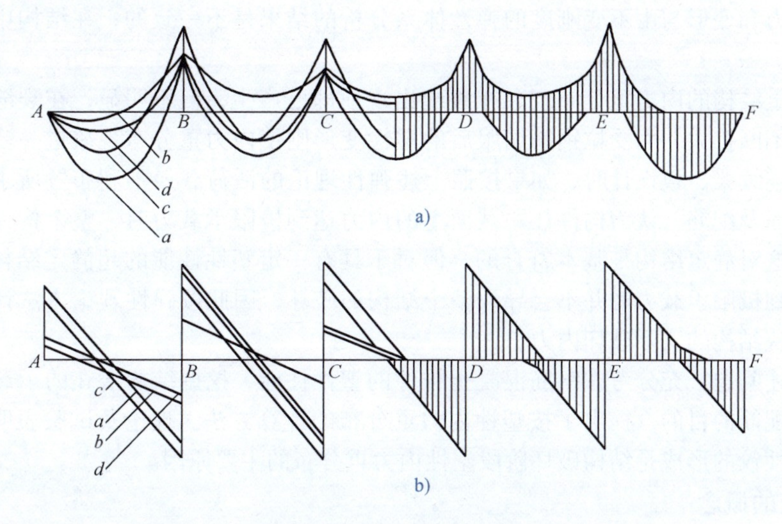

图 9-12　五跨连续梁的弯矩包络图和剪力包络图

a）弯矩包络图　b）剪力包络图

4. 支座截面内力的计算

在按弹性理论计算连续梁的内力时，其计算跨度取支座中心线间的距离，即按计算简图求得的支座截面内力为支座中心线处的最大内力。若梁与支座为非整体连结或支撑宽度很小时，计算简图与实际情况基本相符。然而对于整体连结的支座，中心处梁的截面高度将会由于支撑梁（柱）的存在而明显增大。实践证明，该截面内力虽为最大，但并非最危险截面，破坏都出现在支撑梁（柱）的边缘处（图 9-13），因此可取支座边缘截面作为计算控制截面，其弯矩和剪力的计算值，可近似地按下式求得

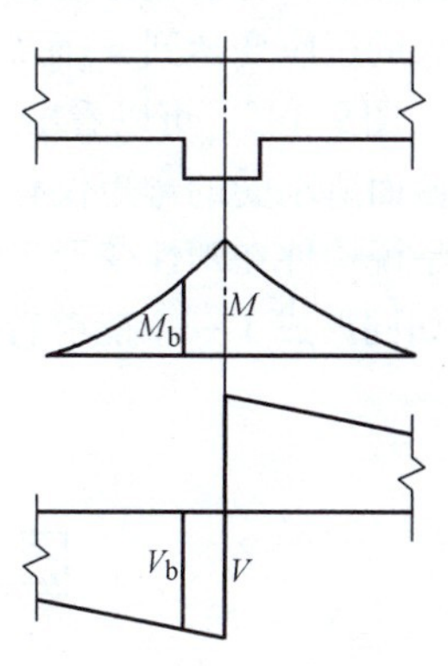

图 9-13　支座处的弯矩、剪力图

$$M_b = M - V_0 \frac{b}{2} \tag{9-7}$$

$$V_b = V - (g+q)\frac{b}{2} \tag{9-8}$$

式中　M、V——支座中心线处截面的弯矩和剪力；

V_0——按简支梁计算的支座剪力；

g、q——均布恒荷载和活荷载；

b——支座宽度。

9.2.4　按塑性理论方法的结构内力计算

如第 3 章所述，钢筋混凝土适筋梁正截面受弯从加载到破坏经历了三个阶段：弹性阶段、带裂缝工作阶段和破坏阶段。在弹性阶段，应力沿截面高度的分布近似为直线，而到了带裂缝工作阶段和破坏阶段，材料表现出明显的塑性性能。截面在按受弯承载力计算时，已考虑了这一因素，但是当按弹性理论计算连续梁、板的内力时，却忽视了钢筋混凝土材料在工作中存在

的这种非弹性性质。假定结构的刚度不随荷载的大小而改变，而实际上结构中某截面发生塑性变形后，其内力和变形与由不变刚度的弹性体系分析的结果是不一致的，在结构中产生了内力重分布现象。

钢筋混凝土结构的内力重分布现象在裂缝出现前即已产生，但不明显；在裂缝出现后内力重分布的程度不断扩大，而受拉钢筋屈服后的塑性变形则使内力重分布现象进一步加剧。在进行钢筋混凝土连续梁、板设计时，如果按照上述弹性理论的活荷载最不利布置所求得的内力包络图来选择截面及配筋，认为构件任一截面上的内力达到极限承载力时，整个构件即达到承载力极限状态，这对静定结构是基本符合的。但对于具有一定塑性性能的超静定结构来说，构件的任一截面达到极限承载力时并不会导致整个结构的破坏，因此按弹性理论方法计算求得的内力不能正确反映结构的实际破坏内力。

为解决上述问题，充分考虑钢筋混凝土构件的塑性性能，挖掘结构潜在的承载力，达到节省材料和改善配筋的目的，提出了按塑性内力重分布的计算方法。理论及试验表明，钢筋混凝土连续梁内塑性铰的形成是结构破坏阶段塑性内力重分布的主要原因。

1. 塑性铰的概念

如图9-14所示的钢筋混凝土简支梁，在集中荷载P作用下，跨中截面的内力从加荷至破坏经历了三个阶段。当进入第Ⅲ阶段时，受拉钢筋开始屈服（图9-14f中的B点），并产生塑性流动，混凝土垂直裂缝迅速发展，受压区高度不断缩小，截面绕中和轴转动；最后其受压区混凝土边缘的压应变达到ε_{cu}而被压碎（C点），致使构件破坏。从该图中截面的弯矩与曲率的关系曲线（图9-14f）可以看出，自钢筋开始屈服至构件破坏（BC段），其$M-\varphi$曲线变化平缓，说明在截面所承受的弯矩仅有微小增长的情况下曲率激增，即截面相对转角急剧增大（图9-14e），也就是说构件在塑性变形集中产生的区域（图9-14a中的ab段，相应于图9-14b中$M>M_y$的部分）如同形成了一个能够转动的“铰”，一般称为塑性铰，如图9-14d所示。

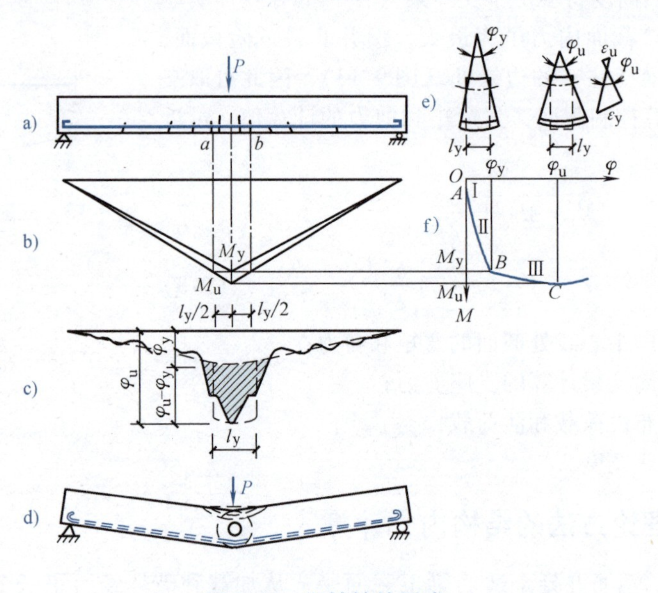

图9-14　塑性铰的形成

与力学中的理想铰相比，塑性铰具有下列特点：

1）理想铰不能承受弯矩，而塑性铰则能承受基本不变的弯矩。

2）理想铰集中于一点，而塑性铰则有一定的长度区段。

3）理想铰可以沿任意方向转动，而塑性铰只能沿弯矩作用的方向绕不断上升的中和轴发生单向转动。

塑性铰是构件塑性变形发展的结果。塑性铰出现后，使静定结构简支梁形成三铰在一条直线上的破坏机构，标志着构件进入破坏状态，如图 9-14d 所示。

2. 超静定结构的塑性内力重分布

显然，对于静定结构，任一截面出现塑性铰后，即可使其形成几何可变体系而丧失承载力。但对于超静定结构，由于存在多余约束，构件某截面出现塑性铰，并不能使其立即成为几何可变体系，构件仍能继续承受增加的荷载，直到其他截面也出现塑性铰，使结构成为几何可变体系，才丧失承载力。它的破坏过程是：首先在一个截面出现塑性铰，随着荷载的增加，塑性铰陆续出现（每出现一个塑性铰，相当于超静定结构减少一次约束）；直到最后一个塑性铰出现，整个结构形成几何可变体系，结构达到极限承载力。在形成破坏机构的过程中，结构的内力分布和塑性铰出现前的弹性分布规律完全不同。在塑性铰出现后的加载过程中，结构的内力经历了一个重新分布的过程，这个过程称为塑性内力重分布。

现以如图 9-15 所示的每跨内作用两个集中荷载 P 的两跨连续梁为例，将这一过程说明如下。

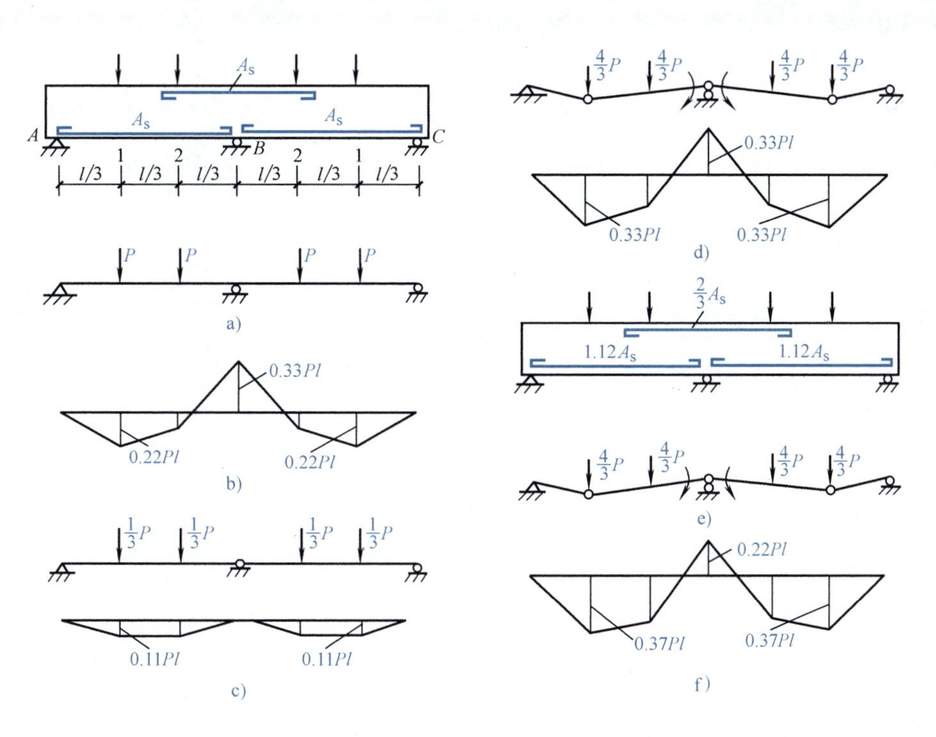

图 9-15　两跨连续梁在荷载 P 作用下的弯矩图

连续梁在承载过程中实际的内力状态为：在加载初期混凝土开裂前，整个处于第Ⅰ阶段，接近弹性体工作；随着荷载的增加，梁进入第Ⅱ阶段工作，在弯矩最大的中间支座处拉区混凝土出现裂缝，刚度降低，使其弯矩增加减慢，而跨中弯矩增长加快；当继续加载至跨中混凝土出现裂缝时，跨中截面刚度降低，弯矩增长减慢，而支座弯矩增长较快。上述变化过程是由于混凝土裂缝引起各截面刚度的相对变化导致梁的内力重分布，但在钢筋还未屈服前，其刚度变化不显著，因而内力重分布幅度很小。随着荷载的增加，截面 B 的受拉钢筋屈服，进入第Ⅲ阶段工作，形成塑性铰，发生塑性转动并产生明显的内力重分布。

当按弹性理论计算，集中荷载为 P 时，中间支座 B 截面的负弯矩 $M_B=-0.33Pl$，跨中最大正弯矩 $M_1=0.22Pl$，如图 9-15b 所示。

在设计时，若梁按图 9-15b 所示的弯矩值进行配筋，其中间支座截面 B 的受拉钢筋的配筋量为 A_s，则跨中截面受拉钢筋的配筋量相应地应为 $\frac{2}{3}A_s$，设计结果可满足其承载力的要求。但在实际设计时，跨中截面应当考虑活荷载的最不利布置而按内力包络图的跨中截面 M_{1max} 来计算所需的受拉钢筋截面面积，则其配筋量必然要大于 $\frac{2}{3}A_s$ 值。经计算，若其所配的受拉钢筋为如图 9-15a 所示的 A_s 值，则跨中及支座两个截面所能承担的极限弯矩均为 $M_u=0.33Pl$，P 为按弹性理论计算时该梁所能承受的最大集中荷载。

实际上，梁在荷载 P 作用下，当 $M_B=M_u=-0.33Pl$ 时，结构仅是在支座 B 截面发生"屈服"，形成塑性铰，跨中截面实际产生的 M 值小于 M_u 值，结构并未丧失承载力，仍能继续承载。但在支座截面，当荷载继续增加超过弹性极限时，支座截面所承受的 M_{Bu} 值将不再增加，而跨中截面弯矩 M_1 值可继续增加，直至达到 $M_1=M_u=0.33Pl$ 的极限值时，跨中截面也形成塑性铰，整个结构变成几何可变体系而达到极限承载力。其相应弯矩的增量为 ΔM，$\Delta M=0.33Pl-0.22Pl=0.11Pl$。此时，对产生 ΔM 的相应荷载 ΔP 可按下列方法求得：将支座 B 视作一个铰，即整个结构由两跨连续梁变成两个简支梁一样工作，因 $\Delta M=\frac{P}{3}\cdot\frac{l}{3}=0.11Pl$，由图 9-15c 可求出相应的荷载增量为 $\Delta P=\frac{P}{3}$。

因此，该两跨连续梁所能承受的极限荷载应为 $P+\frac{P}{3}=\frac{4}{3}P$，较按弹性理论计算的承载力 P 有所提高。梁的最后弯矩图如图 9-15d 所示。

若按图 9-15e 所示方案配筋，则梁的最后弯矩图如图 9-15f 所示。由此可知，支座弯矩和跨中弯矩的幅值可以人为地予以调整，这种控制截面的弯矩可以互相调整的计算方法称为"弯矩调幅法"。

由上述可知，塑性内力重分布需考虑以下因素：

（1）塑性铰应具有足够的转动能力　为使内力得以完全重分布，应保证结构加载后各截面中能先后出现足够数目的塑性铰，最后形成破坏机构。若最初形成的塑性铰转动能力不足，在其塑性铰还未全部形成之前，已因某些截面的受压区混凝土过早被压坏而导致构件破坏，就不能达到完全内力重分布的目的。

（2）结构构件应具有足够的斜截面承载能力　国内外的试验研究表明，支座出现塑性铰后，连续梁的受剪承载力比不出现塑性铰的梁要低。加载过程中，连续梁首先在支座和跨内出现垂直裂缝，随后在中间支座两侧出现斜裂缝。一些破坏前支座已形成塑性铰的梁，在中间支座两侧的剪跨段，纵筋和混凝土的黏结有明显破坏，有的甚至还出现沿纵筋的劈裂裂缝。构件的剪跨比越小，这种现象就越明显，因此为了保证连续梁的内力重分布能充分发展，结构构件必须要有足够的受剪承载能力。

（3）满足正常使用条件　如果最初出现的塑性铰转动幅度过大，塑性铰附近截面的裂缝就可能开展过宽，结构的挠度过大，不能满足正常使用的要求，因此在考虑塑性内力重分布时，应对塑性铰的允许转动量予以控制，即控制内力重分布的幅度。一般要求在正常使用阶段不应出现塑性铰。

3. 塑性内力重分布的计算方法

钢筋混凝土连续梁、板考虑塑性内力重分布的计算时，目前工程中应用较多的是弯矩调幅法，即在弹性理论的弯矩包络图基础上，对构件中选定的某些支座截面较大的弯矩值，按内力重分布的原理加以调整，然后按调整后的内力进行配筋计算。对于均布荷载作用下等跨连续梁、板考虑塑性内力重分布的弯矩和剪力，可按下式计算

板和次梁的跨中及支座弯矩　　$M=\alpha(g+q)l_0^2$　　(9-9)

次梁支座的剪力　　$V=\beta(g+q)l_n$　　(9-10)

式中　g、q——作用在梁、板上的均布恒荷载、活荷载设计值；

l_0——计算跨度；

l_n——净跨度；

α——连续梁和连续单向板考虑塑性内力重分布的弯矩计算系数，按表 9-2 选用；

β——连续梁和连续单向板考虑塑性内力重分布的剪力计算系数，按表 9-3 选用。

4. 考虑塑性内力重分布计算的一般原则

根据理论分析及试验结果，连续梁、板按塑性内力重分布计算时应遵循以下原则：

1）通过控制支座和跨中截面的配筋率可以控制连续梁中塑性铰出现的顺序和位置，控制调幅的大小和方向。为了保证塑性铰具有足够的转动能力，避免受压区混凝土“过早”被压坏，以实现完全的内力重分布，必须控制受力钢筋的用量，即应满足 $\xi \leqslant 0.35$ 的限制条件要求，同时钢筋宜采用塑性较好的 HPB300 级、HRB335 级、HRB400 级钢筋，混凝土强度等级宜为 C20 ~ C45。

表 9-2　连续梁和连续单向板考虑塑性内力重分布的弯矩计算系数 α

<table>
<tr><th colspan="2" rowspan="3">支 承 情 况</th><th colspan="6">截 面 位 置</th></tr>
<tr><th>端支座</th><th>边跨跨中</th><th>离端第二支座</th><th>离端第二跨跨中</th><th>中间支座</th><th>中间跨跨中</th></tr>
<tr><th>A</th><th>Ⅰ</th><th>B</th><th>Ⅱ</th><th>C</th><th>Ⅲ</th></tr>
<tr><td colspan="2">梁、板搁置在墙上</td><td>0</td><td>$\frac{1}{11}$</td><td rowspan="4">二跨连续：$-\frac{1}{10}$
三跨及以上连续：$-\frac{1}{11}$</td><td rowspan="4">$\frac{1}{16}$</td><td rowspan="4">$-\frac{1}{14}$</td><td rowspan="4">$\frac{1}{16}$</td></tr>
<tr><td>板</td><td rowspan="2">与梁整浇连接</td><td>$-\frac{1}{16}$</td><td rowspan="2">$\frac{1}{14}$</td></tr>
<tr><td>梁</td><td>$-\frac{1}{24}$</td></tr>
<tr><td colspan="2">梁与柱整浇连接</td><td>$-\frac{1}{16}$</td><td>$\frac{1}{14}$</td></tr>
</table>

表 9-3　连续梁和连续单向板考虑塑性内力重分布的剪力计算系数 β

<table>
<tr><th rowspan="3">支 承 情 况</th><th colspan="5">截 面 位 置</th></tr>
<tr><th rowspan="2">端支座内侧 A_{in}</th><th colspan="2">离端第二支座</th><th colspan="2">中间支座</th></tr>
<tr><th>外侧 B_{ex}</th><th>内侧 B_{in}</th><th>外侧 C_{ex}</th><th>内侧 C_{in}</th></tr>
<tr><td>搁置在墙上</td><td>0.45</td><td>0.60</td><td rowspan="2">0.55</td><td rowspan="2">0.55</td><td rowspan="2">0.55</td></tr>
<tr><td>与梁或柱整体连接</td><td>0.50</td><td>0.55</td></tr>
</table>

2）弯矩调幅不宜过大，应控制在弹性理论计算弯矩的20%以内。

3）为了尽可能地节省钢材，应使调整后的跨中截面弯矩尽量接近原包络图的弯矩值，以及调幅后仍能满足平衡条件，则梁、板的跨中截面弯矩值应取按弹性理论方法计算的弯矩包络图所示的弯矩值和按下式计算出的弯矩值中的较大者，如图9-16所示。

$$M = M_0 - \frac{1}{2}(M^l + M^r) \tag{9-11}$$

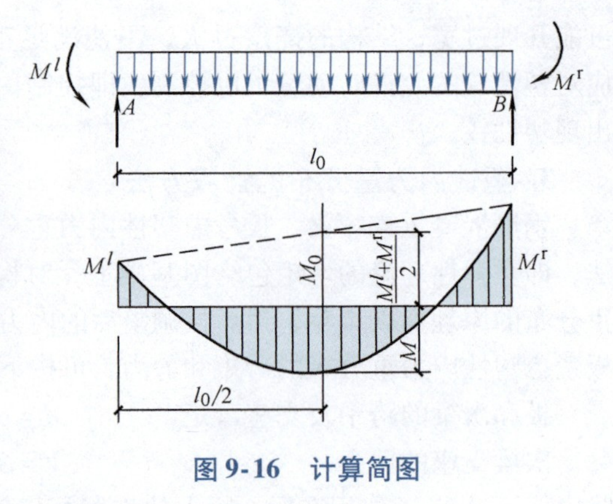

图9-16　计算简图

式中　M_0——按简支梁计算的跨中弯矩设计值；

M^l、M^r——连续梁、板的左、右支座截面调幅后的弯矩设计值。

4）调幅后，支座及跨中控制截面的弯矩值均不宜小于$\frac{1}{3}M_0$。

5. 按塑性内力重分布方法计算的适用范围

按塑性内力重分布理论计算超静定结构虽然可以节约钢材，但在使用阶段，钢筋应力较大，构件裂缝较宽，挠度较大。通常对于在使用阶段不允许开裂的结构，处于重要部位且可靠度要求较高的结构（如肋梁楼盖中的主梁），受动力和重复荷载作用的结构及处于三a、三b类环境中的结构不应采用塑性理论计算方法，而应按弹性理论方法进行设计。

9.2.5　截面计算和构造要求

1. 板的计算和构造要求

（1）板的计算要点　在房屋建筑中，板的内力可按塑性理论方法计算；在求得单向板的内力后，可根据正截面抗弯承载力计算确定各跨跨中及各支座截面的配筋；板在一般情况下均能满足斜截面受剪承载力的要求，设计时可不进行受剪承载力计算；连续板跨中由于正弯矩作用引起截面下部开裂，支座由于负弯矩作用引起截面上部开裂，这就使板的实际轴线呈拱形（图9-17）。如果板的四周存在有足够刚度的梁，即板的支座不能自由移动时，则作用于板上的一部分荷载将通过拱的作用直接传给边梁，而使板的最终弯矩降低。考虑到这一有利作用，可对周边与梁整体连接的单向板中间跨跨中截面及中间支座截面的计算弯矩折减20%。但对于边跨的跨中截面及第二支座截面，由于边梁的侧向刚度不大（或无边梁），难以提供足够的水平推力，因此其计算弯矩不予降低。

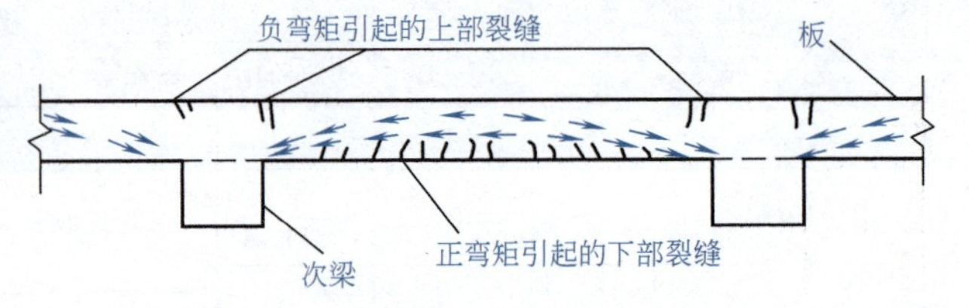

图9-17　钢筋混凝土连续板的拱作用

（2）板的构造要求　单向板的构造要求主要是板的尺寸和配筋两方面。

1）板的跨度一般在梁格布置时已确定。板的厚度直接关系到混凝土的用量和配筋，故在取用时除应满足建筑功能的要求外，主要还应考虑板的跨度及其所受的荷载。从刚度要求出发，根据设计经验，单向板的最小厚度不应小于跨度的1/40（连续板）、1/30（简支板）及1/10（悬臂板）。同时，单向板的最小厚度还不应小于表3-1规定的数值。板的配筋率一般为0.3%～0.8%。

2）在现浇钢筋混凝土单向板中的钢筋，分为受力钢筋和构造钢筋两种。布设时应分别满足以下的要求：

① 单向板中的受力钢筋应沿板的短跨方向在截面受拉一侧布置，其截面面积由计算确定。板中受力钢筋一般采用 HRB400 级、HRB335 级或 HPB300 级钢筋，在一般厚度的板中，钢筋的常用直径为 6mm、8mm、10mm、12mm 等。对于支座负钢筋，为便于施工，其直径一般不小于 8mm。对于绑扎钢筋，当板厚 $h \leqslant 150$mm 时，间距不宜大于 200mm；当板厚 $h > 150$mm 时，间距不宜大于 $1.5h$，且不宜大于 250mm。简支板或连续板的下部纵筋伸入支座的锚固长度不应小于 $5d$（d 为下部纵筋的直径），且宜伸过支座中心线。当连续板内温度、收缩应力较大时，伸入支座的锚固长度宜适当增加。

连续板受力钢筋的配筋方式有弯起式和分离式两种。弯起式是将跨中正弯矩钢筋在支座附近弯起一部分以承受支座负弯矩，如图 9-18a 所示。这种配筋方式锚固好，并可节省钢筋，但施工较复杂。分离式是将跨中正弯矩钢筋和支座负弯矩钢筋分别设置，如图 9-18b 所示。这种配筋方式的钢筋用量较弯起式大，但施工方便，已成为我国土建工程中混凝土板的主要配筋方式。

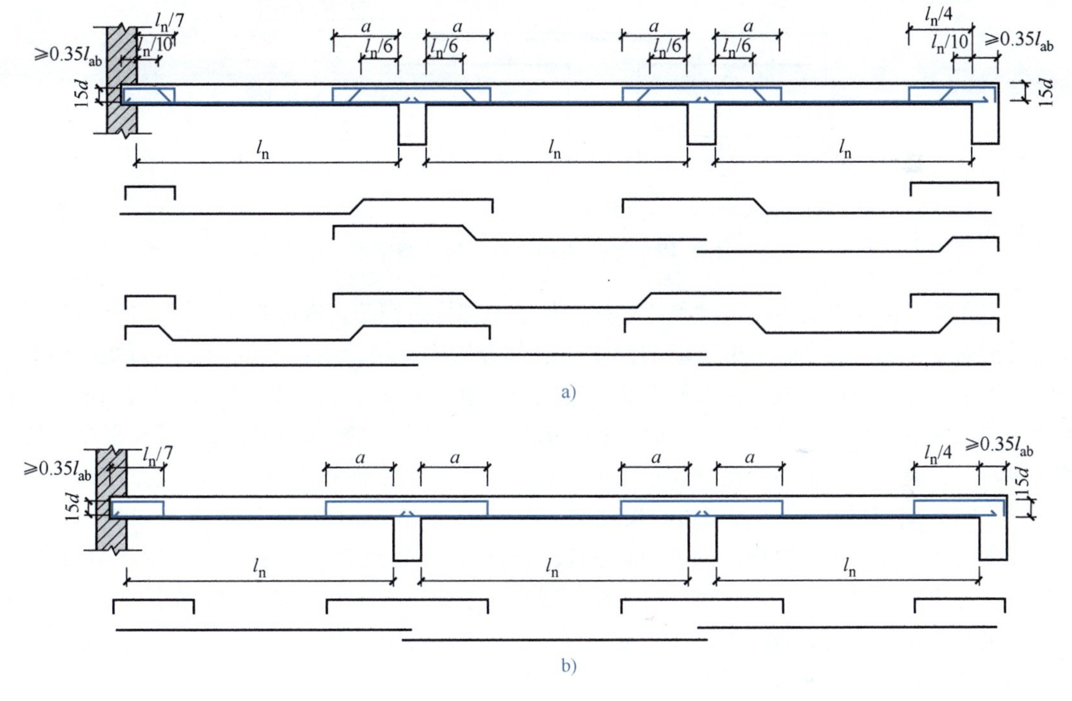

图 9-18　单向板的配筋方式

a）弯起式配筋　b）分离式配筋

注：当 $q \leqslant 3g$ 时，$a = l_n/4$；当 $q > 3g$ 时，$a = l_n/3$。其中 q 为均布活荷载设计值；g 为均布恒荷载设计值；l_n 为板的计算跨度。

跨中正弯矩钢筋，当采用分离式配筋时，宜全部伸入支座，支座负弯矩钢筋向跨内的延伸长度应满足覆盖负弯矩图和钢筋锚固的要求；当采用弯起式配筋时，可先按跨中正弯矩确定其钢筋直径和间距，然后在支座附近将跨中钢筋按需要弯起 1/2（隔一弯一）以承受负弯矩，但最多不超过 2/3（隔一弯二）。如弯起钢筋的截面面积不够，可另加直钢筋。弯起钢筋弯起的角度一般采用 30°，当板厚 $h > 120$mm 时，可采用 45°。

② 在单向板中除了按计算配置受力钢筋外，通常还按要求设置以下四种构造钢筋：

分布钢筋：当按单向板设计时，应垂直于板的受力钢筋方向，并应在受力钢筋内侧配置分布钢筋。其作用除固定受力钢筋的位置外，主要承受混凝土因收缩和温度变化所产生的应力，控制温度裂缝的开展；同时，还可将局部板面荷载更均匀地传给受力钢筋，并承受在计算中未计入但实际存在的长跨方向的弯矩。分布钢筋的截面面积应不小于受力钢筋的15%，且不宜小于板面截面面积的0.15%。分布钢筋的间距不宜大于250mm（集中荷载较大时，间距不宜大于200mm，其配筋截面面积还应适当增加），直径不宜小于6mm；在受力钢筋的弯折处也应设置分布钢筋。

与主梁垂直的上部构造钢筋：单向板上的荷载将主要沿短边方向传到次梁，此时板的受力钢筋与主梁平行，由于板和主梁整体连接，在靠近主梁两侧的一定宽度范围内，板内仍将产生与主梁方向垂直的负弯矩。为承受这一弯矩和防止产生过宽的裂缝，应配置与主梁垂直的上部构造钢筋，如图9-19所示。其数量不宜少于板的跨中受力钢筋的1/3，且每米不少于5Φ8，伸出主梁边缘的长度不宜小于$l_0/4$（l_0为板的计算跨度）。

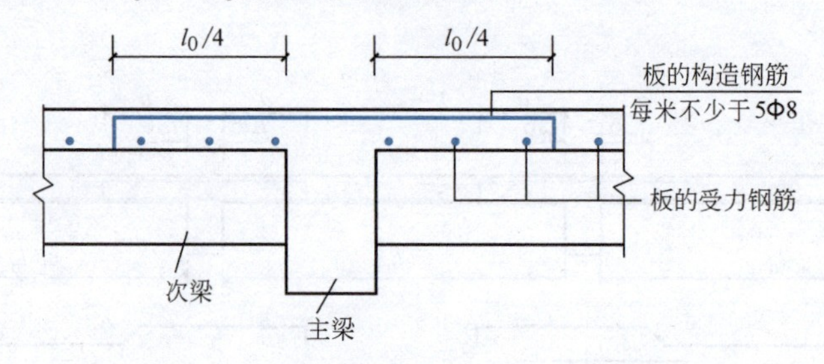

图9-19 与主梁垂直的上部构造钢筋

嵌固在墙内或与钢筋混凝土梁整体连接的板端上部构造钢筋：嵌固在承重砖墙内的单向板，计算时按简支考虑，但实际上由于墙的约束而有部分嵌固作用，将会产生局部负弯矩，因此对嵌固在承重砖墙内的现浇板，在板的上部应设置与板垂直的每米不少于5Φ8 的构造钢筋，其伸出墙边的长度不宜小于$l_0/7$（l_0为板短跨计算跨度）。当现浇板的周边与混凝土梁或混凝土墙整体连接时，也应在板边上部设置与其垂直的构造钢筋，其截面面积不宜小于相应方向跨中纵筋截面面积的1/3；其伸出梁边或墙边的长度不宜小于$l_0/5$；在双向板中不宜小于$l_0/4$。

板角构造钢筋：对两边均嵌固在墙内的板角部分，当受到墙体约束时，也将产生负弯矩，在板顶引起圆弧形裂缝，因此应在板的上部配置双向正交、斜向平行或放射状布置的附加钢筋，以承受负弯矩和防止裂缝的扩展，其数量不宜少于该方向跨中受力钢筋的1/3；其由墙边伸出到板内的长度不宜小于$l_0/4$（图9-20）。

在温度、收缩应力较大的现浇板区域内，钢筋间距宜取为150~200mm，并应在板的未配筋表面双向布置温度收缩钢筋（也称为防裂构造钢筋），配筋率均不宜小于0.1%。温度收缩钢筋既可利用原有钢筋贯通布置，也可另行设置构造钢筋网，并与原有钢筋按受拉钢筋的要求搭接，或在周边构件中锚固。

2. 次梁的计算和构造要求

（1）次梁的计算要点 连续次梁在进行正截面承载力计算时，由于板与次梁整体连接，板可作为梁的翼缘参加工作。在跨中正弯矩作用区段，板处在次梁的受压区，次梁应按T形截面计算，其翼缘计算宽度b'_f可按第3章介绍的有关规定确定。在支座附近（或跨中）的负弯矩作用区段，由于板处在次梁的受拉区，此时次梁应按矩形截面计算。

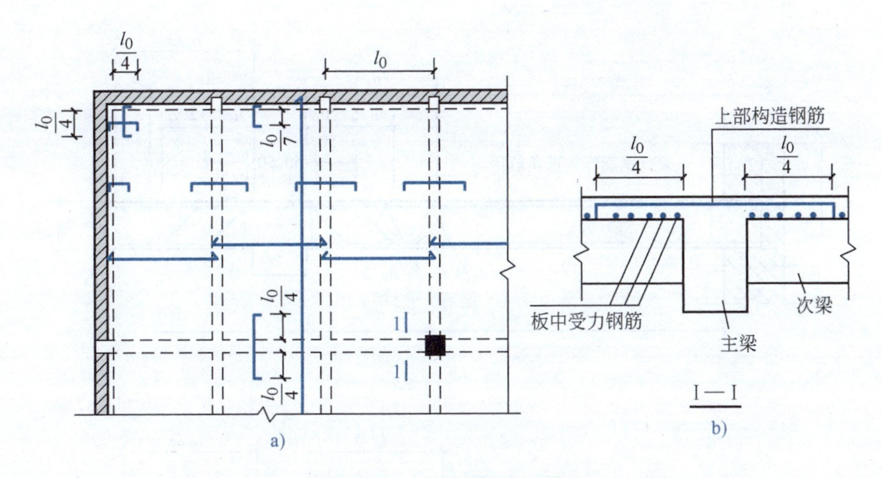

图 9-20　板的构造钢筋

次梁的跨度一般为 4 ~6m，梁高为跨度的 1/18 ~1/12，梁宽为梁高的 1/3 ~1/2。纵向钢筋的配筋率为 0.6% ~1.5%。

次梁的内力可按塑性理论方法计算。

(2) 次梁的配筋构造要求　次梁的钢筋组成及其布置可参考图 9-21。次梁伸入墙内的长度一般应不小于 240mm。

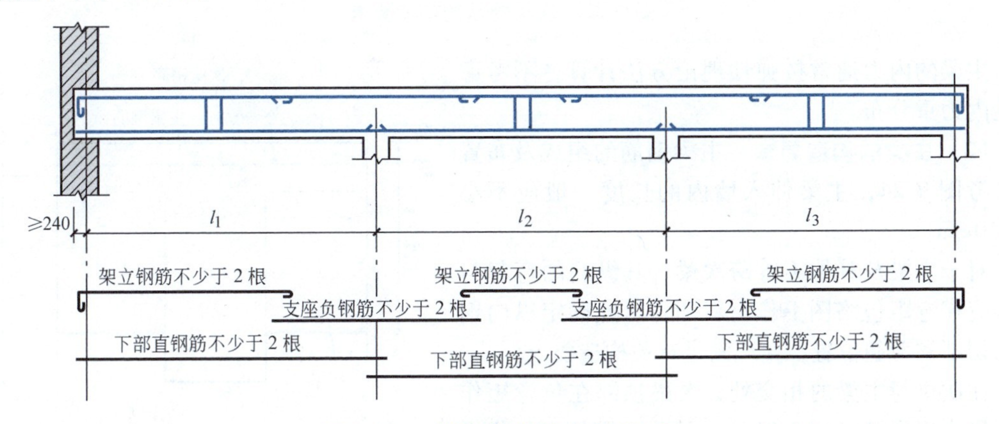

图 9-21　次梁的钢筋组成及其布置

当次梁的相邻跨度相差不超过 20%，且均布活荷载与恒荷载设计值之比 $q/g \leqslant 3$ 时，其纵筋的弯起和切断可按图 9-22 进行，否则应按弯矩包络图确定。

3. 主梁的计算和构造要求

(1) 主梁的计算要点　主梁的正截面抗弯承载力计算与次梁相同，通常跨中按 T 形截面计算，支座按矩形截面计算。当跨中出现负弯矩时，跨中也应按矩形截面计算。

主梁的跨度一般以 5 ~8m 为宜，常取梁高为跨度的 1/15 ~1/10，梁宽为梁高的 1/3 ~1/2。主梁除承受自重和直接作用在主梁上的荷载外，主要是承受次梁传来的集中荷载。为计算方便，可将主梁的自重等效简化成若干集中荷载，并作用于次梁位置处。

由于在主梁支座处，次梁与主梁的负筋相互交叉重叠，而主梁负筋位于次梁和板的负筋之下（图 9-23），故截面的有效高度在支座处有所减小。具体取值为（对一类环境）：当受力钢筋单排布置时，$h_0 = h-(50 \sim 60)$mm；当钢筋双排布置时，$h_0 = h-(70 \sim 80)$mm。

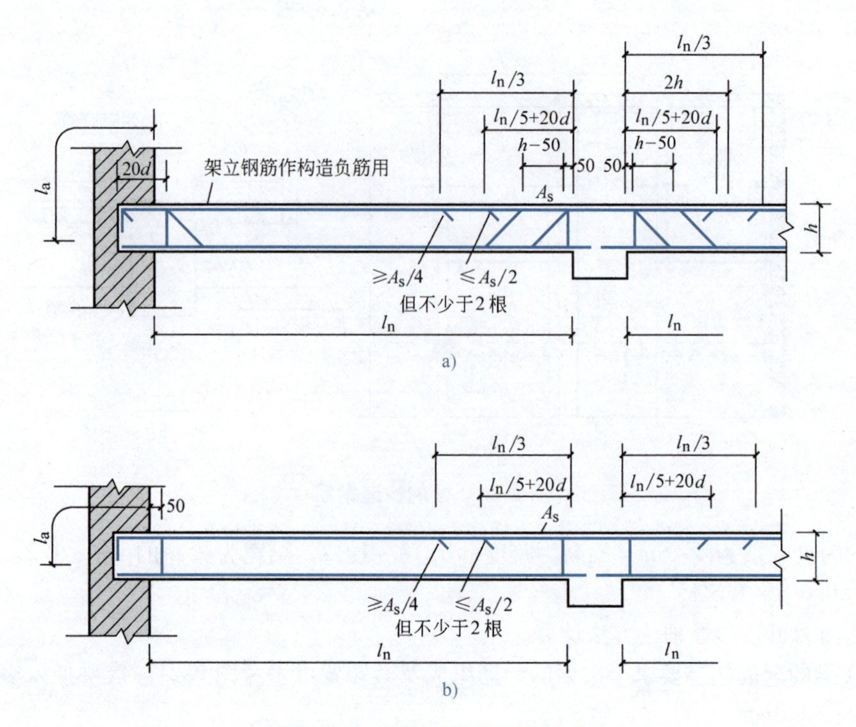

图 9-22 次梁配筋的构造要求

主梁的内力通常按弹性理论方法计算，不考虑塑性内力重分布。

（2）主梁的构造要求 主梁钢筋的组成及布置可参考图 9-24，主梁伸入墙内的长度一般应不小于 370mm。

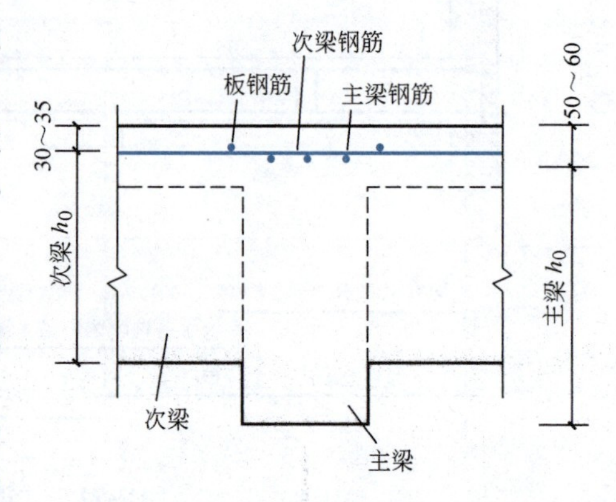

图 9-23 主梁支座处截面的有效高度

对于主梁及其他不等跨次梁，其纵筋的弯起与切断应在弯矩包络图上作材料图，以此确定纵向钢筋的切断和弯起位置，并应满足有关构造要求。

在次梁与主梁的相交处，次梁顶部在负弯矩作用下将产生裂缝（图 9-25a），因此次梁传来的集中荷载将通过其受压区的剪切面传至主梁截面高度的中、下部，使其下部混凝土可能产生斜裂缝而引起局部破坏。为此，需设置附加的横向钢筋（吊筋或箍筋），以使次梁传来的集中力传至主梁上部的受压区。附加横向钢筋宜采用箍筋，并应布置在长度为 s 的范围内，此处 $s=2h_1+3b$，如图 9-25b所示；当采用吊筋时，其弯起段应伸至梁上边缘，且末端的水平段长度在受拉区不应小于 $20d$，在受压区不应小于 $10d$（d 为弯起钢筋的直径）。

附加横向钢筋所需总截面面积应符合下列规定

$$A_{sv} \geqslant \frac{P}{f_{yv}\sin\alpha} \tag{9-12}$$

式中 A_{sv}——附加横向钢筋总截面面积；

P——作用在梁下部或梁截面高度范围内的集中荷载设计值；

α——附加横向钢筋与梁轴线的夹角。

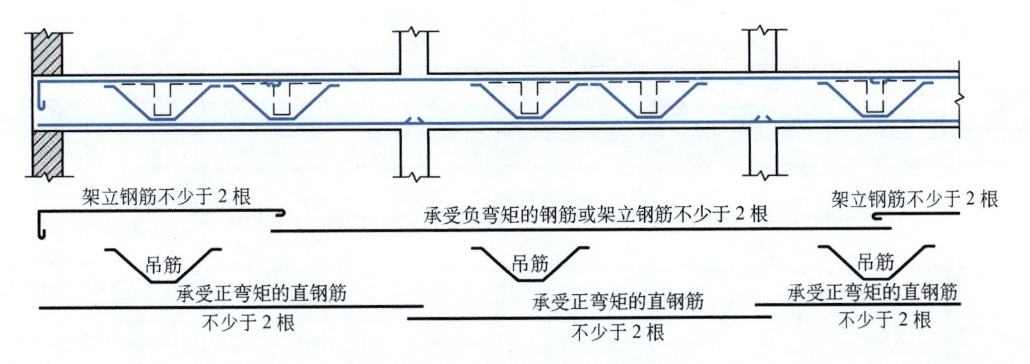

图 9-24　主梁钢筋的组成及布置

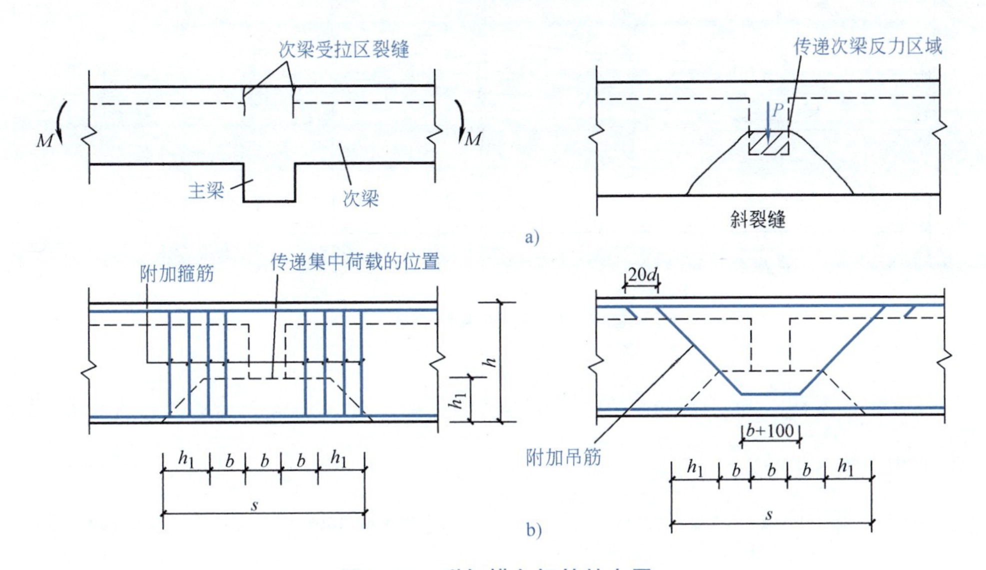

图 9-25　附加横向钢筋的布置

a）次梁和主梁相交处的裂缝状态　b）承受集中荷载处附加横向钢筋的布置

9.2.6　整体式单向板肋梁楼盖设计例题

【例 9-1】　整体式单向板肋梁楼盖设计。

（1）设计资料

某设计基准期为 50 年的多层工业建筑楼盖，采用整体式钢筋混凝土结构，柱截面拟定为 300mm × 300mm，柱高 4.5mm，楼盖梁格布置如图 9-26 所示。

1）楼面构造层做法：20mm 厚水泥砂浆面层，20mm 厚混合砂浆顶棚抹灰。

2）楼面活荷载：标准值为 $7kN/m^2$。

3）恒荷载分项系数为 1.3；活荷载分项系数为 1.5。

4）材料选用：混凝土采用 C30（f_c = 14.3N/mm^2，f_t = 1.43N/mm^2）；钢筋均采用 HRB400 级（f_y = 360N/mm^2）。

（2）板的计算

板按考虑塑性内力重分布方法计算，取 1m 宽板带为计算单元。

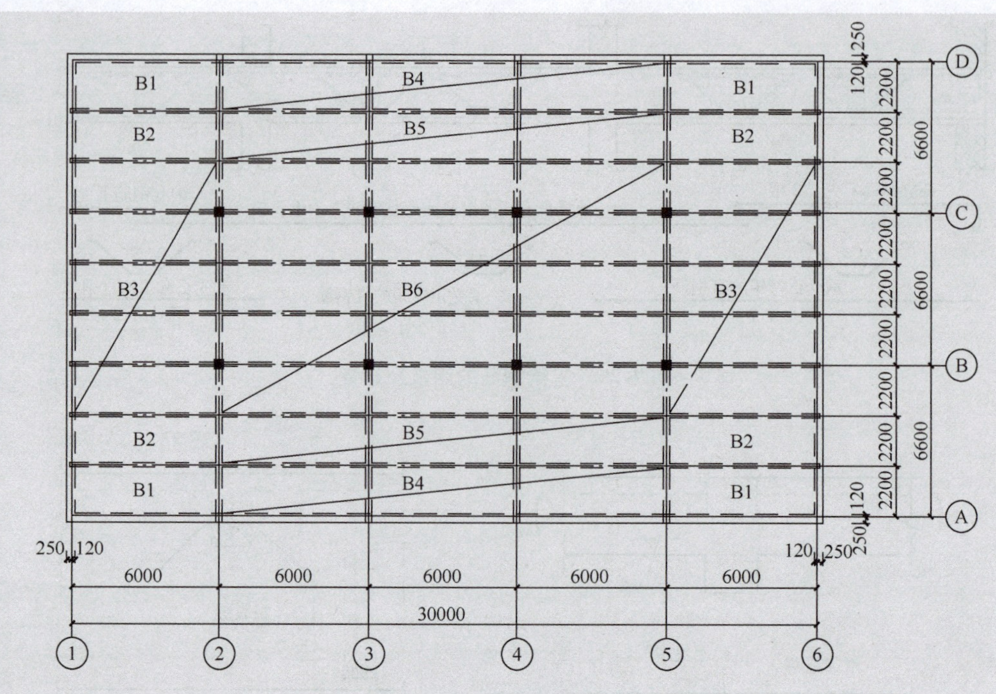

图 9-26　楼盖梁格布置图

板厚 $h \geqslant \frac{l}{40} = \frac{2200}{40}\text{mm} = 55\text{mm}$，对工业建筑楼盖要求 $h \geqslant 70\text{mm}$，考虑到楼面活荷载比较大，故取板厚 $h = 80\text{mm}$。

次梁截面高度应满足 $h = \left(\frac{1}{18} \sim \frac{1}{12}\right)l = \left(\frac{1}{18} \sim \frac{1}{12}\right) \times 6000\text{mm} =$ （334 ~ 500） mm，取次梁截面高度 $h = 450\text{mm}$。梁宽 $b = \left(\frac{1}{3} \sim \frac{1}{2}\right)h = \left(\frac{1}{3} \sim \frac{1}{2}\right) \times 450\text{mm} =$ （150 ~ 225） mm，取 $b = 200\text{mm}$。板的尺寸及支承情况如图 9-27a 所示。

1）荷载计算。

20mm 厚水泥砂浆面层	$0.02 \times 20\text{kN/m}^2 = 0.4\text{kN/m}^2$
80mm 厚钢筋混凝土现浇板	$0.08 \times 25\text{kN/m}^2 = 2.0\text{kN/m}^2$
20mm 厚混合砂浆顶棚抹灰	$0.02 \times 17\text{kN/m}^2 = 0.34\text{kN/m}^2$
恒荷载标准值	$g = 2.74\text{kN/m}^2$
恒荷载设计值	$g = 1.3 \times 2.74\text{kN/m}^2 = 3.56\text{kN/m}^2$
活荷载设计值	$q = 1.5 \times 7.0\text{kN/m}^2 = 10.5\text{kN/m}^2$
合计	$g + q = 14.06\text{kN/m}^2$
1m 板宽全部荷载设计值	$(14.06 \times 1)\ \text{kN/m} = 14.06\text{kN/m}$

2）计算简图。板的计算跨度：

边跨：$l_n = \left(2.2 - 0.12 - \frac{0.2}{2}\right)\text{m} = 1.98\text{m}$

$$l_0 = l_n + \frac{h}{2} = \left(1.98 + \frac{0.08}{2}\right)\text{m} = 2.02\text{m}$$

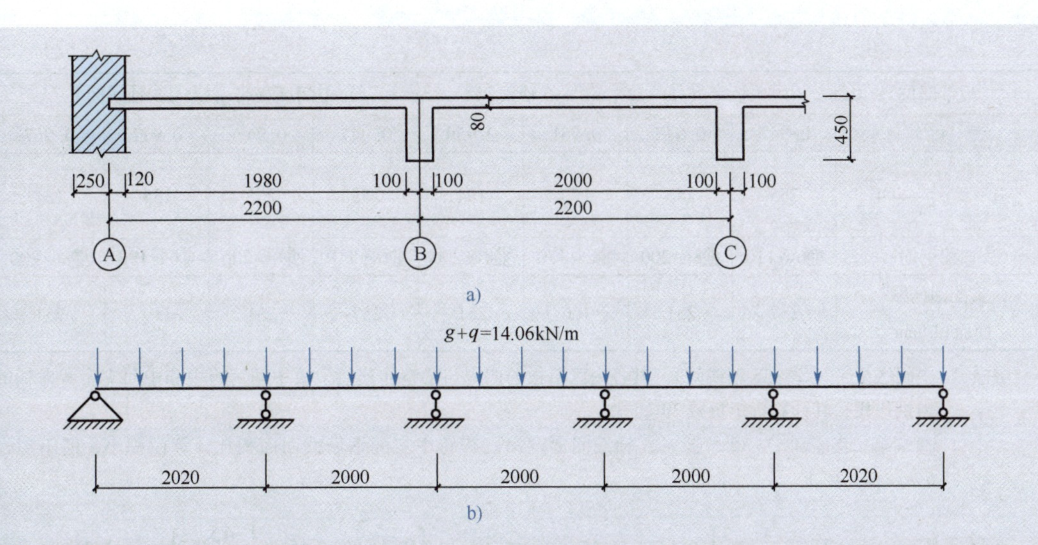

图 9-27　板的构造和计算简图

a）构造　b）计算简图

中间跨 $l_0 = l_n = (2.2 - 0.2)\text{m} = 2.0\text{m}$

跨度差 $\dfrac{2.02 - 2.0}{2.0} = 1\% < 10\%$，可按等跨连续板计算内力。取 1m 宽板带作为计算单元，计算简图如图 9-27b 所示。

3）弯矩设计值。连续板各截面弯矩设计值见表 9-4。

表 9-4　连续板各截面弯矩设计值

截面	边跨跨中	离端第二支座	离端第二跨跨中 中间跨跨中	中 间 支 座
弯矩计算系数 α	$\frac{1}{11}$	$-\frac{1}{11}$	$\frac{1}{16}$	$-\frac{1}{14}$
$M=\alpha(g+q)l_0^2/\text{kN}\cdot\text{m}$	$\frac{1}{11}\times14.06\times2.02^2$ $=5.22$	$-\frac{1}{11}\times14.06\times2.02^2$ $=-5.22$	$\frac{1}{16}\times14.06\times2.0^2$ $=3.52$	$-\frac{1}{14}\times14.06\times2.0^2$ $=-4.02$

4）承载力计算。$b = 1000\text{mm}$，$h = 80\text{mm}$，$h_0 = (80 - 20)\ \text{mm} = 60\text{mm}$。钢筋采用 HRB400 级（$f_y = 360\text{N/mm}^2$），混凝土采用 C30（$f_c = 14.3\text{N/mm}^2$），$\alpha_1 = 1.0$。板的截面配筋见表 9-5。

表 9-5　板的截面配筋

板带部位	边区板带（①~②、⑤~⑥轴线间）				中间区板带（②~⑤轴线间）			
板带部位截面	边跨 跨中	离端第 二支座	离端第 二跨跨中	中间 支座	边跨 跨中	离端第 二支座	离端第 二跨跨中	中间支座
$M/\text{kN}\cdot\text{m}$	5.22	-5.22	3.52	-4.02	5.22	-5.22	3.52×0.8 $=2.8$	-4.02×0.8 $=-3.22$
$\alpha_s=\dfrac{M}{\alpha_1 f_c b h_0^2}$	0.101	0.101	0.068	0.078	0.101	0.101	0.055	0.063

（续）

板带部位	边区板带（①~②、⑤~⑥轴线间）				中间区板带（②~⑤轴线间）			
γ_s	0.947	0.947	0.961	0.959	0.947	0.947	0.972	0.967
$A_s=\dfrac{M}{f_y\gamma_s h_0}/\text{mm}^2$	255	255	170	194	255	255	134	154
选配钢筋	Φ6@110	Φ8@200	Φ6@170	Φ8@200	Φ6@110	Φ8@200	Φ6@190	Φ8@200
实配钢筋截面面积/mm²	257	251	166	251	257	251	149	251

注：1. 中间区板带（②~⑤轴线间），其各内区格板的四周与梁整体连接，故中间跨跨中和中间支座考虑板的内拱作用，其计算弯矩折减20%。

2. 离端第二支座和①~②、⑤~⑥轴线间离端第二跨跨中实配钢筋截面面积比计算面积小，但不超过5%，满足要求。

最小配筋率验算：$\rho_{min}=\left\{0.15\%,\ 45\times\dfrac{f_t}{f_y}\%\right\}_{max}=\left\{0.15\%,\ 45\times\dfrac{1.43}{360}\%\right\}_{max}=0.18\%$

$0.18\%\times1000\times80\text{mm}^2=144\text{mm}^2$，表9-5中实配钢筋面积均满足要求。

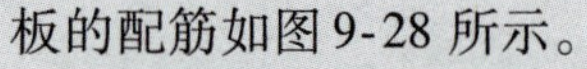

板的配筋如图9-28所示。

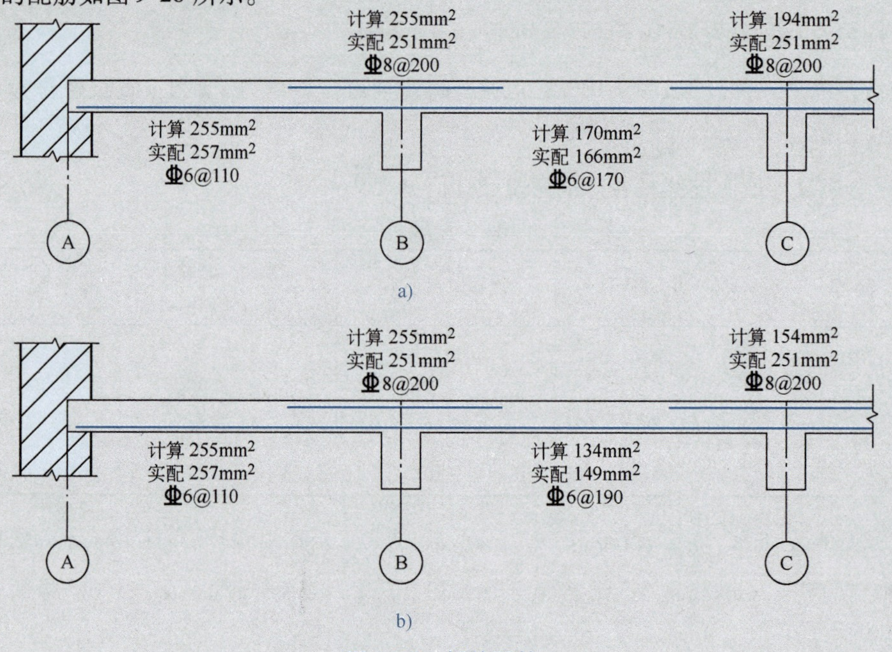

图9-28　板的配筋

a）边区板带　b）中间区板带

（3）次梁计算

次梁按考虑塑性内力重分布方法计算。

主梁截面高度 $h=\left(\dfrac{1}{15}\sim\dfrac{1}{10}\right)l=\left(\dfrac{1}{15}\sim\dfrac{1}{10}\right)\times6600\text{mm}=440\sim660\text{mm}$，取主梁截面高度 $h=650\text{mm}$。梁宽 $b=\left(\dfrac{1}{3}\sim\dfrac{1}{2}\right)h=\left(\dfrac{1}{3}\sim\dfrac{1}{2}\right)\times650\text{mm}=217\sim325\text{mm}$，取 $b=250\text{mm}$。次梁的尺寸及支承情况如图9-29a所示。

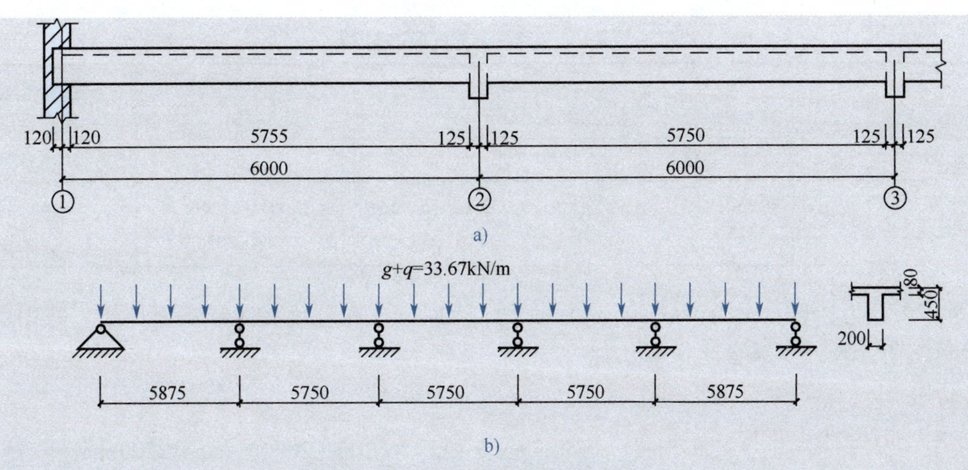

图 9-29　次梁的构造和计算简图

a）构造　b）计算简图

1）荷载计算。

恒荷载设计值：

板传来恒荷载　$3.56\times2.2\text{kN/m}=7.83\text{kN/m}$

次梁自重　$1.3\times25\times0.2\times(0.45-0.08)\text{kN/m}=2.41\text{kN/m}$

梁侧抹灰　$1.3\times17\times0.02\times(0.45-0.08)\times2\text{kN/m}=0.33\text{kN/m}$

合计　$g=10.57\text{kN/m}$

活荷载设计值　由板传来　$q=10.5\times2.2\text{kN/m}=23.1\text{kN/m}$

总计　$g+q=33.67\text{kN/m}$

2）计算简图。次梁的计算跨度：

边跨　$l_n=\left(6.0-0.12-\dfrac{0.25}{2}\right)\text{m}=5.755\text{m}$

$$l_0=l_n+\frac{a}{2}=\left(5.755+\frac{0.24}{2}\right)\text{m}=5.875\text{m}<1.025l_n=5.899\text{m}$$

取 $l_0=5.875\text{m}$。

中间跨　$l_0=l_n=$（$6.0-0.25$）$\text{m}=5.75\text{m}$

跨度差　$\dfrac{5.875-5.75}{5.75}=2.2\%<10\%$，可按等跨连续梁进行内力计算，其计算简图如图 9-29b 所示。

3）弯矩设计值和剪力设计值。次梁各截面弯矩、剪力设计值见表 9-6、表 9-7。

表 9-6　次梁各截面弯矩设计值

截　　面	边跨跨中	离端第二支座	离端第二跨跨中 中间跨跨中	中间支座
弯矩计算系数 α	$\frac{1}{11}$	$-\frac{1}{11}$	$\frac{1}{16}$	$-\frac{1}{14}$
$M=\alpha(g+q)l_0^2$/ kN·m	$\frac{1}{11}\times33.67\times5.875^2$ $=105.65$	$-\frac{1}{11}\times33.67\times5.875^2$ $=-105.65$	$\frac{1}{16}\times33.67\times5.75^2$ $=69.58$	$-\frac{1}{14}\times33.67\times5.75^2$ $=-79.52$

表 9-7　次梁各截面剪力计算

截　　面	端支座右侧	离端第二支座 左侧	离端第二支座 右侧	中间支座 左侧、右侧
剪力计算系数β	0.45	0.6	0.55	0.55
$V=\beta(g+q)l_{\mathrm{n}}/\mathrm{kN}$	$0.45\times33.67\times5.755$ $=87.2$	$0.6\times33.67\times5.755$ $=116.26$	$0.55\times33.67\times5.75$ $=106.48$	106.48

4）承载力计算。次梁正截面受弯承载力计算时，支座截面按矩形截面计算，跨中截面按T形截面计算，其翼缘计算宽度为：

边跨

$$b'_{\mathrm{f}}=\frac{1}{3}l_0=\frac{1}{3}\times5875\mathrm{mm}=1958\mathrm{mm}<b+s_0=(200+2000)\ \mathrm{mm}=2200\mathrm{mm}$$

离端第二跨、中间跨　$b'_{\mathrm{f}}=\frac{1}{3}l_0=\left(\frac{1}{3}\times5750\right)\mathrm{mm}=1916\mathrm{mm}$

梁高$h=450\mathrm{mm}$，翼缘厚度$h'_{\mathrm{f}}=80\mathrm{mm}$。各截面有效高度均按一排纵筋考虑，$h_0=450\mathrm{mm}-35\mathrm{mm}=415\mathrm{mm}$。纵向钢筋采用HRB400级（$f_{\mathrm{y}}=360\mathrm{N/mm^2}$），箍筋采用HRB400级（$f_{\mathrm{yv}}=360\mathrm{N/mm^2}$），混凝土采用C30（$f_{\mathrm{c}}=14.3\mathrm{N/mm^2}$，$f_{\mathrm{t}}=1.43\mathrm{N/mm^2}$），$\alpha_1=1.0$。经判断各跨中截面均属于第一类T形截面。

次梁正截面及斜截面承载力计算分别见表9-8、表9-9。

表 9-8　次梁正截面承载力计算

截　　面	边跨跨中	离端第二支座	离端第二跨跨中 中间跨跨中	中间支座
$M/(\mathrm{kN\cdot m})$	105.65	−105.65	69.58	−79.52
$\alpha_{\mathrm{s}}=\dfrac{M}{\alpha_1 f_{\mathrm{c}}bh_0^2}$	$\dfrac{105.65\times10^6}{1.0\times14.3\times1958\times415^2}$ $=0.022$	$\dfrac{105.65\times10^6}{1.0\times14.3\times200\times415^2}$ $=0.214$	$\dfrac{69.58\times10^6}{1.0\times14.3\times1916\times415^2}$ $=0.015$	$\dfrac{79.52\times10^6}{1.0\times14.3\times200\times415^2}$ $=0.161$
ξ	0.022	0.283	0.015	0.177
γ_{s}	0.989	0.860	0.993	0.912
$A_{\mathrm{s}}=\dfrac{M}{f_{\mathrm{y}}\gamma_{\mathrm{s}}h_0}/\mathrm{mm^2}$	$\dfrac{105.65\times10^6}{360\times0.989\times415}=715$	$\dfrac{105.65\times10^6}{360\times0.860\times415}=822$	$\dfrac{69.58\times10^6}{360\times0.993\times415}=469$	$\dfrac{79.52\times10^6}{360\times0.912\times415}=584$
选配钢筋	3Φ18	2Φ18+1Φ20	2Φ18	3Φ16
实配钢筋截面面积/$\mathrm{mm^2}$	763	823	509	603

表 9-9　次梁斜截面承载力计算

截　　面	端支座右侧	离端第二支座左侧	离端第二支座右侧	中间支座左侧、右侧
V/kN	87.2	116.26	106.48	106.48
$0.25\beta_{\mathrm{c}}f_{\mathrm{c}}bh_0/\mathrm{kN}$	$297>V$	$297>V$	$297>V$	$297>V$
$0.7f_{\mathrm{t}}bh_0/\mathrm{kN}$	$83.1<V$	$83.1<V$	$83.1<V$	$83.1<V$
选用箍筋	双肢Φ6	双肢Φ6	双肢Φ6	双肢Φ6
$A_{\mathrm{sv}}=nA_{\mathrm{sv1}}/\mathrm{mm^2}$	56.6	56.6	56.6	56.6

（续）

截　　面	端支座右侧	离端第二支座左侧	离端第二支座右侧	中间支座左侧、右侧
$s=\dfrac{f_{yv}A_{sv}h_0}{V-0.7f_tbh_0}$/mm	$\dfrac{360\times56.6\times415}{87200-83100}$ $=2062$	$\dfrac{360\times56.6\times415}{116260-83100}$ $=255$	$\dfrac{360\times56.6\times415}{106480-83100}$ $=362$	$\dfrac{360\times56.6\times415}{106480-83100}$ $=362$
实配箍筋间距/mm	200	200	200	200

次梁的配筋如图 9-30 所示。

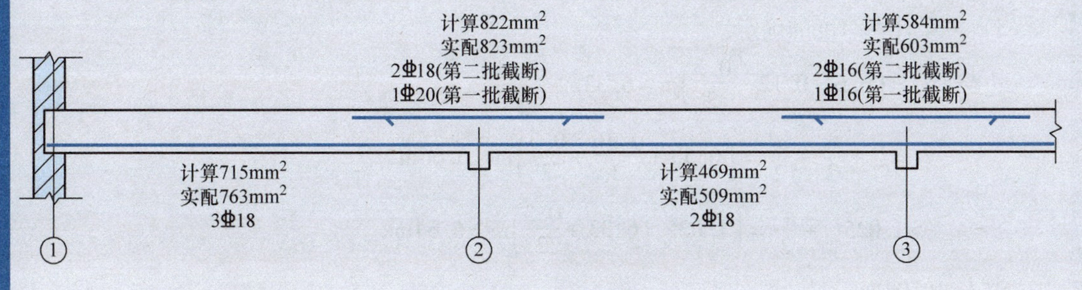

图 9-30　次梁的配筋

（4）主梁计算

主梁按弹性理论方法计算。

1）截面尺寸及支座简化。

由于$\left(\dfrac{EI}{l}\right)_{梁}\Big/\left(\dfrac{EI}{l}\right)_{柱}=\left(\dfrac{E\times250\times650^3}{12\times6600}\right)\Big/\left(\dfrac{E\times300\times300^3}{12\times4500}\right)=5.78>4$，故可将主梁视为铰支于柱上的连续梁进行计算；两端支承于砖墙上也可视为铰支。主梁的尺寸及计算简图如图 9-31 所示。

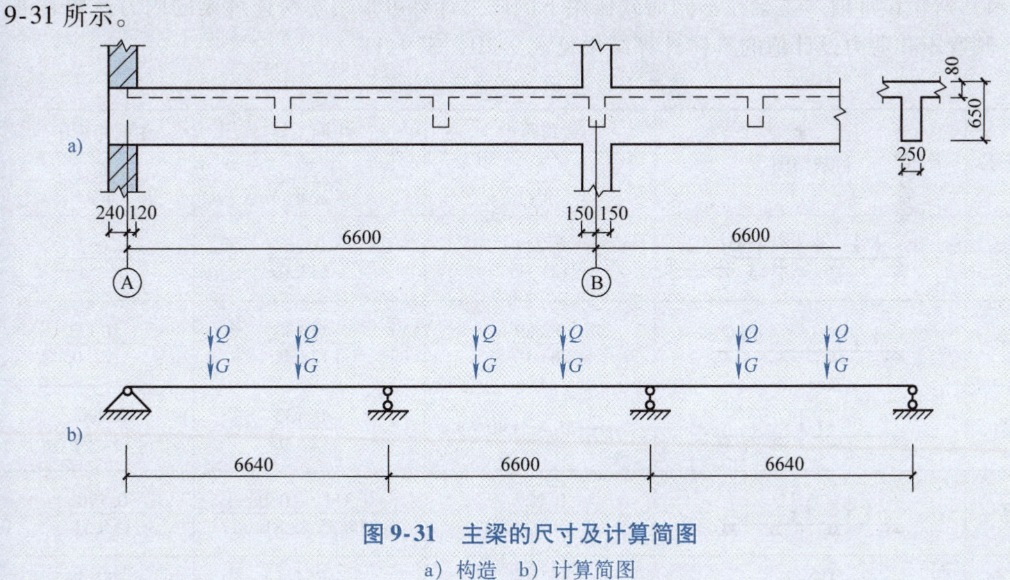

图 9-31　主梁的尺寸及计算简图

a）构造　b）计算简图

2）荷载计算。

恒荷载设计值：

次梁传来恒荷载 $10.57\times6.0\text{kN}=63.42\text{kN}$

主梁自重（折算为集中荷载） $1.3\times25\times0.25\times(0.65-0.08)\times2.2\text{kN}=10.19\text{kN}$

梁侧抹灰（折算为集中荷载） $1.3\times17\times0.02\times(0.65-0.08)\times2\times2.2\text{kN}=1.1\text{kN}$

合计 $G=74.71\text{kN}$

活荷载设计值

由次梁传来 $Q=23.1\times6.0\text{kN}=138.6\text{kN}$

总计 $G+Q=213.31\text{kN}$

3）主梁计算跨度的确定。

边跨 $l_n=\left(6.6-0.12-\dfrac{0.3}{2}\right)\text{m}=6.33\text{m}$

$$l_0=l_n+\frac{a}{2}+\frac{a'}{2}=\left(6.33+\frac{0.36}{2}+\frac{0.3}{2}\right)\text{m}=6.66\text{m}$$

$$>1.025l_n+\frac{a'}{2}=\left(1.025\times6.33+\frac{0.3}{2}\right)\text{m}=6.64\text{m}$$

取 $l_0=6.64\text{m}$。

中间跨 $l_n=(6.60-0.3)\ \text{m}=6.30\text{m}$

$$l_0=l_n+a'=(6.30+0.3)\ \text{m}=6.60\text{m}$$

平均跨度 $\dfrac{6.64+6.60}{2}\text{m}=6.62\text{m}$（计算支座弯矩用）

跨度差 $\dfrac{6.64-6.60}{6.60}=0.61\%<10\%$，可按等跨连续梁计算内力，则主梁的计算简图如图9-31b 所示。

4）弯矩设计值。主梁在不同荷载作用下的内力计算可采用等跨连续梁的内力系数表进行，其弯矩和剪力设计值的具体计算结果见表9-10、表9-11。

表9-10 主梁各截面弯矩计算

序号	荷载简图	边跨跨中 $\dfrac{K}{M_1}$	中间支座 $\dfrac{K}{M_B(M_C)}$	中间跨跨中 $\dfrac{K}{M_2}$
①	G（各跨满布；A 1 B 2 C 3 D）	$\dfrac{0.244}{121.06}$	$\dfrac{-0.267}{-132.07}$	$\dfrac{0.067}{31.54}$
②	Q（第1、3跨）	$\dfrac{0.289}{265.97}$	$\dfrac{-0.133}{-122.03}$	$\dfrac{-0.133}{-122.03}$
③	Q（第2跨）	$\approx\dfrac{1}{3}M_B=-40.68$	$\dfrac{-0.133}{-122.03}$	$\dfrac{0.200}{182.95}$
④	Q（第1、2跨）	$\dfrac{0.229}{210.75}$	$\dfrac{-0.311(-0.089)}{-285.35(-81.66)}$	$\dfrac{0.170}{155.51}$
最不利内力组合	①+②	387.03	−254.1	−90.49
	①+③	80.38	−254.1	214.49
	①+④	331.81	−417.42(−213.73)	187.05

表 9-11　主梁各截面剪力计算

序　号	荷载简图	端支座	中间支座	
		$\dfrac{K}{V_A^r}$	$\dfrac{K}{V_B^l(V_C^l)}$	$\dfrac{K}{V_B^r(V_C^r)}$
①	G；A 1 B 2 C 3 D	$\dfrac{0.733}{54.77}$	$\dfrac{-1.267(-1.000)}{-94.67(-77.72)}$	$\dfrac{1.000(1.267)}{74.72(94.67)}$
②	Q	$\dfrac{0.866}{120.03}$	$\dfrac{-1.134}{-157.17}$	0
④	Q	$\dfrac{0.689}{95.5}$	$\dfrac{-1.311(-0.778)}{-181.7(-107.83)}$	$\dfrac{1.222(0.089)}{169.4(12.34)}$
最不利内力组合	①+②	174.8	−251.84	74.72
	①+④	150.27	−276.37(−185.55)	244.12(107.01)

将以上最不利内力组合下的弯矩图和剪力图分别叠画在同一坐标图上，即可得到主梁的弯矩包络图及剪力包络图，如图 9-32 所示。

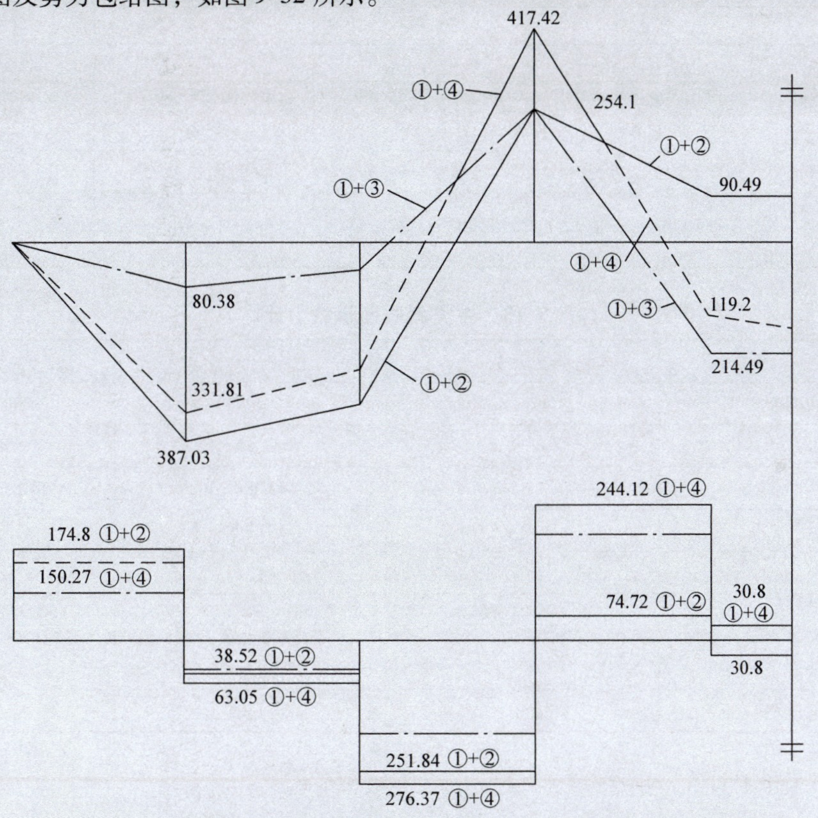

图 9-32　主梁的弯矩包络图及剪力包络图

5）承载力计算。主梁正截面受弯承载力计算时，支座截面按矩形截面计算（因支座弯矩较大，取 $h_0 = 650\text{mm} - 80\text{mm} = 570\text{mm}$），跨中截面按 T 形截面计算（$h'_f = 80\text{mm}$，$h_0 = 650\text{mm} - 40\text{mm} = 610\text{mm}$），其翼缘计算宽度为

$$b'_f = \frac{1}{3}l_0 = \frac{1}{3} \times 6600\text{mm} = 2200\text{mm} < b + s_0 = 6000\text{mm}$$

纵向钢筋采用 HRB400 级（$f_y = 360\text{N/mm}^2$），箍筋采用 HRB400 级（$f_{yv} = 360\text{N/mm}^2$），混凝土强度等级为 C30（$f_c = 14.3\text{N/mm}^2$，$f_t = 1.43\text{N/mm}^2$），$\alpha_1 = 1.0$。经判别各跨中截面均属于第一类 T 形截面。主梁正截面及斜截面承载力计算分别见表 9-12、表 9-13。

表 9-12　主梁正截面承载力计算

截面	边跨跨中	中间支座	中间跨跨中	
M/kN·m	387.03	-417.42	214.49	-90.49
$V_0\dfrac{b}{2}$/kN·m		$(74.72+138.6)\times\dfrac{0.3}{2}$ $=32$		
$M-V_0\dfrac{b}{2}$/kN·m		385.42		
$\alpha_s=\dfrac{M}{\alpha_1 f_c bh_0^2}$	$\dfrac{387.03\times10^6}{1.0\times14.3\times2200\times610^2}$ $=0.033$	$\dfrac{385.42\times10^6}{1.0\times14.3\times250\times570^2}$ $=0.332$	$\dfrac{214.49\times10^6}{1.0\times14.3\times2200\times610^2}$ $=0.018$	$\dfrac{90.49\times10^6}{1.0\times14.3\times250\times590^2}$ $=0.073$
ξ	0.033	0.415	0.018	0.075
γ_s	0.983	0.793	0.991	0.973
$A_s=\dfrac{M}{f_y\gamma_s h_0}$/mm²	$\dfrac{387.03\times10^6}{360\times0.983\times610}$ $=1793$	$\dfrac{385.42\times10^6}{360\times0.793\times570}$ $=2369$	$\dfrac{214.49\times10^6}{360\times0.991\times610}$ $=986$	$\dfrac{90.49\times10^6}{360\times0.973\times590}$ $=438$
选配钢筋	2Φ25+2Φ22	2Φ25/4Φ22	2Φ20+1Φ22	2Φ22
实配钢筋截面面积/mm²	1742	2503	1008	760

表 9-13　主梁斜截面承载力计算

截　面	支座 A	支座 B^l（左）	支座 B^r（右）
V/kN	174.8	276.37	244.12
$0.25\beta_c f_c bh_0$/kN	$549.19>V$	$509.44>V$	$509.44>V$
$0.7f_t bh_0$/kN	$152.65<V$	$142.64<V$	$142.64<V$
选用箍筋	双肢Φ8	双肢Φ8	双肢Φ8
$A_{sv}=nA_{sv1}$/mm²	101	101	101
$s=\dfrac{f_{yv}A_{sv}h_0}{V-0.7f_t bh_0}$/mm	$\dfrac{360\times101\times610}{174800-152650}$ $=1001$	$\dfrac{360\times101\times570}{276370-142640}$ $=155$	$\dfrac{360\times101\times570}{244120-142640}$ $=204$
实配箍筋间距/mm	150	150	200

6）主梁吊筋计算。由次梁传至主梁的全部集中荷载

$$G+Q=(63.42+138.6)\text{kN}=202.02\text{kN}$$

吊筋采用 HRB400 级钢筋，弯起角度为 45°，则

$$A_s=\frac{G+Q}{2f_y\sin\alpha}=\frac{202.02\times10^3}{2\times360\times\sin45°}\text{mm}^2=397\text{mm}^2$$

选配 2Φ16（402mm^2），主梁的配筋如图 9-33 所示。

（5）梁板结构施工图

板、次梁配筋图和主梁配筋及材料图如图 9-34、图 9-35、图 9-36 所示。

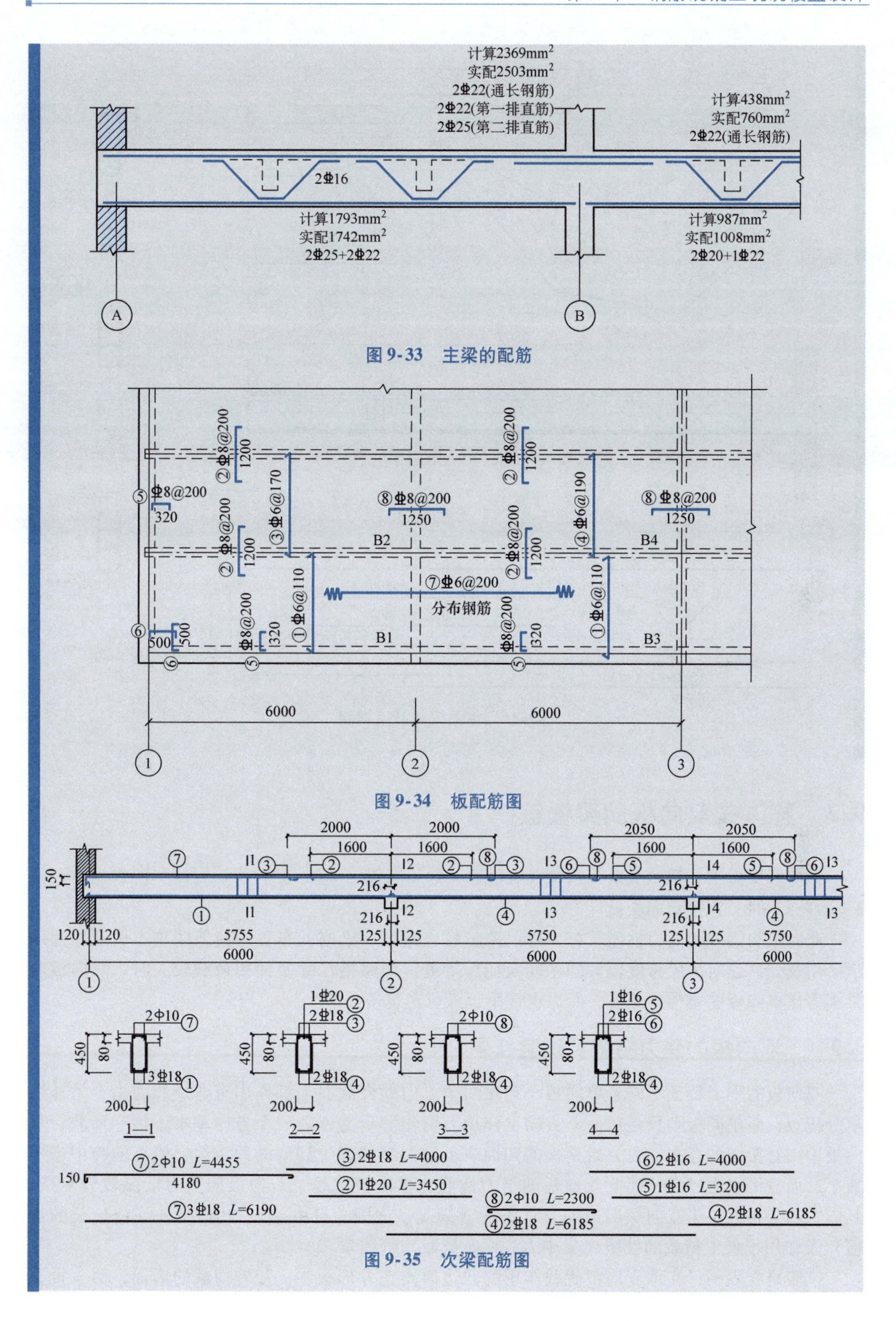

图 9-33　主梁的配筋

图 9-34　板配筋图

图 9-35　次梁配筋图

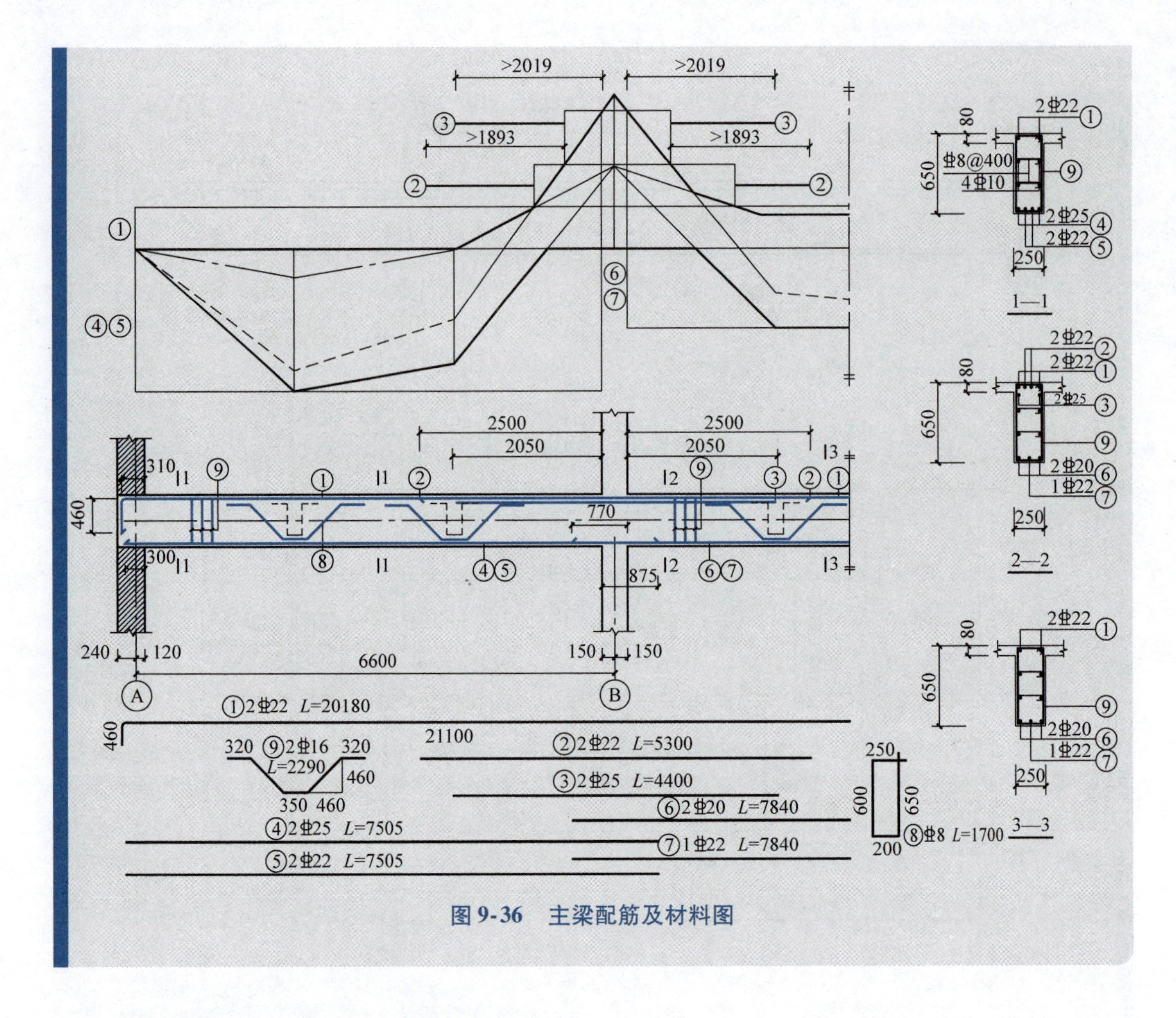

图 9-36 主梁配筋及材料图

9.3 整体式双向板肋梁楼盖

在肋梁楼盖中，如果梁格布置使各区格板的长边与短边之比 $l_2/l_1 \leqslant 2$，应按双向板设计；当 $2 < l_2/l_1 < 3$ 时，宜按双向板设计。

双向板肋梁楼盖受力性能较好，可以跨越较大跨度，梁格的布置可使顶棚整齐美观，常用于民用及公共建筑房屋跨度较大的房间及门厅等处。当梁格尺寸及使用荷载较大时，双向板肋梁楼盖比单向板肋梁楼盖经济，所以也常用于工业建筑楼盖中。

9.3.1 双向板的受力特征及试验结果

双向板的受力特征不同于单向板，它在两个方向的横截面上都作用有弯矩和剪力，另外还承受扭矩；而单向板则只是在一个方向上作用有弯矩和剪力，另一个方向基本不传递荷载。双向板中因有扭矩的存在，受力后使板的四周有上翘的趋势，受到墙的约束后，使板的跨中弯矩减小，而显得刚度较大，因此双向板的受力性能比单向板优越。双向板的受力情况较为复杂，其内力的分布取决于双向板四边的支承条件（简支、嵌固、自由等）、几何条件（板边长的比值）及作用于板上荷载的性质（集中力、均布荷载）等因素。

试验研究表明：在承受均布荷载作用的四边简支正方形板中，随着荷载的增加，第一批裂缝首先出现在板底中央，随后沿对角线呈 45°向四角扩展，如图 9-37a 所示。在接近破坏时，在板的顶面四角附近出现了垂直于对角线方向的圆弧形裂缝，如图 9-37b 所示，它促使板底对角线方向的裂缝进一步扩展，最终由于跨中钢筋屈服导致板的破坏。

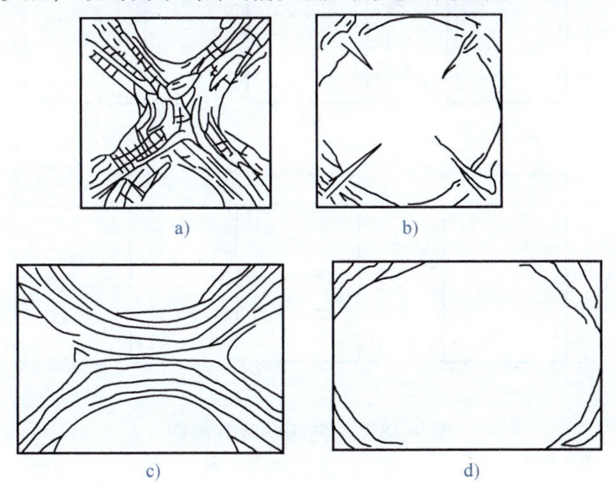

图 9-37　双向板的破坏裂缝

在承受均布荷载的四边简支矩形板中，第一批裂缝出现在板底中央且平行于长边方向，如图 9-37c 所示；当荷载继续增加时，这些裂缝逐渐延伸，并沿 45°方向向四角扩展，然后板顶四角也出现圆弧形裂缝，如图 9-37d 所示，最后导致板的破坏。

9.3.2　双向板按弹性理论方法计算

与单向板一样，双向板在荷载作用下的内力分析也有弹性理论和塑性理论两种方法，本章仅介绍弹性理论计算方法；有关双向板的塑性理论设计方法，请参阅有关书籍资料。

1. 单跨双向板的计算

双向板按弹性理论方法计算属于弹性理论小挠度薄板的弯曲问题，由于这种方法需考虑边界条件，内力分析比较复杂，为了便于工程设计计算，可采用简化的计算方法，通常是直接应用根据弹性理论编制的计算用表（附表 14）进行内力计算。在该附表中，按边界条件选列了 6 种计算简图，如图 9-38 所示。对于图 9-38 的 6 种计算简图，附表 14 分别给出了在均布荷载作用下的跨内弯矩和支座弯矩系数，故板的计算可按下式进行

$$M = \text{表中弯矩系数} \times (g+q)l^2 \tag{9-13}$$

式中　M——跨内或支座弯矩设计值；

g、q——均布恒荷载和活荷载设计值；

l——取用 l_x 和 l_y 中较小者。

需要说明的是，附表 14 中的系数是根据材料的泊松比 $\nu=0$ 制定的。对于跨内弯矩还需考虑横向变形的影响，当 $\nu\neq0$ 时，则应按下式进行折算

$$M_x^{(\nu)} = M_x + \nu M_y \tag{9-14}$$

$$M_y^{(\nu)} = M_y + \nu M_x \tag{9-15}$$

式中　$M_x^{(\nu)}$、$M_y^{(\nu)}$——l_x 和 l_y 方向考虑 ν 影响的跨内弯矩设计值；

M_x、M_y——l_x 和 l_y 方向 $\nu=0$ 时的跨内弯矩设计值；

ν——泊松比，对钢筋混凝土可取 $\nu=0.2$。

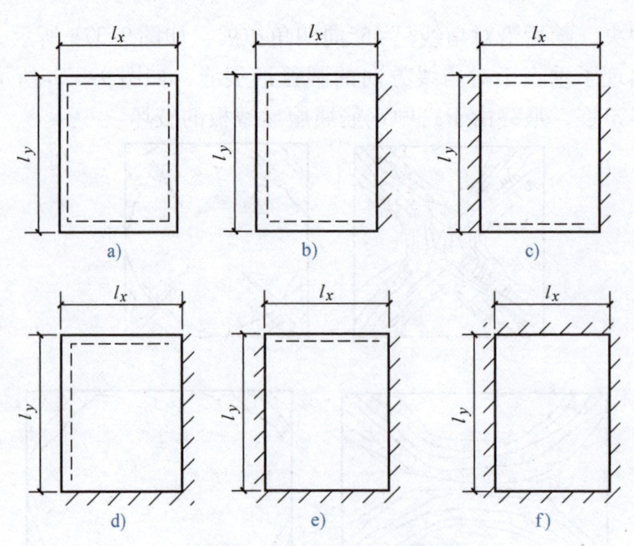

图 9-38 双向板的计算简图

a）四边简支 b）一边固定、三边简支 c）两对边固定、两对边简支
d）两邻边固定、两邻边简支 e）三边固定、一边简支 f）四边固定

2. 多跨连续板的计算

多跨连续板内力的精确计算更为复杂，在设计中一般采用实用的简化计算方法，即通过对双向板上活荷载的最不利布置及支承情况等的合理简化，将多跨连续板转化为单跨双向板进行计算。该方法假定其支承梁的抗弯刚度很大，梁的竖向变形可忽略不计且不受扭。同时规定，当在同一方向的相邻最大与最小跨度之差小于20%时，可按下述方法计算：

（1）跨中最大正弯矩 在计算多跨连续双向板某跨跨中的最大弯矩时，与多跨连续单向板类似，也需要考虑活荷载的最不利布置。其活荷载的布置方式如图9-39a所示，即当求某区格板的跨中最大弯矩时，应在该区格布置活荷载，然后在其左、右、前、后分别隔跨布置活荷载（棋盘式布置）。此时，在活荷载作用的区格内，将产生跨中最大弯矩。

在图9-39b所示的荷载作用下，任一区格板的边界条件为既非完全固定又非理想简支的情况。为了能利用单跨双向板的内力计算系数表来计算连续双向板，可以采用如下的近似方法：把棋盘式布置的荷载分解为各跨满布的对称荷载和各跨向上、向下相间作用的反对称荷载，如图9-39c、d所示。此时

对称荷载
$$g' = g + \frac{q}{2} \tag{9-16}$$

反对称荷载
$$q' = \pm\frac{q}{2} \tag{9-17}$$

在对称荷载 $g' = g + \frac{q}{2}$ 作用下，所有中间支座两侧的荷载相同，则支座的转动变形很小，若忽略远跨荷载的影响，则可以近似地认为支座截面处转角为零，这样就可将所有的中间支座均视为固定支座，从而所有的中间区格板均可视为四边固定双向板；对于其他的边、角区格板，可根据其外边界条件按实际情况确定，可分为三边固定一边简支、两边固定两边简支和四边固定等。这样，根据各区格板的四边支承情况，即可分别求出在对称荷载 $g' = g + \frac{q}{2}$ 作用下的跨中弯矩。

在反对称荷载 $q' = \pm\frac{q}{2}$ 作用下，在中间支座处，相邻区格板的转角方向是一致的，大小基

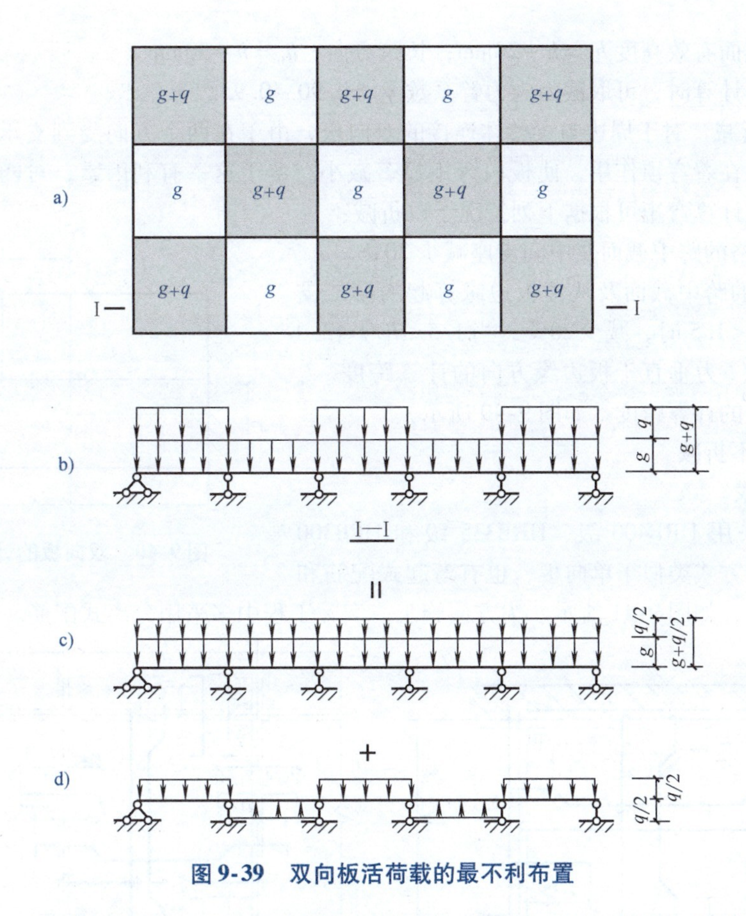

图9-39　双向板活荷载的最不利布置

本相同，即相互没有约束影响。若忽略梁的扭转作用，则可近似地认为支座截面弯矩为零，即可将所有中间支座均视为简支支座，因而在反对称荷载 $q' = \pm\dfrac{q}{2}$ 作用下，各区格板的跨中弯矩可按单跨四边简支双向板来计算。

最后将各区格板在上述两种荷载作用下的跨中弯矩相叠加，即得到各区格板的跨中最大弯矩。

（2）支座最大负弯矩　考虑到隔跨活荷载对计算跨弯矩的影响很小，可近似认为恒荷载和活荷载皆满布在连续双向板的所有区格时支座产生最大负弯矩。此时，可按前述在对称荷载作用下的原则，即各中间支座均被视为固定，各周边支座根据其外边界条件按实际情况确定，利用附表14求得各区格板中各固定边的支座弯矩。对某些中间支座，若由相邻两个区格板求得的同一支座弯矩不相等，则可近似地取其平均值作为该支座的最大负弯矩。

9.3.3　双向板的截面设计和构造要求

1. 截面设计

（1）双向板的厚度　双向板的厚度一般应不小于80mm，也不宜大于160mm，且应满足表3-1的规定。双向板一般可不做变形和裂缝验算，因此要求双向板应具有足够的刚度。对于简支情况的板，其板厚 $h \geqslant l_0/40$；对于连续板，$h \geqslant l_0/50$（l_0为板短跨方向上的计算跨度）。

（2）板的截面有效高度　由于双向板短跨方向的跨中弯矩比长跨方向要大，因此短跨方向的受力钢筋应放在长跨方向受力钢筋的外侧，以充分利用板的有效高度，例如对一类环境，短跨方向，板的截面有效高度 $h_0=h-20\text{mm}$；长跨方向，$h_0=h-30\text{mm}$。

在截面配筋计算时，可取截面内力臂系数 $\gamma_s=0.90\sim0.95$。

（3）弯矩折减 对于周边与梁整体连接的双向板，由于在两个方向受到支承构件的变形约束，整块板内存在着穹顶作用，使板内弯矩显著减小。鉴于这一有利因素，对四边与梁整体连接的双向板，其计算弯矩可根据下列情况予以折减：

1）中间区格的跨中截面及中间支座减少20%。

2）边区格的跨中截面及从楼板边缘算起的第二支座截面，当 $l_b/l<1.5$ 时，减少20%；当 $1.5\leqslant l_b/l\leqslant2.0$ 时，减少10%（l 为垂直于板边缘方向的计算跨度，l_b 为沿板边缘方向的计算跨度，如图9-40所示）。

3）角区格不折减。

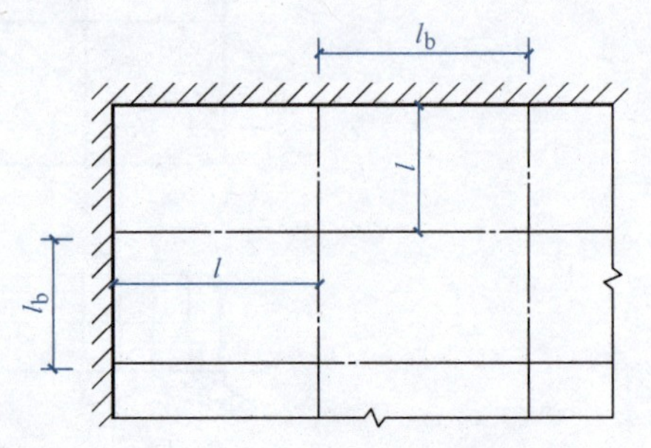

图9-40　双向板的计算跨度

2. 构造要求

双向板宜采用HRB400级、HRB335级和HPB300级钢筋，其配筋方式类似于单向板，也有弯起式配筋和分离式配筋两种，如图9-41所示。为方便施工，实际工程中多采用分离式配筋。

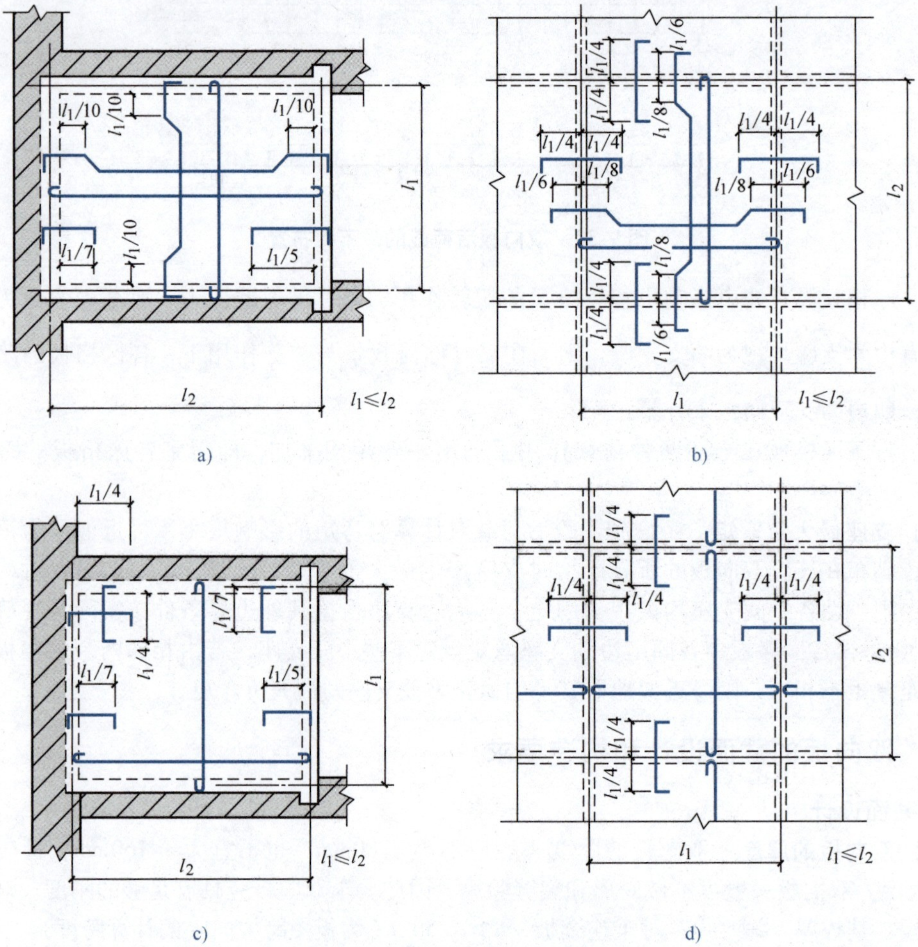

图9-41　连续双向板的配筋方式

a）单块板弯起式配筋　b）连续板弯起式配筋　a）单块板分离式配筋　b）连续板分离式配筋

按弹性理论计算时，板底钢筋的数量是根据跨中最大弯矩求得的，而跨中弯矩沿板宽向两边逐渐减小，故配筋也可逐渐减少。考虑到施工方便，可按图 9-42 所示将板在两个方向各划分成三个板带，边缘板带的宽度为较小跨度的 1/4，其余为中间板带。在中间板带内按跨中最大弯矩配筋，而两边板带配筋为其相应中间板带的一半；连续板的支座负弯矩钢筋，是按各支座的最大负弯矩分别求得的，故应沿全支座均匀布置而不在边缘板带内减少。但在任何情况下，每米宽度内的钢筋不得少于 3 根。

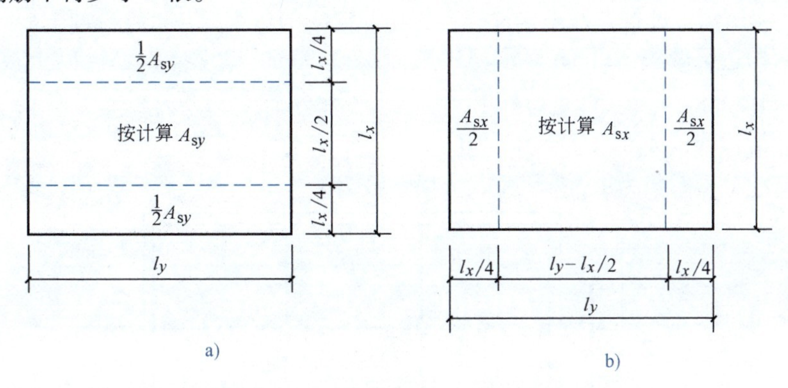

图 9-42　双向板配筋时板带的划分

9.3.4　支承双向板的梁的计算特点

作用在双向板上的荷载是由两个方向传到四边的支承梁上的。通常采用如图 9-43a 所示的近似方法（45°线法）将板上的荷载就近传递到四周的梁上。这样，长边的梁上由板传来的荷载呈梯形分布；短边的梁上的荷载则呈三角形分布。先将梯形和三角形荷载折算成等效均布荷载 q'，如图 9-43b 所示，利用前述的方法求出最不利情况下的各支座弯矩；再根据所得的支座弯矩和梁上的实际荷载，利用静力平衡关系分别求出跨中弯矩和支座剪力：

三角形荷载
$$q' = \frac{5}{8}q \tag{9-18}$$

梯形荷载
$$q' = (1-2\alpha^2+\alpha^3)q \quad （其中，\alpha = a/l_0） \tag{9-19}$$

梁的截面设计和构造要求等均与支承单向板的梁相同。

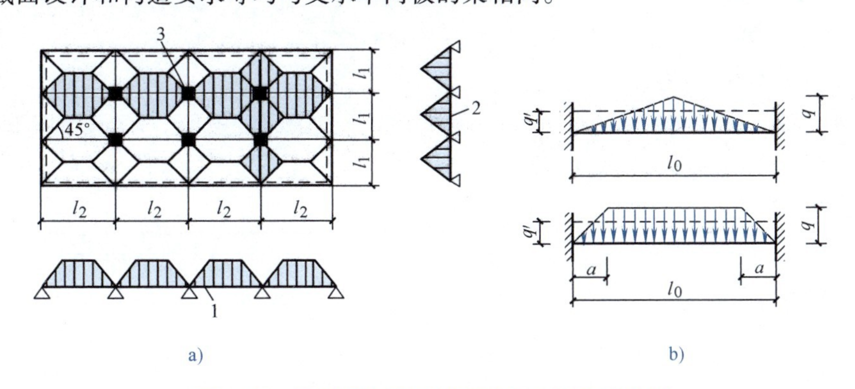

图 9-43　双向板支承梁的荷载分布及荷载折算

a）双向板传给支承梁的荷载　b）荷载的折算

1—次梁　2—主梁　3—柱

9.3.5　整体式双向板肋梁楼盖设计例题

【例 9-2】　整体式双向板肋梁楼盖设计。

（1）设计资料

某工业厂房楼盖采用双向板肋梁楼盖，支承梁截面尺寸为 200mm × 500mm，楼盖梁格布置如图 9-44 所示。试按弹性理论计算各区格双向板的弯矩，并进行截面配筋计算。

1）楼面构造层做法：20mm 厚水泥砂浆面层，100mm 厚现浇钢筋混凝土板，15mm 厚混合砂浆顶棚抹灰。

2）楼面活荷载：标准值 $q_k = 5\text{kN/m}^2$。

3）恒荷载分项系数为 1.3；活荷载分项系数为 1.5。

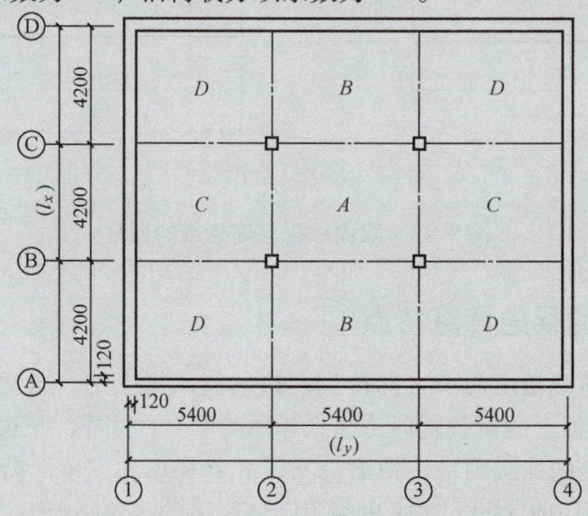

图 9-44　楼盖梁格布置图

4）材料选用。

混凝土：采用 C30（$f_c = 14.3\text{N/mm}^2$）

钢筋：板的配筋采用 HRB400 级（$f_y = 360\text{N/mm}^2$）

（2）荷载计算

20mm 厚水泥砂浆面层	$0.02 \times 20\text{kN/m}^2 = 0.4\text{kN/m}^2$
100mm 厚钢筋混凝土现浇板	$0.10 \times 25\text{kN/m}^2 = 2.5\text{kN/m}^2$
15mm 厚混合砂浆顶棚抹灰	$\underline{0.015 \times 17\text{kN/m}^2 = 0.26\text{kN/m}^2}$
恒荷载标准值	$g_k = 3.16\text{kN/m}^2$
恒荷载设计值	$g = 1.3 \times 3.16\text{kN/m}^2 = 4.11\text{kN/m}^2$
活荷载设计值	$q = \underline{1.5 \times 5.0\text{kN/m}^2 = 7.5\text{kN/m}^2}$
合计	$g + q = 11.61\text{kN/m}^2$

（3）计算跨度

根据板的支承条件和几何尺寸，将楼盖分为 A、B、C、D 等区格，如图 9-44 所示。板的计算跨度为：内跨，$l_0 = l_c$（l_c为轴线间的距离）；边跨，$l_0 = l_c - 120\text{mm} + 100/2\text{mm} = (4200 - 120 + 50)\text{mm} = 4.13\text{m}$。各区格的计算跨度见表 9-14。

（4）按弹性理论计算弯矩

在求各区格板跨内的最大正弯矩时，按 g'满布及活荷载棋盘式布置计算，取荷载

$$g' = g + \frac{q}{2} = \left(4.11 + \frac{7.5}{2}\right)\text{kN/m}^2 = 7.86\text{kN/m}^2$$

$$q' = \frac{q}{2} = \frac{7.5}{2}\text{kN/m}^2 = 3.75\text{kN/m}^2$$

在求各中间支座最大负弯矩时，按恒荷载及活荷载均满布计算，取荷载

$$g + q = (4.11 + 7.5)\ \text{kN/m}^2 = 11.61\text{kN/m}^2$$

各区格板的弯矩计算结果列于表 9-14。

表 9-14　各区格板的弯矩计算

区　格			A	B
l_x/l_y			4.2/5.4 = 0.78	4.13/5.4 = 0.76
跨内	计算简图		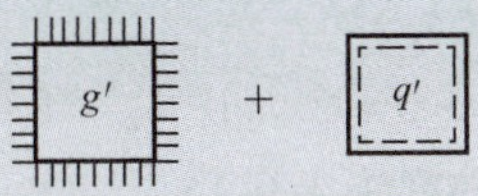 g' + q'	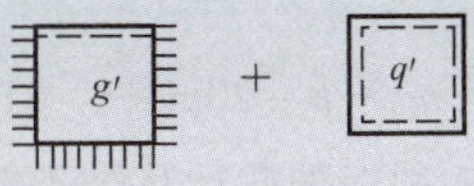 g' + q'
	$\nu=0$	M_x/(kN·m)	(0.0281×7.86+0.0585×3.75)×4.2² =7.77	(0.0337×7.86+0.0596×3.75)× 4.13² =8.33
		M_y/(kN·m)	(0.0138×7.86+0.0327×3.75)×4.2² =4.08	(0.0218×7.86+0.0324×3.75)× 4.13² =5.00
	$\nu=0.2$	$M_x^{(\nu)}$/(kN·m)	7.77+0.2×4.08=8.59	8.33+0.2×5.00=9.33
		$M_y^{(\nu)}$/(kN·m)	4.08+0.2×7.77=5.63	5.00+0.2×8.33=6.67
支座	计算简图		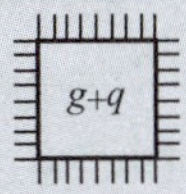 $g+q$	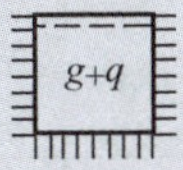 $g+q$
	M'_x/(kN·m)		0.0679×11.61×4.2² =13.91	0.0811×11.61×4.13² =16.06
	M'_y/(kN·m)		0.0561×11.61×4.2² =11.49	0.0720×11.61×4.13² =14.26
跨内	计算简图		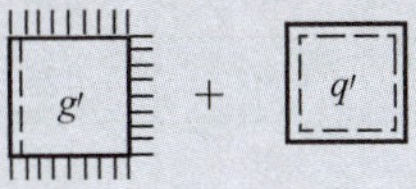 g' + q'	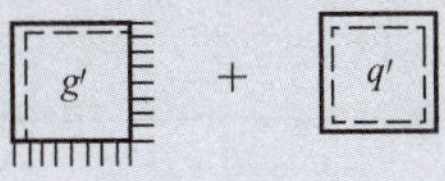 g' + q'
	$\nu=0$	M_x/(kN·m)	(0.0318×7.86+0.0573×3.75)×4.2² =8.20	(0.0375×7.86+0.0585×3.75)× 4.13² =8.77
		M_y/(kN·m)	(0.0145×7.86+0.0331×3.75)×4.2² =4.20	(0.0213×7.86+0.0327×3.75)× 4.13² =4.95
	$\nu=0.2$	$M_x^{(\nu)}$/(kN·m)	8.20+0.2×4.20=9.04	8.77+0.2×4.95=9.76
		$M_y^{(\nu)}$/(kN·m)	4.20+0.2×8.20=5.84	4.95+0.2×8.77=6.70
支座	计算简图		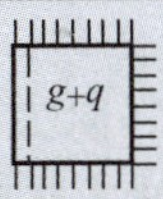 $g+q$	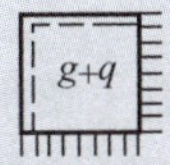 $g+q$
	M'_x/(kN·m)		0.0728×11.61×4.2² =14.91	0.0905×11.61×4.13² =17.92
	M'_y/(kN·m)		0.0570×11.61×4.2² =11.67	0.0753×11.61×4.13² =14.91

由表9-14可知，板间支座弯矩是不平衡的，实际应用时可近似取相邻两区格板支座弯矩的平均值，即

$$A-B\text{ 支座}\quad M_x=\frac{1}{2}\times(-13.91-16.06)\text{kN}\cdot\text{m/m}=-14.99\text{kN}\cdot\text{m/m}$$

$$A-C\text{ 支座}\quad M_x=\frac{1}{2}\times(-11.49-11.67)\text{kN}\cdot\text{m/m}=-11.58\text{kN}\cdot\text{m/m}$$

$$B-D\text{ 支座}\quad M_x=\frac{1}{2}\times(-14.26-14.91)\text{kN}\cdot\text{m/m}=-14.59\text{kN}\cdot\text{m/m}$$

$$C-D\text{ 支座}\quad M_x=\frac{1}{2}\times(-14.91-17.92)\text{kN}\cdot\text{m/m}=-16.42\text{kN}\cdot\text{m/m}$$

（5）配筋计算

各区格板跨中及支座截面弯矩既已求得（考虑 A 区格板四周与梁整体连接，乘以折减系数0.8），即可近似按 $A_s=\dfrac{M}{0.95f_yh_0}$ 进行截面配筋计算。取截面有效高度

$h_{0x}=h-20\text{mm}=(100-20)\text{mm}=80\text{mm}$；$h_{0y}=h-30\text{mm}=(100-30)\text{mm}=70\text{mm}$

截面配筋计算结果及实际配筋列于表9-15。

表9-15 截面配筋计算结果及实际配筋

截面			M/kN·m	h_0/mm	A_s/mm²	选配钢筋	实配钢筋截面面积/mm²
跨中	A 区格	l_x方向	8.59×0.8=6.87	80	251	Φ8@200	251
		l_y方向	5.63×0.8=4.50	70	188	Φ6@150	188
	B 区格	l_x方向	9.33	80	341	Φ8@140	359
		l_y方向	6.68	70	279	Φ8@180	279
	C 区格	l_x方向	9.04	80	330	Φ8@150	335
		l_y方向	5.84	70	244	Φ8@200	251
	D 区格	l_x方向	9.76	80	357	Φ8@140	359
		l_y方向	6.70	70	280	Φ8@180	279
支座	$A-B$		14.99	80	548	Φ10@140	561
	$A-C$		11.58	80	423	Φ10@170	462
	$B-D$		14.59	80	533	Φ10@140	561
	$C-D$		16.42	80	600	Φ10@130	604

（6）配筋图（略）

9.4 楼梯和雨篷

钢筋混凝土梁板结构的应用非常广泛，除大量用于前述各种类型的楼盖、屋盖外，楼梯、雨篷、阳台、挑梁等也属于梁板结构的范畴。这些结构构件的工作条件各不相同，外形比较特殊，因而在计算中各具特点。本节主要介绍楼梯、雨篷的计算及构造特点。

9.4.1　楼梯

楼梯作为楼层间相互联系的垂直交通设施，是多层及高层房屋中的重要组成部分。钢筋混凝土楼梯由于具有较好的结构刚度和耐久、耐火性能，并且在施工、外形和造价等方面也有较多优点，故在实际工程中应用最为普遍。

1. 楼梯的类型和组成

楼梯的平面布置、踏步尺寸、栏杆形式等由建筑设计确定。楼梯的类型较多，按施工方法不同，可分为现浇整体式和预制装配式。现浇钢筋混凝土楼梯的整体性好，刚度大，有利于抗震。其按梯段的结构形式不同，又可分为板式楼梯和梁式楼梯两种。

板式楼梯由踏步板、梯段板、平台板和平台梁组成，如图 9-45 所示。梯段板是一块带有踏步的斜板，两端支承在上、下平台梁上。板式楼梯的梯段底面平整，外形简洁，便于支模和施工。但是，当梯段跨度较大时，梯段板较厚，自重较大，钢材和混凝土用量较多。当活荷载较小、梯段跨度不大于 3m 时，常采用板式楼梯。

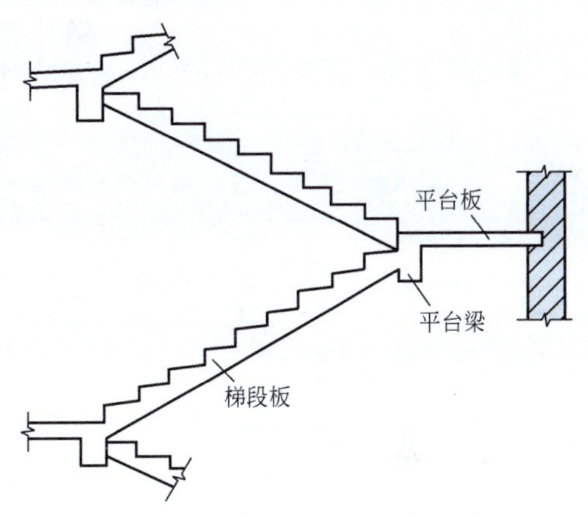

图 9-45　板式楼梯

梁式楼梯由踏步板、梯段斜梁、平台板和平台梁组成，如图 9-46 所示。梯段斜梁通常设 2 根，分别布置在踏步板的两端（图 9-46b），斜梁也可只设 1 根（图 9-46a）。与板式楼梯相比，梁式楼梯的钢材和混凝土用量少、自重轻，但支模和施工较复杂。当梯段跨度大于 3m 时，采用梁式楼梯较为经济。

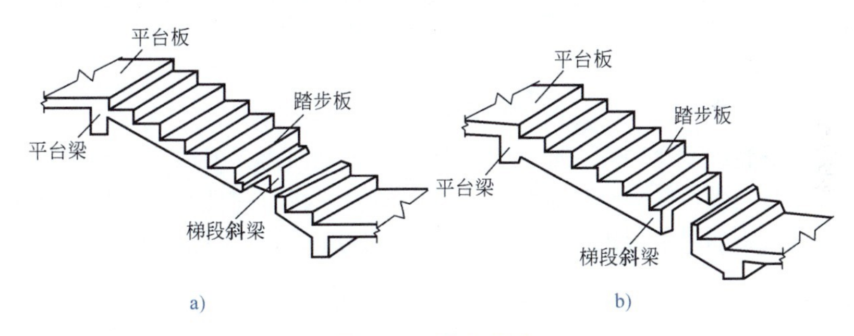

图 9-46　梁式楼梯

板式和梁式楼梯是最常见的楼梯形式。除上述两种基本形式外，在宾馆、商场等公共建筑和复式住宅中，还可采用螺旋板式楼梯和悬挑板式楼梯等，如图 9-47 所示。

2. 现浇板式楼梯的计算与构造

（1）梯段板　如图 9-48 所示，梯段板为两端支承在平台梁上的斜板。计算梯段板时，可取出 1m 宽的板带或以整个梯段板作为计算单元。内力计算时，可以简化为简支斜板，计算简图如图 9-48b 所示。斜板又可化作水平板计算（图 9-48c），计算跨度按斜板的水平投影长度取值。

由材料力学知识知，简支斜板在竖向均布荷载作用下（沿水平投影长度）的最大弯矩与相应的简支水平板（荷载相同、水平跨度相同）的最大弯矩相等，即

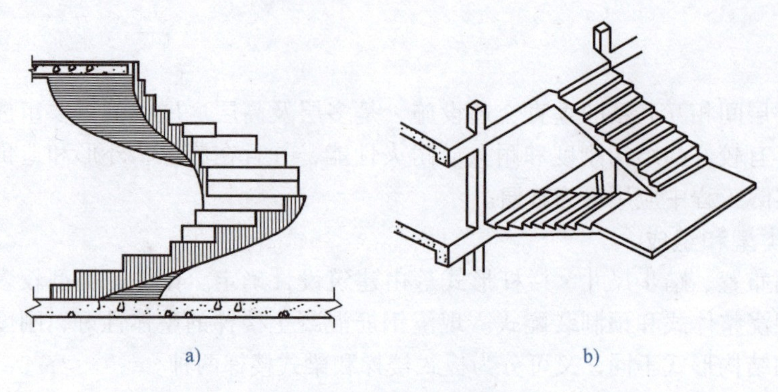

图 9-47　其他类型楼梯

a）螺旋板式楼梯　b）悬挑板式楼梯

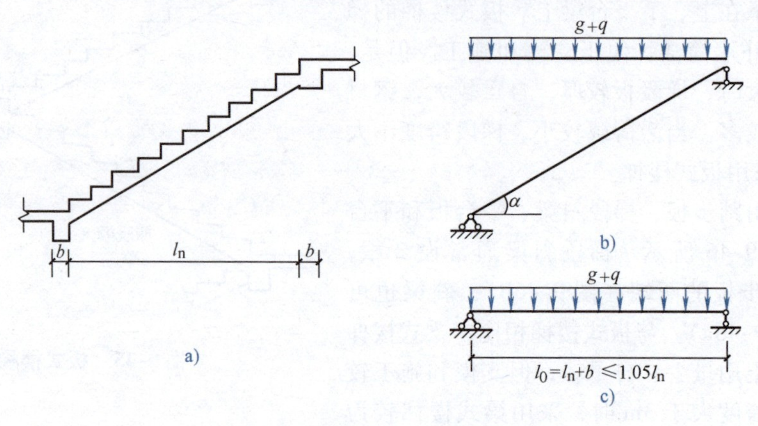

图 9-48　板式楼梯梯段板的计算简图

a）构造简图　b）、c）计算简图

$$M_{\max}=\frac{1}{8}(g+q)l_0^2 \tag{9-20}$$

梯段板为斜向搁置的受弯构件，竖向荷载还将产生轴向力，但因其影响很小，故设计时可不考虑。由于梯段板与平台梁为整体连接，平台梁对梯段板有弹性约束作用，利用这一有利因素，设计时可将梯段板的跨中弯矩适当减小，计算时其最大弯矩可按下式计取

$$M_{\max}=\frac{1}{10}(g+q)l_0^2 \tag{9-21}$$

梯段板中的受力钢筋按跨中弯矩计算求得，配筋采用分离式。如考虑到平台梁对梯段板的弹性约束作用，在板的支座处应配置一定数量的构造负筋（一般可取Φ8@200，长度为 $l_0/4$），以承受实际存在的负弯矩和防止产生过宽的裂缝。板式楼梯梯段板配筋图如图 9-49 所示。在垂直受力钢筋方向仍应按构造配置分布钢筋，其钢筋直径为 6mm 或 8mm，布置在受力钢筋的内侧，并要求每个踏步板内不少于 1 根。

梯段板和一般平板的计算一样，可不必进行斜截面受剪承载力验算。梯段板的厚度不应小于$(1/25 \sim 1/30)l_0$。

（2）平台板　平台板通常为单向板，当板的两边均与梁整体连接时，考虑到梁对板的弹性约束作用，板的跨中弯矩也可按 $M=\frac{1}{10}(g+q)l_0^2$计算。当板的一边与梁整体连接而另一边支承

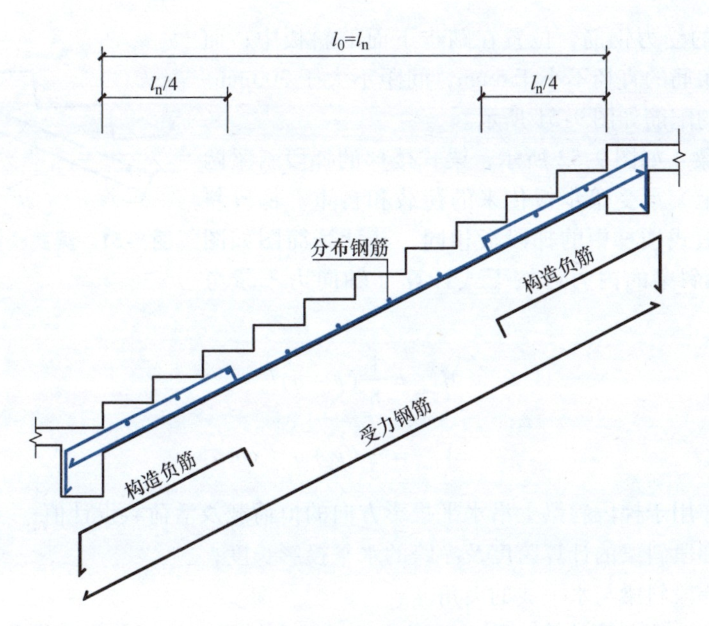

图 9-49　板式楼梯梯段板配筋图

在墙上时，板的跨中弯矩则应按 $M=\frac{1}{8}(g+q)l_0^2$ 计算，l_0 为平台板的计算跨度。

（3）平台梁　平台梁的两端一般支承在楼梯间的承重墙上，承受梯段板、平台板传来的均布荷载和自重，可按简支的倒 L 形梁计算。平台梁的截面高度，一般可取 $h \geqslant l_0/12$（l_0 为平台梁的计算跨度）。平台梁的设计和构造要求与一般梁相同。

3. 现浇梁式楼梯的计算与构造

（1）踏步板　如图 9-50 所示，梁式楼梯的踏步板两端支承在梯段斜梁上，可按简支的单向板计算；一般取一个踏步作为计算单元，如图 9-50b 所示。踏步板为梯形截面，可近似地按截面有效高度为 $h_1/2$ 的矩形截面简支梁计算，计算简图如图 9-50c 所示。

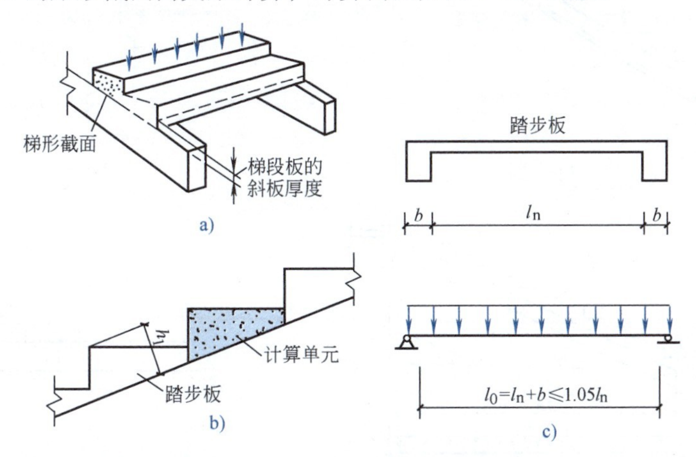

图 9-50　梁式楼梯踏步板的计算简图

a)、b）构造简图　c）计算简图

踏步板的厚度 δ 一般不小于 30 ~ 40mm。踏步板配筋除按计算确定外，要求每个踏步一般需配置不少于2Φ6 的受力钢筋，位置在踏步下面的斜板中；而沿斜向布置的分布筋的直径不小于6mm，间距不大于300mm。梁式楼梯踏步板的配筋如图9-51 所示。

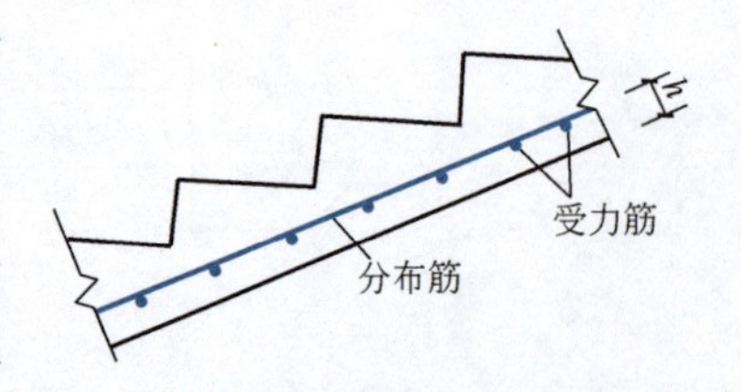

图 9-51　梁式楼梯踏步板的配筋

（2）梯段斜梁　如图9-52 所示，梁式楼梯的梯段斜梁两端支承在平台梁上，承受踏步板传来的荷载和自重。梯段斜梁的内力计算与板式楼梯中的梯段板相同，其计算简图如图9-52b 所示。梯段斜梁的内力可按下式计算（轴向力不予考虑）

$$M_{\max} = \frac{1}{8}(g+q)l_0^2 \tag{9-22}$$

$$V_{\max} = \frac{1}{2}(g+q)l_n\cos\alpha \tag{9-23}$$

式中　g、q——作用于梯段斜梁上沿水平投影方向的恒荷载及活荷载设计值；

l_0、l_n——梯段斜梁的计算跨度及净跨的水平投影长度；

α——梯段斜梁与水平线的夹角。

梯段斜梁按倒L形截面计算，踏步板下的斜板视为斜梁的受压翼缘，梯段梁的截面高度一般取 $h \geqslant l_0/20$。梯段斜梁的配筋与一般梁相同（图9-52）。

（3）平台梁与平台板　梁式楼梯的平台板，其计算和构造要求与板式楼梯完全相同。而平台梁与板式楼梯的不同之处在于，梁式楼梯中的平台梁除承受平台板传来的均布荷载和自重外，还承受梯段斜梁传来的集中荷载，在计算中应予考虑。计算简图如图9-53 所示，平台梁的配筋和构造要求与一般梁相同。

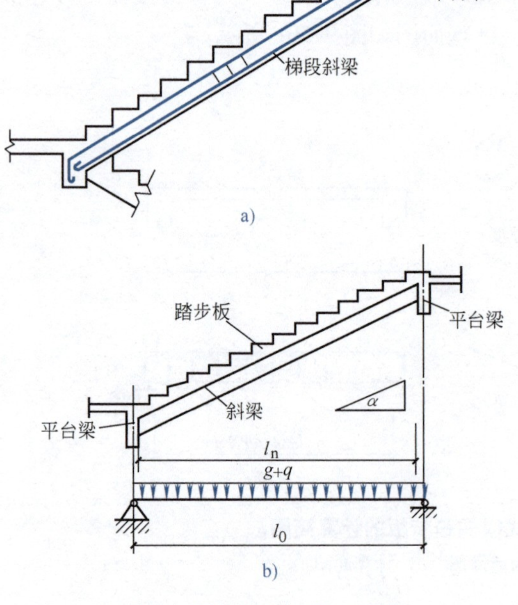

图 9-52　梯段斜梁配筋示意图

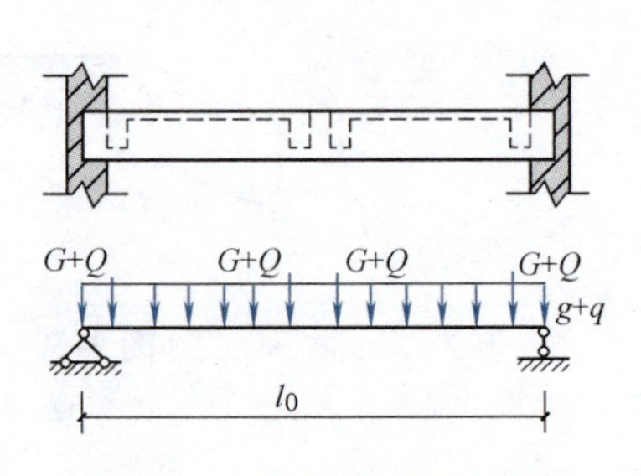

图 9-53　平台梁的计算简图

4. 钢筋混凝土楼梯设计例题

【例9-3】 现浇整体板式楼梯设计。

（1）设计资料

某公共建筑现浇板式楼梯，其平面布置如图9-54所示。层高3.6m，踏步尺寸为150mm×300mm。

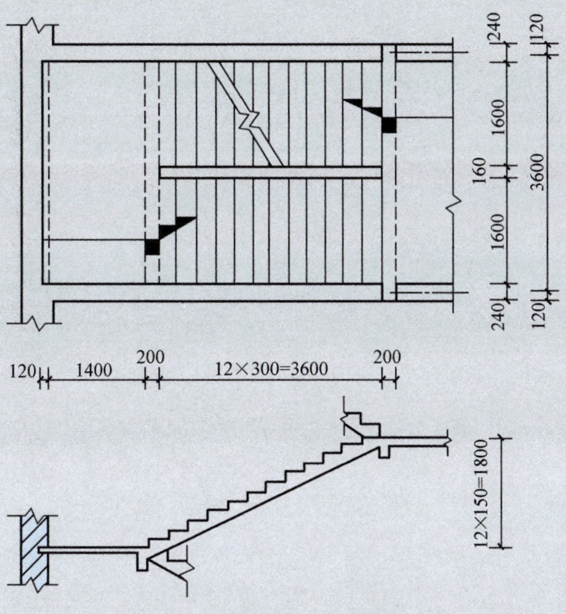

图9-54　楼梯结构布置图

1）梯段板及平台板构造层做法：20mm厚水泥砂浆面层，20mm厚混合砂浆板底抹灰。

2）楼梯上均布活荷载：标准值为3.5kN/m^2。

3）恒荷载分项系数为1.3；活荷载分项系数为1.5。

4）材料选用：①混凝土：采用C30（$f_c=14.3\text{N/mm}^2$）；②钢筋：采用HRB400级（$f_y=360\text{N/mm}^2$）。

（2）梯段板设计

梯段板水平投影计算跨度：

$l_0=l_n+b=(3.6+0.2)\text{m}=3.8\text{m}>1.05l_n=3.78\text{m}$，故取$l_0=3.78\text{m}$。

板厚$h=\dfrac{l_0}{30}=\dfrac{3780}{30}\text{mm}=126\text{mm}$，取$h=130\text{mm}$；板倾斜角$\tan\alpha=\dfrac{150}{300}=0.5$，$\cos\alpha=0.894$。取1m宽的板带作为计算单元。

1）荷载计算。

20mm厚水泥砂浆面层	$(0.3+0.15)\times0.02\times20/0.3\text{kN/m}=0.60\text{kN/m}$
三角形踏步	$0.5\times0.3\times0.15\times25/0.3\text{kN/m}=1.88\text{kN/m}$
130mm厚钢筋混凝土现浇板	$0.13\times25/0.894\text{kN/m}=3.64\text{kN/m}$
20mm厚混合砂浆板底抹灰	$0.02\times17/0.894\text{kN/m}=0.38\text{kN/m}$
恒荷载标准值	$g_k=6.50\text{kN/m}$

恒荷载设计值 $g=1.3\times6.50\text{kN/m}=8.45\text{kN/m}$

活荷载设计值 $q=1.5\times3.5\text{kN/m}=5.25\text{kN/m}$

合计 $g+q=13.7\text{kN/m}$

2）内力计算。跨中最大弯矩

$$M_{\max}=\frac{1}{10}(g+q)l_0^2=\frac{1}{10}\times13.7\times3.78^2\text{kN}\cdot\text{m}=19.58\text{kN}\cdot\text{m}$$

3）截面设计。

$$h_0=h-a_s=(130-20)\text{mm}=110\text{mm}$$

$$\alpha_s=\frac{M}{\alpha_1 f_c b h_0^2}=\frac{19.58\times10^6}{1.0\times14.3\times1000\times110^2}=0.113$$

$$\xi=1-\sqrt{1-2\alpha_s}=1-\sqrt{1-2\times0.113}=0.12$$

$$A_s=\frac{\alpha_1 f_c b h_0\xi}{f_y}=\frac{1.0\times14.3\times1000\times110\times0.12}{360}\text{mm}^2=524.3\text{mm}^2$$

选配Φ10@150（$A_s=524\text{mm}^2$）。

（3）平台板设计

设平台板厚 $h=100\text{mm}$，并取1m宽的板带作为计算单元。

1）荷载计算。

20mm 厚水泥砂浆面层 $0.02\times20\text{kN/m}=0.40\text{kN/m}$

100mm 厚平台板自重 $0.10\times25\text{kN/m}=2.50\text{kN/m}$

20mm 厚混合砂浆板底抹灰 $0.02\times17\text{kN/m}=0.34\text{kN/m}$

恒荷载标准值 $g_k=3.24\text{kN/m}$

恒荷载设计值 $g=1.3\times3.24\text{kN/m}=4.21\text{kN/m}$

活荷载设计值 $q=1.5\times3.5\text{kN/m}=5.25\text{kN/m}$

合计 $g+q=9.46\text{kN/m}$

2）内力计算。

计算跨度　$l_0=l_n+h=(1.4+0.1)\text{m}=1.5\text{m}$

跨中最大弯矩　$M_{\max}=\frac{1}{8}(g+q)l_0^2=\frac{1}{8}\times9.46\times1.5^2\text{kN}\cdot\text{m}=2.66\text{kN}\cdot\text{m}$

（4）截面设计

$$h_0=h-a_s=(100-20)\text{mm}=80\text{mm}$$

$$\alpha_s=\frac{M}{\alpha_1 f_c b h_0^2}=\frac{2.66\times10^6}{1.0\times14.3\times1000\times80^2}=0.029$$

$$\xi=1-\sqrt{1-2\alpha_s}=1-\sqrt{1-2\times0.029}=0.029$$

$$A_s=\frac{\alpha_1 f_c b h_0\xi}{f_y}=\frac{1.0\times14.3\times1000\times80\times0.029}{360}\text{mm}^2=92.2\text{mm}^2<0.18\%\times1000\times100\text{mm}^2$$

$$=180\ \text{mm}^2$$

按构造选配Φ6@150（$A_s=188\text{mm}^2$）。梯段板、平台板配筋如图9-55所示。

（5）平台梁设计

计算跨度　$l_0=l_n+a=(3.36+0.24)\text{m}=3.60\text{m}>1.05l_n=3.53\text{m}$，取 $l_0=3.53\text{m}$。

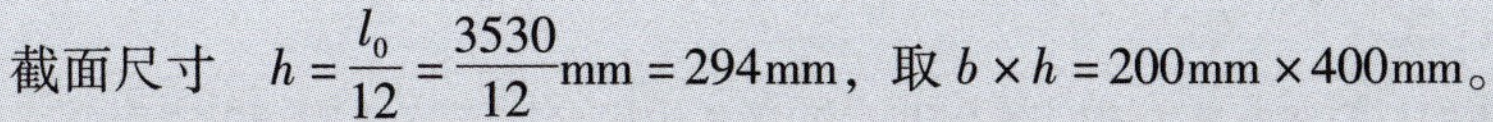

截面尺寸 $h=\dfrac{l_0}{12}=\dfrac{3530}{12}\text{mm}=294\text{mm}$，取 $b\times h=200\text{mm}\times400\text{mm}$。

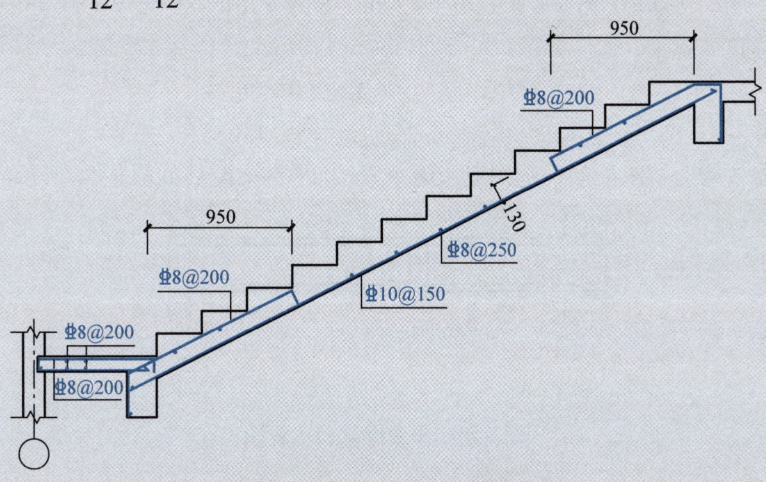

图9-55 梯段板、平台板配筋示意图

1）荷载计算。

梯段板传来	$13.7\times3.6/2\text{kN/m}=24.66\text{kN/m}$
平台板传来	$9.46\times(1.4/2+0.2)\text{kN/m}=8.51\text{kN/m}$
平台梁自重	$1.3\times0.2\times(0.4-0.1)\times25\text{kN/m}=1.95\text{kN/m}$
平台梁侧抹灰	$1.3\times2\times(0.4-0.1)\times0.02\times17\text{kN/m}=0.27\text{kN/m}$
合计	$g+q=35.39\text{kN/m}$

2）内力计算。

跨中最大弯矩 $M_{\max}=\dfrac{1}{8}(g+q)l_0^2=\dfrac{1}{8}\times35.39\times3.53^2\text{kN}\cdot\text{m}=55.12\text{kN}\cdot\text{m}$

支座最大剪力 $V_{\max}=\dfrac{1}{2}(g+q)l_n=\dfrac{1}{2}\times35.39\times3.36\text{kN}=59.46\text{kN}$

3）截面设计。

① 正截面承载力计算。按倒L形截面计算，受压翼缘计算宽度

$$b'_f=\frac{1}{6}l_0=\frac{1}{6}\times3530\text{mm}=588\text{mm}<b+\frac{s_0}{2}=\left(200+\frac{1400}{2}\right)\text{mm}=900\text{mm}$$

故取 $b'_f=588\text{mm}$，$h_0=h-a_s=(400-35)\text{mm}=365\text{mm}$。

因 $\alpha_1 f_c b'_f h'_f\left(h_0-\dfrac{h'_f}{2}\right)=1.0\times14.3\times588\times100\times\left(365-\dfrac{100}{2}\right)\times10^{-3}\text{N}\cdot\text{m}=264.86\text{kN}\cdot\text{m}$ $>M=55.12\text{kN}\cdot\text{m}$，故截面属于第一类T形截面。

$$\alpha_s=\frac{M}{\alpha_1 f_c b h_0^2}=\frac{55.12\times10^6}{1.0\times14.3\times588\times365^2}=0.049$$

$$\xi=1-\sqrt{1-2\alpha_s}=1-\sqrt{1-2\times0.049}=0.05$$

$$A_s=\frac{\alpha_1 f_c b h_0\xi}{f_y}=\frac{1.0\times14.3\times588\times365\times0.05}{360}\text{mm}^2=426.3\text{mm}^2$$

选用3Φ14（$A_s=461\text{mm}^2$）。

② 斜截面承载力计算。

$$0.25\beta_c f_c bh_0 = 0.25 \times 1.0 \times 14.3 \times 200 \times 365\text{N} = 261.98\text{kN} > V = 59.46\text{kN}$$

满足截面尺寸要求。

$$0.7f_t bh_0 = 0.7 \times 1.1 \times 200 \times 365\text{N} = 56.2\text{kN} < V = 59.46\text{kN}$$

说明仅需按构造要求配筋，选用双肢Φ8@250。平台梁配筋如图9-56所示。

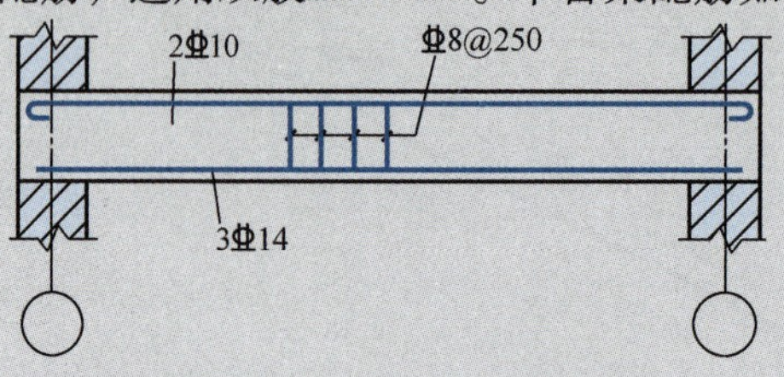

图9-56 平台梁配筋示意图

9.4.2 雨篷

雨篷是设置在建筑物外墙出入口的上方用以挡雨并有一定装饰作用的水平构件。按结构形式不同，雨篷有板式和梁板式两种。一般雨篷的外挑长度大于1.5m时，需设计成有悬挑边梁的梁板式雨篷；1.5m以内时，则常设计成板式雨篷。板式雨篷一般由雨篷板和雨篷梁组成（图9-57），雨篷梁既是雨篷板的支承，又兼有门窗的过梁作用。雨篷的设计除了有与一般的梁板结构相同的内容外，还应进行抗倾覆验算，下面简要介绍其设计及构造要点。

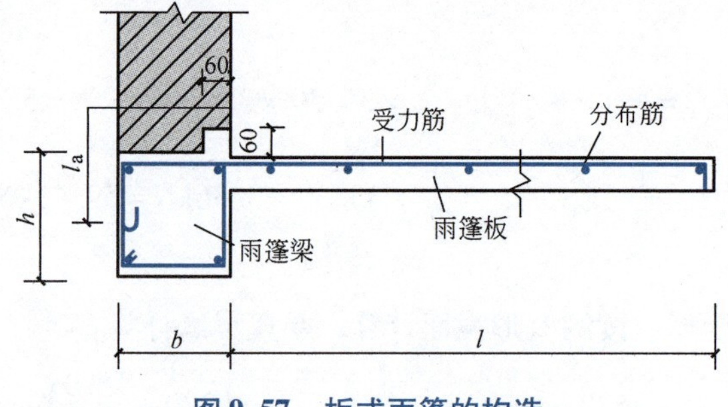

图9-57 板式雨篷的构造

1. 雨篷板的设计

当雨篷板无边梁时，雨篷板是悬挑板，按照受弯构件进行设计。一般雨篷板的挑出长度为0.6~1.2m或更长，根据建筑设计要求而定。现浇雨篷板多做成变截面的，一般根部板的厚度约为挑出长度的1/10，且不小于60mm（悬挑长度≤500mm）和100mm（悬挑长度>1200mm），板端不小于60mm。

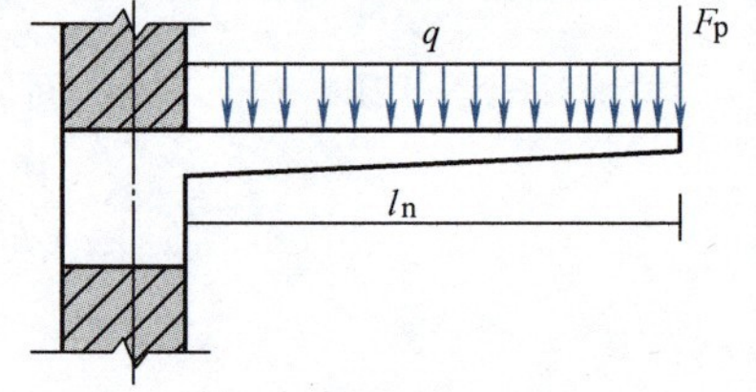

图9-58 雨篷板的受力情况

雨篷板承受的荷载除永久荷载和均布活荷载外，还应考虑施工荷载或检修的集中荷载（沿板宽每隔1.0m考虑一个1.0kN的集中荷载），它作用于板的端部，雨篷板的受力情况如图9-58所示。

梁式雨篷的雨篷板不是悬挑板，也不变截面，其设计计算与一般梁板结构中的板相同，其配筋与普通板相同。

2. 雨篷梁的设计

雨篷梁除承受作用在板上的均布荷载和集中荷载外，还承受雨篷梁上砌体传来的荷载。雨篷梁在自重、梁上砌体重力等荷载作用下产生弯矩和剪力；在雨篷板传来的荷载作用下不仅产生弯矩和剪力，还将受扭矩作用，因而雨篷梁是弯矩、剪力、扭矩复合受力构件。

雨篷梁的宽度一般取与墙厚相同，梁的高度应按承载力确定。梁两端伸进砌体的长度，应考虑雨篷的抗倾覆因素。

3. 雨篷抗倾覆验算

如图9-59所示，雨篷为悬挑结构，因而雨篷板上的荷载将绕图中O点产生倾覆力矩$M_{倾}$，而抗倾覆力矩$M_{抗}$则由梁自重及墙重的合力G_r产生。雨篷的抗倾覆验算要求

$$M_{倾} \leqslant M_{抗} \tag{9-24}$$

式中　$M_{抗}$——雨篷抗倾覆力矩设计值，取荷载分项系数为0.8，则抗倾覆力矩设计值可按$M_{抗}=0.8G_r(l_2-x_0)$计算；

G_r——雨篷的抗倾覆荷载，可取如图9-59所示雨篷梁尾端上部45°扩散角范围（其水平长度为$l_3=l_n/2$）内的墙体恒荷载标准值；

l_2——G_r距墙边的距离，$l_2=l_1/2$（l_1为雨篷梁上墙体的厚度）；

x_0——倾覆点O到墙外边缘的距离，$x_0=0.13l_1$。

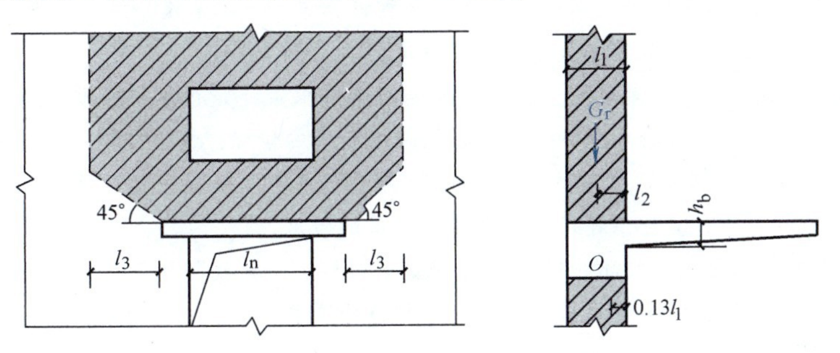

图9-59　雨篷抗倾覆验算受力图

若式（9-24）不能满足，则应采取加固措施，如适当增加雨篷梁的支承长度，以增加压在梁上的恒荷载值，或增强雨篷梁与周围结构的连接等。图9-60为悬臂板式雨篷的配筋示意图。

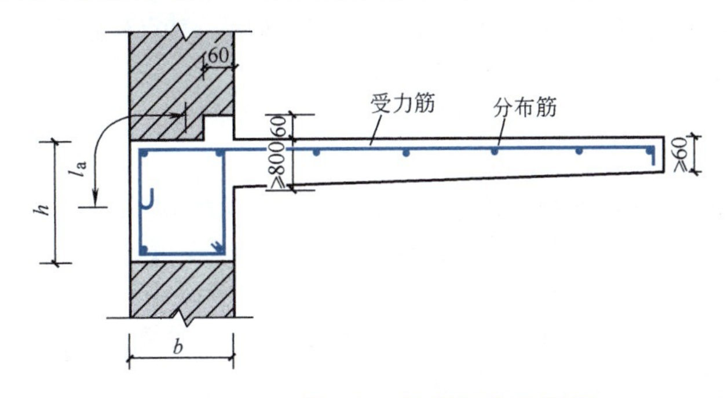

图9-60　悬臂板式雨篷的配筋示意图

本章小结

1）楼盖、屋盖、楼梯等梁板结构设计的步骤是：①结构选型和布置；②结构计算（包括确定计算简图、荷载计算、内力分析及组合、截面配筋计算等）；③绘制结构施工图（包括结构布置、构件模板及配筋图）。

2）结构的选型和布置对其可靠性和经济性有重要意义，因此应熟悉各种结构，如现浇单向板肋梁楼盖、双向板肋梁楼盖和装配式楼盖等结构的受力特点及适用范围，以便根据不同的建筑要求和使用条件选择合适的结构类型和各构件、部件的尺寸。

3）在现浇单向板肋形楼盖中，板和次梁均可按连续梁并采用折算荷载进行计算。对于主梁，在梁、柱的线刚度比大于3的条件下，也按连续梁计算，忽略柱对梁的约束作用。

4）在考虑塑性内力重分布计算钢筋混凝土连续梁、板时，为保证塑性铰具有足够的转动能力和结构的内力重分布，应采用塑性好的HRB400级、HRB500级等钢筋，混凝土强度等级宜为C20～C45，截面相对受压区高度$\xi \leqslant 0.35$，且斜截面应具有足够的抗剪能力。为保证结构在使用阶段裂缝不致出现过早和开展过宽，设计中应对弯矩调幅予以控制，使调幅控制在弹性理论计算弯矩的20%以内。

5）在现浇肋梁楼盖中，单向板实际上是四边支承的，故单向板也将在两个方向同时产生弯曲变形和内力，只是弹性弯曲变形和内力主要产生在短跨方向；而长跨方向的内力很小，故可不必计算，只需按构造要求配置钢筋。

6）双向板的内力也有按弹性理论与按塑性理论两种计算方法，本章仅介绍了按弹性理论的设计方法，其按塑性理论的设计方法可参考其他相关专业书籍及规范。

7）梁式楼梯和板式楼梯的主要区别：楼梯梯段是采用梁承重还是板承重。梁式楼梯的钢材和混凝土用量少、自重轻，但支模和施工较复杂，适用于梯段跨度较大的楼梯；板式楼梯的梯段底面平整，外形简洁，支模和施工方便，但当梯段跨度较大时，自重较大，钢材和混凝土用量较多。雨篷、阳台等悬臂结构，除进行控制截面承载力计算外，还应进行整体抗倾覆的验算。

8）梁板结构构件的截面尺寸通常由跨高比的刚度要求初定，其截面配筋按承载力确定并应满足有关构造要求。一般情况下，梁板结构构件可不进行变形和裂缝宽度验算。

复习题

9-1 钢筋混凝土梁板结构设计的一般步骤是怎样的？

9-2 钢筋混凝土楼盖结构有哪几种类型？说明它们各自的受力特点和适用范围。

9-3 现浇梁板结构中，单向板和双向板是如何划分的？

9-4 现浇单向板肋形楼盖中的板、次梁和主梁的计算简图如何确定？为什么主梁的内力通常用弹性理论计算，而不采用塑性理论计算？

9-5 现浇单向板肋形楼盖中的板、次梁和主梁，当其内力按弹性理论计算时，如何确定其计算简图？当按塑性理论计算时，其计算简图又如何确定？如何绘制主梁的弯矩包络图？

9-6 什么是塑性铰？混凝土结构中的塑性铰与力学中的理想铰有什么异同？

9-7 什么是塑性内力重分布？塑性铰与塑性内力重分布有什么关系？

9-8 什么是弯矩调幅？连续梁进行弯矩调幅时要考虑哪些因素？

9-9 考虑塑性内力重分布计算钢筋混凝土连续梁时，为什么要限制截面的受压区高度？

9-10 什么是内力包络图？为什么要作内力包络图？

9-11 在主、次梁的交接处，为什么要在主梁中设置吊筋或附加箍筋？如何确定横向附加钢筋（吊筋或附加箍筋）的截面面积？

9-12　利用单区格双向板弹性弯矩系数计算多区格双向板跨中最大正弯矩和支座最大负弯矩时，采用了一些什么假定？

9-13　钢筋混凝土现浇肋梁楼盖板、次梁和主梁的配筋计算和构造各有哪些要点？

9-14　常用楼梯有哪几种类型？它们的优缺点及适用范围有什么不同？如何确定楼梯各组成构件的计算简图？

9-15　雨篷板和雨篷梁有哪些计算要点和构造要求？

9-16　某钢筋混凝土连续梁（图 9-61），截面尺寸为 $b \times h = 300\text{mm} \times 500\text{mm}$。承受恒荷载标准值 $G_k = 20\text{kN}$（荷载分项系数为 1.3），集中活荷载标准值 $Q_k = 40\text{kN}$（荷载分项系数为 1.5）。混凝土强度等级为 C30，钢筋采用 HRB400 级。试按弹性理论计算内力，绘出此梁的弯矩包络图和剪力包络图，并对其进行截面配筋计算。

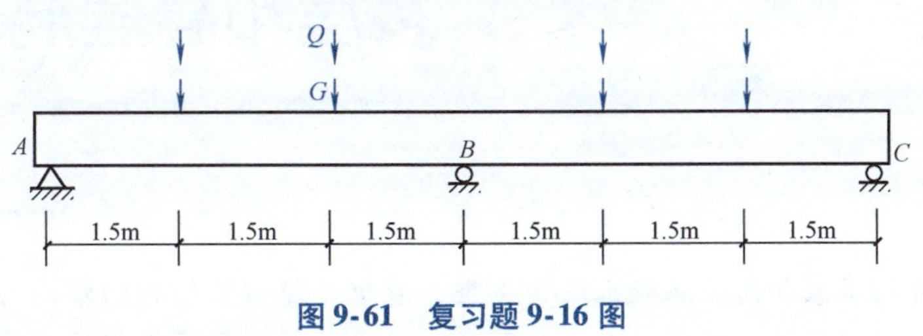

图 9-61　复习题 9-16 图

9-17　某现浇钢筋混凝土肋梁楼盖次梁（图 9-62），截面尺寸为 $b \times h = 200\text{mm} \times 400\text{mm}$。承受均布恒荷载标准值 $g_k = 8.0\text{kN/m}$（荷载分项系数为 1.3），活荷载标准值 $q_k = 10.0\text{kN/m}$（荷载分项系数为 1.5）。混凝土强度等级为 C30，钢筋采用 HRB400 级。试按塑性理论计算内力，并对其进行截面配筋计算。

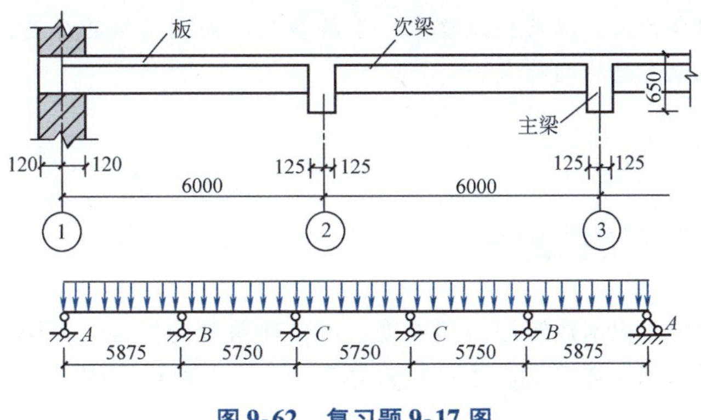

图 9-62　复习题 9-17 图

10

第 10 章 多层和高层混凝土结构

内容提要

本章主要介绍多层和高层混凝土结构类型，着重介绍框架结构的形式与结构布置；框架的荷载计算；框架的计算简图；在竖向荷载、水平荷载作用下框架的内力分析；框架的内力组合方式；框架的构件计算与节点构造；框架结构柱下独立基础的设计与构造要求以及高层混凝土结构的设计概述。

本章应着重理解钢筋混凝土框架的基本设计过程，掌握竖向和水平荷载作用下框架的内力分析和内力组合方法，以及构造要求；了解多层和高层结构的分类，柱下独立基础的设计内容及高层混凝土结构的特点。

10.1 多层和高层结构的分类

在房屋建筑工程中，根据建筑层数和高度，可将建筑分为低层、多层、中高层、高层、超高层5类，根据我国《高层建筑混凝土结构技术规程》（JGJ 3—2010）（以下简称《高规》），按以下标准区分：

将10层及10层以上或高度超过28m的住宅建筑结构和房屋高度大于24m的其他民用建筑，划为高层民用建筑；也可把40层以上或超过100m的建筑单列出来称为超高层建筑；把7~9层或高度不超过24m的建筑称为中高层建筑；4~6层的建筑称为多层建筑；3层及以下的建筑为低层建筑。

用于高层建筑的结构称为高层建筑结构，多见于各种居住建筑、办公楼、旅馆、多功能综合大厦等。

根据结构所用的主要材料，可将结构划分为砌体结构、混凝土结构、钢结构、混合结构（由一种以上的结构材料组成，如钢－混凝土组合结构）。

混凝土结构材料来源丰富、造价较低，可浇筑成各种形状，防火性能好，刚度大，大量用于各种多层和高层结构。但其自重大，结构断面大，不宜用于很高的建筑。

钢结构具有结构断面小、自重轻、强度高、抗震性能好、易于加工、施工方便等优点，但是钢结构造价高、耐火及耐腐蚀性能不好。

结合钢与混凝土两种材料的优点，钢－混凝土混合结构是当前高层结构的发展趋势。如型钢混凝土结构、钢管混凝土结构以及部分用钢结构、部分用混凝土的结构体系。

结构形式即结构抵抗外部作用所采用的结构组成体系。按结构形式将常用的建筑结构体系分为：框架结构、剪力墙结构、框架－剪力墙结构、筒体结构、悬挂结构以及巨型框架结构等。

框架结构由线形杆件——梁、柱作为主要构件组成，承受竖向和水平作用。因易于实现开敞的建筑空间而被广泛采用，但其抗侧刚度较小，不宜用于建造较高的建筑。

剪力墙结构是利用钢筋混凝土墙体组成承受全部竖向和水平作用的结构。具有抗侧刚度大、自重大且空间布置适用于小开间的特点，多用于各种高度的旅馆、公寓、住宅，剪力墙的数量由高度及所需的抗侧刚度决定。

框架－剪力墙结构是在框架结构中布置一定数量的剪力墙组成的由框架和剪力墙共同承受竖向和水平作用的高层建筑结构。由于这种结构体系兼具框架结构空间开敞而剪力墙结构刚度大的优点，因而被广泛用于各种高层公共建筑。

筒体结构是以竖向筒体为主组成的承受竖向和水平作用的高层建筑结构。根据筒体的形式不同，可分为由剪力墙围成的薄壁筒和由密柱深梁框架组成的框筒。根据筒体的数量和位置不同，可分为框筒结构、框架－核心筒结构、筒中筒结构、成束筒结构等。

悬挂结构是在以钢筋混凝土内筒为主要受力结构的高层建筑中，从内筒不同高度处伸出悬臂杆，并在其端部挂有吊杆与内筒共同承受各层楼板自重与附加荷载的结构。

巨型框架结构是由若干个巨柱（通常为大截面实体柱或楼、电梯井组成的筒体）以及巨梁（每隔若干楼层设置一道，梁高一般占一个或多个楼层高度）组成的巨型框架结构，承受主要的水平力和竖向荷载；其余的楼层梁柱组成二级结构，只将楼面荷载传递到巨型框架结构上去。

本章主要介绍使用广泛的多层框架结构的设计。

10.2　框架结构的布置

框架是由梁、柱、基础组成的承重体系和抗侧力结构。梁、柱交接处的框架节点通常为刚接，有时也将部分节点做成铰接或半铰接。柱底一般为固定支座，必要时也设计成铰支座。

框架结构若高度太大，其抗侧刚度就相对较小，故常用于高度不超过 50m 的建筑中，需要内部开阔空间的多层民用与工业建筑常采用框架结构。

框架既是竖向承重体系，也作为水平承载体系承受侧向作用力，如风荷载或水平地震作用。一般情况下，填充墙宜采用轻质材料，计算时通常不考虑填充墙对框架抗侧刚度的贡献。

按施工方法的不同，混凝土框架结构可分为现浇式、装配式和装配整体式等。

现浇式框架的梁、柱、楼板均为现场整体浇筑，故整体性强，抗震性能好，对复杂结构的适应性也好。其缺点是现场施工的工作量大，工期长，模板工程量较大。

装配式框架是指梁、柱、楼板均为预制，然后通过焊接拼装成整体的框架结构。由于所有构件均为预制，可实现标准化、工厂化、机械化生产，因此其施工速度快、生产效率高、节能、节材。但这种结构的预埋件较多，而且整体性相对较差，抗震性能较差。

装配整体式框架的梁、柱、楼板均为预制，在构件吊装就位后，焊接或绑扎节点区钢筋，然后浇筑节点区混凝土及在预制楼板上覆盖现浇钢筋混凝土整浇层，从而将梁、柱、楼板连成整体。装配整体式框架具有良好的整体性和抗震性能，又可采用预制构件，减少现场浇筑混凝土的工作量，因此它兼有现浇式框架和装配式框架的优点。但在节点区仍需连接钢筋和现场浇筑混凝土，施工较为复杂。目前，国内外大多采用现浇式混凝土框架。

框架房屋的结构布置主要是确定柱网尺寸和层高。框架结构的布置既要满足生产工艺和建筑功能的要求，又要使结构受力合理，施工方便。

1. 柱网布置的原则

柱网是由于柱在平面上其轴线常形成矩形网格而得名。柱网的布置原则按其重要性有：

1）工业建筑的柱网布置应满足生产工艺的要求。

2）柱网布置应满足建筑平面功能的要求。

3）柱网布置应使结构受力合理。

4）柱网布置应方便施工，以加快施工进度，降低工程造价。

2. 承重框架的布置

框架结构是空间受力体系，但为方便结构分析，可把实际框架结构看成纵、横两个方向的平面框架，即沿建筑物长向的纵向框架和沿建筑物短向的横向框架。纵向框架和横向框架分别承受各自方向上的水平力，而楼面竖向荷载则可传递到纵、横两个方向的框架上。按楼面竖向荷载传递路线的不同，承重框架的布置方案有横向框架承重，纵向框架承重和纵、横向框架混合承重等几种。

（1）横向框架承重方案　横向框架承重方案是在横向布置承重框架梁，楼面荷载主要由横向框架梁承担并传至柱，如图10-1a所示。由于横向框架跨数较少，主梁沿横向布置有利于增强建筑物的横向抗侧刚度；纵向梁的高度一般较小，也有利于室内的采光与通风。

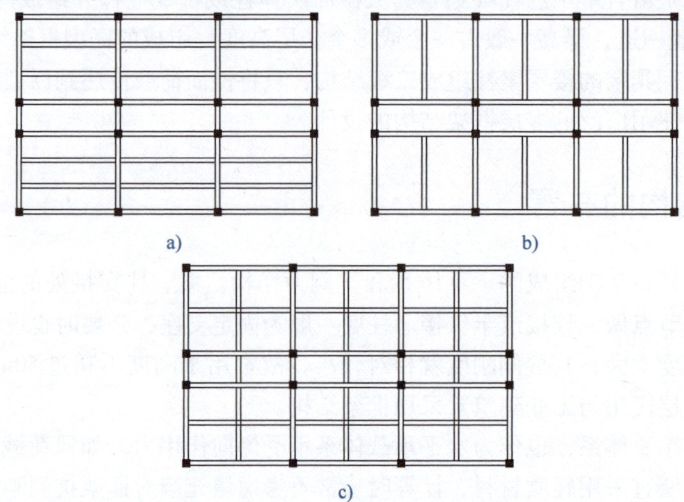

图10-1　承重框架布置方案

a）横向框架承重方案　b）纵向框架承重方案　c）纵、横向框架混合承重方案

（2）纵向框架承重方案　在纵向布置框架承重梁，楼面荷载主要由纵向框架梁承担，如图10-1b所示。因为楼面荷载由纵向梁传至柱子，所以横向框架梁高度较小，有利于设备管线的穿行；当房屋纵向需要较大空间时，纵向框架承重方案可获得较大的室内净高。该承重方案的缺点是房屋的横向抗侧刚度较小。

（3）纵、横向框架混合承重方案　纵、横向框架混合承重方案是在两个方向均需布置框架承重梁以承受楼面荷载。当采用现浇板楼盖时，其布置如图 10-1c 所示。当楼面上作用有较大荷载，或楼面有较大开洞，或当柱网布置为正方形或接近正方形时，常采用这种承重方案。纵、横向框架混合承重方案具有较好的整体工作性能，对抗震有利。

10.3　框架结构内力与水平位移的近似计算方法

框架结构是由纵、横向框架组成的空间受力体系，如图 10-2a 所示。结构分析时有按空间结构分析和简化成平面结构分析两种方法。目前，多用电算进行框架的内力分析，有很多通用程序可供选择，程序多采用空间杆系分析模型，能直接求出结构的变形、内力，并自动适用规范，进行内力组合与截面设计。但是，在初步设计阶段或设计层数不多且较规则的框架时，常采用近似计算方法分析框架的内力。另外，近似的手算方法虽然计算精度不如电算，但概念明确，可判断电算结果的合理性。本节将重点介绍框架结构的近似手算方法，包括竖向荷载作用下的分层法，水平荷载作用下的反弯点法和 D 值法（改进反弯点法）。

10.3.1　框架结构的计算简图

1. 计算单元的确定

当框架较规则时，为了计算简便，常不计结构纵向和横向之间的空间联系，将纵向框架和横向框架分别按平面框架进行分析计算，如图 10-2c、d 所示。当建筑横向框架榀数较多时，如果横向框架的间距相同，作用于各横向框架上的荷载相同，框架的抗侧刚度相同，则各榀横向框架的内力与变形相近，结构设计时可取中间有代表性的一榀横向框架进行分析。取出的平面框架所承受的竖向荷载与楼盖结构的布置方案有关，当采用现浇楼盖时，楼面分布荷载一般可按角平分线传至相应两侧的梁上（传荷方式同现浇双向板楼盖），同时须承受如图 10-2b 所示阴影宽度范围内的水平荷载，水平荷载一般可简化成作用于楼层节点的集中力，如图 10-2c 所示。如果各榀框架的间距或荷载差别较大，或抗侧刚度不同，则需分别计算。

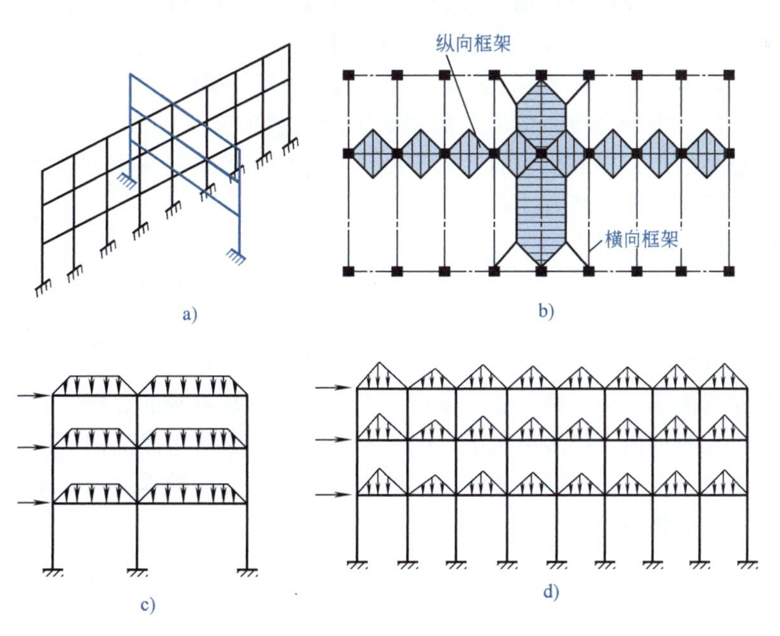

图 10-2　框架结构计算简图

2. 节点的简化

框架节点可根据其实际施工方案和构造措施简化为刚接、铰接或半铰接。

现浇框架结构中，梁、柱的纵向钢筋都将穿过节点或锚入节点区，节点可视为刚接节点，如图 10-3 所示。

装配式框架结构则是在梁底和柱的适当部位预埋钢板，安装就位后再焊接。由于钢板自身平面外的刚度很小，难以保证结构受力后梁、柱间没有相对转动，故相应节点一般视为铰接节点或半铰接节点，如图 10-4 所示。

在装配整体式框架结构中，梁（柱）中的钢筋在节点处或为焊接或为搭接，并在现场浇筑节点部分的混凝土。节点的左、右梁端均可有效地传递弯矩，因此可认为是刚接节点。然而，这种节点的刚性不如现浇式框架好，节点处梁端的实际负弯矩要小于按刚性节点假定所得到的计算值。

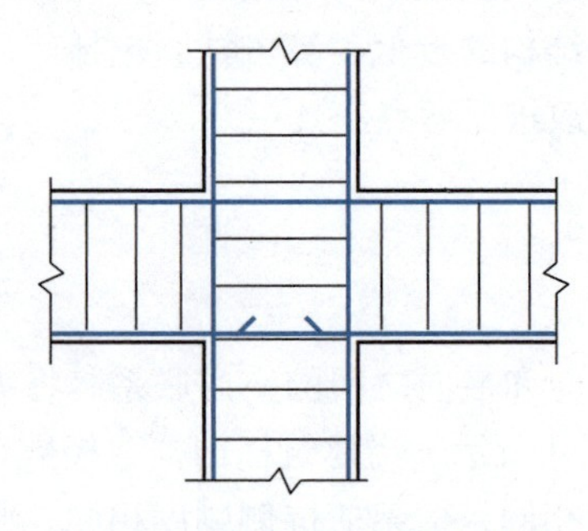

图 10-3　现浇框架的刚接节点

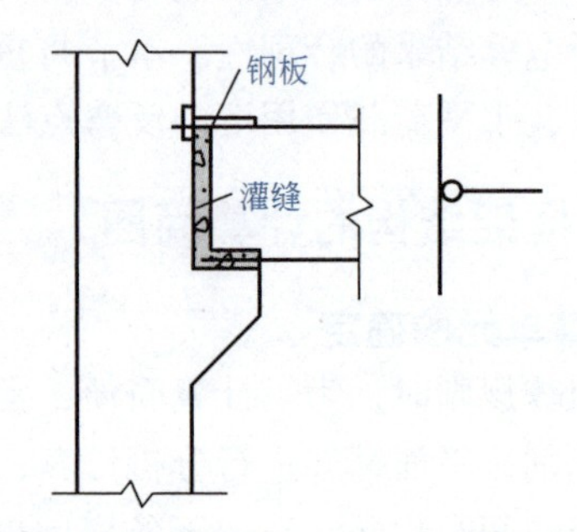

图 10-4　装配式框架的铰节点

框架柱基础可简化为固定支座或铰支座，当为现浇钢筋混凝土柱时，一般设计成固定支座；当为预制柱杯形基础时，则应根据构造措施不同简化为固定支座或铰支座。

3. 跨度与层高的确定

在结构计算简图中，杆件用其轴线来表示。框架梁的跨度一般取顶层柱轴线之间的距离；当上、下层柱的截面尺寸有变化时，一般柱外侧尺寸平齐，以最小截面的形心线来确定，即取顶层柱中心线的间距来确定梁跨度偏于安全。框架的层高即框架柱的长度可取相应的建筑层高，即取本层楼面至上层楼面的高度，但底层的层高则应取基础顶面到二层楼板顶面之间的距离。需要明确的是，框架的层高与框架柱的计算长度可能并不一致。层高用于框架的内力分析，而框架柱的计算长度用于柱的承载力计算。

4. 梁、柱截面尺寸

多层框架的梁、柱截面常采用矩形或方形，其截面尺寸可近似预估如下：

梁高 $h=\left(\frac{1}{8}\sim\frac{1}{15}\right)l$，$l$ 为梁的计算跨度；梁宽 $b=\left(\frac{1}{2}\sim\frac{1}{3}\right)h$，且不小于 200mm。需要说明的是，以上预估梁高能够满足结构承载及刚度的需要，且结构本身的经济性较好，但建筑功能要求会影响结构的梁高取值。很多情况下，因结构层高和建筑所需净高的限制，使框架的梁高取值会小于以上预估数值。此时，需要加大梁的宽度以满足必要的承载力和刚度，导致梁的截面尺寸并不符合以上预估值范围。

柱高 $h=\left(\frac{1}{8}\sim\frac{1}{14}\right)H$，$H$ 为层高，且不宜小于 300mm；柱宽 $b=\left(1\sim\frac{2}{3}\right)h$，且不宜小于 300mm。

上述柱截面为满足稳定性要求的最小尺寸，此外还应满足抗侧移刚度与承载力的要求。柱的截面面积按设计轴力预估为：$(1.1 \sim 1.2) \times (10 \sim 14) nA/\mu f_c$，其中 A 为柱每层的负荷面积（m^2）；n 为柱的负荷层数；10～14 为框架结构平均设计荷载（kN/m^2），活荷载大、隔墙多的取大值；μ 为轴压比限值，非地震区结构可取 1.0；1.1～1.2 的系数为考虑水平荷载对柱截面的不利影响。

5. 构件截面抗弯刚度的计算

在计算框架梁的惯性矩 I 时，应考虑楼板的影响。在框架梁两端的节点附近，梁承受负弯矩，顶部的楼板受拉，故其影响较小；而在框架梁的跨中，梁承受正弯矩，楼板处于受压区形成 T 形截面梁，故其对梁截面弯曲刚度的影响较大。在设计计算中，一般仍假定梁的惯性矩沿梁长不变。

《规范》规定，对现浇楼盖和装配整体式楼盖，宜考虑楼板作为翼缘对梁的刚度和承载力的影响。梁受压区有效翼缘计算宽度 b'_f 的取值与“梁板楼盖”相同；也可采用梁刚度增大系数法近似考虑，梁刚度增大系数应根据梁有效翼缘尺寸与梁截面尺寸的相对比例确定。大量的算例表明，近似计算的梁刚度增大系数可按以下方式取值：对现浇楼盖，中框架梁（梁两侧有板）取 $I = 2I_0$，边框架梁（梁单侧有板）取 $I = 1.5I_0$；对装配整体式楼盖，中框架梁取 $I = 1.5I_0$，边框架梁取 $I = 1.2I_0$；这里，I_0 为不考虑楼板影响时矩形截面梁的惯性矩。对装配式楼盖，则按梁的实际截面计算 I。

6. 荷载计算

作用于框架结构上的荷载有竖向荷载和水平荷载两种。竖向荷载包括建筑结构自重及楼（屋）面活荷载，一般为分布荷载，有时也以集中荷载的形式出现。水平荷载包括风荷载和水平地震作用，一般均简化成作用于框架梁、柱节点处的水平集中力。

（1）楼（屋）面活荷载　楼（屋）面荷载的计算与梁板结构基本相同。考虑到在多、高层建筑中，所有的楼面上的活荷载同时以《荷载规范》所给的标准值出现的可能性很小，所以在结构设计时可将活荷载予以折减。其中，对于住宅、宿舍、旅馆、办公楼、医院病房、托儿所、幼儿园的楼面梁，当其从属面积大于 $25m^2$ 时，折减系数为 0.9；对于墙、柱、基础则需根据计算截面以上的层数取不同的折减系数，按表 10-1 选取。对于教室、食堂、礼堂、展览馆、商店、车站大厅及藏书库等建筑的楼面梁，当其从属面积大于 $50m^2$ 时，折减系数为 0.9；其墙、柱、基础的折减系数取值与楼面梁相同。

表 10-1　活荷载按楼层数的折减系数

墙、柱、基础计算截面以上层数	1	2～3	4～5	6～8	9～20	>20
计算截面以上各楼层活荷载总和的折减系数	1.00 (0.90)	0.85	0.70	0.65	0.60	0.55

注：当楼面梁的从属面积超过 $25m^2$ 时，采用括号内的系数。梁的从属面积是指梁的两侧各延伸 $\frac{1}{2}$ 梁间距范围内的实际面积。

（2）风荷载　风荷载标准值是指垂直作用于建筑物表面上的单位面积风荷载，风向指向建筑物表面时为压力，离开建筑物表面时为吸力。它的大小取决于风速、建筑物的体型、计算点的高度和地面的粗糙程度等。垂直于建筑物表面的风荷载标准值按下式计算

$$w_k = \beta_z \mu_z \mu_s w_0 \tag{10-1}$$

式中　w_k——风荷载标准值；

β_z——高度 z 处的风振系数；

μ_s——风荷载体型系数；

μ_z——风压高度变化系数，按表 10-2 选取；

w_0——建筑物所在地区的基本风压。

1）基本风压是按一般空旷平坦地面上距地 10m 高度处的 10min 平均风速，经统计得到的 50 年一遇的最大值，再通过风速与风压的换算关系得到的。各地的基本风压值应按《荷载规范》中给出的 50 年一遇的风压采用，但不得小于 0.3kN/m^2，如北京为 0.45kN/m^2，广州为 0.50kN/m^2，上海为 0.55kN/m^2。

2）风荷载值随高度的变化与地面粗糙度有关，风压高度变化系数 μ_z 见表 10-2。地面粗糙度共分为 4 类：A 类指近海海面和海岛、海岸、湖岸及沙漠地区；B 类指田野、乡村、丛林、丘陵及房屋比较稀疏的乡镇和城市郊区；C 类指有密集建筑群的城市市区；D 类指有密集建筑群且房屋较高的城市市区。对于山区的建筑还应考虑地形条件的修正。

3）风荷载体型系数 μ_s 是风对建筑物表面上压力或吸力的实际效应与风压的比值。图 10-5 所示为封闭式双坡屋面和封闭式房屋的 μ_s 值，正值为压力，负值为吸力。常见建筑体型系数值可查阅《荷载规范》，计算时一般应考虑左风和右风两种情况。

表 10-2　风压高度变化系数 μ_z

距地面或海平面的高度/m	地面粗糙类别			
	A	B	C	D
5	1.17	1.00	0.74	0.62
10	1.38	1.00	0.74	0.62
15	1.52	1.14	0.74	0.62
20	1.63	1.25	0.84	0.62
30	1.80	1.42	1.00	0.62
40	1.92	1.56	1.13	0.73
50	2.03	1.67	1.25	0.84
60	2.12	1.77	1.35	0.93
70	2.20	1.86	1.45	1.02
80	2.27	1.95	1.54	1.11
90	2.34	2.02	1.62	1.19
100	2.40	2.09	1.70	1.27

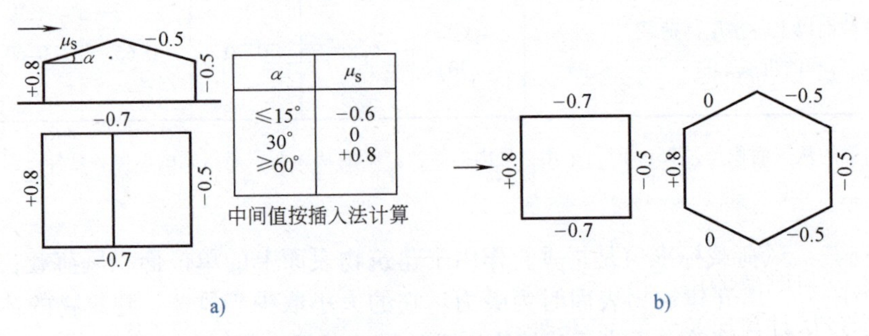

图 10-5　封闭式双坡屋面和封闭式房屋的 μ_s 值

a）封闭式双坡屋面　b）封闭式房屋与构筑物

4）实际上风速是变化的，对建筑结构必然产生动力影响，可用风振系数 β_z 来反映该影响。对于一般低层和多层建筑（高度 30m 以下，且高宽比不大于 1.5），动力影响很小，可以忽略，取 $\beta_z = 1.0$。《荷载规范》规定了要考虑风振系数的情况及计算方法。

框架结构的风荷载一般由框架负荷范围内的墙面向柱集中为线荷载，因风压高度变化系数不同，应沿高度分层计算各层柱上因风压引起的线荷载；风压高度变化系数按各层柱顶的高度选取，层间风压按倒梯形荷载计算。为简化计算，可将每层节点上、下各半层的线荷载向节点集中为水平力，顶层节点集中力应取顶层上半层层高加上屋顶女儿墙的风荷载。

（3）水平地震作用　当多层框架结构的高度不超过 40m，以剪切变形为主且质量和刚度沿高度分布比较均匀时，可采用底部剪力法计算水平地震作用，详见本书第 13 章。

10.3.2　竖向荷载作用下的框架内力分析——分层法

多层多跨框架在竖向荷载作用下的侧移不大，可近似认为侧移为零，这时可采用弯矩分配法进行计算。一般各节点的不平衡弯矩同时分配，传递两次，故也称弯矩二次分配法。层数较多时，可采用更为简便的分层法。

分层法假定：在进行竖向荷载作用下的内力分析时，作用在某一层框架梁上的竖向荷载只对本层梁及与之相连的柱产生弯矩和剪力，而忽略对其他楼层的框架梁和隔层的框架柱产生的弯矩和剪力。

按照叠加原理，多层多跨框架在多层竖向荷载同时作用下的内力，可以看成是各层竖向荷载单独作用下的内力的叠加，如图 10-6 所示。根据上述假定，当各层梁上单独作用竖向荷载时，仅在图 10-6a 所示的结构的实线部分构件中产生内力，因此框架结构在竖向荷载作用下，可按图 10-6b 所示的各个开口刚架单元分别进行计算。实际上各个开口刚架的上、下端除底层柱的下端外，并非是图 10-6 中的固定端，柱端均有转角产生，处于铰支与固定支承之间的弹性约束状态。为了调整由此引起的误差，在按图 10-6b 所示的计算简图进行计算时，应进行以下修正：除底层外，其他各层柱的线刚度均乘以 0.9 的折减系数；除底层外，其他各层柱的弯矩传递系数取为 1/3。

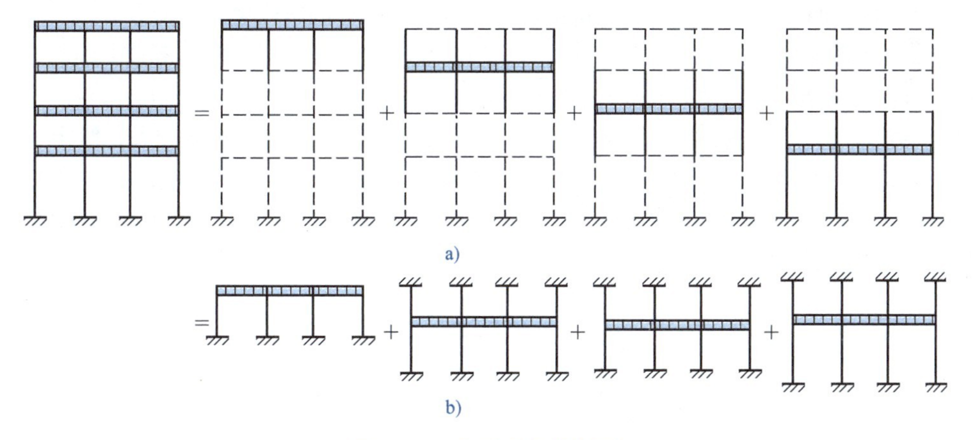

图 10-6　分层法计算简图

在求得各开口刚架的内力以后，原框架结构中柱的内力，为相邻两个开口刚架中同层柱的内力叠加。而分层计算所得的各层梁的内力，即为原框架结构中相应层梁的内力。用分层法计算所得的框架节点处的弯矩会出现不平衡。为提高精度，可对不平衡弯矩较大的节点，特别是边节点不平衡弯矩再进行一次分配（无需往远端传递）。

在用分层法计算时，可只在各层进行最不利活荷载布置。为简化起见，当楼面活荷载产生的内力远小于恒载和水平力产生的内力时，可在各跨同时满布活荷载，计算所得的支座弯矩为考虑活荷载不利布置的支座弯矩，而跨中弯矩乘以 1.10～1.20 的放大系数以考虑活荷载不利布置的影响。

10.3.3 水平荷载作用下的框架内力分析——反弯点法

框架结构的风荷载或水平地震作用一般可简化为作用于节点的等效水平力。框架结构在节点水平力作用下的弯矩图如图 10-7 所示，各杆的弯矩图都呈直线形，且一般都有一个反弯点。

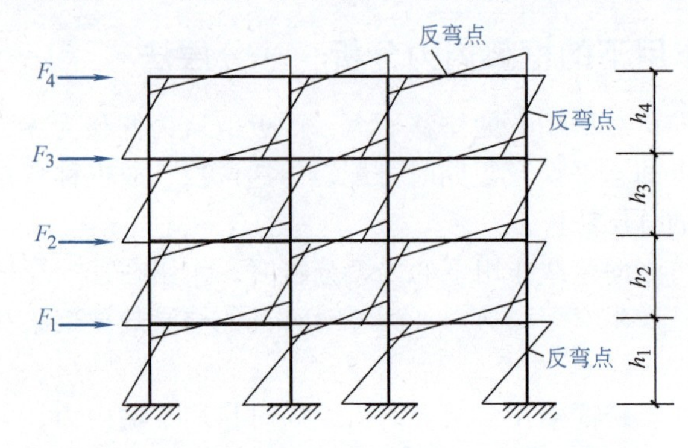

图 10-7 框架结构在节点水平力作用下的弯矩图

实际计算中可忽略梁的轴向变形，故同层各节点的侧向位移相同，同层各柱的层间位移也相同。

在图 10-7 中，如能确定各柱内的剪力及反弯点的位置，便可求得各柱的柱端弯矩，并进而由节点平衡条件求得梁端弯矩及整个框架结构的其他内力。反弯点法正是基于这一设想，且通过以下假定来实现的：

假定 1：各柱的上、下端都不发生角位移，即认为梁、柱的线刚度比无限大。

假定 2：除底层以外，各柱的上、下端节点转角均相同，即底层柱的反弯点在距基础 2/3 层高处；其余各层框架柱的反弯点位于层高的中点。

对于层数较少且楼面荷载较大的框架结构，柱的刚度较小，梁的刚度较大，假定 1 与实际情况较为符合。一般认为，当梁、柱的线刚度比超过 3 时，由假定 1 所引起的误差能够满足工程设计的精度要求。设框架结构共有 n 层，每层内有 m 根柱，如图 10-8a 所示。将框架沿第 j 层各柱的反弯点处切开代以剪力和轴力（图 10-8b），则由水平力的平衡条件有

$$V_j = \sum_{i=j}^{n} F_i \tag{10-2}$$

$$V_j = V_{j1} + \cdots + V_{jk} + \cdots + V_{jm} = \sum_{k=1}^{m} V_{jk} \tag{10-3}$$

式中 F_i——作用在楼层 i 的水平力；

V_j——水平力 F 在第 j 层所产生的层间剪力；

V_{jk}——第 j 层 k 柱所承受的剪力；

m——第 j 层内的柱子数；

n——楼层数。

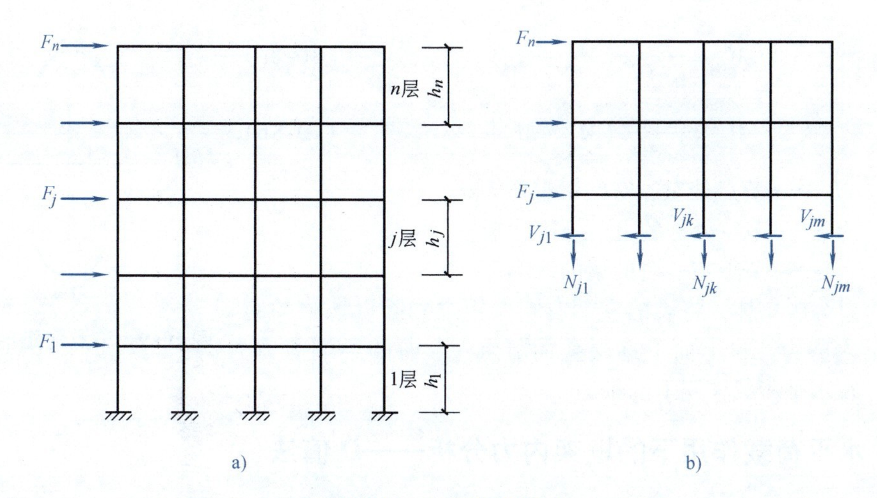

图 10-8　反弯点法推导

设该层的层间侧向位移为 Δ_j，由假定 1 知，各柱的两端只有水平位移而无转角，则有

$$V_{jk}=\frac{12i_{jk}}{h_j^2}\Delta_j \tag{10-4}$$

式中　i_{jk}——第 j 层 k 柱的线刚度；

h_j——第 j 层柱子的高度；

$\frac{12\,i_{jk}}{h_j^2}$——两端固定柱的侧移刚度，它表示要使柱的上、下端产生单位相对侧向位移时，需要在柱顶施加的水平力。

将式（10-4）代入式（10-3），由于忽略梁的轴向变形，第 j 层的各柱具有相同的层间侧向位移 Δ_j，因此有

$$\Delta_j=\frac{V_j}{\sum\limits_{k=1}^{m}\frac{12i_{jk}}{h_j^2}}$$

将上式代入式（10-4），得 j 楼层中任一柱 k 在层间剪力 V_j 中分配到的剪力

$$V_{jk}=\frac{i_{jk}}{\sum\limits_{k=1}^{m}i_{jk}}V_j \tag{10-5}$$

求得各柱所承受的剪力 V_{jk} 以后，由假定 2 便可求得各柱的杆端弯矩，对于底层柱有

$$M_{cjk}^{u}=V_{jk}\frac{h_1}{3} \tag{10-6a}$$

$$M_{cjk}^{l}=V_{jk}\frac{2h_1}{3} \tag{10-6b}$$

对于上部各层柱有

$$M_{cjk}^{u}=M_{cjk}^{l}=V_{jk}\frac{h_j}{2} \tag{10-7}$$

式（10-6a）、式（10-6b）、式（10-7）中的下标 c 表示柱，j、k 表示第 j 层第 k 根柱，上标 u、l 分别表示柱的上端和下端。

求得柱端弯矩后，由节点弯矩平衡条件（图 10-9）即可求得梁端弯矩

$$M_{\mathrm{bl}}=\frac{i_{\mathrm{bl}}}{i_{\mathrm{bl}}+i_{\mathrm{br}}}(M_{\mathrm{cu}}+M_{\mathrm{cl}}) \tag{10-8a}$$

$$M_{\mathrm{br}}=\frac{i_{\mathrm{br}}}{i_{\mathrm{bl}}+i_{\mathrm{br}}}(M_{\mathrm{cu}}+M_{\mathrm{cl}}) \tag{10-8b}$$

式中　M_{bl}、M_{br}——节点处左、右的梁端弯矩；

M_{cu}、M_{cl}——节点处柱的上、下端弯矩；

i_{bl}、i_{br}——节点左、右的梁的线刚度。

以各个梁为脱离体，将梁的左、右端弯矩之和除以该梁的跨度，便得梁内剪力。自上而下逐层叠加节点左、右的梁端剪力，即可得到柱在水平荷载作用下的轴力。

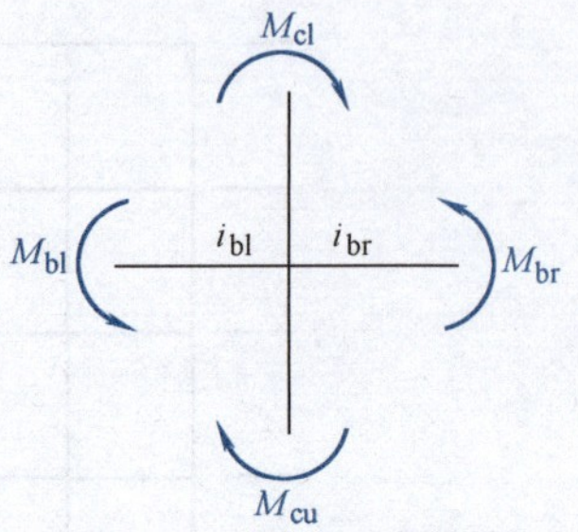

图 10-9　节点弯矩平衡条件

10.3.4　水平荷载作用下的框架内力分析——*D* 值法

反弯点法假定梁、柱的线刚度比无穷大，又假定柱的反弯点高度为定值，在不满足这些假定的情况下进行计算会导致计算误差很大，这使反弯点法的应用受到限制。柱的侧移刚度不仅与柱的线刚度和层高有关，还取决于柱的上、下端的约束情况。另外，梁、柱的线刚度比，上、下层横梁的线刚度比，上、下层层高的变化等因素，都与柱的反弯点高度有关。*D* 值法是在反弯点法的基础上，考虑上述影响因素，对反弯点法的柱侧移刚度和反弯点高度进行修正，故又称为改进反弯点法。该方法中，柱的侧移刚度以 *D* 表示，因而得名 *D* 值法。

D 值法除了对柱的侧移刚度与反弯点高度进行修正外，其余均与反弯点法相同，计算步骤如下：

（1）计算各层柱的侧移刚度　修正后的柱侧移刚度 *D* 可表示为

$$D_{jk}=\alpha\frac{12i_{jk}}{h_j^2} \tag{10-9}$$

式中　i_{jk}——第 j 层第 k 根柱的线刚度；

h_j——第 j 层柱子的高度；

α——节点转角影响系数，由梁、柱的线刚度按表 10-3 取用。

表 10-3　节点转角影响系数 α

层	边柱	中柱	α
一般层	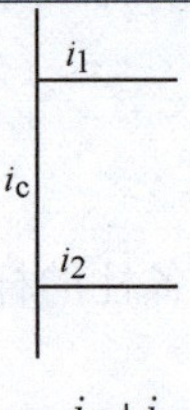 i_1，i_c，i_2　$\overline{K}=\frac{i_1+i_2}{2i_c}$	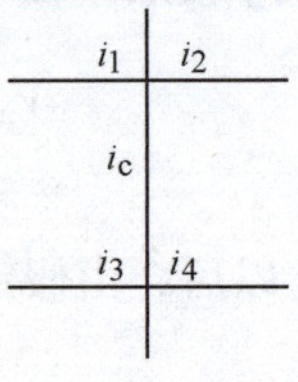 i_1，i_2，i_c，i_3，i_4　$\overline{K}=\frac{i_1+i_2+i_3+i_4}{2i_c}$	$\alpha=\frac{\overline{K}}{2+\overline{K}}$
底层	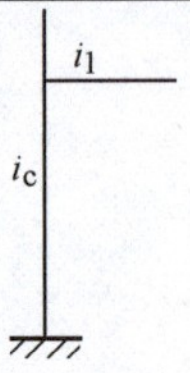 i_1，i_c　$\overline{K}=\frac{i_1}{i_c}$	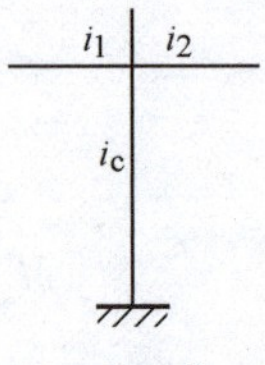 i_1，i_2，i_c　$\overline{K}=\frac{i_1+i_2}{i_c}$	$\alpha=\frac{0.5+\overline{K}}{2+\overline{K}}$

注：$i_1\sim i_4$ 为梁的线刚度；i_c 为柱的线刚度；$\overline{K}$ 为楼层梁、柱的平均线刚度比。

（2）计算各柱所分配的剪力 V_{jk}

$$V_{jk}=\frac{D_{jk}}{\sum_{k=1}^{m}D_{jk}}V_j \tag{10-10}$$

式中　V_{jk}——第 j 层第 k 根柱所分配的剪力；

V_j——第 j 层楼层剪力；

D_{jk}——第 j 层第 k 根柱的侧移刚度；

$\sum_{k=1}^{m}D_{jk}$——第 j 层所有柱的侧移刚度之和。

（3）确定反弯点高度 yh　公式如下

$$yh=(y_0+y_1+y_2+y_3)h \tag{10-11}$$

式中　y_0——标准反弯点高度比（附表 15），由框架总层数，该柱所在层数及梁、柱的平均线刚度比 $\overline{K}$ 确定；

y_1——某层上、下层横梁的线刚度不同时对 y_0 的修正值（附表 16），按以下方式确定：当 $i_1+i_2<i_3+i_4$ 时，令

$$\alpha_1=\frac{i_1+i_2}{i_3+i_4} \tag{10-12}$$

这时反弯点上移，故 y_1 取正值，如图 10-10a 所示；

当 $i_1+i_2>i_3+i_4$ 时，令

$$\alpha_1=\frac{i_3+i_4}{i_1+i_2} \tag{10-13}$$

这时反弯点下移，故 y_1 取负值，如图 10-10b 所示，对于首层不考虑 y_1 值；

y_2——上层层高（h_u）与本层高度（h）不同时（图 10-11）对 y_0 的修正值，可根据 $\alpha_2=\frac{h_u}{h}$ 和 $\overline{K}$ 由附表 17 查得；

y_3——下层层高（h_l）与本层高度（h）不同时（图 10-11）对 y_0 的修正值，可根据 $\alpha_2=\frac{h_l}{h}$ 和 $\overline{K}$ 由附表 17 查得。

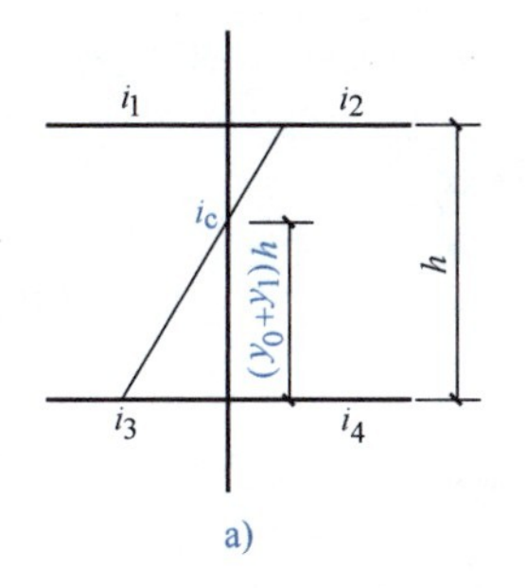

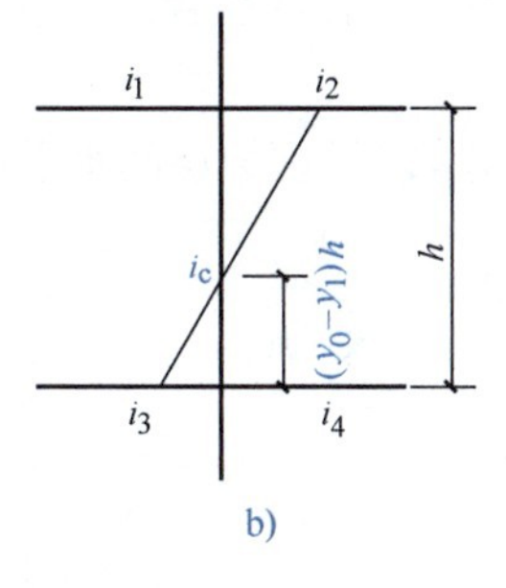

图 10-10　上、下层梁的线刚度不同时对标准反弯点高度比的修正

上层
本层
下层
h_u
h
h_l

图 10-11　上、下层层高与本层高度示意

（4）计算柱端弯矩　如图 10-12 所示，柱端弯矩可由柱的剪力 V_{jk} 和反弯点高度 yh 按下式求得

柱上端弯矩　$$M_{cjk}^{u}=V_{jk}(1-y)h \tag{10-14a}$$

柱下端弯矩　　$M_{cjk}^{l}=V_{jk}yh$　　(10-14b)

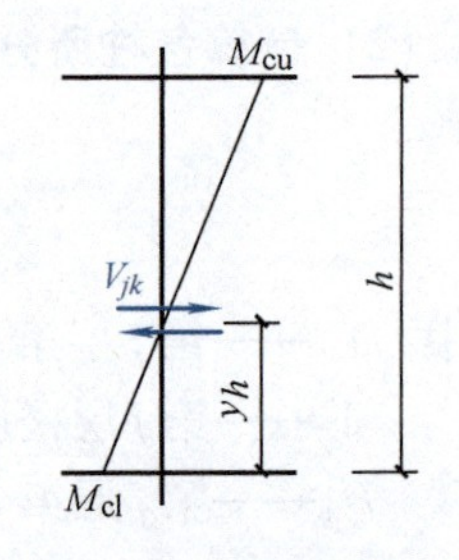

图 10-12　柱的剪力和反弯点高度

(5) 计算梁端弯矩 M_b　梁端弯矩可按照节点弯矩平衡条件，将节点上、下柱端弯矩之和按左、右梁的线刚度比例反号分配，方法同反弯点法。

(6) 计算梁端剪力 V_b　如图 10-13 所示，根据梁的两端弯矩，按下式计算

$$V_b=\frac{M_{bl}+M_{br}}{l} \tag{10-15}$$

(7) 计算柱轴力 N　边柱轴力为各层梁端剪力按层叠加，中柱轴力为柱两侧梁端剪力的代数和（以向下为正），也按层叠加。如图 10-14 所示，边柱底层柱的轴力为

$$N=V_{b1}+V_{b2}+V_{b3}+V_{b4}$$

中柱底层柱的轴力（压力）为

$$N=V_{r1}+V_{r2}+V_{r3}+V_{r4}-V_{l1}-V_{l2}-V_{l3}-V_{l4}$$

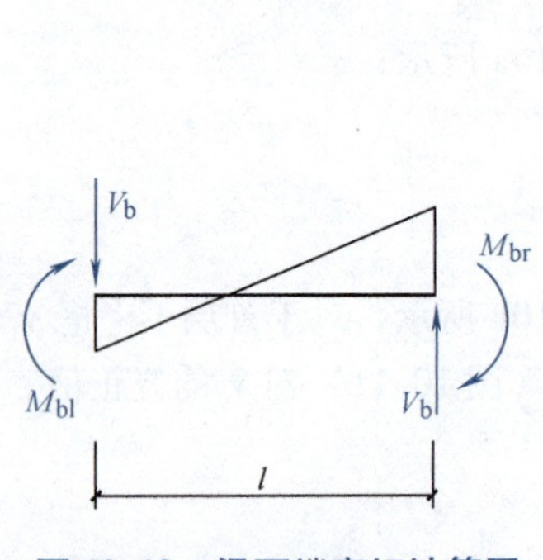

图 10-13　梁两端弯矩计算图

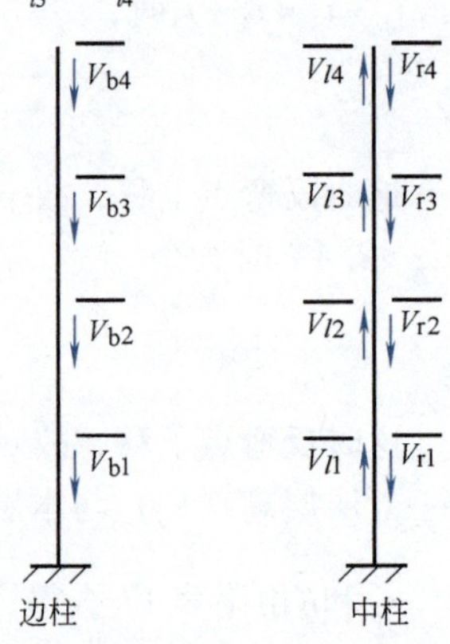

图 10-14　边柱及中柱的轴力

10.3.5　框架结构侧移验算

验算框架结构层间侧移时，其层间剪力应取标准组合。

1. 侧移的近似计算

求出柱抗侧刚度 D 值后，可按下式计算第 j 层框架层间水平位移 Δ_j

$$\Delta_j=\frac{V_j}{\sum_{k=1}^{m}D_{jk}} \tag{10-16}$$

式中　D_{jk}——第 j 层第 k 根柱的抗侧刚度；

m——框架第 j 层的总柱数；

V_j——第 j 层层间剪力标准值。

框架顶点的总水平位移 Δ 应为各层层间位移之和，即

$$\Delta=\sum_{j=1}^{n}\Delta_j \tag{10-17}$$

式中　n——框架结构的总层数。

按上述方法求得的侧移只考虑了梁、柱的弯曲变形，而未考虑梁、柱的轴向变形和剪切变形的影

响。但对一般的多层框架结构，按式（10-17）计算的框架侧移已能满足工程设计的精度要求。

虽然在设计中计算的是杆件的弯曲变形，但一般框架的整体变形曲线却是剪切型的，其特征为层间侧移下大上小；而抗震墙结构在左水平力作用下的变形曲线为弯曲型，其特征为层间侧移下小上大，如图 10-15 所示。

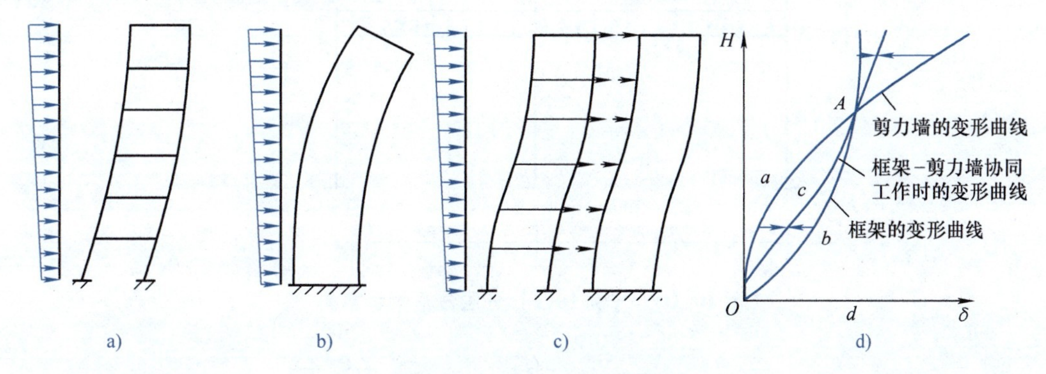

图 10-15　结构的侧移曲线

a）剪切型　b）弯曲型　c）弯剪型　d）变形曲线

2. 弹性层间侧移验算

框架的弹性层间位移角 θ_e 过大将导致框架中的隔墙等非结构构件开裂或破坏，故规范规定了框架的最大弹性层间位移 Δ_j 与层高之比不能超过其限值，即要求

$$\frac{\Delta_j}{h} \leqslant \left[\frac{\Delta_j}{h}\right] \tag{10-18}$$

式中　Δ_j——按弹性方法计算所得的楼层层间水平位移；

h——层高；

$\left[\frac{\Delta_j}{h}\right]$——楼层层间最大位移与层高之比的限值，规范规定框架结构为 1/550。

【例 10-1】　某两层框架，计算简图如图 10-16 所示，其中杆件旁括号内的数字为相应杆的线刚度（单位为 $10^{-4}Em^3$，其中 E 为混凝土弹性模量）。要求用分层法计算框架杆件弯矩，并绘制弯矩图。

【解】　（1）分层法

该框架可分为两层计算，从下到上计为第 1 层、第 2 层，如图 10-17 所示。

1）第 1 层的计算。计算简图如图 10-17a 所示，D 节点的各杆端分配系数为

$$\mu_{DA} = \frac{4\times7.11}{4\times(7.11+4.21\times0.9+9.53)} = 0.3480$$

$$\mu_{DG} = \frac{4\times4.21\times0.9}{4\times(7.11+4.21\times0.9+9.53)} = 0.1855$$

$$\mu_{DE} = \frac{4\times9.53}{4\times(7.11+4.21\times0.9+9.53)} = 0.4665$$

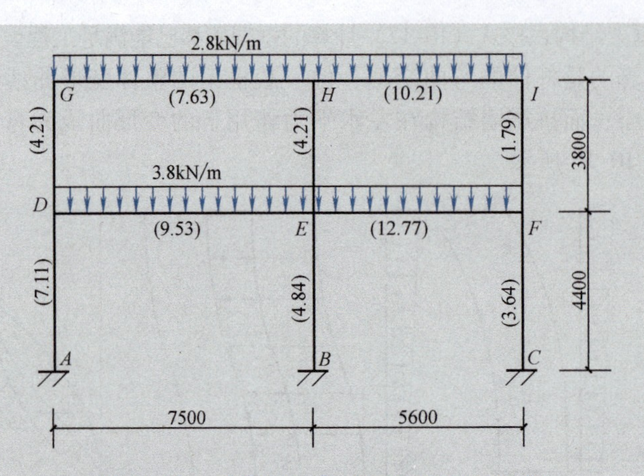

图 10-16 【例 10-1】分层法框架示意图

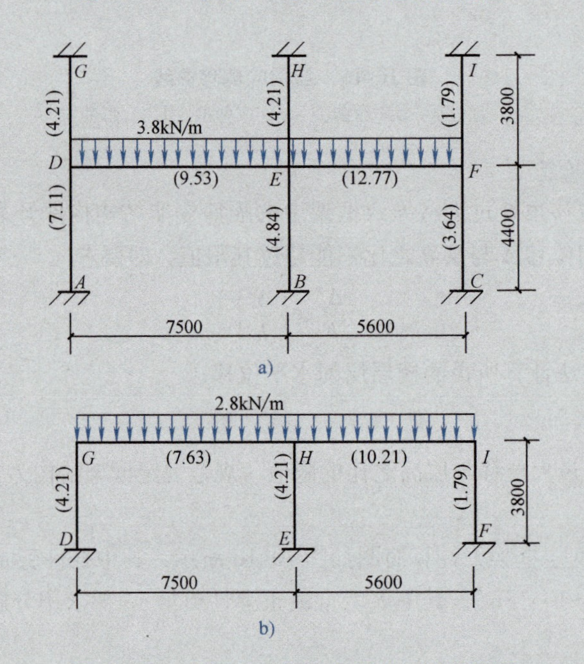

图 10-17 【例 10-1】按分层法的计算简图

注意柱的线刚度乘以 0.9 的折减系数（底层柱除外）。*E*、*F* 节点的分配系数可类似算得（底层柱除外）。分层法计算过程如图 10-18 所示。注意柱远端传递系数，除底层取 0.5 外，其余层为 1/3。

2）第 2 层的计算。计算简图如图 10-17b 所示，*G* 节点的各杆端分配系数为

$$\mu_{GH}=\frac{4\times7.63}{4\times(7.63+4.21\times0.9)}$$
$$=0.6682$$

$$\mu_{GD}=\frac{4\times4.21\times0.9}{4\times(7.63+4.21\times0.9)}=0.3318$$

H、*I* 节点的分配系数可类似算得，计算过程如图 10-18 所示。以 *GH* 梁的固端弯矩为例，均布荷载作用下的固端弯矩

$$M_{GH}=-\frac{1}{12}ql^2=-\frac{1}{12}\times2.8\times7.5^2\text{kN}\cdot\text{m}=-13.13\text{kN}\cdot\text{m}$$

3）框架的弯矩图。把同层柱的上、下端弯矩叠加，即得该框架的弯矩图，如图 10-19 所示。若要提高精度，可把节点的不平衡弯矩再分配一次，这一步在此省略。

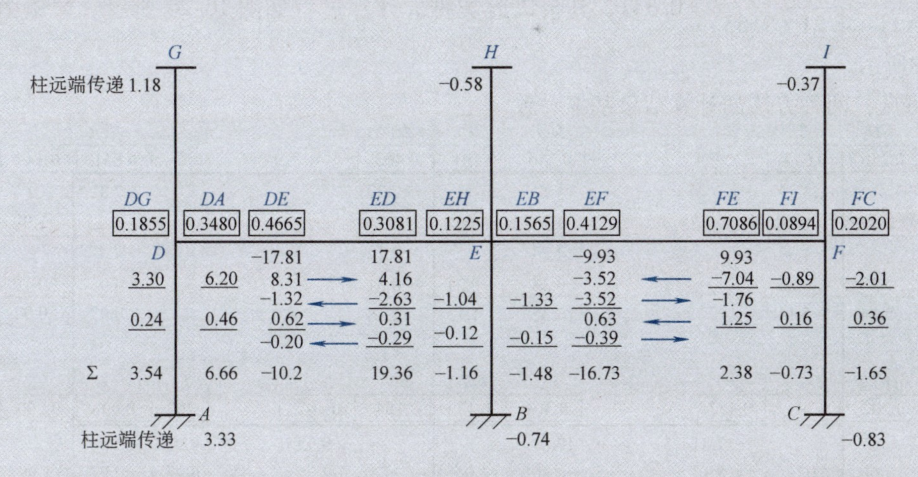

图 10-18　分层法计算过程

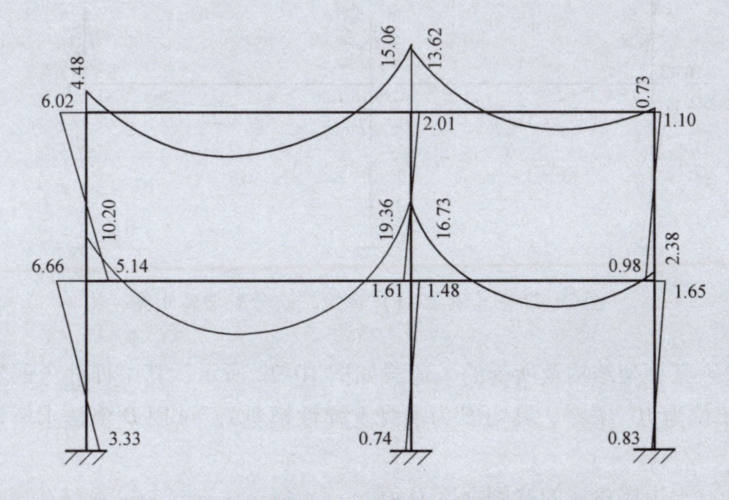

图 10-19　【例 10-1】弯矩图（单位：kN · m）

（2）弯矩二次分配法

杆端分配系数计算时无须考虑柱刚度折减，远端传递系数为1/2，无须拆分与组合框架，对多层框架来说计算更为简便。其余同分层法。杆端分配系数以 DA 杆端为例，$\mu_{DA}=\dfrac{4\times7.11}{4\times(7.11+4.21+9.53)}=0.341$，其余以此类推。计算过程如图10-20所示。弯矩图如图10-21所示。

可见，两种方法的计算结果基本一致。

G	GD	GH
分配系数	0.356	0.644
		−13.13
	4.67	8.46
		−1.33
	0.47	0.86
	5.14	−5.14

H	HG	HE	HI
分配系数	0.346	0.191	0.463
	13.13		−7.32
	−1.66	−0.92	−2.23
	4.23		−3.12
	−0.38	−0.21	−0.51
	15.32	−1.13	−13.18

I	IH	IF
分配系数	0.851	0.149
	7.32	
	−6.23	−1.09
	−1.12	
	0.95	0.17
	0.92	−0.92

D	DG	DA	DE
分配系数	0.202	0.341	0.457
			−17.81
	3.60	6.07	8.14
			−1.20
	0.24	0.41	0.55
	3.84	6.48	−10.32

E	ED	EH	EB	EF
分配系数	0.304	0.134	0.154	0.407
	17.81			−9.93
	−2.40	−1.06	−1.21	−3.21
	4.07			−3.49
	−0.18	−0.08	−0.09	−0.24
	19.30	−1.14	−1.30	−16.87

F	FE	FI	FC
分配系数	0.702	0.098	0.200
	9.93		
	−6.97	−0.97	−1.99
	−1.61		
	1.13	0.16	0.32
	2.48	−0.81	−1.67

A：3.24　B：−0.65　C：−0.84

图10-20　【例10-1】弯矩二次分配计算过程

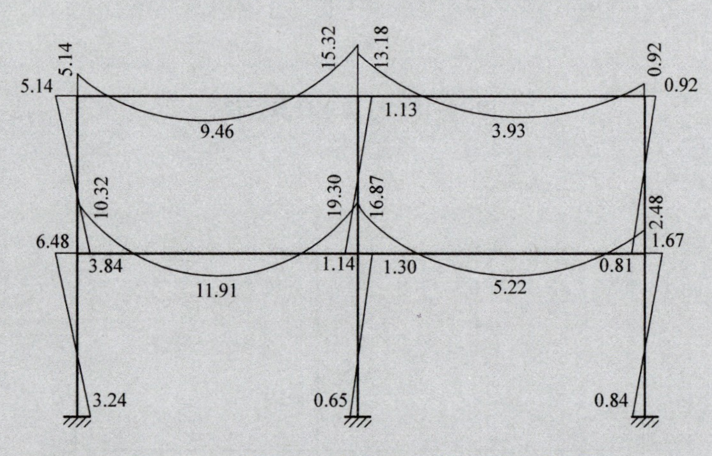

图10-21　【例10-1】弯矩二次分配法弯矩图

【例10-2】　某框架结构及所受的风荷载如图10-22所示，其中杆件旁的数字为相应杆的线刚度 i（单位为 $10^{-4}Em^3$，其中 E 为混凝土弹性模量）。试用 D 值法求解该框架的弯矩并作弯矩图。

【解】（1）求顶层各柱的抗侧刚度 D 值

1）左1柱：$\overline{K}=\dfrac{8.6+8.6}{2\times7.5}=1.147$

$$\alpha=\frac{1.147}{2+1.147}=0.3644$$

$$D=0.3644\times\frac{12\times7.5\times10^{-4}Em^3}{(3.2m)^2}=3.203\times10^{-4}Em$$

2）左2柱：$\overline{K}=\dfrac{8.6+10.8+8.6+10.8}{2\times7.5}$

$=2.587$

$\alpha=\dfrac{2.587}{2+2.587}=0.5640$

$D=0.5640\times\dfrac{12\times7.5\times10^{-4}E\,m^3}{(3.2m)^2}$

$=4.957\times10^{-4}Em$

3）顶层抗侧刚度 D 值总和：

$\sum D=2\times(3.203+4.957)\times10^{-4}Em$

$=16.320\times10^{-4}Em$

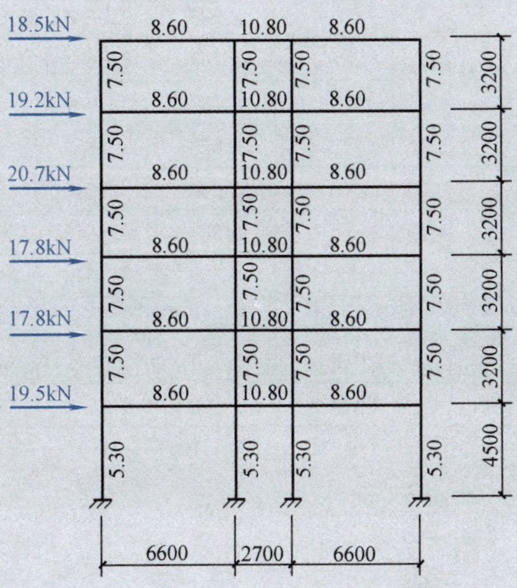

图10-22　【例10-2】框架简图与荷载

（2）求顶层各柱分配到的剪力

1）左1柱：$\dfrac{D}{\sum D}=\dfrac{3.203}{16.320}=0.1963$

$V_{61}=\dfrac{D}{\sum D}V_6=0.1963\times18.5kN=3.631kN$

2）左2柱：$\dfrac{D}{\sum D}=\dfrac{4.957}{16.320}=0.3037$

$$V_{62}=\frac{D}{\sum D}V_6=0.3037\times18.5kN=5.619kN$$

（3）求各层各柱的反弯点高度及柱端弯矩

各柱因上、下层梁的线刚度及层高（除底层外）均无变化，可知各柱的上、下层横梁线刚度之比对反弯点高度的修正值 y_1 均为零，且上层的层高变化对反弯点高度的修正值 y_2（除底层外）均为零，下层的层高变化对反弯点高度的修正值 y_3（除二层外）也均为零。

1）左1柱：由附表15查得 $y_0=0.3574$，$y=y_0$，从而有

$$M_{cu1}=3.631\times3.2\times(1-0.3574)kN\cdot m=7.47kN\cdot m$$

$$M_{cl1}=3.631\times3.2\times0.3574kN\cdot m=4.15kN\cdot m$$

2）左2柱：由附表15查得 $y_0=0.4294$，$y=y_0$，从而有

$$M_{cu2}=5.619\times3.2\times(1-0.4294)kN\cdot m=10.26kN\cdot m$$

$$M_{cl2}=5.619\times3.2\times0.4294kN\cdot m=7.72kN\cdot m$$

其余各层参照此步骤进行，注意底层柱的 $\overline{K}$ 和 α 计算公式不同，各计算数值详见表10-4。

表 10-4　【例 10-2】框架的 D 值法求解

柱	楼层	楼层剪力 V_i/kN	$\overline{K}$	α	$D(\times 10^{-4}E)$	$D/\sum D$	V_{ij}/kN	Y	M_{cu}/(kN·m)	M_{cl}/(kN·m)
左边第1根柱	6	18.5	1.147	0.3644	3.203	0.1963	3.63	0.3574	7.47	4.15
	5	37.7	1.147	0.3644	3.203	0.1963	7.40	0.4074	14.03	9.65
	4	58.4	1.147	0.3644	3.203	0.1963	11.46	0.4500	20.18	16.51
	3	76.2	1.147	0.3644	3.203	0.1963	14.96	0.4574	25.97	21.89
	2	94.0	1.147	0.3644	3.203	0.1963	18.45	0.5000	29.52	29.52
	1	113.5	1.623	0.5859	1.840	0.2220	25.20	0.5877	46.75	66.65
左边第2根柱	6	18.5	2.587	0.5640	4.957	0.3037	5.62	0.4294	10.26	7.72
	5	37.7	2.587	0.5640	4.957	0.3037	11.45	0.4500	20.15	16.49
	4	58.4	2.587	0.5640	4.957	0.3037	17.74	0.4794	29.55	27.21
	3	76.2	2.587	0.5640	4.957	0.3037	23.14	0.5000	37.03	37.03
	2	94.0	2.587	0.5640	4.957	0.3037	28.55	0.5000	45.68	45.68
	1	113.5	3.660	0.7350	2.308	0.2780	31.55	0.5500	63.89	78.09

（4）由节点平衡求梁端弯矩

将节点处的柱端弯矩之和反号按左、右梁的线刚度之比进行分配，即可得到水平荷载作用下的梁端弯矩。计算过程略，计算结果如图 10-23 所示。

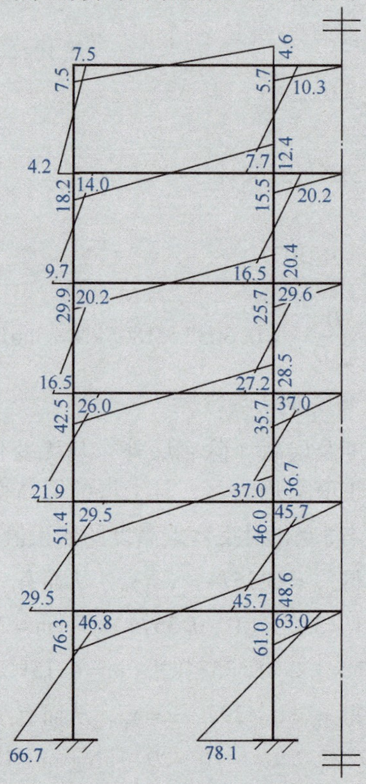

图 10-23　框架弯矩图

（未示出与其反对称部分的弯矩图）

10.4　多层框架内力组合

10.4.1　控制截面及其最不利内力

框架柱的弯矩、轴力和剪力一般沿柱高呈线性变化，因此可取各层柱的上、下端截面作为控制截面。

框架梁在水平力和竖向荷载共同作用下，剪力沿梁的轴线呈线性变化，弯矩一般呈抛物线形变化，因此除取梁的两端为控制截面以外，还应在跨间取最大正弯矩的截面为控制截面。

还应注意在截面配筋计算时，宜采用构件端部截面的内力，而不是轴线节点处的内力，即求得的梁端内力在进行截面设计时，可考虑柱宽的影响。具体做法同梁板结构。

多层框架结构在不考虑地震作用时，梁、柱的最不利内力组合为

1）梁端截面：$-M_{max}$、V_{max}。

2）梁跨内截面：$+M_{max}$；若水平荷载引起的梁端弯矩不大，可简化近似取跨中截面。

3）柱端截面：$|M|_{max}$及相应的N、V；N_{max}及相应的M、V；N_{min}及相应的M、V。

10.4.2　荷载效应组合

框架结构设计应根据使用过程中在结构上可能同时出现的荷载，按承载能力极限状态和正常使用极限状态分别进行荷载组合，并取各自的最不利的组合进行设计。

截面设计时，多层框架的非地震作用组合通常考虑以下几种情况：

1.3恒+1.5活（不考虑风荷载时）

1.3恒+1.5活+1.5×0.6风

1.3恒+1.5×0.7活+1.5风

10.4.3　竖向活荷载最不利布置的影响

考虑活荷载最不利布置影响的方法有分跨计算组合法、最不利荷载位置法、分层组合法和满布荷载法等，因前三种方法的分析过程较麻烦，故在多高层框架结构内力分析中常用的方法为满布荷载法。

满布荷载法认为，当活荷载产生的内力远小于恒荷载及水平力所产生的内力时，可不考虑活荷载的最不利布置，而把活荷载同时作用于所有的框架梁上，这样求得的内力在支座处与按最不利荷载位置法求得的内力极为相近，可直接进行内力组合。但求得的梁跨中弯矩却比最不利荷载位置法的计算结果要小，因此对梁跨中弯矩应乘以1.1~1.2的系数予以增大。

10.4.4　梁端弯矩调幅

按照框架结构的合理破坏形式，在梁端出现塑性铰是允许的，为了便于浇筑混凝土，一般也希望减少节点处梁的上部钢筋；而对于装配式或装配整体式框架，节点并非绝对刚性，梁端实际弯矩将小于其弹性计算值，因此在进行框架结构设计时，一般均对梁端弯矩进行调幅，即人为地减小梁端负弯矩，以减少节点附近梁的上部钢筋。

弯矩调幅的方法见本书9.2节。弯矩调幅系数，对于现浇框架，可取0.8~0.9；对于装配整体式框架，由于框架梁端的实际弯矩比弹性计算值要小，弯矩调幅系数允许取得低一些，一

般取0.7～0.8。

应保证调幅后，支座及跨中控制截面的弯矩值均不小于M_0的1/3。M_0为按简支梁计算的跨中弯矩设计值，如图10-24所示。

梁端弯矩调幅将增大梁的裂缝宽度及变形，故对裂缝宽度及变形控制较严格的结构不应进行弯矩调幅。

必须指出，弯矩调幅只对竖向荷载作用下的内力进行，即水平荷载作用产生的弯矩不参加调幅，因此弯矩调幅应在内力组合之前进行。

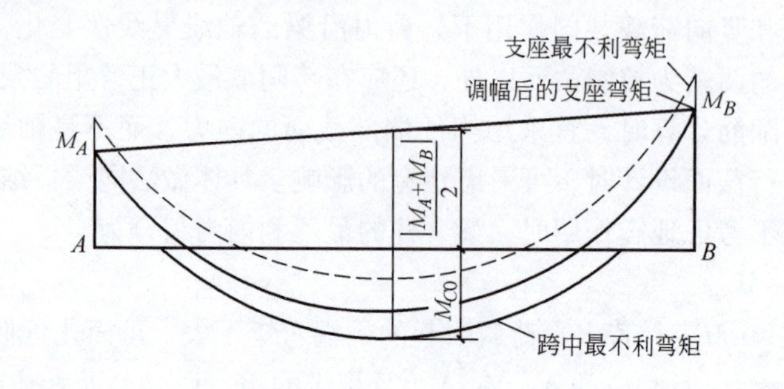

图10-24　支座弯矩调幅

10.5　框架结构构件设计

对无抗震设防要求的框架，按照上述方法得到控制截面的基本组合内力后，可进行梁、柱截面设计。对框架梁来说，需按照受弯构件进行截面承载力设计和正常使用极限状态的挠度和裂缝宽度验算；对框架柱来说，需按照偏心受压构件考虑二阶效应的不利影响进行截面的承载力计算以及必要的裂缝宽度验算。构件截面承载力设计完成后，应进行梁柱节点设计，确保结构的整体性及受力性能。

10.5.1　柱的计算长度

无侧移框架是指具有非轻质隔墙等的抗侧力体系，使框架几乎不承受侧向力而主要承担竖向荷载。因结构侧移很小，故结构的重力二阶效应可忽略不计。具有非轻质隔墙的多层框架结构，当为三跨及三跨以上或为两跨且房屋的总宽度不小于房屋总高度的1/3时，可视为无侧移框架。

有侧移框架指主要侧向力由框架本身承担。这类框架包括无任何墙体的空框架结构，或墙体可能拆除的框架结构；填充墙为轻质墙体的框架；仅在一侧设有刚性山墙，其余部分无抗侧刚性墙；刚性隔墙之间距离过大（如现浇楼盖房屋中，大于3倍的房屋宽度；装配式楼盖房屋中，大于2.5倍的房屋宽度）的框架。

《规范》规定，这类框架结构的$P-\Delta$效应采用简化计算，不再采用$\eta-l_0$法，而采用层增大系数法。当采用增大系数法近似计算结构因侧移产生的二阶效应（$P-\Delta$效应）时，应对未考虑$P-\Delta$效应的一阶弹性分析所得的柱端弯矩、梁端弯矩及层间位移分别乘以增大系数η_s，因此进行框架结构的$P-\Delta$效应计算时，不再需要计算框架柱的计算长度l_0。

以下给出的计算长度l_0主要用于计算轴心受压框架柱稳定系数φ，以及计算偏心受压构件裂缝宽度的偏心距增大系数。

无侧移框架：现浇楼盖为 $l_0=0.7H$；装配式楼盖为 $l_0=1.0H$。

一般多层房屋中的梁、柱为刚接的框架结构，各层柱的计算长度 l_0 可按表 10-5 取用。

表 10-5　框架结构各层柱的计算长度 l_0

楼盖类型	柱的类别	l_0
现浇楼盖	底层柱	$1.0H$
	其余各层柱	$1.25H$
装配式楼盖	底层柱	$1.25H$
	其余各层柱	$1.5H$

注：表中 H 为底层柱从基础顶面到一层楼盖顶面的高度；对其余各层柱为上、下层楼盖顶面之间的高度。

10.5.2　框架节点的构造要求

节点设计是框架结构设计中极重要的一环。因节点失效后果严重，故节点的重要性大于一般构件。节点设计应保证整个框架结构安全可靠、经济合理且便于施工。在非地震区，框架节点的承载能力一般通过采取适当的构造措施来保证。

1. 一般要求

（1）混凝土强度　框架节点区的混凝土强度等级，应不低于柱子的混凝土强度等级。

（2）箍筋　在框架节点范围内应设置水平箍筋，间距不宜大于 250mm，并应符合柱中箍筋的构造要求。当顶层端节点内设有梁上部纵筋和柱外侧纵筋的搭接接头时，节点内水平箍筋的布置应依照纵筋搭接范围内箍筋的布置要求确定。

（3）截面尺寸　如节点截面过小，梁、柱负弯矩钢筋的配置数量过高时，以承受静力荷载为主的顶层端节点将由于核心区斜压杆机构中压力过大而发生核心区混凝土的斜向压碎，因此对梁上部纵筋的截面面积应加以限制，这也相当于限制节点的截面尺寸不能过小。《规范》规定，在框架顶层端节点处，计算所需梁上部钢筋的截面面积 A_s 应满足下式要求

$$A_s \leqslant \frac{0.35\beta_c f_c b_b h_{b0}}{f_y} \tag{10-19}$$

式中　b_b——梁腹板的宽度；

h_{b0}——梁截面的有效高度。

2. 梁、柱节点纵筋构造要求

（1）中间层中节点　梁的上部纵向钢筋应贯穿节点或支座，梁的下部纵向钢筋宜贯穿节点或支座。当钢筋必须锚固时，应符合下列锚固要求：当计算中不利用该钢筋的强度时，其伸入节点或支座的锚固长度，对带肋钢筋不小于 $12d$，对光面钢筋不小于 $15d$，d 为钢筋的最大直径；当计算中充分利用钢筋的抗压强度时，钢筋应按受压钢筋锚固在中间节点或中间支座内，其直线锚固长度不应小于 $0.7l_a$；当计算中充分利用钢筋的抗拉强度时，钢筋可采用直线方式锚固在节点或支座内，锚固长度不应小于钢筋的受拉锚固长度 l_a（图 10-25a）；当柱的截面尺寸不足时，宜采用钢筋端部加锚头的机械锚固措施，也可采用 90°弯折锚固的方式；钢筋可在节点或支座外梁中的弯矩较小处设置搭接接头，搭接长度的起始点至节点或支座边缘的距离不应小于 $1.5h_0$（图 10-25b）。

（2）中间层端节点　框架中间层端节点梁上部纵向钢筋的锚固：当采用直线锚固形式时，框架梁的上部纵向钢筋可用直线方式锚入节点，锚固长度不小于 l_a，且伸过柱中心线不应小于 $5d$；当柱的截面尺寸不满足直线锚固要求时，梁的上部纵向钢筋可采用钢筋端部加机械锚头的

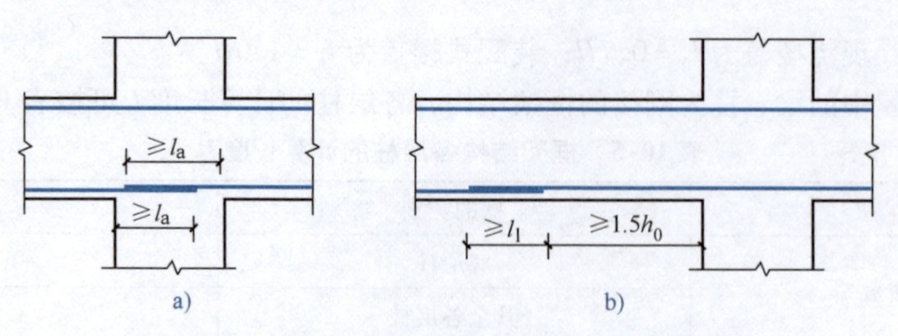

图 10-25　框架中间层中节点梁纵向钢筋的锚固

a）节点中的直线锚固　b）节点范围外的搭接

锚固方式。梁的上部纵向钢筋宜伸至柱外侧纵向钢筋的内边，包括机械锚头在内的水平投影锚固长度不应小于 $0.4l_{ab}$，如图 10-26a 所示；梁的上部纵向钢筋也可采用90°弯折锚固的方式，此时梁的上部纵向钢筋应伸至柱外侧纵向钢筋的内边并向节点内弯折，其包括弯弧在内的水平投影长度不应小于 $0.4l_{ab}$，弯折钢筋在弯折平面内包括弯弧段的投影长度不应小于 $15d$（图 10-26b）。梁下部纵向钢筋在端节点的锚固要求与中间节点相同。

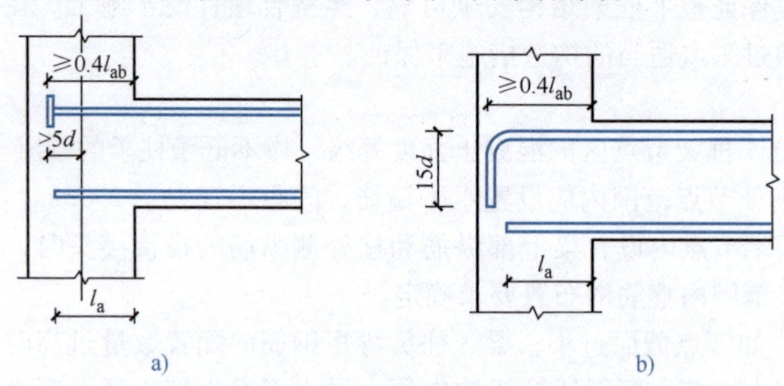

图 10-26　框架中间层端节点梁纵向钢筋的锚固

a）钢筋端部加锚头锚固　b）钢筋末端 90°弯折锚固

框架柱的纵筋应贯穿中间层的中节点和端节点。柱纵筋的接头位置应设置在节点之外，尽量选择在层高中间等弯矩较小的区域。

（3）顶层中节点　顶层柱的纵筋应在节点内锚固。柱的纵向钢筋应伸至柱顶，且自梁底算起的锚固长度不小于 l_a；当截面尺寸不满足直线锚固要求时，可采用90°弯折锚固的方式，此时包括弯弧在内的钢筋垂直投影锚固长度不应小于 $0.5l_{ab}$，在弯折平面内包括弯弧段的水平投影长度不宜小于 $12d$（图 10-27a）。当截面尺寸不足时，也可采用带锚头的机械锚固措施，此时包含锚头在内的竖向锚固长度不应小于 $0.5l_{ab}$（图 10-27b）。当柱顶有现浇楼板且板厚不小于 100mm 时，柱的纵向钢筋也可向外弯折，弯折后的水平投影长度不宜小于 $12d$。

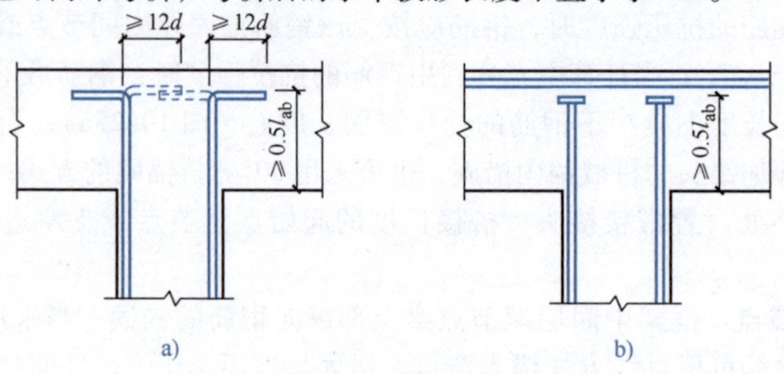

图 10-27　顶层中节点柱纵向钢筋的锚固

(4) 顶层端节点　框架顶层端节点最好是将柱的外侧纵向钢筋弯入梁内作为梁的上部纵筋使用（因为该做法施工方便），也可将梁的上部纵向钢筋和柱的外侧纵向钢筋在顶层端节点及其临近部位搭接，如图10-28所示。注意，顶层端节点的梁、柱外侧纵筋不是在节点内锚固，而是在节点处搭接，因为在该节点处梁、柱的弯矩相同。梁的上部纵向钢筋与柱的外侧纵向钢筋在节点及附近部位搭接可采用下列方式：

1）搭接接头可沿顶层端节点外侧及梁端顶部布置，搭接长度不应小于$1.5l_{ab}$（图10-28a）。其中，伸入梁内的柱外侧钢筋截面面积不宜小于其全部截面面积的65%；梁宽范围以外的柱外侧钢筋宜沿节点顶部伸至柱的内边锚固。当柱的外侧纵向钢筋位于柱顶第一层时，钢筋伸至柱的内边后宜向下弯折不小于$8d$后截断，d为柱纵向钢筋的直径；当柱的外侧纵向钢筋位于柱顶第二层时，可不向下弯折。当现浇板厚度不小于100mm时，梁宽范围以外的柱外侧纵向钢筋也可伸入现浇板内，其长度与伸入梁内的柱纵向钢筋相同。当柱外侧纵向钢筋的配筋率大于1.2%时，伸入梁内的纵向钢筋应满足$1.5l_{ab}$的搭接长度要求且宜分两批截断，截断点之间的距离不宜小于$20d$，d为柱外侧纵向钢筋的直径。梁的上部纵向钢筋应伸至节点外侧并向下弯至梁下边缘高度位置截断。

2）纵向钢筋的搭接接头也可沿节点柱顶外侧呈直线布置（图10-28b），此时搭接长度自柱顶算起不应小于$1.7l_{ab}$。当梁上部纵向钢筋的配筋率大于1.2%时，弯入柱外侧的梁上部纵向钢筋应满足$1.5l_{ab}$的搭接长度，且宜分两批截断，其截断点之间的距离不宜小于$20d$，d为梁上部纵向钢筋的直径。

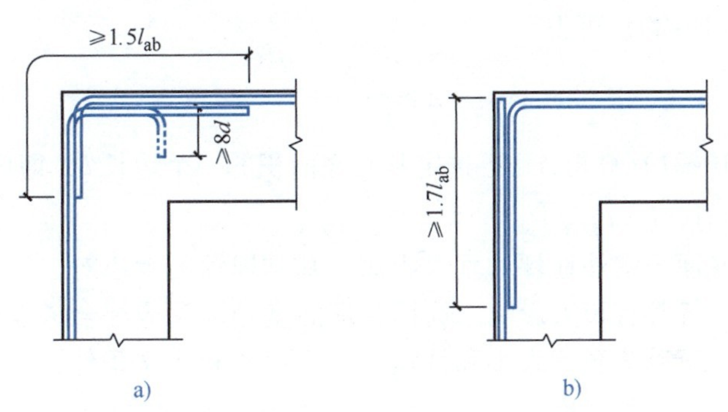

图10-28　梁的上部纵向钢筋与柱的外侧纵向钢筋在顶层端节点的搭接

a）搭接接头沿顶层端节点外侧和梁端顶部布置　b）搭接接头沿节点外侧的直线布置

当梁的截面高度较大，梁、柱的纵向钢筋相对较小，从梁底算起的直线搭接长度未延伸至柱顶即已满足$1.5l_{ab}$的要求时，应将搭接长度延伸至柱顶并满足搭接长度$1.7l_{ab}$的要求；或者自梁底算起的弯折搭接长度未延伸至柱的内侧边缘即已满足$1.5l_{ab}$的要求时，其弯折后包括弯弧在内的水平段长度不应小于$15d$，d为柱纵向钢筋的直径。

柱内侧纵向钢筋的锚固应符合顶层中节点的规定。

10.6　框架结构柱下基础

框架结构的基础形式一般有柱下独立基础、条形基础、十字形基础、筏形基础，必要时也可采用箱形基础或桩基等。本章仅介绍柱下独立基础的设计方法。柱下独立基础有阶梯形和锥形两类。其中，锥形基础施工较方便，而阶梯形基础较节省混凝土。

柱下独立基础设计的主要内容为：按地基承载力确定基础底面尺寸；按受冲切承载力确定基础高度和变阶处的高度；按基础受弯承载力计算底板钢筋；构造处理及绘制施工图等。

10.6.1 确定基础底面尺寸

因柱下独立基础的底面积一般不太大，故假定基础下地基土的反力为线性分布。

1. 轴心受压柱下基础

轴心受压柱下基础的基底反力为均匀分布，如图 10-29 所示。

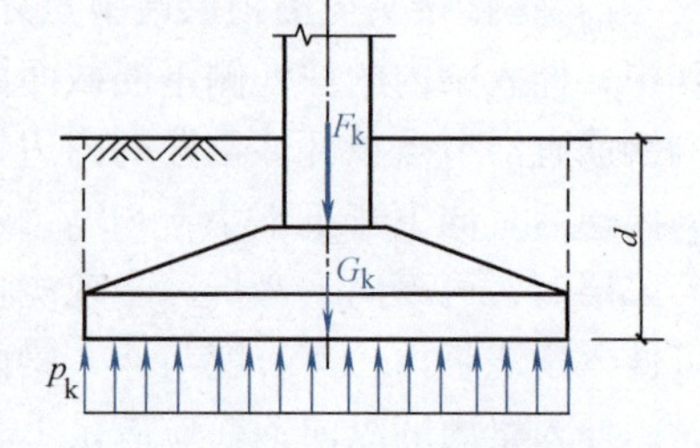

图 10-29 轴心受压基础计算简图

设计时应满足下式要求

$$p_k = \frac{F_k + G_k}{A} \leqslant f_a \tag{10-20}$$

式中 F_k——上部结构传至基础顶面的轴力标准值，即框架内力组合中，柱底截面轴力的标准组合；

G_k——基础自重及基础上方土重的标准值；

A——基础底面面积；

f_a——修正后的地基承载力特征值，按《建筑地基基础设计规范》（GB 50007—2011）规定采用。

设 d 为基础埋深，并设基础及其上土的重度的平均值为 γ_m（通常可近似取 $\gamma_m = 20\text{kN/m}^3$），则 $G_k \approx \gamma_m dA$ 代入式（10-20）可得

$$A \geqslant \frac{F_k}{f_a - \gamma_m d} \tag{10-21}$$

设计时先按式（10-21）算得 A，再选定基础底面积的一个边长 b，即可求得另一边长 $l = A/b$，当采用正方形基础时，$b = l = \sqrt{A}$。

基础埋深为基础底面至室外地坪的垂直距离。基础埋深的大小对工程造价、施工技术、施工工期及建筑物的安全等都有较大影响。选择合理的基础埋深应综合考虑以下几个条件：建筑物的用途及基础构造；基础荷载的大小和性质；工程地质和水文条件；相邻建筑物的影响；地基冻胀性的影响等。

对于安全等级为一级的建筑物及特殊情况下的二级建筑物，基础底面尺寸除根据上述地基承载力确定外，还须经地基变形验算后最终确定。

2. 偏心受压柱下基础

当偏心荷载作用下基础底面全截面受压时，假定基础底面的地基反力按线性非均匀分布（图 10-30a），这时基础底面边缘的最大和最小反力可按下式计算

$$p_{k\min}^{\max} = \frac{F_k + G_k}{A} \pm \frac{M_k}{W} \tag{10-22}$$

式中 M_k——作用于基础底面的弯矩标准值，图示 $M_k = M_{ck} + V_{ck}h$；

W——基础底面的二次矩，$W = lb^2/6$。

令 $e = M_k/(F_k + G_k)$，并将 $W = lb^2/6$ 代入式（10-22）可得

$$p_{k\min}^{\max} = \frac{F_k + G_k}{A}\left(1 \pm \frac{6e}{b}\right) \tag{10-23}$$

由式（10-23）可知，当 $e < b/6$ 时，地基反力的图形为梯形，如图 10-30a 所示；当 $e = b/6$ 时，$p_{k\min} = 0$，地基反力的图形为三角形，如图 10-30b 所示；当 $e > b/6$ 时，基底非全截面受力，

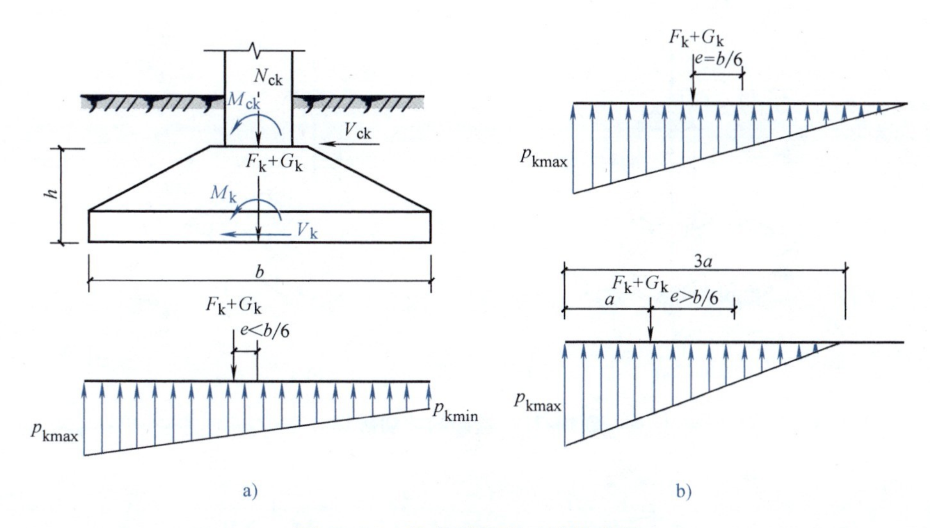

图 10-30　偏心受压基础计算简图

部分为零应力区，即承受地基反力的基础底面积不是 bl 而是 $3al$，因此 p_{kmax} 应按下式计算

$$p_{\mathrm{kmax}}=\frac{2(F_{\mathrm{k}}+G_{\mathrm{k}})}{3al} \tag{10-24}$$

$$a=\frac{b}{2}-e \tag{10-25}$$

式中　a——合力（$F_{\mathrm{k}}+G_{\mathrm{k}}$）作用点至基础底面最大反力边缘的距离；

l——垂直于力矩作用方向的基础底面边长。

在确定偏心受压柱下基础的底面尺寸时，应符合下列要求

$$p_{\mathrm{k}}=\frac{p_{\mathrm{kmax}}+p_{\mathrm{kmin}}}{2}\leqslant f_{\mathrm{a}} \tag{10-26}$$

$$p_{\mathrm{k}}\leqslant 1.2f_{\mathrm{a}} \tag{10-27}$$

确定偏心受压基础的底面尺寸一般采用试算法：先按轴心受压基础所需的底面积增大约20%，初步选定长、短边尺寸；然后验算是否符合式（10-26）和式（10-27）的要求。如不符合，则需另行假定尺寸重算，直至满足。

10.6.2　确定基础高度

基础高度应满足有关的构造要求，同时还应满足柱与基础的交接处混凝土受冲切承载力的要求（对于阶梯形基础，还应按相同原则对变阶处的高度进行验算）。

试验结果表明，当基础高度（或变阶处高度）不够时，柱传给基础的荷载将使基础发生冲切破坏（图 10-31a），即沿柱边大致成 45°方向的截面被拉开而形成图 10-31b 所示的角锥体破坏。为了防止冲切破坏，必须使冲切面外的地基反力所产生的冲切力 F_l，小于或等于冲切面处混凝土的受冲切承载力。

对矩形截面柱的阶梯形基础，在柱与基础的交接处及基础变阶处的受冲切承载力可按下列公式计算（图 10-32）。

$$F_l\leqslant 0.7\beta_{\mathrm{h}}f_{\mathrm{t}}b_{\mathrm{m}}h_0 \tag{10-28}$$

$$F_l=p_{\mathrm{j}}A_l \tag{10-29}$$

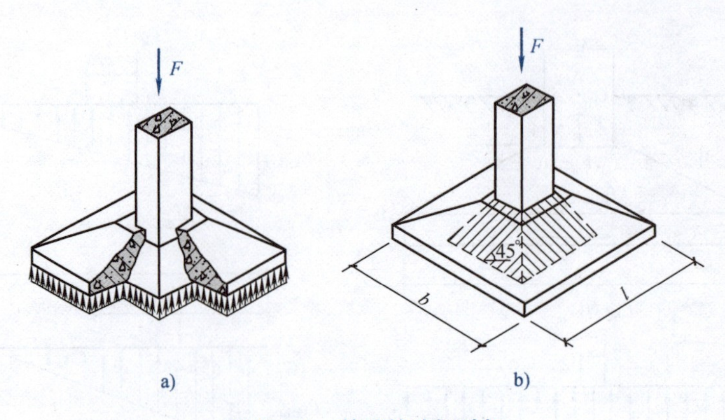

图 10-31　基础的冲切破坏

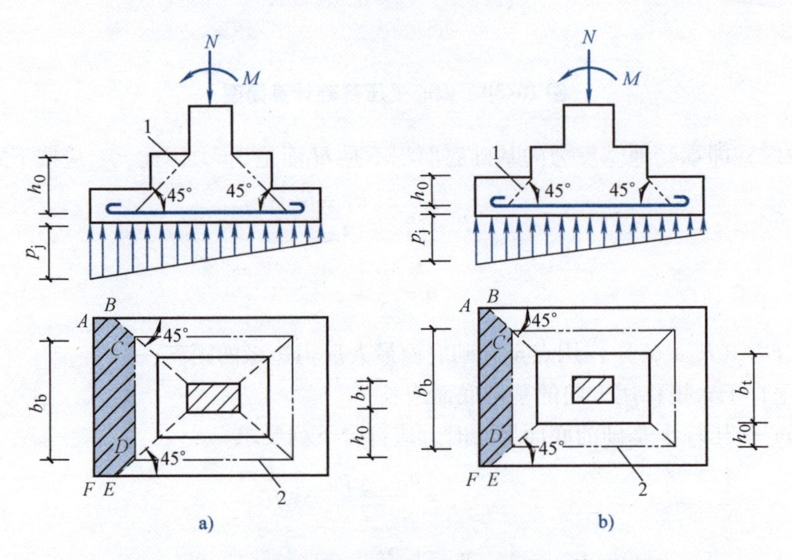

图 10-32　计算阶梯形基础的受冲切承载力截面位置

a）柱与基础的交接处　b）基础变阶处

1—冲切破坏锥体最不利一侧的斜截面　2—冲切破坏锥体的底面线

$$b_{\mathrm{m}}=\frac{b_{\mathrm{t}}+b_{\mathrm{b}}}{2} \tag{10-30}$$

式中　b_{t}——冲切破坏锥体最不利一侧斜截面的上边长，当计算柱与基础的交接处的受冲切承载力时，取柱宽，当计算基础变阶处的受冲切承载力时，取上阶宽；

b_{b}——冲切破坏锥体最不利一侧斜截面的下边长；当计算柱与基础的交接处时，取柱宽加2倍的基础有效高度；当计算变阶处时，取上阶宽加2倍的该处基础有效高度（$b_{\mathrm{b}}=b_{\mathrm{t}}+2h_0$）；

b_{m}——冲切破坏锥体斜截面的平均边长；

h_0——基础冲切破坏锥体的有效高度，可取两个配筋方向截面有效高度的平均值；

f_{t}——混凝土抗拉强度设计值；

β_{h}——截面高度影响系数，$h\leqslant800\mathrm{mm}$ 时取1.0，$h\geqslant2000\mathrm{mm}$ 时取0.9，其间按线性内插法取值；

A_l——考虑冲切荷载时取用的多边形面积，如图10-32中所示的阴影面积 $ABCDEF$；

p_j——扣除基础自重及其上土重后相应于荷载效应基本组合时的地基土单位面积净反力，当为偏心荷载时可取为最大地基反力设计值。

设计时，一般是根据构造要求先假定基础高度，然后按式（10-28）验算。如不满足，则将基础高度加大后再重新验算，直至满足。当基础底面落在 45°线（即冲切破坏锥体）以内时，可不进行受冲切验算。对基础底面短边尺寸小于或等于柱宽加 2 倍基础有效高度的柱下独立基础，还应验算柱与基础交接处的基础受剪切承载力。

10.6.3　计算底板受力钢筋

在计算基底反力时，应计入基础及基础上方土的自重，但是在计算基础底板受力钢筋时，由于这部分地基土反力的合力与基础及其上方土的自重相抵消，故此时基底反力不应计入基础及其上方土的自重，应以地基净反力 p_j 来计算底板钢筋。

基础底板在地基净反力的作用下，在两个方向都将产生向上的弯曲，因此需在底板两个方向都配置受力钢筋。配筋计算的控制截面一般取在柱与基础的交接处或变阶处（对阶梯形基础），计算弯矩时，把基础视作固定在柱周边变阶处的四面挑出的悬臂板，两个方向的弯矩分别计算，如图 10-33 所示。

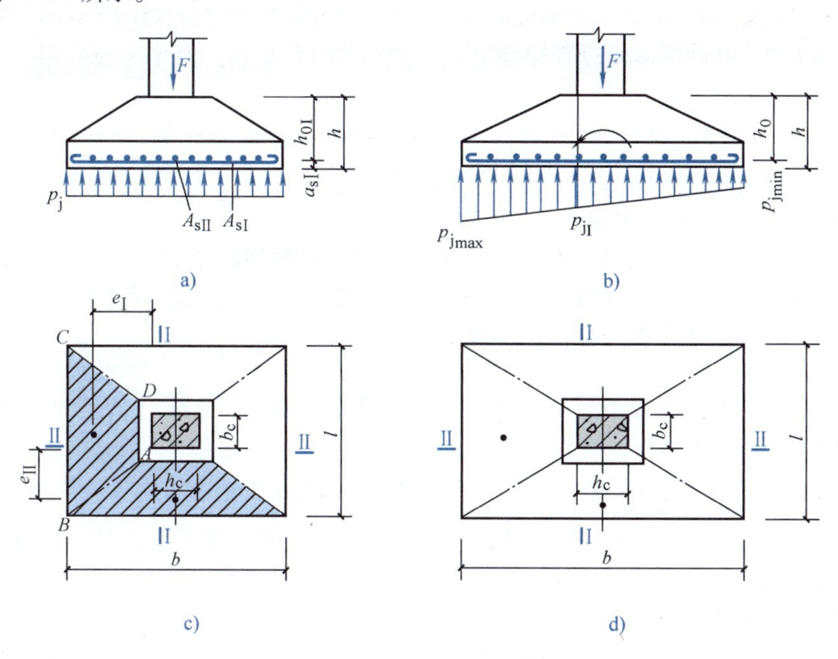

图 10-33　矩形基础底板计算简图

a)、c）轴心受压　b)、d）偏心受压

基础沿长边 b 方向的截面 I - I 处的弯矩 M_{I} 等于作用在梯形面积 $ABCD$ 上的地基净反力 p_j 的合力与该面积形心到柱边截面的距离相乘之积，由图 10-33a 可得

$$M_{\mathrm{I}}=\frac{1}{12}a_1^2[p_{\mathrm{jmax}}+p_{\mathrm{jI}}(2l+b_c)+(p_{\mathrm{jmax}}-p_{\mathrm{jI}})]\tag{10-31}$$

式中，a_1 为基础边到计算截面柱边的距离，沿长边 b 方向的受拉钢筋截面面积 $A_{s\mathrm{I}}$ 可近似按下式计算

$$A_{s\mathrm{I}}=\frac{M_{\mathrm{I}}}{0.9f_yh_{0\mathrm{I}}} \tag{10-32}$$

式中 $h_{0\mathrm{I}}$——截面Ⅰ-Ⅰ的有效高度，$h_{0\mathrm{I}}=h-a_{s\mathrm{I}}$。

同理，沿短边 l 方向，对柱边截面Ⅱ·Ⅱ的弯矩 M_{II} 为

$$M_{\mathrm{II}}=\frac{1}{48}(l-b_c)^2(p_{\mathrm{jmax}}+p_{\mathrm{jmin}})(2b+h_c) \tag{10-33}$$

沿短边方向的钢筋一般置于沿长边钢筋的上面，如果两个方向的钢筋直径均为 d，则截面Ⅱ-Ⅱ的有效高度 $h_{0\mathrm{II}}=h_{0\mathrm{I}}-d$，于是沿短边方向的钢筋截面面积 $A_{s\mathrm{II}}$ 为

$$A_{s\mathrm{II}}=\frac{M_{\mathrm{II}}}{0.9f_yh_{0\mathrm{II}}} \tag{10-34}$$

对于轴心受压基础，上述公式中 p_{jmax}，p_{jI}，p_{jmin} 均相同（图10-33b）。

10.6.4 柱下独立基础的构造要求

轴心受压基础的底面一般采用正方形。偏心受压基础的底面应采用矩形，长边与弯矩作用方向平行。长、短边长的比值在1.5~2.0之间，不应超过3.0。

锥形基础的边缘高度不宜小于200mm；阶形基础的每阶高度宜为300~500mm。混凝土强度等级不应低于C20。基础下通常设素混凝土（一般为C10）垫层，厚度一般采用100mm，垫层每边各伸出基础底板100mm。

底板受力钢筋一般采用HRB335级、HRB400级或HPB300级钢筋，其最小直径不宜小于10mm；间距不宜大于200mm，也不宜小于100mm。当有垫层时，受力钢筋的保护层厚度不宜小于40mm，无垫层时不宜小于70mm。

基础底板的边长大于或等于2.5m时，沿此方向的钢筋长度可取边长的0.9倍，并宜交错布置。

对于现浇柱基础，其插筋的数量、直径及钢筋种类应与柱内的纵筋相同。插筋的锚固及与柱的纵筋的连接方法，应符合《规范》的规定。

【例10-3】 独立基础计算。已知：某现浇钢筋混凝土框架柱的截面为500mm×500mm，采用柱下独立基础；柱底内力设计值 $N_c=1600\mathrm{kN}$，$M_c=205\mathrm{kN\cdot m}$，$V_c=26\mathrm{kN}$；柱底内力标准值 $N_{ck}=1230\mathrm{kN}$，$M_{ck}=158\mathrm{kN\cdot m}$，$V_{ck}=20\mathrm{kN}$；修正后的地基承载力特征值 $f_a=240\mathrm{kN/mm^2}$，基础埋深1.8m，基础混凝土强度等级采用C30，垫层采用100mm厚C15素混凝土；钢筋采用HRB400级。试设计该锥形基础。

【解】 （1）确定基础底面尺寸

1）《建筑地基基础设计规范》（GB 50007—2011）规定，确定基础底面积应取用标准组合。先按轴心受压估算，$d=1.8\mathrm{m}$，基础与上部覆土重度按 $20\mathrm{kN/m^3}$ 计算：

$$A\geqslant\frac{N_{ck}}{f_a-\gamma_m d}=\frac{1230}{240-20\times1.8}\mathrm{m^2}=6.03\mathrm{m^2}$$

考虑弯矩影响，将其增大20%~40%，初步选用底面尺寸为 $b=3.0\mathrm{m}$，$l=2.3\mathrm{m}$。

$$W=\frac{lb^2}{6}=\frac{2.3\times3^2}{6}\mathrm{m^3}=3.45\mathrm{m^3}$$

$$G_k=\gamma_m bld=20\times3.0\times2.3\times1.8\mathrm{kN}=248.4\mathrm{kN}$$

2）基础边缘的最大和最小压力为（基础高度 h 暂定为600mm）：

$$p_{kmax}=\frac{N_{ck}+G_k}{bl}+\frac{M_{ck}+V_{ck}h}{W}$$
$$=\left(\frac{1230+248.4}{2.3\times3.0}+\frac{158+20\times0.6}{3.45}\right)kN/m^2$$
$$=(214.3+49.3)\ kN/m^2$$
$$=263.6kN/m^2$$
$$p_{kmin}=\frac{N_{ck}+G_k}{bl}-\frac{M_{ck}+V_{ck}h}{W}$$
$$=(214.3-49.3)kN/m^2$$
$$=165.0kN/m^2$$

3）校核地基承载力：

$$p_{kmax}=263.6kN/m^2<1.2f_a=288kN/m^2$$
$$\frac{p_{kmax}+p_{kmin}}{2}=214.3kN/m^2<f_a=240kN/m^2$$

故基底尺寸满足要求。

（2）验算基础高度（应采用基本组合）

1）地基净反力计算：

$$p_{j,max}=\frac{N_c}{bl}+\frac{M_c+V_ch}{W}$$
$$=\left(\frac{1600}{2.3\times3.0}+\frac{205+26\times0.6}{3.45}\right)kN/m^2$$
$$=(231.88+63.94)\ kN/m^2$$
$$=295.82kN/m^2$$
$$p_{j,min}=\frac{N_c}{bl}-\frac{M_c+V_ch}{W}$$
$$=(231.88-63.94)\ kN/m^2$$
$$=167.94kN/m^2$$

2）验算柱对基础的冲切承载力：

冲切锥体的有效高度为 $h_0=560mm$；冲切锥体的最不利一侧斜截面上边长和下边长分别为

$$b_t=500mm$$
$$b_b=500mm+2\times560mm=1620mm$$

则

$$b_m=\frac{b_t+b_b}{2}=1.06m$$

考虑冲切荷载时取用的多边形面积 A 为：

$$A=\left[\left(\frac{b}{2}-\frac{h_c}{2}-h_0\right)l-\left(\frac{l}{2}-\frac{b_c}{2}-h_0\right)^2\right]$$
$$=\left[\left(\frac{3.0}{2}-\frac{0.5}{2}-0.56\right)\times2.3-\left(\frac{2.3}{2}-\frac{0.5}{2}-0.56\right)^2\right]m^2$$
$$=1.47m^2$$

冲切力为

$$F_l = p_j A = p_{j,\max} A = (295.82 \times 1.47)\text{kN} = 434.85\text{kN}$$

抗冲切力为

$$0.7\beta_h f_t b_m h_0 = (0.7 \times 1.0 \times 1.43 \times 1.06 \times 0.56 \times 1000)\text{kN}$$
$$= 594.2\text{kN} > F_l = 434.85\text{kN}$$

故该基础高度满足受冲切承载力要求。

（3）基础底板配筋计算

1）沿基础长边方向，对柱边截面Ⅰ－Ⅰ处的弯矩 M_{I}：

$$M_{\mathrm{I}} = \frac{1}{12}a_1^2[(p_{j,\max} + p_{j,\mathrm{I}})(2l + b_c) + (p_{j,\max} - p_{j,\mathrm{I}})l]$$

$$= \frac{1}{12} \times \left(\frac{3-0.5}{2}\right)^2 \times [(295.82 + 220.0) \times (2 \times 2.3 + 0.5) + (295.82 - 220.0) \times 2.3]\text{kN} \cdot \text{m}$$

$$= 364.67\text{kN} \cdot \text{m}$$

2）长边方向配筋截面面积：

$$A_{s\mathrm{I}} = \frac{M_{\mathrm{I}}}{0.9 f_y h_{01}} = \frac{364.67 \times 10^6}{0.9 \times 360 \times 560}\text{mm}^2 = 2009.9\text{mm}^2 \quad (874\text{mm}^2/\text{m})$$

选用Φ14@170，实配906mm²/m，满足《规范》关于基础底板配筋率不小于0.15%的要求。

3）沿基础短边方向，对柱边Ⅱ－Ⅱ截面处的弯矩 M_{II}：

$$M_{\mathrm{II}} = \frac{1}{48}(l - b_c)^2(p_{j,\max} + p_{j,\min})(2b + h_c)$$

$$= \frac{1}{48} \times (2.3 - 0.5)^2 \times (295.82 + 167.94) \times (2 \times 3 + 0.5)\text{kN} \cdot \text{m} = 203.5\text{kN} \cdot \text{m}$$

4）短边方向配筋面积：

$$A_{s\mathrm{II}} = \frac{M_{\mathrm{II}}}{0.9 f_y h_{02}} = \frac{203.5 \times 10^6}{0.9 \times 360 \times 540}\text{mm}^2 = 1163\text{mm}^2 \quad (388\text{mm}^2/\text{m})$$

考虑施工方便，与长边方向选配相同，为Φ14@170，实配906mm²/m，满足最小配筋率要求。

基础计算简图如图10-34所示。

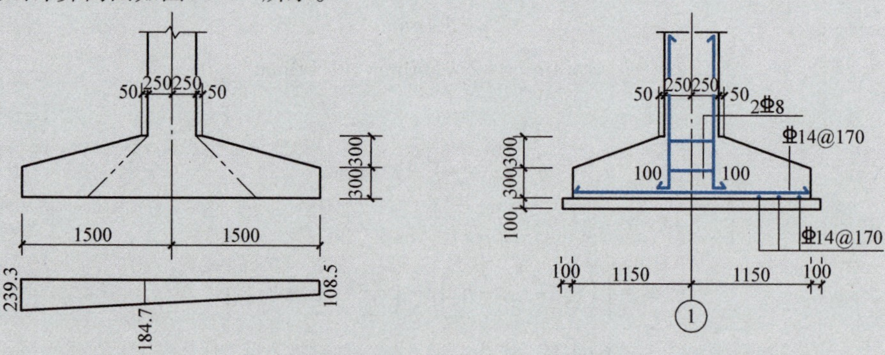

图10-34　【例10-3】基础计算简图

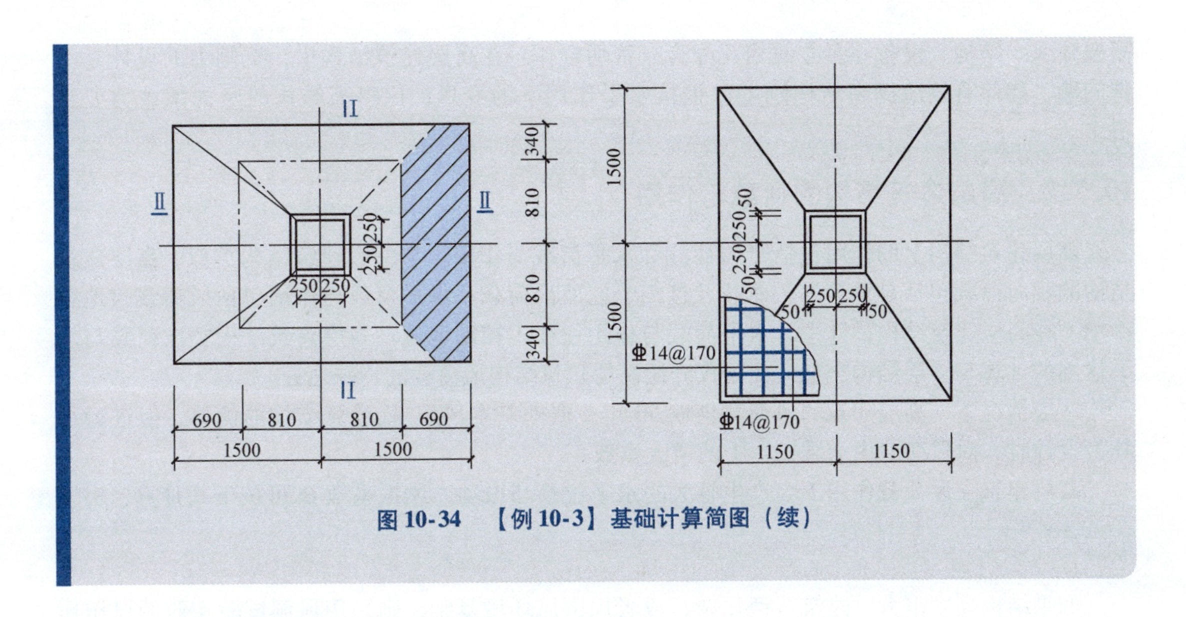

图10-34　【例10-3】基础计算简图（续）

10.7　高层混凝土结构设计概述

10.7.1　高层建筑结构的功能与受力特点

高层建筑结构的功能为在设计使用年限内，承受其上的各种荷载和作用，具有足够的结构安全性、适用性、耐久性和稳定性，以实现建筑预期的功能。一般说来，建筑结构要同时承受竖向荷载和水平作用以及其他作用。在较低的建筑结构中，往往竖向荷载起控制作用，水平作用通常可以忽略；在多层建筑结构中，水平作用的效应逐渐增大；在高层建筑结构中，水平作用将成为控制因素。在结构内力明显增大的同时，结构侧向位移增加更快。图10-35所示是建筑结构内力（N，V，M）、位移（Δ）与高度的关系，轴力与高度呈线性关系，弯矩与高度呈二次方关系；而位移与高度呈四次方关系。

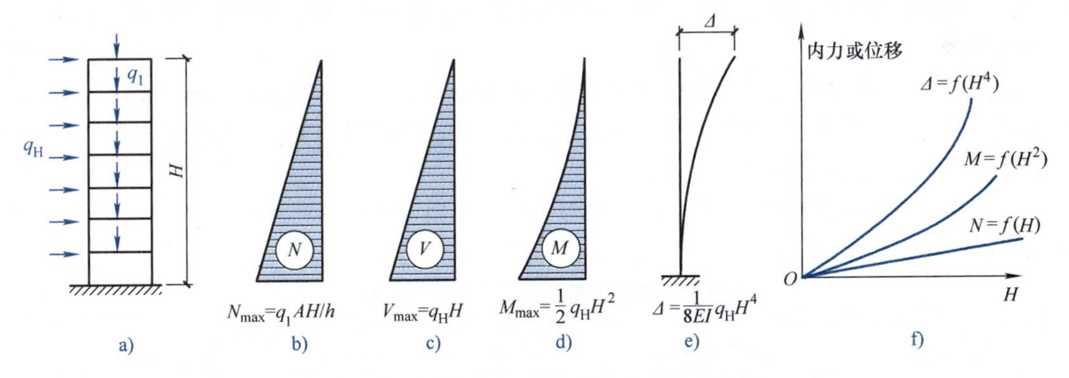

图10-35　建筑结构内力、位移随高度的变化

在高层设计中，不仅要求结构具有足够的强度，而且更要使结构有较大的刚度以抵抗结构过大的侧向变形，使结构在水平作用下的侧移限值在规定的范围内，以保证建筑结构的正常使用功能要求。

相比低层和多层建筑，高层建筑对结构的安全性要求更高，设备及管道多，施工技术复杂，需要建筑、结构、设备等多方面相互配合、密切合作。在高层建筑结构中，抗侧力的设计是关键问题，如何有效地提高结构刚度以抵抗水平作用下的变形，比提高结构的竖向承载力要难得多。

10.7.2　高层建筑结构的荷载与作用

高层建筑结构上的作用包括竖向荷载和水平荷载与作用。与一般建筑结构类似，高层建筑结构的竖向荷载包括自重等永久荷载及楼面、屋面活荷载；水平荷载与作用包括风荷载与地震作用。在高层建筑结构设计中，水平荷载与作用往往占控制地位。高层建筑结构竖向荷载与水平作用的计算与多层结构类似，此处仅介绍高层建筑结构风荷载的特殊之处。

一般情况下，高层建筑的风荷载仍取50年一遇的基本风压 W_0 计算结构的侧移，但进行承载力设计时，对风荷载内力乘以1.1的增大系数。

高层建筑在风荷载作用下会产生较大的水平位移和振动，风振系数 β_Z 可按下式计算：$\beta_Z = 1 + \frac{\varphi_Z \xi \upsilon}{\mu_Z}$。

如果结构高度很大、建筑造型复杂，或者周围风环境复杂，则采用风洞试验实测的风压作为设计依据较为安全可靠。

高层建筑风荷载除了要考虑顺风向风振，还要考虑横风向风振对结构的影响，其计算方法应符合《荷载规范》的有关规定。

高层建筑结构一般高而柔，自振周期偏长，故在地震作用下，高层建筑结构产生的惯性力一般不大，但应关注其位移反应的不利影响。

10.7.3　高层建筑结构布置的原则

高层建筑在初步设计阶段进行结构布置时，应综合考虑使用要求、建筑美观、结构合理及便于施工等各种因素。高层建筑结构不应采用严重不规则的结构，宜采用规则结构（即平面、立面规则，结构平面布置均匀、对称，具有良好的抗扭刚度；结构竖向布置均匀，结构刚度和承载力分布均匀、无突变）；应使结构具有必要的承载力、刚度和延性（结构或构件屈服后，维持承载力的同时产生变形的能力）；应避免因部分结构或构件的破坏而导致整个结构丧失承受重力荷载的能力。

无论采用何种结构体系，结构的水平和竖向布置宜具有合理的刚度和承载力分布；避免因局部突变或削弱而形成薄弱部位甚至薄弱楼层；对可能出现的薄弱部位应采取有效措施予以加强；结构宜具有多道抗震防线。

为控制高层建筑结构的经济性，降低倾覆力矩对竖向构件的不利影响，我国《高规》对钢筋混凝土结构的高宽比做了规定，见表10-6，一般不宜超过该表限值。

表10-6　钢筋混凝土高层建筑适用的高宽比

结构体系	非抗震设计	抗震设防烈度		
		6度、7度	8度	9度
框架	5	4	3	—
板柱－剪力墙	6	5	4	—
框架－剪力墙、剪力墙	7	6	5	4
框架－核心筒	8	7	6	4
筒中筒	8	8	7	5

高宽比计算中，房屋高度是指室外地面到主要屋面的高度，不包括局部突出屋面部分的高度；房屋宽度指所考虑方向的最小投影宽度，对于不宜采用最小投影宽度计算的情况，应由设计人员根据实际情况确定合理的计算方法。

1. 结构平面布置

高层建筑宜采用规则的平面布置。应有利于抵抗水平和竖向荷载，使整体结构受力明确，传力直接，力争均匀对称；宜采用风作用效应较小的平面形状；应减少扭转的影响。

（1）建筑平面形状　高层建筑截面一般设计成如图10-36所示的矩形、Y形、L形、十字形等平面形式。从抗风角度看，具有圆形、椭圆形等流线型周边的建筑所受到的风作用较小；从抗震的角度看，平面对称、长宽比较为接近、结构抗侧刚度均匀对称的结构抗震性能较好。

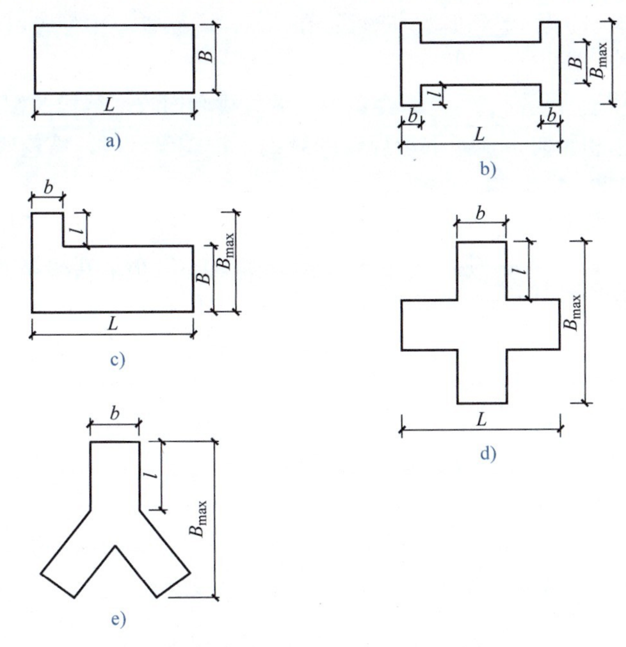

图10-36　常用高层建筑截面形状

（2）平面外伸尺寸要求　为保证楼板在平面内的刚度足够大，避免产生局部振动引发边角、凹角处破坏，应限制建筑平面外伸尺寸。平面过于狭长的建筑在地震时由于两端易产生不规则振动而导致严重震害，应限制其长宽比。

平面各部分的尺寸宜满足表10-7的要求。

表10-7　平面尺寸及突出部位尺寸的比值限制

设防烈度	L/B	l/B_{max}	l/b
6、7度	≤6.0	≤0.35	≤2.0
8、9度	≤5.0	≤0.30	≤1.5

（3）楼梯、电梯平面位置　在规则平面中，如果结构刚度不对称，仍会产生扭转。在结构布置时，应使抗侧力结构均匀分布，使结构平面质量中心（结构荷载均匀布置时即平面形心）与结构刚度中心尽量重合，以减少扭转的影响。布置楼梯间、电梯间更要注意，楼梯井筒、电梯井筒往往具有较大的刚度，对结构刚度的对称性可能有显著影响。

为防止楼板削弱后产生过大的应力集中，楼梯间、电梯间不宜设置在平面凹角部位和端部角区；若从建筑功能考虑，确需设置在以上位置，应采用剪力墙、筒体等予以加强。

（4）有关楼板平面特殊部位 当楼板平面比较狭长、有较大凹入或开洞使楼板有较大削弱时，应考虑楼板削弱部位的不利影响。楼板凹入或开洞后的有效楼板宽度不宜小于该层楼面宽度的50%；楼板开洞总面积不宜超过楼面面积的30%；在扣除凹入或开洞后，楼板在任一方向的最小净宽度不宜小于5m，且开洞后每一边的楼板净宽度不应小于2m。卄字形、井字形等平面的建筑有利于采光、通风且使外伸长度较大，楼梯间、电梯间一般集中于中央部位，使中央部分楼板有较大削弱。此时应加强楼板以及连接部位墙体的构造措施，必要时可在外伸段凹槽处设置连接梁或连接板。

楼板开大洞口削弱后，宜采取下列措施予以加强：加厚洞口附近楼板，提高楼板的配筋率，采用双层双向配筋；洞口边缘设置边梁、暗梁；在楼板洞口角部集中配置斜向钢筋。

2. 结构竖向布置

高层建筑的竖向体型宜规则、均匀，避免过大的外挑和内收；结构的侧向刚度宜下大上小，逐渐均匀变化；不应采用竖向布置严重不规则的结构。抗震设计时，结构竖向抗侧力构件宜上下连续贯通。

楼层抗剪承载力沿竖向的突变也会导致薄弱层的产生，故高层建筑的楼层抗侧力结构的层间受剪承载力不宜小于其相邻上一层受剪承载力的80%，不应小于其相邻上一层受剪承载力的65%。设计时往往沿竖向分段改变构件尺寸和混凝土强度等级，应自下而上递减，为方便施工，改变次数不宜太多，而承载力及刚度的均匀性要求每次变化不宜太大，一般每次改变，以柱尺寸减小100～150mm，墙厚减小50mm，混凝土强度等级降低一级为宜，且避免尺寸和混凝土强度同层改变。

抗震设计时，当结构上部楼层收进部位到室外地面的高度H_1与房屋高度H之比大于0.2时，尺寸宜满足如图10-37所示的要求。

设置地下室可显著降低上部结构的地震反应，减轻震害；为满足高层建筑地基的稳定性要求，其基础埋深一般较大，故高层建筑结构宜结合深基础设置地下室。

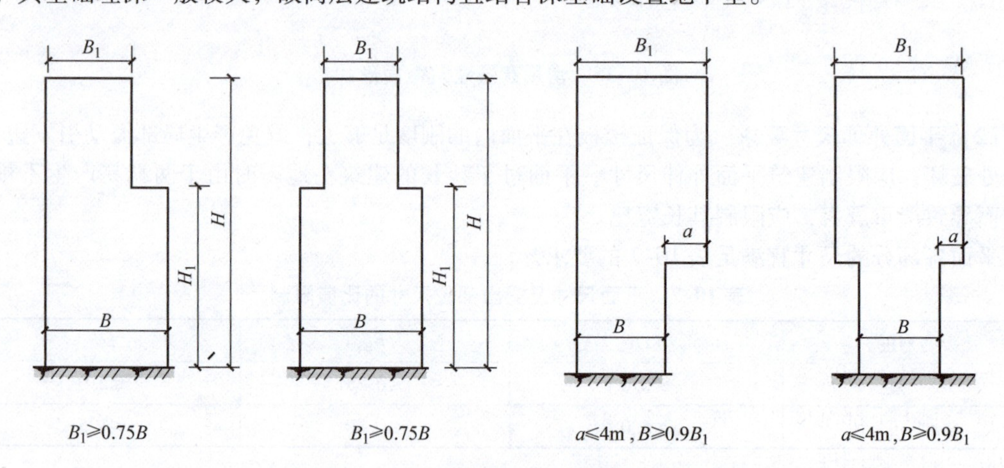

图10-37 结构竖向收进和外挑尺寸示意图

10.7.4 高层建筑结构的设计要点

1. 框架结构

框架结构因其刚度较小，对超过一定高度和层数的高层建筑，为满足承载力和层间位移要求，将会使柱截面过大而不经济。一般用于 12 层（50m 或更低）及 12 层以下的建筑中。

高层框架结构的设计与多层类似，但下部柱截面尺寸往往受水平侧移刚度的控制，远大于竖向荷载所需的截面。在风荷载作用下，纵向框架跨数多，迎风面积小，容易满足侧移刚度要求，横向框架与之相反；在地震作用下，纵横两个方向分别承受相近的地震作用，要求纵横向抗侧移刚度相近。

2. 剪力墙结构

剪力墙是整片高大墙体，楼层处受刚性楼盖支撑，在自身平面内侧向刚度很大，平面外的刚度一般忽略不计。就整体结构而言，其空间刚度大，能承受较大的水平荷载。剪力墙结构适合于住宅、宾馆等标准层建筑平面，但难以满足建筑下部大空间、多功能等使用要求，此时可用框架托换一部分剪力墙，形成部分框支剪力墙结构。

为提高剪力墙结构的侧移刚度、承载力及延性，应采用平面简单、规则及对称的结构布置形式。要使结构的刚度中心和质量中心尽量重合，以减少扭转。剪力墙应双向或多向布置，且宜上下拉通对齐，以承受任意方向上的水平荷载。纵横向剪力墙形成 I 形、T 形、[形、Z 形的截面形式可显著提高墙肢的刚度及承受弯矩的能力。剪力墙的门窗洞口宜上下对齐，布置规则有序，水平洞口之间形成墙肢，各墙段的高宽比宜大于 2。墙肢长度不宜大于 8m；上下洞口之间形成连梁，洞口连梁的跨高比宜小于 5。

剪力墙的刚度沿房屋的高度不得有较大的突变；墙肢的长度沿结构全高不应有突变；洞口设置应避免墙肢刚度相差悬殊，墙肢截面长度与厚度之比不宜小于 3。

板式体型的建筑平面长宽比较大，在横向可布置多道剪力墙，在纵向一般是两道外墙，一至二道内墙；也可取消承重外纵墙，以使外墙立面建筑有所变化，仅保留一道内纵墙（图 10-38a）。塔式体型的建筑平面两个方向尺度相近，剪力墙布置应使纵横两个方向的结构抗侧刚度相近（图 10-38b）。

剪力墙间距应根据建筑平面布局确定，一般取建筑开间或若干倍建筑开间。按大开间布置剪力墙（剪力墙间距为 6～8m）比按小开间布置剪力墙（剪力墙间距为 3～4m）有明显优势：可较充分发挥墙体承载力；可控制侧移刚度，不会因刚度过大导致较大的地震反应；减小结构自重，降低基础工程的造价（图 10-38c）。

不宜将楼面主梁支承在剪力墙之间的连梁上，以避免地震作用下加剧连梁破坏及楼盖严重破坏。

底部部分框支剪力墙结构布置应保证竖向荷载的有效传递。结构刚度沿高度方向要均匀，避免突变。应控制落地剪力墙的数量，对于常用的矩形建筑，横向与纵向落地剪力墙数量：非抗震设计时不宜少于 30%；抗震设计时不宜少于 50%。落地剪力墙的间距需保证楼盖有足够的平面内刚度，不宜过大。由于底部取消了部分剪力墙代之以框架，且底部层高一般比标准层要高，使底部抗侧刚度变小，底部层间位移过大，在地震作用下容易形成薄弱层，极易破坏。一般采取控制上下部刚度比的措施，增加底部抗震墙长度、厚度，提高其混凝土强度，以期增加结构底部的抗侧刚度，使结构上下层刚度较为接近。

近年兴起的短肢剪力墙结构，有利于住宅建筑平面布置，又可进一步减轻结构自重。所谓短肢剪力墙是指墙肢截面高度与厚度之比为 5～8 的剪力墙；一般剪力墙是指墙肢截面高度与厚度之比大于 8 的剪力墙。高层建筑结构不应采用全部为短肢剪力墙的剪力墙结构体系。当短肢剪力墙较多时，应布置筒体（或一般剪力墙），形成短肢剪力墙与筒体（或一般剪力墙）共同抵抗水平力的剪力墙结构。短肢剪力墙结构也可用于多层建筑结构，以改善高烈度区框架结构

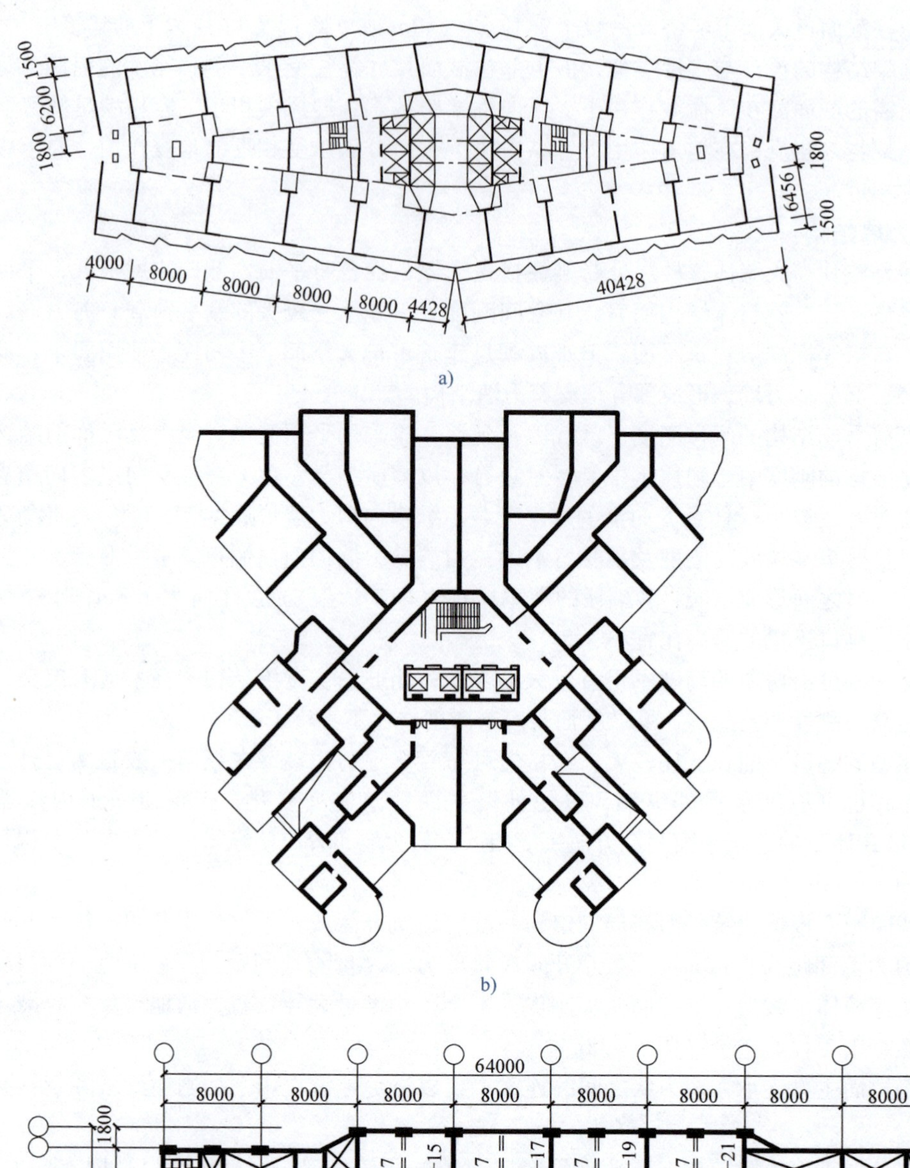

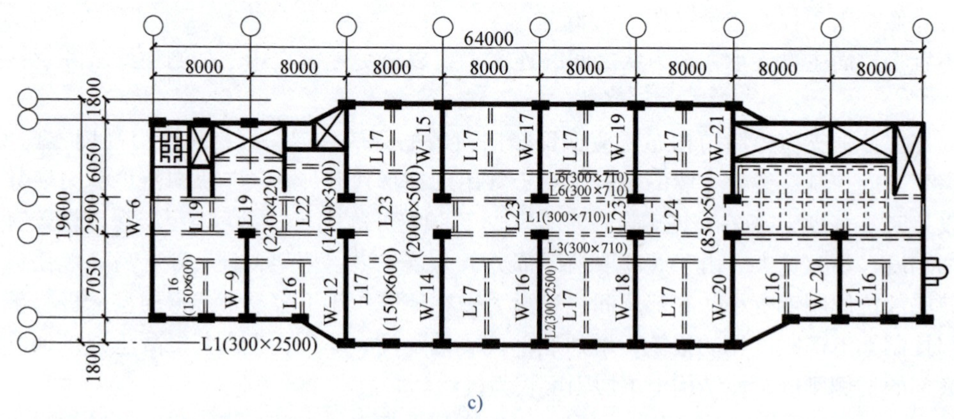

图 10-38　剪力墙结构平面布置示意

a）广州白天鹅宾馆（36 层，100m）　b）重庆朝天门滨江广场公寓（45 层，204m）

c）上海花园酒店（30 层，92.2m，大开间剪力墙）

刚度不足，承载力设计困难的不足。

3. 框架 - 剪力墙结构

为解决高层框架结构刚度不足的问题，在其纵横向增设一些刚度较大的剪力墙来代替部分框架，使大部分水平荷载由剪力墙承担，即构成框架 - 剪力墙结构。此时框架和剪力墙各自发挥优势：框架结构布置得灵活性高和剪力墙抗侧刚度大。框架主要承受竖向荷载，水平荷载主要由剪力墙承担。当结构层数和高度超过一定界限后（如层数超过 10 层），采用框架 - 剪力墙结构体系可能比纯框架结构体系要经济合理。

结构布置的关键是剪力墙的数量和位置。它既影响建筑使用功能，又影响结构整体抗侧刚度。典型的框架 - 剪力墙结构布置如图 10-39 所示。

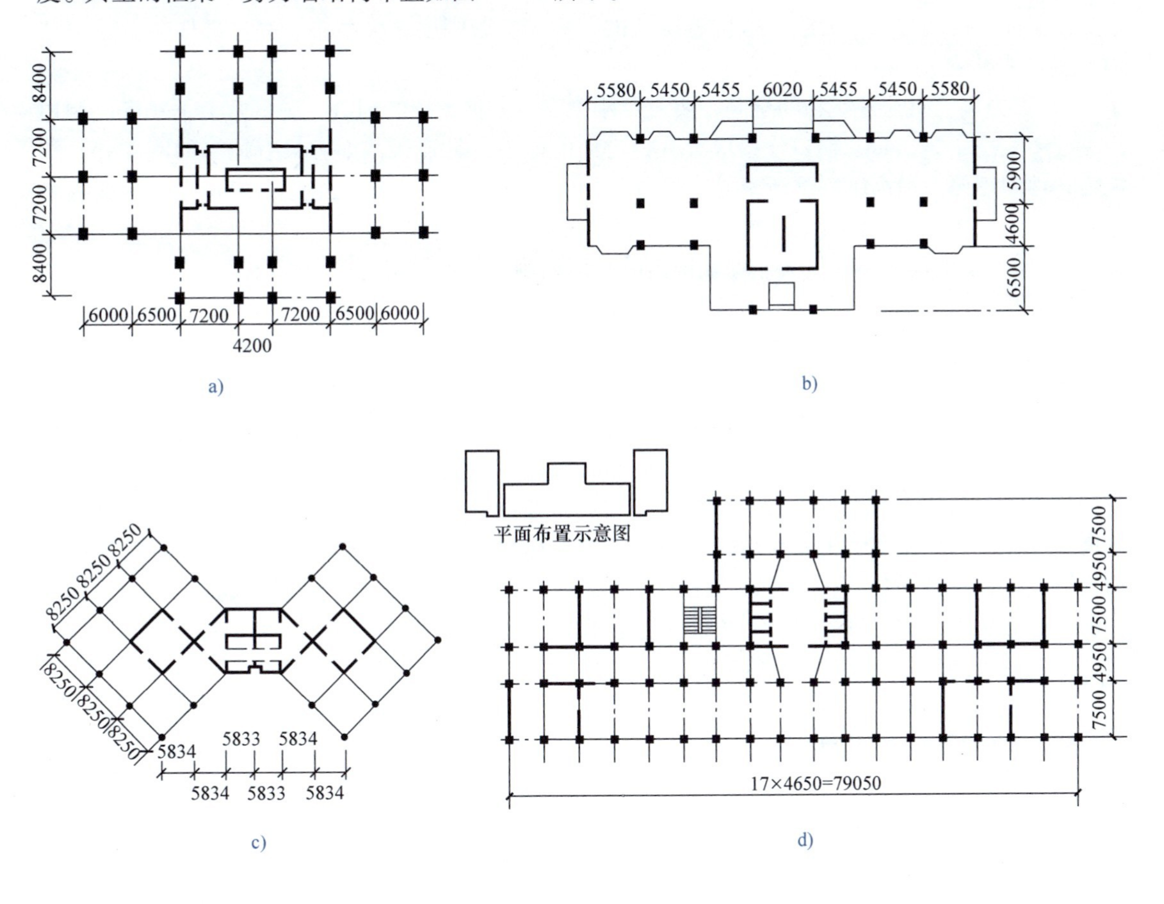

图 10-39　框架 - 剪力墙结构布置平面示意

a）上海雁荡大厦（28 层，81.2m）　b）香港大宝阁住宅（32 层，106m）
c）香港渣打银行（35 层，140.95m）　d）北京饭店（19 层，80m）

剪力墙的布置原则如下：

1）应形成双向抗侧力体系，主体结构不应铰接。抗震设计时，结构两主轴方向均应布置剪力墙，宜使各主轴方向的侧向刚度接近。

2）剪力墙宜均匀、对称布置在建筑物的周边附近或两端。在平面上力求对称、均匀，以使建筑物刚度中心与水平力合力作用点尽可能相重合，尽量减少结构在水平力作用下产生的扭转。剪力墙尽可能地布置在周边，以增加结构的抗扭刚度。但纵向剪力墙不宜布置在建筑端部，以避免混凝土收缩和温度变形的不利影响。

3）剪力墙宜布置在平面形状变化和刚度薄弱处，如楼梯间、电梯间、管道间等竖向洞口的四周以形成井筒；平面形状的拐角处，以增强楼盖水平刚度，抵抗局部的复杂应力。

4）纵、横向剪力墙宜相连，形成薄壁组合截面，以增强两个方向的抗侧刚度。

5）剪力墙宜布置在竖向荷载较大的部位，利用剪力墙承受竖向荷载，可避免该处柱子截面过大，有利于建筑平面布置和满足使用功能，还可改善墙肢的受力性能，提高墙肢截面的承载力。

6）平面凸凹较大时，宜在凸出部分的端部附近布置剪力墙。

7）单片剪力墙底部承担的水平剪力不宜超过结构底部总水平剪力的40%。即不宜设置数量少、刚度大的墙片，作为第一道抗震防线的剪力墙，若刚度过分集中，一旦破坏会对整个结构产生严重影响。

8）剪力墙宜贯通建筑物的全高，要避免刚度突变。剪力墙开洞时，洞口宜上下对齐，洞边距端柱不宜小于300mm；洞口连梁应具有一定耗能能力，且连梁截面宜具有适当的刚度和承载能力；剪力墙厚度沿高度宜逐渐减薄；剪力墙的截面高度不宜过大，当墙长>8m时，为提高剪力墙的延性，可设置门窗洞或结构洞。墙肢的高宽比不宜小于2。

9）剪力墙的间距不宜过大。保证楼盖的平面内刚度，使框架与剪力墙协同工作。

10）柱与抗震墙、梁与柱之间偏心距不宜大于柱宽的1/4。当偏心距较大时，在地震作用下可能导致梁柱核心区破坏。当超过时，应进行具体分析并采取有效措施，如梁端水平加腋及柱箍筋加强等。

合理确定剪力墙的数量是框架－剪力墙结构布置中的重要问题，因剪力墙的数量直接影响整个结构的抗震性能和经济效益。若剪力墙布置数量多，结构抗侧刚度大，侧向位移小，但材料用量增加，结构自重增大，结构自振周期缩短，地震力变大。反之，则地震反应减小，抗侧刚度变小，但侧向位移较大，结构或非结构构件损坏严重。一般由建筑物的位移允许值来确定剪力墙数量，控制框架－剪力墙结构在水平风荷载和地震作用下的层间位移不超过1/800。框架－剪力墙结构中，作为抗震第二道防线的框架承担的水平力不能过少。《高规》规定，在设计中以使框架最大层间剪力为整个结构基底总剪力的20%～40%为宜。

10.8 变形缝的设置

变形缝是伸缩缝、沉降缝、防震缝的统称。在多层及高层建筑结构中，应尽量少设缝或不设缝，因为这可简化构造、方便施工、降低造价，增强结构的整体性和空间刚度。为此，在建筑设计时，可采取调整平面形状、尺寸、体型等措施；在结构设计时，可采取选择节点连接方式、配置构造钢筋、设置刚性层等措施；在施工时，可采取分阶段施工、设置后浇带或加强带、做好保温隔热层等措施，以达到少设缝或不设缝的目的，防止由于温度变化、不均匀沉降、地震作用等因素引起结构或非结构构件的损坏。但当建筑物平面较狭长，或平、立面特别不规则，各部分刚度、高度、质量相差悬殊，且上述措施都无法解决时，则设置伸缩缝、沉降缝、防震缝是完全必要的。

伸缩缝设置的目的在于减小由于混凝土收缩和温度变化引起的结构内应力，主要与结构的长度有关。钢筋混凝土结构伸缩缝的最大间距应满足表10-8的规定。当结构的长度超过规范规定的允许值时，应验算温度应力并采取相应的构造措施。

表 10-8　钢筋混凝土结构伸缩缝的最大间距　　（单位：m）

结构类别		室内或土中	露天
排架结构	装配式	100	70
框架结构	装配式	75	50
	现浇式	55	35
剪力墙结构	装配式	65	40
	现浇式	45	30
挡土墙、地下室墙壁等类结构	装配式	40	30
	现浇式	30	20

注：1. 装配整体式结构房屋的伸缩缝间距可根据结构具体情况取表中装配式与现浇式结构之间的数值。
2. 框架－剪力墙结构或框架－核心筒结构房屋的伸缩缝间距可根据结构的布置情况取表中框架结构和剪力墙结构之间的数值。
3. 当屋面板上部无保温或隔热措施时，框架结构、剪力墙结构的伸缩缝间距宜按表中露天的数值取用。
4. 现浇挑檐、雨罩等外露结构的局部伸缩缝间距不宜大于 12m。

沉降缝的设置主要与基础荷载及场地地质条件有关。当上部荷载差异较大，或地基土的物理力学指标相差较大时，则应设沉降缝。沉降缝可利用挑梁（悬挑）或搁置预制板、预制梁（简支）等方法形成。

伸缩缝与沉降缝的宽度一般不宜小于 50mm。因基础基本不受温度变化的影响，伸缩缝在基础处可不断开，而沉降缝必须从基础断开。

防震缝的设置主要与建筑平面形状、立面高差、刚度、质量分布等因素有关。防震缝的设置，是为了使分缝后各结构单元成为体型简单、规则，刚度和质量分布均匀的单元，以减小结构的地震反应。为避免各结构单元在地震发生时互相碰撞，防震缝应有足够的宽度。防震缝的宽度不应小于 100mm，同时还应满足《建筑抗震设计规范》（GB 50011—2010）的相关要求。

结构如设伸缩缝和沉降缝，则应该与防震缝相协调，缝宽应符合防震缝的要求。当仅需设置防震缝时，则基础可不分开，但在防震缝处基础应加强构造和连接。

本章小结

1）建筑结构按照高度分类可分为低层、多层、中高层、高层、超高层；按照材料分类有砌体、混凝土、钢结构以及混合结构；按照结构体系分类可分为框架结构、框架－剪力墙结构、剪力墙结构、筒体结构、巨型框架结构等。

2）框架结构的布置方案应考虑工艺要求、建筑平面功能、结构受力合理、施工方便等因素。承重框架的布置方案有横向框架承重与纵向框架承重，以及纵、横向框架混合承重。

3）框架的受力分析包括框架计算简图的确定，框架荷载的计算，采用线弹性假定对框架进行受力分析；竖向荷载作用下框架内力的近似分析多采用分层法；水平荷载作用下框架内力的近似计算多采用 D 值法。

4）框架在多种荷载作用下，构件控制截面的内力应根据最不利与可能的原则进行组合。

5）内力组合得到框架各构件控制截面的基本组合效应后，可应用基本构件的承载力设计方法进行构件截面设计，同时考虑抗震与非抗震满足相关构造要求。

6）框架结构柱下独立基础的设计内容包括：根据上部结构内力的标准组合及地基承载力特征值确定基础底面积，根据上部结构内力的基本组合进行基础的承载力计算及冲切验算，同时应满足独立基础的构造要求。

7）高层结构设计应把握概念设计的原则：宜采用规则结构（即平面、立面规则，结构平面布置均匀、对称，具有良好的抗扭刚度；结构竖向布置均匀，结构刚度和承载力分布均匀无突变）；应使结构具有必要的承载力、刚度和延性（结构或构件屈服后，维持承载力的同时产生变形的能力）；应避免因部分结构或构件的破坏而导致整个结构丧失承受重力荷载的能力。不应采用严重不规则的结构，避免因局部突变或削弱而形成薄弱部位甚至薄弱楼层；对可能出现的薄弱部位应采取有效措施予以加强；结构宜具有多道抗震防线。

复习题

10-1 在房屋建筑工程中，多、高层建筑结构的分类有哪些？

10-2 钢筋混凝土框架结构按施工方式的不同有哪些形式？各有什么优缺点？

10-3 框架设计中要考虑哪些荷载？风荷载是如何计算的？

10-4 框架结构的计算简图如何确定？

10-5 框架结构承重方案有哪几种？各有哪些优缺点？

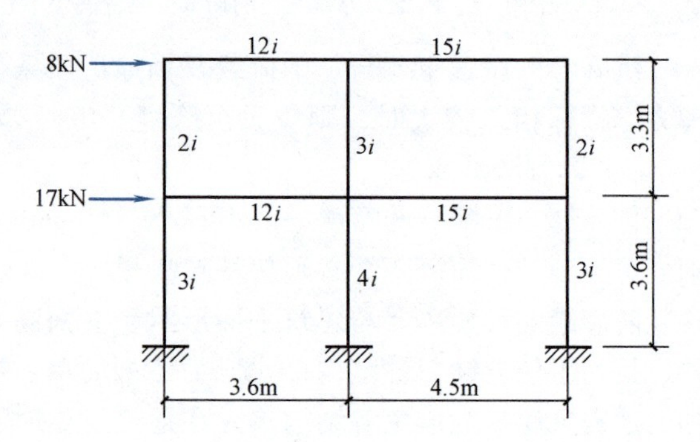

图 10-40 框架计算简图

10-6 反弯点法和 D 值法的异同点是什么？D 值的物理意义是什么？

10-7 水平荷载作用下框架的变形有什么特征？

10-8 框架结构的最不利内力组合中，确定活荷载的最不利位置有哪几种方法？

10-9 梁端弯矩调幅应在内力组合前还是组合后进行？为什么？

10-10 框架梁、柱的纵向钢筋在节点内的锚固有什么要求？

10-11 试分别用反弯点法和 D 值法计算如图 10-40 所示框架结构的内力（弯矩、剪力、轴力）和水平位移。图中在各杆件旁标出了该杆的线刚度，其中 $i = 2600\text{kN}\cdot\text{m}$。

10-12 某框架梁按满布荷载法计算，梁上荷载为均布荷载。梁跨度为6m，梁在恒荷载、活荷载和风荷载标准值作用下的弯矩图如图 10-41 所示。试求此梁支座和跨中截面处的设计弯矩值，以及支座截面处的剪力设计值。

10-13 某现浇框架柱下独立锥形扩展基础，已知由柱传来的基础顶面的内力标准组合为 $N_k = 920\text{kN}$，$M_k = 276\text{kN}\cdot\text{m}$，$V_k = 25\text{kN}$，基本组合可近似取标准组合的 1.37 倍。柱的截面尺寸为 $b \times h = 500\text{mm} \times 500\text{mm}$，修正后的地基承载力特征值 $f_a = 195\text{kN/mm}^2$，基础埋深 $d = 1.5\text{m}$。基础采用 C30 混凝土，配 HRB400 级钢筋。试设计此基础并绘出基础的平面图、剖面图和配筋图。

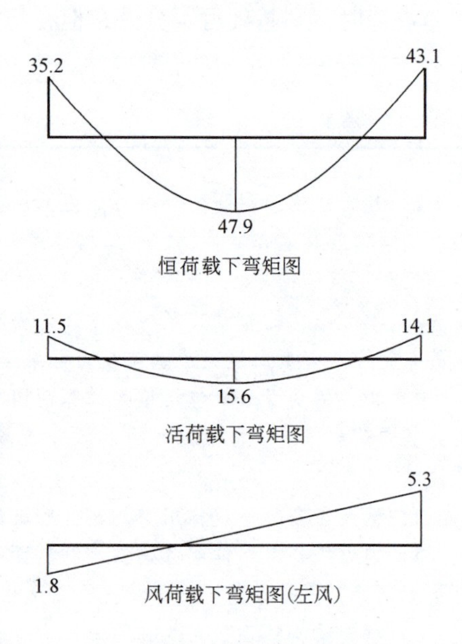

图 10-41 框架梁弯矩图

第 11 章 砌体结构

内容提要

本章主要介绍砌体结构所用材料及砌体的主要力学性能，砌体结构和构件的计算方法，包括构件的受压、局部受压、受弯、受拉和受剪承载力计算，混合结构房屋的墙体设计，过梁、圈梁及墙体的计算和构造措施。

11.1 概述

砌体结构是指用砖、石或砌块为块材，用砂浆砌筑而成的结构。砌体结构在我国具有悠久的历史，隋代李春建造的河北赵县安济桥（赵州桥），是世界上最早建造的空腹式单孔圆弧石拱桥，还有举世闻名的万里长城、用砖建造的古塔（河南登封嵩岳寺塔及西安的大雁塔等）。世界上著名的埃及金字塔、罗马大角斗场等也都是砌体结构的代表作。随着新材料、新技术和新结构的不断研制和使用，以及砌体结构计算理论和计算方法的逐步完善，我国的砌体结构得到了很大发展，取得了显著的成就。特别是为了不毁坏耕地和占用农田，开发由硅酸盐砌块、混凝土空心砌块代替烧结普通砖作为墙体材料，既符合国家可持续发展的方针政策，也是我国墙体材料改革的有效途径之一。

砌体结构一般用于工业与民用建筑的内外墙、柱、基础及过梁等。砌体结构被广泛应用，是由于它具有如下的优点：

1）较易就地取材。

2）与钢筋混凝土结构相比，节省钢筋和水泥，降低造价。

3）具有较好的耐火性、化学稳定性和大气稳定性。

4）具有较好的隔声、隔热保温性能。

但砌体结构也有一些明显的缺点：

1）砌体强度小，自重大，材料用量多。

2）砂浆和块体之间的黏结较弱，砌体的受拉、受弯和受剪强度很低，抗震性能差。

3）砌筑工作繁重，施工进度慢。

砌体结构是我国应用广泛的结构形式之一，随着我国基本建设规模的扩大，人们居住条件的不断改善，砌体结构在我国的现代化建设中仍将发挥很大的作用。

11.2 砌体材料及力学性能

11.2.1 砌体材料及其强度

1. 砖

在我国，目前用于砌体结构的砖主要有烧结砖、蒸压灰砂砖、蒸压粉煤灰砖、混凝土砖四种。

烧结砖可分为烧结普通砖和烧结多孔砖。烧结普通砖是以黏土、煤矸石、页岩或粉煤灰为主要原料，经过焙烧而成的实心砖或孔洞率在15%以下的外形尺寸符合相关规定的砖，其规格尺寸为240mm×115mm×53mm（图11-1a）。烧结多孔砖是以黏土、页岩、煤矸石为主要原料，经焙烧而成，其孔洞率大于15%，简称多孔砖。多孔砖分为P型砖和M型砖，P型砖的规格尺寸为240mm×115mm×90mm（图11-1b）；M型砖的规格尺寸为190mm×190mm×90mm（图11-1c）。此外，用黏土、页岩、煤矸石等原料还可以经焙烧制成孔洞率大于35%的大孔空心砖（图11-1d）。我国人口众多，人均耕地少，烧结普通砖的烧制将占用大量农田，因此烧结多孔砖被广泛地应用。

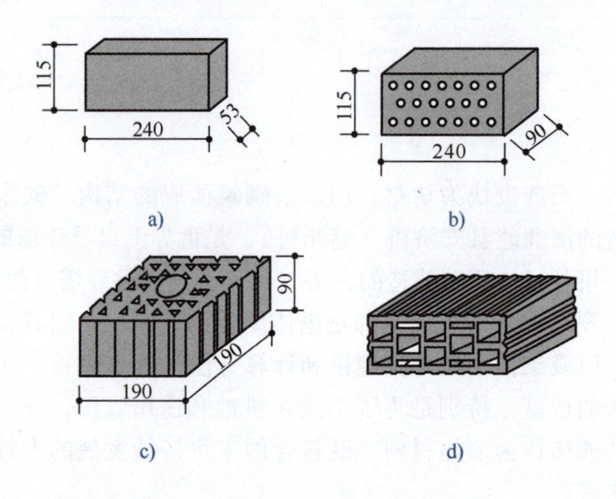

图11-1　部分地区空心砖的规格

a）烧结普通砖　b）P型多孔砖　c）M型多孔砖　d）空心砖

根据块体强度的大小，将块体分为不同的强度等级，并用MU表示。MU后面的数字表示抗压强度的大小，单位为N/mm^2。

烧结普通砖、烧结多孔砖的强度等级分为5级：MU30、MU25、MU20、MU15和MU10。

蒸压灰砂普通砖和蒸压粉煤灰普通砖是以灰砂或粉煤灰为原料，添加石灰、石膏及集料，经坯料制备、压制成型、高效蒸汽养护等工艺制成。砖的规格尺寸与烧结普通砖完全一致，为240mm×115mm×53mm，所以用蒸压砖可以直接代替烧结普通砖。蒸压砖是国家大力发展、应用的新型墙体材料。

蒸压灰砂普通砖和蒸压粉煤灰普通砖的强度等级为MU25、MU20和MU15。

混凝土普通砖是以水泥和普通集料或轻集料为主要原料，经原料制备、加压或振动加压养护而成，与普通砖的尺寸相同。混凝土普通砖用于工业与民用建筑的基础和墙体。

混凝土多孔砖是以水泥为胶粘材料，与砂、石（轻集料）等经加水搅拌、成型和养护而成的一种具有多排小孔的混凝土制品，是继混凝土普通砖与轻集料混凝土小型空心砌块之后又一个墙体材料新品种，可直接替代烧结普通砖用于各类承重、保温承重和框架填充等不同建筑墙体结构中，具有广泛的推广应用前景。它的尺寸为240mm×115mm×90mm。

混凝土普通砖和混凝土多孔砖的强度等级为MU30、MU25、MU20和MU15。

2. 砌块

砌块一般是指混凝土空心砌块、加气混凝土砌块及硅酸盐实心砌块。砌块按尺寸大小分为小型、中型和大型三种，通常把砌块高度为180～350mm的称为小型砌块，高度为360～900mm的称为中型砌块，高度大于900mm的称为大型砌块。我国目前在承重墙体材料中使用最为普遍的是混凝土小型空心砌块，其尺寸为390mm×190mm×190mm，孔洞率一般在25%～50%之间，常简称为混凝土砌块或砌块。

混凝土空心砌块的强度等级是根据标准试验方法，按毛截面面积计算的极限抗压强度值（N/mm^2）来划分的。混凝土小型砌块的强度等级有MU20、MU15、MU10、MU7.5和MU5等。

3. 石材

将天然石材进行加工后形成满足砌筑要求的石材，根据其外形和加工程度将石材分为料石与毛石两种。料石又分为细料石、半细料石、粗料石和毛料石。石材的强度等级为MU100、MU80、MU60、MU50、MU40、MU30和MU20。石材的抗压强度高，耐久性好，多用于房屋的基础和勒脚部位。

4. 砂浆

砂浆是由胶凝材料（如水泥、石灰等）和细集料（砂子）加水搅拌而成的混合材料。砂浆的作用是将砌体中的单个块体连接成一个整体，并因抹平块体表面而促使应力的分布较为均匀。同时，因砂浆填满块体间的缝隙，减弱了砌体的透气性，从而提高了砌体的保温性能与抗冻性能。

（1）砂浆的分类 砂浆有水泥砂浆、混合砂浆和非水泥砂浆三种类型。

1）水泥砂浆是由水泥、砂子和水搅拌而成，其强度高、耐久性好；但和易性差，水泥用量大，适用于对防水有较高要求的砌体（如±0.000m以下的砌体）及对强度有较高要求的砌体。

2）混合砂浆是在水泥砂浆中掺入适量的塑化剂所形成的砂浆，最常用的混合砂浆是水泥石灰砂浆。这类砂浆的和易性和保水性都很好，便于砌筑。水泥用量相对较少，砂浆强度相对较低，适用于一般的墙、柱砌体的砌筑。

3）非水泥砂浆有石灰砂浆、黏土砂浆和石膏砂浆。石灰砂浆强度不高，只能在空气中硬化，通常用于地上砌体；黏土砂浆强度低，一般用于简易建筑；石膏砂浆硬化快，一般用于不受潮湿的地上砌体。

砂浆的质量在很大程度上取决于其保水性。保水性是指砂浆在运输和砌筑过程中保持水分不会很快散失的能力。在砌筑过程中，砌块本身将吸收一定的水分，当吸收的水分在一定范围内时，对灰缝内砂浆的强度与密度均具有良好的影响；反之，不仅使砂浆很快干硬而难以抹平，从而降低砌筑质量，同时砂浆也因不能正常硬化而降低砌体强度。

（2）砂浆的强度等级 砂浆的强度一般由边长为70.7mm的立方体试块的抗压强度确定，

分为5个等级：M15、M10、M7.5、M5和M2.5；其中M表示砂浆（Mortar），其后的数字表示砂浆的强度大小，单位为N/mm^2。蒸压灰砂普通砖和蒸压粉煤灰普通砖砌体采用专用砂浆强度等级Ms15、Ms10、Ms7.5、Ms5。

混凝土普通砖、混凝土多孔砖、单排孔混凝土砌块和煤矸石混凝土砌块砌体采用的砂浆强度等级以Mb表示，即Mb20、Mb15、Mb10、Mb7.5和Mb5。

双排孔或多排孔轻集料混凝土砌块砌体采用的砂浆强度等级为Mb10、Mb7.5和Mb5。

毛料石、毛石砌体采用的砂浆强度等级为M7.5、M5和M2.5。

（3）砂浆的性能要求 为满足工程质量和施工要求，砂浆除应具有足够的强度外，还应具有较好的和易性和保水性。和易性好，则便于砌筑、保证砌筑质量和提高施工工效；保水性好，则不致在存放、运输过程中出现明显的泌水、分层和离析，以保证砌筑质量。水泥砂浆的和易性和保水性不如混合砂浆好，在砌筑墙体、柱时，除有防水要求外，一般采用混合砂浆。

11.2.2 砌体的分类

根据砌体的作用不同，砌体可分为承重砌体与非承重砌体，如一般的多层住宅，大多数为墙体承重，则墙体称为承重砌体；框架结构中的墙体，一般为隔墙，并不承重，故称为非承重砌体。根据砌法及材料的不同，砌体又可分为实心砌体与空斗砌体；砖砌体、石砌体、砌块砌体；无筋砌体与配筋砌体等。

1. 砖砌体

由砖和砂浆砌筑而成的砌体称为砖砌体。在房屋建筑中，砖砌体既可作为内外墙、柱，基础等承重结构；又可用作维护墙与隔墙等非承重结构。在砌筑时要尽量符合砖的模数，常用的标准墙厚度有一砖240mm、一砖半370mm和二砖490mm等。

2. 砌块砌体

由砌块和砂浆砌筑而成的砌体称为砌块砌体。我国目前多采用小型混凝土空心砌块砌筑砌体。采用砌块砌体可减轻劳动强度，有利于提高劳动生产率，并具有较好的经济技术效果。砌块砌体主要用于住宅、办公楼及学校等建筑，以及一般工业建筑的承重墙和围护墙。

3. 石砌体

石砌体是用天然石材和砂浆（或混凝土）砌筑而成的，可分为料石砌体、毛石混凝土砌体等。石砌体在产石的山区应用较为广泛。料石砌体不仅可建造房屋，还可用于修建挡土墙、护坡石拱桥、石坝、渡槽和储液池等。

4. 配筋砌体

为提高砌体的强度和整体性，减小构件的截面尺寸，可在砌体的水平灰缝内每隔几皮砖放置一层钢筋网，称为网状配筋砌体，如图11-2a所示；当钢筋直径较大时，可采用连弯式钢筋网，如图11-2b所示。此外，还有钢筋混凝土构造柱与砖砌体组合墙体（图11-2c）及配筋混凝土空心砌块砌体（图11-2d）。

11.2.3 砌体的力学性能

砌体作为一个整体，和钢筋混凝土构件一样，也可能受压、受弯、受拉或受剪，在各种受力情况下砌体的力学性能是不同的。

1. 砌体的受压性能

（1）砌体受压破坏特征 试验表明，砌体从开始受荷到破坏大致可分为三个阶段，以砖砌

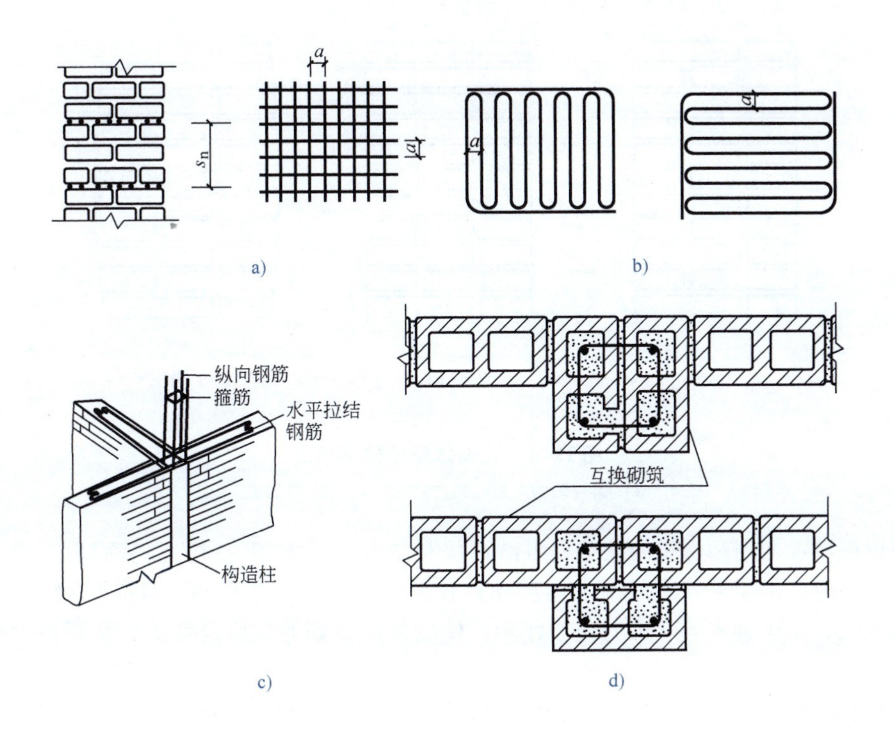

图 11-2　配筋砌体

a）用方格网配筋的砖砌体　b）连弯式钢筋网　c）组合砖砌体　d）配筋混凝土空心砌块砌体

体为例，这三个阶段是：

第一阶段：从开始加载到个别砖出现裂缝为第一阶段。这个阶段的特点是：第一批裂缝在单块砖内出现，此时的荷载值为破坏荷载的 50% ~70%，在此阶段中，裂缝细小，未能穿过砂浆层，如果不再增加压力，单块砖内的裂缝也不继续发展，如图 11-3a 所示。

第二阶段：随着荷载增加，单块砖内的个别裂缝发展成通过若干皮砖的连续裂缝，同时又有新的裂缝产生。当荷载为破坏荷载的 80% ~90% 时，连续裂缝将进一步发展成贯通裂缝，它标志着第二阶段结束，如图 11-3b 所示。

第三阶段：继续增加荷载时，连续裂缝发展成贯通整个砌体的贯通裂缝，砌体被分割为几个独立的 1/2 砖小立柱，砌体明显向外鼓出，砌体受力极不均匀，最后由于小柱体丧失稳定而导致砌体破坏，个别砖也可能被压碎，如图 11-3c 所示。可以看出破坏时砖砌体中的砖并未全部压碎，达到各自的受压最大承载力。砌体的破坏是由于小立柱丧失稳定而导致的。

（2）影响砌体抗压强度的因素　通过对砖砌体在轴心受压时的受力分析及试验结果表明，影响砌体抗压强度的主要因素有：

1）块材与砂浆的强度。块材和砂浆的强度是影响砌体抗压强度最主要也是最直接的因素。在其他条件不变的情况下，块体和砂浆强度越高，砌体的强度就越高。对一般砖砌体来说，提高砖的强度等级比提高砂浆的强度等级的效果要好。

2）块材尺寸和几何形状的影响。块材的高度越大，则其抗弯、抗剪及抗拉能力就越强；块材越长，则其弯、剪应力就越大，因而强度降低。块体表面越平整、规则，受力就越均匀，砌体的抗压强度也越高。

3）砂浆的流动性、保水性和弹性模量的影响。砌筑砌体所用砂浆的和易性好、流动性大

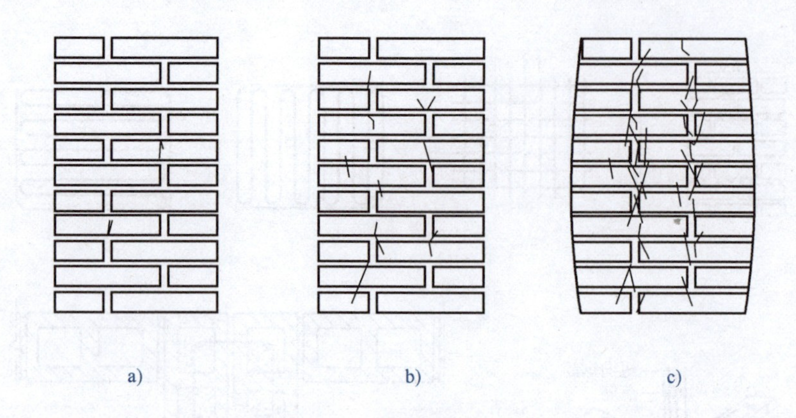

图 11-3　砖砌体受压破坏情况

a）第一阶段　b）第二阶段　c）第三阶段

时，容易形成厚度均匀和密实的灰缝，可减小块材的弯曲应力和剪应力，从而提高砌体的抗压强度，所以除有防水要求外一般不采用流动性较差的纯水泥砂浆砌筑。砂浆的弹性模量越低，变形率就越大，由于砌块与砂浆的交互作用，使砌体所受到的拉应力变大，从而使砌体的强度降低。

4）砌筑质量。砌筑时砂浆铺砌饱满、均匀，可以改善块体在砌体中的受力性能，使其较均匀地受压，从而提高砌体的抗压强度，在《砌体结构工程施工质量验收规范》（GB 50203—2011）中就有“砌体水平灰缝的砂浆饱满程度不得低于80%”的规定。灰缝厚度对砌体抗压强度也有影响，灰缝厚，容易铺砌均匀，对改善单块砖的受力性能有利，但砂浆横向变形的不利影响也相应增大。通常灰缝厚度以 10～12mm 为宜。为增加砖和砂浆的黏结强度，砖在砌筑前要提前浇水湿润，避免砂浆“脱水”，影响砌筑质量。

此外，强度差别较大的砖或砌块混合砌筑时，砌体在同样荷载下将引起不同的压缩变形，因而使砌体在较低荷载下破坏，故在一般情况下，不同强度等级的砖或砌块不应混合使用。

2. 砌体的抗拉、抗弯、抗剪性能

（1）砌体的抗拉性能　在砌体结构中，如圆形水池池壁为常遇到的轴心受拉构件。砌体在由水压力等引起的轴心拉力作用下，构件的主要破坏形式为沿齿缝截面破坏，如图 11-4 所示。砌体的抗拉强度主要取决于块材与砂浆连接面的黏结强度，由于块材和砂浆的黏结强度主要取决于砂浆的强度等级，所以砌体的轴心抗拉强度可由砂浆的强度等级来确定。

图 11-4　砖砌体轴心受拉破坏

（2）砌体的抗弯性能　在砌体结构中常遇到受弯及大偏心受压，如带壁柱的挡土墙、地下室墙体等。按其受力特征可分为沿齿缝截面受弯破坏、沿块体与竖向灰缝截面受弯破坏及沿通缝截面受弯破坏三种，如图 11-5 所示。

沿齿缝和沿通缝截面的受弯破坏与砂浆的强度有关。

（3）砌体的抗剪性能　砌体在剪力作用下的破坏均为沿灰缝的破坏，故单纯受剪时砌体的抗剪强度主要取决于水平灰缝中砂浆及砂浆与块体的黏结强度。

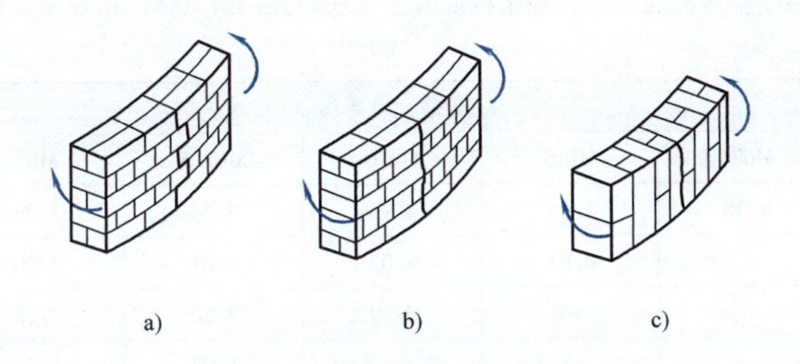

图 11-5 砖砌体弯曲破坏情况

a）沿齿缝截面受弯破坏 b）沿块体与竖向灰缝截面受弯破坏 c）沿通缝截面受弯破坏

3. 砌体的强度设计值

根据试验和结构可靠度的分析结果，各类砌体的强度设计值见表 11-1 ~ 表 11-8。

表 11-1 烧结普通砖和烧结多孔砖砌体的抗压强度设计值 （单位：N/mm^2）

砖强度等级	砂浆强度等级					砂浆强度
	M15	M10	M7.5	M5	M2.5	
MU30	3.94	3.27	2.93	2.59	2.26	1.15
MU25	3.60	2.98	2.68	2.37	2.06	1.05
MU20	3.22	2.67	2.39	2.12	1.84	0.94
MU15	2.79	2.31	2.07	1.83	1.60	0.82
MU10	—	1.89	1.69	1.50	1.30	0.67

注：当烧结的孔砖的孔洞率大于 30% 时，表中数值应乘以 0.9。

表 11-2 混凝土普通砖和混凝土多孔砖砌体的抗压强度设计值 （单位：N/mm^2）

砖强度等级	砂浆强度等级					砂浆强度
	Mb15	Mb10	M7.5	Mb7.5	Mb5	
MU30	4.61	3.94	3.27	2.93	2.59	1.15
MU25	4.21	3.60	2.98	2.68	2.37	1.05
MU20	3.77	3.22	2.67	2.39	2.12	0.94
MU15	—	2.79	2.31	2.07	1.83	0.82

表 11-3 蒸压灰砂普通砖和蒸压粉煤灰普通砖砌体的抗压强度设计值

（单位：N/mm^2）

砖强度等级	砂浆强度等级				砂浆强度
	M15	M10	M7.5	M5	
MU25	3.60	2.98	2.68	2.37	1.05
MU20	3.22	2.67	2.39	2.12	0.94
MU15	2.79	2.31	2.07	1.83	0.82

注：当采用专用砂浆砌筑时，其抗压强度设计值按表中数值采用。

表 11-4　单排孔混凝土和轻集料混凝土砌块对孔砌筑砌体的抗压强度设计值

（单位：N/mm²）

砌块强度等级	砂浆强度等级					砂浆强度
	Mb20	Mb15	Mb10	Mb7.5	Mb5	
MU20	6.30	5.68	4.95	4.44	3.94	2.33
MU15	—	4.61	4.02	3.61	3.20	1.89
MU10	—	—	2.79	2.50	2.22	1.31
MU7.5	—	—	—	1.93	1.71	1.01
MU5	—	—	—	—	1.19	0.70

注：1. 对独立柱或厚度为双排组砌的砌块砌体，应按表中数值乘以 0.7。
2. 对 T 形截面墙体、柱，应按表中数值乘以 0.85。

表 11-5　双排孔或多排孔轻集料混凝土砌块砌体的抗压强度设计值

（单位：N/mm²）

砌块强度等级	砂浆强度等级			砂浆强度
	Mb10	Mb7.5	Mb5	
MU10	3.08	2.76	2.45	1.44
MU7.5	—	2.13	1.88	1.12
MU5			1.31	0.78
MU3.5	—	—	0.95	0.56

注：1. 表中的砌块为火山灰、浮石和陶粒轻集料混凝土砌块。
2. 对厚度方向为双排组砌的轻集料混凝土砌体的抗压强度设计值，应按表中数值乘以 0.8。

表 11-6　毛料石砌体的抗压强度设计值　　（单位：N/mm²）

毛料石强度等级	砂浆强度等级			砂浆强度
	M7.5	M5	M2.5	
MU100	5.42	4.80	4.18	2.13
MU80	4.85	4.29	3.73	1.91
MU60	4.20	3.71	3.23	1.65
MU50	3.83	3.39	2.95	1.51
MU40	3.43	3.04	2.64	1.35
MU30	2.97	2.63	2.29	1.17
MU20	2.42	2.15	1.87	0.95

注：对下列各类料石砌体，应按表中数值分别乘以相应的系数：细料石砌体，1.5；半细料石砌体，1.3；粗料石砌体，1.2；干砌勾缝石砌体，0.8。

表 11-7　毛石砌体的抗压强度设计值　　（单位：N/mm²）

毛石强度等级	砂浆强度等级			砂浆强度
	M7.5	M5	M2.5	
MU100	1.27	1.12	0.98	0.34
MU80	1.13	1.00	0.87	0.30

（续）

毛石强度等级	砂浆强度等级			砂浆强度
	M7.5	M5	M2.5	
MU60	0.98	0.87	0.76	0.26
MU50	0.90	0.80	0.69	0.23
MU40	0.80	0.71	0.62	0.21
MU30	0.69	0.61	0.53	0.18
MU20	0.56	0.51	0.44	0.15

表 11-8 沿砌体灰缝截面破坏时的砌体抗拉强度设计值、弯曲抗拉强度设计值和抗剪强度设计值 （单位：N/mm^2）

强度类别	破坏特征与砌体种类		砂浆强度等级			
			≥M10	M7.5	M5	M2.5
轴心抗拉	沿齿缝	烧结普通砖、烧结多孔砖	0.19	0.16	0.13	0.09
		蒸压灰砂砖、蒸压粉煤灰砖	0.12	0.10	0.08	0.06
		混凝土砌块	0.09	0.08	0.07	—
		毛石	0.08	0.07	0.06	0.04
弯曲抗拉	沿齿缝	烧结普通砖、烧结多孔砖	0.33	0.29	0.23	0.17
		蒸压灰砂砖、蒸压粉煤灰砖	0.24	0.20	0.16	0.12
		混凝土砌块	0.11	0.09	0.08	—
		毛石	0.13	0.11	0.09	0.07
	沿通缝	烧结普通砖、烧结多孔砖	0.17	0.14	0.11	0.08
		蒸压灰砂砖、蒸压粉煤灰砖	0.12	0.10	0.08	0.06
		混凝土砌块	0.08	0.06	0.05	—
抗剪	烧结普通砖、烧结多孔砖		0.17	0.14	0.11	0.08
	蒸压灰砂砖、蒸压粉煤灰砖		0.12	0.10	0.08	0.06
	混凝土和轻集料混凝土砌块		0.09	0.08	0.06	—
	毛石		0.22	0.19	0.16	0.11

注：1. 对于用形状规则的块体砌筑的砌体，当搭接长度与块体高度的比值小于1时，其轴心抗拉强度设计值f_t和弯曲抗拉强度设计值f_{tm}应按表中数值乘以搭接长度与块体高度的比值后采用。

2. 表中数值是依据普通砂浆砌筑的砌体确定，采用经研究性试验且通过技术鉴定的专用砂浆砌筑的蒸压灰砂普通砖、蒸压粉煤灰普通砖砌体，其抗剪强度设计值按相应强度等级普通砂浆砌筑的烧结普通砖砌体采用。

3. 对混凝土普通砖、混凝土多孔砖、混凝土和轻集料混凝土砌块砌体，表中的砂浆强度等级分别为：≥Mb10、Mb7.5 及 Mb5。

特别注意，考虑到一些不利因素，下列情况的各类砌体，其砌体强度设计值还应乘以调整系数 γ_a：

1）上述表中给出的是当施工质量控制等级为B级时的各类砌体的抗压、抗拉和抗剪强度设计值。当施工质量控制为C级时，表中数值应乘以调整系数 $\gamma_a=0.89$；当施工质量控制为A级时，可将表中数值乘以调整系数 $\gamma_a=1.15$。

2）对无筋砌体构件，其截面面积小于 $0.3m^2$ 时，γ_a 为其截面面积加0.7；对于配筋砌体，当其中砌体截面面积小于 $0.2m^2$ 时，γ_a 为其截面面积加0.8。构件截面面积以"m^2"计。

3）当砌体用强度等级小于M5的水泥砂浆砌筑时，对表11-1～表11-7的数值，γ_a 为0.9，对表11-8的数值为0.8；对配筋砌体构件，当其中的砌体采用水泥砂浆砌筑时，仅对砌体的强度设计值乘以调整系数 γ_a。

4）当验算施工中房屋的构件时，$\gamma_a=1.1$。

11.3　无筋砌体受压构件承载力计算

11.3.1　基本计算公式

在试验研究和理论分析的基础上，规范规定无筋砌体受压构件的承载力应按下式计算

$$N \leqslant \Phi f A \tag{11-1}$$

式中　N——轴向力设计值；

φ——高厚比 β 和轴向力的偏心距 e 对受压构件承载力的影响系数，可由表11-9查得；另外还有与砂浆强度等级M2.5、M0对应的影响系数 φ 值表，可查阅《砌体结构设计规范》（GB 50003—2011）取用；

f——砌体抗压强度设计值，按表11-1～表11-7采用；

A——截面面积，对各类砌体均按毛截面计算。

表11-9　高厚比 β 和轴向力的偏心距 e 对受压构件承载力的影响系数 φ（砂浆强度等级≥M5）

β	e/h 或 e/h_T						
	0	0.025	0.05	0.075	0.1	0.125	0.15
≤3	1	0.99	0.97	0.94	0.89	0.84	0.79
4	0.98	0.95	0.90	0.85	0.80	0.74	0.69
6	0.95	0.91	0.86	0.81	0.75	0.69	0.64
8	0.91	0.86	0.81	0.76	0.70	0.64	0.59
10	0.87	0.82	0.76	0.71	0.65	0.60	0.55
12	0.82	0.77	0.71	0.66	0.60	0.55	0.51
14	0.77	0.72	0.66	0.61	0.56	0.51	0.47
16	0.72	0.67	0.61	0.56	0.52	0.47	0.44
18	0.67	0.62	0.57	0.52	0.48	0.44	0.40
20	0.62	0.57	0.53	0.48	0.44	0.40	0.37
22	0.58	0.53	0.49	0.45	0.41	0.38	0.35
24	0.54	0.49	0.45	0.41	0.38	0.35	0.32
26	0.50	0.46	0.42	0.38	0.35	0.33	0.30
28	0.46	0.42	0.39	0.36	0.33	0.30	0.28
30	0.42	0.39	0.36	0.33	0.31	0.28	0.26

（续）

β	e/h 或 e/h_T					
	0.175	0.2	0.225	0.25	0.275	0.3
≤3	0.73	0.68	0.62	0.57	0.52	0.48
4	0.64	0.58	0.53	0.49	0.45	0.41
6	0.59	0.54	0.49	0.45	0.42	0.38
8	0.54	0.50	0.46	0.42	0.39	0.36
10	0.50	0.46	0.42	0.39	0.36	0.33
12	0.47	0.43	0.39	0.36	0.33	0.31
14	0.43	0.40	0.36	0.34	0.31	0.29
16	0.40	0.37	0.34	0.31	0.29	0.27
18	0.37	0.34	0.31	0.29	0.27	0.25
20	0.34	0.32	0.29	0.27	0.25	0.23
22	0.32	0.30	0.27	0.25	0.24	0.22
24	0.30	0.28	0.26	0.24	0.22	0.21
26	0.28	0.26	0.24	0.22	0.21	0.19
28	0.26	0.24	0.22	0.21	0.19	0.18
30	0.24	0.22	0.21	0.20	0.18	0.17

11.3.2 计算时高厚比β的确定及修正

使用式（11-1）时，高厚比β应按以下方法确定：

对矩形截面 $$\beta=\gamma_\beta\frac{H_0}{h}$$

对T形或十字形截面 $$\beta=\gamma_\beta\frac{H_0}{h_T}$$

式中 H_0——受压构件的计算高度，按表11-10采用；

h——矩形截面轴向力偏心方向的边长，当轴心受压时为截面较小边长；

h_T——T形截面的折算厚度，可近似按 $h_T=3.5i$ 计算；

i——截面的回转半径；

γ_β——高厚比修正系数，按表11-11取用。

表11-10 墙、柱的计算高度 H_0

房屋类别			柱		带壁柱墙或周边拉结的墙		
			排架方向	垂直排架方向	$s>2H$	$2H\geq s>H$	$s<H$
无起重机的单层房屋和多层房屋	单跨	弹性方案	1.5H	1.0H	1.5H		
		刚弹性方案	1.2H	1.0H	1.2H		
	多跨	弹性方案	1.25H	1.0H	1.25H		
		刚弹性方案	1.10H	1.0H	1.10H		
	刚性方案		1.0H	1.0H	1.0H	0.4s+0.2H	0.6s

注：1. 对于上端为自由端的构件，$H_0=2H$。

2. s 为房屋横墙间距。

3. 自承重墙的计算高度应根据周边支承或拉结条件确定。

4. 独立砖柱，当无柱间支撑时，柱在垂直排架方向的 H_0 应按表中数值乘以1.25后采用。

表 11-11　高厚比修正系数 γ_β

砌体材料类别	γ_β
烧结普通砖、烧结多孔砖	1.0
混凝土及轻集料混凝土砌块	1.1
蒸压灰砂砖、蒸压粉煤灰砖、细料石、半细料石	1.2
粗料石、毛石	1.5

在受压承载力计算时应注意：对矩形截面，当轴向力偏心方向的截面边长大于另一方向的边长时，除按偏心受压计算外，还应对较小边长方向按轴心受压进行验算，其 β 值是不同的；轴向力偏心距应满足 $e \leqslant 0.6y$，y 为截面中心到轴向力所在偏心方向截面边缘的距离。

11.3.3　计算例题

【例 11-1】　已知某受压砖柱，承受轴向力的设计值 $N=150\text{kN}$，沿截面长边方向的弯矩设计值 $M=8.5\text{kN}\cdot\text{m}$；柱的计算高度 $H_0=5.9\text{m}$，采用 MU10 烧结普通砖和 M5 混合砂浆砌筑，截面尺寸为 $b\times h=490\text{mm}\times620\text{mm}$，施工质量控制等级为 B 级。试验算该柱的承载力是否满足要求。

【解】　1）首先确定该柱为偏心受压。查表 11-1 得 $f=1.50\text{N/mm}^2$，$A=(0.49\times0.62)\ \text{m}^2=0.3038\text{m}^2>0.3\text{m}^2$，故不需对 f 进行调整。柱的偏心距为

$$e=\frac{M}{N}=\frac{8.5\times10^3}{150}\text{mm}=56.67\text{mm}$$

2）计算高厚比 β。

查表 11-11 得 $\gamma_\beta=1.0$，则

$$\beta=\gamma_\beta\frac{H_0}{h}=1.0\times\frac{5.9}{0.62}=9.52$$

3）确定承载力影响系数 φ 值。

$$\frac{e}{h}=\frac{56.67}{620}=0.091$$

查表 11-9 得 $\varphi=0.681$。

4）验算。

$$\varphi fA=0.681\times1.50\times0.3038\times10^6\text{N}=310332\text{N}=310.3\text{kN}>N=150\text{kN}$$

5）短边按轴心受压验算（$e=0$）。

$$\beta=\frac{H_0}{h}=\frac{5.9}{0.49}=12.04$$

查表 11-9 得 $\varphi=0.82$，代入计算

$$\begin{aligned}\varphi fA&=0.82\times1.50\times0.3038\times10^6\text{N}=373674\text{N}\\&=373.7\text{kN}>N=150\text{kN}\quad（满足要求）\end{aligned}$$

【例 11-2】　一截面尺寸为 $b\times h=1000\text{mm}\times190\text{mm}$ 的窗间墙，计算高度 $H_0=3.0\text{m}$；采用 MU10 单排孔混凝土小型空心砌块对孔砌筑，M5 混合砂浆砌筑，承受轴向力的设计值 $N=128\text{kN}$，偏心距（沿墙厚方向）$e=35\text{mm}$，施工质量控制等级为 C 级。试验算该柱的承载力是否满足要求。

【解】 1）砌体抗压强度的计算。查表11-4得$f=2.22\mathrm{N/mm^2}$，$A=1\times0.19\mathrm{m^2}=0.19\mathrm{m^2}<0.3\mathrm{m^2}$，故须对$f$乘以调整系数$\gamma_a$，$\gamma_a=A+0.7=0.19+0.7=0.89$。另外，施工质量控制等级为C级，还应乘以调整系数0.89，故调整后的砌体抗压强度为

$$f=2.22\times0.89\times0.89\mathrm{N/mm^2}=1.758\mathrm{N/mm^2}$$

2）计算高厚比β。

$$\beta=\frac{H_0}{h}=\frac{3.0}{0.19}=15.79$$

查表11-11对β进行修正，修正系数$\gamma_\beta=1.1$，$\beta=1.1\times15.79=17.37$。

3）计算φ值。根据$e/h=35/190=0.184$，查表11-9得$\varphi=0.355$。

4）验算。

$$\begin{aligned}\varphi fA&=0.355\times1.758\times0.19\times10^6\mathrm{N}=118577\mathrm{N}\\&=118.6\mathrm{kN}<N=128\mathrm{kN}\text{（不满足要求）}\end{aligned}$$

【例11-3】 带壁柱窗间墙的截面如图11-6所示，计算高度$H_0=8.0\mathrm{m}$；采用MU10烧结普通砖和M5混合砂浆砌筑，承受轴向力的设计值$N=100\mathrm{kN}$，弯矩设计值$M=12\mathrm{kN\cdot m}$；偏心压力偏向截面肋部一侧，施工质量控制等级为B级，试验算该柱的承载力是否满足要求。

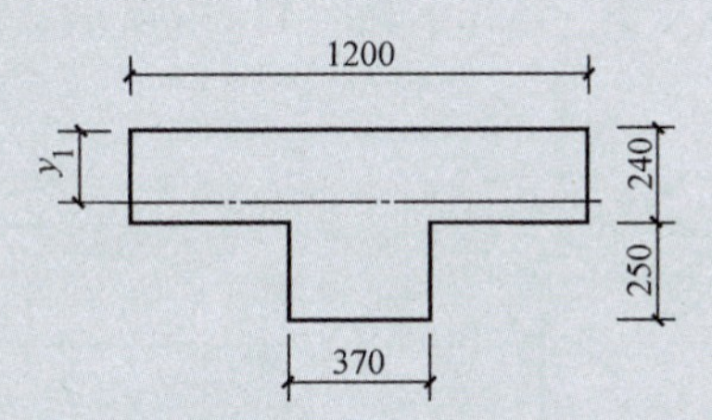

图11-6 带壁柱窗间墙的截面图

【解】 1）几何特征计算。

截面面积$A=(1.2\times0.24+0.25\times0.37)\mathrm{m^2}$

$=0.3805\mathrm{m^2}$

截面重心位置

$$y_1=\frac{1.2\times0.24\times0.12+0.25\times0.37\times(0.24+0.25/2)}{1.2\times0.24+0.25\times0.37}\mathrm{m}=0.18\mathrm{m}$$

$$y_2=(0.49-0.18)\mathrm{m}=0.31\mathrm{m}$$

惯性矩

$$I=\left[\frac{1}{12}\times1.2\times0.24^3+1.2\times0.24\times(0.18-0.12)^2+\frac{1}{12}\times0.37\times0.25^3+0.37\times0.25\times(0.25/2+0.24-0.18)^2\right]\mathrm{m^4}=5.94\times10^{-3}\mathrm{m^4}$$

截面回转半径 $i=\sqrt{\frac{I}{A}}=\sqrt{\frac{5.94\times10^{-3}}{0.3805}}\mathrm{m}=0.125\mathrm{m}$

则T形截面的折算厚度$h_T=3.5i=3.5\times0.125\mathrm{m}=0.4375\mathrm{m}$

2）计算偏心距。

$$e=\frac{M}{N}=\frac{12}{100}\text{m}=0.12\text{m}$$

$$e/y=0.12/0.31=0.387<0.6$$

3）承载力计算。查表 11-1 得 $f=1.50\text{N/mm}^2$。

$$\beta=\frac{H_0}{h_T}=\frac{8.0}{0.4375}=18.28,\quad e/h_T=0.12/0.4375=0.274$$

查表 11-9 得 $\varphi=0.27$，则

$$\begin{aligned}\varphi fA &=0.27\times1.50\times0.3805\times10^6\text{N}=154103\text{N}\\ &=154.1\text{kN}>N=100\text{kN}\quad（满足要求）\end{aligned}$$

11.4　砌体的局部受压承载力计算

11.4.1　局部受压的特点

当轴向压力只作用在砌体的局部截面上时，称为局部受压。若轴向力在该截面上产生的压应力均匀分布，称为局部均匀受压，如图 11-7a 所示。压应力若不是均匀分布，则称为非均匀局部受压，如直接承受梁端支座反力的墙体，如图 11-7b 所示。

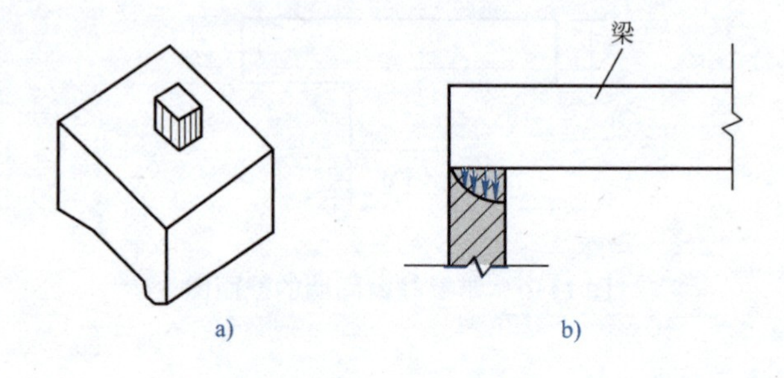

图 11-7　局部受压情形

a）局部均匀受压　b）非均匀局部受压

试验表明，局部受压时，砌体有三种破坏形态：

(1) 因竖向裂缝的发展而破坏　这种破坏的特点是，随荷载的增加，第一批裂缝在离开垫板的一定距离（1~2 皮砖）处首先发生，裂缝主要沿纵向分布（也有沿斜向分布的），其中部分裂缝向上、下延伸连成一条主裂缝而引起破坏，如图 11-8a 所示。这是较常见的破坏形态。

(2) 劈裂破坏　这种破坏多发生于砌体面积与局部受压面积之比很大时，产生的纵向裂缝少而集中，而且一旦出现裂缝，砌体就如刀劈那样突然破坏，砌体的开裂荷载与破坏荷载很接近，如图 11-8b 所示。

(3) 局部受压面的压碎破坏　当砌筑砌体的块体强度较低而局部压力很大时（例如梁端支座下面砌体的局部受压），就可能在砌体未开裂时发生局部被压碎的现象，如图 11-8c 所示。

11.4.2　局部抗压强度提高系数

在局部压力作用下，局部受压范围内砌体的抗压强度会有较大提高。这主要有两个方面的

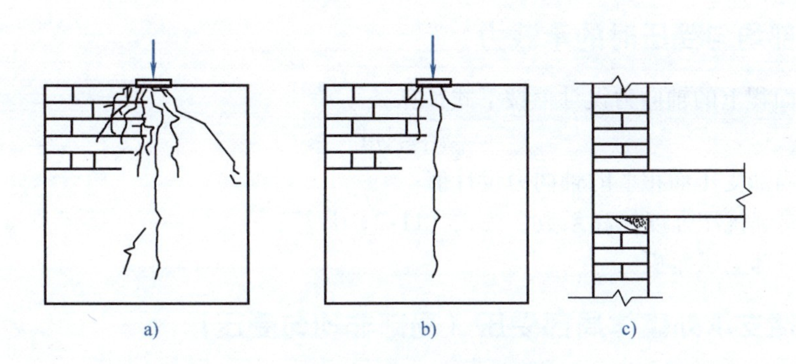

图11-8　局部受压破坏形态

a）因纵向裂缝的发展而引起的破坏　b）劈裂破坏　c）局部压坏

原因：①未直接受压的外围砌体阻止直接受压砌体的横向变形，对直接受压的内部砌体具有约束作用，称为“套箍强化”作用；②由于砌体搭缝砌筑，局部压力迅速向未直接受压的砌体扩散，从而使应力很快变小，称为“应力扩散”作用。

如砌体抗压强度为f，则其局部抗压强度可取为γf，其中的γ为局部抗压强度提高系数。《砌体结构设计规范》规定γ按下式计算

$$\gamma = 1 + 0.35\sqrt{\frac{A_0}{A_l} - 1} \tag{11-2}$$

式中　A_l——局部受压面积；

A_0——影响砌体局部抗压强度的计算面积，如图11-9所示。

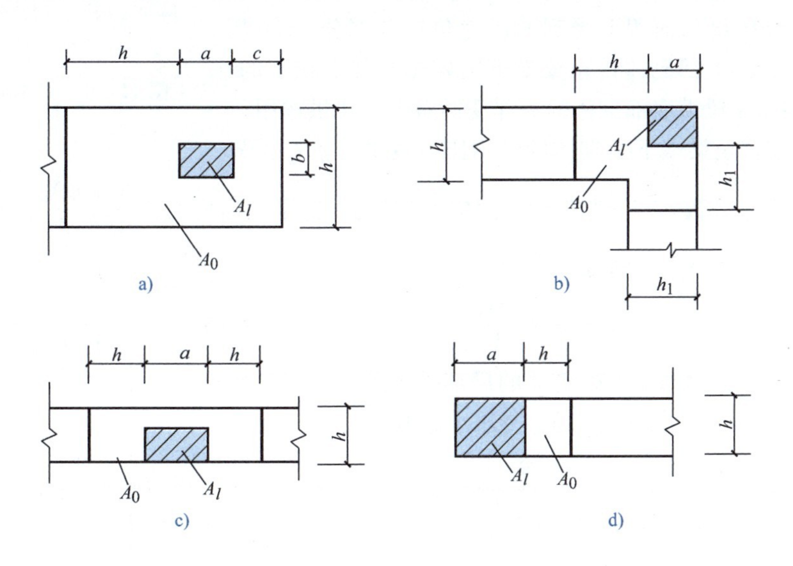

图11-9　影响砌体局部抗压强度的计算面积A_0

为了避免A_0/A_l大于某一限值时会出现危险的劈裂破坏，《砌体结构设计规范》（GB 50003—2011）还规定，按式（11-2）计算的γ值应有所限制。在图11-9中所列四种情况下的γ值分别不宜超过2.5、2.0、1.5和1.25。

11.4.3　局部均匀受压时的承载力

局部受压面积上的轴向力设计值按下式计算

$$N_l \leqslant \gamma f A_l \tag{11-3}$$

式中　N_l——局部受压面积上的轴向力设计值；

γ——局部抗压强度提高系数，按式（11-2）计算；

A_l——局部受压面积。

11.4.4　梁端支承处砌体局部受压（局部非均匀受压）

1. 梁端有效支承长度

钢筋混凝土梁直接支承在砌体上，若梁的支承长度为a，则由于梁的变形和支承处砌体的压缩变形，梁端有向上翘的趋势，因而梁的有效支承长度a_0常小于实际支承长度a（$a_0 \leqslant a$）。砌体的局部受压面积为$A_l = a_0 b$（b为梁的宽度），而且梁端下面砌体的局部压应力也非均匀分布，如图11-10所示。

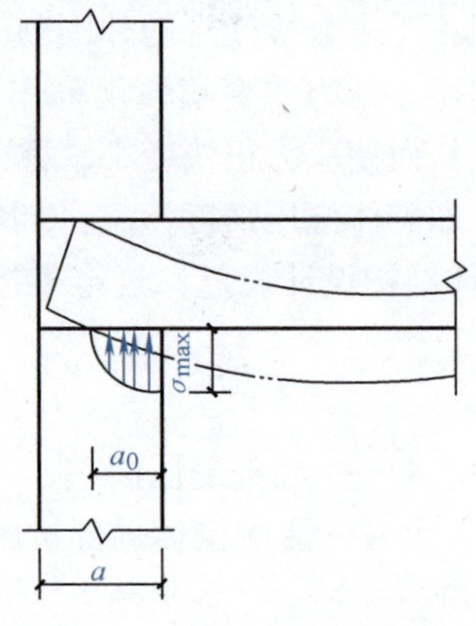

图11-10　梁端局部受压

《砌体结构设计规范》建议a_0可近似地按下式计算

$$a_0 = 10\sqrt{\frac{h_c}{f}} \tag{11-4}$$

式中　h_c——梁的截面高度；

f——砌体抗压强度设计值。

2. 梁端支承处砌体的局部受压承载力计算

梁端下面砌体局部面积上受到的压力包括两部分：①梁端支承压力N_l；②上部砌体传至梁端下面砌体局部面积上的轴向力N_0。但由于梁端底部砌体的局部变形而产生"拱作用"（图11-11），使传至梁端下面砌体的平均压力减少为ψN_0（ψ为上部荷载的折减系数）。故梁端下面砌体所受到的局部平均压应力为$\frac{N_l}{A_l}+\frac{\psi N_0}{A_l}$，而局部受压的最大压应力可表达为$\sigma_{max}$，则有

$$\eta \sigma_{max} = \frac{N_l}{A_l} + \frac{\psi N_0}{A_l} \tag{11-5}$$

当$\sigma_{max} \leqslant \gamma f$时，梁端支承处砌体的局部受压承载力满足要求。代入后整理得梁端支承处砌体的局部受压承载力公式

$$N_l + \psi N_0 \leqslant \eta \gamma f A_l \tag{11-6}$$

$$\psi = 1.5 - 0.5\frac{A_0}{A_l} \tag{11-7}$$

$$A_l = a_0 b \tag{11-8}$$

$$N_0 = \sigma_0 A_l \tag{11-9}$$

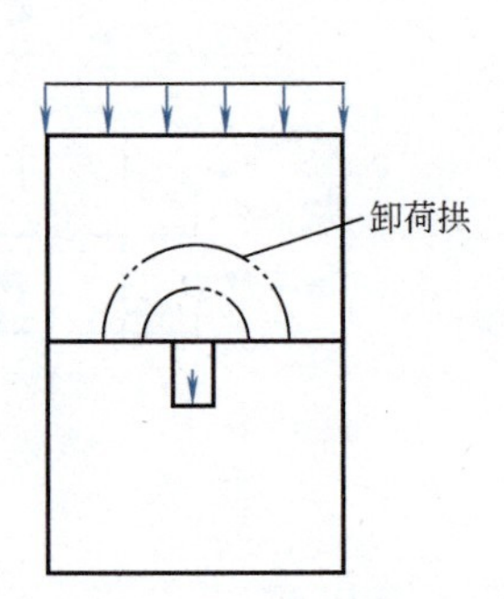

图11-11　上部荷载的传递

式中　ψ——上部荷载的折减系数，当A_0/A_l大于或等于3时，取$\psi=0$；

N_0——局部受压面积内上部轴向力设计值；

N_l——梁端荷载设计值产生的支承压力；

A_l——局部受压面积；

σ_0——上部荷载产生的平均压应力设计值；

η——梁端底面应力图形的完整系数，一般可取0.7，对于过梁和墙梁可取1.0；

a_0——梁端有效支承长度，当a_0大于a时，取$a_0 = a$；

f——砌体抗压强度设计值。

11.4.5 梁下设有刚性垫块

当梁端局部受压承载力不满足要求时，常采用在梁端下设置预制或现浇混凝土垫块的方法以扩大局部受压面积，提高承载力。当垫块高度$t_b \geqslant 180\text{mm}$，且垫块自梁边缘起挑出的长度不大于垫块的高度时，称为刚性垫块，如图11-12所示。刚性垫块不但可以增大局部受压面积，还能使梁端压力较均匀地传至砌体表面。《砌体结构设计规范》规定刚性垫块下砌体局部受压承载力计算公式为

$$N_0 + N_l \leqslant \varphi \gamma_1 f A_b \tag{11-10}$$

式中 N_0——垫块面积内上部轴向力设计值，$N_0 = \sigma_0 A_b$；

N_l——梁端支承压力设计值；

γ_1——垫块外的砌体面积的有利影响系数，$\gamma_1 = 0.8\gamma$但不小于1，γ为砌体局部抗压强度的提高系数，按式（11-2）计算，但要用A_b代替式中的A_l；

φ——垫块上N_0及N_l合力的影响系数，但不考虑纵向弯曲影响，查表11-9时，取$\beta \leqslant 3$时的φ值；

A_b——垫块面积，$A_b = a_b b_b$，a_b为垫块的长度，b_b为垫块的宽度。

在带壁柱墙的壁柱内设置刚性垫块时（图11-12），垫块伸入翼墙内的长不应小于120mm，计算面积应取壁柱面积A_0，不计算翼缘部分。

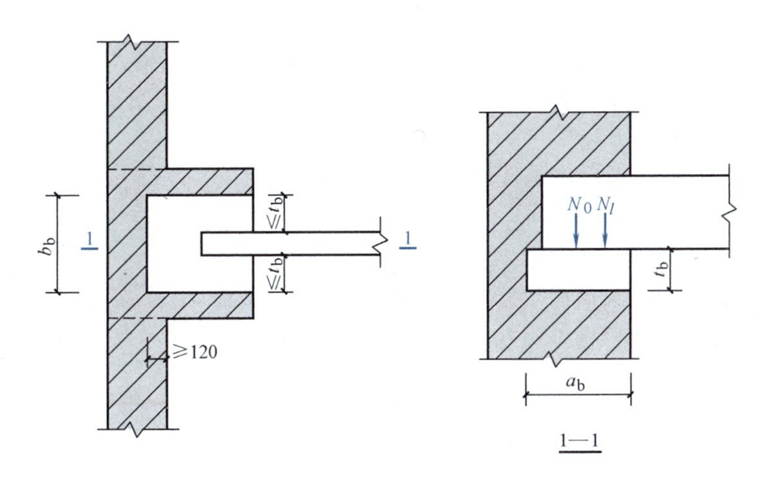

图11-12 壁柱上设有垫块时梁端局部受压

刚性垫块上表面梁端有效支承长度a_0按下式确定

$$a_0 = \delta_1 \sqrt{\frac{h_c}{f}} \tag{11-11}$$

式中　δ_1——刚性垫块上表面梁端有效支承长度 a_0 的计算系数，按表 11-12 采用，垫块上 N_l 合力点的位置可取在 $0.4a_0$ 处。

表 11-12　刚性垫块上表面梁端有效支承长度 a_0 的计算系数

σ_0/f	0	0.2	0.4	0.6	0.8
δ_1	5.4	5.7	6.0	6.9	7.8

11.4.6　梁下设有长度大于 πh_0 的钢筋混凝土垫梁

如图 11-13 所示，当梁端支承处的墙体上设有连续的钢筋混凝土梁（如圈梁）时，该梁可起垫梁的作用，其下的压应力分布可近似地简化为三角形分布，其分布长度为 πh_0。

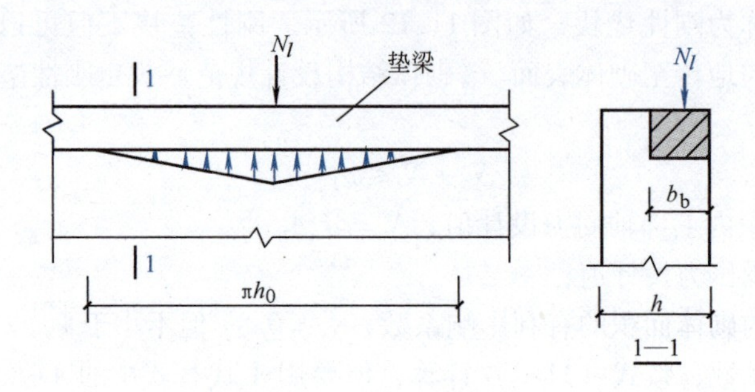

图 11-13　垫梁局部受压

垫梁下砌体的局部受压承载力按下式计算

$$N_l + N_0 \leqslant 2.4\delta_2 f b_b h \tag{11-12}$$

$$N_0 = \frac{\pi b_b h_0 \sigma_0}{2} \tag{11-13}$$

$$h_0 = 2\sqrt[3]{\frac{E_b I_b}{Eh}} \tag{11-14}$$

式中　N_l——梁端支承压力；

N_0——垫梁 $\pi b_b h_0/2$ 范围内上部轴向力设计值；

b_b——垫梁宽度（mm）；

h_0——垫梁折算高度（mm）；

δ_2——计算系数，当荷载沿墙厚方向均匀分布时，δ_2 取 1.0；不均匀分布时，δ_2 取 0.5；

E_b、I_b——垫梁的混凝土弹性模量和惯性矩；

E——砌体的弹性模量；

h——墙厚（mm）。

11.4.7　计算例题

【例 11-4】　某窗间墙截面尺寸为 1200mm × 240mm，采用 MU10 烧结普通砖、M5 混合砂浆砌筑。墙上支承有 250mm × 600mm 的钢筋混凝土梁，如图 11-14 所示。梁上荷载产生的支承压力 N_l = 100kN，上部荷载传来的轴向力设计值 80kN。试验算梁端支承处砌体的局部受压承载力。

【解】 1）砌体抗压强度承载力设计值计算。查表11-1得$f=1.5\text{N/mm}^2$。

2）梁端有效支承长度。

$$a_0=10\sqrt{\frac{h_c}{f}}=10\times\sqrt{\frac{600}{15}}\text{mm}=200\text{mm}<a=240\text{mm}$$

3）局部受压面积、局部抗压强度提高系数计算。

$$A_l=a_0b=200\times250\text{mm}^2=50000\text{mm}^2$$

$$A_0=240\times(240\times2+250)\text{mm}^2=175200\text{mm}^2$$

$$\gamma=1+0.35\sqrt{\frac{A_0}{A_l}-1}$$

$$=1+0.35\sqrt{\frac{175200}{50000}-1}=1.55<2.0$$

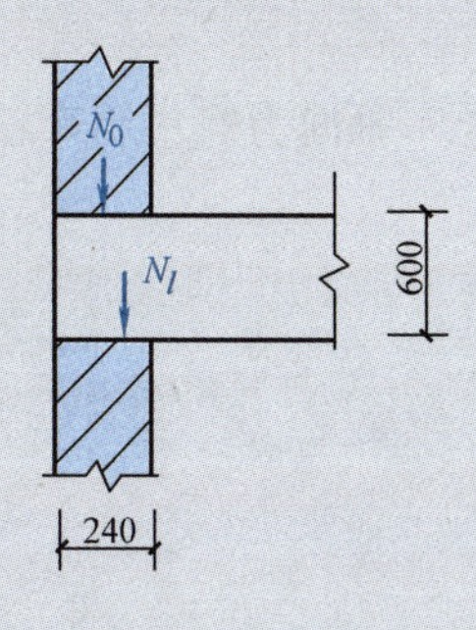

图11-14 【例11-4】图

4）上部荷载折减系数计算。

$\frac{A_0}{A_l}=\frac{175200}{50000}=3.5>3$，故不考虑上部荷载的影响，取$\psi=0$。

5）局部受压承载力验算。

$$\eta\gamma fA_l=0.7\times1.55\times1.5\times50000\text{N}=81375\text{N}=81.375\text{kN}$$

$$<N_l+\psi N_0=100\text{kN}\text{（不满足要求）}$$

【例11-5】 条件同【例11-4】，如设置刚性垫块，试选择垫块的尺寸，并进行验算。

【解】 1）选择垫块的尺寸（图11-15）。取垫块的厚度$t_b=240\text{mm}$，宽度$a_b=240\text{mm}$，长度$b_b=650\text{mm}$，因$b_b=650\text{mm}<250\text{mm}+2t_b=730\text{mm}$，且$(240\times2+650)\text{mm}=1130\text{mm}<1200\text{mm}$（窗间墙宽度），故有

$$A_0=240\times(240\times2+650)\text{mm}^2=271200\text{mm}^2$$

局部受压面积$A_l=A_b=a_bb_b=240\times650\text{mm}^2=156000\text{mm}^2$

2）局部抗压强度提高系数。

$$\gamma=1+0.35\sqrt{\frac{A_0}{A_l}-1}=1+0.35\sqrt{\frac{271200}{156000}-1}=1.30<2.0$$

$$\gamma_1=0.8\gamma=0.8\times1.30=1.04>1$$

3）求影响系数φ。上部荷载产生的平均压应力。

$\sigma_0=\frac{80\times10^3\text{N}}{1200\text{mm}\times240\text{mm}}=0.28\text{N/mm}^2$，$\frac{\sigma_0}{f}=0.187$，查表11-12得$\delta_1=5.68$。

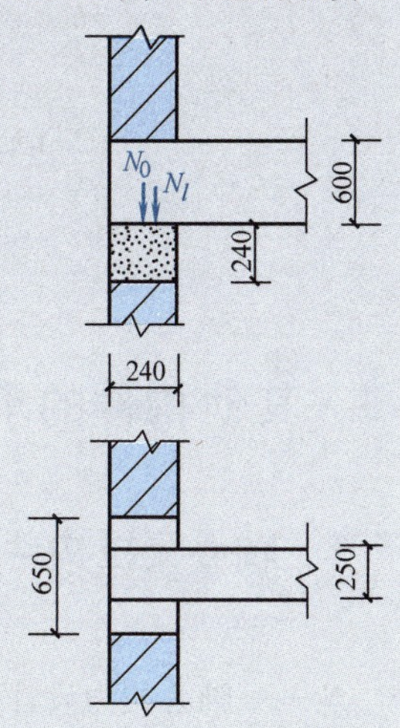

图11-15 【例11-5】图

刚性垫块上表面梁端有效支承长度

$$a_0=\delta_1\sqrt{\frac{h_c}{f}}=5.68\times\sqrt{\frac{600}{1.50}}\text{mm}=113.6\text{mm}$$

N_l合力点至墙边的位置为 $0.4a_0=0.4\times113.6\text{mm}=45.44\text{mm}$

N_l对垫块中心的偏心距为 $e_l=(120-45.44)\text{mm}=74.56\text{mm}$

垫块上的上部荷载产生的轴向力

$$N_0=\sigma_0 A_b=0.28\times156000\text{N}=43680\text{N}=43.68\text{kN}$$

作用在垫块上的总轴向力

$$N=N_0+N_l=(43.68+100)\text{kN}=143.68\text{kN}$$

轴向力对垫块重心的偏心距

$$e=\frac{N_l e_l}{N_0+N_l}=\frac{100\times74.56}{143.68}\text{mm}=51.89\text{mm}$$

$\frac{e}{a_b}=51.89/240=0.216$，查表 11-9（$\beta\leqslant3$）得 $\varphi=0.648$。

$$\varphi\gamma_1 fA_b=0.648\times1.04\times1.5\times156000\text{N}=157697\text{N}$$
$$=157.7\text{kN}>N=143.68\text{kN}\quad（满足要求）$$

【例 11-6】 条件同【例 11-4】，如梁下设置钢筋混凝土圈梁，试验算局部受压承载力。圈梁截面尺寸为 $b\times h=240\text{mm}\times240\text{mm}$，混凝土强度等级 C20（$E_b=25.5\times10^3\text{N/mm}^2$），砌体 $E=1600f=1600\times1.50\text{N/mm}^2=2.4\times10^3\text{N/mm}^2$。

【解】 1）垫梁折算高度。

$$h_0=2\sqrt[3]{\frac{E_b I_b}{Eh}}=2\sqrt[3]{\frac{25.5\times10^3\times\frac{1}{12}\times240^4}{2.4\times10^3\times240}}\text{mm}=461\text{mm}$$

2）垫梁 $\pi b_b h_0/2$ 范围内上部轴向力设计值。

$$N_0=\pi b_b h_0\sigma_0/2=3.14\times240\times461\times0.28/2\text{N}=48637\text{N}=48.64\text{kN}$$

3）验算。

$$2.4\delta_2 f b_b h_0=2.4\times1.0\times1.50\times240\times461\text{N}=398304\text{N}$$
$$=398.3\text{kN}>N_0+N_l=148.64\text{kN}\quad（满足要求）$$

11.5 其他构件的承载力计算

11.5.1 轴心受拉构件

$$N_t\leqslant f_t A \tag{11-15}$$

式中 N_t——轴心拉力设计值；

f_t——砌体轴心抗拉强度设计值，按表 11-8 采用。

11.5.2 受弯构件

1. 受弯构件的受弯承载力

$$M\leqslant f_{tm}W \tag{11-16}$$

式中 M——弯矩设计值；

f_{tm}——砌体弯曲抗拉强度设计值，按表 11-8 采用；

W——截面抵抗矩，矩形截面的高度和宽度为 h、b 时，$W=\frac{1}{6}bh^2$。

2. 受弯构件的受剪承载力

$$V \leqslant f_v bz \tag{11-17}$$

式中 V——剪力设计值；

f_v——砌体抗剪强度设计值，按表11-8采用；

b——截面宽度；

z——内力臂，$z=I/S$，I为截面惯性矩，S为截面面积矩；当截面为矩形时，取$z=2h/3$，h为截面高度。

11.5.3 受剪构件

如图11-16所示一拱支座的受力情况，对于此类既受到竖向压力，又受到水平剪力作用的砌体受剪承载力，《砌体结构设计规范》规定沿通缝或沿阶梯形截面破坏时，受剪构件的承载力可按下式计算

$$V \leqslant (f_v + \alpha\mu\sigma_0) A \tag{11-18}$$

$\gamma_G=1.3$ 时 $\quad \mu=0.24-0.071\sigma_0/f$

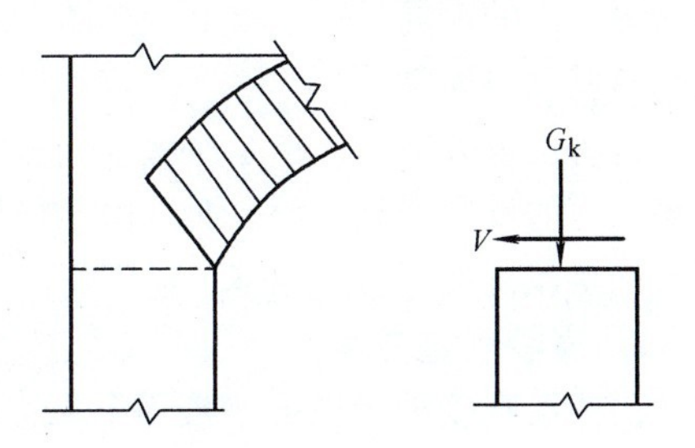

图11-16 拱支座截面受剪

式中 σ_0——永久荷载设计值产生的水平截面平均压应力；

V——截面剪力设计值；

A——水平截面面积，当有孔洞时，取净截面面积；

f_v——砌体抗剪强度设计值，按表11-8采用；

α——修正系数，当$\gamma_G=1.2$时，砖砌体取0.6，混凝土砌块砌体取0.64；当$\gamma_G=1.35$时，砖砌体取0.64，混凝土砌块砌体取0.66；

μ——剪压复合受力影响系数，α与μ的乘积可查表11-13；

f——砌体抗压强度设计值；

σ_0/f——轴压比，且不大于0.8。

表11-13 当$\gamma_G=1.2$及$\gamma_G=1.35$时的$\alpha\mu$值

γ_G		σ_0/f							
		0.1	0.2	0.3	0.4	0.5	0.6	0.7	0.8
1.2	砖砌体	0.15	0.15	0.14	0.14	0.13	0.13	0.12	0.12
	砌块砌体	0.16	0.16	0.15	0.15	0.14	0.13	0.13	0.12
1.35	砖砌体	0.14	0.14	0.13	0.13	0.13	0.12	0.12	0.11
	砌块砌体	0.15	0.14	0.14	0.13	0.13	0.13	0.12	0.12

11.6 混合结构房屋墙、柱的设计

混合结构房屋是指墙、柱、基础等竖向承重构件采用砌体材料，楼盖、屋盖等水平构件采用钢筋混凝土材料（或钢材、木材）建造的房屋，如常见的住宅、宿舍、办公楼、食堂、仓库等一般都是混合结构房屋。混合结构房屋在我国的低层和多层民用建筑中应用极为广泛。

混合结构房屋墙体的设计主要包括：结构布置方案、计算简图、荷载统计、内力计算、内

力组合、构件截面承载力验算等。

11.6.1　混合结构房屋的结构布置

结构布置方案主要是确定竖向承重构件的平面位置。混合结构房屋的结构布置方案，根据承重墙体和柱的位置不同可分为纵墙承重，横墙承重，纵、横墙混合承重三种方案。

1. 纵墙承重方案

此方案由纵墙直接承受屋（楼）面荷载。屋面板（楼板）直接支承于纵墙上，或支承在搁置于纵墙上的钢筋混凝土梁上，如图11-17所示。荷载的主要传递路线是：屋（楼）面荷载→纵墙→基础→地基。

这种承重方案的优点是房屋空间较大，平面布置灵活。但是由于纵墙上有大梁或屋架，外纵墙上窗的设置受到限制，而且由于横墙很少，房屋的横向刚度较差。纵墙承重适合于要求空间大的房屋，如厂房、教室、仓库等。

2. 横墙承重方案

由横墙直接承受屋面、楼面荷载。荷载的主要传递路线是：屋（楼）面荷载→横墙→基础→地基。横墙是主要的承重墙，如图11-18所示。

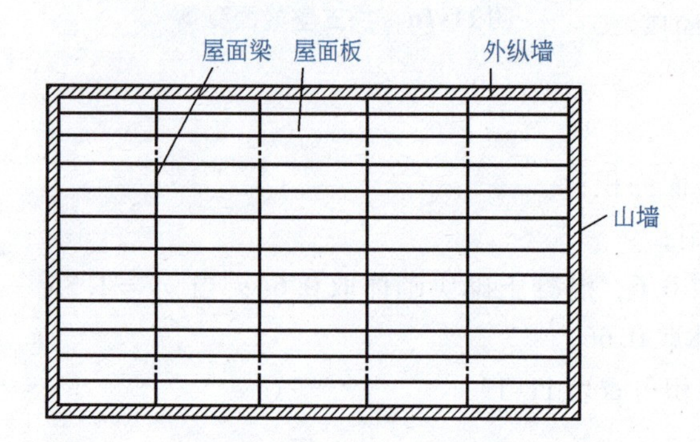

图11-17　纵墙承重方案

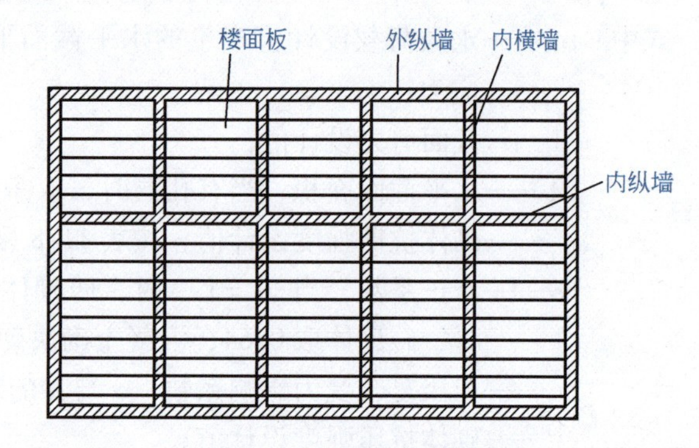

图11-18　横墙承重方案

这种承重方案的优点是横墙很多，房屋的横向刚度较大，整体性好，且外纵墙上开窗不受限制，立面处理、装饰较方便。其缺点是横墙很多，空间受到限制。横墙承重适合于房间大小固定、横墙间距较密的住宅、宿舍等建筑。

3. 纵、横墙混合承重方案

在实际工程中，一般是纵墙和横墙混合承重的，形成混合承重方案，如图11-19所示。荷载的主要传递路线是：屋（楼）面荷载→横墙及纵墙→相应基础→地基。

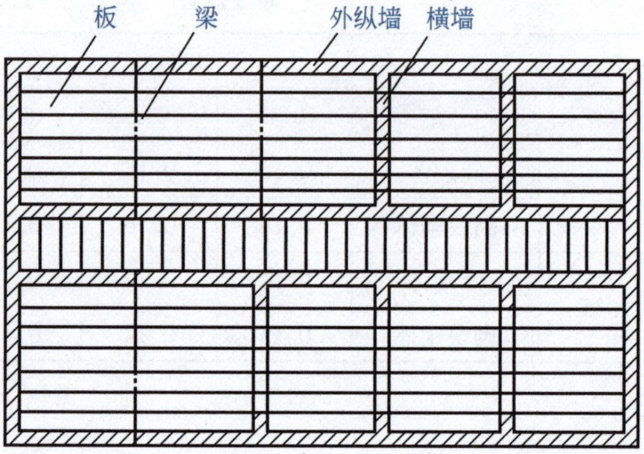

图11-19　纵、横墙混合承重方案

这种承重方案的优点是纵、横向墙体都承受楼面传来的荷载，且房屋在两个方向上的刚度均较大，有较强的抗风能力。纵、横墙混合承重适合于建筑使用功能要求多样的房屋，如教学楼、试验楼、办公楼等。

在实际工程中，要根据具体的使用要求、施工条件、材料、经济性等多种因素综合分析，并进行方案比较后确定采用哪一种方案。

11.6.2　混合结构房屋的静力计算方案

确定房屋的静力计算方案，实际上就是通过对房屋空间的工作情况进行分析，根据房屋空间刚度的大小确定墙、柱设计时的结构计算简图。确定房屋的静力计算方案非常重要，是关系到墙、柱的构造要求和承载力计算方法的主要根据。

1. 房屋的空间工作情况

混合结构房屋中的屋盖、楼盖、墙、柱和基础共同组成一个空间结构体系，承受作用在房屋上的竖向荷载和水平荷载。房屋的垂直荷载由楼盖和屋盖承受，并通过墙或柱传到基础和地基上去。作用在外墙上的水平荷载（如风荷载、地震作用）一部分通过屋盖和楼盖传给横墙，再由横墙传至基础和地基；另一部分直接由纵墙传给基础和地基。

在水平荷载作用下，屋盖和楼盖的工作相当于一根在水平方向受弯的梁，要产生水平位移，而房屋的墙柱和楼盖、屋盖连接在一起，因此墙、柱顶端也将产生水平位移。由此可知，混合结构房屋在荷载作用下，各种构件相互联系、相互影响，处在空间工作情况，因此在静力计算分析中必须要考虑房屋的空间工作。

2. 房屋的静力计算方案

根据房屋空间刚度的大小，我国《砌体结构设计规范》规定房屋的静力计算方案分为下列三种：

（1）刚性方案　当横墙间距小，楼盖、屋盖水平刚度较大时，在水平荷载作用下，房屋的水平位移很小。在确定墙、柱的计算简图时，可以忽略房屋的水平位移，将楼盖、屋盖视为墙、柱的不动铰支承，则墙、柱的内力可按不动铰支承的竖向构件计算，如图11-20a所示。这种房屋称为刚性方案房屋。一般的多层住宅、办公楼、教学楼、宿舍等均为刚性方案房屋。

（2）弹性方案　当房屋的横墙间距较大，楼盖、屋盖水平刚度较小时，则在水平荷载作用下，房屋的水平位移很大，不可以忽略。故在确定墙、柱的计算简图时，就不能把楼盖、屋盖视为墙柱的不动铰支承，而应视为可以自由移位的悬臂端，按平面排架计算墙、柱的内力，如图11-20b所示。这种房屋称为弹性方案房屋。一般的单层厂房、仓库、礼堂等多属于弹性方案房屋。

（3）刚弹性方案　这是介于“刚性”和“弹性”两种方案之间的房屋。其楼盖或屋盖具有一定的水平刚度，横墙间距不太大，能起一定的空间作用，在水平荷载作用下，其水平位移较弹性方案的水平位移要小，但又不能忽略。这种房屋称为刚弹性方案房屋。刚弹性方案房屋的墙柱内力计算应按屋盖或楼盖处具有弹性支承的平面排架计算，如图11-20c所示。

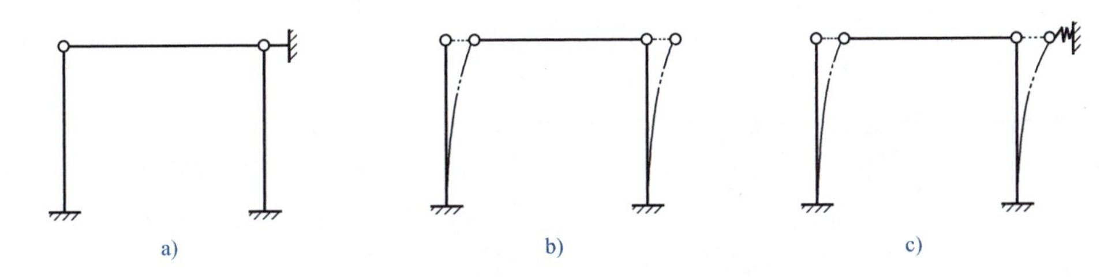

图11-20　三种静力计算方案计算简图

a）刚性方案房屋　b）弹性方案房屋　c）刚弹性方案房屋

《砌体结构设计规范》根据不同类型的楼盖、屋盖和横墙的间距设计了表格（表11-14），可直接查用，以确定房屋的静力计算方案。

表 11-14　房屋的静力计算方案

屋盖或楼盖类型		刚性方案	刚弹性方案	弹性方案
1	整体式、装配整体式和装配式无檩体系钢筋混凝土屋盖或钢筋混凝土楼盖	$s<32$	$32\leqslant s\leqslant 72$	$s>72$
2	装配式有檩体系钢筋混凝土屋盖、轻钢屋盖有密铺望板的木屋盖或木楼盖	$s<20$	$20\leqslant s\leqslant 48$	$s>48$
3	冷摊瓦木屋盖和石棉水泥瓦轻钢屋盖	$s<16$	$16\leqslant s\leqslant 36$	$s>36$

注：1. 表中 s 为房屋横墙间距，其长度单位为“m”。
2. 无山墙或伸缩缝处无横墙的房屋，应按弹性方案计算。

需要注意的是，从表 11-14 中可以看出，横墙间距是确定房屋静力计算方案的一个重要条件，因此刚性和刚弹性方案房屋的横墙应符合下列条件：

1）横墙中开有洞口时，洞口的水平截面面积不应超过横墙截面面积的 50%。

2）横墙的厚度不宜小于 180mm。

3）单层房屋的横墙长度不宜小于其高度，多层房屋的横墙长度不宜小于 $H/2$（H 为横墙总高度）。

若横墙不能同时符合上述三项要求，应对横墙的刚度进行验算。如其最大水平位移值不超过横墙高度的 1/4000 时，仍可视作刚性或刚弹性房屋的横墙。

11.6.3　墙、柱高厚比验算

墙、柱高厚比验算是保证砌体结构满足正常使用要求的构造措施之一，也是保证砌体结构在施工和使用阶段的稳定性的重要措施。

高厚比是指墙、柱的计算高度 H_0 与墙厚或矩形柱截面的边长 h（应取与 H_0 相对应方向的边长）的比值，用 β 表示。

1. 矩形截面墙、柱高厚比验算

《砌体结构设计规范》规定墙、柱的高厚比应符合下列条件

$$\beta=\frac{H_0}{h}\leqslant\mu_1\mu_2\,[\beta] \tag{11-19}$$

式中　H_0——墙、柱的计算高度，按表 11-10 采用；

h——墙厚或矩形柱与 H_0 对应的边长；

$[\beta]$——墙、柱的允许高厚比，按表 11-15 采用；

μ_1——自承重墙允许高厚比的修正系数，可按下列规定采用：当 $h=240$mm 时，$\mu_1=1.2$；当 $h=90$mm 时，$\mu_1=1.5$；当 90mm $<h<$ 240mm 时，μ_1 可按插入法取用；

μ_2——有门窗洞口墙允许高厚比的修正系数，按下式计算

$$\mu_2=1-0.4\,\frac{b_s}{s} \tag{11-20}$$

式中　b_s——在宽度 s 范围内的门窗洞口宽度；

s——相邻窗间墙之间或壁柱之间、构造柱之间的距离，如图 11-21 所示。

表11-15 墙、柱的允许高厚比［β］

砂浆强度等级	墙	柱
M2.5	22	15
M5.0	24	16
≥M7.5	26	17

注：1. 毛石墙、柱的允许高厚比应比表中数值降低20%。
2. 组合砖砌体构件的允许高厚比，可按表中数值提高20%，但不得大于28。
3. 验算施工阶段砂浆还未硬化的新砌砌体高厚比时，允许高厚比对墙取14，对柱取11。

按式（11-20）计算的μ_2值小于0.7时，应采用0.7；洞口高度等于或小于墙高的1/5时，可取$\mu_2=1.0$。

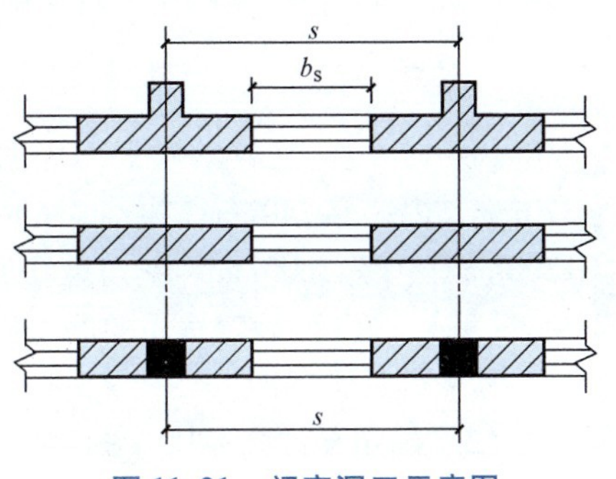

图11-21 门窗洞口示意图

应用式（11-19）时，应注意下列几个问题：

1）当与墙连接的相邻两横墙的距离$s\leqslant\mu_1\mu_2[\beta]h$时，墙的高度可不受式（11-19）限制。

2）变截面柱的高厚比可按上、下截面分别验算。

2. 带壁柱墙高厚比验算

（1）整片墙高厚比验算 按下式验算

$$\beta=\frac{H_0}{h_T}\leqslant\mu_1\mu_2\ [\beta] \tag{11-21}$$

式中 h_T——带壁柱墙截面的折算厚度，$h_T=3.5i$；

i——带壁柱墙截面的回转半径，$i=\sqrt{\frac{I}{A}}$；

I、A——带壁柱墙截面的惯性矩和截面面积。

如果验算纵墙的高厚比，计算H_0时，s取相邻横墙间距，如图11-22所示；如果验算横墙的高厚比，计算H_0时，s取相邻纵墙间距。

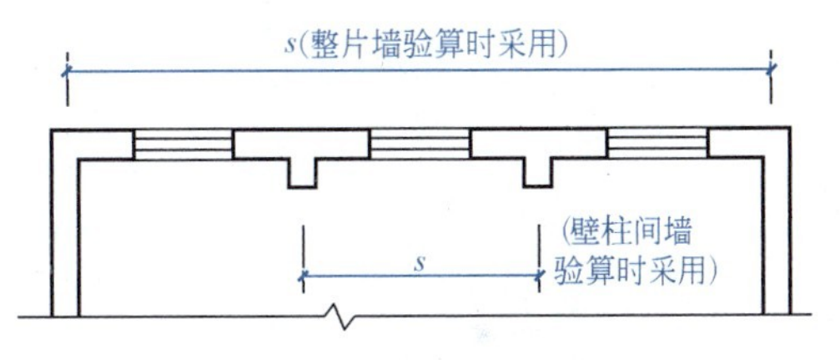

图11-22 带壁柱墙验算图

（2）壁柱间墙高厚比验算 壁柱间墙的高厚比验算可按式（11-19）进行。计算H_0时，s取如图11-22所示的壁柱间距离，而且不论房屋静力计算时属于哪种计算方案，H_0一律按表11-10中“刚性方案”考虑。

3. 带构造柱墙高厚比验算

（1）整片墙高厚比验算

$$\beta=\frac{H_0}{h}\leqslant\mu_1\mu_2\mu_c\ [\beta] \tag{11-22}$$

式中 μ_c——带构造柱墙允许高厚比的提高系数。

μ_c可按下式计算

$$\mu_c=1+\gamma\frac{b_c}{l} \tag{11-23}$$

式中 γ——系数，对细料石、半细料石砌体，$\gamma=0$；对混凝土砌块、粗料石、毛料石及毛石砌体，$\gamma=1.0$；对其他砌体，$\gamma=1.5$；

b_c——构造柱沿墙长方向的宽度；

l——构造柱间距，此时s取相邻构造柱间距。

当 $b_c/l>0.25$ 时，取 $b_c/l=0.25$；当 $b_c/l<0.05$ 时，取 $b_c/l=0$。

（2）构造柱间墙高厚比验算　构造柱间墙的高厚比验算可按式（11-19）进行。确定 H_0时，s 取构造柱间距离。不论房屋静力计算时属于哪种计算方案，H_0均按表 11-10 中的“刚性方案”考虑。

验算墙、柱高厚比计算步骤可归纳如下：

1）确定房屋的静力计算方案，根据房屋的静力计算方案查表 11-10 确定计算高度 H_0。

2）确定是承重墙还是非承重墙，计算 μ_1值。

3）根据有无门窗洞口，计算 μ_2值。

4）验算墙、柱的高厚比。对无壁柱、有壁柱及有构造柱墙体，应分别采用式（11-19）、式（11-21）及式（11-22）进行验算。

【例 11-7】　某教学楼平面如图 11-23 所示，采用预制钢筋混凝土空心楼板，外墙厚 370mm，内墙厚 240mm，层高 3.6m；隔墙厚 120mm，砂浆为 M5，砖为 MU10；纵墙上窗宽 1800mm，门宽 1000mm。室内地坪到基础顶面的距离为 800mm。试验算各墙的高厚比。

【解】　（1）确定房屋的静力计算方案

横墙的最大间距 $s=3.6\times3\text{m}=10.8\text{m}$，查表 11-14 有 $s<32\text{m}$，确定为刚性方案。

（2）确定允许高厚比［β］

查表 11-15 得［β］$=24$。

（3）纵墙高厚比验算

1）外纵墙验算：取横墙间距最大的房间的纵墙验算。外纵墙高 $H=(3.6+0.8)\text{m}$，$s=3.6\times3\text{m}=10.8\text{m}>2H=8.8\text{m}$，查表 11-10 得 $H_0=1.0H=4.4\text{m}$。

由于外纵墙为承重墙，所以 $\mu_1=1.0$

$$\mu_2=1-0.4\frac{b_s}{s}=1-0.4\times\frac{1.8}{3.6}=0.8>0.7$$

内纵墙的高厚比　$\beta=\dfrac{H_0}{h}=\dfrac{4.4}{0.37}=11.89<\mu_1\mu_2$［$\beta$］$=1.0\times0.8\times24=19.2$　（满足要求）

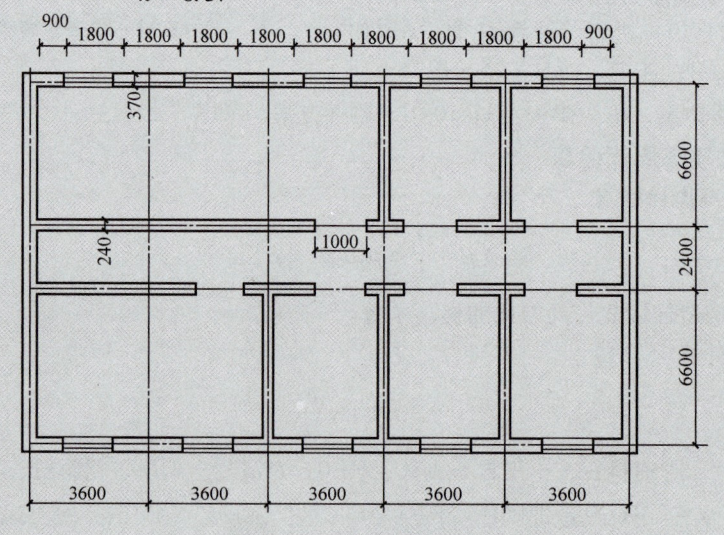

图 11-23　某教学楼平面图

2）内纵墙验算：内纵墙上洞口宽度 $b_s=1.0\text{m}$，$s=3.6\text{m}$，则

$$\mu_2=1-0.4\frac{b_s}{s}=1-0.4\times\frac{1.0}{3.6}=0.89$$

纵墙的高厚比

$$\beta=\frac{H_0}{h}=\frac{4.4}{0.24}=18.33<\mu_1\mu_2[\beta]=1.0\times0.89\times24=21.4 \quad（满足要求）$$

（4）横墙高厚比验算

纵墙最大间距 $s=6.6\text{m}$，故 $2H>s>H$，查表11-10得

$$H_0=0.4s+0.2H=(0.4\times6.6+0.2\times4.4)\text{m}=3.52\text{m}$$

横墙未开有洞口，$\mu_2=1.0$，则横墙高厚比

$$\beta=\frac{H_0}{h}=\frac{3.52}{0.24}=14.67<\mu_1\mu_2[\beta]=1.0\times1.0\times24=24 \quad（满足要求）$$

（5）隔墙高厚比验算

隔墙为非承重墙，而且一般直接砌在地面上，所以隔墙的高度可取 $H=3.6\text{m}$。

计算高度 $H_0=1.0H=3.6\text{m}$，墙厚120mm，$\mu_1=1.44$，则隔墙高厚比

$$\beta=\frac{H_0}{h}=\frac{3.6}{0.12}=30<\mu_1\mu_2[\beta]=1.44\times1.0\times24=34.56 \quad（满足要求）$$

11.6.4　刚性方案房屋墙体的设计计算

1. 单层刚性方案房屋承重纵墙的计算

（1）计算假定与计算简图　由于是刚性方案，因此在静力分析时可认为房屋上端的水平位移为零，纵墙的上端假定为水平不动铰支承于屋盖，下端嵌固于基础顶面。简化后，刚性方案房屋承重纵墙的计算简图如图11-24所示。

（2）荷载计算　作用于纵墙上的荷载有如下几种：

1）屋面荷载。屋面荷载包括屋盖构件的自重、雪荷载或屋面活荷载。这些荷载经由屋架或屋面梁传递至纵墙顶部。由于屋架的支承反力常与墙顶部截面的中心不重合，因此作用于墙顶的屋面荷载一般由轴心压力 N 和弯矩 M 组成（图11-24）。

2）风荷载。风荷载包括作用在屋面和墙面上的风荷载。屋面上的风荷载可简化为作用于墙顶的集中力 W，它直接通过屋盖传至横墙，再传给基础和地基，在纵墙上不产生内力。墙面上的风荷载为均布荷载，应考虑迎风面和背风面，在迎风面为压力，在背风面为吸力，如图11-24所示。

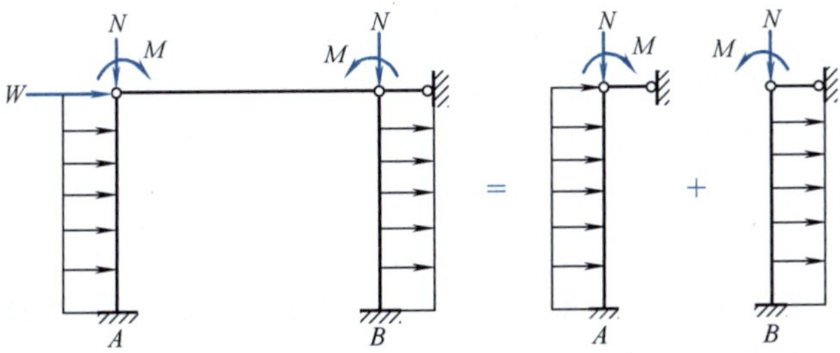

图11-24　单层刚性方案房屋承重纵墙的计算简图

3）墙体自重。墙体的自重作用于截面的形心时，对等截面墙、柱，不引起截面内的附加弯矩；对阶梯形墙，上阶墙自重对下阶墙各截面还将产生偏心力矩。

（3）内力计算　墙体的内力按屋面荷载和均布风荷载分别进行计算。

1）在屋面荷载作用下，对于等截面的墙、柱，内力可直接用结构力学的方法按一次超静定求解（图11-25a），其结果为

$$R_A = R_B = \frac{3M}{2H} \tag{11-24}$$

$$M_A = M \tag{11-25}$$

$$M_B = \frac{M}{2} \tag{11-26}$$

2）在均布风荷载作用下（图11-25b），墙体内力为

$$R_A = \frac{3qH}{8} \tag{11-27}$$

$$R_B = \frac{5qH}{8} \tag{11-28}$$

$$M_B = \frac{qH^2}{8} \tag{11-29}$$

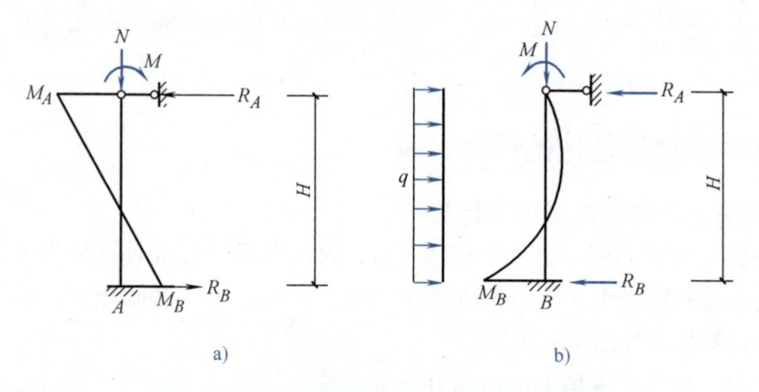

图11-25　屋面及风荷载作用下墙的内力图

a）屋面荷载作用下　b）风荷载作用下

（4）控制截面与内力组合　控制截面是内力较大但截面相对较小，有可能较其他截面先发生破坏的截面，如柱（或墙）顶面和底面的截面。只要危险截面的承载力验算满足要求，整个构件的承载力也必定满足要求。

墙、柱顶的截面除承受竖向力外，还有弯矩的作用，因此要验算偏心受压承载力和梁下砌体的局部受压承载力。墙、柱底的截面受最大的竖向力和相应的弯矩作用，要验算偏心受压承载力。

设计时应先求出各种荷载单独作用下的内力，然后按照可能同时作用的荷载产生的内力进行组合，求出上述控制截面的最大内力，作为选择墙、柱截面和承载力验算的依据。

2. 多层刚性方案房屋承重纵墙的计算

对于多层民用房屋，如宿舍、住宅、办公楼等，由于横墙较多且间距较小，常属刚性方案。多层刚性方案房屋承重纵墙的计算步骤同单层房屋，设计时除验算墙、柱的高厚比外，还需验算墙、柱在控制截面处的承载力。

（1）确定计算单元　通常从纵墙中选取一段有代表性、宽度等于一个开间的竖条墙、柱为

计算单元，如图 11-26 所示。有门窗洞口时，可取窗间的墙体；无门窗洞口时，可取一个开间宽度内的墙截面面积。

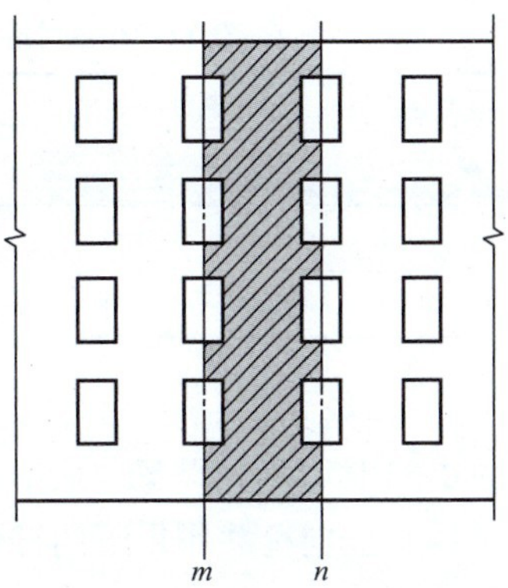

（2）计算简图　在竖向荷载作用下，上述的计算单元可视为一个竖立的连续梁，屋盖、楼盖及基础顶面则为连续梁的支点。考虑到在各楼层处梁端或板搁置在纵墙上，使墙体截面削弱，截面上能传递的弯矩很小，计算时将墙体在屋盖、楼盖处假定简化为不连续的铰支承。此外，在基础顶面，由于轴向力远比弯矩的作用效应大，也可假定墙、柱铰支于基础顶面。这样，墙、柱在每层层高范围内被简化为如图 11-27 所示两端铰支的竖向偏心受力构件。各层的计算高度取相应的层高，对于底层则取层高加上室内地坪至基础顶面的高度。

图 11-26　多层刚性方案房屋计算单元

在风荷载作用下，计算简图仍为一个竖向的连续梁，如图 11-28 所示。由风荷载设计值产生的弯矩近似按下式计算

$$M=\frac{qH_i^2}{12} \tag{11-30}$$

式中　H_i——第 i 层墙体的高度；

q——沿墙高均匀分布的风荷载设计值。

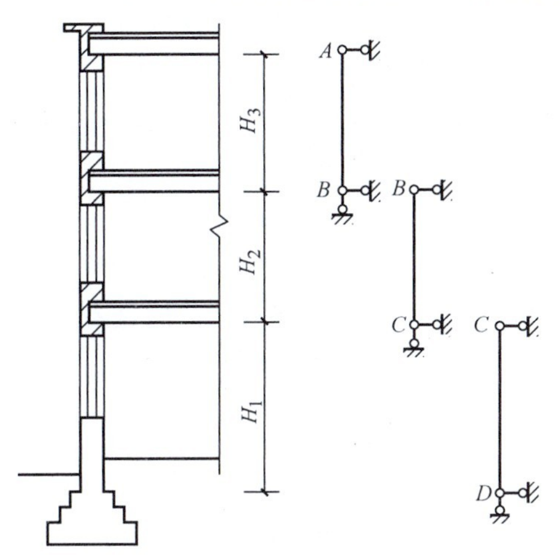

图 11-27　竖向荷载作用下计算简图

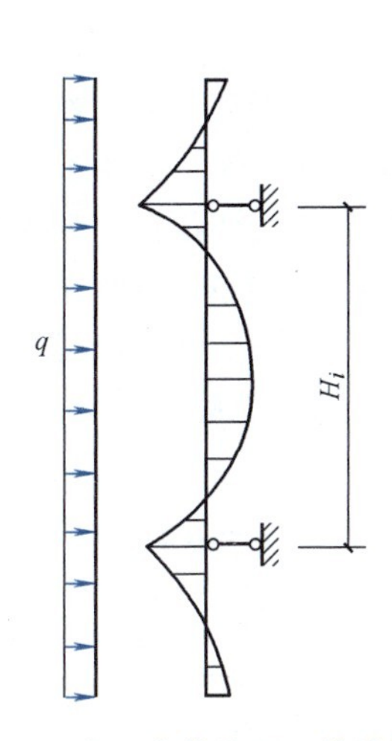

图 11-28　水平荷载作用下的计算简图

对于刚性方案房屋的外墙，一般可不进行水平风荷载下的计算。《砌体结构设计规范》规定，当洞口水平截面面积不超过全截面面积的 2/3，房屋的层高和总高不超过表 11-16 的规定，而且屋面自重不小于 0.8kN/m^{2}时，可不考虑风荷载的影响。一般刚性方案房屋的外墙都能满足上述的要求，因此无须进行水平荷载作用的计算。

（3）内力计算　由于在竖向荷载作用下，多层刚性方案房屋均为静定结构，所以内力计算非常简单，但要注意以下问题：

1）上部各层的荷载（包括墙体自重、屋面荷载等）沿上一层墙的截面形心传至下层。

2）在计算某层墙体的弯矩时，要考虑本层梁、板的支承压力对本层墙体产生的弯矩；当本层墙体与上一层墙体的形心不重合时，还应考虑上部传来的竖向荷载对本层墙体产生的弯矩。

表 11-16　刚性方案多层房屋的外墙不考虑风荷载影响时的最大高度

基本风压/(kN/m^2)	层高/m	总高/m	基本风压/(kN/m^2)	层高/m	总高/m
0.4	4.0	28	0.6	4.0	18
0.5	4.0	24	0.7	3.5	18

3）当梁支承于墙上时，梁端支承压力N_l到墙内边的距离，对屋盖梁应取梁端有效支承长度a_0的0.33倍，对楼盖梁应取梁端有效支承长度a_0的0.4倍，如图11-29所示。

（4）竖向荷载作用下的控制截面　每层墙的控制截面为Ⅰ—Ⅰ和Ⅱ—Ⅱ截面。Ⅰ—Ⅰ截面位于墙顶部大梁（或板）底，承受大梁传来的支座反力，此截面弯矩最大，应按偏心受压验算承载力，并验算梁底砌体的局部受压承载力。Ⅱ—Ⅱ截面位于墙底面，弯矩为零，但轴力最大，应按轴心受压验算承载力。

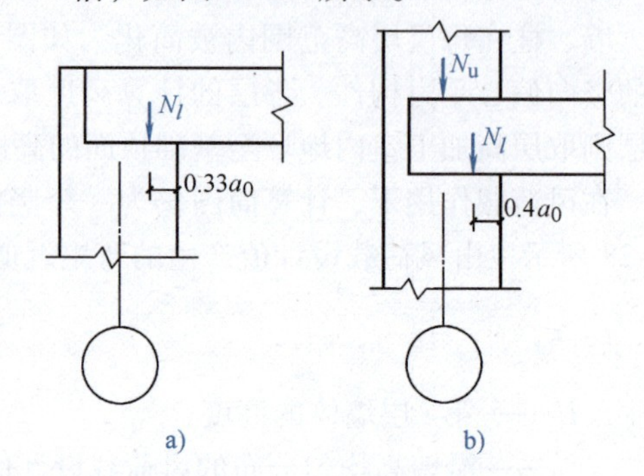

图 11-29　梁端支承压力位置

3. 多层刚性方案房屋承重横墙的计算

横墙承重的房屋，由于横墙间距较小，所以一般均属于刚性方案。房屋的楼盖及屋盖可视为横墙的不动铰支座，多层刚性方案房屋承重横墙的计算单元和计算简图如图11-30所示。

承重横墙的计算方法与承重纵墙相似，其要点如下：

1）取1m宽的横墙作为计算单元。

2）每层墙视为两端铰接的竖向构件。

3）顶层为坡屋顶时，顶层构件的高度取层高加山尖高的平均值，其余各层取值同纵墙。

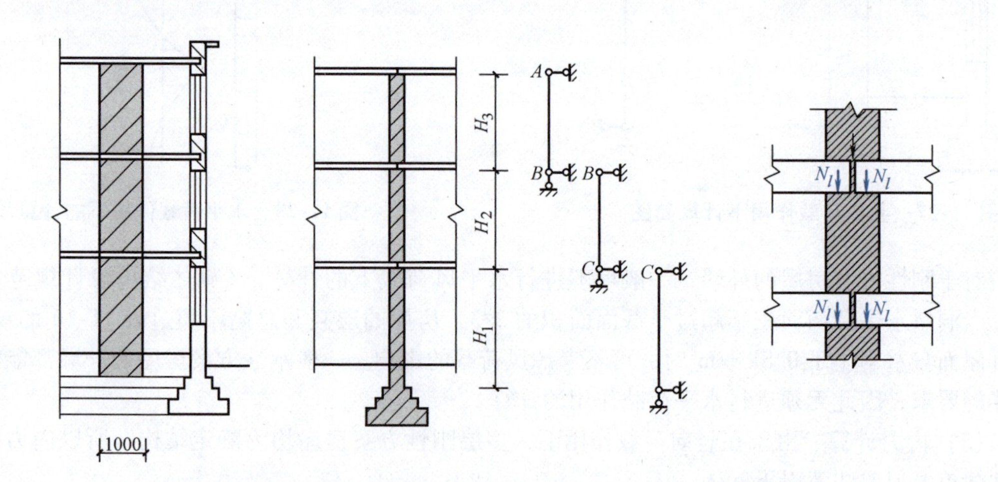

图 11-30　多层刚性方案房屋承重横墙的计算单元和计算简图

4）横墙两侧楼盖传来的荷载，相同时横墙为轴心受压，则验算底部截面；不同时横墙为偏心受压，则控制截面为每层墙体的顶部和底部截面。

【例11-8】 某三层教学楼，采用混合结构，如图11-31所示。梁在墙上的支承长度为240mm，砖墙厚240mm，大梁截面尺寸为 $b\times h=200\text{mm}\times 500\text{mm}$，采用MU10砖、M5混合砂浆砌筑。屋盖恒荷载标准值为4.5kN/m²，活荷载标准值为0.5kN/m²；楼盖恒荷载标准值为2.5kN/m²，活荷载标准值为2.0kN/m²，窗重0.3kN/m²，外墙单面抹灰重5.24kN/m²，层高3.6m。试验算窗间墙和横墙的高厚比和承载力。

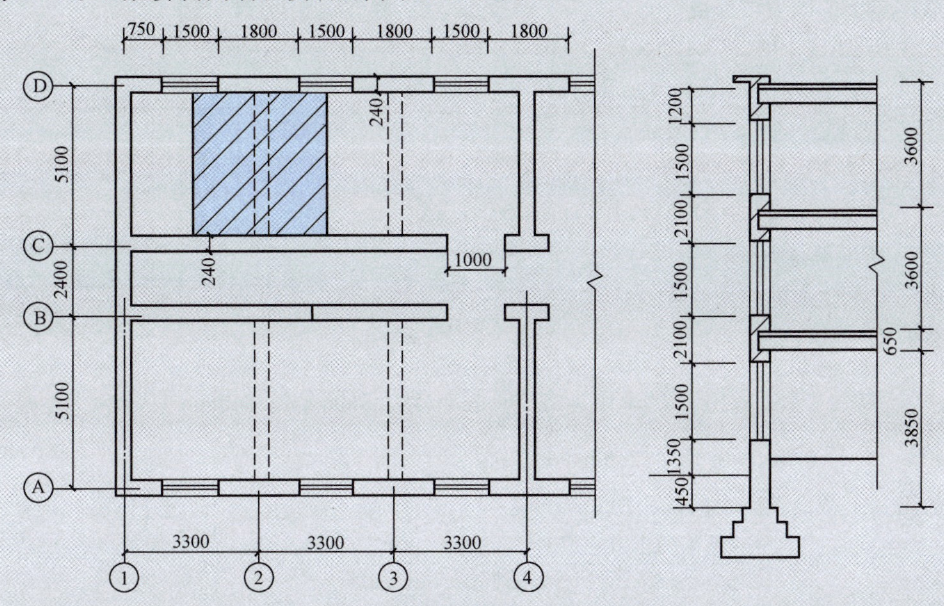

图11-31　某教学楼的平面图、剖面图

【解】（1）高厚比验算

房屋的最大横墙间距 $s=9.9\text{m}$，由表11-14知，当 $s<32\text{m}$ 时属于刚性方案房屋。

由于横墙上未开洞，故只验算底层外纵墙即可。

纵墙厚240mm，高度 $H=(3850+650)\text{mm}=4500\text{mm}$

当 $s>2H$，$H_0=1.0H$，$H_0=4350\text{mm}$

查表11-15得允许高厚比 $[\beta]=24$

门窗洞口的修正系数　$\mu_2=1-0.4\times\dfrac{1.5}{3.3}=0.818$

墙的高厚比　$\beta=H_0/h=4500/240=18.75<\mu_2[\beta]=19.63$　（满足要求）

（2）承载力验算

如墙体截面相同、材料相同，可仅取底层墙体上部截面和基础顶部截面进行验算。

计算单元上的荷载值。

1）屋面传来荷载。

恒荷载的标准值　$(4.5\times3.3\times5.1/2+0.2\times0.5\times25\times5.1/2)\text{kN}=44.24\text{kN}$

活荷载的标准值　$0.5\times3.3\times5.1/2\text{kN}=4.21\text{kN}$

2）楼面传来荷载。

恒荷载的标准值　$(2.5\times3.3\times5.1/2+0.2\times0.5\times25\times5.1/2)\text{kN}=27.41\text{kN}$

活荷载的标准值　$2.0\times3.3\times5.1/2\times0.85\text{kN}=14.3\text{kN}$

3)二层以上每层墙体的自重及窗重标准值。

$[(3.3\times3.6-1.5\times1.5)\times5.24+1.5\times1.5\times0.3]\text{kN}=51.14\text{kN}$

楼面至大梁底的一段墙重为

$$3.3\times(0.5+0.15)\times5.24\text{kN}=11.24\text{kN}$$

4) Ⅰ—Ⅰ截面验算。如图11-32所示，屋面、三层楼面及墙体传下的内力设计值

$$N_u=(1.3\times44.24+1.5\times4.21+1.3\times27.4+1.5\times0.7\times14.3+1.3\times51.14\times2+1.3\times11.24)\text{kN}=262.04\text{kN}$$

本层大梁传来的支承压力设计值为：

$$N_l=(1.3\times27.4+1.5\times14.3)\text{kN}=57.07\text{kN}$$

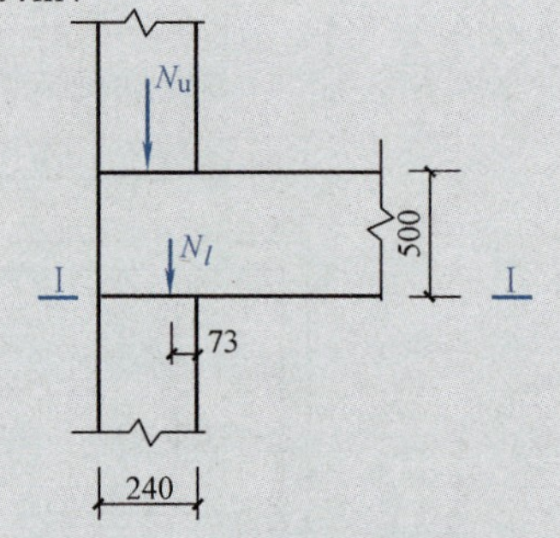

图11-32　Ⅰ—Ⅰ截面的荷载情况

(3) 受压承载力验算

确定支承压力的作用位置：

有效支承长度：

$$a_0=10\sqrt{\frac{h_c}{f}}=10\times\sqrt{\frac{500}{1.50}}\text{mm}=182.5\text{mm}<a=240\text{mm}$$

$$0.4a_0=0.4\times182.5\text{mm}=73\text{mm}$$

故Ⅰ-Ⅰ截面轴向力的偏心距：

$$e=\frac{N_l\times(120-73)}{N_l+N_u}=\frac{57.07\times47}{57.07+262.04}\text{mm}=8.41\text{mm}$$

$$\frac{e}{h}=\frac{8.41}{240}=0.035,\ \beta=18.75$$

查表11-9得$\varphi=0.585$，则

$$\varphi fA=0.585\times1.50\times1800\times240\text{N}=379080\text{N}$$
$$=379.08\text{kN}>N_u+N_l=319.11\text{kN}$$

(4) 局部受压承载力验算

局部受压面积　$A_l=a_0b=182.5\times200\text{mm}^2=36500\text{mm}^2$

影响局部抗压强度的计算面积　$A_0=240\times(200+2\times240)\text{mm}^2=163200\text{mm}^2$

局部抗压强度的提高系数

$$\gamma=1+0.35\sqrt{\frac{A_0}{A_l}-1}=1+0.35\times\sqrt{\frac{163200}{36500}-1}=1.65<2.0$$

$$\gamma fA_l=1.65\times1.50\times36500\text{N}=90.34\text{kN}>N_l=57.07\text{kN}\quad(满足要求)$$

(5) 基础顶面验算

此截面按轴心受压验算。传至该截面的压力除上面的压力外，还有底层墙体的自重。底层墙体的自重为：

$$[1.3\times(3.7\times3.3-1.5\times1.5)\times5.24+1.3\times1.5\times1.5\times0.3]\text{kN}=68.7\text{kN}$$

故基础顶面截面上的轴向力设计值为：

$$N=(262.04+57.07+68.7)\text{kN}=387.81\text{kN}$$

按$e=0$，$\beta=18.75$，查表11-9得$\varphi=0.651$，则

$$\varphi fA = 0.651 \times 1.50 \times 1500 \times 240\text{N} = 351540\text{N} = 351.54\text{kN} < N = 387.81\text{kN}$$

故不满足要求。可将底层的墙厚改为370mm，或将底层墙体砖的强度等级提高。按同样方法验算，直至满足要求。

11.6.5 墙、柱的基本构造措施

1. 墙、柱的一般构造要求

设计砌体结构房屋时，除进行墙、柱的承载力计算和高厚比的验算外，还应满足下列墙、柱的一般构造要求：

1）五层及五层以上房屋的墙体及受振动或层高大于6m的墙、柱所用材料的最低强度等级：砖为MU10，砌块为MU7.5，石材为MU30，砂浆为M5。对于安全等级为一级或设计使用年限大于50年的房屋，墙、柱所用材料的最低强度等级应至少提高一级。

2）在室内地面以下、室外散水坡顶面以上的砌体内，应设防潮层。地面以下或防潮层以下的砌体、潮湿房间的墙所用材料的最低强度等级应符合表11-17的要求。

表11-17 地面以下或防潮层以下的砌体、潮湿房间的墙所用材料的最低强度等级

基土的潮湿程度	烧结普通砖、蒸压灰砂砖		混凝土砌块	石材	水泥砂浆
	严寒地区	一般地区			
稍潮湿的	MU10	MU10	MU7.5	MU30	M5
很潮湿的	MU15	MU10	MU7.5	MU30	M7.5
含水饱和的	MU20	MU15	MU10	MU40	M10

注：1. 在冻胀地区，地面以下或防潮层以下的砌体，不宜采用多孔砖；如采用时，其孔洞应使用水泥砂浆灌实；当采用混凝土砌块砌体时，其孔洞应采用强度等级不低于Cb20的混凝土灌实。

2. 对安全等级为一级或设计使用年限大于50年的房屋，表中材料的强度等级应至少提高一级。

3）承重的独立砖柱的截面尺寸不应小于240mm×370mm。毛石墙的厚度不宜小于350mm，毛料石柱的较小边长不宜小于400mm。当有振动荷载时，墙、柱不宜采用毛石砌体。

4）跨度大于6m的屋架和跨度大于后面括号中数值的梁（砖砌体为4.8m，砌体和料石砌体为4.2m，毛石砌体为3.9m），应在支承处的砌体上设置混凝土或钢筋混凝土垫块，当墙中设有圈梁时，垫块与圈梁宜浇成整体。

5）跨度大于或等于后面括号中数值的梁（240mm厚的砖墙为6m，180mm厚的砖墙为4.8m，砌块、料石墙为4.8m），其支承处宜加设壁柱或采取其他加强措施。

6）预制钢筋混凝土板的支承长度，在墙上不宜小于100mm，在钢筋混凝土圈梁上不宜小于80mm。当利用板端伸出钢筋拉结和混凝土灌缝时，预制钢筋混凝土板的支承长度可为40mm，但板端缝宽不宜小于80mm，灌缝混凝土强度等级不宜低于C20。

7）支承在墙、柱上的起重机梁、屋架及跨度大于或等于下列数值的预制梁的端部，应采用锚固件与墙、柱上的垫块锚固：对砖砌体为9m；对砌块和料石砌体为7.2m。

8）填充墙、隔墙应分别采取措施与周边构件可靠连接。山墙处的壁柱宜砌至山墙顶部，屋面构件应与山墙可靠拉结。

9）砌块砌体应分皮错缝搭砌，上、下皮的搭砌长度不得小于90mm。当搭砌长度不满足上

述要求时，应在水平灰缝内设置不少于 2Φ4 的焊接钢筋网片（横向钢筋的间距不宜大于 200mm）。网片每端均应超过该垂直缝，其长度不得小于 300mm。

10）砌块墙与后砌隔墙的交接处，应沿墙高每 400mm 在水平灰缝内设置不少于 2Φ4、横筋间距不大于 200mm 的焊接钢筋网片。

11）混凝土砌块房屋，宜将纵、横墙的交接处，距墙中心线每边不小于 300mm 范围内的孔洞采用强度等级不低于 Cb20 的灌孔混凝土灌实，灌实高度为墙身全高。

12）混凝土砌块墙体的下列部位，如未设圈梁或混凝土垫块，应采用强度等级不低于 Cb20 的灌孔混凝土将孔洞灌实：

① 搁栅、檩条和钢筋混凝土楼板的支承面下，高度不小于 200mm 的砌体。

② 屋架、梁等构件的支承面下，高度不应小于 600mm，长度不应小于 600mm 的砌体。

③ 挑梁支承面下，距墙中心线每边不应小于 300mm，高度不应小于 600mm 的砌体。

13）在砌体中留槽洞或埋设管道时，应符合下列规定：

① 不应在截面长边小于 500mm 的承重墙体、独立柱内埋设管线。

② 墙体中避免穿行暗线或预留、开凿沟槽，无法避免时应采取必要的加强措施或按削弱后的截面验算墙体的承载力。

14）夹心墙中混凝土砌块的强度等级不应低于 MU10，夹心墙的夹层厚度不宜大于 100mm，夹心墙外叶墙的最大横向支承间距不宜大于 9m。

15）夹心墙叶墙间的连接应符合下列规定：

① 叶墙应使用经防腐处理的拉结件或钢筋网片连接。

② 当采用环形拉结件时，钢筋直径不小于 4mm；当采用 Z 形拉结件时，钢筋直径不小于 6mm。拉结件应沿竖向梅花形布置，拉结件的水平和竖向最大间距分别不宜大于 800mm 和 600mm；有振动或有抗震设防要求时，其水平和竖向最大间距分别不宜大于 800mm 和 400mm。

③ 当采用钢筋网片作拉结件时，网片横向钢筋的直径不小于 4mm，其间距不大于 400mm；网片的竖向间距不宜大于 600mm，有振动或有抗震设防要求时，不宜大于 400mm。

④ 拉结件在叶墙上的搁置长度不小于叶墙厚度的 2/3，且不小于 60mm。

⑤ 门窗洞口周边 300mm 范围内应附加间距不大于 600mm 的拉结件。

16）对安全等级为一级或设计使用年限大于 50 年的房屋，夹心墙叶墙间宜采用不锈钢拉结件。

2. 防止或减轻墙体开裂的措施

引起墙体开裂的一种原因是温度变形和收缩变形。当气温变化或材料收缩时，钢筋混凝土屋盖、楼盖和砖墙由于线膨胀系数和收缩率的不同，将产生各自不同的变形，从而引起彼此的约束作用产生应力。当温度升高时，由于钢筋混凝土温度变形大，砖砌体温度变形小，砖墙阻碍了屋盖或楼盖的伸长，必然在屋盖和楼盖中引起压应力和剪应力，在墙体中引起拉应力和剪应力，当墙体中的主拉应力超过砌体的抗拉强度时，将产生斜裂缝。反之，当温度降低或钢筋混凝土收缩时，将在砖墙中引起压应力和剪应力，在屋盖或楼盖中引起拉应力和剪应力，当主拉应力超过混凝土的抗拉强度时，在屋盖或楼盖中将出现裂缝。采用钢筋混凝土屋盖或楼盖的砌体结构房屋的顶层墙体常出现裂缝，如内、外纵墙和横墙的八字裂缝，沿屋盖支承面的水平裂缝和包角裂缝，以及女儿墙的水平裂缝等就是由上述原因产生的。

造成墙体开裂的另一种原因是地基产生过大的不均匀沉降。当地基为均匀分布的软土，而房屋的长高比较大时，或地基土层分布不均匀、土质差别很大时，或房屋体型复杂或高差较大时，都有可能产生过大的不均匀沉降，从而使墙体产生附加应力。当不均匀沉降在墙体内引起的拉应力和剪应力一旦超过砌体的强度时，就会产生裂缝。

(1) 伸缩缝的设置 为防止或减轻房屋在正常使用条件下由温差和砌体干缩变形引起的墙体竖向裂缝，应在墙体中设置伸缩缝。伸缩缝应设在因温度变形和收缩变形引起应力集中、砌体产生裂缝可能性最大的地方。伸缩缝处只需将墙体断开，而不必将基础断开。砌体房屋伸缩缝的最大间距可按表11-18采用。

表11-18 砌体房屋伸缩缝的最大间距

屋盖或楼盖类别		间距/m
整体式或装配整体式钢筋混凝土结构	有保温层或隔热层的屋盖、楼盖	50
	无保温层或隔热层的屋盖	40
装配式无檩体系钢筋混凝土结构	有保温层或隔热层的屋盖、楼盖	60
	无保温层或隔热层的屋盖	50
装配式有檩体系钢筋混凝土结构	有保温层或隔热层的屋盖	75
	无保温层或隔热层的屋盖	60
瓦材屋盖、木屋盖或楼盖、砖石屋盖或楼盖		100

注：1. 对烧结普通砖、烧结多孔砖、配筋砌块砌体房屋，取表中数值；对石砌体、蒸压灰砂普通砖、蒸压粉煤灰普通砖、混凝土砌块、混凝土普通砖和混凝土多孔砖房屋，取表中数值乘以0.8的系数，当墙体有可靠的外保温措施时，其间距可取表中数值。

2. 在钢筋混凝土屋面上挂瓦的屋盖，应按钢筋混凝土屋盖采用。

3. 层高大于5m的烧结普通砖、烧结多孔砖、配筋砌块砌体结构单层房屋，其伸缩缝的间距可按表中数值乘以1.3。

4. 温差较大且变化频繁的地区和严寒地区不采暖的房屋及构筑物墙体的伸缩缝的最大间距，应按表中数值予以适当减小。

5. 墙体的伸缩缝应与结构的其他变形缝相重合，缝宽应满足各种变形缝的变形要求；在进行立面处理时，必须保证缝隙的变形作用。

(2) 防止或减轻房屋顶层墙体裂缝的措施 为防止或减轻房屋顶层墙体的裂缝，可根据具体情况采取下列相应措施：

1）屋面应设置保温、隔热层。

2）屋面保温（隔热）层或屋面刚性面层及砂浆找平层应设置分隔缝，分隔缝的间距不宜大于6m，并应与女儿墙隔开，其缝宽不小于30mm。

3）采用装配式有檩体系钢筋混凝土屋盖和瓦材屋盖。

4）在钢筋混凝土屋面板与墙体圈梁的接触面处设置水平滑动层，滑动层可采用两层油毡夹滑石粉或橡胶片等做法，对于长纵墙，可只在其两端的2～3个开间内设置；对于横墙，可只在两端$l/4$范围内设置（l为横墙长度）。

5）在顶层屋面板下设置现浇钢筋混凝土圈梁，并沿内、外墙拉通。房屋两端圈梁下的墙体内宜适当增设水平钢筋。

6）在顶层挑梁末端下的墙体灰缝内设置3道焊接钢筋网片（纵向钢筋不宜小于2Φ4，横向钢筋的间距不宜大于200mm）或2Φ6拉结筋，钢筋网片或拉结筋应自挑梁末端伸入两边墙体不小于1m。

7）顶层墙体的门窗洞口处，在过梁上的水平灰缝内设置2～3道焊接钢筋网片或2Φ6钢筋，并应伸入过梁两端墙内不小于600mm。

8）顶层墙体及女儿墙所用砂浆的强度等级不低于M5。

9）在房屋顶层端部的墙体内增设构造柱。女儿墙应设构造柱，构造柱的间距不宜大于4m，构造柱应伸至女儿墙顶并与现浇钢筋混凝土压顶整浇在一起。

（3）防止或减轻房屋底层墙体裂缝的措施　为防止或减轻房屋底层墙体的裂缝，可根据具体情况采取下列措施：

1）房屋的长高比不宜过大，当房屋建造在软弱地基上时，对于三层及三层以上的房屋，其长高比宜小于或等于2.5。当房屋的长高比为$2.5<l/H\leqslant 3$时，应做到纵墙不转折或少转折，内横墙间距不宜过大。必要时可适当增强基础的刚度和强度。

2）在房屋建筑平面的转折部位，高度差异或荷载差异处，地基土的压缩性有显著差异处，建筑结构（或基础）类型不同处，以及分期建造房屋的交界处宜设置沉降缝。

3）设置钢筋混凝土圈梁是增强房屋整体刚度的有效措施，特别是基础圈梁和屋顶檐口部位的圈梁对抵抗不均匀沉降最为有效。必要时应增大基础圈梁的刚度。

4）在房屋底层窗台下的墙体灰缝内设置3道焊接钢筋网片或2Φ6钢筋，并伸入两边窗间墙内不小于600mm。

5）采用钢筋混凝土窗台板，窗台板嵌入窗间墙内不小于600mm。

（4）墙体转角处和纵、横墙交接处的处理　在墙体转角处和纵、横墙的交接处宜沿竖向每隔400～500mm设拉结钢筋，其数量为每120mm墙厚不少于1Φ6或焊接网片，埋入长度从墙的转角或交接处算起，每边不小于600mm。

（5）非烧结砖砌体　由于蒸压灰砂砖、混凝土砌块和其他非烧结砖砌体的干缩变形较大，当实体墙的长度超过5m时，一般会在墙体中部出现两端小、中间大的竖向收缩裂缝。为防止或减轻这类裂缝的出现，对灰砂砖、粉煤灰砖、混凝土砌块或其他非烧结砖，宜在各层门、窗过梁上方的水平灰缝内及窗台下第一和第二道水平灰缝内设置焊接钢筋网片或2Φ6钢筋，焊接钢筋网片或钢筋应伸入两边窗间墙内不小于600mm。

当灰砂砖、粉煤灰砖、混凝土砌块或其他非烧结砖的实体墙长大于5m时，宜在每层墙的中部（对于墙高而言）设置2～3道焊接钢筋网片或3Φ6的通长水平钢筋，竖向间距宜为500mm。

（6）砌筑砂浆　灰砂砖、粉煤灰砖、砌体宜采用黏结性好的砂浆砌筑。混凝土砌块砌体宜采用砌块专用砂浆。

（7）混凝土砌块房屋　为防止或减轻混凝土砌块房屋顶层两端和底层第一、二开间窗洞处的裂缝，可采取下列措施：

1）在门窗洞口两侧不少于一个孔洞中设置不小于1Φ12的钢筋，钢筋应在楼层圈梁或基础锚固，并采用强度等级不低于Cb20的灌孔混凝土灌实。

2）在门窗洞口两侧墙体的水平灰缝中，设置长度不小于900mm、竖向间距为400mm的2Φ4焊接钢筋网片。

3）在顶层和底层设置通长钢筋混凝土窗台梁，窗台梁的高度宜为块高的模数，纵筋不少于4Φ10，箍筋为Φ6@200，灌孔混凝土强度等级为Cb20。

（8）设置竖向控制缝　当房屋刚度较大时，可在窗台下或窗台角处的墙体内设置竖向控制缝。在墙体高度或厚度突然变化处，也宜设置竖向控制缝或采取其他可靠的防裂措施。竖向控制缝的构造和嵌缝材料应能满足墙体平面外传力和防护的要求。

11.7 过梁、圈梁和构造柱

11.7.1 过梁

1. 过梁的分类及应用

过梁是砌体结构房屋中门窗洞口上常用的构件。常用的过梁有砖砌过梁和钢筋混凝土过梁两类，如图11-33所示。砖砌过梁按其构造不同分为砖砌平拱和钢筋砖过梁等形式。砖砌过梁造价低廉，但整体性较差，且对振动荷载和地基不均匀沉降较敏感，因此对有振动或可能产生不均匀沉降的房屋，或当门窗洞口宽度较大时应采用钢筋混凝土过梁。

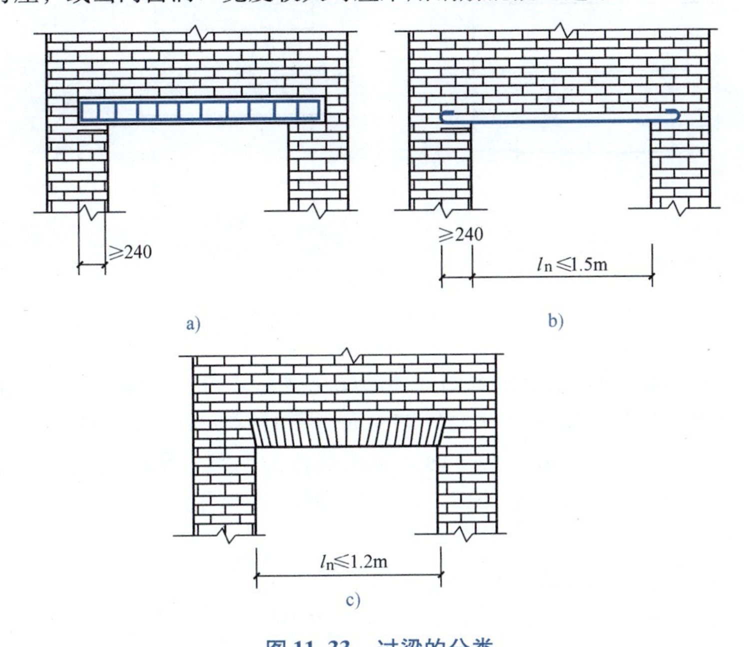

图11-33 过梁的分类

a）钢筋混凝土过梁 b）钢筋砖过梁 c）砖砌平拱

砖砌过梁的跨度不得过大，《砌体结构设计规范》规定，钢筋砖过梁的跨度不应超过1.5m；对砖砌平拱不应超过1.2m。在砖砌过梁的截面计算高度内，砖的强度等级不应低于MU10，砂浆强度等级不宜低于M5。砖砌平拱用竖砖砌筑部分的高度不应小于240mm。钢筋砖过梁底面砂浆层处的钢筋直径不应小于5mm，间距不宜大于120mm，钢筋伸入支座砌体内的长度不宜小于240mm。砂浆层的厚度不宜小于30mm。

2. 过梁上的荷载

作用在过梁上的荷载由墙体荷载和过梁计算高度范围内的梁、板荷载等组成。试验表明，由于过梁上的砌体与过梁的共同作用，使作用在过梁上的砌体等效荷载仅相当于高度等于1/3跨度的砌体自重。当在砌体高度等于跨度的0.8倍位置施加荷载时，过梁挠度几乎没有变化。在实际工程中，由于过梁与砌体的组合作用，高度等于或大于跨度的砌体上施加的荷载不是单独通过过梁传给墙体，而是通过过梁和其上的砌体组合深梁传给墙体，对过梁的应力增大不多，因此过梁上的荷载可按下列规定采用：

1）梁、板荷载。对砖和小型砌块砌体，当梁、板下的墙体高度 $h_w < l_n$ 时（l_n 为过梁的净

跨)，应计入梁、板传来的荷载；当梁、板下的墙体高度 $h_w \geq l_n$ 时，可不考虑梁、板荷载，如图 11-34a 所示。

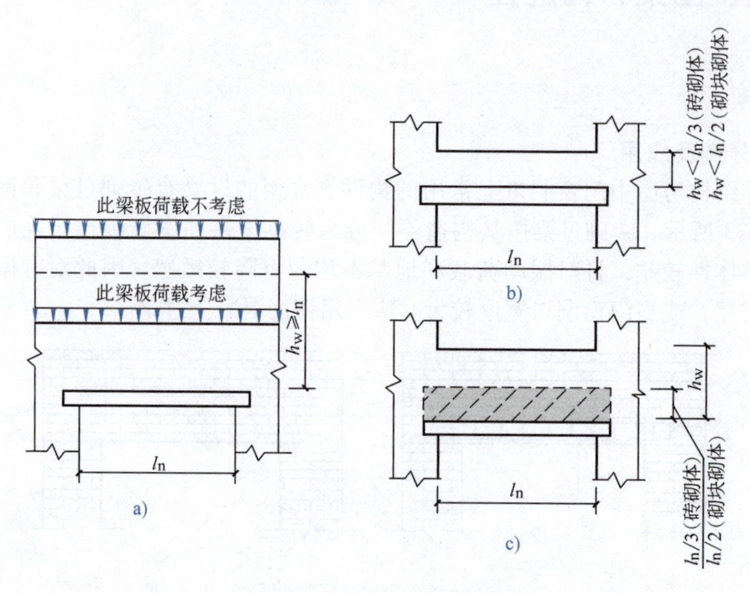

图 11-34　过梁上的荷载

a）过梁上的梁、板荷载　b）、c）过梁上的墙体荷载

2）墙体荷载。对砖砌体，当过梁上的墙体高度 $h_w < l_n/3$ 时，应按墙体的均布自重计算；当墙体高度 $h_w > l_n/3$ 时，应按高度为 $l_n/3$ 墙体的均布自重计算，如图 11-34b、c 所示。对混凝土砌块砌体，当过梁上的墙体高度 $h_w < l_n/2$ 时，应按墙体的均布自重计算；当墙体高度 $h_w \geq l_n/2$ 时，应按高度为 $l_n/2$ 墙体的均布自重计算，如图 11-34b、c 所示。

3. 过梁的计算

砖砌过梁承受荷载后，与受弯构件受力相似，上部受压、下部受拉。随着荷载的增大，当跨中竖向截面的拉应力或支座斜截面的主拉应力超过砌体的抗拉强度时，将先后在跨中出现竖向裂缝，在靠近支座处出现大致呈 45°阶梯形的斜裂缝。对钢筋砖过梁，过梁下部的拉力将由钢筋承受；对砖砌平拱过梁，过梁下部的拉力则由过梁两端砌体提供的推力平衡（图 11-35），这时过梁的工作情况类似于三铰拱。过梁破坏主要有三种：过梁跨中截面因受弯承载力不足而破坏；过梁支座附近截面因受剪承载力不足，沿灰缝产生大致呈 45°方向的阶梯形裂缝而破坏；因外墙端部距洞口过近，墙体宽度不够，引起水平灰缝的受剪承载力不足而发生支座滑动破坏。

（1）砖砌平拱过梁的计算　根据过梁的工作特性和破坏形态，对砖砌平拱过梁应进行跨中正截面的受弯承载力和支座斜截面的受剪承载力计算。

若过梁的构造高度 h_c 大于过梁净跨 l_n 的 1/3 时，则取 $h_c = l_n/3$。

过梁的跨中弯矩按 $M = \frac{1}{8} p l_n^2$ 计算，支座剪力按 $V = \frac{1}{2} p l_n$ 计算。

跨中正截面受弯承载力按式（11-16）计算，砌体的弯曲抗拉强度设计值 f_{tm} 采用沿齿缝截面的弯曲抗拉强度值。

支座截面的受剪承载力按式（11-17）计算。

根据受弯承载力条件算出的砖砌平拱过梁的允许均布荷载设计值见表 11-19。

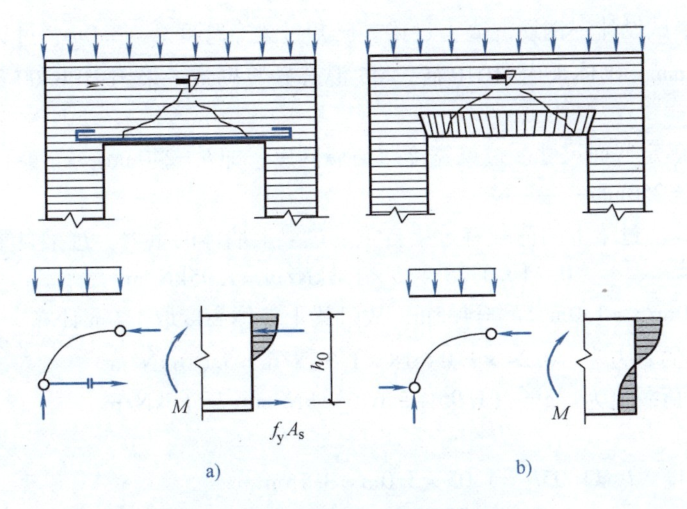

图11-35　砖砌过梁的破坏特征

a）钢筋砖过梁　b）砖砌平拱

表11-19　根据受弯承载力条件算出的砖砌平拱允许均布荷载设计值

墙厚 h/mm	240			370			490		
砂浆强度等级	M5	M7.5	M10	M5	M7.5	M10	M5	M7.5	M10
允许均布荷载/(kN/m)	8.18	10.31	11.73	12.61	15.90	18.09	16.70	21.05	23.96

注：1. 本表为用混合砂浆砌筑，当用水泥砂浆砌筑时，表中数值乘0.75。

2. 过梁计算高度及 $h_0 = l_0/3$ 范围内不允许开设门窗洞口。

（2）钢筋砖过梁的计算　根据过梁的工作特性和破坏形态，钢筋砖过梁应进行跨中正截面受弯承载力和支座斜截面受剪承载力计算。

1）受弯承载力按下列公式计算

$$M \leqslant 0.85h_0f_yA_s \tag{11-31}$$

式中　M——按简支梁计算的跨中弯矩设计值；

A_s——受拉钢筋的截面面积；

f_y——受拉钢筋的强度设计值；

h_0——过梁截面的有效高度。

h_0按下式计算

$$h_0 = h - a_s$$

式中　a_s——受拉钢筋截面面积的重心至截面下边缘的距离；

h——过梁的截面计算高度，取过梁底面以上的墙体高度，但不大于 $l_n/3$，当考虑梁、板传来的荷载时，则按梁、板下的高度采用。

2）钢筋砖过梁的受剪承载力仍按式（11-17）计算。

（3）钢筋混凝土过梁　钢筋混凝土过梁应按钢筋混凝土受弯构件计算。在验算过梁下砌体的局部受压承载力时，可不考虑上层荷载的影响，取 $\psi=0$；过梁的有效支承长度 a_0可取过梁的实际支承长度，梁端底面应力图形完整系数 $\eta=1.0$。

【例11-9】 试设计一钢筋混凝土过梁。已知过梁净跨度 $l_n=3.0\text{m}$，过梁上墙体高度为1.5m，墙厚240mm，砌体采用MU10砖、M5混合砂浆砌筑。采用HPB300级钢筋、C20混凝土。

【解】 1）确定截面尺寸。过梁宽度取与墙同厚，即 $b=240\text{mm}$，高度 $h=l/12$，并符合砖的模数，取 $h=250\text{mm}$。

2）荷载计算。过梁上的荷载有过梁自重、过梁上墙体的重力。过梁自重为

$$0.24\times0.25\times25\times1.3\text{kN/m}=1.95\text{kN/m}$$

因 $l_n/3=3.0\text{m}/3=1.0\text{m}<h_w=1.5\text{m}$，故过梁上墙体高度取1.0m计算。

过梁上墙体的重力为 $0.24\times1.0\times18\times1.3\text{kN/m}=5.616\text{kN/m}$

过梁上总的荷载值为 $g=(1.95+5.616)\text{kN/m}=7.566\text{kN/m}$

3）内力计算。

过梁计算跨度 $l_0=1.05l_n=1.05\times3.0\text{m}=3.15\text{m}$

$$M=\frac{1}{8}gl^2=\frac{1}{8}\times7.566\times3.15^2\text{kN}\cdot\text{m}=9.38\text{kN}\cdot\text{m}$$

$$V=\frac{1}{2}gl_n=\frac{1}{2}\times7.566\times3.0\text{kN}=11.35\text{kN}$$

4）配筋计算。

$$\xi=1-\sqrt{1-\frac{M}{0.5\alpha_1 f_c bh_0^2}}=1-\sqrt{1-\frac{9.38\times10^6}{0.5\times1.0\times9.6\times240\times215^2}}=0.096$$

$$A_s=\frac{\alpha_1 f_c bh_0\xi}{f_y}=\frac{1.0\times9.6\times240\times215\times0.096}{270}\text{mm}^2=176.13\text{mm}^2$$

选筋2Φ12（$A_s=226\text{mm}^2>A_{s,\min}=0.002\times240\times250\text{mm}^2=120\text{mm}^2$）

箍筋选用Φ6@200，验算省略，满足要求。

5）验算梁端下砌体的局部受压。

取梁端的有效支承长度 $a_0=a=240\text{mm}$

局部受压面积 $A_l=a_0b=240\times240\text{mm}^2=57600\text{mm}^2$

梁端支承压力 $N_l=\frac{1}{2}\times7.566\times3.15\text{kN}=11.92\text{kN}$

查表11-1得 $f=1.50\text{N/mm}^2$，取 $\psi=0$，$\eta=1.0$，$\gamma=1.25$，则

$$\eta\gamma fA_l=1.0\times1.25\times1.50\times57600\text{N}=108000\text{N}>N_l=11920\text{N} \quad （满足要求）$$

11.7.2 圈梁

1. 圈梁的设置

在砌体结构房屋中，把在墙体内沿水平方向连续设置并封闭的钢筋混凝土梁称为圈梁。设置了圈梁的房屋，其整体性和空间刚度都大为增强，能有效地防止和减轻由于地基不均匀沉降或较大振动荷载等对房屋引起的不利影响。位于房屋檐口处的圈梁又称为檐口圈梁；位于±0.000m以下、基础顶面处的圈梁称为地圈梁。

《砌体结构设计规范》对在墙体中设置钢筋混凝土圈梁进行如下规定：

1）对车间、仓库、食堂等空旷的单层房屋应按下列规定设置圈梁：

① 砖砌体房屋，檐口标高为 5 ~8m 时，应在檐口设置圈梁一道；檐口标高大于 8m 时，应增加设置数量。

② 砌块及料石砌体房屋，檐口标高为 4 ~5m 时，应在檐口标高处设置圈梁一道；檐口标高大于 5m 时，应增加设置数量。

③ 对有起重机或较大振动设备的单层工业房屋，除在檐口或窗顶标高处设置现浇钢筋混凝土圈梁外，还应在起重机梁标高处或其他适当位置增设。

2）对多层工业与民用建筑应按下列规定设置圈梁：

① 住宅、宿舍、办公楼等多层砌体民用房屋，层数为 3 ~4 层时，应在底层和檐口标高处设置圈梁一道；当层数超过 4 层时，除应在底层和檐口标高处各放一道圈梁外，至少应在所有纵、横墙上隔层设置。

② 多层砌体工业房屋，应每层设置现浇钢筋混凝土圈梁。

③ 设置墙梁的多层砌体房屋，应在托梁、墙梁的顶面和檐口标高处设置现浇钢筋混凝土圈梁，其他楼层处应在所有纵、横墙上每层设置。

④ 采用现浇钢筋混凝土楼盖、屋盖的多层砌体结构房屋，当层数超过 5 层时，除在檐口标高处设置一道圈梁外，可隔层设置圈梁，并与楼盖、屋面板一起现浇。未设置圈梁的楼面板嵌入墙内的长度不应小于 120mm，应沿墙配置不小于 2Φ10 的通长钢筋。

2. 圈梁的构造要求

1）圈梁宜连续地设在同一水平面上，并形成封闭状。当圈梁被门窗洞口截断时，应在洞口上部增设相同截面的附加圈梁。附加圈梁与圈梁的搭接长度不应小于其中心线到圈梁中心线垂直间距的两倍，且不得小于 1m，如图 11-36 所示。

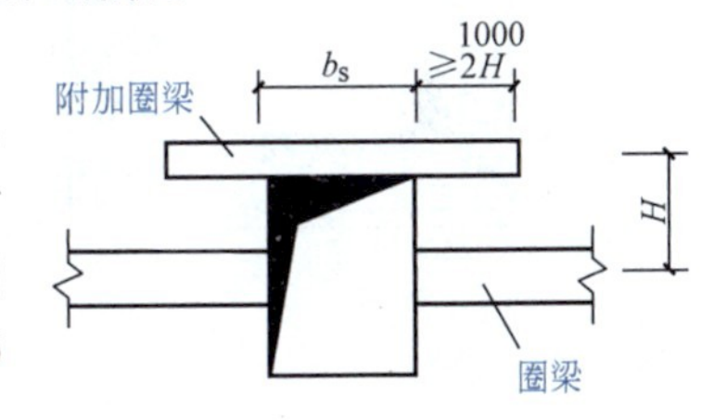

图 11-36　附加圈梁

2）纵、横墙交接处的圈梁应有可靠的连接。刚弹性和弹性方案房屋，圈梁应与屋架、大梁等构件可靠连接。

3）钢筋混凝土圈梁的宽度宜与墙厚相同，当墙厚 $h \geqslant 240$mm 时，其宽度不宜小于 $2h/3$。圈梁高度不应小于 120mm。纵向钢筋不宜少于 4Φ10，绑扎接头的搭接长度按受拉钢筋考虑，箍筋间距不应大于 300mm。

4）有抗震要求的多层砖砌体房屋圈梁的配筋要求应符合表 11-20 的规定。圈梁的抗震设置要求，请参阅第 13 章的有关内容。

表 11-20　有抗震要求的多层砖砌体房屋圈梁的配筋要求

配　筋	烈　度		
	6、7 度	8 度	9 度
最小纵筋	4Φ10	4Φ12	4Φ14
箍筋最大间距/mm	250	200	150

11.7.3　构造柱

由于砌体结构房屋的整体性和抗震性较差，震害分析表明，在多层砌体房屋中的适当部位设置的钢筋混凝土构造柱，能与圈梁共同工作，可以有效地增加房屋结构的延性，防止发生突然倒塌，减轻房屋的损坏程度。

钢筋混凝土构造柱的一般做法如图 11-37 所示。构造柱必须先砌墙，后浇柱。构造柱与墙的连接处宜砌成马牙槎，并应沿墙高每隔 500mm 设 2Φ6 水平钢筋和由Φ4 分布短筋平面内定位焊组成的拉结网片或Φ4 定位焊钢筋网片，每边伸入墙内不宜小于 1m。抗震设防烈度为 6、7 度时底部 1/3 楼层，8 度时底部 1/2 楼层，9 度时全部楼层，上述拉结钢筋网片应沿墙体水平通长设置。构造柱应与圈梁连接，以增加构造柱的中间支点。构造柱与圈梁的连接处，构造柱的纵筋应穿过圈梁，保证构造柱的纵筋上下贯通。

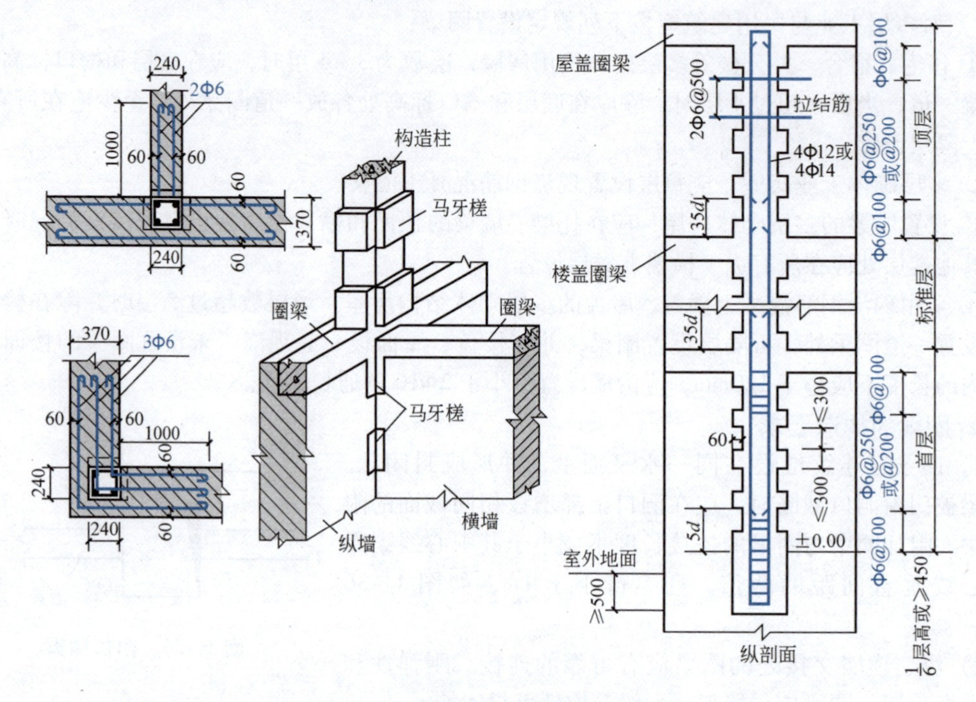

图 11-37 钢筋混凝土构造柱的一般做法

构造柱的最小截面可采用 240mm×180mm（墙厚 190mm 时，为 180mm×190mm），纵向钢筋宜采用 4Φ12，箍筋间距不宜大于 250mm，且在柱的上、下端处宜适当加密；抗震设防烈度为 6、7 度时超过 6 层，8 度时超过 5 层和 9 度时，构造柱的纵向钢筋宜采用 4Φ14，箍筋间距不应大于 200mm；房屋四角的构造柱可适当加大截面及配筋。

钢筋混凝土构造柱可不单独设置基础，但应伸入室外地面下 500mm，或锚入浅于 500mm 的基础圈梁内。

房屋高度和层数接近规范规定的限值时，纵、横墙内构造柱的间距还应满足下列要求：①横墙内的构造柱间距不宜大于层高的 2 倍，下部 1/3 楼层的构造柱间距适当减小；②外纵墙的构造柱应每开间设置一柱，当开间大于 3.9m 时，应另采取加强措施。内纵墙的构造柱间距不宜大于 4.2m。

构造柱的抗震设置要求请参阅本书第 13 章的有关内容。

本章小结

1）由块体和砂浆砌筑而成的砌体统称为砌体结构，主要用于承受压力。按材料一般可分为砖砌体、石砌体和砌块砌体。

2）砌体最基本的力学指标是轴心抗压强度。砌体从加载到受压破坏的三个特征阶段大体可分为单块砖先开裂、裂缝贯穿若干皮砖、形成独立受压小柱。最终破坏时，在砌体中砖的抗压强度并未充分发挥。

3）影响砌体抗压强度的主要因素是：块材与砂浆的强度；块材尺寸和几何形状；砂浆的流动性、保水性和弹性模量，以及砌筑质量。

4）砌体受压承载力计算公式中的ϕ，是考虑高厚比β和偏心距e综合影响的系数；偏心距$e=M/N$，按内力的设计值计算。

5）局部受压是砌体结构中常见的一种受力状态，分为局部均匀受压和局部不均匀受压。由于“套箍强化”和“应力扩散”的作用，使局部受压范围内砌体的抗压强度提高，γ称为局部抗压强度的提高系数。当梁下砌体局部受压而不满足强度要求时，可设置刚性垫块，以扩大局部受压面积，改善垫块下砌体的局部受压情况。

6）砌体房屋的静力计算方案有三种：刚性方案、刚弹性方案和弹性方案。静力计算方案的划分主要是根据楼盖、屋盖的刚度和横墙的间距。

7）混合结构房屋墙、柱的高厚比验算步骤为：

① 首先确定房屋的静力计算方案，根据静力计算方案查表11-16确定计算高度H_0。

② 确定是承重墙还是非承重墙，计算μ_1值。

③ 按有无门窗洞口，计算μ_2值。

④ 验算墙、柱的高厚比。根据有无壁柱（构造柱）分别采用不同的公式进行验算。

对一般的墙、柱高厚比验算　$\beta=H_0/h\leqslant\mu_1\mu_2[\beta]$；

a. 带壁柱墙高厚比验算：

整片墙　$\beta=H_0/h_T\leqslant\mu_1\mu_2[\beta]$；

壁柱间墙　$\beta=H_0/h\leqslant\mu_1\mu_2[\beta]$

b. 带构造柱墙高厚比验算：

整片墙　$\beta=H_0/h\leqslant\mu_1\mu_2\mu_c[\beta]$；

构造柱间墙　$\beta=H_0/h\leqslant\mu_1\mu_2[\beta]$。

8）多层刚性方案房屋的墙、柱实际上是受压构件，在竖向荷载作用下，各层墙体可视为上部为偏心受压、下部为轴心受压的构件。

9）圈梁和过梁是混合结构房屋中经常遇到的构件，圈梁应按《砌体结构设计规范》的要求设置，要注意交圈；过梁上的荷载与过梁上的砌体高度有关，超过一定高度后，由于拱的卸荷作用，上部荷载可直接传到洞口两侧的墙体上。

10）墙体的构造措施不容忽视，特别是由于砌体结构的脆性性质，极易出现裂缝，因此必须采取适当的构造措施，防止和减小裂缝的开展，保证砌体结构的耐久性和适用性。

复习题

11-1　砌体的种类有哪些？

11-2　砖砌体轴心受压时分为哪几个受力阶段？它们的特征是什么？

11-3　影响砌体抗压强度的因素有哪些？

11-4　如何采用砌体抗压强度的调整系数？

11-5　影响砌体局部抗压强度的因素有哪些？

11-6　如何确定砌体房屋的静力计算方案？画出单层房屋三种静力计算方案的计算简图。

11-7　为什么要验算墙、柱的高厚比？如何验算？

11-8　多层刚性方案房屋墙、柱设计的步骤是什么？

11-9 常用砌体过梁有哪几种，其各自适用的范围是什么？

11-10 过梁上的荷载如何计算？

11-11 在一般砌体结构房屋中，圈梁的作用是什么？

11-12 在多层工业与民用建筑中，圈梁的设置有哪些要求？

11-13 一承受轴心压力的砖柱，截面尺寸为 $b \times h = 370\text{mm} \times 490\text{mm}$；采用 MU10 砖、M5 混合砂浆砌筑，荷载设计值在柱顶产生的轴向力为 $N = 180\text{kN}$；柱的计算高度为 $H_0 = H = 3.6\text{m}$。试验算柱的承载力。

11-14 某砖柱，截面尺寸为 $b \times h = 620\text{mm} \times 490\text{mm}$；采用 MU10 砖、M5 水泥砂浆砌筑；荷载设计值在柱底产生的轴向力为 $N = 150\text{kN}$，弯矩为 $M = 7.5\text{kN} \cdot \text{m}$（沿长边）；该砖柱的计算高度为 $H_0 = H = 3.9\text{m}$。试验算柱的承载力。

11-15 已知一窗间墙，截面尺寸为 $b \times h = 1000\text{mm} \times 240\text{mm}$；采用 MU10 砖、M5 砂浆砌筑，墙上支承钢筋混凝土梁；梁的支承长度为 240mm；梁的截面尺寸为 $b \times h = 200\text{mm} \times 550\text{mm}$；荷载设计值在梁端产生的支承压力为 $N_l = 50\text{kN}$，上部荷载设计值在窗间墙上产生的轴向力为 $N = 130\text{kN}$。试验算梁端支承处砌体的局部受压承载力。

11-16 验算复习题 11-13 和复习题 11-14 中柱的高厚比是否满足要求。

第12章 钢结构

内容提要

本章介绍钢结构对钢材性能的要求、结构钢材的种类和规格，以及如何正确合理地选用钢材；主要讲述钢结构常用的连接方法中焊缝连接、螺栓连接的性能和计算方法，以及钢结构中轴心受力构件、实腹式受弯构件——梁的性能及计算方法。

12.1 钢结构的材料

12.1.1 钢结构用钢材的种类与破坏形式

钢结构是指用热轧型钢、钢板、钢管或冷加工的薄壁型钢等钢材通过焊接、螺栓连接或铆接等方式制造的结构。目前用于钢结构中的钢材主要有两个种类：一是碳素结构钢，根据《碳素结构钢》（GB/T 700—2006）的相关规定，将碳素结构钢分为Q195、Q215、Q235和Q275等四个牌号，其中Q235在使用、加工和焊接等方面具有良好性能，是钢结构常用钢材品种之一；碳素结构钢的质量等级分为A、B、C、D四级，由A到D表示质量由低到高。所有钢材在交货时，供方应提供屈服强度、极限强度和伸长率等力学性能的保证。碳素结构钢按脱氧程度不同分为沸腾钢、镇静钢和特殊镇静钢，分别用汉字拼音字首F、Z和TZ表示，其中Z和TZ可以省略不写，如Q235AF表示屈服强度为235N/mm^{2}的A级沸腾钢；Q235C表示屈服强度为235N/mm^{2}的C级镇静钢。二是低合金结构钢，是在冶炼过程中添加了一种或几种少量合金元素，低合金高强度结构钢因含有合金元素而具有较高的强度。根据现行《钢结构设计标准》（GB 50017—2017）的相关规定，低合金高强度结构钢分为Q345、Q390、Q420、Q460、Q500、Q550、Q620、Q690八个牌号，其中Q345、Q390、Q420为钢结构常用的钢种。低合金高强度结构钢按脱氧方法分为镇静钢或特殊镇静钢，其牌号与碳素结构钢牌号的表示方法相同，如Q345B表示屈服强度为345N/mm^{2}的B级镇静钢；Q390D表示屈服强度为390N/mm^{2}的D级特殊镇静钢。各种钢材由于其组分不同，其破坏形式也不相同，主要分为两类，即塑性破坏和脆性破坏。这两类破坏的特征有着明显的区别：塑性破坏，也称延性破坏，是由于构件应力超过屈服点f_y，并达到抗拉极限强度f_u后，构件产生明显的变形并断裂，破坏断口常为杯形，呈纤维状，色泽发暗。破坏前有较大的塑性变形，且变形持续时间长，容易及时发现并采取有效补救措施，因而不易引起严重后果；脆性破坏是在破坏前变形很小，构件的平均应力一般小于钢材的屈服强度f_y，破坏的断口平齐并呈有光泽的晶粒状。由于脆性破坏前没有明显的征兆，不能及时觉察和补救，应尽量避免。

12.1.2　钢材的性能

为了保证结构的安全，钢结构所用的钢材应具有下列性能：

（1）强度　钢材的强度指标主要有屈服强度（屈服点）f_y和抗拉强度f_u，可通过图12-1所示的标准试件做单向拉伸试验获得。

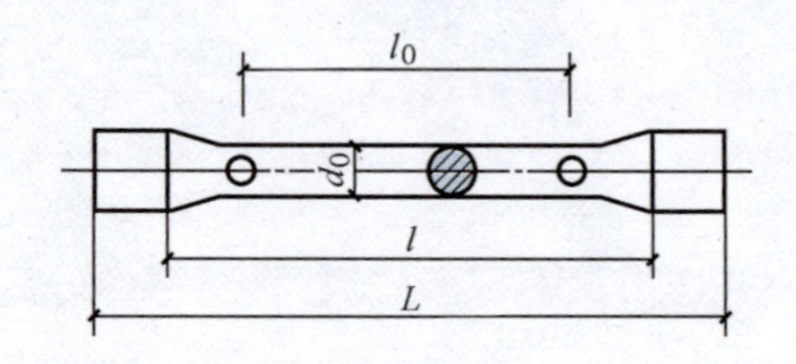

图12-1　静力单向拉伸试验标准试件

试验表明，在屈服强度f_y之前，钢材应变很小，而在屈服强度f_y以后，钢材产生很大的塑性变形，常使结构出现使用上不允许的残余变形，因此认为：屈服强度f_y是设计时钢材可以达到的最大应力，而抗拉强度f_u是钢材在破坏前能够承受的最大应力。钢材可看作理想的弹塑性体，其应力–应变关系如图12-2所示。

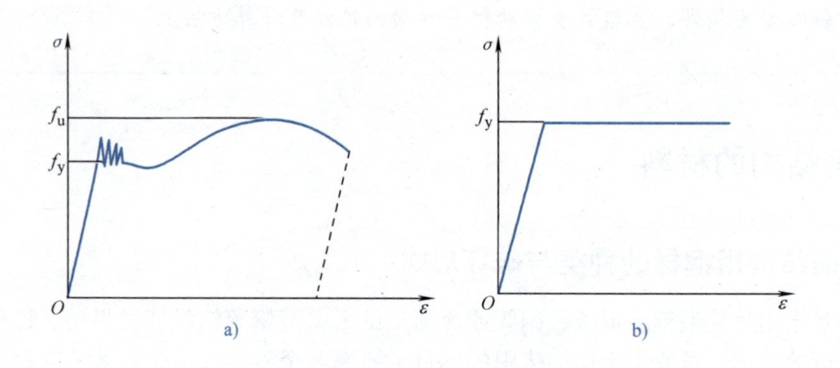

图12-2　钢材应力–应变关系

a）碳素结构钢材的$\sigma-\varepsilon$曲线　b）理想弹塑性体的$\sigma-\varepsilon$曲线

屈服强度f_y作为钢材强度的标准值，用f_k表示，引入抗力分项系数γ_R，即得钢材抗拉、抗压和抗弯的强度设计值。

$$f=\frac{f_k}{\gamma_R} \tag{12-1}$$

屈强比(f_y/f_u)是衡量钢材强度储备的一个系数，屈强比越低，钢材的安全储备就越大。屈强比过小时，钢材强度的利用率太低，不够经济；屈强比过大时，安全储备太小，不够安全。

（2）塑性　钢材的塑性是指应力超过屈服点后，能产生显著的残余变形（塑性变形）而不立即断裂的性质，一般用伸长率δ来衡量。它由钢材的静力单向拉伸试验得到。

$$\delta=\frac{l_1-l_0}{l_0}\times 100\% \tag{12-2}$$

式中　l_0、l_1——试件原标距长度和拉断后标距间长度。

显然，δ 值越大，钢材的塑性就越好。试件 $l_0/d_0=5$ 和 $l_0/d_0=10$ 时测得的伸长率分别以 δ_5 和 δ_{10} 表示，d_0 为试件直径。

（3）韧性 钢材的韧性是指在塑性变形和断裂过程中吸收能量的能力，是判断钢材在冲击荷载作用下是否出现脆性破坏的主要指标之一。韧性指标用冲击韧性值 α_K 表示，单位为 J/cm^2（或 $N \cdot m/cm^2$），是用带有夏氏V形缺口试件按如图12-3所示进行冲击试验测得的试件断裂时的冲击吸收能量。

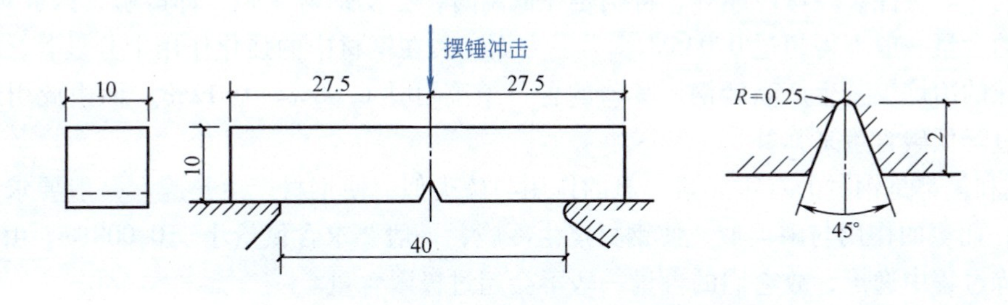

图12-3 冲击试验示意图

（4）焊接性 焊接连接是钢结构最常用的连接方式，钢材焊接后在焊缝附近将产生热影响区，使钢材组织发生变化和产生很大的焊接应力。钢材焊接性与钢材化学成分含量有关，焊接性好是指焊接安全、可靠、不发生焊接裂缝，焊接接头和焊缝的冲击韧性以及热影响区的塑性等性能都不低于母材。我国采用施工上和使用性能上的焊接性试验方法对钢材焊接性进行鉴定。

（5）冷弯性能 冷弯性能是指钢材在常温下加工发生塑性变形时，对产生裂纹的抵抗能力，用图12-4所示的冷弯试验来检验。如果试件弯曲180°，试件弯曲部分的外面、里面和侧面如无裂纹、断裂或分层，即认为试件冷弯性能合格。

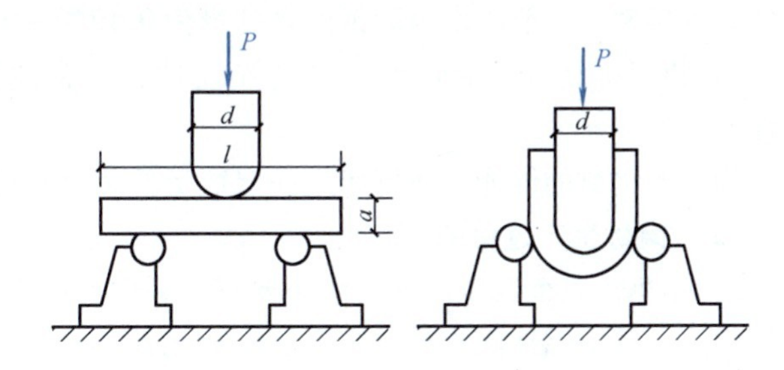

图12-4 冷弯试验示意图

（6）抗腐蚀性能 抗腐蚀性较差是钢结构的一大弱点。目前防止钢材腐蚀的主要措施是依靠涂料加以保护。近年来，一些耐候钢也逐渐呈现，它是在钢材冶炼时加入铜、磷、钛、铬、镍等合金元素在金属机体表面形成保护层来提高钢材的抗腐蚀能力。

12.1.3 影响钢材性能的主要因素

钢材虽为理想的承重结构材料，但其力学性能仍受化学成分、熔炼和浇铸方法、轧制技术和热处理、工作环境和受力情况等诸多因素的影响，其中有些因素对钢材塑性发展有着较明显的影响甚至产生脆性破坏，应予格外重视。

（1）化学成分 钢是含碳量小于2%的铁碳合金，而大于2%时称为铸铁。结构用钢主要包括碳素结构钢（碳素结构钢中铁的含量为99%，碳和其他元素的含量仅为1%）和低合金结构钢（含有含量低于5%的合金元素），其基本元素是铁（Fe）。

1）碳是碳素结构钢中含量仅次于铁的元素，是影响钢材强度的主要因素，随着碳含量的增加，钢材强度提高，而塑性和韧性（尤其是低温冲击韧性）下降，同时焊接性、抗腐蚀性、冷弯性能明显降低，因此结构用钢中碳的含量一般不应超过0.22%，焊接结构中碳的含量应低于0.2%。

2）硫是一种有害元素，它会大大降低钢材的塑性、冲击韧性、疲劳强度和抗腐蚀性等，尤其在高温时，会使钢材变脆，可能出现裂纹，即热脆，因此钢材中应严格控制含硫量，一般含量不得超过0.05%，在焊接结构中不超过0.035%。

3）磷也是一种有害元素，虽然磷的存在使钢材的强度和抗腐蚀性提高，但严重降低钢材的塑性、韧性、焊接性、冷弯性能等，特别是在低温时，会使钢材变脆，即冷脆，因此规范规定，钢材中磷的含量一般不得超过0.045%。另一方面，磷在钢材中的强化作用十分显著，故有些国家采用特殊的冶炼工艺生产高磷钢，其磷的含量最高可达0.08%～0.12%，而由此引起的不利影响将通过降低碳含量来弥补。

4）氧和氮都是钢材的有害元素，氧的作用与硫类似，使钢材产生热脆，一般要求其含量小于0.05%；而氮的作用与磷类似，使钢材产生冷脆，一般要求含氮量小于0.008%。由于氧、氮容易在冶炼过程中逸出，故它们的含量一般不会超过极限含量。

5）锰是一种弱脱氧剂，适量的锰含量可以有效地提高钢材的强度，又能消除硫、氧对钢材的热脆影响，而不显著降低钢材的塑性和韧性；但锰含量过高将使钢材变脆，同时还将降低钢材的抗腐蚀性和焊接性。锰在碳素结构钢中的含量为0.5%～1.5%，在低合金钢中一般为1.6%～1.8%。

6）硅是一种强脱氧剂，适量的硅可提高钢材的强度，而对塑性、韧性、冷弯性能和焊接性无明显不良影响；但硅含量过大（硅的含量达1%左右）时，会降低钢材的塑性、韧性、抗腐蚀性和焊接性。一般碳素镇静钢的含硅量为0.12%～0.35%，低合金钢为0.20%～0.60%。

7）钒可提高钢材的强度，提高淬硬性、抗腐蚀性，但有时有硬化作用，而不显著降低塑性。

为改善钢材的性能，还可掺入一定数量的其他元素，如铝、铬、镍、铜、钛等。

（2）钢材生产过程的影响

1）冶炼。目前我国冶炼方法主要有：碱性平炉炼钢法、顶吹氧气转炉炼钢法、碱性侧吹转炉炼钢法，其中碱性侧吹转炉炼钢法已被淘汰。前两种方法对钢材力学性能和内在质量方面的影响基本无差别，但是顶吹氧气转炉钢具有投资少、建厂快、生产效率高、原料适应性强等优点，已成为炼钢工业发展的主要趋势。

2）浇铸。结构钢材主要是使用氧气顶吹转炉生产的钢材。为排除钢液中的氧元素，浇铸前要向钢液中投入脱氧剂，根据脱氧程度的不同，形成沸腾钢、镇静钢和特殊镇静钢。

沸腾钢是以锰作为脱氧剂，脱氧不充分，钢液出现剧烈沸腾现象而得名。因沸腾钢含有较多的氧、氮等元素，其塑性、韧性和焊接性较差，容易发生时效和变脆。沸腾钢曾广泛使用，但由于近年来炼钢工艺的发展与进步，我国国内Q235钢材80%以上都是镇静钢，实际工程选材时可优先选用镇静钢。

镇静钢以硅作为主要脱氧剂，脱氧比较充分，浇铸时钢锭模内液面平静。镇静钢具有较高的冲击韧性、较小的时效敏感性和冷脆性，而且冷弯性能、焊接性和抗腐蚀性较好。半镇静钢脱氧程度介于沸腾钢与镇静钢之间，其性能也介于两者之间。

特殊镇静钢是在用锰和硅脱氧之后，再用铝或钛等进行补充脱氧，能明显改善各项力学性能，又能提高钢材的焊接性。

3）轧制。钢的轧制是在高温（1200～1300℃）和压力作用下将钢锭热轧成钢板或型钢。轧制使钢锭中的小气孔、裂纹等缺陷焊合起来，使金属组织更加致密，并能消除显微组织缺陷，从而改善钢材的力学性能。一般来说，轧制的钢材越小（越薄），其强度就越高，塑性和冲击吸收能量也就越好。

4）热处理。钢的热处理就是将钢在固态下施以不同的加热、保温和冷却处理，以改变其性能的一种工艺。热处理能明显改善钢的组织和性能，消除残余应力，可使钢材获得强度、塑性和韧性都较好的综合性能。

（3）钢材的硬化 根据其机理不同，钢材的硬化又可分为时效硬化和冷作硬化两类。

1）时效硬化是指钢材强度（屈服强度和抗拉强度）随时间的增长而提高，塑性降低，特别是冲击吸收能量显著降低的现象，如图12-5所示。时效硬化的过程一般很长。

2）冷作硬化则是指当钢材冷加工（剪、冲、拉、弯等）超过其弹性极限，卸载后出现残余塑性变形，再次加载时弹性极限（或屈服强度）提高的现象，如图12-6所示。在工程中有时会利用冷作硬化提高钢材强度的这一性能。但另一方面，冷作硬化会降低钢材的塑性和冲击吸收能量，增加出现脆性破坏的可能性。

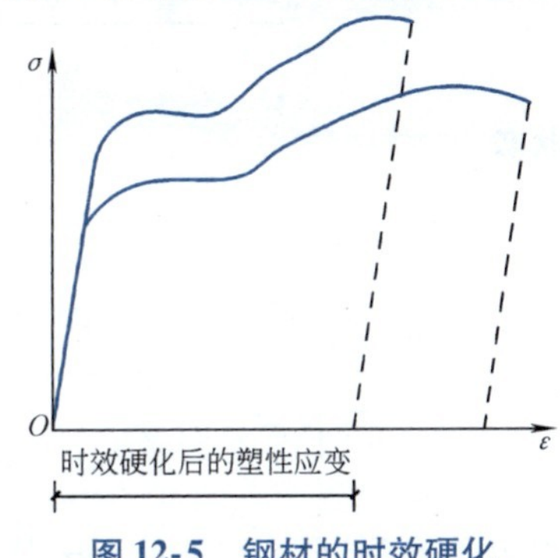

图12-5 钢材的时效硬化

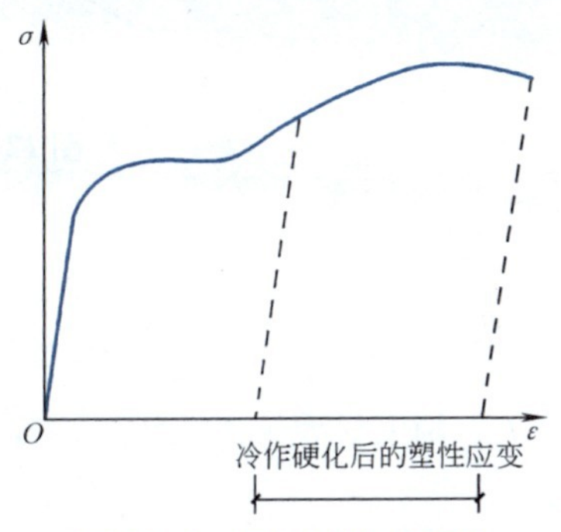

图12-6 钢材的冷作硬化

（4）温度的影响 温度上升时，钢材强度和弹性模量降低，塑性增大。100℃以内时，钢材性能变化不大；在250℃左右时，钢材会出现抗拉强度提高、冲击吸收能量下降的蓝脆现象（此时钢材表面的氧化膜呈现蓝色因而得名），故应避免钢材在蓝脆温度范围内进行热加工；当温度超过300℃后，屈服点和极限强度下降显著；600℃时强度已很低，丧失承载力，如图12-7所示。

温度下降时，钢材强度略有提高，塑性、韧性降低。当温度下降到某一值时，钢材的冲击韧度突然急剧下降，如图12-8所示。试件将发生脆性破坏，这种现象称为低温冷脆现象。钢材

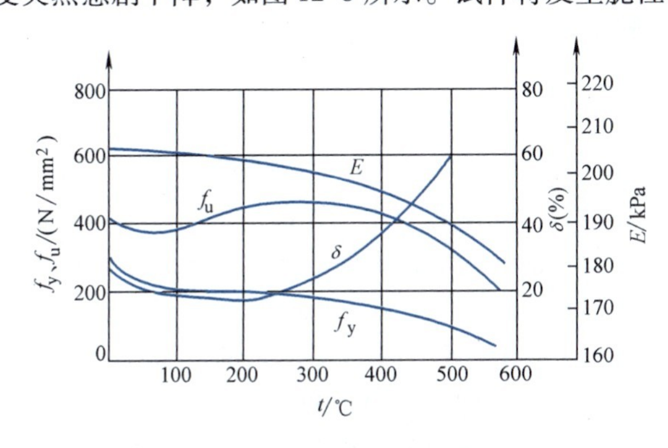

图12-7 温度对钢材力学性能的影响

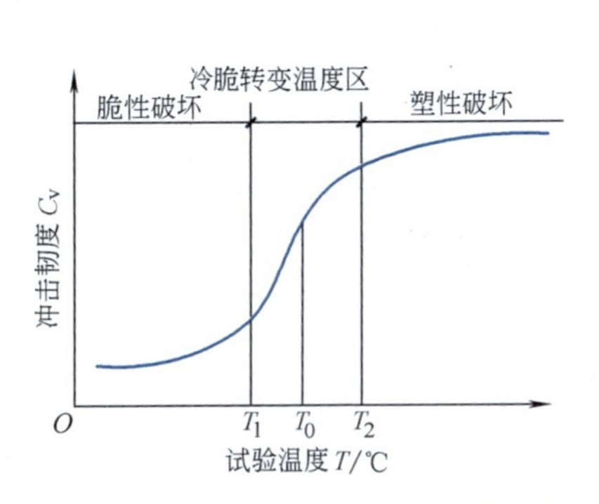

图12-8 冲击韧度和温度关系示意图

由韧性状态向脆性状态转变的温度区 T_1T_2 称为冷脆转变温度区，在此区间，曲线的反弯点所对应的温度 T_0 称为脆性转变温度（或称为冷脆临界温度）。

（5）复杂应力状态 钢材在单向应力作用下，当应力达到屈服强度 f_y 时，钢材即进入塑性状态。但在复杂应力（二向或三向应力）作用下（图 12-9），钢材的屈服不能以某个方向的应力达到 f_y 来判别，而应按材料第四强度理论用折算应力 σ_{eq} 与钢材单向应力下的 f_y 相比较来判别。

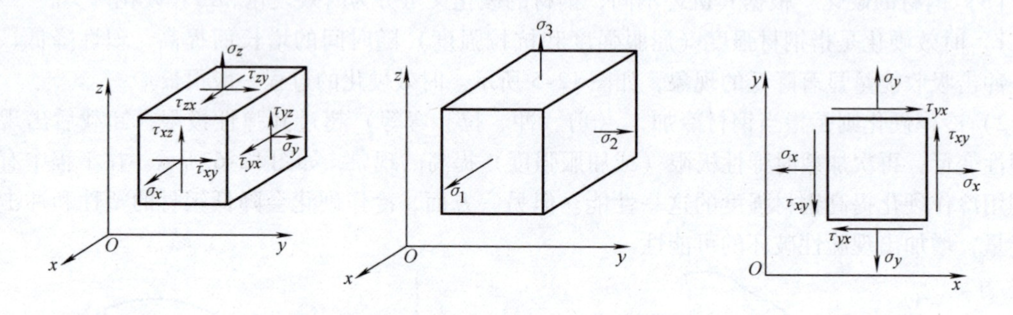

图 12-9 复杂应力状态

用主应力表达如下

$$\sigma_{eq}=\sqrt{\frac{1}{2}[(\sigma_1-\sigma_2)^2+(\sigma_2-\sigma_3)^2+(\sigma_3-\sigma_1)^2]} \tag{12-3}$$

若 $\sigma_{eq}<f_y$，则钢材处于弹性状态；若 $\sigma_{eq}=f_y$，则钢材处于临界状态；若 $\sigma_{eq}>f_y$，则钢材处于塑性状态。

当 σ_1、σ_2、σ_3 同号，应力差值小时，材料处于脆性状态；当 σ_1、σ_2、σ_3 有一异号，应力差值大时，材料较容易进入塑性状态。

（6）应力集中的影响 在钢结构构件中不可避免地存在着孔洞、槽口、凹角、形状突变和内部缺陷等，此时即使是轴心受力构件，在截面变化处的应力也不再保持均匀分布，而是在一些区域产生局部高峰应力，另外一些区域则应力较低（图 12-10），这就是应力集中现象。更严重的是，靠近高峰应力的区域总是存在着同号二维或三维应力场，因而促使钢材变脆。

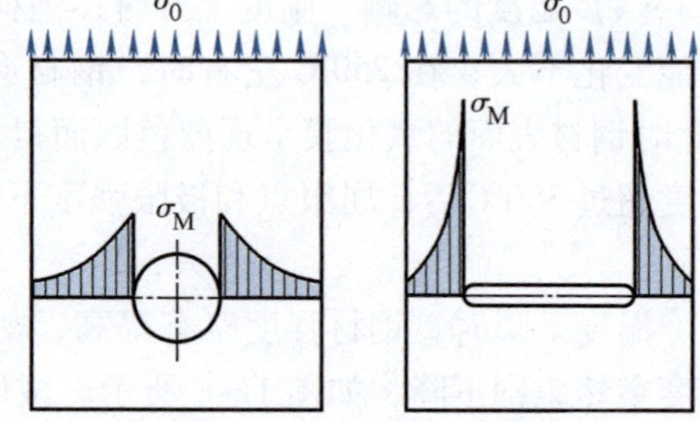

图 12-10 孔洞处的应力集中

12.1.4 结构钢材的选择

（1）钢材的选用原则 钢材选用的原则是既要使结构安全可靠和满足使用要求，又要最大可能节约钢材和降低造价。就钢材的力学性能而言，要从各个不同方面衡量屈服强度、抗拉强度、伸长率、冷弯性能、冲击韧性等指标；在设计钢结构时，为保证承重结构的承载力和防止在一定条件下可能出现的脆性破坏，应综合考虑下列因素，选用合适的钢材牌号和材性：

1）结构的类型及重要性：将结构和构件按其用途、部位和破坏后果的严重性可以分为重要、一般和次要三类，不同类别的结构或构件应选用不同的钢材，如大跨度结构、重级工作制吊车梁等属重要的结构，应选用质量等级高的钢材；一般屋架、梁和柱等属于一般的结构，可选用质量等级一般的钢材；楼梯、栏杆、平台等则是次要的结构，可选用质量等级较低的钢材。

2）荷载的性质：结构承受的荷载可分为静力荷载和动力荷载两种。对承受动力荷载的结构，应选用塑性、冲击强度好且质量好的钢材，如Q345C或Q235C；对承受静力荷载的结构，可选用一般质量的钢材，如Q235BF。

3）连接方法：钢结构的连接有焊接和非焊接之分，焊接结构由于在焊接过程中不可避免地会产生焊接应力、焊接变形和焊接缺陷，因此应选择碳、硫、磷含量相对较低，塑性、韧性和焊接性都较好的钢材。

4）工作环境：结构所处的环境如温度变化、腐蚀作用等对钢材性能的影响很大。在低温下工作的结构，尤其是焊接结构，应选用具有良好抗低温脆断性能的镇静钢，结构可能出现的最低温度应高于钢材的冷脆转变温度。当周围有腐蚀性介质时，应对钢材的抗腐蚀性提出相应要求。

5）钢材厚度：热轧钢材在轧制过程中可使钢材性能进一步改善，随着钢材厚度由薄到厚，其强度呈下降趋势，在设计中应注意按钢材的厚度分组确定相应的强度设计值，并优先采用相对较薄的型材与板材。

6）受力性能：由于脆断主要发生在构件的受拉部位，因此对受拉或受弯构件的材性要求高一些。另外，大多数低温脆断事故发生在构件局部缺陷处，因此，经常承受拉力的构件，应选用质量较好的钢材。

（2）钢材选用 结构钢材的选用应根据上述原则，按照荷载性质、结构类别、工作的环境温度及是否为焊接结构等，参照表12-1选定。

表12-1 结构钢材的选用

荷载性质	结构类别	工作环境温度	焊接结构	非焊接结构
承受静载及间接动荷载	受拉、受弯承重结构	＞－20℃	Q235B、Q345A	Q235A、Q345A
		≤－20℃	Q235BZ、Q345B	Q235AZ、Q345A（或Q345B）
	其他承重结构	＞－30℃	Q235B、Q345A	Q235A（或AF）、Q345A
		≤－30℃	Q235BZ、Q345A（或Q345B）	Q235AZ、Q345A（或Q345B）
直接承受动荷载	不需验算疲劳的结构	＞－20℃	Q235BZ、Q345A（或Q345B）	Q235B、Q345A
		≤－20℃	Q235BZ（Q235C）、Q345A（或Q345B）	Q235BZ、Q345A（或Q345B）
	需验算疲劳的结构	＞－10℃	Q235BZ、Q345B	Q235BZ、Q345A
		－20～－10℃	Q235C、Q345C	Q235BZ、Q345B
		≤－20℃	Q235D、Q345D	Q235C、Q345C

注：1. A级钢仅可用于结构工作温度高于0℃的不需要验算疲劳的结构，且Q235A钢不宜用于焊接结构。

2. 需验算疲劳的焊接结构用钢材应符合下列规定：

1）当工作温度高于0℃时其质量等级不应低于B级。

2）当工作温度不高于0℃但高于－20℃时，Q235、Q345钢不应低于C级，Q390、Q420及Q460钢不应低于D级。

3）当工作温度不高于－20℃时，Q235钢和Q345钢不应低于D级，Q390钢、Q420钢、Q460钢应选用E级。

3. 需要验算疲劳的非焊接结构，其钢材质量等级要求可较上述焊接结构降低一级但不应低于B级。起重机起重量不小于50t的中级工作制吊车梁，其质量等级要求应与需要验算疲劳的构件相同。

12.1.5　钢材的规格、形状

钢结构所用钢材主要为热轧成形的钢板、型钢及冷弯成形的薄壁型钢。

（1）钢板　钢板有薄钢板（厚度0.30～4mm）、厚钢板（厚度4.5～60mm）、特厚板（板厚＞60mm）和扁钢（厚度3～60mm，宽度为10～200mm）等。钢板用“－宽×厚×长”或“－宽×厚”表示，单位为“mm”，如－450×8×3100，－450×8。

（2）型钢　钢结构常用的型钢是角钢、工字型钢、槽钢和H型钢、钢管等，如图12-11所示。除H型钢和钢管有热轧和焊接成形外，其余型钢均为热轧成形。

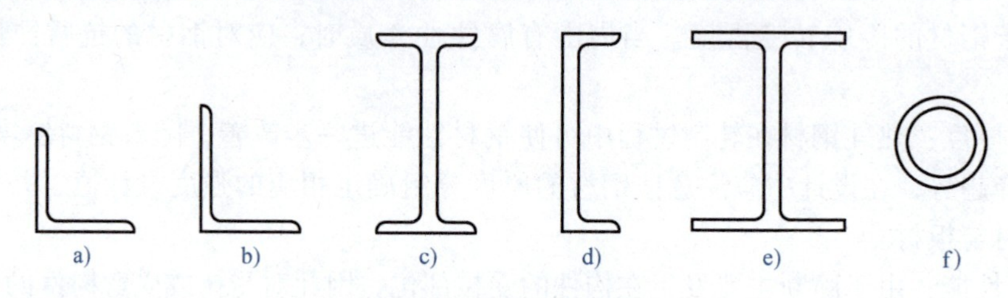

图12-11　型钢截面

1）角钢有等边角钢和不等边角钢两类，分别如图12-11a和图12-11b所示。等边角钢以“∟肢宽×肢厚”表示，不等边角钢以“∟长肢宽×短肢宽×肢厚”表示，单位为mm，如∟63×5、∟100×80×8。

2）工字钢截面如图12-11c所示，有普通工字钢和轻型工字钢两种。普通工字钢用“I截面高度的厘米数”表示，高度200mm以上的工字钢，同一高度有三种腹板厚度，分别记为a、b、c，其中a类腹板最薄、翼缘最窄，b类腹板较厚、翼缘较宽，c类腹板最厚、翼缘最宽，如I20a、I20c等。同样高度的轻型工字钢的翼缘要比普通工字钢的翼缘宽而薄，腹板也相对较薄，轻型工字钢可用汉语拼音符号“Q”表示，如QI40等。

3）槽钢截面如图12-11d所示，也分为普通槽钢和轻型槽钢两种，分别以“［或Q截面高度厘米数”表示，如［20b、Q22a等。

4）H型钢的截面如图12-11e所示，分为热轧和焊接两种。热轧H型钢有宽翼缘（HW）、中翼缘（HM）、窄翼缘（HN）和H型钢柱（HP）等四类。H型钢用“高度×宽度×腹板厚度×翼缘厚度”表示，单位为“mm”，如HW250×250×9×14、HM294×200×8×12。焊接H型钢由钢板用高频焊接组合而成，也用“高度×宽度×腹板厚度×翼缘厚度”表示，如H350×250×10×16。

5）钢管截面如图12-11f所示，有热轧无缝钢管和焊接钢管两种。无缝钢管的外径为32～630mm。钢管用“ϕ外径×壁厚”来表示，单位为“mm”，如ϕ273×5。

对普通钢结构的受力构件不宜采用厚度小于5mm的钢板、壁厚小于3mm的钢管、截面小于∟45×4或∟56×36×4的角钢。

（3）冷弯薄壁型钢　冷弯薄壁型钢采用薄钢板冷轧制成，常见的截面形状如图12-12所示。其壁厚一般为1.5～12mm，但制作承重结构受力构件的壁厚不宜小于2mm。薄壁型钢能充分利用钢材的强度，可节约钢材，在轻钢结构中得到广泛应用。常用的冷弯薄壁型钢截面形式有等边角钢、卷边等边角钢、Z型钢、卷边Z型钢、槽钢、卷边槽钢、钢管等。薄壁型钢按字母B、截面形状符号和长边宽度×短边宽度×卷边宽度×壁厚的顺序表示，单位为“mm”，长、短边相等时只标一个边宽，无卷边时不标卷边宽度，如B120×40×2.5、BC160×60×20×3等。

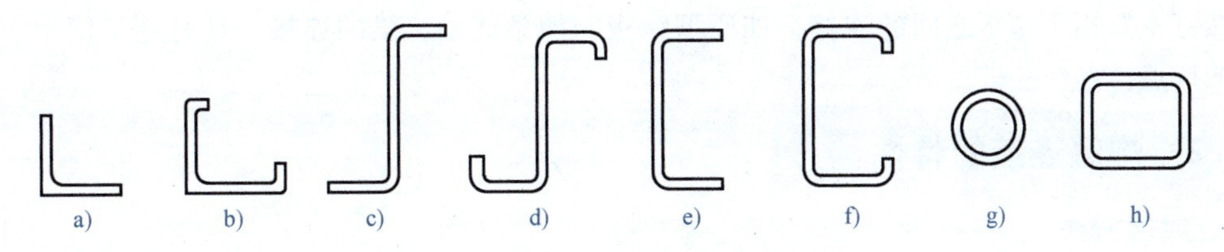

图12-12　冷弯薄壁型钢截面

a）等边角钢　b）卷边等边角钢　c）Z型钢　d）卷边Z型钢　e）槽钢　f）卷边槽钢　g）、h）钢管

如图12-13所示，压型钢板是冷弯薄壁型钢的另一种形式，它是用厚度为1.5~12mm的钢板、镀锌钢板或彩色涂层钢板经冷轧成的波形板。

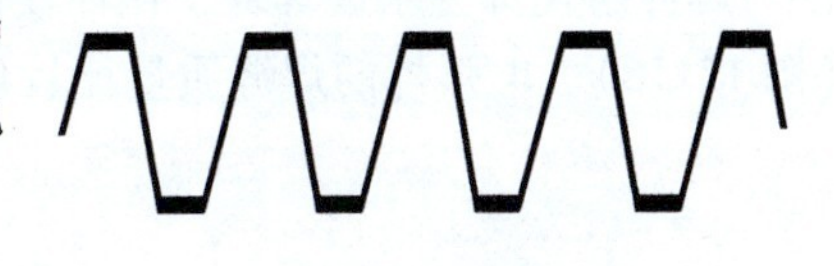

图12-13　压型钢板

12.2　钢结构的连接

12.2.1　钢结构的连接方法

钢结构构件直接由钢板、型钢等通过连接而成（如梁、柱、桁架等），运到工地后通过安装连接成整体结构（如厂房、桥梁等）。在传力过程中，连接部位应有足够的强度、刚度和延性。被连接件间应保持正确的位置，以满足传力和使用要求，因此在钢结构中，连接占有很重要的地位。

钢结构的连接通常有焊缝连接、螺栓连接、铆钉连接三种方式，如图12-14所示。

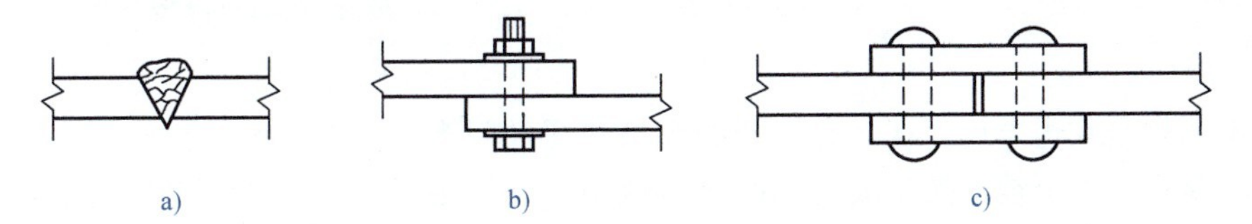

图12-14　钢结构的连接方式

a）焊缝连接　b）螺栓连接　c）铆钉连接

1. 焊缝连接

焊缝连接是通过电弧产生热量，使焊条和焊件局部熔化，然后冷却凝结形成焊缝，使焊件连成一体。焊缝连接是当前钢结构最主要的连接方式，它的优点是构造简单，节约钢材，加工方便，易于自动化作业。焊缝连接一般不需拼接材料，不需开孔，可直接连接，连接的密封性好，刚度大，但焊缝质量易受材料和工艺操作的影响。

2. 螺栓连接

螺栓连接需要先在构件上开孔，然后通过拧紧螺栓产生紧固力将被连接件连成一体，螺栓连接分为普通螺栓连接和高强度螺栓连接两种。

3. 铆钉连接

铆钉连接需要先在构件上开孔，用加热的铆钉进行铆合。这种连接传力可靠，韧性和塑性较好，质量易于检查，适用于承受动力荷载、荷载较大和跨度较大的结构，但铆钉连接费工费料，噪声和劳动强度大，现在很少采用，多被焊接及高强度螺栓连接所代替。

除上述常用连接方式外，在薄壁钢结构中还经常采用射钉、自攻螺钉等连接方式。射钉和自攻螺钉主要用于薄板之间的连接，如压型钢板与檩条或墙、梁的连接，具有施工简单、操作方便的特点。

12.2.2　焊缝连接的特性

1. 焊接方法

钢结构的焊接方法有电弧焊、电渣焊、电阻焊和气焊等。

电弧焊是利用通电后焊条与焊件之间产生的强大电弧提供热源，熔化焊条，滴落在熔池中，使与焊件熔化部分结成焊缝，从而使两焊件连成一整体，分为焊条电弧焊（图 12-15）、埋弧焊（图 12-16）。电弧焊的焊缝质量比较可靠，是一种最常用的焊接方法。

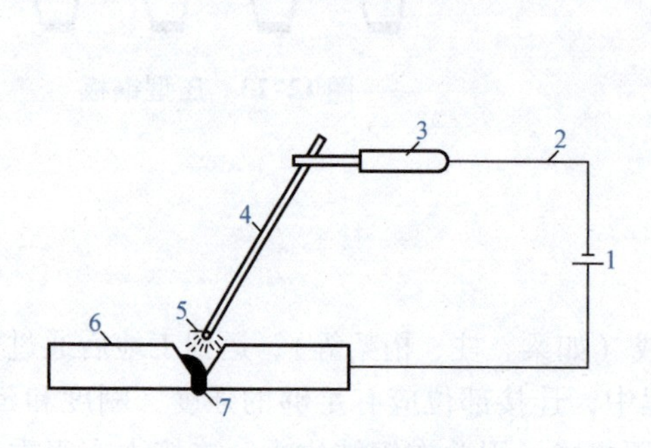

图 12-15　焊条电弧焊

1—电源　2—导线　3—夹具　4—焊条
5—药皮　6—焊件　7—熔融焊缝金属

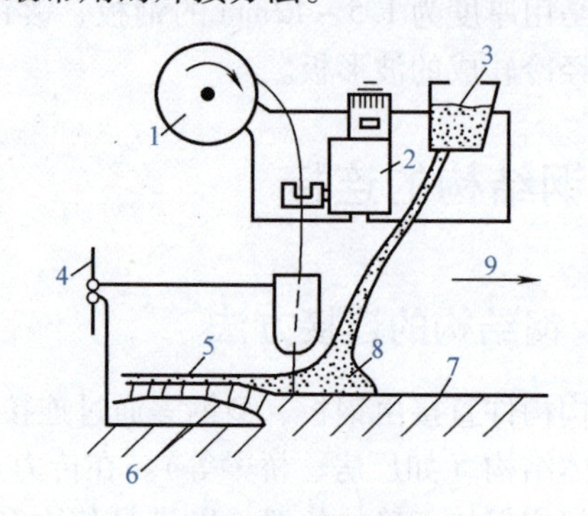

图 12-16　埋弧焊

1—焊丝转盘　2—送丝装置　3—焊剂漏斗　4—电源
5—熔池上熔化的焊剂　6—焊缝金属　7—焊件
8—焊剂　9—移动方向

焊条电弧焊是在通电后，在涂有焊药的焊条和焊件间产生高温电弧，由电弧提供热源使焊条熔化，滴落在焊件上被电弧吹成的小凹槽熔池中；焊药则随焊条熔化而形成熔渣覆盖在熔池上，产生气体，防止空气与熔化的液体金属接触，保护焊缝不受空气中有害元素的影响；最后熔化的液体金属冷却后凝结成焊缝，把构件连接成一体。焊条电弧焊具有设备简单、适应性强的优点，适用于短焊缝或曲折焊缝的焊接，或施工现场的焊接。

埋弧焊是将焊条埋于焊剂之下，通电后，电弧将焊条、焊剂及焊缝金属熔化，焊剂保护着熔化的金属，不与空气接触。埋弧焊的焊缝质量均匀，塑性及冲击吸收能量较高。

电渣焊是电弧焊的一种，分为消耗熔嘴式电渣焊和非消耗熔嘴式电渣焊。

电阻焊利用电流通过焊件接触点表面产生的热量来熔化金属，再通过压力使其焊合。

气焊是利用乙炔在氧气中燃烧而形成的火焰来熔化焊条，形成焊缝。

2. 焊缝连接的形式

焊缝连接的形式可按构件相对位置、构造和施焊位置来划分。

（1）按构件的相对位置划分　焊缝连接的形式按构件的相对位置可分为对接、搭接和 T 形连接等几种，如图 12-17 所示。

（2）按构造划分　焊缝按构造可分为对接焊缝和角焊缝两种形式。图 12-17a、d 所示为对接焊缝；图 12-17b、c 所示为角焊缝。

（3）按施焊位置划分　焊缝按施焊位置可划分为平焊、立焊、横焊和仰焊几种，如图 12-18所示。平焊的施焊工作方便，质量易于保证。立焊和横焊的质量及生产效率比平焊差一

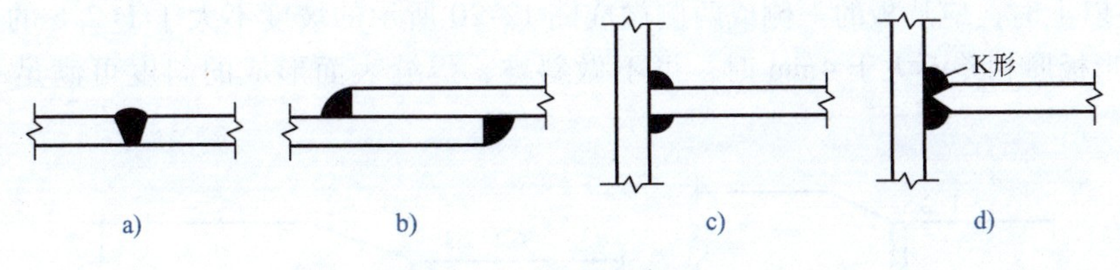

图12-17　焊缝连接形式

a）对接　b）搭接　c）、d）T形连接

些。仰焊的操作条件最差，焊缝质量也不易保证。焊缝的施焊位置由连接构造决定，设计时应尽量采用便于平焊的焊接构造，避免采用仰焊焊缝。

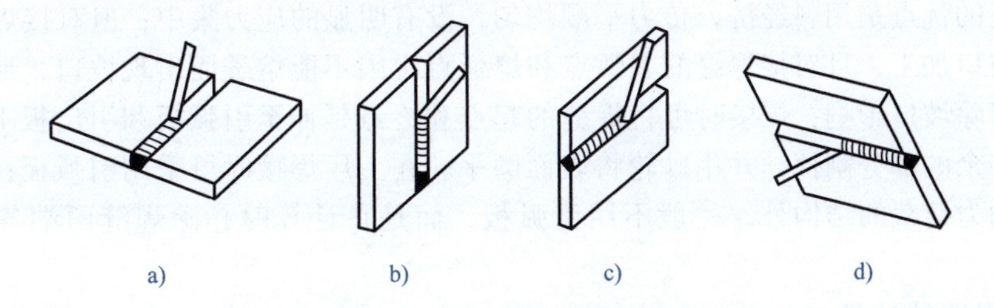

图12-18　焊缝的施焊位置

a）平焊　b）立焊　c）横焊　d）仰焊

12.2.3　对接焊缝的构造和计算

1. 对接焊缝的构造要求

对接焊缝按坡口形式分为I形焊缝、单边V形焊缝、V形焊缝、U形焊缝、K形焊缝和X形焊缝等，如图12-19所示。

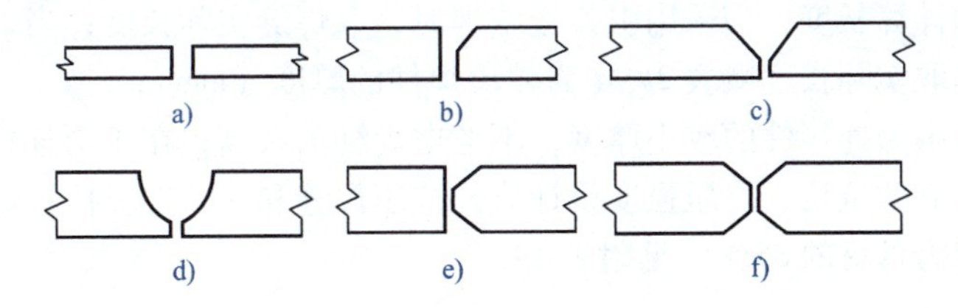

图12-19　对接焊缝坡口形式

a）I形焊缝　b）单边V形焊缝　c）V形焊缝　d）U形焊缝　e）K形焊缝　f）X形焊缝

我国《钢结构工程施工质量验收标准》（GB 50205—2020）将对接焊缝依其质量检查标准分为三级：三级焊缝只要求通过外观检查，即检查焊缝的实际尺寸是否符合设计要求和有无看得见的裂纹、咬边等缺陷；对有较大拉应力的对接焊缝及直接承受动力荷载的较重要的对接焊缝，宜采用二级焊缝；对抵抗动力和疲劳性能有较高要求的部位可采用一级焊缝。对一级或二级焊缝，在外观检查的基础上应再做无损检验。钢结构一般采用三级焊缝。

当焊件厚度较小（$t \leqslant 10$mm）时，可采用不切坡口的直边I形焊缝；对于一般厚度（$t=10\sim20$mm）的焊件，可采用有斜坡口的单边V形焊缝或V形焊缝；对于较厚的焊件（$t \geqslant 20$mm），应采用U形焊缝、K形焊缝或X形焊缝。

在钢板宽度或厚度有变化的连接中，为了减少应力集中，当对接接头的焊件宽度不同或厚度相差4mm以上时，应从板的一侧或两侧做成图12-20所示的坡度不大于1∶2.5的斜坡，形成平缓过渡。当板厚相差不大于4mm时，可不做斜坡，焊缝表面形成的斜度可满足平缓过渡的要求。

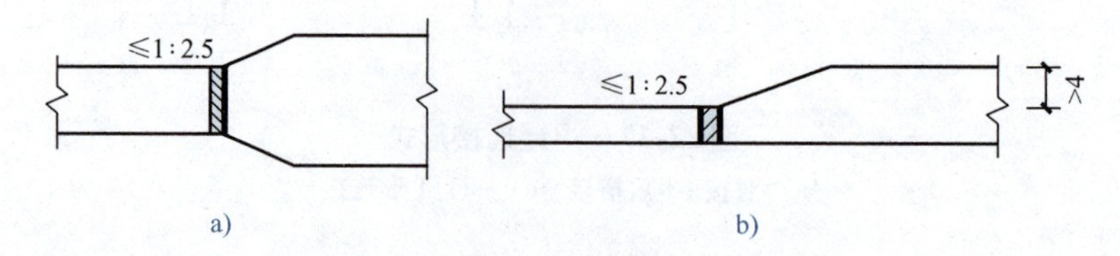

图12-20　不同宽度或厚度的钢板连接

对接焊缝的优点是用料经济，传力平顺均匀，没有明显的应力集中；但对接焊缝的焊件边缘需要进行坡口加工，且对接焊缝的起弧点和熄弧点常因不能熔透而出现坡口，形成裂纹和应力集中。为消除坡口影响，焊接时可将焊缝的起点和终点延伸至引弧板和引出板上，焊接完成后将引弧板多余的部分割掉，并用砂轮将表面磨平。在工厂焊接时可采用引弧板；在工地焊接时，除了受动力荷载的结构外，一般不用引弧板，而是在计算时扣除焊缝两端各一个板厚的长度。

2. 对接焊缝的计算

对接焊缝的应力分布情况基本上与焊件相同，可用计算焊件的方法计算对接焊缝。对于重要的构件按一、二级标准验收焊缝质量，焊缝和构件等强不必另行计算，只有对三级焊缝才需要按下列要求计算。

（1）轴心力作用下对接焊缝计算　连接如图12-21所示，应按下式计算

$$\sigma=\frac{N}{l_w t}\leqslant f_t^w \text{ 或 } f_c^w \tag{12-4}$$

式中　N——轴心拉力或压力的设计值；

l_w——焊缝的计算长度；当采用引弧板施焊时，取焊缝实际长度；当未采用引弧板时，每条焊缝取实际长度减去$2t$，t为较薄焊件的厚度（mm）；

t——在对接中为连接件的较小厚度，不考虑焊缝的余高；在T形连接中为腹板厚度；

f_t^w、f_c^w——对接焊缝的抗拉、抗压强度设计值，抗压焊缝和一、二级抗拉焊缝同母材，三级抗拉焊缝为母材的85%，见附表19。

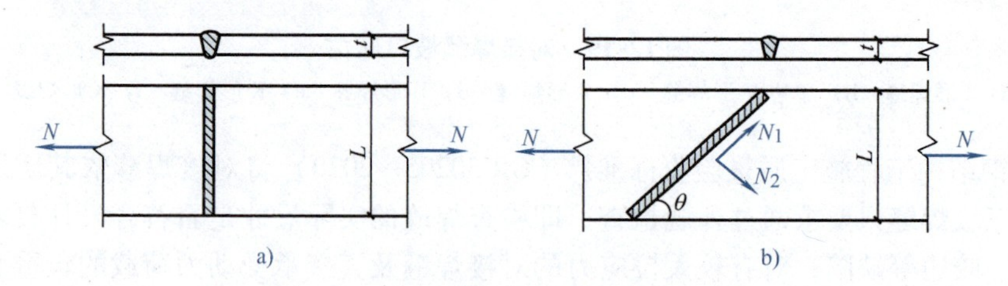

图12-21　轴心力作用下对接焊缝的连接
a）直焊缝　b）斜焊缝

当图12-21a所示的直焊缝的强度低于焊件的强度时，为了提高连接承载力，可改用如图12-21b所示的斜焊缝，但较费材料。规范规定：当$\tan\theta\leqslant1.5$时，焊缝强度不必计算。

（2）受弯、受剪的对接焊缝计算　对接焊缝应根据焊缝截面的应力分布计算其危险点处的应力状态。图12-22a所示为矩形截面受弯、受剪对接焊缝的应力分布；图12-22b所示为工字形

截面对接焊缝的应力分布。

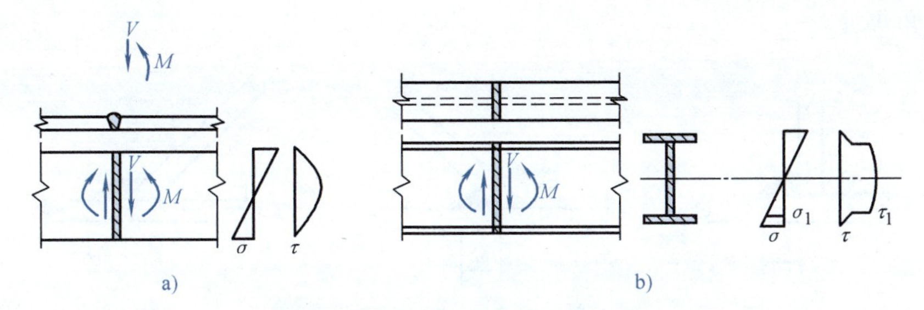

图 12-22　受弯、受剪的对接焊缝

a）矩形截面受弯、受剪对接焊缝的应力分布　b）工字形截面对接焊缝的应力分布

矩形截面和工字形截面的对接焊缝同时受弯、受剪时，最大正应力和最大剪应力不在同一点，应分别按以下两式验算正应力 σ 和剪应力 τ

$$\sigma = M/W_w \leqslant f_t^w \tag{12-5}$$

$$\tau = \frac{VS_w}{I_w t} \leqslant f_v^w \tag{12-6}$$

工字形截面的对接焊缝在翼缘与腹板的交界处同时受较大的正应力 σ_1 和剪应力 τ_1，应按下式验算折算应力 σ_{eq}

$$\sigma_{eq} = \sqrt{\sigma_1^2 + 3\tau_1^2} \leqslant 1.1 f_t^w \tag{12-7}$$

式中　W_w——焊缝截面的截面模量；

I_w——焊缝截面对其中和轴的惯性矩；

S_w——焊缝截面在计算剪应力处以上部分对中和轴的惯性矩；

f_t^w——对接焊缝的抗剪强度设计值，见附表 19；

σ_1——翼缘与腹板交界处的焊缝正应力；

τ_1——翼缘与腹板交界处的焊缝剪应力；

1.1——考虑最大折算应力只在焊缝的局部而将焊缝强度提高的系数。

12.2.4　角焊缝的构造和计算

1. 角焊缝的构造

（1）角焊缝的分类　角焊缝按其受力的方向和位置可分为垂直于力作用方向的正面角焊缝和平行于力作用方向的侧面角焊缝，如图 12-23 所示。

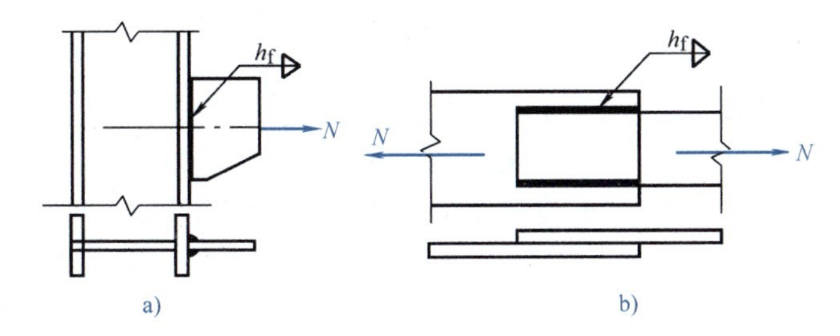

图 12-23　角焊缝的分类

a）正面角焊缝　b）侧面角焊缝

（2）角焊缝的截面形式 角焊缝可分为直角角焊缝和斜角角焊缝，如图 12-24 所示。通常均采用直角角焊缝。

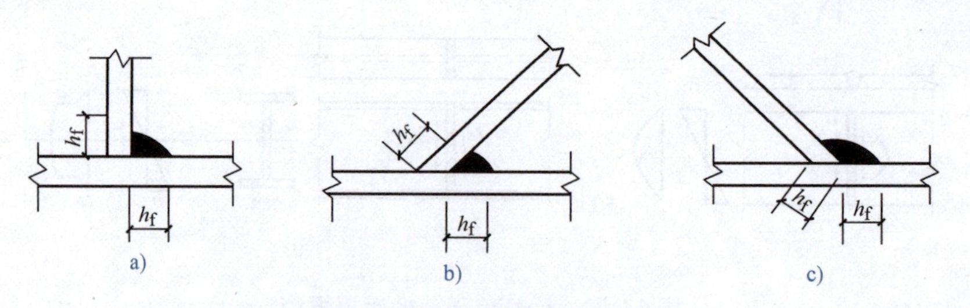

图 12-24 角焊缝的截面形式

a）直角角焊缝 b)、c）斜角角焊缝

直角角焊缝的截面形式有凸形角焊缝、平形角焊缝、凹形角焊缝等几种，如图 12-25 所示。一般情况下常用凸形角焊缝。

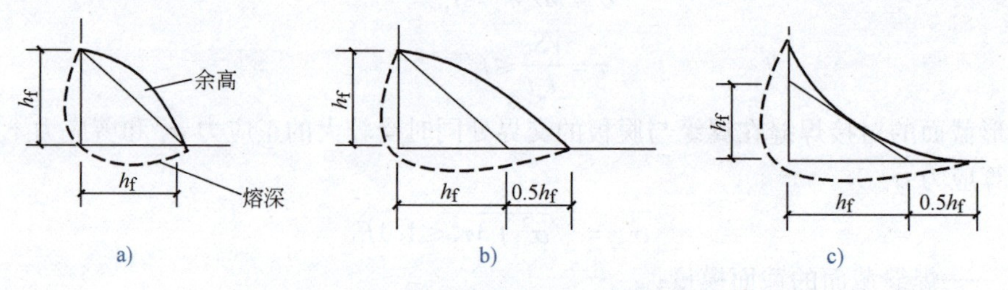

图 12-25 直角角焊缝的截面形式

a）凸形角焊缝 b）平形角焊缝 c）凹形角焊缝

（3）角焊缝的尺寸限制 角焊缝的焊脚尺寸 h_f 和焊缝的长度 l_w 应满足以下要求：

1）角焊缝的焊脚尺寸 h_f 应与焊件的厚度相适应，不宜过大或过小。焊脚尺寸不宜过小，以保证焊缝的最小承载能力，并防止焊缝因冷却过快而产生裂纹。焊缝的冷却速度与焊件的厚度有关，焊件越厚则焊缝冷却越快。在焊件刚度较大的情况下，焊缝容易产生裂纹，因此《钢结构设计标准》（GB 50017—2017）规定了角焊缝的最小焊脚尺寸：当母材厚度 $t \leqslant 6$mm 时，$h_f \geqslant 3$mm；6mm $< t \leqslant 12$mm 时，$h_f \geqslant 5$mm；12mm $< t \leqslant 20$mm 时，$h_f \geqslant 6$mm；$t \geqslant 20$mm 时，$h_f \geqslant 8$mm。

角焊缝的焊脚尺寸 h_f 也不宜太大，以避免焊缝冷却收缩而产生较大的焊接残余变形，且热影响区扩大，容易产生脆裂，较薄焊件易烧穿，因此《钢结构设计标准》规定了角焊缝的最大焊脚尺寸：T 形连接角焊缝，$h_{f\max} \leqslant 1.2t$，t 为较薄焊件厚度（mm）；在板边缘的角焊缝，板厚 $t \leqslant 6$mm 时 $h_{f\max} \leqslant t$；板厚 $t > 6$mm 时 $h_{f\max} \leqslant t-(1\sim2)$mm。

因此，在选择角焊缝的焊脚尺寸时，应符合

$$h_{\min} \leqslant h_f \leqslant h_{\max} \tag{12-8}$$

2）角焊缝的长度 l_w 不宜过小，长度过小会使杆件局部加热严重，且起弧和弧坑相距太近，加上一些可能产生的缺陷，使焊缝不够可靠，所以侧面角焊缝和正面角焊缝的计算长度不得小于 $8h_f$ 或 40mm。

侧面角焊缝的计算长度也不宜过大。侧面角焊缝的应力沿长度分布不均匀，焊缝越长，其差别也就越大。侧面角焊缝的计算长度太长时，焊缝两端的应力可能已经达到极限强度而破坏，此时焊缝中部还未充分发挥承载力。这种应力分布的不均匀性，对承受动力荷载的构件尤其不利，因此侧面角焊缝的计算长度不宜大于$60h_f$。

因此，在设计焊缝的长度时，应符合

$$l_{min} \leqslant l_w \leqslant l_{max} \tag{12-9}$$

当构件仅在两边用侧面角焊缝连接时，为了避免应力传递的过分弯折而使板件应力过分不均匀，每条焊缝的长度l_w不宜小于图12-26所示两焊缝之间的距离b；同时，为了避免因焊缝横向收缩时引起板件拱曲太大，两侧面角焊缝之间的距离不宜大于$16t$($t>12$mm)或190mm($t \leqslant 12$mm)，t为较薄焊件的厚度。

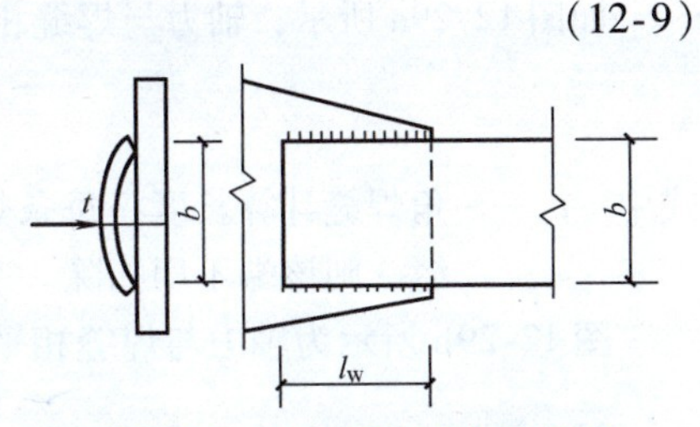

图12-26 防止板件拱曲的构造

2. 角焊缝计算的基本公式

(1) 角焊缝的受力状态 角焊缝的应力分布比较复杂，正面角焊缝与侧面角焊缝的性能差别较大。侧面角焊缝的应力分布如图12-27a所示，主要受剪力作用。正面角焊缝在外力作用下的应力分布如图12-27b所示，其应力状态比侧面角焊缝复杂得多。根据试验结果，正面角焊缝的破坏强度比侧面角焊缝要高，但塑性变形要差一些。在外力作用下，在焊根处产生较大的应力集中，故破坏时总是在焊根处先出现裂纹，然后扩展至整个焊缝截面以致断裂。

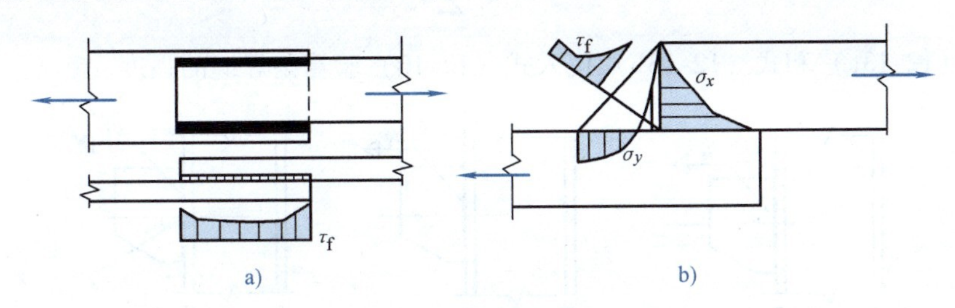

图12-27 角焊缝的应力分布

a) 侧面角焊缝的应力分布 b) 正面角焊缝在外力作用下的应力分布

(2) 角焊缝的有效截面 如图12-28所示，45°的斜面称为角焊缝的有效截面，破坏一般从这个截面发生。有效截面的高度（不考虑焊缝余高）称为角焊缝的有效厚度h_e，当两焊件间隙取$b \leqslant 1.5$mm时，$h_e = 0.7h_f$；$1.5\text{mm} < b \leqslant 5\text{mm}$，$h_e = 0.7(h_f - b)$，$h_f$为焊缝尺寸。

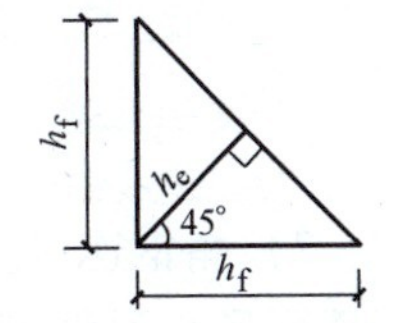

图12-28 角焊缝的有效截面

(3) 角焊缝计算的基本公式 在外力作用下，破坏沿角焊缝的有效截面发生。为了便于计算，认为有效截面上的应力都是均匀分布的。《钢结构设计标准》给定的直角角焊缝的强度计算公式为

$$\sqrt{\left(\frac{\sigma_f}{\beta_f}\right)^2 + \tau_f^2} \leqslant f_t^w \tag{12-10}$$

式中 σ_f——按焊缝的有效截面计算，垂直于焊缝长度方向的正应力；

τ_f——按焊缝的有效截面计算，沿焊缝长度方向的剪应力；

f_t^w——角焊缝的强度设计值；

β_f——正面角焊缝的强度设计值增大系数，对承受静力荷载和间接承受动力荷载的结构，$\beta_f = 1.22$，但对直接承受动力荷载结构中的角焊缝，取$\beta_f = 1.0$。

3. 角焊缝连接计算

(1) 轴心力作用下的角焊缝的计算 具体如下。

1）钢板连接。当焊件受轴心力，且轴心力通过连接焊缝的形心时，焊缝的应力可认为是均匀分布的。

如图12-29a所示，轴力与焊缝相垂直的正面角焊缝，应满足下式

$$\sigma_f = \frac{N}{h_e \sum l_w} \leqslant \beta_f f_t^w \tag{12-11}$$

式中　l_w——角焊缝计算长度，每条焊缝取实际长度扣除$2h_f$（每端扣除h_f），若某端为连续焊缝，则该端不用扣除。

图12-29b所示为轴力与焊缝相平行的侧面角焊缝，应按下式计算

$$\tau_f = \frac{V}{h_e \sum l_w} \leqslant f_t^w \tag{12-12}$$

如图12-29c所示，当轴力与焊缝成一夹角时，有

$$\sigma_f = \frac{F\cos\alpha}{h_e \sum l_w} \tag{12-13a}$$

$$\tau_f = \frac{F\sin\alpha}{h_e \sum l_w} \tag{12-13b}$$

并将式（12-13a）和式（12-13b）代入式（12-10）验算角焊缝的强度。

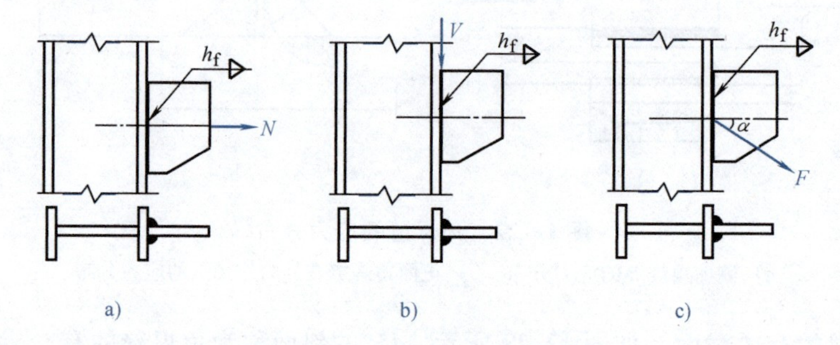

图12-29　钢板上的轴心力作用

a）正面角焊缝　b）侧面角焊缝　c）轴力与焊缝成一夹角

2）角钢连接。如图12-30所示，当角钢用角焊缝连接时，虽然轴心力通过截面形心，但由于截面形心到角钢肢背和肢尖的距离不等，肢背焊缝和肢尖焊缝的受力也不相等，由力的平衡关系可求出各焊缝的受力。

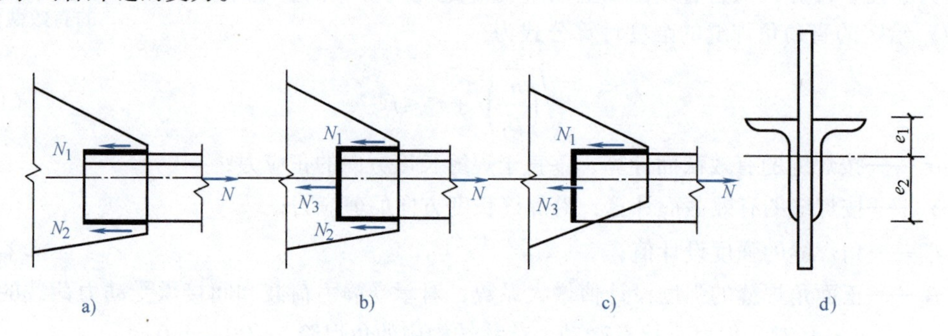

图12-30　角钢上的轴心力作用

a）侧向角焊缝连接　b）三面围焊连接　c）L形焊缝连接　d）角钢连接立面图

如图12-30a所示，当两边仅用侧面角焊缝连接时，肢背和肢尖焊缝的受力分别按下式计算：

肢背焊缝承担的力

$$N_1 = e_2 N/(e_1 + e_2) = K_1 N \tag{12-14a}$$

肢尖焊缝承担的力

$$N_2 = e_1 N/(e_1 + e_2) = K_2 N \tag{12-14b}$$

式中 K_1、K_2——角钢角焊缝的内力分配系数，见表12-2。

表12-2 角钢角焊缝的内力分配系数

角钢类型	连接形式	内力分配系数	
		肢背 K_1	肢尖 K_2
等肢角钢		0.70	0.30
不等肢角钢短肢连接		0.75	0.25
不等肢角钢长肢连接		0.65	0.35

如图12-30b所示，当采用三面围焊时，肢背和肢尖焊缝的受力分别按下式计算：

正面角焊缝承担的力 $N_3 = 0.7 h_f \sum l_{w3} \beta_f f_f^w$

肢背焊缝承担的力

$$N_1 = \frac{e_2 N}{e_1 + e_2} - \frac{N_3}{2} = K_1 N - \frac{N_3}{2} \tag{12-15a}$$

肢尖焊缝承担的力

$$N_2 = \frac{e_1 N}{e_1 + e_2} - \frac{N_3}{2} = K_2 N - \frac{N_3}{2} \tag{12-15b}$$

式中 l_{w3}——端部正面角焊缝的计算长度。

如图12-30c所示的L形焊缝，正面角焊缝和肢背焊缝的受力分别按下式计算：

正面角焊缝承担的力

$$N_3 = 0.7 h_f \sum l_{w3} \beta_f f_f^w$$

肢背焊缝承担的力

$$N_1 = N - N_3 \tag{12-16}$$

（2）弯矩、剪力和轴心力共同作用下的角焊缝的计算 在弯矩M作用的角焊缝连接中，其最大应力的计算公式为

$$\sigma_f^M = \frac{M}{W_w} \leqslant \beta_f f_f^w \tag{12-17}$$

式中 W_w——角焊缝有效截面的截面系数，$W_w = \sum [(h_e l_w^2)/6]$。

当角焊缝同时承受弯矩M、剪力V和轴力N的作用时（图12-31），应分别计算角焊缝在M、V、N作用下的应力，按式（12-17）、式（12-11）和式（12-12）求出σ_A^M、σ_A^N和τ_A^V后，再

按下式验算焊缝强度

$$\sqrt{\left(\frac{\sigma_A^{\mathrm{M}}+\sigma_A^{\mathrm{N}}}{\beta_{\mathrm{f}}}\right)^2+(\tau_A^{\mathrm{V}})^2}\leqslant f_{\mathrm{f}}^{\mathrm{w}} \tag{12-18}$$

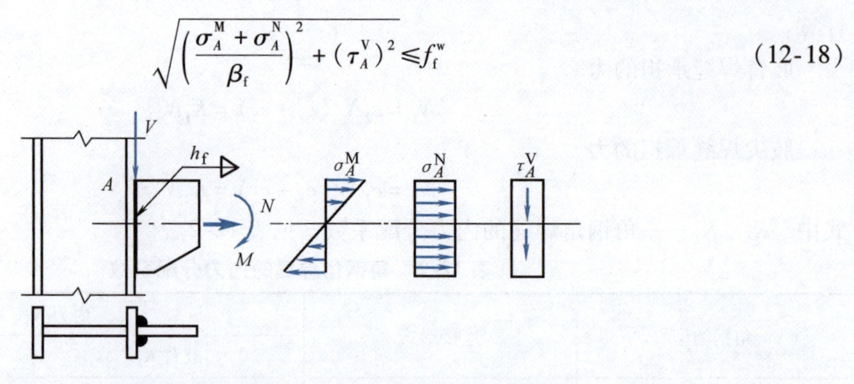

图 12-31　弯矩、剪力和轴心力共同作用时角焊缝的应力

【例 12-1】 图 12-32 所示为直角角焊缝的连接，材料为 Q235 钢，焊条电弧焊，E43 型焊条，$h_{\mathrm{f}}=6\mathrm{mm}$，$f_{\mathrm{w}}^{\mathrm{f}}=160\mathrm{N/mm^2}$，试求此连接能承受的最大偏心力 F。

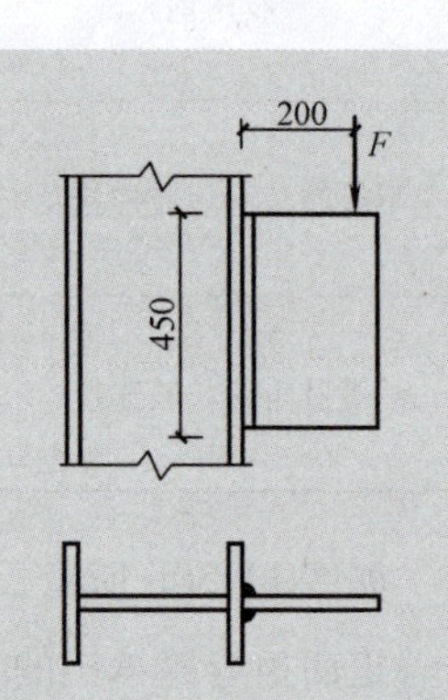

图 12-32　【例 12-1】图

【解】 1）计算焊缝的内力。

$$V=F;\ M=F\times200\mathrm{kN\cdot m}=0.2F\mathrm{kN\cdot m}$$

2）计算焊缝截面的几何特性。

$$W_{\mathrm{w}}=2\times\frac{1}{6}\times0.7h_{\mathrm{f}}\times450^2=2\times\frac{1}{6}\times0.7\times6\times450^2\mathrm{mm}^4$$

$$=2.84\times10^5\mathrm{mm}^4$$

$$A_{\mathrm{w}}=2\times0.7h_{\mathrm{f}}l_{\mathrm{w}}=2\times0.7\times6\times450\mathrm{mm}^2=3780\mathrm{mm}^2$$

3）计算焊缝的强度和最大承载力。

$$\sigma_{\mathrm{f}}=\frac{M}{W_{\mathrm{w}}}=\frac{0.2F\times10^6}{2.84\times10^5}=0.70F$$

$$\tau_{\mathrm{f}}=\frac{V}{A_{\mathrm{w}}}=\frac{F\times10^3}{3780}=0.26F$$

$$\sqrt{\left(\frac{\sigma_{\mathrm{f}}}{\beta_{\mathrm{f}}}\right)^2+\tau_{\mathrm{f}}^2}=\sqrt{\left(\frac{0.70F}{1.22}\right)^2+(0.26F)^2}\mathrm{N/mm^2}\leqslant160\mathrm{N/mm^2}$$

解上式得 $F\leqslant254.0\mathrm{kN}$。

（3）扭矩、剪力和轴心力共同作用下的角焊缝的计算　如图 12-33 所示，在扭矩作用下，角焊缝上任何一点的应力方向垂直于该点和形心 O 的连线，且应力的大小与其距离 r 成正比。A 点距角焊缝有效截面的形心最远。

扭矩单独作用时角焊缝 A 点的应力计算公式为

$$\tau_A^{\mathrm{T}}=\frac{Tr_A}{J} \tag{12-19}$$

式中　J——角焊缝有效截面的极惯性矩，$J=I_x+I_y$；

r_A——A 点至形心 O 点的距离。

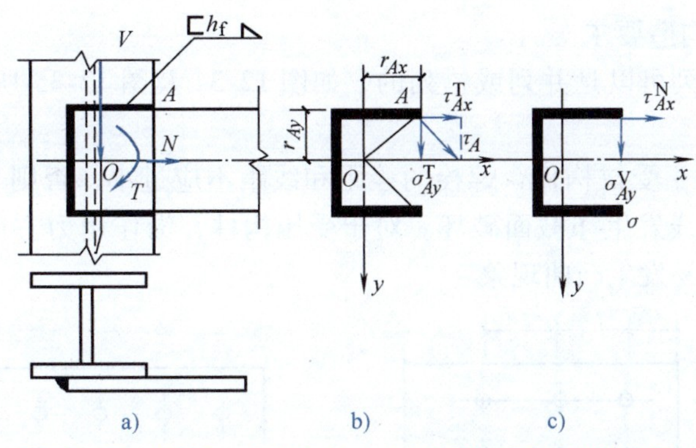

图 12-33 扭矩、剪力和轴心力共同作用时角焊缝应力

将 τ_A^{T} 分解到 x 轴上和 y 轴上的分应力为

$$\tau_{Ax}^{\mathrm{T}}=\frac{Tr_{Ay}}{J} \tag{12-20a}$$

$$\sigma_{Ay}^{\mathrm{T}}=\frac{Tr_{Ax}}{J} \tag{12-20b}$$

当角焊缝承受扭矩 T、剪力 V 和轴力 N 共同作用时（图 12-33a），应分别计算角焊缝在 T、V、N 作用下的应力，按式（12-20a）、式（12-20b）、式（12-11）和式（12-12）分别求出受力最大点的应力分量 σ_{Ay}^{T}、σ_{Ay}^{V}、τ_{Ax}^{T}、τ_{Ax}^{N}，然后按下式验算焊缝强度

$$\sqrt{\left(\frac{\sigma_{Ay}^{\mathrm{T}}+\sigma_{Ay}^{\mathrm{V}}}{\beta_{\mathrm{f}}}\right)^2+\left(\tau_{Ax}^{\mathrm{T}}+\tau_{Ax}^{\mathrm{N}}\right)^2}\leqslant f_{\mathrm{f}}^{\mathrm{w}} \tag{12-21}$$

12.2.5 螺栓连接的排列和构造要求

1. 螺栓连接的种类

（1）普通螺栓连接 普通螺栓又分为 C 级螺栓（又称为粗制螺栓）和 A、B 级螺栓（又称为精制螺栓）三种。C 级螺栓的直径与孔径相差 1.0～1.5mm，A、B 级螺栓的直径与孔径相差 0.2～0.5mm。C 级螺栓安装简单，便于拆装；但螺杆与钢板孔壁接触不够紧密，当传递剪力时，连接变形较大，故 C 级螺栓宜用于承受拉力的连接，或用于次要结构和可拆卸结构的受剪连接，以及安装时的临时固定。A、B 级螺栓的受力性能较 C 级螺栓要好，但因其加工费用较高，且安装费时费工，目前建筑结构中很少使用。

（2）高强度螺栓连接 高强度螺栓用高强度的钢材制作，安装时通过特制的扳手，以较大的扭矩拧紧螺母，使螺栓杆产生很大的预应力。由于螺母的挤压力把要连接的部件夹紧，可依靠接触面间的摩擦力来阻止部件的相对滑移，达到传递外力的目的。按受力特征的不同，高强度螺栓连接可分为摩擦型和承压型两种。

1）摩擦型连接：外力仅依靠部件接触面间的摩擦力来传递，孔径比螺栓公称直径大 1.5～2.0mm。其特点是连接紧密，变形小，传力可靠，抗疲劳性能好，主要用于直接承受动力荷载的结构、构件的连接。

2）承压型连接：起初由摩擦传力，后期同普通螺栓连接一样，依靠螺杆和螺孔之间的抗剪和承压来传力。承压型的孔径比螺栓公称直径大 1.0～1.5mm。其连接承载力一般比摩擦型连接高，可节约钢材，但在摩擦力被克服后变形较大，故仅适用于承受静力荷载或间接承受动力荷载的结构、构件的连接。

2. 螺栓的排列和构造要求

螺栓在构件上的排列可以是并列或错列的，如图 12-34 及图 12-35 所示。排列时应考虑下列要求：

（1）受力要求 对于受拉构件，螺栓的栓距和线距不应过小，否则对钢板截面削弱太多，构件有可能沿直线或折线发生净截面破坏。对于受压构件，沿作用力方向螺栓间距不应过大，否则被连接的板件间容易发生凸曲现象。

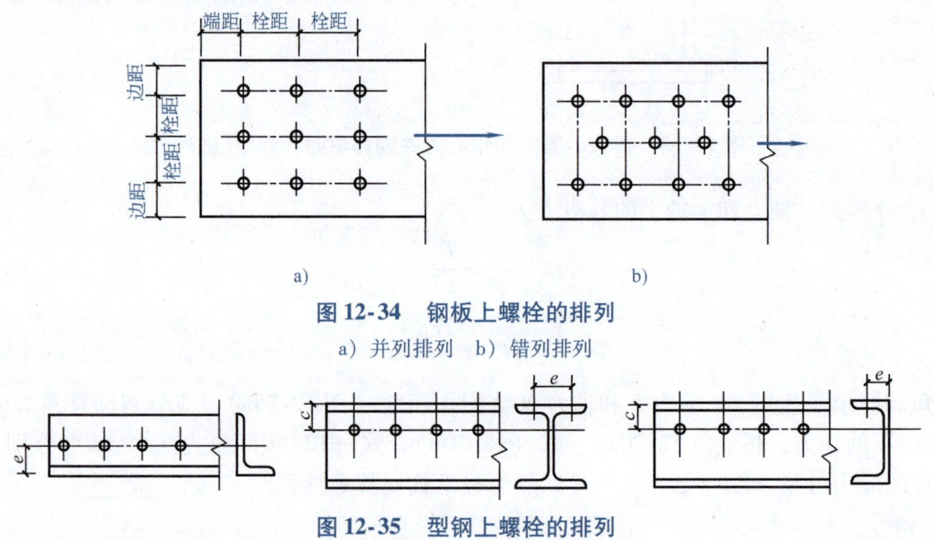

图 12-34 钢板上螺栓的排列

a）并列排列 b）错列排列

图 12-35 型钢上螺栓的排列

（2）构造要求 若栓距和线距过大，则构件间的接触不够紧密，潮气易侵入缝隙而产生腐蚀，所以构造上要规定螺栓的最大允许间距。

（3）施工要求 为便于转动螺栓扳手，就要保证一定的作业空间，所以施工上要规定螺栓的最小允许间距。

根据以上要求，在钢板及型钢上，螺栓的排列应满足表 12-3 ~ 表 12-6 中的要求。

表 12-3 钢板上螺栓的允许间距

<table>
<tr><th>名称</th><th colspan="3">位置和方向</th><th>最大允许距离
（取两者的较小值）</th><th>最小允许距离</th></tr>
<tr><td rowspan="5">中心间距</td><td colspan="3">外排（垂直内力或顺内力方向）</td><td>$8d_0$ 或 $12t$</td><td rowspan="5">$3d_0$</td></tr>
<tr><td rowspan="3">中间排</td><td colspan="2">垂直内力方向</td><td>$16d_0$ 或 $24t$</td></tr>
<tr><td rowspan="2">顺内力方向</td><td>构件受压力</td><td>$12d_0$ 或 $18t$</td></tr>
<tr><td>构件受拉力</td><td>$16d_0$ 或 $24t$</td></tr>
<tr><td colspan="3">沿对角线方向</td><td>—</td></tr>
<tr><td rowspan="4">中心至构件边缘距离</td><td colspan="3">顺内力方向</td><td rowspan="4">$4d_0$ 或 $8t$</td><td>$2d_0$</td></tr>
<tr><td rowspan="3">垂直内力方向</td><td colspan="2">剪切或人工气割边</td><td>$1.5d_0$</td></tr>
<tr><td rowspan="2">轧制边、自动气割或锯割边</td><td>高强度螺栓</td><td>$1.5d_0$</td></tr>
<tr><td>其他螺栓</td><td>$1.2d_0$</td></tr>
</table>

注：1. d_0 为螺栓孔径，t 为外层薄板件厚度。

2. 钢板边缘与刚性构件（如角钢、槽钢）相连的螺栓最大间距，可按中间排的数值采用。

3. 计算螺栓孔引起的截面削弱时可取 $d+4\text{mm}$ 和 d_0 的较大者。

表 12-4 角钢上螺栓的线距 （单位：mm）

肢宽		40	45	50	56	63	70	75	80	90	100	110	125
单行	线距 e	25	25	30	30	35	40	40	45	50	55	60	70
	d_0	11.5	13.5	13.5	15.5	17.5	20	22	22	24	24	26	26

表 12-5 工字钢和槽钢腹板上螺栓的线距 （单位：mm）

工字钢钢号	12	14	16	18	20	22	25	28	32	36	40	45	50	56	63
线距 e_{min}	40	45	45	45	50	50	55	60	60	65	70	75	75	75	75
槽钢型号	12	14	16	18	20	22	25	28	32	36	40				
线距 e_{min}	40	45	50	50	55	55	55	60	65	70	75				

表 12-6 工字钢和槽钢翼缘上螺栓的线距 （单位：mm）

工字钢钢号	12	14	16	18	20	22	25	28	32	36	40	45	50	56	63
线距 e_{min}	40	40	50	55	60	65	65	70	75	80	80	85	90	95	95
槽钢型号	12	14	16	18	20	22	25	28	32	36	40				
线距 e_{min}	30	35	35	40	40	45	45	45	50	56	60				

在钢结构施工图上需要将螺栓孔的施工要求在图样中表示出来，常用的图例见表 12-7。

表 12-7 螺栓与螺栓孔的表示方式

序号	名称	图例	说明
1	永久螺栓	M / ϕ	1. 细“+”线表示定位线 2. M 表示螺栓型号 3. ϕ 表示螺栓孔直径 4. d 表示膨胀螺栓、电焊铆钉直径 5. 采用引出线标注螺栓时，横线上标注螺栓规格，横线下标注螺栓孔直径
2	高强度螺栓	M / ϕ	
3	安装螺栓	M / ϕ	
4	膨胀螺栓	d	
5	圆形螺栓孔	ϕ	
6	长圆形螺栓孔	ϕ / b	
7	电焊铆钉	d	

12.2.6　普通螺栓连接的性能和计算

普通螺栓连接按螺栓的传力方式可分为抗剪螺栓连接和抗拉螺栓连接。当外力垂直于螺栓杆时，此螺栓为抗剪螺栓，如图 12-36a 所示；当外力平行于螺栓杆时，此螺栓为抗拉螺栓，如图 12-36b 所示。图 12-36c 中的螺栓同时承受剪力和拉力。

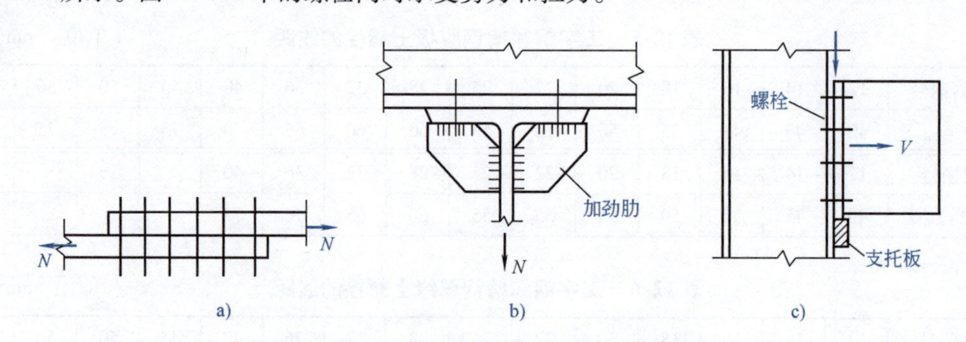

图 12-36　普通螺栓连接的不同传力方式

a）抗剪螺栓　b）抗拉螺栓　c）同时受剪、受拉螺栓

1. 抗剪螺栓连接

（1）抗剪螺栓连接的性能　抗剪螺栓连接在受力以后，当外力不大时，首先由构件间的摩擦力抵抗外力（不过摩擦力很小）；随着外力的增大，构件很快就出现滑移使螺栓杆与孔壁接触，螺栓杆受剪，同时孔壁受压。

当连接处于弹性阶段时，螺栓群中各螺栓受力并不相等，两端大而中间小，如图 12-37a 所示。当螺栓群连接的连接长度 l_1 不太大时，随着外力增加，连接超过弹性变形阶段而进入塑性阶段后，因内力重分布使各螺栓受力趋于均匀，如图 12-37b 所示。《钢结构设计标准》规定，当连接长度 l_1 较大时，应将螺栓的承载力乘以折减系数 β

$$\left.\begin{array}{ll} l_1 \leqslant 15d_0 & \beta = 1.0 \\ 15d_0 < l_1 \leqslant 60d_0 & \beta = 1.1 - \dfrac{l_1}{150d_0} \\ l_1 > 60d_0 & \beta = 0.7 \end{array}\right\} \tag{12-22}$$

式中　d_0——螺栓孔径。

抗剪螺栓连接可能的破坏形式有五种，如图 12-38 所示。其中螺栓杆剪断、孔壁压坏和钢板被拉断需要通过计算来保证连接的安全，后两种破坏形式则通过构造要求来保证，即通过限制端距 $e \geqslant 2d_0$ 来避免板端被剪断，通过限制板叠厚度小于等于 $5d$ 来避免螺栓杆弯曲。

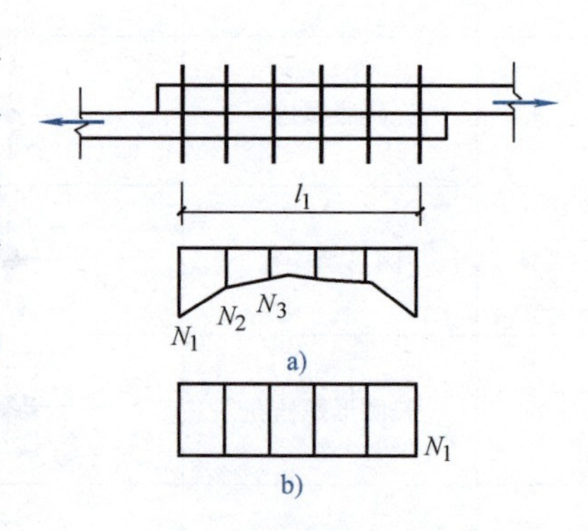

图 12-37　螺栓群受剪工作状态

a）弹性阶段　b）塑性阶段

（2）单个抗剪螺栓的承载力设计值　单个抗剪螺栓的承载力设计值分以下几种：

1）抗剪承载力设计值。计算公式为

$$N_v^b = n_v \frac{\pi d^2}{4} f_v^b \tag{12-23}$$

式中　n_v——螺栓受剪面数，如图 12-39 所示；单剪面 $n_v = 1$，双剪面 $n_v = 2$，四剪面 $n_v = 4$ 等；

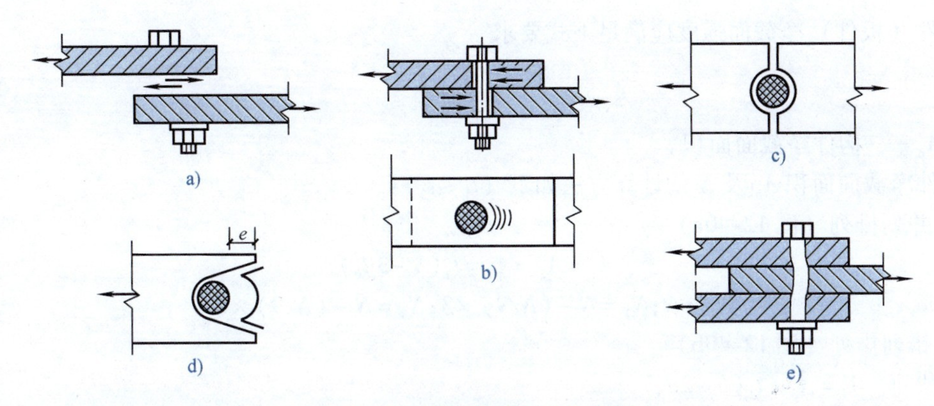

图 12-38 抗剪螺栓的破坏形式

a）螺栓杆剪断 b）孔壁压坏 c）钢板被拉断 d）钢板端被剪断 e）螺栓杆弯曲

d——螺栓杆直径（mm）；

f_v^b——螺栓的抗剪强度设计值，见附表20。

2）承压承载力设计值。计算公式为

$$N_c^b = d\Sigma t f_c^b \tag{12-24}$$

式中 Σt——在不同的受力方向中，一个受力方向承压板件总厚度的较小值，图12-39b中的双剪面，取Σt为$\min\{(a+c),b\}$；图12-39c中的四剪面，取Σt为$\min\{(a+c+e),(b+d)\}$；

f_c^b——螺栓的承压强度设计值，见附表20。

3）一个抗剪螺栓的承载力设计值。

应取上面两式算得的较小值

$$N_{min}^b = \min\{N_v^b, N_c^b\} \tag{12-25}$$

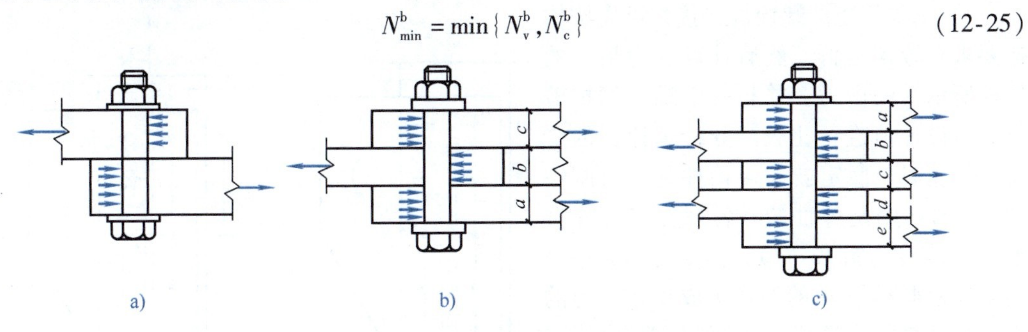

图 12-39 抗剪螺栓连接的受剪面数

a）单剪面 b）双剪面 c）四剪面

（3）螺栓群抗剪连接计算 具体如下。

1）螺栓群在轴心力作用下的抗剪计算。当外力通过螺栓群的形心时，在连接长度范围内，计算时假定所有螺栓受力相等，则螺栓数目按下式计算

$$n = \frac{N}{\beta N_{min}^b} \quad （取整） \tag{12-26}$$

式中 N——作用于螺栓群的轴心力设计值；

β——螺栓的承载力折减系数，按式（12-22）计算；

N_{min}^b——单个螺栓的抗剪承载力设计值。

构件（板件）净截面强度应满足下式要求

$$\sigma = \frac{N}{A_n} \leqslant f \tag{12-27}$$

式中　A_n——构件净截面面积。

构件净截面面积 A_n 及 N 的计算方法如下（$t_1 \leqslant t_2$）：

① 并列排列（图 12-40a）

$$A_1 = A_2 = A_3 = t_1(b - 3d_0)$$

$$N_1 = N; N_2 = N - (N/9) \times 3; N_3 = N - (N/9) \times 6$$

② 错列排列（图 12-40b）

正截面　$A_1 = A_3 = t_1(b - 2d_0)$

齿形截面　$A_2 = t_1(l - 3d_0)$；其中 l 为折线长度（图中的虚线）

$$N_1 = N; N_2 = N; N_3 = N - (N/8) \times 3$$

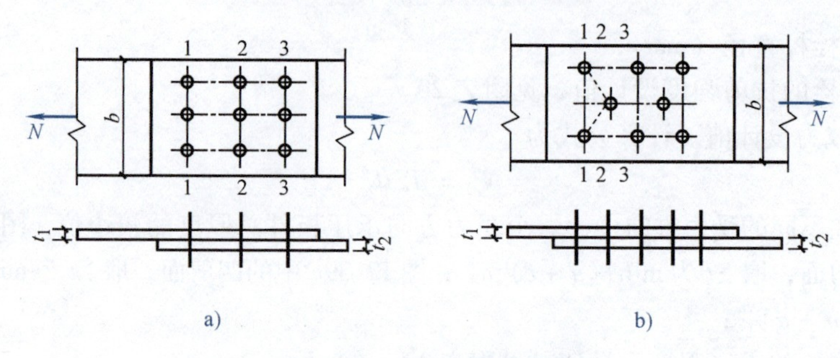

图 12-40　结构净截面面积

a）并列排列　b）错列排列

2）承受扭矩的螺栓群连接，可先按构造要求布置螺栓群，然后计算受力最大的螺栓所承受的剪力，并与一个螺栓的抗剪承载力设计值进行比较。分析螺栓群的受扭矩作用时，假定被连接构件是绝对刚性的，而螺栓则是弹性的；各螺栓绕螺栓群形心 O 旋转（图 12-41），其受力的大小与其至螺栓群形心 O 的距离 r 成正比，力的方向与其至螺栓群形心的连线相垂直。

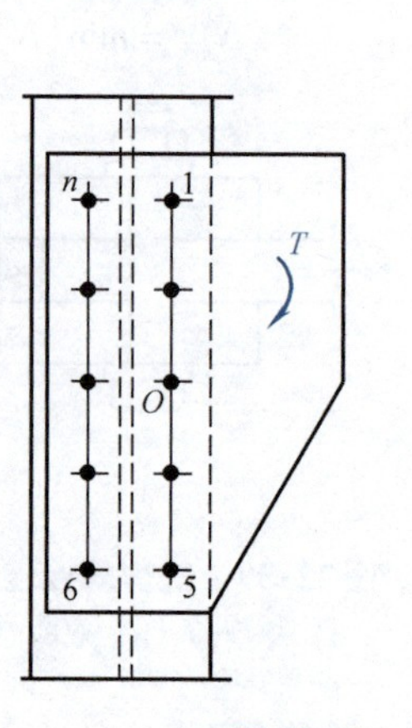

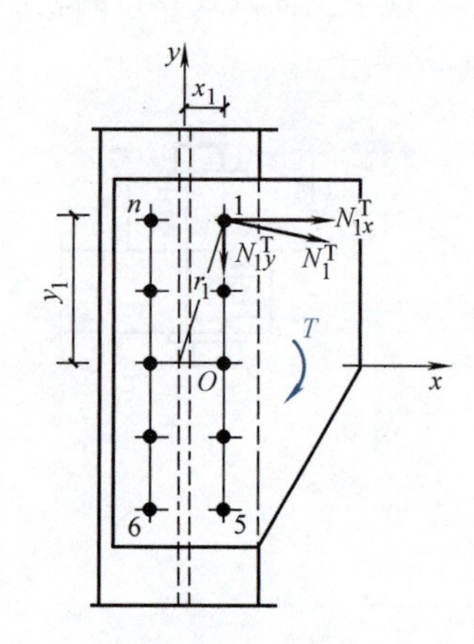

图 12-41　螺栓群受扭矩作用

根据平衡条件得

$$T = N_1^{\mathrm{T}} r_1 + N_2^{\mathrm{T}} r_2 + \cdots + N_n^{\mathrm{T}} r_n$$

根据螺栓受力的大小与其至螺栓群形心 O 的距离 r 成正比的条件得

$$\frac{N_1^{\mathrm{T}}}{r_1} = \frac{N_2^{\mathrm{T}}}{r_2} = \cdots = \frac{N_n^{\mathrm{T}}}{r_n}$$

则

$$T = \frac{N_1^{\mathrm{T}}}{r_1}(r_1^2 + r_2^2 + \cdots + r_n^2) = \frac{N_1^{\mathrm{T}}}{r_1^2}\sum_{i=1}^{n} r_i^2 \tag{12-28}$$

或
$$N_1^{\mathrm{T}} = \frac{Tr_1}{\sum r_i^2} = \frac{Tr_1}{x_i^2 + y_i^2} \frac{Tr_1}{\sum x_i^2 + y_i^2} \tag{12-29}$$

为便于计算，可将 N_1^{T} 分解为沿 x 轴和 y 轴上的两个分量

$$N_{1x}^{\mathrm{T}} = \frac{Ty_1}{\sum x_i^2 + y_i^2} \tag{12-30a}$$

$$N_{1y}^{\mathrm{T}} = \frac{Tx_1}{\sum x_i^2 + y_i^2} \tag{12-30b}$$

设计时，受力最大的一个螺栓所承受的剪力 N_1^{T} 不应大于抗剪螺栓的承载力设计值 $N_{\min}^{\mathrm{b}}$，即

$$N_1^{\mathrm{T}} \leqslant N_{\min}^{\mathrm{b}} \tag{12-31}$$

3）螺栓群在力矩 T、剪力 V 和轴心力 N 共同作用下的连接如图 12-42 所示。首先进行受力分析，判断受力最不利的螺栓；然后对此螺栓求矢量合力，要求此合力 N_1 不应大于抗剪螺栓的承载力设计值 $N_{\min}^{\mathrm{b}}$，即

$$N_1 = \sqrt{(N_{1x}^{\mathrm{N}} + N_{1x}^{\mathrm{T}})^2 + (N_{1y}^{\mathrm{V}} + N_{1y}^{\mathrm{T}})^2} \leqslant N_{\min}^{\mathrm{b}} \tag{12-32}$$

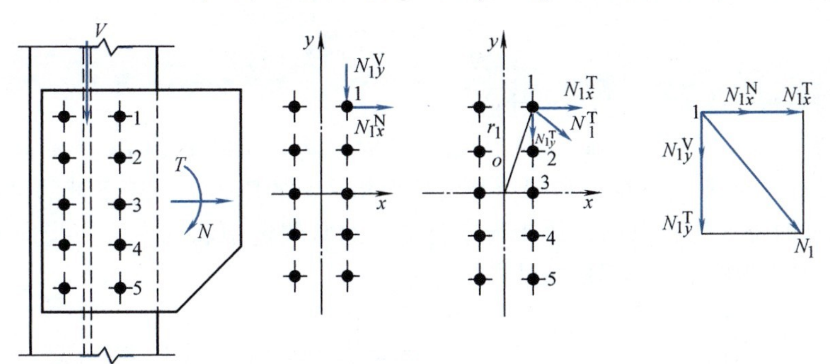

图 12-42　螺栓群在力矩 T、剪力 V 和轴心力 N 共同作用下的连接

2. 抗拉螺栓连接

在抗拉螺栓连接中，外力趋向于将被连接件拉开而使螺栓受拉，最后导致螺栓被拉断而破坏。

1）单个螺栓抗拉承载力设计值。计算公式为

$$N_{\mathrm{t}}^{\mathrm{b}} = \frac{\pi d_{\mathrm{e}}^2}{4} f_{\mathrm{t}}^{\mathrm{b}} = A_{\mathrm{e}} f_{\mathrm{t}}^{\mathrm{b}} \tag{12-33}$$

式中　d_{e}、A_{e}——螺栓杆螺纹处的有效直径和有效截面面积，见表 12-8；

$f_{\mathrm{t}}^{\mathrm{b}}$——螺栓的抗拉强度设计值，见附表 20。

表 12-8　螺栓杆螺纹处的有效直径和有效截面面积

螺栓直径 d/mm	螺距 p/mm	螺栓有效直径 d_{e}/mm	螺栓有效截面面积 A_{e}/mm^2
16	2	14.12	156.7
18	2.5	15.65	192.5
20	2.5	17.65	244.8
22	2.5	19.65	303.4
24	3	21.19	352.5

（续）

螺栓直径 d/mm	螺距 p/mm	螺栓有效直径 d_e/mm	螺栓有效截面面积 A_e/mm^2
27	3	24.19	459.4
30	3.5	26.72	560.6
33	3.5	29.72	693.6
36	4	32.25	816.7
39	4	35.25	975.8
42	4.5	37.78	1121.0

螺栓有效截面面积按下式算得

$$A_e=\frac{\pi}{4}\left(d-\frac{13}{24}\sqrt{3}p\right)^2 \tag{12-34}$$

2）螺栓群抗拉连接计算。螺栓群在轴心力作用下，当外力通过螺栓群的形心时，假定所有螺栓受力相等，所需的螺栓数目为

$$n=\frac{N}{N_t^b}\quad（取整） \tag{12-35}$$

式中 N——螺栓群承受的轴心拉力设计值。

如图12-43所示，当有弯矩作用于抗拉螺栓群时，其上部螺栓受拉，因而有使连接上部分离的趋势，使螺栓群的形心下移。与螺栓群的拉力相平衡的压力产生于下部的接触面上，由于精确确定中和轴的位置比较复杂，故为便于计算，通常假定中和轴在弯矩指向最外排螺栓处（图12-43b），因此弯矩作用下螺栓的最大拉力为

$$N_1^M=\frac{My_1}{m\sum y_i^2} \tag{12-36}$$

式中 m——螺栓排列的纵向列数，图12-43中 $m=2$；

y_i——各螺栓到螺栓群中和轴的距离；

y_1——受力最大的螺栓到中和轴的距离。

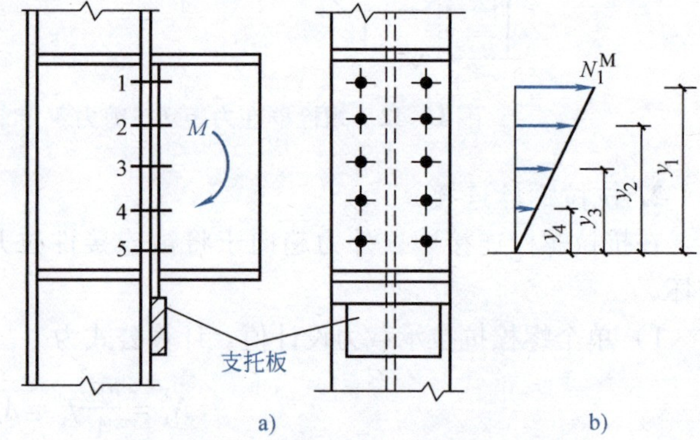

图12-43 弯矩作用下的普通螺栓群

3. 拉剪螺栓连接计算

螺栓群在弯矩 M、剪力 V 和轴心力 N 共同作用下的连接如图12-44所示。螺栓群受剪力和拉力作用，这种连接可以有两种算法：

1）当不设置支托或支托仅起安装作用。螺栓群受拉力和剪力共同作用，应按下式进行计算

$$\sqrt{\left(\frac{N_v}{N_v^b}\right)^2+\left(\frac{N_t}{N_t^b}\right)^2}\leqslant 1 \tag{12-37}$$

$$N_v=\frac{V}{n}\leqslant N_c^b \tag{12-38}$$

式中 N_v、N_t——某个普通螺栓所承受的剪力和拉力；

N_v^b、N_c^b、N_t^b——单个螺栓的抗剪、承压和抗拉承载力设计值；

n——螺栓数。

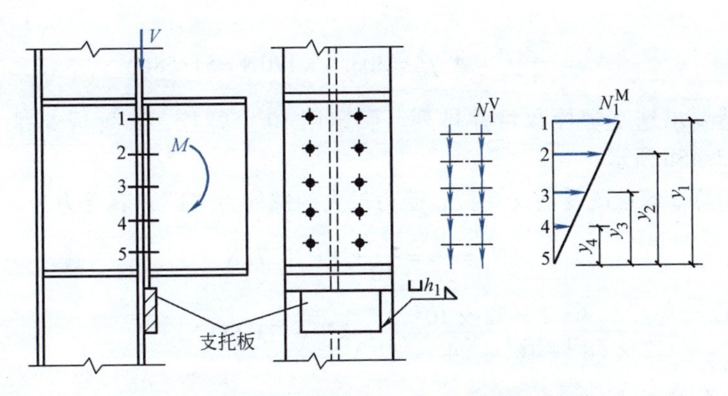

图 12-44　剪力和拉力作用下的普通螺栓群

2）支托承受剪力，螺栓仅承受弯矩。对于粗制螺栓，一般不宜受剪（承受静力荷载的次要连接或临时安装连接除外）。此时，可设置支托承受剪力，螺栓只承受拉力作用。

支托焊缝计算

$$\tau_f = \frac{V}{0.7h_f \sum l_w} \leqslant f_f^w \tag{12-39}$$

式中　V——剪力。

【例 12-2】 图 12-45 所示的梁、柱连接，采用普通 C 级螺栓，梁端支座板下设有支托，试设计此连接。已知：钢材为 Q235A，螺栓直径为 22mm，焊条为 E43，焊条电弧焊。此连接承受的静力荷载设计值为 $V=267\text{kN}$，$M=40.3\text{kN}\cdot\text{m}$，试演算该连接是否安全。

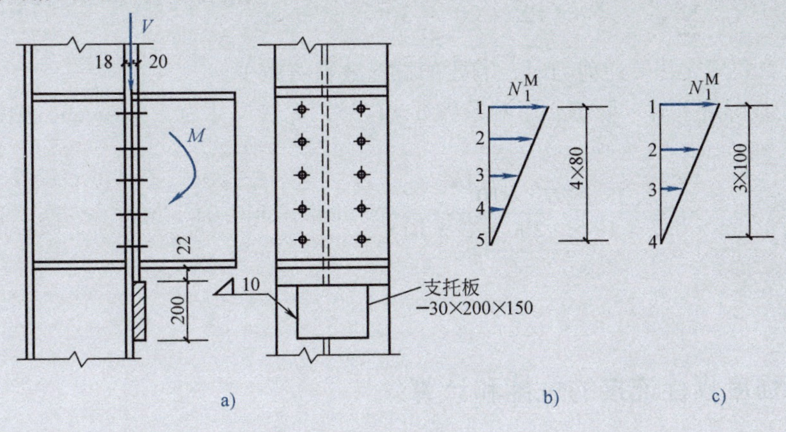

图 12-45　【例 12-2】图

【解】 $f_v^b=140\text{N/mm}^2$，$f_c^b=305\text{N/mm}^2$，$f_t^b=170\text{N/mm}^2$

（1）假定支托板仅起安装作用

1）单个普通螺栓的承载力。

抗剪

$$N_v^b = n_v \frac{\pi d^2}{4} f_v^b = 1 \times \frac{\pi \times 22^2}{4} \times 140\text{N} = 53.22\text{kN}$$

抗压

$$N_c^b = d \sum t f_c^b = 22 \times 18 \times 305\text{N} = 120.78\text{kN}$$

抗拉 $$N_t^b=\frac{\pi d_e^2}{4}f_t^b=A_e f_t^b=303.4\times170\text{N}=51.58\text{kN}$$

2）按构造要求选定螺栓数目并排列。假定用10个螺栓，布置成5排2列，排间距80mm，如图12-45b所示。

3）连接验算。螺栓既受剪又受拉，受力最大的螺栓为“1”，其受力为

$$N_v=\frac{V}{n}=\frac{267}{10}\text{kN}=26.7\text{kN}$$

$$N_t=\frac{My_1}{m\sum y_i^2}=\frac{40.3\times32\times10^2}{2\times(8^2+16^2+24^2+32^2)}\text{kN}=33.58\text{kN}$$

验算“1”螺栓受力

$$\sqrt{\left(\frac{N_v}{N_v^b}\right)^2+\left(\frac{N_t}{N_t^b}\right)^2}=\sqrt{\left(\frac{26.7}{53.22}\right)^2+\left(\frac{33.58}{51.58}\right)^2}=0.822\leqslant1.0$$

$$N_v=26.7\text{kN}<N_c^b=120.78\text{kN}$$

（2）假定支托板仅起承受剪力的作用

1）单个螺栓承载力同“1”。

2）按构造要求选定螺栓数目并排列。支托承载剪力作用，螺栓数目可以减少，假定用8个螺栓，布置成4排2列，排间距100mm（图12-45c）。

3）连接验算。螺栓仅受拉力，支托板承受剪力。

① 螺栓验算。螺栓所受拉力为

$$N_t=\frac{My_1}{m\sum y_i^2}=\frac{40.3\times30\times10^2}{2\times(10^2+20^2+30^2)}\text{kN}=43.18\text{kN}<N_t^b=51.58\text{kN}$$

可见，当利用支托传递剪力时，需要的螺栓数目将减少。

② 支托板焊缝验算。取偏心影响系数 $\alpha=1.35$，焊缝尺寸为 $h_f=10\text{mm}$，则焊缝所受剪应力为

$$\tau_f=\frac{\alpha V}{h_e\sum l_w}=\frac{1.35\times267\times10^3}{2\times0.7\times10\times(200-2\times10)}\text{N/mm}^2=140.04\text{N/mm}^2<f_f^w=160\text{N/mm}^2$$

故该梁、柱安全。

12.2.7 高强度螺栓连接的性能和计算

1. 高强度螺栓连接的性能

高强度螺栓除了材料强度高外，还被施加了很大的预拉力，使被连接构件的接触面之间产生较大的挤压力，因而当构件有相对滑动趋势时会在接触面产生垂直于螺栓杆方向的摩擦力。这种挤压力和摩擦力对外力的传递有很大影响。高强度螺栓连接被受力特征分为高强度螺栓摩擦型连接和高强度螺栓承压型连接。

（1）高强度螺栓材料 高强度螺栓的杆身、螺母和垫圈都要用强度很高的钢材制作。高强度螺栓的性能等级有8.8级和10.9级。级别划分的小数点前的数字是螺栓钢材热处理后的最低抗拉强度，小数点后面的数字是屈强比（屈服强度与抗拉强度的比值），例如10.9级的钢材，最低抗拉强度为1000N/mm^2，屈服强度是 $0.9\times1000\text{N/mm}^2=900\text{N/mm}^2$。高强度螺栓所用的螺

母和垫圈由 Q235 钢或 Q345 钢制成。高强度螺栓连接应采用钻成孔，摩擦型连接的孔径比螺栓公称直径大 1.5 ~ 2.0mm，承压型连接的孔径则大 1.0 ~ 1.5mm。

(2) 高强度螺栓的预拉力 高强度螺栓的预拉力是通过扭紧螺母实现的。常用的有扭矩法、转角法和扭剪法。

1）扭矩法：采用可直接显示扭矩的特制扳手，根据预先测定的扭矩和螺栓拉力之间的关系施加扭矩，使其达到预定的预拉力。

2）转角法：分初拧和终拧两步。初拧是先用普通扳手使被连接构件相互紧密贴合；终拧以贴紧位置为起点，根据按螺栓直径和板叠厚度所确定的终拧角度，用强有力的扳手旋转螺母，拧至预定角度值时，螺栓的拉力即达到了所需要的预拉力数值。

3）扭剪法：是采用扭剪型高强度螺栓，该螺栓的尾部设有梅花头，如图 12-46 所示。拧紧螺母时，靠拧断螺栓梅花头切口处的截面来控制预拉力值。

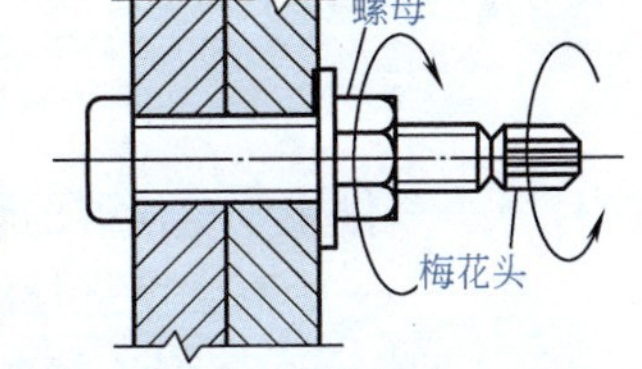

图 12-46 扭剪型高强度螺栓

《钢结构设计标准》规定的高强度螺栓预拉力设计值见表 12-9。

表 12-9 高强度螺栓预拉力设计值 P （单位：kN）

螺栓的性能等级	螺栓的公称直径					
	M16	M20	M22	M24	M27	M30
8.8 级	80	125	150	175	230	280
10.9 级	100	155	190	225	290	355

(3) 高强度螺栓连接的摩擦面抗滑移系数 被连接板件之间的摩擦力不仅和螺栓的预拉力有关，还与被连接板件的材料及其接触面的表面处理有关。高强度螺栓应严格按照施工规程操作，不得在潮湿、淋雨状态下拼装，不得在摩擦面上涂刷红丹、油漆及遭受油污等，应保证摩擦面干燥、清洁。

《钢结构设计标准》规定的高强度螺栓连接的摩擦面抗滑移系数 μ 值见表 12-10。

表 12-10 高强度螺栓连接的摩擦面抗滑移系数 μ

连接处构件接触面的处理方法	构件的钢号		
	Q235 钢	Q345 钢、Q390 钢	Q420 钢
喷硬质石英砂或铸钢棱角砂	0.45	0.45	0.40
抛丸（喷砂）	0.40	0.40	0.40
钢丝刷清除浮锈或未经处理的干净轧制表面	0.30	0.35	—

注：1. 钢丝刷除锈方向应与受力方向垂直。
2. 当连接构件采用不同钢材牌号时，μ 按相应较低强度取值。
3. 采用其他方法处理时，其处理工艺及抗滑移系数值均需经试验确定。

2. 高强度螺栓摩擦型连接计算

(1) 高强度螺栓摩擦型抗剪连接计算 高强度螺栓摩擦型连接单纯依靠被连接构件间的摩擦阻力传递剪力，以剪力等于摩擦力为承载能力的极限状态。

单个高强度螺栓的抗剪承载力设计值为

$$N_v^b = 0.9kn_f\mu P \tag{12-40}$$

式中　0.9——抗力分项系数 γ_R 的倒数，即 $1/\gamma_R = 1/1.111 = 0.9$；

k——孔型系数，标准孔取1.0，大圆孔取0.85，内力与槽孔长向垂直时取0.7，内力与槽孔长向平行时取0.6；

n_f——传力的摩擦面数；

μ——高强度螺栓摩擦面抗滑移系数，按表12-10采用；

P——单个高强度螺栓的预拉力设计值，按表12-9采用。

1）在轴心力作用下，螺栓群计算应包括螺栓数目的确定和连接构件的强度验算。

每个高强度螺栓的受力

$$\frac{N}{n} \leqslant N_v^b \tag{12-41}$$

式中　N——作用于螺栓群的轴心力设计值；

N_v^b——一个高强度螺栓的抗剪承载力，按式（12-40）计算。

高强度螺栓摩擦型连接的板件净截面强度计算与普通螺栓连接不同，被连接钢板的最危险截面在第一列螺栓孔处。在这个截面上，一部分剪力已由孔前接触面传递，如图12-47所示。规范规定孔前传力占该列螺栓传力的50%，这样截面1—1的净截面传力为

$$N' = N - 0.5\frac{N}{n}n_1 = N\left(1 - \frac{0.5n_1}{n}\right) \tag{12-42}$$

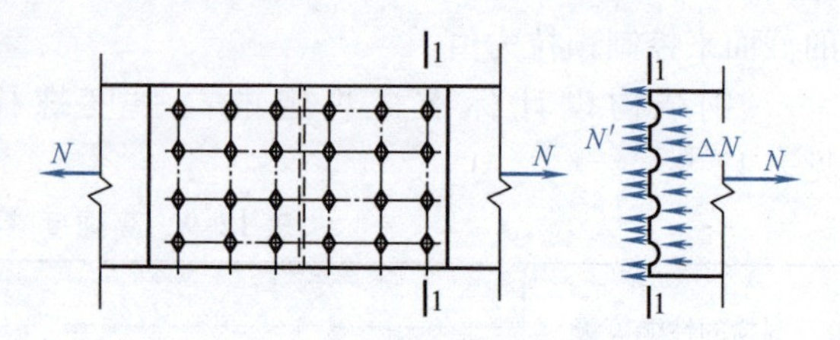

图12-47　高强度螺栓摩擦型连接孔前传力

式中　n——连接一侧的螺栓总数；

n_1——计算截面上的螺栓数。

连接构件（板件）净截面强度应满足下式要求

$$\sigma_n = \frac{N'}{A_n} \leqslant f \tag{12-43}$$

2）扭矩、剪力和轴心力作用下的螺栓群计算。螺栓群受扭矩 T、剪力 V 和轴心力 N 共同作用的高强度螺栓连接的抗剪计算与普通螺栓相同，只是用高强度螺栓摩擦型连接的承载力设计值。

（2）高强度螺栓摩擦型抗拉连接计算　高强度螺栓连接由于螺栓中的预拉力作用，构件间在承受外力作用前已经有较大的挤压力，高强度螺栓受到外拉力作用时，首先要抵消这种挤压力。分析表明，当高强度螺栓达到规范规定的承载力0.8P时，螺栓杆的拉力已基本不再增大。故规范规定单个高强度螺栓的抗拉承载力设计值为

$$N_t^b = 0.8P \tag{12-44}$$

1）轴心拉力作用下高强度螺栓摩擦型连接计算。因力通过螺栓群的形心，每个螺栓所受外拉力相同，单个螺栓所受拉力为

$$N_t = \frac{N}{n} \leqslant 0.8P \tag{12-45}$$

式中　n——螺栓数。

2）弯矩和轴力作用下高强度螺栓摩擦型连接计算。由于高强度螺栓群在弯矩作用下，被连接构件的接触面一直保持紧密贴合，可以认为受力时中和轴在螺栓群的形心线处。如果以板不被拉开为承载能力的极限，在弯矩和轴力的作用下，最上端的螺栓拉力应按式（12-36）计算，

只是将弯曲中和轴取在螺栓群的形心线处，如图 12-48 所示。

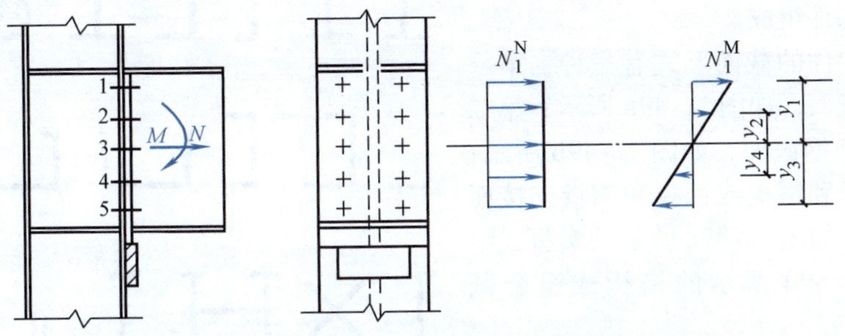

图 12-48 弯矩和轴心拉力作用下的高强度螺栓连接

(3) 高强度螺栓摩擦型拉剪连接计算 由于外拉力的作用，板件间的挤压力降低。每个螺栓的抗剪承载力也随之减小。另外，由试验可知，抗滑移系数随板件间的挤压力的减小而降低。规范规定按下式计算高强度螺栓摩擦型连接的抗剪承载力，μ 仍用原值

$$\frac{N_v}{N_v^b}+\frac{N_t}{N_t^b}\leqslant 1.0 \tag{12-46}$$

式中 N_v、N_t——受力最大的螺栓所承受的剪力和拉力设计值；

N_v^b、N_t^b——单个高强度螺栓抗剪、抗拉承载力设计值，分别按式（12-40）和式（12-44）计算。

3. 高强度螺栓承压型连接计算

高强度螺栓承压型连接的传力特征是剪力超过摩擦力时，构件间发生相对位移，螺栓杆身与孔壁接触，螺栓受剪的同时孔壁承压。但是，另一方面，摩擦力随外力的继续增大而逐渐减弱，到连接接近破坏时，剪力完全由杆身承担。高强度螺栓承压型连接以螺栓或钢板破坏为承载能力的极限状态，可能的破坏形式和普通螺栓相同。高强度螺栓承压型连接不应用于直接承受动力荷载的结构。

(1) 抗剪连接 高强度螺栓承压型连接的承载力设计值的计算方法与普通螺栓相同，只是应采用高强度螺栓的抗剪承载力设计值。

(2) 受拉连接 高强度螺栓承压型连接的抗拉承载力设计值的计算方法与普通螺栓相同，按式（12-33）进行计算。

(3) 同时承受剪力和拉力的承压型高强度螺栓连接 对此种情况，采用下式计算

$$\sqrt{\left(\frac{N_v}{N_v^b}\right)^2+\left(\frac{N_t}{N_t^b}\right)^2}\leqslant 1 \tag{12-47}$$

$$N_v\leqslant N_c^b/1.2 \tag{12-48}$$

式中 N_v、N_t——某个高强度螺栓所承受的剪力和拉力；

N_v^b、N_t^b、N_c^b——单个高强度螺栓按普通螺栓计算时的受剪、受拉和承压承载力设计值。

12.3 轴心受力构件

12.3.1 轴心受力构件的应用和截面形式

轴心受力构件广泛地应用于钢结构承重构件中，如钢屋架、网架、网壳、塔架等杆系结构的杆件，平台结构的支柱等。根据杆件承受的轴心力的性质可分为轴心受拉构件和轴心受压构

件。一些非承重构件，如支撑、缀条等，也常由轴心受力构件组成。

轴心受力构件的截面形式有三种：第一种是热轧型钢截面，如图12-49a所示；第二种是冷弯薄壁型钢截面，如图12-49b所示；第三种是用型钢和钢板或钢板和钢板连接而成的组合截面，如图12-49c所示的实腹式组合截面和图12-49d所示的格构式组合截面等。

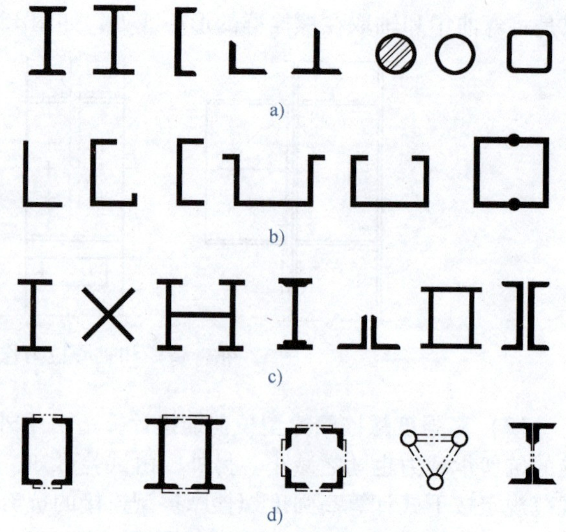

图12-49　轴心受力构件的截面形式
a）热轧型钢截面　b）冷弯薄壁型钢截面
c）实腹式组合截面　d）格构式组合截面

12.3.2　轴心受力构件的强度和刚度

1. 强度

轴心受力构件的强度应满足下式要求

$$\sigma=\frac{N}{A_n}\leqslant f \tag{12-49}$$

式中　N——轴心力设计值；

A_n——构件的净截面面积；

f——钢材的抗拉、抗压强度设计值，见附表18。

2. 刚度

按照使用要求，轴心受力构件必须有一定的刚度，防止产生过大的变形。刚度通过限制构件的长细比λ来实现，应满足下式要求

$$\lambda=\frac{l_0}{i}\leqslant[\lambda] \tag{12-50}$$

式中　λ——构件的长细比，对于仅承受静力荷载的桁架，为自重产生弯曲的竖向面内的长细比；其他情况为构件的最大长细比；

l_0——构件的计算长度；

i——截面的回转半径；

$[\lambda]$——构件的允许长细比，受拉构件和受压构件的允许长细比分别见表12-11和表12-12。

表12-11　受拉构件的允许长细比

项次	构件名称	承受静力荷载或间接承受动力荷载的结构			直接承受动荷载的结构
		有重级工作制起重机的厂房	一般结构	对腹杆提供平面外支点的弦杆	
1	桁架的杆件	250	350	250	250
2	吊车梁或吊车桁架以下的柱间支撑	200	300	—	—
3	其他拉杆、支撑、系杆等（张紧的圆钢除外）	350	400	—	—

注：1. 承受静力荷载的结构中，可仅计算受拉构件在竖向平面内的长细比。
2. 直接或间接承受动力荷载的结构中，单角钢受拉构件的长细比应采用角钢的最小回转半径，但在计算交叉杆件平面外的长细比时，可采用与角钢肢边平行轴的回转半径。
3. 中、重级工作制起重机桁架下弦杆的长细比不宜超过200。
4. 在设有夹钳起重机或刚性料耙起重机的厂房中，支撑（表中第2项除外）的长细比不宜超过300。
5. 受拉构件在永久荷载和风荷载组合下受压时，其长细比不宜超过250。
6. 跨度等于或大于60m的桁架，其受拉弦杆和腹杆的长细比不宜超过300（承受静力荷载或间接承受动力荷载）和250（直接承受动力荷载）。

表 12-12 受压构件的允许长细比

项次	构件名称	允许长细比
1	柱、桁架和天窗架构件	150
	柱的缀条、吊车梁或起重机桁架以下的柱间支撑	
2	支撑（起重机梁或起重机桁架以下的柱间支撑除外）	200
	用以减小受压构件长细比的杆件	

注：1. 轴心受压构件的长细比不宜超过上表规定的容许值，但当其内力设计值不大于承载能力的 50% 时，容许长细比可取 200。

2. 计算单角钢受压构件的长细比时应采用角钢的最小回转半径，但计算在交叉点相互连接的交叉杆件平面外的长细比时，可采用与角钢肢边平行轴的回转半径。

3. 跨度等于或大于 60m 的桁架，其受压弦杆、端压杆和直接承受动力荷载的受压腹杆的长细比不宜大于 120。

4. 由允许长细比控制截面的杆件，计算其长细比时可不考虑扭转效应。

12.3.3 实腹式轴心受压构件的稳定计算

1. 整体稳定计算

当截面没有削弱时，轴心受压构件一般不会因截面的平均应力达到钢材的抗压强度而破坏，构件的承载力常由稳定控制。此时，构件所受应力应不大于整体稳定的临界应力，考虑抗力分项系数 γ_R 后，整体稳定计算公式如下

$$\frac{N}{\varphi A} \leqslant f \tag{12-51}$$

式中 φ——轴心受压构件的整体稳定系数，根据截面的分类（由附表 21 查得）、长细比和钢材屈服强度查附表 22 确定。

根据构件可能发生的失稳形式，构件的长细比可采用绕主轴弯曲的长细比或构件发生弯扭失稳时的换算长细比，取其较大值：

1）截面为双轴对称或极对称的构件。计算公式为

$$\lambda_x = \frac{l_{0x}}{i_x},\ \lambda_y = \frac{l_{0y}}{i_y} \tag{12-52}$$

式中 l_{0x}、l_{0y}——构件对主轴 x 轴和 y 轴的计算长度；

i_x、i_y——构件截面对 x 轴和 y 轴的回转半径。

对于双轴对称十字形截面构件，λ_x 和 λ_y 不得小于 $5.07b/t$（b/t 为悬伸板件的宽厚比），此时构件不会发生扭转屈曲。

2）截面为单轴对称的构件。单轴对称截面轴心受压构件由于剪切中心和形心的不重合，在绕对称轴 y 轴弯曲时伴随着扭转产生，发生弯扭失稳。对于这类构件，绕非对称轴弯曲失稳时，其长细比 λ_x 仍用式（12-52）计算；绕对称轴失稳时，则要用计入扭转效应的换算长细比 λ_{yz} 代替 λ_y。

$$\lambda_{yz} = \frac{1}{\sqrt{2}}\left[(\lambda_y^2 + \lambda_x^2) + \sqrt{(\lambda_y^2 + \lambda_z^2)^2 - 4\lambda_y^2\lambda_z^2\left(1 - \frac{y_s^2}{i_0^2}\right)}\right]^{\frac{1}{2}} \tag{12-53}$$

$$\lambda_z^2 = i_0^2 A \Big/ \left(\frac{I_t}{25.7} + \frac{I_\omega}{l_\omega^2}\right) \tag{12-54}$$

式中　y_s——截面形心至剪力的距离；

i_0——截面对剪切中心的极回转半径，单轴对截面 $i_0^2 = y_s^2 + i_x^2 + i_y^2$；

λ_y——构件对称轴的长细比；

λ_z——扭转屈曲的换算长细比；

I_t——毛截面抗扭惯性矩；

I_ω——毛截面扇性惯性矩，对T形截面、十字形截面和角形截面 $I_\omega \approx 0$；

A——毛截面面积；

l_ω——扭转屈曲的计算长度，两端铰支且端截面可自由翘曲者，取几何长度 l，两端嵌固且端部截面的翘曲完全受到约束者，取 $0.5l$。

对于单角钢截面和双角钢组合的T形截面，《钢结构设计标准》中还给出了 λ_{yz} 的简化算法，这里不再罗列。

3）无任何对称轴且不是极对称的截面（单面连接的不等肢角钢除外）不宜用作轴心压杆。对单面连接的单角钢轴心受压构件，考虑折减系数后，不再考虑弯扭效应；当槽形截面用于格构式构件的分肢，计算分肢绕对称轴 y 轴的稳定时，不必考虑扭转效应，直接用 λ_y，查稳定系数 φ_y。

2. 局部稳定计算

为节约材料，轴心受压构件的板件一般宽厚比都较大，由于压应力的存在，板件可能会发生局部屈曲，设计时应予以注意。图12-50所示为一工字形截面轴心受压构件发生局部失稳的现象。构件丧失局部稳定后还可能继续承载，但板件的局部屈曲对构件的承载力有所影响，会加速构件的整体失稳。

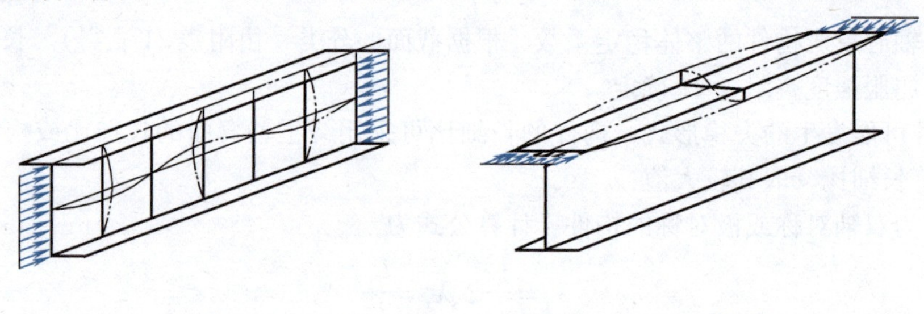

图12-50　工字形截面轴心受压构件发生局部失稳

a）腹板失稳现象　b）翼缘失稳现象

对于局部屈曲问题，通常有两种考虑方法：一是不允许板件屈曲先于构件整体屈曲，目前一般钢结构的规定就是以不允许局部屈曲先于整体屈曲来限制板件的宽厚比；另一种做法是允许板件屈曲先于整体屈曲，采用有效截面的概念来考虑局部屈曲，利用腹板屈曲后的强度，冷弯薄壁型钢结构和轻型门式刚架结构的腹板就是这样考虑的。

（1）工字形截面和H形截面　对工字形截面和H形截面应分别验算翼缘宽厚比和腹板高厚比。

1）翼缘宽厚比。由于工字形截面的腹板一般较翼缘板薄，腹板对翼缘板的嵌固作用较弱，翼缘可视为三边简支一边自由的均匀受压板，为保持受压构件的局部稳定，翼缘自由外伸段的宽厚比应满足下式

$$b/t \leqslant (10 + 0.1\lambda)\sqrt{235/f_y} \qquad (12\text{-}55)$$

式中 λ——取构件两方向长细比的较大值，当 $\lambda<30$ 时，取 $\lambda=30$；当 $\lambda>100$ 时，取 $\lambda=100$；

b——悬伸部分的宽度；

t——翼缘板厚度。

2）腹板高厚比。腹板可视为四边支承板，当腹板发生屈曲时，翼缘板作为腹板纵向边的支承，对腹板起一定的弹性嵌固作用，这种嵌固作用可使腹板的临界应力提高，为防止腹板发生屈曲，腹板高厚比 h_0/t_w 应满足下式要求

$$h_0/t_w \leqslant (25+0.5\lambda)\sqrt{235/f_y} \tag{12-56a}$$

式中 h_0、t_w——腹板的高度和厚度；

λ——构件两方向长细比的较大值，$\lambda<30$ 时，取 $\lambda=30$；$\lambda>100$ 时，取 $\lambda=100$。

热轧剖分T型钢截面腹板的高厚比限值按下式计算

$$h_0/t_w \leqslant (15+0.2\lambda)\sqrt{235/f_y} \tag{12-56b}$$

焊接T型钢截面腹板的高厚比限值按下式计算

$$h_0/t_w \leqslant (13+0.17\lambda)\sqrt{235/f_y} \tag{12-56c}$$

对箱形截面中的板件（包括双层翼缘板的外层板），其宽厚比限值偏安全地取为 $40\sqrt{235/f_y}$，不与构件的长细比发生关系。

（2）圆管截面 圆管截面是根据管壁的局部屈曲不先于构件的整体屈曲确定的，考虑材料的弹塑性和管壁缺陷的影响，根据理论分析和试验研究，圆管的径厚比限值应满足下式要求

$$\frac{D}{t} \leqslant 100 \times \frac{235}{f_y} \tag{12-57}$$

【例12-3】 某焊接工字形截面柱，截面几何尺寸如图12-51所示。柱的上、下端均为铰接，柱高4.2m，承受的轴心压力设计值为1000kN，钢材为Q235，翼缘为火焰切割边，焊条为E43系列，焊条电弧焊。试验算该柱是否安全。

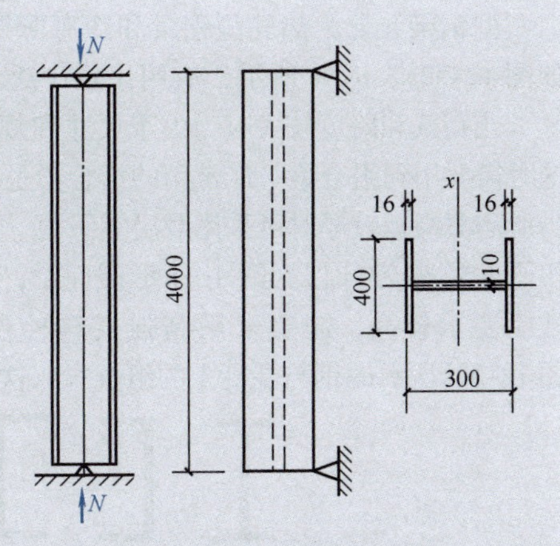

图12-51 【例12-3】图

【解】 已知 $l_{0x}=l_{0y}=4.0\text{m}$，$f=215\text{N/mm}^2$。

（1）计算截面特性

$$A=(2\times400\times16+268\times10)\text{mm}^2=15480\text{mm}^2$$

$$I_x=\left(\frac{1}{12}\times400\times16^3+400\times16\times142^2\right)\times2\text{mm}^4+\frac{1}{12}\times10\times268^3\text{mm}^4=274412960\text{ mm}^4$$

$$I_y=\left(\frac{1}{12}\times16\times400^3\right)\times2\text{mm}^4+\frac{1}{12}\times268\times10^3\text{mm}^4=170689000\text{ mm}^4$$

$$i_x=\sqrt{\frac{I_x}{A}}=133.14\text{mm},\ i_y=\sqrt{\frac{I_y}{A}}=105.01\text{mm}$$

（2）验算整体稳定、刚度和局部稳定性

$$\lambda_x=\frac{l_{0x}}{i_x}=\frac{4000}{133.14}=30.0<[\lambda]=150$$

$$\lambda_y=\frac{l_{0y}}{i_y}=\frac{4000}{105.01}=38.1<[\lambda]=150$$

由附表21可知，截面对 x 轴和 y 轴为b类，查附表22由 $\varphi_x=0.936$，$\varphi_y=0.906$，则 $\varphi=\varphi_y=0.906$，则

$$\sigma=\frac{N}{\varphi A}=\frac{1000\times10^3}{0.906\times15480}\text{N/mm}^2=71.3\text{N/mm}^2<f=215\text{N/mm}^2$$

翼缘宽度比为 $$\frac{b_1}{t}=\frac{200-5}{16}=12.2<10+0.1\times38.1=13.81$$

腹板高度比为 $$\frac{h_0}{t_w}=\frac{268}{10}=26.8<25+0.5\times38.1=44.05$$

构件的整体稳定、刚度和局部稳定都满足要求。

12.4 受弯构件

12.4.1 梁的类型和应用

钢梁主要用以承受横向荷载，在建筑结构中应用非常广泛，常见的有楼盖梁、起重机梁、工作平台梁、墙架梁、檩条、桥梁等。钢梁分为型钢梁和组合梁两大类，如图12-52所示。

型钢梁又分为热轧型钢梁和冷弯薄壁型钢梁。前者常用普通工字钢、槽钢或H型钢制成，如图12-52a、b、c所示，应用比较广泛。

当荷载和跨度较大时，由于尺寸和规格的限制，型钢梁一般不能满足承载力或刚度的要求，这时需要用到组合梁。最常用的组合梁是由钢板焊接而成的工字形截面组合梁，如图12-52g所示。当所需翼缘板较厚时可采用双层翼缘板，如图12-52h所示。荷载很大而截面高度受到限制或对抗扭刚度要求较高时，可采用箱形截面梁，如图12-52i所示。当梁要承受动力荷载时，由于对疲劳性能要求较高，需要采用高强度螺栓连接的工字形截面梁，如图12-52j所示。还有制成如图12-52k所示的钢与混凝土的组合梁，这可以充分发挥两种材料的优势，经济效果较明显。

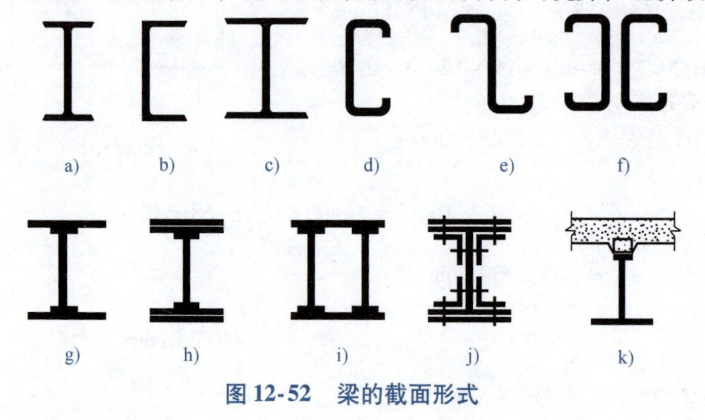

图12-52　梁的截面形式

12.4.2 梁的强度和刚度

为了确保安全适用、经济合理，梁在设计时既要考虑承载能力的极限状态，又要考虑正常

使用的极限状态。前者包括承载力、整体稳定和局部稳定三个方面，用的是荷载设计值；后者指梁应具有一定的抗弯刚度，即在荷载标准值的作用下，梁的最大挠度不超过规范允许值。

1. 梁的强度

(1) 梁的正应力 梁在荷载作用下大致可以分为三个工作阶段。图12-53所示为一工字形梁的弹性、弹塑性和塑性工作阶段的应力分布情况。

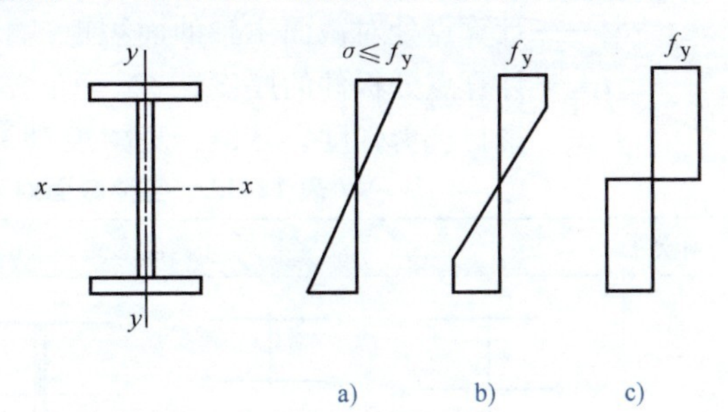

图12-53 梁的正应力分布

a）弹性工作阶段 b）弹塑性工作阶段

c）塑性工作阶段

在弹性工作阶段，梁的最大弯矩为

$$M_e = W_n f_y \tag{12-58}$$

在塑性工作阶段，梁的塑性铰弯矩为

$$M_p = W_{pn} f_y \tag{12-59}$$

式中 f_y——钢材的屈服强度；

W_n——净截面模量；

W_{pn}——净截面塑性截面模量。

W_{pn}可采用下式计算

$$W_{pn} = S_{1n} + S_{2n} \tag{12-60}$$

式中 S_{1n}——中和轴以上净截面面积对中和轴的面积矩；

S_{2n}——中和轴以下净截面面积对中和轴的面积矩。

由式（12-58）和式（12-59）可知，梁的塑性铰弯矩M_p与弹性阶段最大弯矩M_e的比值与材料的强度无关，而只与截面的几何性质有关。令$\gamma = W_{pn}/W_n$，称为截面的形状系数。为避免梁有过大的非弹性变形，承受静力荷载或间接承受动力荷载的梁，允许考虑截面有一定程度的塑性发展，用截面的塑性发展系数γ_x和γ_y代替截面的形状系数γ。各种截面对不同主轴的塑性发展系数见表12-13。

梁的正应力设计公式为

单向受弯时
$$\sigma = \frac{M_x}{\gamma_x W_{nx}} \leqslant f \tag{12-61}$$

双向受弯时
$$\sigma = \frac{M_x}{\gamma_x W_{nx}} + \frac{M_y}{\gamma_y W_{ny}} \leqslant f \tag{12-62}$$

式中 M_x、M_y——同一截面处绕x轴和y轴的弯矩设计值；

W_{nx}、W_{ny}——对x轴和y轴的净截面模量，当截面板件宽厚比等级为S1级、S2级、S3级或S4级时，应取全截面模量，当截面板件宽厚比等级为S5级时，应取有效截面模量，均匀受压翼缘有效外伸宽度可取$15\varepsilon_k$，腹板有效截面可按《钢结构设计标准》规定采用；

f——钢材的抗弯强度设计值，见附表18。

若梁直接承受动力荷载，则式（12-61）与式（12-62）不考虑截面塑性发展系数，即$\gamma_x = \gamma_y = 1.0$。

(2) 梁的剪应力 在横向荷载作用下，梁在受弯的同时又承受剪力。对于工字形截面和槽形截面，其最大剪应力在腹板上，剪应力的分布如图12-54所示，其计算公式为

$$\tau = \frac{V_y S_x}{I_x t} \leqslant f_v \tag{12-63}$$

式中　V_y——计算截面沿腹板平面作用的剪力，设与 y 轴平行；

I_x——与剪力作用线垂直的截面主轴的惯性矩；

S_x——计算点处对截面主轴的面积矩；

t——计算点处板件的厚度；

f_v——钢材抗剪强度设计值，见附表 18。

表 12-13　各种截面对不同主轴的塑性发展系数

项次	截面形式	γ_x	γ_y
1	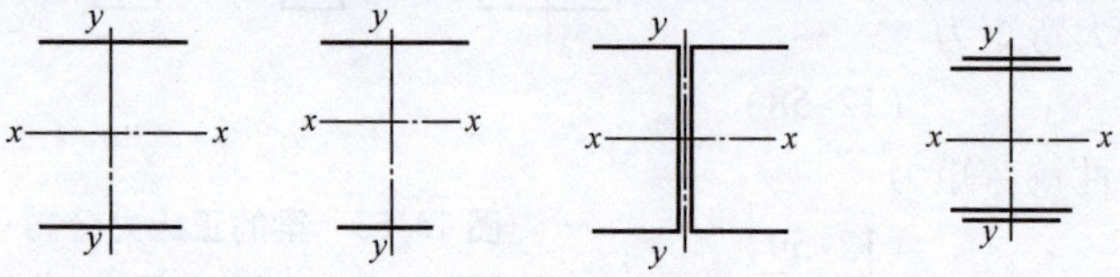	1.05	1.2
2	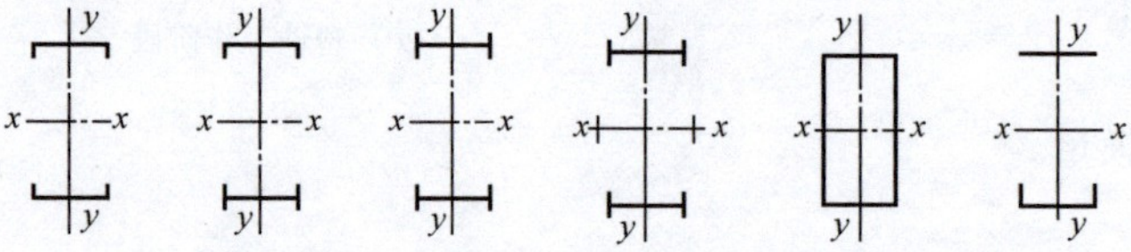		1.05
3		$\gamma_{x1}=1.05$ $\gamma_{x2}=1.2$	1.2
4	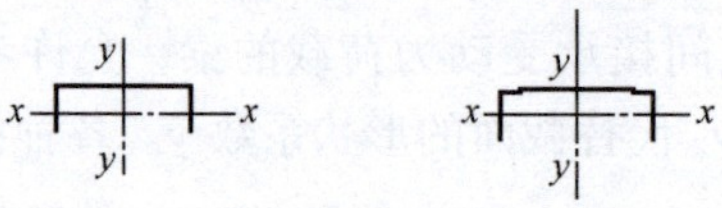	$\gamma_{x1}=1.05$ $\gamma_{x2}=1.2$	1.05
5	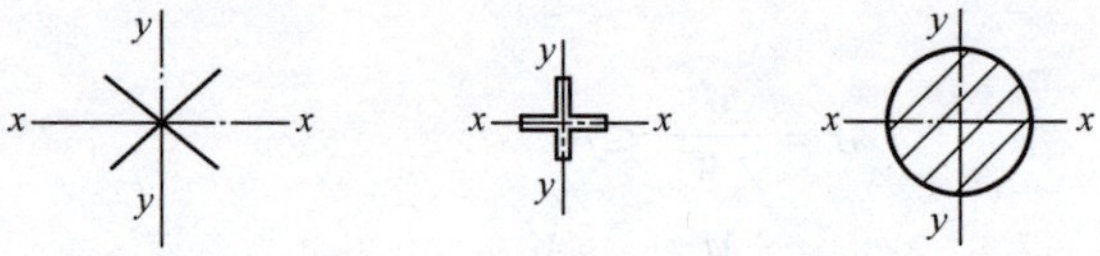	1.2	1.2
6	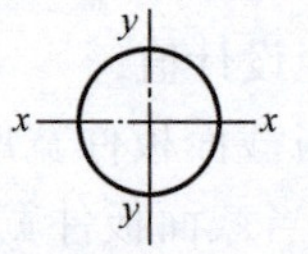	1.15	1.15
7	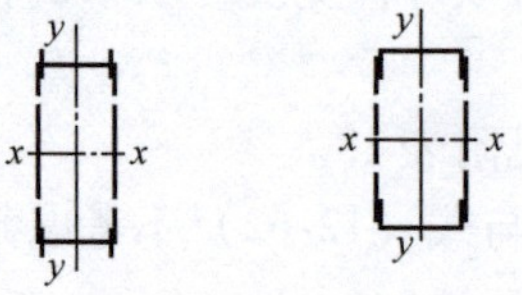	1.0	1.05
8	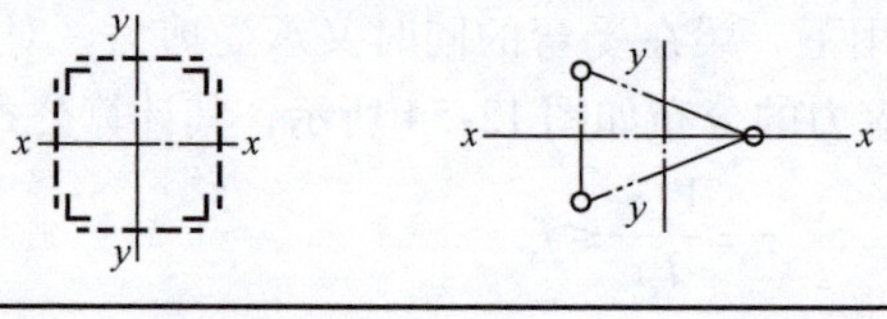		1.0

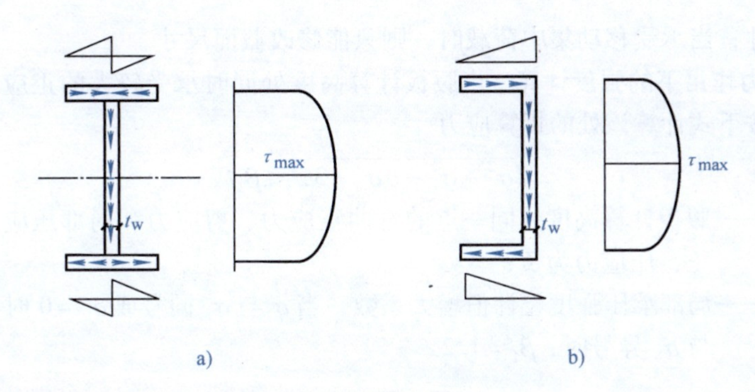

图12-54 梁的弯曲剪应力分布

(3) 局部承压强度 当梁的翼缘承受较大的固定集中荷载（包括支座）而又未设支承加劲肋，如图12-55a所示；或受移动的集中荷载（如起重机轮压），如图12-55b所示，应计算腹板计算高度边缘的局部承压强度。假定集中荷载从作用处在 h_y 高度范围内以1∶2.5扩散，在 h_R 高度范围内以1∶1扩散，均匀分布于腹板计算高度边缘。这样得到的 σ_c 与理论的局部压应力的最大值十分接近。局部承压强度可按下式计算

$$\sigma_c=\frac{\psi F}{t_w l_z}\leqslant f \tag{12-64}$$

式中 F——集中荷载，对动力荷载应乘以动力系数；

ψ——集中荷载增大系数，对重级工作制吊车梁，$\psi=1.35$；对其他，$\psi=1.0$；

l_z——集中荷载在腹板计算高度处的假定分布长度，对跨中集中荷载，$l_z=a+5h_y+2h_R$；对梁端支座反力，$l_z=a+2.5h_y+2a_1$；

a——集中荷载沿梁跨度方向的支承长度，对钢轨上的轮压可取50mm；

h_y——自梁顶至腹板计算高度上边缘的距离；对焊接梁，为上翼缘厚度；对轧制工字形截面梁，是梁顶面到腹板过渡完成点距离；

h_R——轨道高度，梁顶无轨道时取 $h_R=0$。

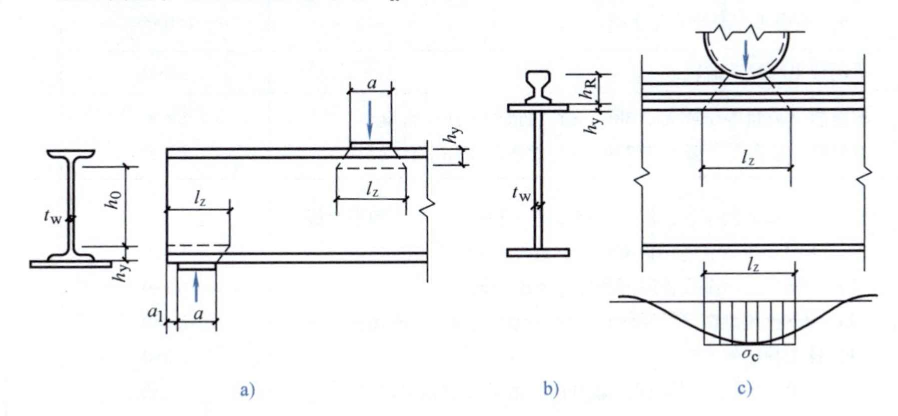

图12-55 局部压应力

腹板的计算高度 h_0，对轧制型钢梁，为腹板与上、下翼缘的相接处两内弧起点间的距离；对焊接组合梁，为腹板高度。

当计算不能满足时，对承受固定集中荷载处或支座处，可通过设置横向加劲肋予以加强，

也可修改截面尺寸；当承受移动集中荷载时，则只能修改截面尺寸。

（4）复杂应力作用下的强度计算　当腹板计算高度处同时承受较大的正应力、剪应力或局部压应力时，需按下式计算该处的折算应力

$$\sqrt{\sigma^2+\sigma_c^2-\sigma\sigma_c+3\tau^2}\leqslant\beta_1 f \tag{12-65}$$

式中　σ、τ、σ_c——腹板计算高度处同一点的弯曲正应力、剪应力和局部压应力，以拉应力为正，压应力为负；

β_1——局部承压强度设计值增大系数，当σ与σ_c同号或$\sigma_c=0$时，$\beta_1=1.1$；当σ与σ_c异号时，$\beta_1=1.2$。

2. 梁的刚度

梁的刚度指梁在受到使用荷载作用时抵抗变形的能力。为了不影响结构能正常使用，规范规定，在荷载标准值的作用下，梁的变形——挠度不应超过规范允许值。

$$v\leqslant[v] \tag{12-66}$$

式中　v——由荷载标准值（不考虑动力系数）求得的梁的最大挠度；

$[v]$——钢梁的允许挠度，见表12-14。

在计算梁的挠度值时，采用的荷载标准值必须与表12-14中计算的挠度相对应。由于螺栓孔或铆钉孔引起的截面削弱对梁的整体刚度影响不大，故习惯上用毛截面特性按结构力学方法确定梁的最大挠度，表12-15给出了几种常用等截面简支梁的最大挠度计算公式。

表12-14　钢梁的允许挠度

项次	构件类别	挠度允许值	
		$[v_T]$	$[v_Q]$
1	吊车梁和吊车桁架（按自重和起重量最大的一台起重机计算挠度）		
	（1）手动吊车和单梁起重机（含悬挂式起重机）	$l/500$	
	（2）轻级工作制桥式起重机	$l/750$	
	（3）中级工作制桥式起重机	$l/900$	
	（4）重级工作制桥式起重机	$l/1000$	
2	手动或电动葫芦的轨道梁	$l/400$	
3	有重轨（质量等于或大于38kg/m）轨道的工作平台梁	$l/600$	
	有轻轨（质量等于或小于24kg/m）轨道的工作平台梁	$l/400$	
4	楼（屋）盖或桁架，工作平台梁（第（3）项除外）和平台板		
	（1）主梁或桁架（包括设有悬挂起重设备的梁和桁架）	$l/400$	
	（2）仅支撑压型金属板屋面和冷弯型钢檩条	$l/180$	
	（3）除支撑压型金属板屋面和冷弯型钢檩条外，尚有吊顶	$l/240$	
	（4）抹灰顶棚的次梁	$l/250$	$l/500$
	（5）除第（1）款～第（4）款外的其他梁（包括楼梯梁）	$l/250$	$l/350$
	（6）屋盖檩条		$l/300$
	支承压型金属板屋面者	$l/150$	
	支承其他屋面材料者	$l/200$	
	有吊顶	$l/240$	
	（7）平台板	$l/150$	

（续）

项次	构件类别	挠度允许值	
		$[v_T]$	$[v_Q]$
5	墙架构件（风荷载不考虑阵风系数）		
	（1）支柱（水平方向）	—	$l/400$
	（2）抗风桁架（作为连续支柱的支承时，水平位移）	—	$l/1000$
	（3）砌体墙的横梁（水平方向）	—	$l/300$
	（4）支承压型金属板横梁（水平方向）	—	$l/100$
	（5）支承其他墙面材料的横梁（水平方向）	—	$l/200$
	（6）带有玻璃窗的横梁（竖直和水平方向）	$l/200$	$l/200$

注：1. l 为梁的跨度（对悬臂梁或伸臂梁为悬伸长度的2倍）。

2. $[v_T]$ 为全部荷载标准值产生的挠度（如有起拱应减去拱度）的允许值。

3. 当吊车梁或吊车桁架跨度大于12m时，其挠度容许值 $[v_T]$ 应乘以0.9的系数。

4. 当墙面采用延性材料或与结构采用柔性连接时，墙架构件的支柱水平位移容许值可采用 $l/300$，抗风桁架（作为连续支柱的支承时）水平位移容许值可采用 $l/800$。

表12-15　几种常用等截面简支梁的最大挠度计算公式

荷载情况	q；l	F；$l/2$　$l/2$	$F/2$　$F/2$；$l/3$　$l/3$　$l/3$	$F/3$ $F/3$ $F/3$；$l/4$ $l/4$ $l/4$ $l/4$
计算公式	$\frac{5}{384}\times\frac{ql^4}{EI}$	$\frac{1}{48}\times\frac{Fl^3}{EI}$	$\frac{23}{1296}\times\frac{Fl^3}{EI}$	$\frac{19}{1152}\times\frac{Fl^3}{EI}$

12.4.3　梁的整体稳定

（1）梁的整体稳定计算　在一个主轴平面内弯曲的梁，为了更有效地发挥材料的作用，经常设计得窄而高。如果没有足够的侧向支承，在弯矩达到临界值 M_{cr} 时，梁就会发生整体的弯扭失稳破坏而非强度破坏。双轴对称工字钢截面简支梁在纯弯曲作用下的临界弯矩公式为

$$M_{cr}=\frac{\pi^2 EI_y}{l^2}\sqrt{\frac{I_\omega}{I_y}+\frac{GI_t l^2}{\pi^2 EI_y}} \tag{12-67}$$

在修订规范时，为了简化计算，引入 $I_t=At_1^2/3$ 及 $I_\omega=I_y h^2/4$，并以 $E=206000\text{N/mm}^2$ 和 $E/G=2.6$ 代入式（12-67），可得临界弯矩为

$$M_{cr}=\frac{10.17\times10^5}{\lambda_y^2}Ah\sqrt{1+\left(\frac{\lambda_y t_1}{4.4h}\right)^2} \tag{12-68}$$

式中　A——梁的毛截面面积；

t_1——梁受压翼缘板的厚度；

h——梁截面的全高度；

λ_y——梁对 y 轴的长细比。

临界应力 $\sigma_{cr}=M_{cr}/W_x$，W_x 为按受压翼缘确定的毛截面模量。

在上述情况下，若保证梁不丧失整体稳定，应使受压翼缘的最大应力小于临界应力 σ_{cr} 除以抗力分项系数 γ_R，即

$$\frac{M_x}{W_x} \leqslant \frac{\sigma_{cr}}{\gamma_R} \tag{12-69}$$

令梁的整体稳定系数 φ_b 为

$$\varphi_b = \frac{\sigma_{cr}}{f_y} \tag{12-70}$$

$$\frac{M_x}{W_x} \leqslant \frac{\varphi_b f_y}{\gamma_R} = \varphi_b f$$

则梁的整体稳定计算公式为

$$\frac{M_x}{\varphi_b W_x} \leqslant f \tag{12-71}$$

双轴对称工字钢截面简支梁在纯弯曲作用下，整体稳定系数的近似值按下式计算

$$\varphi_b = \frac{4320}{\lambda_y^2} \frac{Ah}{W_x} \sqrt{1 + \left(\frac{\lambda_y t_1}{4.4h}\right)^2} \frac{235}{f_y} \tag{12-72}$$

当梁上承受其他形式荷载时，通过选取较多的常用截面尺寸，进行电算和数理统计分析，得出了不同荷载作用下的稳定系数与纯弯时的稳定系数的比值 β_b。同时，为了适用于单轴对称工字形截面简支梁的情况，梁的整体稳定系数的计算公式为

$$\varphi_b = \beta_b \frac{4320}{\lambda_y^2} \frac{Ah}{W_x} \left[\sqrt{1 + \left(\frac{\lambda_y t_1}{4.4h}\right)^2} + \eta_b\right] \frac{235}{f_y} \tag{12-73}$$

式中　β_b——梁整体稳定的等效弯矩系数，可查阅规范取用；

η_b——截面不对称影响系数。

η_b 按以下方式取值：双轴对称截面，$\eta_b = 0$；加强受压翼缘工字形截面，$\eta_b = 0.8(2\alpha_b - 1)$；加强受拉翼缘工字形截面，$\eta_b = 2\alpha_b - 1$。其中，$\alpha_b = \frac{I_1}{I_1 + I_2}$，$I_1$ 和 I_2 分别为受压翼缘和受拉翼缘对 y 轴的惯性矩。

由上述关系可知，对于加强受压翼缘的工字形截面，η_b 为正值，由式（12-73）算得的整体稳定系数 φ_b 增大；反之，对加强受拉翼缘的工字形截面，η_b 为负值，使梁的整体稳定系数降低，因此加强受压翼缘的工字形截面更有利于提高梁的整体稳定性。

上述的稳定系数计算公式是按弹性分析导出的。对于钢梁，当考虑残余应力影响时，可取比例极限 $f_p = 0.6f_y$，因此当 $\sigma_{cr} > 0.6f_y$ 时，即当算得的稳定系数 $\varphi_b > 0.6$ 时，梁已进入弹塑性工作阶段，其临界弯矩有明显的降低。需按下式进行修正，以 φ'_b 代替 φ_b

$$\varphi'_b = 1.07 - 0.282/\varphi_b \leqslant 1.0 \tag{12-74}$$

（2）梁整体稳定性的保证　实际工程中的梁与其他构件相互连接，有利于阻止其侧向失稳。符合下列情况之一时，不用计算梁的整体稳定性：

1）有刚性铺板密铺在梁受压翼缘并有可靠连接能阻止受压翼缘的侧向位移时。

2）等截面 H 型钢或工字形截面简支梁的受压翼缘自由长度 l_1 与其宽度 b_1 之比不超过表 12-16所规定的限值时。

表 12-16 等截面H型钢或工字形截面简支梁不用计算梁的整体稳定性的 l_1/b_1 限值

跨中无侧向支承，荷载作用在		跨中受压翼缘有侧向支承，不论荷载作用在何处
上翼缘	下翼缘	
$13\varepsilon_k$	$20\varepsilon_k$	$16\varepsilon_k$

注：l_1 为梁受压翼缘的自由长度：对跨中无侧向支承点的梁为其跨度；对跨中有侧向支承点的梁，为受压翼缘侧向支承点间的距离（梁支座处视为有侧向支承点）。b_1 为受压翼缘的宽度。

3）箱形截面简支梁（图 12-56）的截面尺寸应满足 $h/b_0 \leqslant 6$，且 $l_1/b_0 \leqslant 95\ (235/f_y)$。

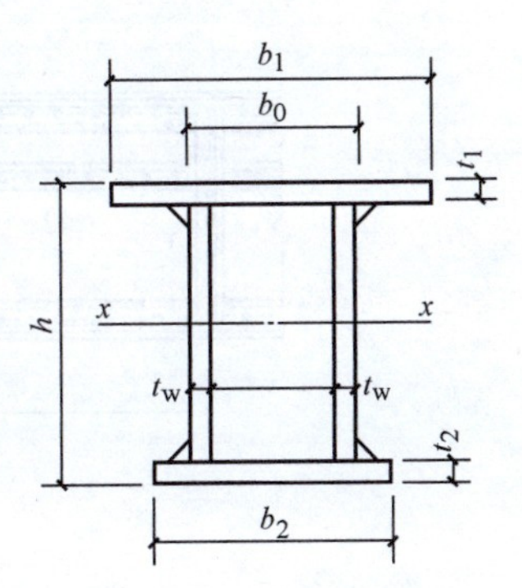

图 12-56 箱形截面梁

12.4.4 梁的局部稳定和腹板加劲肋计算

如果设计不适当，组成梁的板件在压应力或剪应力作用下，可能会发生局部屈曲问题。轧制型钢梁因板件宽厚比较小，都能满足局部稳定要求，不必计算。这里只分析一般钢结构的组合梁的局部稳定问题。

1. 受压翼缘的局部稳定

梁的翼缘板远离截面形心，强度一般能得到充分利用。若翼缘板发生局部屈曲，梁很快就会丧失继续承载的能力，因此《钢结构设计标准》采用限制板件宽厚比的方法来防止翼缘板的屈曲。翼缘宽厚比应满足下式规定

$$\frac{b}{t} \leqslant 13\sqrt{\frac{235}{f_y}} \tag{12-75}$$

式中 b——梁受压翼缘自由外伸的宽度，对焊接构件，取腹板边至翼缘板（肢）边缘的距离；对轧制构件，取内圆弧起点至翼缘板（肢）边缘的距离；

t——梁受压翼缘厚度。

式（12-75）考虑了截面发展部分的塑性。若为弹性设计则 b/t 可以放宽为

$$\frac{b}{t} \leqslant 15\sqrt{\frac{235}{f_y}} \tag{12-76}$$

对于如图 12-56 所示箱形截面梁两腹板中间的部分，其宽厚比应满足下式要求

$$\frac{b_0}{t} \leqslant 40\sqrt{\frac{235}{f_y}} \tag{12-77}$$

2. 腹板的局部稳定

为保证腹板的稳定性，可增加腹板厚度或设置加劲肋，且后者较前者经济。组合梁腹板的加劲肋主要分为横向加劲肋、纵向加劲肋、短加劲肋和支承加劲肋几种情况，如图 12-57 所示。图 12-57a 所示为仅配置横向加劲肋的情况；图 12-57b 和图 12-57c 所示为同时配置横向和纵向加劲肋的情况；图 12-57d 除配置了横向和纵向加劲肋外，还配置了短加劲肋。横向加劲肋可有效地防止剪应力和局部压应力可能引起的腹板失稳；纵向加劲肋主要用于防止弯曲压应力可能引起的腹板失稳；短加劲肋主要用于防止局部压应力可能引起的腹板失稳。

（1）组合梁腹板配置加劲肋的规定 组合梁腹板配置加劲肋时应满足下列要求：

1）当 $h_0/t_w \leqslant 80\varepsilon_k$ 时，对有局部压应力（$\sigma_c \neq 0$）的梁，应按构造配置横向加劲肋；对无局部压应力（$\sigma_c = 0$）的梁，可不配置加劲肋。

2）当 $h_0/t_w > 80\varepsilon_k$ 时，应配置横向加劲肋并满足局部稳定计算要求。

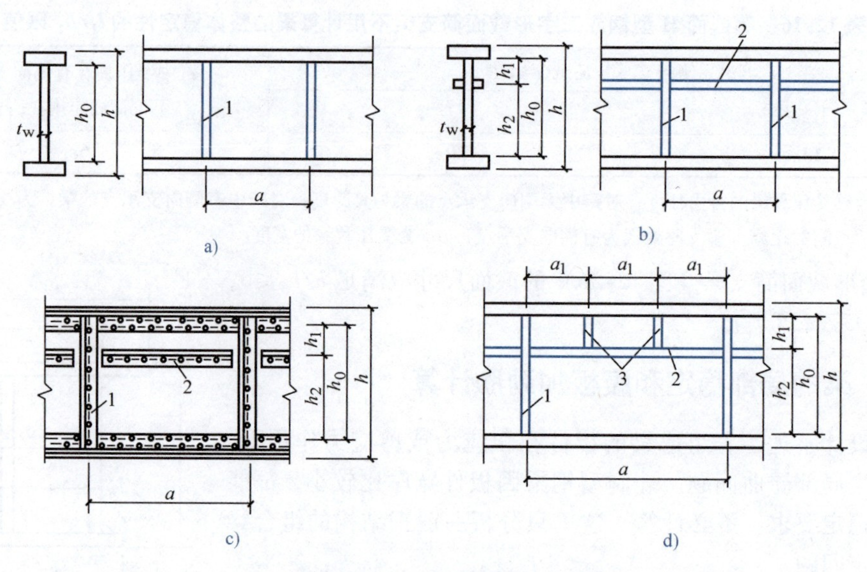

图 12-57　加劲肋配置

1—横向加劲肋　2—纵向加劲肋　3—短加劲肋

3）当 $h_0/t_w>170\varepsilon_k$（受压翼缘扭转受到约束，如连有刚性铺板、制动板或焊有钢轨）或 $h_0/t_w>150\varepsilon_k$（受压翼缘扭转未受到约束）时，或按计算需要，应在弯曲压应力较大区格的受压区增加配置纵向加劲肋。当局部压应力很大时，必要时还应在受压区配置短加劲肋；对单轴对称梁，当确定是否要配置纵向加劲肋时，h_0 应取腹板受压区高度 h_c 的 2 倍。

任何情况下，h_0/t_w 均不应超过 250。

4）梁的支座处和上翼缘受较大固定集中荷载处，宜设置支承加劲肋。

（2）梁腹板各区段的局部稳定计算　组合梁腹板的局部稳定，应根据加劲肋的设置情况分不同区格进行计算。

1）对于如图 12-57a 所示仅配置横向加劲肋的腹板，各区格的局部稳定按下式计算

$$\left(\frac{\sigma}{\sigma_{cr}}\right)^2+\left(\frac{\tau}{\tau_{cr}}\right)^2+\frac{\sigma_c}{\sigma_{c,cr}}\leqslant 1.0 \tag{12-78}$$

式中　σ——所计算腹板区格内，由平均弯矩产生的腹板计算高度边缘的弯曲压应力，$\sigma=Mh_c/I$；

τ——所计算腹板区格内，由平均剪力产生的腹板平均剪应力，$\tau=V/(h_wt_w)$；

σ_c——腹板边缘的局部压应力，按式（12-64）计算，式中 $\psi=1.0$；

σ_{cr}、τ_{cr}、$\sigma_{c,cr}$——各种应力单独作用下的临界应力，按《钢结构设计标准》的有关规定计算。

2）对于同时配置横向加劲肋和纵向加劲肋加强的腹板（图 12-57b、c），局部稳定应分别按受压翼缘与纵向加劲肋之间的区格Ⅰ和受拉翼缘与纵向加劲肋之间的区格Ⅱ予以计算：

对于受压翼缘与纵向加劲肋之间的区格Ⅰ，应满足

$$\frac{\sigma}{\sigma_{cr1}}+\left(\frac{\sigma_c}{\sigma_{c,cr1}}\right)^2+\left(\frac{\tau}{\tau_{cr1}}\right)^2\leqslant 1.0 \tag{12-79}$$

式中　σ_{cr1}、$\sigma_{c,cr1}$、τ_{cr1}——分别按钢结构规范的有关规定计算。

对于受拉翼缘与纵向加劲肋之间的区格Ⅱ，应满足

$$\left(\frac{\sigma_2}{\sigma_{cr2}}\right)^2+\frac{\sigma_{c2}}{\sigma_{c,cr2}}+\left(\frac{\tau}{\tau_{cr2}}\right)^2\leqslant 1.0 \tag{12-80}$$

式中 σ_2——所计算区格内，腹板在纵向加劲肋处压应力的平均值；

σ_{c2}——腹板在纵向加劲肋处的横向压应力，取为$0.3\sigma_c$。

3）受压翼缘与纵向加劲肋之间设有短加劲肋的区格Ⅰ（图12-57d），其局部稳定性可参考式（12-79），按《钢结构设计标准》的有关规定计算。

（3）支承加劲肋计算 支承加劲肋指承受支座反力或固定集中荷载的横向加劲肋（图12-58），支承加劲肋应在腹板两侧对称布置，截面一般比其他横向加劲肋大，应对其进行稳定、端面承压和焊缝连接计算。

1）支承加劲肋应按承受梁支座反力或固定集中荷载的轴心受压构件计算其在腹板平面外的稳定性。计算中受压结构的截面面积A应包括加劲肋和加劲肋每侧$15t_w\sqrt{235/f_y}$范围内的面积，如图12-58所示的阴影部分面积，计算长度取为h_0。

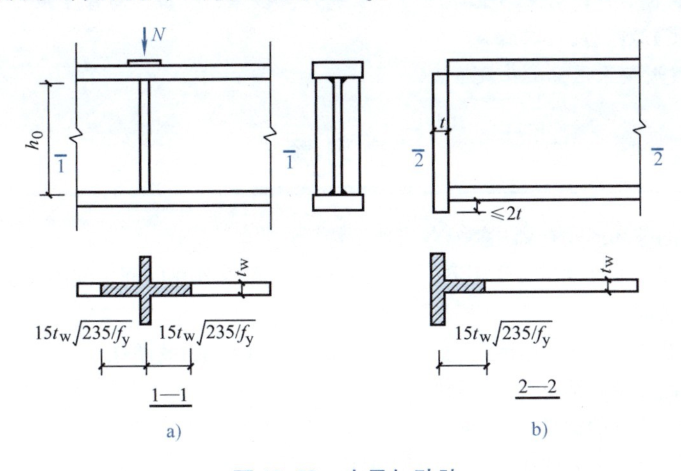

图12-58 支承加劲肋

2）对于支承加劲肋的端部，应按其所承受的梁支座反力或固定集中荷载进行计算。当加劲肋端部刨平顶紧时，按下式计算其端面承压

$$\sigma = N/A_b \leqslant f_{ce} \tag{12-81}$$

式中 N——支承加劲肋承受的支座反力或固定集中荷载；

A_b——支承加劲肋与翼缘或顶板相接触的面积；

f_{ce}——钢材端面承压强度设计值，见附表18。

对于突缘式支座，支承加劲肋的伸出长度不应大于其厚度的2倍，如图12-58b所示。

3）支承加劲肋与梁腹板间的连接焊缝，应能承受全部支座反力或固定集中荷载，按焊缝连接的有关规定设计焊缝，假定应力沿焊缝全长均匀分布。

本章小结

1）要充分重视钢材的两种破坏形式：塑性破坏和脆性破坏。要认识到同样的钢材，如果设计不当或加工制作不注意而造成缺陷，都会导致钢材发生脆性破坏。设计时要时刻注意防止和减少结构发生脆性破坏的可能性。

2）影响钢材性能的因素有化学成分、冶金缺陷、应力集中、温度和作用荷载变化等。要记住碳、硫和磷的影响。化学成分和冶金缺陷是导致钢材脆性破坏的内在原因，应在选用钢材时注意；其他影响钢材性能的因素都属于导致钢材脆性破坏的外在原因，应在选用钢材时根据具体情况对钢材提出相应的指标要求。

3）熟悉钢材规格，正确选用型材。

4）了解钢结构常用的几种连接方法（普通螺栓连接、焊接连接及高强度螺栓连接）的优缺点和使用情况。

5）学会和掌握分析几种不同连接在不同的受力情况下的破坏机理、传力过程及在各种不同荷载作用下的计算方法。钢结构的连接这部分内容与材料力学课程中有关“剪切”的内容有密切联系，学习时应结合钢结构设计的特点复习材料力学课程中的相关知识。

6）对钢结构轴心受力构件的学习，必须明确掌握构件按承载力极限状态设计时，应包括承载力和稳定两个方面。承载力的设计指标是钢材的屈服点，稳定的设计指标是构件失稳时的临界应力。

7）和轴心受力构件一样，钢梁的设计应满足承载力（抗弯、抗剪、局部压应力和折算应力）、稳定（整体稳定和局部稳定）和刚度要求。

8）计算梁的挠度时要采用标准荷载值。

复习题

12-1　结构钢材的破坏形式有哪几类？各有什么特征？

12-2　试述钢材在单轴反复应力作用下，钢材的 $\sigma-\varepsilon$ 曲线和作用时间之间的关系。

12-3　解释下列名词。

（1）延性破坏　（2）焊接性　（3）脆性破坏　（4）时效硬化

12-4　试述碳、硫、磷对钢材性能的影响。

12-5　指出下列各符号的意义。

（1）Q235BF　（2）Q235D　（3）Q345C

12-6　下列钢材出厂时，哪些化学成分和力学性能有合格保证？

（1）Q390B　（2）Q235AF　（3）Q420E

12-7　简述钢结构连接的类型及特点。

12-8　为何要规定角焊缝焊脚尺寸的最大和最小限值？

12-9　牛腿对接焊接和一般工字钢梁的对接焊缝焊接有何不同？

12-10　设计轴心受拉构件要考虑哪些因素？轴心受压构件需要验算哪些项目？

12-11　梁为何要进行刚度验算，为何要用荷载标准值？

12-12　验算图12-59所示轴心受拉双拼接板的连接是否安全。已知：钢材为Q345，采用8.8级高强度摩擦型螺栓连接，螺栓直径M22，构件接触面采用喷砂处理。此连接承受的设计荷载为 $N=1550\text{kN}$。

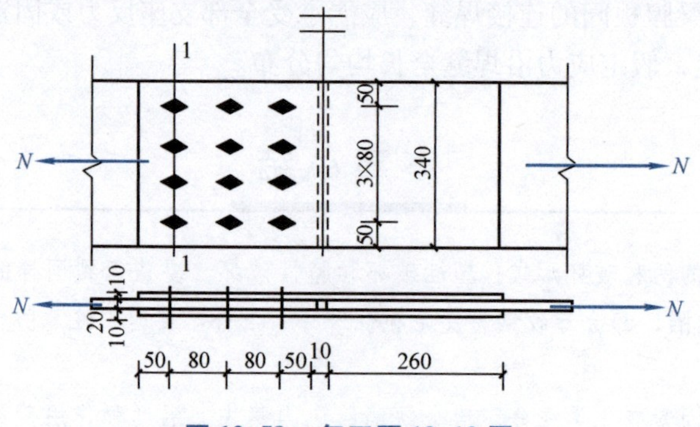

图12-59　复习题12-12图

12-13　图12-60所示三面围焊的角钢与钢板连接中，静载 $N=600\mathrm{kN}$，角钢为2∟100×10，钢板厚度 $t=8\mathrm{mm}$，Q235钢 $f_c^w=160\mathrm{N/mm^2}$，焊脚尺寸 $h_f=8\mathrm{mm}$，试确定焊缝长度。

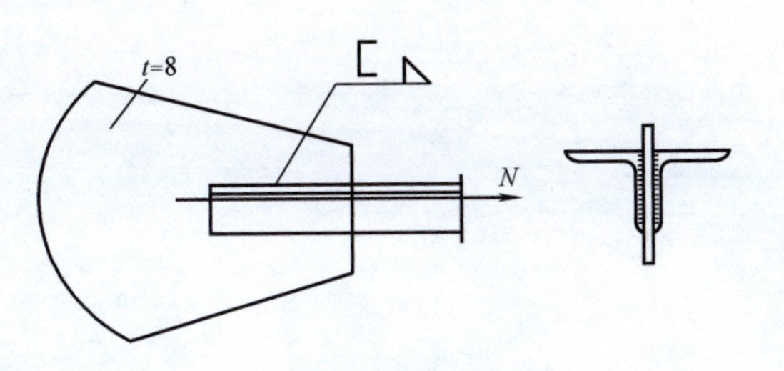

图12-60　复习题12-13图

12-14　如图12-61所示为一轴心受压实腹构件，中点处沿 x 方向有一侧向支承轴力设计值 $N=2000\mathrm{kN}$，钢材为Q345B，$f=315\mathrm{N/mm^2}$，截面无削弱，$I_x=1.1345\times10^8\mathrm{mm^4}$，$I_y=3.126\times10^7\mathrm{mm^4}$。验算该构件的整体稳定性和局部稳定性是否满足要求。

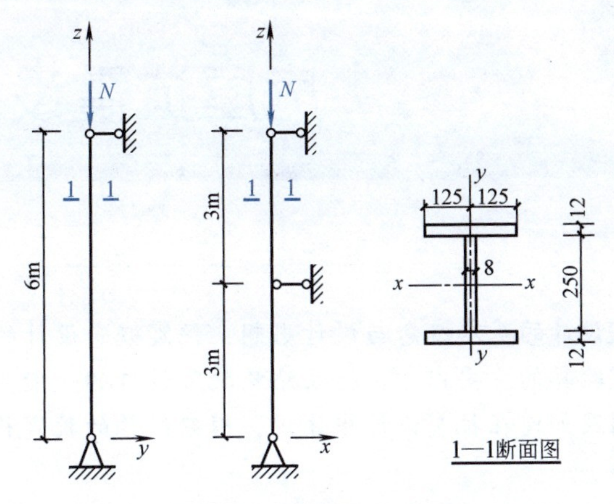

图12-61　复习题12-14图

第 13 章 房屋抗震设计基础知识

内容提要

本章主要介绍抗震设计的基本概念与设计思想，抗震概念设计的基本原则，地震作用计算的基本方法及抗震验算的主要内容，框架结构抗震设计的一般要求，框架结构获得良好抗震性能的基本原则及如何在抗震设计中体现，框架结构的抗震构造措施；简要介绍砌体结构的抗震构造措施。

本章着重理解抗震设计思想与概念设计的基本原则，掌握水平地震作用的计算及地震作用组合方法，了解这些方法及原则在框架结构及砌体结构中的具体应用。

13.1 概述

13.1.1 地震及其危害

地震是一种突发的自然灾害，在结构抗震设计中所指的是构造地震，其主要成因是地下某处薄弱岩层破裂或地球板块互相挤压与错动，并以地震波的形式释放岩层中储存的能量，传至地表引起的地面运动。

地震产生灾害的直接原因有：①地震引起滑坡、地裂、断层等严重的地面变形，直接损害结构物；②地震引起结构物地基的震陷、砂土液化，使地基失效；③结构物受到剧烈的振动，导致承载力不足、变形过大、连接接头破坏、构件失稳甚至整体倾覆而破坏。当然，地震除直接造成结构物的破坏外，还常引起海啸、火灾、水灾、爆炸、有毒物质污染等次生灾害。在城市，尤其是大城市，次生灾害一般比地震直接产生的灾害造成的损失还要大。

《建筑抗震设计规范》（GB 50011—2010）规定：对位于抗震设防区的建筑物必须进行抗震设防，实行以预防为主的方针，使建筑经抗震设防后，能减轻地震破坏，避免人员伤亡，减少经济损失。

13.1.2　抗震设计的基本概念

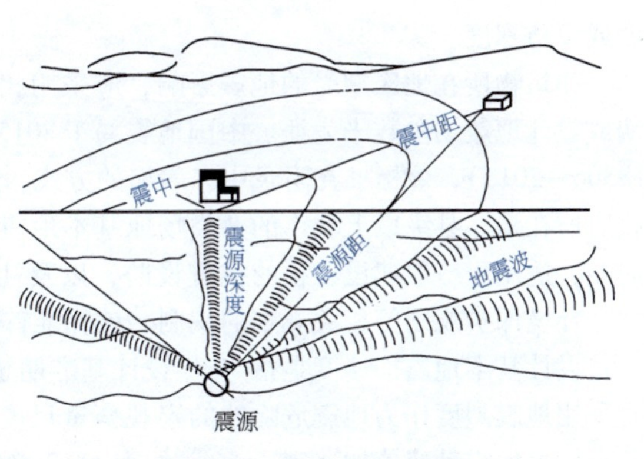

图 13-1　地震术语示意图

1. 震源、地震波、震中

（1）震源　如图 13-1 所示，地下发生地震的部位称为震源，是指地壳深处发生岩层断裂、错动的部位。从震源到地面的垂直距离称为震源深度。一般来说，对于同样大小的地震，震源深度较深时，波及的范围大而破坏程度相对较小；震源深度较浅时，则波及范围小而破坏程度较大。大多数破坏性地震的震源深度在 5 ~ 20km，属于浅源地震。

（2）地震波　地震时震源发出的振动以弹性波的形式向各个方向传播，即地震波。在地震波的传播过程中，在地表产生加速度等地震反应。

（3）震中　震源在地面上的投影点称为震中，震中附近地区称为震中区。通常情况下，震中区的震害最严重，也称为极震区。建筑物所在位置到震中的距离则称为震中距。

2. 震级和地震烈度

（1）震级　地震的震级是衡量一次地震释放能量大小的等级，即地震本身的强弱程度，用符号 M 表示。目前，国际上通用的是由里克特（C. F. Richiert）于 1935 年提出的震级指标 M（里氏震级），震级每提高一级，地面的振动幅度增加约 10 倍，释放的能量则增大近 32 倍。

一般来说，$M<2$ 级的地震人们感觉不到，称为微震；$M=2\sim5$ 级的地震称为有感地震；5 级以上的地震会造成不同程度的破坏，称为破坏性地震；7 ~ 8 级的地震称为强烈地震或大地震；大于 8 级的地震为特大地震。

（2）地震烈度　地震发生后某一地区的地表及建筑物遭受地震影响的强弱程度，常用地震烈度来衡量，用符号 I 表示。地震烈度是将人的感觉、家具和器物的振动情况、房屋和构筑物遭受的破坏等各方面情况综合起来，从宏观上对地震影响进行分级描述。目前，中国地震局颁布实施的《中国地震烈度表》（GB/T 17742—2008）将地震烈度分为 12 度。

地震烈度 I 和地震震级 M 是两个不同的概念，不可混淆。一次地震，只有一个震级，而在不同的地区却有不同的烈度。一般来说，距震中越远，地震烈度就越小；震中区的地震烈度最高，称为震中烈度。通常情况下，震中距越大，地震烈度就越低；震中距越小，地震烈度就越高。地震震级和震中烈度的大致关系见表 13-1。

表 13-1　地震震级和震中烈度的大致关系

地震震级	2	3	4	5	6	7	8	>8
震中烈度	1 ~ 2	3	4 ~ 5	6 ~ 7	7 ~ 8	9 ~ 10	11	12

3. 地震区划与地震影响

强烈地震是一种破坏作用很大的自然灾害，它的发生具有很大的随机性，因此采用概率的方法，预测某地区在未来一定时间内可能发生的地震最大烈度是具有工程意义的。地震烈度区划图的编制，是采用概率的方法对地震的危险性进行分析，并对烈度赋予有限时间区限和概率水平的含义。我国于 1990 年颁布的《中国地震烈度区划图》上所标示的地震烈度，指在 50 年期限内，一般场地条件下可能遭遇的超越概率为 10% 的地震烈度值。该烈度也称为地震基本烈度或设防烈度。

建筑物所在地区遭受的地震影响，应采用相应于设防烈度的设计基本地震加速度和特征周期或设计地震动参数来表征。中国地震局于2015年5月颁布了《中国地震动参数区划图》（GB 18306—2015），该标准在附录中以表格的方式，给出了全国各省（自治区、直辖市）乡镇人民政府所在地、县级以上城市的Ⅱ类场地基本地震动峰值加速度和基本地震动加速度反应谱特征周期，适用于一般建设工程的抗震设防，以及社会经济发展规划和国土利用规划、防灾减灾规划、环境保护规划等相关规划的编制。该标准首次将国土面积全部纳入抗震设防区。

设计基本地震加速度是指50年设计基准期超越概率为10%的地震加速度的设计取值，当需要采用地震烈度作为地震危险性的宏观衡量尺度用于工程抗震设防或防震减灾目的时，可根据Ⅱ类场地地震动峰值加速度 $\alpha_{\max \mathrm{II}}$，按表13-2确定地震烈度。

表13-2 Ⅱ类场地地震动峰值加速度与地震烈度对照表

Ⅱ类场地地震动峰值加速度	$0.04g \leqslant \alpha_{\max \mathrm{II}} < 0.09g$	$0.09g \leqslant \alpha_{\max \mathrm{II}} < 0.19g$	$0.19g \leqslant \alpha_{\max \mathrm{II}} < 0.38g$	$0.38g \leqslant \alpha_{\max \mathrm{II}} < 0.75g$	$\alpha_{\max \mathrm{II}} \geqslant 0.75g$
地震烈度	Ⅵ	Ⅶ	Ⅷ	Ⅸ	≥Ⅹ

注：g为重力加速度。

理论分析和震害表明，不同的地震（震级或震中烈度不同）对某一地区不同动力特性的结构的破坏作用是不同的。一般来讲，震级较大、震中距较远的地震对自振周期较长的高柔结构的破坏比同样烈度的震级较小震中距较近的破坏要重，对自振周期较短的刚性结构则有相反的趋势。为了区别同样烈度下不同震级和震中距的地震对不同动力特性的建筑物的破坏作用，《中国地震动参数区划图》明确了全国各地基本地震动加速度反应谱特征周期，供设计时取用。

4. 建筑场地

抗震设计时要区分场地的类别，以作为表征地震反应场地条件的指标。场地即建筑物所在地，其范围大致相当于厂区、居民点或自然村的区域。场地条件对建筑物所受到的地震作用的强烈程度有明显的影响，在一次地震下，即使场地范围内的烈度相同，建筑物震害也不一定相同。

《建筑抗震设计规范》把场地分为Ⅰ、Ⅱ、Ⅲ、Ⅳ四类，其中Ⅰ类场地（Ⅰ类场地又分为I_0和I_1两个亚类场地）对抗震最为有利，Ⅳ类最不利。场地类别根据土层等效剪切波速和场地覆盖层厚度划分，由工程地质勘察部门提供。

13.1.3 抗震设防目标和设计方法

抗震设防是指为达到抗震效果而对建筑物进行抗震设计并采取抗震措施。抗震措施是指除地震作用计算和抗力计算以外的抗震设计内容，包括抗震构造措施。

《建筑抗震设计规范》规定，抗震设防烈度为6度及以上地区的建筑，必须进行抗震设计。

1. 抗震设防分类和设防标准

抗震设计中，根据使用功能的重要性，《建筑工程抗震设防分类标准》（GB 50223—2008）把建筑物分为特殊设防类（简称甲类）、重点设防类（简称乙类）、标准设防类（简称丙类）、适度设防类（简称丁类）四个抗震设防类别。甲类建筑指使用上有特殊设施，涉及国家公共安全的重大建筑工程和地震时可能发生严重次生灾害等特别重大灾害后果，需要进行特殊设防的建筑；乙类建筑指地震时使用功能不能中断或需尽快恢复的生命线相关建筑，以及地震时可能导致大量人员伤亡等重大灾害后果，需要提高设防标准的建筑；丙类建筑为除甲、乙、丁类以外的一般建筑；丁类建筑属于抗震次要建筑，指使用上人员稀少且震损不致产生次生灾害，允许在一定条件下适度降低要求的建筑。

各抗震设防类别建筑的抗震设防标准应符合以下要求：

甲类建筑，地震作用应按批准的地震安全性评价的结果且高于本地区抗震设防烈度的要求来确定；当抗震设防烈度为 6～8 度时，应按高于本地区抗震设防烈度 1 度的要求采取抗震措施，当为 9 度时，应按比 9 度更高的要求采取抗震措施。

乙类建筑，地震作用应符合本地区抗震设防烈度的要求；当设防烈度为 6～8 时，一般情况下，应按高于本地区抗震设防烈度 1 度的要求采取抗震措施，当为 9 度时，应按比 9 度更高的要求采取抗震措施。地基基础的抗震措施应符合有关规定。

丙类建筑，地震作用和抗震措施均应符合本地区抗震设防烈度的要求。

丁类建筑，一般情况下，地震作用仍应符合本地区抗震设防烈度的要求。其抗震措施应允许比本地区抗震设防烈度的要求适当降低，但抗震设防烈度为 6 度时不应降低。

抗震设防烈度为 6 度时，对乙、丙、丁类建筑一般可不进行地震作用计算，但应采取相应的抗震措施。

2. 抗震设防目标

抗震设防目标是指建筑结构遭遇不同水准的地震影响时，对结构、构件、使用功能、设备的损坏程度及人身安全的总要求，即对建筑结构所具有的抗震安全性的要求。

在 50 年的设计基准期内，建筑物遭受不同地震烈度的概率是不同的，它的分布呈偏态曲线，如图 13-2 所示。出现频率最高的称为众值烈度 I_m，超越概率为 63.2%；超越概率为 10% 的称为基本烈度 I_0；超越概率为 2%～3% 的称为预估罕遇烈度 I_s。众值烈度平均比基本烈度低 1.55 度。预估罕遇烈度与基本烈度相比，在 6～7 度区高出 1 度，在 8 度区高出接近 1 度，在 9 度区高出不到 1 度。

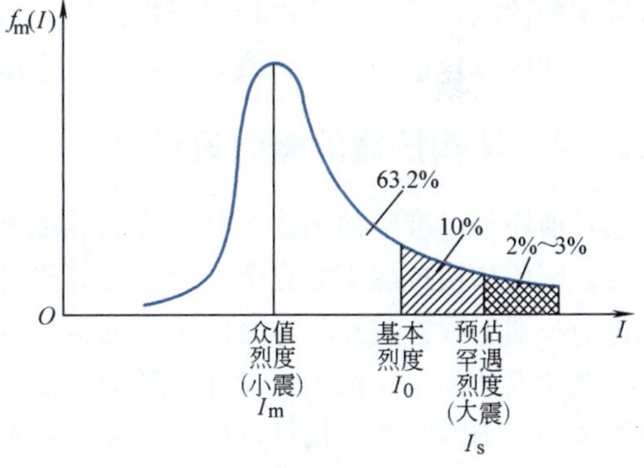

图 13-2　地震的三个水准烈度

抗震设防目标要求建筑物在使用期间，对不同频率和强度的地震应具有不同的抵抗能力。进行抗震设防的建筑，《建筑抗震设计规范》将抗震设防目标与三种烈度相对应，分为三个水准：

1）第一水准：当遭遇低于本地区设防烈度的多遇地震（小震）影响时，主体结构不受损坏或不需修理可继续使用。

2）第二水准：当遭遇相当于本地区设防烈度的地震（中震）影响时，可能发生损坏，经一般修理仍可继续使用。

3）第三水准：当遭遇高于本地区设防烈度的罕遇地震（大震）影响时，建筑物不致倒塌或发生危及生命的严重破坏。

概括地说，就是“小震不坏、中震可修、大震不倒”。使用功能或其他方面有专门要求的建筑，当采用抗震性能化设计时，具有更具体或更高的抗震设防目标。

一般来说，结构物在强烈地震中不损坏很难实现，抗震设防的底线是建筑物不倒塌，只要不倒塌就可以显著减少生命财产的损失，减轻灾害。一般情况下，在设防烈度小于 6 度的地区，地震作用对建筑物的损坏程度较小，可不予考虑抗震设防；在9度以上的地区，即使采取很多措施，仍难以保证安全，故在抗震设防烈度大于9度的地区，建筑抗震设计应按有关专门规定执行，所以《建筑抗震设计规范》适用于设防烈度为6~9度的地区。

3. 建筑结构的抗震设计方法

《建筑抗震设计规范》采用二阶段设计方法实现上述三个水准的设防要求。

第一阶段设计是结构构件截面抗震承载力验算。具体地说是在方案布置符合抗震设计原则的前提下，以第一水准众值烈度的地震动参数作为计算指标，假定结构和构件处于弹性工作状态，计算结构的地震作用效应（内力和变形），和其他荷载效应的组合，验算结构构件抗震承载力，并采取必要的抗震措施。这样，既满足了在第一水准下具有必要的承载力（小震不坏）要求，同时又满足了第二水准的设防要求（中震可修）。另外，还要验算众值烈度下结构的弹性层间位移，以控制其侧向变形在小震作用下不致过大。对大多数结构，可只进行第一阶段设计，第三水准的设计要求则通过抗震构造措施来满足。

第二阶段设计是罕遇地震作用下的结构弹塑性变形验算。首先要根据实际设计截面寻找结构的薄弱层或薄弱部位（层间位移较大的楼层或首先屈服的部位）；然后计算和控制其在大震作用下的弹塑性层间位移，并采取提高结构变形能力的构造措施，达到大震不倒的目的。

《建筑抗震设计规范》还提出了抗震性能化设计方法，即基于性能化目标的抗震设计方法，所采用的性能化目标需要进行可行性论证。考虑当前技术和经济条件，对确定需要在处于发震断裂避让区域建造的房屋，该方法是可供选择的设计手段之一。

13.1.4　结构抗震的概念设计

目前还难以准确预测建筑物可能遭遇地震的特性和参数，在结构分析方面也存在许多不确定性，因此结构抗震不能完全依赖“计算设计”（Numerical Design），而应立足于工程抗震基本理论与长期工程抗震经验总结的工程抗震基本概念，即“概念设计”（Conceptual Design）。

概念设计强调，在工程设计一开始，就应从总体上把握好场地选择、地基处理、房屋体形、结构体系、刚度分布、构件延性等方面，从根本上消除建筑的抗震薄弱环节，再辅以必要的计算和构造措施，就有可能设计出具有良好抗震性能的建筑。

1. 场地选择和地基基础

地震引起的地基震陷、砂土液化，致使地基失效，通过工程措施可以进行防治，而地震引起的滑坡、地裂、断层等严重的地面变形，直接损害结构物，单靠工程措施很难达到预防的目的，或者因代价高昂而不具备可行性，因此在选择建筑场地时，应根据工程需要，掌握地震活动历史及地震地质等相关资料，对有利、一般、不利和危险地段做出综合评价。

地段选择的原则是：尽量选择对建筑物抗震相对有利的地段，避开不利地段，当无法避开时应采取有效的措施，在危险地段严禁建造甲、乙类建筑，不应建造丙类建筑。有利、一般、不利和危险地段的划分见表13-3。

同一结构单元的基础不宜设置在性质截然不同的地基上，因为不同类别的土壤具有不同的动力特性，地震反应也随之出现差异。

砂土液化指饱和松散的砂土和粉土，在强烈地震动作用下，孔隙水压力急剧升高，抵消了土颗粒间的有效接触压力，土颗粒悬浮于孔隙水中，从而丧失承载力，在自重或较小压力下即产生较大沉陷，并伴随喷水冒砂。液化将导致地基不均匀下沉，使建筑物下沉或倾斜，地坪下沉或隆起等后果。当场地内存在可液化土层时，应采取工程措施，完全或部分消除土层液化的可能性，并应加强上部结构的整体性。

表 13-3　有利、一般、不利和危险地段的划分

地段类别	地质、地形、地貌
有利地段	稳定基岩，坚硬土，开阔、平坦、密实、均匀的中硬土
一般地段	不属于有利、不利和危险的地段
不利地段	软弱土，液化土，条状凸出的山嘴，高耸孤立的山丘，陡坡陡坎，河岸和边坡的边缘，平面分布上成因、岩性、状态明显不均匀的土层（如古河道、疏松的断层破碎带、暗埋的塘浜沟谷和半填半挖地基），高含水量的可塑性黄土，地表存在结构性裂缝等
危险地段	地震时可能发生滑坡、崩塌、地陷、地裂、泥石流等及发震断裂带上可能发生地表错位的部位

2. 建筑物的形体及其构件布置的规则性

建筑设计不应采用严重不规则的设计方案。规则的建筑结构体型（平面和立面的形状）简单，抗侧力体系的刚度和承载力上下变化连续、均匀，平面和立面布置基本对称，即平面和立面或抗侧力体系没有明显的突变。结构在水平和竖向的刚度与质量分布上应力求对称，尽量减小质量中心与刚度中心的偏离，这种偏心引起的结构扭转振动，将造成严重的震害。《建筑抗震设计规范》给出了平面和竖向不规则类型的明确定义，并提出对不规则结构的水平地震作用计算、内力调整和对薄弱部位采取有效的抗震构造措施等方面的要求。

3. 选择合理的抗震结构体系

关于抗震结构体系，应符合下列各项要求：

1）应具有明确的计算简图和合理的地震作用传递途径。

2）避免因部分结构或构件破坏而导致整个结构丧失抗震能力或对重力荷载的承载能力。

3）应具备必要的抗震承载力、良好的变形能力和消耗地震能量的能力。

4）对可能出现的薄弱部位，应采取措施提高抗震能力。

抗震结构体系还宜符合下列各项要求：①宜有多道抗震防线；②宜具有合理的刚度和承载力分布，避免形成薄弱部位，产生过大的应力集中或塑性变形集中；③结构在两个主轴方向的动力特性宜相近。

4. 合理使用材料，保证施工质量

《建筑抗震设计规范》对结构材料的性能指标做了规定，如砌体结构烧结普通砖和烧结多孔砖的强度等级不应低于 MU10，砌筑砂浆强度等级不应低于 M5。混凝土结构采用的混凝土强度等级：框支梁、框支柱及抗震等级为一级的框架梁、柱、节点核心区，不应低于 C30；构造柱、芯柱、圈梁及其他各类构件不应低于 C20。为保证结构具有足够的延性，墙体混凝土强度等级不宜超过 C60，其他构件当抗震设防烈度为 9 度时不宜超过 C60，8 度时不宜超过 C70。对于抗震等级为一、二、三级的框架结构和斜撑构件（含梯段），其纵向受力钢筋采用普通钢筋时，要求其纵筋抗拉强度的实测值与屈服强度之比不应小于 1.25，屈服强度实测值与强度标准值之比不应大于 1.3，且钢筋在最大拉力下的总伸长率实测值不应小于 9%。在设计中，应限制纵向钢筋的配筋率，增加受压纵向钢筋和箍筋；宜优先采用延性、韧性和焊接性较好的钢筋等。在钢筋代换时，除了应按照钢筋的受拉承载力设计值相等的原则换算外，还要满足正常使用极限状态和抗震构造措施的要求。

钢筋混凝土构造柱和底部框架 - 抗震墙房屋中的砌体抗震墙，其施工应先砌墙，后浇筑构

造柱与框架梁柱。

5. 非结构构件设计

非结构构件包括建筑非结构构件、建筑附属机电设备。它们自身及其与结构主体的连接应进行抗震设计。在地震作用下，这些部件会或多或少地参与工作，从而可能改变结构或某些构件的刚度、承载力和传力途径，产生出乎预料的抗震效果或造成未曾估计到的局部震害，因此有必要根据震害经验，妥善处理非结构构件的抗震设计，以减轻震害。

建筑非结构构件一般有三类，即附属结构构件（如女儿墙、厂房的高低跨封墙、雨篷、挑檐等）、装饰物（如幕墙、贴面、顶棚、悬吊重物等）、填充墙（隔墙和围护墙等）。它们与主体结构应有可靠连接或锚固，避免地震时脱落伤人或砸坏设备。安装在建筑上的附属机械、电气设备系统的支座和连接，应符合地震时使用功能的要求，且不应导致相关部件的损坏。

要合理设置砌体填充墙及其与结构的连接，避免对结构抗震的性能产生不利影响。房屋内不到顶的砌体隔墙，也会使柱产生类似短柱的破坏。填充墙对结构的刚度有明显影响，将减小结构的自振周期。

在概念设计中，除了上述内容以外，还应注意执行以预防震害为主的方针，合理规划布置，以避免地震时发生次生灾害（如房屋倒塌对交通的影响而增加伤亡、因地震而发生火灾、爆炸、泄漏等）；尽量减轻建筑物的自重、降低重心等。

13.2 地震作用的计算

地震作用是由地震引起的结构动态作用（加速度、速度、位移的作用），包括竖向地震作用和水平地震作用。对一般的建筑结构，竖向地震作用的影响不明显，所以可仅计算水平地震作用。抗震设防烈度为8、9度时的大跨度和长悬臂结构及9度时的高层建筑，则应计算竖向地震作用。

水平地震作用可能来自结构的任何方向，对大多数建筑来说，抗侧力体系沿两个主轴方向布置，所以一般应在两个主轴方向分别计算其水平地震作用，每一方向的水平地震作用由该方向的抗侧力体系承担。对大多数布置合理的结构，可以不考虑双向地震作用下结构的扭转效应。

13.2.1 地震作用的计算简图

地震作用是结构质量受地面输入的加速度激励产生的惯性作用，它的大小与结构质量有关。计算地震作用时，经常采用“集中质量法”的结构简图，把结构简化为一个有限数目质点的悬臂杆。假定各楼层的质量集中在楼盖标高处，墙体质量则按上、下层各半也集中在该层楼盖处，于是各楼层质量被抽象为若干个参与振动的质点。结构的计算简图是一单质点的弹性体系或多质点弹性体系，如图13-3所示。

计算质点的质量时不仅有结构的自重，还要包括地震发生时可能作用于结构上的竖向可变荷载（例如楼面活荷载等）。其计算值称为重力荷载代表值。第 i 楼层的重力荷载代表值记为 G_i。

13.2.2 设计反应谱

计算地震作用的理论基础是地震反应谱。地震反应谱是指地震作用时单自由度体系上质点反应（加速度、速度、位移等）的最大值与结构自振周期之间的关系，也称为反应谱曲线。

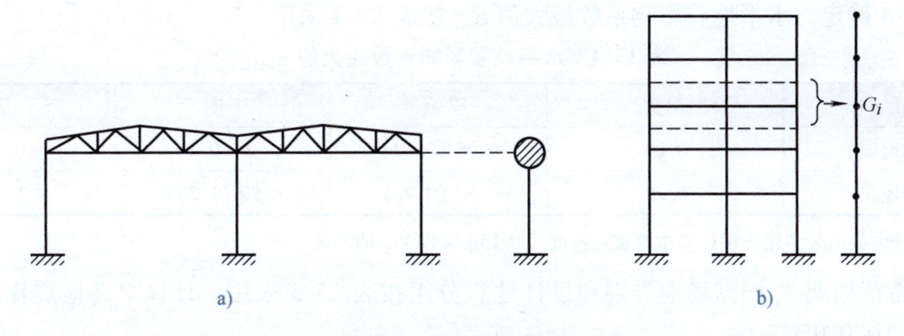

图13-3　结构计算简图

a）单质点弹性体系　b）多质点弹性体系

对每一次地震，都可以得到它的反应谱曲线。但是地震具有很大的随机性，即使是同一烈度、同一地点，先后两次地震的地面加速度记录也不可能相同，更何况进行抗震设计时不可能预知当地未来地震的反应谱曲线。然而，在研究了许多地震的反应谱后发现，反应谱仍有一定的规律。设计反应谱就是在考虑了这些共同规律后，按主要影响因素处理得到的平均反应谱曲线。通过设计反应谱，可以把动态的地震作用转化为作用在结构上的最大等效侧向静力荷载，以方便计算。

设计反应谱是根据单自由度弹性体系的地震反应得到的。《建筑抗震设计规范》采用的设计反应谱的具体表达形式是地震影响系数 α 曲线，由直线上升段、水平段，以及曲线下降段和直线下降段组成，如图13-4所示。图13-4中结构自振周期小于0.1s的区段为直线上升段；周期在0.1s ~ T_g的区段为水平段，即 $\alpha=\alpha_{max}$；周期在 T_g ~ $5T_g$的区段为曲线下降段；周期在$5T_g$ ~ 6s的区段为直线下降段。

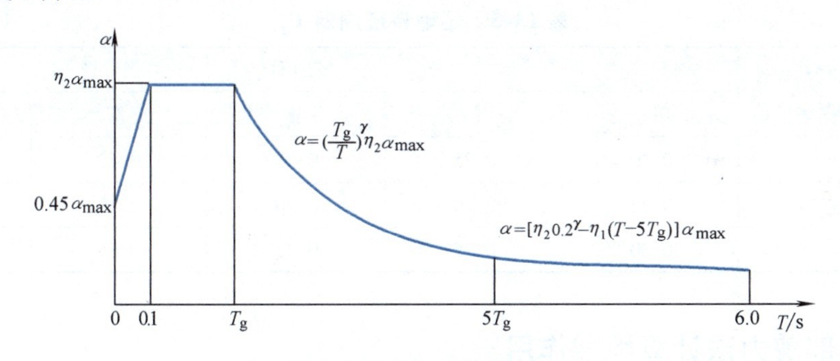

图13-4　地震影响系数 α 曲线

α—地震影响系数　α_{max}—地震影响系数最大值　η_1—直线下降段的下降斜率调整系数

γ—衰减指数　T_g—特征周期　η_2—阻尼调整系数　T—结构自振周期

影响地震作用大小的因素有：建筑物所在地的地震动参数（加速度），烈度越高，地震作用就越大；建筑总重力荷载值，质点的质量越大，其惯性力就越大；建筑物的动力特性，主要是指结构的自振周期 T 和阻尼比 ζ，一般来说 T 值越小，建筑物质点的最大加速度反应就越大，阻尼比就越小，地震作用也越大；建筑场地类别越高（如Ⅰ类场地），地震作用就越小。《建筑抗震设计规范》规定，除有专门规定外，建筑结构的阻尼比取0.05。设计反应谱曲线还考虑了设计地震分组。

综上所述，地震影响系数 α 应根据烈度、场地类别、设计地震分组和结构自振周期、阻尼比由图 13-4 确定。水平地震影响系数最大值 α_{max} 按表 13-4 采用。

表 13-4　水平地震影响系数最大值 α_{max}

地震影响	6 度	7 度	8 度	9 度
多遇地震	0.04	0.08（0.12）	0.16（0.24）	0.32
罕遇地震	0.28	0.50（0.72）	0.90（1.20）	1.40

注：括号中数值分别用于设计基本地震加速度为 0.15g 和 0.30g 的地区。

场地特征周期 T_g 根据场地类别和设计地震分组按表 13-5 采用，计算罕遇地震作用时，特征周期应增加 0.05s。

阻尼调整系数和形状系数（直线下降段的下降斜率调整系数 η_1、衰减指数 γ）的取值：一般情况下，混凝土结构的阻尼比取 0.05，此时阻尼调整系数 $\eta_2=1.0$，$\gamma=0.9$，$\eta_1=0.02$，钢结构的阻尼比取 0.02。当建筑结构的阻尼比不等于 0.05 时，阻尼调整系数和形状系数的取值应根据阻尼比值计算，分别如下：

直线下降段的下降斜率调整系数按下式计算，小于 0 时取为 0

$$\eta_1=0.02+\frac{0.05-\zeta}{4+32\zeta}$$

曲线下降段衰减指数

$$\gamma=0.9+\frac{0.05-\zeta}{0.3+6\zeta}$$

阻尼调整系数

$$\eta_2=1+\frac{0.05-\zeta}{0.08+1.6\zeta}$$

表 13-5　场地特征周期 T_g　　（单位：s）

Ⅱ类场地基本地震动加速度反应谱特征周期分区值	场地类别				
	Ⅰ$_0$	Ⅰ$_1$	Ⅱ	Ⅲ	Ⅳ
0.35	0.20	0.25	0.35	0.45	0.65
0.40	0.25	0.30	0.40	0.55	0.75
0.45	0.30	0.35	0.45	0.65	0.90

13.2.3　底部剪力法计算地震作用

计算地震作用的方法有好几种，如底部剪力法、振型分解反应谱法、时程分析法等。振型分解反应谱法将复杂的振动按振型分解，并借用单自由度体系的反应谱理论来计算地震作用，计算量较大，是目前计算机辅助结构设计软件计算地震作用常用的方法。底部剪力法对振型分解反应谱法进行简化，计算量小，适合于手算。时程分析法目前常用于重要或复杂结构的补充计算。

现介绍手算常用的底部剪力法。结构上所有质点上的地震作用力的总和即为结构底部的剪力，每个质点所受的地震作用力的大小按倒三角形规律分布，如图 13-5 所示。《建筑抗震设计规范》规定：当建筑物为高度不超过 40m、以剪切变形为主且质量和刚度沿高度分布比较均匀的结构，以及近似于单质点体系的结构，可以采用底部剪力法计算结构的水平地震作用标准值。

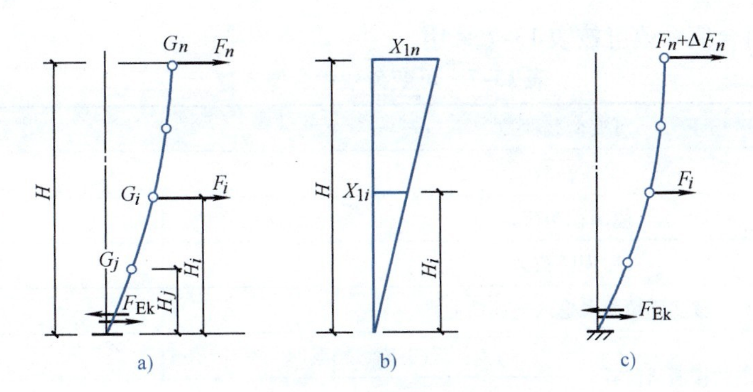

图 13-5　底部剪力法

a）结构水平地震作用计算简图　b）倒三角形基本振型　c）楼层剪力

结构底部的总水平地震作用标准值 F_{Ek}，各质点的水平地震作用标准值与顶部附加水平地震作用按下列公式计算

$$F_{Ek} = \alpha_1 G_{eq} \tag{13-1}$$

$$F_i = \frac{G_i H_i}{\sum_{j=1}^{n} G_j H_j} F_{Ek}(1-\delta_n) \quad (i=1,2,\cdots,n) \tag{13-2}$$

$$\Delta F_n = \delta_n F_{Ek} \tag{13-3}$$

式中　F_{Ek}——结构总水平地震作用标准值；

α_1——相应于结构基本自振周期的水平地震影响系数，按地震影响系数曲线确定，多层砌体房屋、底部框架和多层内框架砌体，宜取水平地震影响系数最大值；

G_{eq}——结构的等效总重力荷载，单质点体系应取质点重力荷载代表值，多质点体系可取总重力荷载代表值的 85%，总重力荷载代表值为各质点重力荷载代表值之和；

F_i——质点 i 的水平地震作用标准值；

G_i、G_j——集中于质点 i、j 的重力荷载代表值；

H_i、H_j——质点 i、j 的计算高度；对某些自振周期较长的结构，当结构层数较多时，按倒三角形分布计算得出的结构上部质点的地震作用与精确计算的结果相比偏小，所以《建筑抗震设计规范》规定对基本周期 $T_1>1.4T_g$ 的结构，在其顶部应附加一水平地震作用 ΔF_n 予以修正，ΔF_n 按式（13-3）计算；

δ_n——顶部附加地震作用系数，多层钢筋混凝土和钢结构房屋可按表 13-6 采用，其他房屋不考虑；

ΔF_n——顶部附加水平地震作用。

表 13-6　顶部附加地震作用系数 δ_n

场地特征周期 T_g/s	结构自振周期	
	$T_1>1.4T_g$	$T_1 \leqslant 1.4T_g$
≤0.35	$0.08T_1+0.07$	0
0.35～0.55	$0.08T_1+0.01$	
>0.55	$0.08T_1-0.02$	

注：表中 T_1 为结构基本自振周期。

计算结构质点的重力荷载代表值 G_i 时，应取结构的永久荷载标准值和各可变荷载的组合值之和。可变荷载组合值系数可按表 13-7 采用。

表 13-7　可变荷载组合值系数

可变荷载种类		组合值系数
雪荷载		0.5
屋面积灰荷载		0.5
屋面活荷载		不考虑
按实际情况考虑的楼面活荷载		1.0
按等效均布荷载考虑的楼面活荷载	藏书库、档案库	0.8
	其他民用建筑	0.5
起重机悬吊物重力	硬钩起重机	0.3
	软钩起重机	不考虑

注：硬钩起重机的吊重较大时，组合值系数按实际情况采用。

由静力平衡条件可知，第 i 层对应于水平地震作用标准值的楼层剪力 V_{Eki} 等于第 i 层以上各层地震作用标准值之和，即

$$V_{Eki} = \sum_{j=1}^{n} F_j \tag{13-4}$$

出于对高柔结构安全的考虑，各楼层的水平地震剪力不能过小，应符合下式的要求

$$V_{Eki} > \lambda \sum_{j=i}^{n} G_j \tag{13-5}$$

式中　λ——剪力系数，因其表征了楼层地震剪力标准值与重力荷载代表值的比值，也称为剪重比，抗震验算时，结构任一楼层的水平地震剪力系数不应小于表 13-8 规定的楼层最小地震剪力系数值，对竖向不规则结构的薄弱层，还应乘以 1.15 的增大系数；

G_j——第 j 层的重力荷载代表值。

表 13-8　楼层最小地震剪力系数值

类别	6 度	7 度	8 度	9 度
扭转效应明显或基本周期小于 3.5s 的结构	0.008	0.016 (0.024)	0.032 (0.048)	0.064
基本周期大于 5.0s 的结构	0.006	0.012 (0.018)	0.024 (0.036)	0.048

注：基本周期介于 3.5s 和 5s 之间的结构，可插入取值；括号内数值分别用于设计基本地震加速度为 0.15g 和 0.30g 的地区；对Ⅲ、Ⅳ类场地，表中数据至少增加 5%。

求得楼层剪力标准值 V_{Eki} 后，就可以进行结构的层间位移计算。

结构在多遇地震作用下的弹性层间位移属于第一设计阶段的内容，是对结构侧移刚度是否满足要求进行的验算，应在结构构件内力分析和承载力设计之前进行。

对于物体结构楼层水平剪力分配到各抗侧力构件的原则如下：①现浇和装配整体式混凝土楼盖、屋盖等刚性楼盖、屋盖建筑，宜按抗侧力构件等效刚度的比例进行分配；②木楼盖、木屋盖等柔性楼盖、屋盖建筑，宜按抗侧力构件从属面积上重力荷载代表值的比例进行分配；③普通的预制装配式混凝土楼盖、屋盖等半刚性楼盖、屋盖建筑，可取上述两种分配结果的平均值。

对于框架结构，可按柱的抗侧刚度，将楼层剪力 V_i 分配到每根柱上，进行结构在地震作用

下的内力计算。具体方法详见本书 10.3 节中的 D 值法。

【例 13-1】 试用底部剪力法求图 13-6 所示 4 层框架结构的水平地震作用。已知该地区的抗震设防烈度为 8 度，设计地震基本加速度为 0.2g，场地为 I_1 类，设计地震分组为第三组，结构层高和层重力代表值如图 13-6 所示。取一榀典型框架进行分析，考虑填充墙的刚度影响，结构的基本周期为 0.56s。求各层地震剪力的标准值。

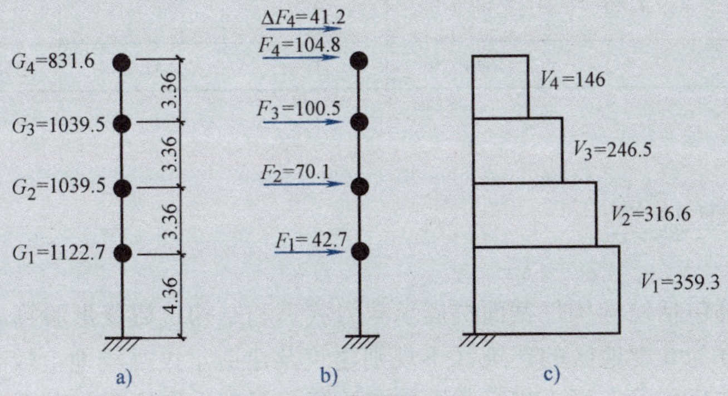

图 13-6 结构地震作用计算简图

（尺寸单位：m，力的单位：kN）

a）计算简图 b）楼层水平地震作用 c）楼层地震剪力

【解】 1）结构等效总重力荷载代表值 G_{eq} 为：

$$G_{eq} = 0.85\sum G_i = 0.85\times(831.6 + 1039.5\times 2 + 1122.7)\text{kN} = 3428.3\text{kN}$$

2）水平地震影响系数 α_1 计算。根据抗震设防烈度和场地类别、设计地震分组，查表 13-4、表 13-5 得 $\alpha_{max}=0.16$，$T_g=0.35\text{s}$。结构基本周期 $T_1=0.56\text{s}$，则 $T_g<T_1<5T_g$，阻尼比取 0.05，阻尼比调整系数 $\eta_2=1.0$，衰减系数 $\gamma=0.9$，则

$$\alpha_1=\left(\frac{T_g}{T_1}\right)^{\gamma}\eta_2\alpha_{max}=\left(\frac{0.35}{0.56}\right)^{0.9}\times 0.16=0.1048$$

3）总水平地震作用标准值 F_{Ek} 为

$$F_{Ek}=\alpha_1 G_{eq}=0.1048\times 3428.3\text{kN}=359.3\text{kN}$$

4）各层水平地震作用标准值的计算。由于 $T_1>1.4\times 0.350\text{s}=0.49\text{s}$，所以应考虑顶部附加水平地震作用，$\delta_n$ 和 ΔF_n 为

$$\delta_n=0.08T_1+0.07=0.08\times 0.56+0.07=0.1148$$

$$\Delta F_n=\delta_n F_{Ek}=0.1148\times 359.3\text{kN}=41.2\text{kN}$$

各层水平地震作用 F_i 和各层地震剪力标准值 V_{i_k} 分别用下式计算，计算结果列于表 13-9 中。

$$F_i=\frac{G_iH_i}{\sum\limits_{j=1}^{n}G_jH_j}(1-\delta_n)F_{Ek}$$

$$V_{ik}=\sum_{i=1}^{n}F_i+\Delta F_n$$

表 13-9　各层地震剪力标准值

层	G_i/kN	H_i/m	G_iH_i/kN·m	F_i/kN	ΔF_n/kN	V_{ik}/kN
4	831.6	14.44	12008.3	104.8	41.2	146
3	1039.5	11.08	11517.7	100.5		246.5
2	1039.5	7.72	8024.9	70.1		316.6
1	1122.7	4.36	4895.0	42.7		359.3
Σ	4033.3		36445.9	318.1	41.2	318.1+41.2=359.3

13.3　结构抗震验算

结构的抗震验算包括结构构件截面抗震承载力验算和结构抗震变形验算。

对抗震设防烈度为6度地区的建筑（不规则建筑及建造于Ⅳ类场地上较高的高层建筑除外）及生土房屋和木结构房屋等，可不进行截面抗震验算，但应采取抗震规范要求的相关抗震措施；6度地区的不规则建筑和建造于Ⅳ类场地上的较高的高层建筑，以及7度和7度以上地区的建筑结构（生土房屋和木结构房屋除外），应进行多遇地震作用下的截面抗震验算。

13.3.1　截面抗震验算

二阶段设计方法的第一阶段，是以低于本地区设防烈度的多遇地震作用的标准值，用弹性理论的方法求出结构构件的地震作用效应（内力），再和结构上的其他荷载效应组合，得出结构构件截面内力的基本组合后进行截面承载力设计。

结构构件的地震作用效应和其他荷载效应的基本组合（一般不考虑竖向地震作用），应按下式计算

$$S=\gamma_G S_{GE}+\gamma_{Eh}S_{Ehk}+\psi_w\gamma_w S_{wk} \tag{13-6}$$

式中　S——结构构件内力组合的设计值，包括组合的弯矩、轴向力和剪力设计值等；

γ_G——重力荷载分项系数，一般情况取1.2，当重力荷载效应对结构构件承载力有利时，不应大于1.0；

γ_{Eh}——水平地震作用分项系数，取1.3；

γ_w——风荷载分项系数，取1.5；

S_{GE}——重力荷载代表值的效应，有起重机时应包括悬吊物重力标准值的效应；

S_{Ehk}——水平地震作用标准值的效应，还应乘以相应的增大系数或调整系数；

S_{wk}——风荷载标准值的效应；

ψ_w——风荷载组合值系数，一般结构取$\psi_w=0$；风荷载起控制作用的高层建筑，取$\psi_w=0.2$。

仅考虑水平地震作用时，常用的地震作用组合为$S=1.2$（恒+0.5活）+1.3地震

结构构件的截面抗震验算，应采用下列设计表达式

$$S\leqslant\frac{R}{\gamma_{RE}} \tag{13-7}$$

式中　γ_{RE}——承载力抗震调整系数，按表 13-10 取用；

R——结构构件承载力设计值。

表 13-10　承载力抗震调整系数

材料	结构构件	受力状态	γ_{RE}
钢	柱、梁、支撑、节点板件、螺栓、焊缝	强度稳定	0.75
	柱、支撑		0.80
砌体	两端均有构造柱、芯柱的抗震墙	受剪	0.90
	其他抗震墙	受剪	1.00
混凝土	梁	受弯	0.75
	轴压比小于 0.15 的柱	偏心受压	0.75
	轴压比不小于 0.15 的柱	偏心受压	0.80
	抗震墙	偏心受压	0.85
	各类构件	受剪、偏心受拉	0.85

在工程实践中，常把式（13-7）改写成如下形式

$$\gamma_{RE}S \leqslant R \tag{13-8}$$

将地震效应组合（考虑抗震措施要求的内力调整）乘以抗震承载力调整系数后，可直接与其余各种效应组合对比，选取最不利组合进行正截面承载力设计，因斜截面抗震承载力计算与非抗震有区别，仍需分别进行地震工况与非地震工况的承载力设计。

13.3.2　结构抗震变形验算

结构在地震作用下的变形验算包括多遇地震作用下的弹性变形验算和罕遇地震作用下的弹塑性变形验算，是结构抗震设计的重要组成部分。

1. 多遇地震作用下结构的变形验算

多遇地震作用下的抗震变形验算的目的是限制结构弹性变形，避免建筑物的非结构构件在多遇地震下出现破坏。楼层内最大的层间弹性位移值应符合下式要求

$$\Delta u_e \leqslant [\theta_e]h \tag{13-9}$$

式中　Δu_e——多遇地震作用标准值产生的楼层内最大的弹性层间位移，各作用分项系数均应采用 1.0；钢筋混凝土构件的截面刚度可采用弹性刚度；

$[\theta_e]$——弹性层间位移角限值，按表 13-11 取用；

h——计算楼层层高。

表 13-11　弹性层间位移角限值

结构类型	$[\theta_e]$	结构类型	$[\theta_e]$
钢筋混凝土框架	1/550	钢筋混凝土抗震墙、筒中筒	1/1000
钢筋混凝土框架－抗震墙、板柱－抗震墙、框架－核心筒	1/800	钢筋混凝土框支层	1/1000
		多、高层钢结构	1/250

2. 罕遇地震作用下结构的变形验算

结构抗震设计要求结构在罕遇地震作用下不发生倒塌。罕遇地震的计算地震动参数是多遇地震的4~6倍，所以在多遇地震作用下处于弹性阶段的结构，在罕遇地震作用下必然进入弹塑性阶段。

结构在进入屈服阶段后已无承载力储备，为了抵御地震作用，要求通过结构的塑性变形来吸收和消耗地震输入的能量。若结构的变形能力不足，则必然发生倒塌。结构在罕遇地震作用下变形验算的目的，是估计在强烈地震作用下结构薄弱楼层或部位的弹塑性最大位移，分析结构本身的变形能力；通过改善结构的均匀性和采取改善薄弱楼层变形能力的抗震措施等，把结构的层间弹塑性最大位移控制在允许范围之内。罕遇地震作用下结构的弹塑性变形验算属于第二阶段设计的主要内容，详细验算方法见相关教材和专著资料。

13.4 钢筋混凝土框架结构抗震设计与抗震构造

历次地震经验表明，钢筋混凝土框架结构房屋一般具有较好的抗震性能。在结构设计中只要经过合理的抗震设计并采取妥善的抗震构造措施，在一般烈度地区建造多层和高层钢筋混凝土框架房屋是可以保证安全的。不过，设计不良或施工质量欠佳的钢筋混凝土框架房屋在地震中遭遇严重震害的情况也不少，主要震害集中于框架柱、梁和节点；未经抗震设计的框架，其震害主要反映在梁、柱节点区。一般柱的震害重于梁；柱顶震害重于柱底；角柱震害重于内柱；短柱震害重于一般柱。框架中嵌砌填充墙，容易发生墙面斜裂缝，并沿柱周边开裂。由于框架变形呈剪切型曲线，下部层间位移大，填充墙震害呈“下重上轻”的趋势。

13.4.1 框架结构抗震设计的一般要求

1. 结构适用高度和高宽比限值

《建筑抗震设计规范》在考虑地震烈度、场地土、抗震性能、使用要求及经济效果等因素和总结地震经验的基础上，对地震区钢筋混凝土框架房屋适用的最大高度给出了规定，见表13-12。房屋高度指室外地面到主要屋面板板顶的高度，不考虑局部突出屋顶部分。《建筑抗震设计规范》还规定，对平面和竖向均不规则的结构，适用的最大高度宜适当降低。当房屋的最大高度超过规定时，则应改用其他结构形式，如框剪结构或剪力墙结构等。

表13-12　地震区钢筋混凝土框架房屋适用的最大高度　（单位：m）

抗震设防烈度	6度	7度	8度（0.2g）	8度（0.3g）	9度
适用最大高度	60	50	40	35	24

钢筋混凝土框架房屋的最大高宽比限值不宜超过表13-13的规定。

表13-13　钢筋混凝土框架房屋的最大高宽比限值

抗震设防烈度	6、7度	8度	9度
高宽比限值	4	3	2

框架结构房屋要选择合理的基础形式及埋置深度。我国《高规》规定，基础的埋置深度，采用天然地基时，不宜小于房屋高度的1/15；采用桩基础时，不宜小于房屋高度的1/18（不计桩长），以抗倾覆和滑移，确保建筑物在强烈地震作用下地基的稳定性。

2. 结构布置

结构布置应密切结合建筑设计进行，使建筑物具有良好的体型，使结构受力构件得到合理组合。

为抵抗不同方向的地震作用，承重框架宜双向布置。楼梯间及电梯间不宜设在结构单元的两端及拐角处（因为单元角部扭转应力大，受力复杂，容易造成破坏）。

框架结构的抗侧刚度沿高度不宜突变，以免形成薄弱层。同一结构单元宜将框架梁设置在同一标高处，避免出现错层和夹层，造成短柱破坏。出屋面的小房间不应采用砖混结构，以防鞭梢效应造成破坏。

地震区的框架结构应设计成延性框架，遵守“强柱弱梁”“强剪弱弯”“强节点、强柱根”等设计原则，以保证框架在强震下形成如图 13-7a 所示的预期破坏机制——整体机制，避免形成如图 13-7b 所示的破坏机制——楼层机制，使框架在罕遇地震作用下有良好的抗震性能，不致严重破坏或倒塌。

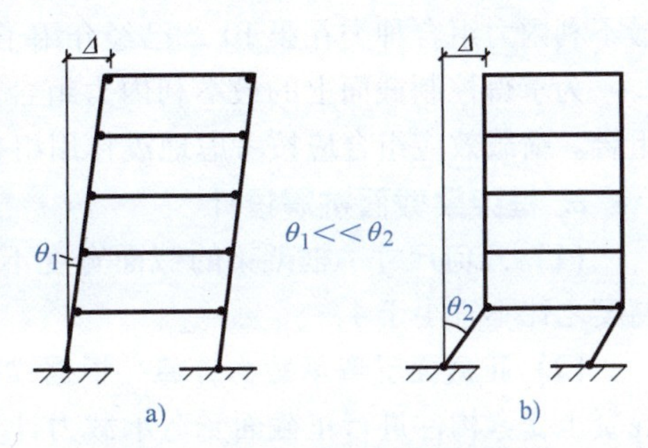

图 13-7　框架结构的破坏机制

a）整体机制　b）楼层机制

要求“强柱弱梁”的目的是在框架梁与柱之间形成承载力级差，在水平地震作用下框架梁端先屈服，形成塑性铰，以保护框架柱。否则，柱端先于梁端屈服将形成抗震性能差的楼层机制。

因剪切破坏属于脆性破坏，变形能力远小于延性的弯曲破坏，为保证梁、柱塑性铰的转动能力及结构的塑性变形能力，应防止构件在弯曲屈服前出现脆性的剪切破坏，这就要求构件的抗剪承载力大于其抗弯承载力。

节点与多根杆件相连且受力复杂，节点的失效意味着与其相连的梁、柱同时失效。另外，梁端塑性铰形成的基本前提是保证梁纵筋在节点区有可靠的锚固，因此节点的承载力不应低于其连接构件的承载力，且梁、柱纵筋在节点区应有可靠的锚固。为避免底层柱下端过早屈服，影响结构变形能力，应加强柱根部的受弯承载力。

框架结构中非承重墙体的材料应优先选用轻质墙体材料。非承重墙体的布置，在平面和竖向宜均匀对称，避免形成薄弱层或短柱，宜与梁、柱轴线位于同一平面内，尽量减少对结构体系的不利影响。

3. 抗震等级

抗震等级是结构构件抗震设防的标准。钢筋混凝土房屋应根据烈度、结构类型和房屋高度采用不同的抗震等级。抗震等级共分为四级，体现了不同的抗震要求，其中一级抗震要求最高。

表 13-14 所列为丙类建筑钢筋混凝土框架结构房屋的抗震等级划分，其他结构形式的抗震等级划分请参阅《建筑抗震设计规范》。

表 13-14　丙类建筑钢筋混凝土框架结构房屋的抗震等级划分

设防烈度	6 度		7 度		8 度		9 度
高度/m	≤24	>24	≤24	>24	≤24	>24	≤24
框架	四	三	三	二	二	一	一
大跨度框架	三		二		一		一

注：1. 建筑场地为Ⅰ类时，除 6 度外可按降低一度对应的抗震等级采取抗震构造措施，但相应的计算要求不应降低。

2. 大跨度框架指跨度不小于 18m 的框架。

13.4.2 框架结构构件抗震设计与构造措施

1. 控制截面与最不利内力组合

在进行构件截面设计时，须求得控制截面的最不利内力。对框架梁，一般选梁的两端截面（最大负弯矩）和跨内截面（最大正弯矩）为控制截面；对框架柱，则选柱的上、下端截面为控制截面。

最不利内力就是在控制截面处对截面配筋起控制作用的内力。同一控制截面，可能有好几组最不利内力组合。内力组合的目的就是要求得控制截面上的最不利内力。框架结构梁、柱的最不利内力组合种类在第10章已经介绍了。

为求得控制截面上的最不利内力组合，应考虑到荷载同时出现的可能性，对荷载效应进行组合。荷载效应组合应按考虑地震作用组合和不考虑地震作用组合分别进行。

2. 框架梁截面抗震设计

（1）几何尺寸 框架梁的截面宽度不宜小于200mm；截面高宽比不宜大于4；净跨与截面高度之比不宜小于4。

（2）正截面受弯承载力计算 根据梁控制截面处考虑地震作用组合的弯矩，可按一般钢筋混凝土受弯构件进行正截面受弯承载力计算。为保证结构延性，梁端截面混凝土的相对受压区高度ξ应符合下列要求：一级抗震等级，$x/h_0 \leqslant 0.25$；二、三级抗震等级，$x/h_0 \leqslant 0.35$；且梁端纵筋的配筋率不宜大于2.5%；沿梁全长顶面、底面的配筋，一、二级不应少于两根通长的纵向钢筋，直径不应小于14mm，且分别不应少于梁顶面、底面两端纵筋中较大截面面积的1/4；三、四级不应少于两根通长的纵向钢筋，直径不应小于12mm。

梁端截面的底面与顶面纵筋配筋量的比值，除按计算确定外，一级抗震不应小于0.5，二、三级抗震不应小于0.3。

（3）梁端截面受剪承载力计算 梁端剪力设计值应根据强剪弱弯的原则，按《建筑抗震设计规范》的要求加以调整。梁端剪力增大系数对一、二、三级抗震等级分别取1.3、1.2和1.1。

为了防止在箍筋未充分发挥作用前混凝土过早地压碎，必须限制梁的最小截面，也就是限制剪压比。考虑抗震作用组合的框架梁，当跨高比大于2.5时，应符合下式要求

$$V \leqslant \frac{1}{\gamma_{RE}} 0.20 f_c b h_0 \tag{13-10a}$$

当跨高比不大于2.5时，应符合下式要求

$$V \leqslant \frac{1}{\gamma_{RE}} 0.15 f_c b h_0 \tag{13-10b}$$

在反复荷载作用下，混凝土的抗剪作用将有明显的削弱，其原因是梁的受压区混凝土不再完整，斜截面的反复张开与闭合，使集料的咬合作用下降，严重时混凝土剥落。《规范》规定，考虑地震作用组合的矩形、T形和工字形截面的一般框架梁，其斜截面抗剪承载力应符合下式规定

一般框架梁

$$V \leqslant \frac{1}{\gamma_{RE}} \left[0.6\, \alpha_{cv} f_t b h_0 + f_{yv} \frac{A_{sv}}{s} h_0 \right] \tag{13-11}$$

式中 α_{cv}——斜截面混凝土受剪承载力系数，按第4章4.4.1节的规定取值。

（4）梁端箍筋加密 在梁端的预期塑性铰区段加密箍筋，可以起到约束混凝土，提高混凝

土变形能力的作用，从而提高梁截面的转动能力，增加延性。《建筑抗震设计规范》对梁端加密区的范围和构造要求详见表 13-15。

《建筑抗震设计规范》还规定，当梁端受拉纵筋配筋率大于 2% 时，表 13-15 中的箍筋最小直径应增大 2mm；加密区的箍筋肢距，一级抗震时不宜大于 200mm 和 20 倍箍筋直径的较大值，二、三级抗震时不宜大于 250mm 和 20 倍箍筋直径的较大值，四级抗震时不应大于 300mm。

表 13-15　梁端加密区长度、箍筋的最大间距和最小直径

抗震等级	加密区长度/mm（采用较大值）	箍筋最大间距/mm（采用较小值）	箍筋最小直径/mm
一	$2h_b$，500	100，$6d$，$h_b/4$	10
二	$1.5h_b$，500	100，$8d$，$h_b/4$	8
三	$1.5h_b$，500	150，$8d$，$h_b/4$	8
四	$1.5h_b$，500	150，$8d$，$h_b/4$	6

注：1. 表中 h_b 为梁截面高度，d 为纵向钢筋直径。
2. 箍筋的直径大于 12mm，数量不少于 4 肢且肢距不大于 150mm 时，一、二级抗震时的最大间距允许适当放宽，但不得大于 150mm。

3. 框架柱截面抗震设计

（1）内力调整　在进行截面设计前，应根据“强柱弱梁”“强剪弱弯”的原则，按照《建筑抗震设计规范》的相应要求，进行内力调整。对柱端弯矩而言，要求复核柱端弯矩设计值之和应大于梁端弯矩值之和的 η_c 倍，η_c 为柱端弯矩增大系数，对一、二、三、四级抗震等级分别取 1.7、1.5、1.3 和 1.2。柱的剪力增大系数，对一、二、三、四级抗震等级分别取 1.5、1.3、1.2 和 1.1。

此外，《建筑抗震设计规范》还规定：对一、二、三、四级抗震等级的框架结构，其底层柱底端截面的弯矩设计值，应分别乘以增大系数 1.7、1.5、1.3 和 1.2。底层柱的纵筋应按上、下端的不利情况配置。

（2）截面尺寸　四级抗震等级或不超过 2 层时，柱的截面宽度和高度均不宜小于 300mm，圆柱直径不宜小于 350mm；一、二、三级抗震等级且超过 2 层时，矩形柱边长不宜小于 400mm，圆柱直径不宜小于 450mm；剪跨比宜大于 2；截面长边与短边的边长比不宜大于 3。

（3）正截面承载力计算　在得到柱控制截面的设计内力组合后，按照压弯构件进行正截面承载力设计。

为了避免地震作用下柱过早进入屈服，必须满足柱纵筋的最小总配筋率要求，详见表 13-16。总配筋率按柱截面中全部纵筋的面积与截面面积之比计算。柱纵筋宜对称配置，尺寸大于 400mm 的柱，纵筋间距不宜大于 200mm。

表 13-16　柱纵筋最小总配筋率（%）

柱类别	抗震等级			
	一	二	三	四
中柱和边柱	1.0	0.8	0.7	0.6
角柱、框支柱	1.1	0.9	0.8	0.7

注：钢筋强度标准值小于 400MPa 时，表中数值应增加 0.1；混凝土强度等级高于 C60 时，表中数值应增加 0.1。单侧配筋率不应小于 0.2%。钢筋强度标准值为 400MPa 时，表中数值应增加 0.05。

（4）控制柱的轴压比　轴压比是指考虑地震作用组合的框架柱轴压力设计值与柱的全截面

面积和混凝土轴心抗压强度设计值乘积的比值，以 N/f_cA 表示。轴压比是影响柱的破坏形态和延性的主要因素之一。试验表明，柱的延性随轴压比的增大而急剧下降。柱的轴压比过大，柱将呈现脆性的小偏压破坏，因此必须限制柱的轴压比，且为了防止柱的截面尺寸过小，也应限制轴压比。框架柱的轴压比限值见表13-17。

表13-17 框架柱的轴压比限值

抗震等级	一	二	三	四
轴压比限值	0.65	0.75	0.85	0.9

（5）柱斜截面受剪承载力 轴压力的存在对柱的受剪承载力影响较大，轴压比小于0.4时，轴力有利于集料咬合，可以提高受剪承载力；轴压比过大时，混凝土内部产生微裂缝，受剪承载力反而降低。在重复荷载作用下，构件受剪承载力通常会降低。《规范》规定，考虑地震作用组合的框架柱斜截面承载力应符合下式规定

$$V \leqslant \frac{1}{\gamma_{RE}}\left(\frac{1.05}{\lambda+1}f_t bh_0 + f_{yv}\frac{A_{sv}}{s}h_0 + 0.056N\right) \tag{13-12}$$

式中 λ——框架柱的计算剪跨比，取 $\lambda=\frac{M}{Vh_0}$；

N——考虑地震作用组合的框架柱轴向压力设计值，当 $N>0.3f_cA$ 时，取 $N=0.3f_cA$。

当框架结构中框架柱的反弯点在柱的层高范围内时，可取 $\lambda=H_n/(2h_0)$，其中，H_n 为柱的净高；当 $\lambda<1.0$ 时取 $\lambda=1.0$，当 $\lambda>3$ 时取 $\lambda=3$。

当框架柱出现拉力时，其斜截面承载力按下式计算

$$V \leqslant \frac{1}{\gamma_{RE}}\left(\frac{1.05}{\lambda+1}f_t bh_0 + f_{yv}\frac{A_{sv}}{s}h_0 - 0.2N\right) \tag{13-13}$$

（6）加强柱端约束 加密柱端箍筋可以有以下作用：承担柱的剪力；约束柱端混凝土，提高柱端混凝土的抗压强度及变形能力；为纵筋提供侧向支承，防止纵筋屈曲。

柱端箍筋的加密区范围，应按下列规定采用：

1）柱端：取500mm、1/6柱净高、柱截面高度三者的最大值。

2）底层柱：柱根不小于1/3柱净高，以及刚性地面上、下各500mm范围内。

3）剪跨比不大于2的柱和因设置填充墙等形成的柱净高与柱截面高度之比不大于4的柱，应全柱高加密。

4）一、二级抗震等级的框架，其角柱也取全高。

一般情况下，柱箍筋加密区的箍筋最大间距和最小直径应符合表13-18的要求。

表13-18 柱箍筋加密区的箍筋最大间距和最小直径 （单位：mm）

抗震等级	一	二	三	四
最大间距（采用较小值）	6*d*，100	8*d*，100	8*d*，150（柱根100）	
最小直径	10	8	8	6（柱根8）

注：表中 *d* 为柱纵筋的最大直径。

抗震规范还规定，柱箍筋加密区的箍筋肢距，一级不宜大于200mm，二、三级不宜大于250mm和20倍箍筋直径的较大值，四级不宜大于300mm。且至少每隔一根纵筋宜在两个方向有箍筋或拉筋约束；采用拉筋复合箍筋时，拉筋宜紧靠纵筋并钩住箍筋。

柱箍筋加密区采用体积配箍率来衡量箍筋对混凝土的约束效果。要求柱加密区体积配箍率

应符合下式要求

$$\rho_V \geqslant \lambda_V \frac{f_c}{f_{yv}}$$

式中　ρ_V——柱箍筋加密区的体积配箍率，一级不应小于0.8%，二级不应小于0.6%，三、四级不应小于0.4%；计算复合螺旋箍的体积配箍率时，其非螺旋箍的箍筋体积应乘以折减系数0.8；

f_c——混凝土轴心抗压强度设计值，强度等级低于C35时，应按C35计算；

f_{yv}——箍筋或拉筋抗拉强度设计值；

λ_V——柱箍筋加密区的箍筋最小配箍特征值，按表13-19确定。

表 13-19　柱箍筋加密区的箍筋最小配箍特征值

抗震等级	箍筋形式	柱轴压比								
		≤0.3	0.4	0.5	0.6	0.7	0.8	0.9	1.0	1.05
一	普通箍、复合箍	0.10	0.11	0.13	0.15	0.17	0.20	0.23	—	—
一	螺旋箍、复合或连续复合矩形螺旋箍	0.08	0.09	0.11	0.13	0.15	0.18	0.21	—	—
二	普通箍、复合箍	0.08	0.09	0.11	0.13	0.15	0.17	0.19	0.22	0.24
二	螺旋箍、复合或连续复合矩形螺旋箍	0.06	0.07	0.09	0.11	0.13	0.15	0.17	0.20	0.22
三、四	普通箍、复合箍	0.06	0.07	0.09	0.11	0.13	0.15	0.17	0.20	0.22
三、四	螺旋箍、复合或连续复合矩形螺旋箍	0.05	0.06	0.07	0.09	0.11	0.13	0.15	0.18	0.20

注：1. 普通箍指单个矩形箍和单个圆形箍，复合箍指由矩形、多边形、圆形箍或拉筋组成的箍筋；复合螺旋箍指由螺旋箍与矩形、多边形、圆形箍或拉筋组成的箍筋；连续复合矩形螺旋箍指全部螺旋箍为同一根钢筋加工而成的箍筋。

2. 框支柱宜采用螺旋箍或井字复合箍，框支柱的轴压比应比表内数值增加0.02，且体积配箍率不应小于1.5%。

3. 剪跨比不大于2的柱宜采用复合螺旋箍或井字复合箍，其体积配箍率不应小于1.2%，9度一级时不应小于1.5%。

4. 节点抗震设计

框架的节点是梁、柱的共有部分，节点的破坏也就意味着梁、柱的失效，故在框架的抗震设计时，除要进行梁、柱的强度、延性设计计算外，同时还应保证节点的强度。为保证“更强节点”，一、二、三级抗震等级时，框架节点核心区应进行抗剪承载力验算；四级抗震等级时，框架节点可不验算，但应符合抗震构造要求。为了保证节点核心区的抗剪承载力，使梁、柱纵筋有可靠的锚固，必须对节点核心区混凝土进行有效约束。箍筋的最大间距和最小直径宜按表13-18采用（与柱端加密区箍筋相同）。

封闭箍筋应有135°弯钩，弯钩末端的平直段长度不小于10倍的箍筋直径并锚入核心区混凝土内。箍筋的无支承长度不得大于350mm。

为保证梁纵筋在节点区的锚固效果，应限制梁贯通中柱的纵筋直径d，一、二、三级抗震等级均不宜大于该方向柱截面高度的1/20，或纵筋所在位置圆形截面弦长的1/20。

纵向钢筋的抗震锚固长度$l_{aE}=\zeta_{aE}l_a$，ζ_{aE}为纵筋锚固长度抗震修正系数，一、二级抗震等级取1.15，三级抗震等级取1.05，四级抗震等级取1.0；l_a为纵筋的锚固长度。

框架不同部位节点的梁、柱纵筋的锚固与搭接要求如图13-8所示，图中，$l_{abE}=\zeta_{aE}l_{ab}$，纵筋的抗震搭接长度$l_{lE}=\zeta_l l_{aE}$。

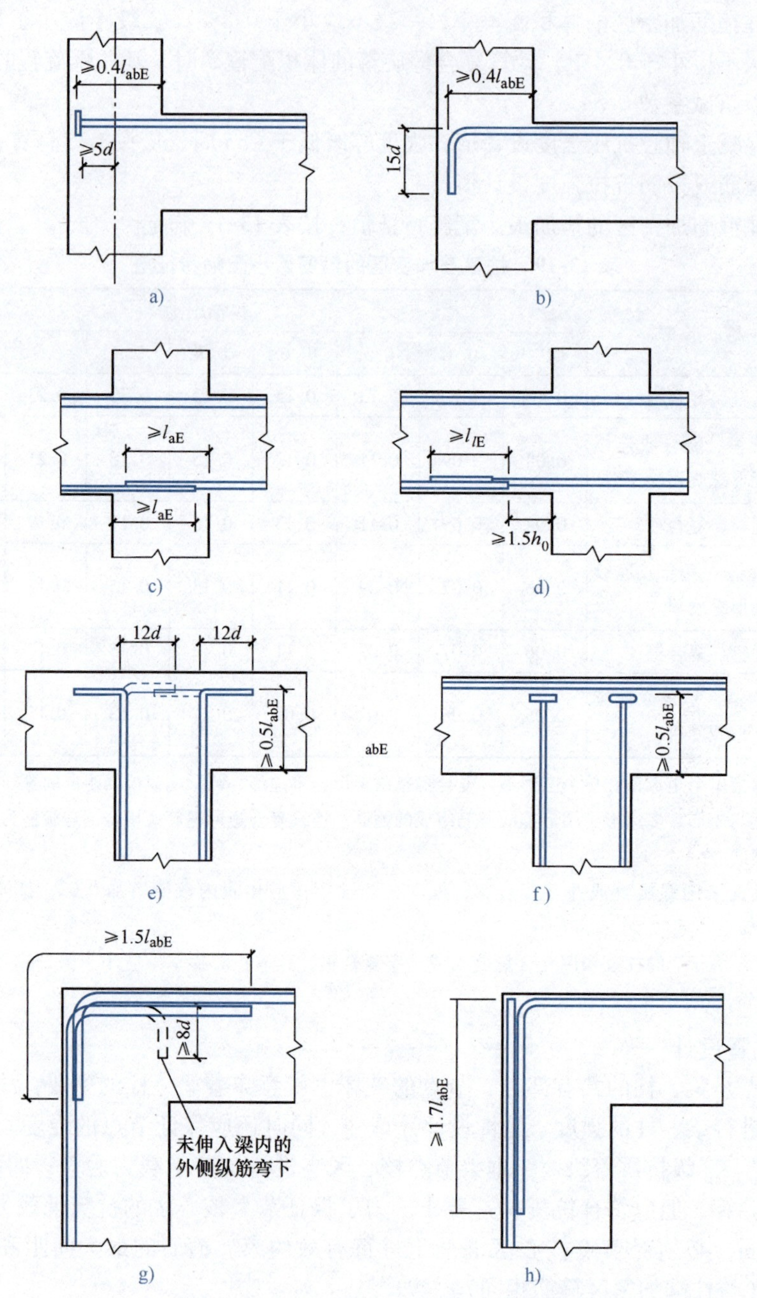

图13-8　框架不同部位节点的梁、柱纵筋的锚固与搭接要求

a）中间层端节点梁筋加锚头（锚板）锚固　b）中间层端节点梁筋90°弯折锚固
c）中间层中间节点梁筋在节点内直锚固　d）中间层中间节点梁筋在节点外搭接
e）顶层中间节点柱筋90°弯折锚固　f）顶层中间节点柱筋加锚头（锚板）锚固
g）钢筋在顶层端节点外侧和梁端顶部弯折搭接　h）钢筋在顶层端节点外侧直线搭接

13.5　多层砌体房屋结构的抗震措施

13.5.1　砌体房屋结构的震害

砌体是一种脆性材料，其抗拉、抗剪、抗弯强度均较低，且自重大，因而砌体房屋的抗震性能相对较差。在国内外的历次强烈地震中，砌体结构的破坏率相当高。砌体结构抗震主要是增强房屋整体性，防止结构倒塌。

实践证明，经过认真的抗震设计，通过合理的抗震设防、得当的构造措施、良好的施工质量保证，则即使在中、强地震区，砌体结构房屋也能够不同程度地抵御地震的破坏。

在砌体结构房屋中，墙体是主要的承重构件，它不仅承受垂直方向的荷载，也承受水平和垂直方向的地震作用，受力复杂，加上砌体本身的脆性性质，地震时墙体很容易开裂。在地震反复作用下，裂缝会发展、增多和加宽，最后导致墙体崩塌，楼盖塌落，房屋破坏。其震害情况大致如下：

（1）房屋倒塌　这是最严重的震害，主要发生在房屋墙体特别是底层墙体整体抗震强度不足时，房屋将发生整体倒塌；当房屋局部或上层墙体的抗震强度不足，个别部位构件间的连接强度不足时，易造成局部倒塌。

（2）墙体开裂、破坏　此类破坏主要是因为墙体的强度不足而引起的。墙体裂缝的形式主要是水平裂缝、斜裂缝、交叉裂缝和竖向裂缝。高宽比较小的墙体易出现斜裂缝，高宽比较大的窗间墙易出现水平偏斜裂缝，当墙体平面外受弯时，易出现水平裂缝；当纵、横墙的交接处连接不好时，易出现竖向裂缝。

（3）墙角破坏　墙角为纵、横墙的交汇点，房屋对它的约束作用相对较弱，在地震时，房屋发生扭转，该处的位移反应比房屋的其他部位要大。加上在地震作用下的应力状态复杂，较易发生受剪斜裂缝、受压竖向裂缝、块材被压碎或墙角脱落等破坏。

（4）纵、横墙及内、外墙的连接破坏　一般是因为施工时纵、横墙或内、外墙分别砌筑，没有很好地咬槎，连接较差，加上地震时两个方向的地震作用，使连接处受力复杂，应力集中，极易被拉开而破坏。这种破坏将导致整片纵墙、山墙外闪甚至倒塌。

（5）楼梯间破坏　地震中楼梯本身很少破坏，但楼梯间的墙体由于在高度方向缺乏支撑，空间相对刚度较差，且高厚比较大，稳定性差，容易造成破坏。

（6）楼盖与屋盖破坏　这类破坏主要是由于楼盖及屋盖的支承系统不完善（如支承长度不足、装配式的支承连接不牢固）所致，或是由于楼盖及屋盖的支承墙体破坏倒塌，引起楼盖与屋盖倒塌。

（7）其他附属构件的破坏　这类破坏主要是由于“鞭端效应”的影响，加上这些构件与建筑物本身连接较差，在地震时容易破坏，如突出屋面的小烟囱、女儿墙或附墙烟囱、隔墙等非结构构件，以及室内外装饰等在地震中极易开裂、倒塌。

13.5.2　结构方案与结构布置

大量的震害调查表明，多层砌体房屋的结构布置对建筑物的抗震性能至关重要，因而在进行建筑平面、立面及结构抗震体系的布置与选择时，应注意方案的合理性。

1. 建筑平面及结构布置

建筑平面应优先采用横墙承重或纵、横墙共同承重的结构体系。

纵、横墙的布置宜均匀对称，沿平面内宜对齐，沿竖向应上下连续；同一轴线上的窗间墙的宽度宜均匀。

当房屋的立面高差在6m以上，房屋有错层且楼板高大于层高的1/4，以及各部分结构的刚度、质量截然不同时，宜设置防震缝，缝两侧均应设置墙体，缝宽应根据烈度和房屋高度确定，一般可采用70～100mm。

不宜将楼梯间设置在房屋的尽端或转角处。

不宜采用无竖向配筋的附墙烟囱及出屋面的烟囱。烟道、风道、垃圾道等不应削弱墙体。当墙体被削弱时，应对墙体采取水平配筋等加强措施。

2. 多层砌体房屋的基本尺寸限值

地震灾害调查表明，无筋砌体房屋的总高度越高、层数越多，地震引起的破坏就越严重。

（1）总高度和层数限值 多层砌体房屋高度的限制要同时满足高度和总层数两项规定。一般情况下，多层砌体房屋的层数和总高度限值应符合表13-20的规定，医院、教学楼及横墙较少的多层砌体房屋的总高度应比表13-20中的规定降低3m，层数相应减少1层。横墙较少是指同一楼层内开间尺寸大于4.20m的房间占该层总面积40%以上的情况。

（2）高宽比限值 多层砌体房屋的高宽比限值见表13-21。

（3）抗震横墙的间距限值 多层砌体房屋的抗震横墙的间距限值见表13-22。

（4）房屋的局部尺寸限值 多层砌体房屋的局部尺寸限值应符合表13-23的规定。

表13-20 多层砌体房屋的层数和总高度限值

砌体种类	最小墙厚/mm	烈度											
		6度		7度				8度				9度	
		0.05g		0.10g		0.15g		0.20g		0.30g		0.40g	
		高度/m	层数	高度/m	层数	高度/m	层数	高度/m	层数	高度/m	层数	高度/m	层数
普通砖	240	21	7	21	7	21	7	18	6	15	5	12	4
多孔砖	240	21	7	21	7	18	6	18	6	15	5	9	9
多孔砖	190	21	7	18	6	15	5	15	5	12	4	—	—
小砌块	190	21	7	21	7	18	7	18	6	15	5	9	3

注：1. 房屋的总高度指室外地面到主要屋面板板顶或檐口的高度，半地下室可从地下室室内地面算起，全地下室和嵌固条件好的半地下室可从室外地面算起；带阁楼的坡屋面应算至山尖墙的1/2高度处。
2. 室内外高差大于0.6m时，房屋总高度应允许比表中数据适当增加，但应小于1m。
3. 乙类的多层砌体房屋仍按本地区设防烈度查表，其层数减少1层且总高度应降低3m。
4. 表中小砌块砌体房屋不包括配筋混凝土小型空心砌块砌体房屋。

表13-21 多层砌体房屋的高宽比限值

烈度	6度	7度	8度	9度
最大高宽比	2.5	2.5	2.0	1.5

注：单面走廊房屋的总宽度不包括走廊宽度；建筑平面接近方形时，高宽比宜适当减小。

13.5.3 多层砌体砖房的抗震构造措施

多层砌体房屋的抗倒塌，主要通过抗震构造措施提高房屋的整体性及变形能力来实现，主要包括构造柱的设置、圈梁的设置和加强构件间连接的构造措施等几个方面。

表 13-22　多层砌体房屋的抗震横墙的间距限值　　（单位：m）

房屋类别		烈度			
		6 度	7 度	8 度	9 度
多层砌体房屋	现浇或装配整体式钢筋混凝土楼盖、屋盖	15	15	11	7
	装配式钢筋混凝土楼盖、屋盖	11	11	9	4
	木楼盖、屋盖	9	9	4	—

注：对多层砌体房屋的顶层，最大横墙间距允许适当放宽；表中木楼盖、屋盖的规定不适用于小砌块砌体房屋。

表 13-23　多层砌体房屋的局部尺寸限值　　（单位：m）

部位	烈度			
	6 度	7 度	8 度	9 度
承重窗间墙最小宽度	1.0	1.0	1.2	1.5
承重外墙尽端至门窗洞边的最小距离	1.0	1.0	1.2	1.5
非承重外墙尽端至门窗洞边的最小距离	1.0	1.0	1.0	1.0
内墙阳角至门窗洞边的最小距离	1.0	1.0	1.5	2.0
无锚固女儿墙（非出入口处）的最大高度	0.5	0.5	0.5	0.0

注：局部尺寸不足时应采取局部加强措施弥补，且最小宽度不宜小于 1/4 层高和表列数据的 80%；出入口处的女儿墙应有锚固。

1. 构造柱的设置

设置现浇钢筋混凝土构造柱且与圈梁连接共同工作，对砌体起约束作用，可以明显改善多层砌体结构房屋的抗震性能，增加其变形能力和延性。多层砌体结构房屋构造柱的设置要求见表 13-24，其构造及相关要求可参阅第 11 章。

表 13-24　多层砌体结构房屋构造柱的设置要求

<table>
<tr><th>烈度</th><th>6 度</th><th>7 度</th><th>8 度</th><th>9 度</th><th colspan="2">设置部位</th></tr>
<tr><td rowspan="3">房屋层数</td><td>四、五</td><td>三、四</td><td>二、三</td><td>一</td><td rowspan="3">楼梯间与电梯间四角，楼梯斜梯段上、下端对应的墙体处
外墙四角和转角对应部位
错层部位横墙与外纵墙的交接处
较大洞口两侧；大房间内、外墙的交接处</td><td>隔 12m 或单元横墙与外纵墙的交接处
楼梯间对应的另一侧内横墙与外纵墙的交接处</td></tr>
<tr><td>六</td><td>五</td><td>四</td><td>二</td><td>隔开间横墙（轴线）与外墙的交接处
山墙与内纵墙的交接处</td></tr>
<tr><td>七</td><td>≥六</td><td>≥五</td><td>≥三</td><td>内墙（轴线）与外墙的交接处
内墙的局部较小墙垛处
内纵墙与横墙（轴线）的交接处</td></tr>
</table>

注：较大洞口，内墙指不小于 2.1m 的洞口，外墙在内、外墙的交接处已设置构造柱时应允许适当放宽，但洞侧墙体应加强。

2. 圈梁的设置

（1）圈梁的主要功能　圈梁对砌体房屋的抗震具有重要作用，它与构造柱共同工作，是提高多层砌体结构房屋抗震能力的一种有效措施，其主要功能为：

1）加强房屋的整体性。由于圈梁的约束作用，减小了预制板散开及墙体出平面倒塌的危险性，使纵、横墙能保持为一个整体的箱形结构，充分发挥各片墙体的平面内抗剪强度，有效抵御来自各个方向的水平地震作用。

2）与构造柱形成约束框架，能有效地限制墙体斜裂缝的开展和延伸，使墙体抗剪强度得以更好发挥，也提高了墙体的稳定性。

3）减轻地震时地基不均匀沉陷和地表裂隙对房屋的影响。

（2）圈梁的设置 多层烧结普通砖、多孔砖房的现浇混凝土圈梁设置应符合下列要求：

1）装配式钢筋混凝土楼盖、屋盖或木楼盖、屋盖的砖房，应按表13-25的要求设置圈梁；纵墙承重时，抗震横墙上的圈梁间距应比表13-25规定值适当加密。

表13-25 砖房现浇钢筋混凝土圈梁设置要求

墙类	烈度		
	6、7度	8度	9度
外墙和内纵墙	屋盖处及每层楼盖处	屋盖处及每层楼盖处	屋盖处及每层楼盖处
内横墙	同上 屋盖处的间距不应大于4.5m；楼盖处的间距不应大于7.2m；构造柱对应部位	同上 各层所有横墙，且间距不应大于4.5m；构造柱对应部位	同上 各层所有横墙

2）现浇或装配整体式钢筋混凝土楼盖、屋盖与墙体有可靠连接的房屋，应允许不另设圈梁，但楼板沿墙体周边应加强配筋并应与相应的构造柱钢筋可靠连接。

3. 加强构件间连接的构造措施

为增强楼盖、屋盖的整体稳定性和保证与墙体有足够的支承长度和可靠拉结，有效传递地震作用，楼盖、屋盖在构造方面应当满足下列各项要求：

（1）楼盖、屋盖结构及其连接 现浇钢筋混凝土楼板或屋面板伸进纵、横墙内的长度，不宜小于120mm；装配式钢筋混凝土楼板或屋面板，当圈梁未设在板的同一标高时，板端伸进外墙的长度不应小于120mm，伸进内墙的长度不应小于100mm，或采用硬架支模连接。在梁上不应小于80mm，且应保证灌缝混凝土的施工质量及对板端钢筋进行处理。

（2）对楼梯间的要求 楼梯间是地震时的疏散通道，同时历次地震震害表明，由于楼梯间的墙体在高度方向比较空旷，常被破坏，当楼梯间设置在房屋尽端时破坏尤为严重。

顶层楼梯间的墙体应沿墙高每隔500mm设由2Φ6通长钢筋和平面内定位焊Φ4分布短筋组成的拉结网片或Φ4定位焊网片；烈度7～9度时其他各层楼梯间的墙体应在休息平台或楼层半高处设置60mm厚、纵向钢筋不应少于2Φ10的钢筋混凝土带或配筋砖带，配筋砖带不少于3皮，每皮的配筋不少于2Φ6，砂浆强度等级不应低于M7.5且不低于同层墙体的砂浆强度等级。楼梯间及门厅内墙阳角处的大梁的支承长度不应小于500mm，并应与圈梁连接。

装配式楼梯段应与平台板的梁可靠连接，烈度8、9度时不应采用装配式楼梯段，不应采用墙中悬挑式踏步或踏步竖肋插入墙体的楼梯，不应采用无筋砖砌栏板。

突出屋顶的楼梯间及电梯间，构造柱应伸到顶部，并与顶部圈梁连接，所有墙体应沿墙高每隔500mm设置由2Φ6通长钢筋和平面内定位焊Φ4分布短筋组成的拉结网片或Φ4定位焊网片。

本章小结

1）结构的抗震设防目标分为三个水准，为实现该设防目标，《建筑抗震设计规范》采用两阶段设计方法进行抗震设计。

2）抗震概念设计是获得良好抗震性能的重要条件，它包括场地选择与地基基础设计、建筑设计与结构的规则性、选择合理的抗震结构体系、设置多道抗震防线、合理控制结构的刚度、承载力和延性、重视非结构构件的设计、合理选择材料与保证施工质量。

3）地震作用计算的基本方法有振型分解反应谱法、时程分析法和底部剪力法等，满足一定条件的结构可采用简单的底部剪力法手算地震作用。

4）结构抗震验算包括第一阶段多遇地震作用下截面承载力设计和弹性层间位移验算，以及第二阶段罕遇地震作用下薄弱层的弹塑性层间位移验算。

5）框架结构抗震设计的一般要求包括限制房屋的高度与高宽比，进行合理的结构布置；框架结构获得良好抗震性能应做到“强柱弱梁”“强剪弱弯”“强节点”“强柱根”，以保证结构在罕遇地震下出现预期的合理破坏形态而减轻震害。

6）砌体结构的抗震重点在抗震措施，应选择合理的结构方案与结构布置，限制房屋的高度与高宽比，抗震构造措施主要是合理设置构造柱与圈梁，对砌体形成约束，以增强房屋的整体性，改善砌体的延性。

复习题

13-1　解释震源、震中、震源深度和场地的意义。

13-2　简述建筑物的抗震设防目标。

13-3　简述《建筑抗震设计规范》所采用的建筑结构抗震设计方法。

13-4　什么是概念设计？概念设计都包括哪些方面的内容？

13-5　什么是地震反应谱？影响地震作用大小的因素有哪些？绘图描述《建筑抗震设计规范》规定的设计反应谱。

13-6　什么是场地特征周期？对结构的地震反应有什么影响？

13-7　简述底部剪力法的适用条件。

13-8　结构质点的等效重力荷载代表值如何计算？

13-9　结构抗震验算应包括哪些内容？

13-10　钢筋混凝土框架结构的抗震破坏机制主要有哪两种？如何实现有利的抗震破坏机制？

13-11　砖混结构的抗震构造措施主要有哪些？

13-12　简述圈梁和构造柱在抗震中的作用。

附　　录

附表1　混凝土强度设计值、标准值和弹性模量　　（单位：N/mm^2）

强度种类			混凝土强度等级													
			C15	C20	C25	C30	C35	C40	C45	C50	C55	C60	C65	C70	C75	C80
强度设计值	轴心抗压	f_c	7.2	9.6	11.9	14.3	16.7	19.1	21.2	23.1	25.3	27.5	29.7	31.8	33.8	35.9
	轴心抗拉	f_t	0.91	1.10	1.27	1.43	1.57	1.71	1.80	1.89	1.96	2.04	2.09	2.14	2.18	2.22
强度标准值	轴心抗压	f_{ck}	10.0	13.4	16.7	20.1	23.4	26.8	29.6	32.4	35.5	38.5	41.5	44.5	47.4	50.2
	轴心抗拉	f_{tk}	1.27	1.54	1.78	2.01	2.20	2.39	2.51	2.64	2.74	2.85	2.93	2.99	3.05	3.11
弹性模量（$\times 10^4$）		E_c	2.20	2.55	2.80	3.00	3.15	3.25	3.35	3.45	3.55	3.60	3.65	3.70	3.75	3.80

注：1. 当有可靠试验依据时，弹性模量可根据实测数据确定。

2. 当混凝土中掺有大量矿物掺合料时，弹性模量可按规定龄期根据实测数据确定。

附表2　普通钢筋强度标准值、强度设计值及弹性模量　　（单位：N/mm^2）

牌　号	符　号	公称直径 d/mm	屈服强度标准值 f_{yk}	极限强度标准值 f_{stk}	抗拉强度设计值 f_y	抗压强度设计值 f'_y	弹性模量（$\times 10^5$）
HPB300	Φ	6～14	300	420	270	270	2.10
HRB335	Φ	6～14	335	455	300	300	2.00
HRB400 HRBF400 RRB400	Φ $Φ^F$ $Φ^R$	6～50	400	540	360	360	2.05
HRB500 HRBF500	Φ $Φ^F$	6～50	500	630	435	435	1.95

附表3　预应力钢筋强度标准值　　（单位：N/mm^2）

种　　类		符　　号	公称直径 d/mm	屈服强度标准值 f_{pyk}	极限强度标准值 f_{ptk}
中强度预应力钢丝	光面 螺旋肋	$Φ^{PM}$ $Φ^{HM}$	5、7、9	620	800
				780	970
				980	1270

（续）

种　类		符　号	公称直径 d/mm	屈服强度标准值 f_{pyk}	极限强度标准值 f_{ptk}
预应力螺纹钢筋	螺纹	Φ^T	18、25、32、40、50	785	980
				930	1080
				1080	1230
消除应力钢丝	光面	Φ^P	5	—	1570
				—	1860
	螺旋肋	Φ^H	7	—	1570
			9	—	1470
				—	1570
钢绞线	1×3（三股）	Φ^S	8.6、10.8、12.9	—	1570
				—	1860
				—	1960
	1×7（七股）		9.5、12.7、15.2、17.8	—	1720
				—	1860
				—	1960
			21.6	—	1860

注：极限强度标准值为1960N/mm^2 的钢绞线进行后张预应力配筋时，应有可靠的工程经验。

附表4　预应力钢筋强度设计值　　（单位：N/mm^2）

种　类	极限强度标准值 f_{ptk}	抗拉强度设计值 f_{py}	抗压强度设计值 f'_{py}
中强度预应力钢丝	800	510	410
	970	650	
	1270	810	
消除应力钢丝	1470	1040	410
	1570	1110	
	1860	1320	
钢绞线	1570	1110	390
	1720	1220	
	1860	1320	
	1960	1390	
预应力螺纹钢筋	980	650	400
	1080	770	
	1230	900	

注：当预应力筋的强度标准值不符合表中的规定时，其强度设计值应进行相应的比例换算。

附表 5-1　常用材料与构件自重

类　别	名　称	自　重	备　注
隔墙及墙面/(kN/m^2)	双面抹灰板条隔墙	0.9	灰厚16~24mm，龙骨在内
	单面抹灰板条隔墙	0.5	灰厚16~24mm，龙骨在内
	水泥粉刷墙面	0.36	20mm厚，水泥粗砂
	水磨石墙面	0.55	25mm厚，包括打底
	水刷石墙面	0.5	25mm厚，包括打底
	石灰粗砂粉刷	0.34	20mm厚
	外墙拉毛墙面	0.7	包括25mm厚水泥砂浆打底
	剁假石墙面	0.5	25mm厚，包括打底
	贴瓷砖墙面	0.5	包括水泥砂浆打底，共厚25mm
屋面/(kN/m^2)	小青瓦屋面	0.90~1.10	
	冷摊瓦屋面	0.50	
	黏土平瓦屋面	0.55	
	水泥平瓦屋面	0.50~0.55	
	波形石棉瓦	0.20	1820mm×725mm×8mm
	瓦楞铁	0.05	26号
	镀锌薄钢板	0.05	24号
	油毡防水层	0.05	一毡两油
	油毡防水层	0.25~0.30	一毡两油，上铺小石子
	油毡防水层	0.30~0.35	二毡三油，上铺小石子
	油毡防水层	0.35~0.40	三毡四油，上铺小石子
屋架/(kN/m^2)	木屋架	0.07+0.007×跨度	按屋面水平投影面积计算，跨度以“m”计
	钢屋架	0.12+0.011×跨度	无天窗，包括支撑，按屋面水平投影面积计算，跨度以“m”计
门窗/(kN/m^2)	木框玻璃窗	0.20~0.30	
	钢框玻璃窗	0.40~0.45	
	铝合金窗	0.1~0.24	
	玻璃幕墙	0.36~0.70	
	木门	0.10~0.20	
	钢铁门	0.40~0.45	
	铝合金门	0.27~0.30	
预制板/(kN/m^2)	预应力空心板	1.73	板厚120mm，包括填缝
	预应力空心板	2.58	板厚180mm，包括填缝
	槽形板	1.2，1.45	肋高120mm、180mm，板宽600mm
	大型屋面板	1.3，1.47，1.75	板厚180mm、240mm、300mm，包括填缝
	加气混凝土板	1.3	板厚200mm，包括填缝

（续）

类　别	名　称	自　重	备　注
地面/(kN/m²)	硬木地板	0.2	厚25mm，剪刀撑、钉子等自重在内，不包括格栅自重
	地板格栅	0.2	仅格栅自重
	水磨石地面	0.65	面层厚10mm，20mm厚水泥粗砂打底
	菱苦土地面	0.28	底厚20mm
顶棚/(kN/m²)	V形轻钢龙骨吊顶	0.12	一层9mm厚纸面石膏板、无保温层
	V形轻钢龙骨及铝合金龙骨吊顶	0.17	一层9mm厚纸面石膏板、有厚50mm的岩棉保温层
		0.20	二层9mm厚纸面石膏板、无保温层
		0.25	二层9mm厚纸面石膏板、有厚50mm的岩棉板保温层
		0.10～0.12	一层矿棉吸声板厚15mm，无保温层
	丝网抹灰吊顶	0.45	
	麻刀灰板条棚顶	0.45	吊木在内，平均灰厚20mm
	砂子灰板条棚顶	0.55	吊木在内，平均灰厚25mm
	三夹板顶棚	0.18	吊木在内
	木丝板吊顶棚	0.26	厚25mm，吊木及盖缝条在内
	顶棚上铺焦渣锯末绝缘层	0.2	厚50mm，焦渣、锯末按1:5混合
基本材料/(kN/m³)	素混凝土	22～24	振捣或不振捣
	钢筋混凝土	24～25	
	加气混凝土	5.50～7.50	单块
	焦渣混凝土	16～17	承重用
	焦渣混凝土	10～14	填充用
	泡沫混凝土	4～6	
	石灰砂浆、混合砂浆	17	
	水泥砂浆	20	
	水泥蛭石砂浆	5～8	
	膨胀珍珠岩砂浆	7～15	
	水泥石灰焦砟砂浆	14	
	岩棉	0.50～2.50	
	矿渣棉	1.20～1.50	
	沥青矿渣棉	1.20～1.60	
	水泥膨胀珍珠岩	3.50～4	
	水泥蛭石	4～6	

（续）

类　别	名　称	自　重	备　注
砌体/(kN/m²)	浆砌普通砖	18	
	浆砌机砖	19	
	浆砌矿渣砖	21	
	浆砌焦渣砖	12.5～14	
	土坯砖砌体	16	
	三合土	17	灰：砂：土 ＝ 1:1:9～1:1:4
	浆砌细方石	26.4，256，22.4	花岗石、石灰石、砂岩
	浆砌毛方石	124.8，24，20.8	花岗石、石灰石、砂岩
	干砌毛石	208，20，176	花岗石、石灰石、砂岩

附表 5-2　民用建筑楼面均布活荷载标准值及其组合值、频遇值和准永久值系数

项次	类　别	标准值/(kN/m²)	组合值系数 ψ_c	频遇值系数 ψ_f	准永久值系数 ψ_q
1	（1）住宅、宿舍、旅馆、办公楼、医院病房、托儿所、幼儿园 （2）教室、试验室、阅览室、会议室、医院门诊室	2.0	0.7	0.5 0.6	0.4 0.5
2	教室、食堂、餐厅、一般资料档案室	2.5	0.7	0.6	0.5
3	（1）礼堂、剧场、影院、有固定座位的看台 （2）公共洗衣房	3.0 3.0	0.7 0.7	0.5 0.6	0.3 0.5
4	（1）商店、展览厅、车站、港口、机场大厅及其旅客等候室 （2）无固定座位的看台	3.5 3.5	0.7 0.7	0.6 0.5	0.5 0.3
5	（1）健身房、演出舞台 （2）舞厅、运动场	4.0 4.0	0.7 0.7	0.6 0.6	0.5 0.3
6	（1）书库、档案库、储藏室 （2）密集柜书库	5.0 12.0	0.9	0.9	0.8
7	通风机房、电梯机房	7.0	0.9	0.9	0.8
8	汽车通道及客车停车库： （1）单向板楼盖（板跨不小于2m）和双向板楼盖（板跨不小于3m×3m） 客车 消防车 （2）双向板楼盖和无梁楼盖（柱网尺寸不小于6m×6m）和无梁楼盖（柱网不小于6m×6m） 客车 消防车	4.0 35.0 2.5 20.0	0.7 0.7 0.7 0.7	0.7 0.5 0.7 0.5	0.6 0 0.6 0
9	厨房：（1）餐厅 （2）其他	4.0 2.0	0.7 0.7	0.7 0.6	0.7 0.5

（续）

项次	类　别	标准值/（kN/m²）	组合值系数 ψ_c	频遇值系数 ψ_f	准永久值系数 ψ_q
10	浴室、厕所、盥洗室： 其他民用建筑	2.5	0.7	0.6	0.5
11	走廊、门厅 （1）宿舍、旅馆、医院病房、托儿所、幼儿园、住宅 （2）办公楼、教室、餐厅，医院门诊部 （3）教学楼及其他可能出现人员密集的情况	 2.0 2.5 3.5	 0.7 0.7 0.7	 0.5 0.6 0.5	 0.4 0.5 0.3
12	楼梯： （1）多层住宅 （2）其他	 2.0 3.5	 0.7 0.7	 0.5 0.5	 0.4 0.3
13	阳台： （1）当人群有可能密集时 （2）其他	 3.5 2.5	 0.7	 0.6	 0.5

注：1. 本表所给各项活荷载适用于一般使用条件，当使用荷载较大或情况特殊时，应按实际情况采用。

2. 第6项中的书库活荷载，当书架高度大于2m时，书库活荷载还应按每米书架高度不小于2.5kN/m²确定。

3. 第8项中的客车活荷载只适用于停放载人少于9人的客车；消防车活荷载是适用于满载总重为300kN的大型车辆；当不符合本表的要求时，应将车轮的局部荷载按结构效应的等效原则换算为等效均布荷载。

4. 第12项楼梯活荷载，对预制楼梯踏步平板，尚应按1.5kN集中荷载验算。

5. 本表各项荷载不包括隔墙自重和二次装修荷载。对固定隔墙的自重应按永久荷载考虑，当隔墙位置可灵活自由布置时，非固定隔墙的自重应取不小于1/3的每延米长墙重（kN/m）作为楼面活荷载的附加值（kN/m²）计入，附加值不小于1.0kN/m²。

附表6　混凝土保护层的最小厚度

（单位：mm）

环境类别	板、墙、壳	梁、柱、杆	环境类别	板、墙、壳	梁、柱、杆
一	15	20	三a	30	40
二a	20	25	三b	40	50
二b	25	35			

注：1. 混凝土强度等级不大于C25时，表中保护层厚度数值应增加5mm。

2. 钢筋混凝土基础宜设置混凝土垫层，基础中钢筋的混凝土保护层厚度应从垫层顶面算起，且不应小于40mm。

附表7　受弯构件的挠度限值

构件类型		挠度限值
吊车梁	手动	$l_0/500$
	电动	$l_0/600$
屋盖、楼盖及楼梯构件： 当 $l_0<7$m 时 当 $7\text{m}\leq l_0\leq 9$m 时 当 $l_0>9$m 时		 $l_0/200$（$l_0/250$） $l_0/250$（$l_0/300$） $l_0/300$（$l_0/400$）

注：1. 表中 l_0 为构件的计算跨度。

2. 表中括号内的数值适用于使用上对挠度有较高要求的构件。

3. 如果构件制作时预先起拱，且使用上也允许，则在验算挠度时可将计算所得的挠度值减去起拱值；对预应力混凝土构件，还可减去预加力所产生的反拱值。

4. 计算悬臂构件的挠度限值时，其计算跨度 l_0 按实际悬臂长度的2倍取用。

附表 8 结构构件的裂缝控制等级及最大裂缝宽度的限值 （单位：mm）

环境类别	钢筋混凝土结构		预应力混凝土结构	
	裂缝控制等级	w_{lim}	裂缝控制等级	w_{lim}
一	三级	0.30（0.40）	三级	0.20
二 a		0.20		0.10
二 b			二级	—
三 a、三 b			一级	—

注：1. 对处于年平均相对湿度小于60%地区一类环境下的受弯构件，其最大裂缝宽度限值可采用括号内的数值。

2. 在一类环境下，对钢筋混凝土层架、托架及需进行疲劳验算的吊车梁，其最大裂缝宽度限值应取为0.20mm；对钢筋混凝土屋面梁和托梁，其最大裂缝宽度限值应取为0.30mm。

3. 在一类环境下，对预应力混凝土屋架、托架及双向板体系，应按二级裂缝控制等级进行验算；对一类环境下的预应力混凝土屋面梁、托梁、单向板，应按表中二 a 类环境的要求进行验算；在一类和二 a 类环境下需进行疲劳验算的预应力混凝土吊车梁，应按裂缝控制等级不低于二级的构件进行验算。

4. 表中规定的预应力混凝土构件的裂缝控制等级和最大裂缝宽度限值仅适用于正截面的验算；预应力混凝土构件的斜截面裂缝控制验算应符合《规范》第7章的有关规定。

5. 对于烟囱、筒仓和处于液体压力下的结构，其裂缝控制要求应符合专门标准的有关规定。

6. 对于处于四、五类环境下的结构构件，其裂缝控制要求应符合专门标准的有关规定。

7. 表中的最大裂缝宽度限值为用于验算荷载作用引起的最大裂缝宽度。

附表 9 钢筋混凝土结构构件中纵向受力钢筋的最小配筋百分率（%）

受力类型			最小配筋百分率
受压构件	全部纵向钢筋	强度等级 500MPa	0.50
		强度等级 400MPa	0.55
		强度等级 300MPa、335MPa	0.60
	一侧纵向钢筋		0.20
受弯构件、偏心受拉、轴心受拉构件一侧的受拉钢筋			0.20 和 $45f_t/f_y$ 中的较大值

注：1. 受压构件全部纵向钢筋最小配筋百分率，当采用C60以上强度等级的混凝土时，应按表中规定增加0.10。

2. 板类受弯构件（不包括悬臂板）的受拉钢筋，当采用强度等级400MPa、500MPa的钢筋时，其最小配筋百分率应允许采用0.15和 $45f_t/f_y$ 中的较大值。

3. 偏心受拉构件中的受压钢筋，应按受压构件一侧纵向钢筋考虑。

4. 受压构件的全部纵向钢筋和一侧纵向钢筋的配筋百分率，以及轴心受拉构件和小偏心受拉构件一侧受拉钢筋的配筋百分率均应按构件的全截面面积计算。

5. 受弯构件、大偏心受拉构件一侧受拉钢筋的配筋率应按全截面面积扣除受压翼缘面积 $(b'_f-b)h'_f$ 后的截面面积计算。

6. 当钢筋沿构件截面周边布置时，“一侧纵向钢筋”指沿受力方向两个对边中一边布置的纵向钢筋。

附表 10 钢筋的计算截面面积及理论质量

直径/mm	钢筋截面面积 A_s/mm² 及钢筋排列成一行时梁的最小宽度 b/mm												公称质量/(kg/m)
	一根	二根	三根		四根		五根		六根	七根	八根	九根	
	A_s	A_s	A_s	b	A_s	b	A_s	b	A_s	A_s	A_s	A_s	
2.5	4.9	9.8	14.7		19.6		24.5		29.5	34.3	39.2	44.1	0.039
3	7.1	14.1	21.2		28.3		35.3		42.4	49.5	56.5	63.6	0.055
4	12.6	25.1	37.7		50.2		62.8		75.4	87.9	100.5	113	0.099

（续）

直径/mm	钢筋截面面积 A_s/mm^2 及钢筋排列成一行时梁的最小宽度 b/mm												公称质量/(kg/m)
	一根	二根	三根		四根		五根		六根	七根	八根	九根	
	A_s	A_s	A_s	b	A_s	b	A_s	b	A_s	A_s	A_s	A_s	
5	19.6	39	59		79		98		118	138	157	177	0.154
6	28.3	57	85		113		142		170	198	226	255	0.222
6.5	33.2	66	100		133		166		199	232	265	299	0.260
8	50.3	101	151		201		252		302	352	402	453	0.395
8.2	52.8	106	158		211		264		317	370	423	475	0.432
10	78.5	157	236		314		393		471	550	628	707	0.617
12	113.1	226	339	150	452	200/180	565	250/220	678	791	904	1017	0.888
14	153.9	308	461	150	615	200/180	769	250/220	923	1077	1230	1387	1.208
16	201.1	402	603	180/150	804	200	1005	250	1206	1407	1608	1809	1.578
18	254.5	509	763	180/150	1017	220/200	1272	300/250	1526	1780	2036	2290	1.998
20	314.2	628	942	180	1256	220	1570	300/250	1884	2200	2513	2827	2.466
22	380.1	760	1140	180	1520	250/220	1900	300	2281	2661	3041	3421	2.984
25	490.9	982	1473	200/180	1964	250	2454	300	2945	3436	3927	4418	3.85
28	615.3	1232	1847	200	2463	250	3079	300/250	3695	4310	4926	5542	4.83
32	804.3	1609	2413	220	3217	300	4021	350	4826	5630	6434	7238	6.31
36	1017.9	2036	3054		4072		5089		6107	7125	8143	9161	7.99
40	1256.1	2513	3770		5027		6283		7540	8796	10053	11310	9.865

注：1. 表中梁的最小宽度 b 为分数时，横线以上数字表示钢筋在梁顶部时所需的宽度，横线以下数字表示钢筋在梁底部时所需宽度。

2. 表中钢筋直径 $d=5\sim9mm$ 由热轧圆盘供应。

附表 11　钢筋混凝土板每米宽的钢筋截面面积　（单位：mm^2）

钢筋间距/mm	钢筋直径/mm											
	3	4	5	6	6/8	8	8/10	10	10/12	12	12/14	14
70	101.0	179	281	404	561	719	920	1121	1369	1616	1907	2199
75	94.3	167	262	377	524	671	859	1047	1277	1508	1780	2052
80	88.4	157	245	354	491	629	805	981	1198	1414	1669	1924
85	83.2	148	231	333	462	592	758	924	1127	1331	1571	1811
90	78.5	140	218	314	437	559	716	872	1064	1257	1483	1710
95	74.5	132	207	298	414	529	678	826	1008	1190	1405	1620
100	70.6	126	196	283	393	503	644	785	958	1131	1335	1539

（续）

钢筋间距/mm	钢筋直径/mm											
	3	4	5	6	6/8	8	8/10	10	10/12	12	12/14	14
110	64.2	114	178	257	357	457	585	714	871	1028	1214	1399
120	58.9	105	163	236	327	419	537	654	798	942	1113	1283
125	56.5	100	157	226	314	402	515	628	766	905	1068	1231
130	54.4	96.6	151	218	302	387	495	604	737	870	1027	1184
140	50.5	89.7	140	202	281	359	460	561	684	808	954	1099
150	47.1	83.8	131	189	262	335	429	523	639	754	890	1026
160	44.1	78.5	123	177	246	314	403	491	599	707	834	962
170	41.5	73.9	115	166	231	296	379	462	564	665	785	905
180	39.2	69.8	109	157	218	279	358	436	532	628	742	855
190	37.2	66.1	103	149	207	265	339	413	504	595	703	810
200	35.3	62.8	98.2	141	196	251	322	393	479	565	668	770
220	32.1	57.1	89.3	129	179	229	293	357	435	514	607	700
240	29.4	52.4	81.9	118	164	210	268	327	399	471	556	641
250	28.3	50.2	78.5	113	157	201	258	314	383	451	534	616
260	27.2	48.3	75.5	109	151	193	248	302	369	435	513	592
280	25.2	44.9	70.1	101	140	180	230	280	342	404	477	555
300	23.6	41.9	65.5	94	131	168	215	262	319	377	445	513
320	22.1	39.2	61.4	88	123	157	201	245	299	353	417	481

附表12 钢筋混凝土受弯构件正截面承载力计算系数

ξ	γ_s	α_s	ξ	γ_s	α_s
0.01	0.995	0.010	0.17	0.915	0.155
0.02	0.990	0.020	0.18	0.910	0.164
0.03	0.985	0.030	0.19	0.905	0.172
0.04	0.980	0.039	0.20	0.900	0.180
0.05	0.975	0.048	0.21	0.895	0.188
0.06	0.970	0.058	0.22	0.890	0.196
0.07	0.965	0.067	0.23	0.885	0.203
0.08	0.960	0.077	0.24	0.880	0.211
0.09	0.955	0.085	0.25	0.875	0.219
0.10	0.950	0.095	0.26	0.870	0.226
0.11	0.945	0.104	0.27	0.865	0.234
0.12	0.940	0.113	0.28	0.860	0.241
0.13	0.935	0.121	0.29	0.855	0.248
0.14	0.930	0.130	0.30	0.850	0.255
0.15	0.925	0.139	0.31	0.845	0.262
0.16	0.920	0.147	0.32	0.840	0.269

（续）

ξ	γ_s	α_s	ξ	γ_s	α_s
0.33	0.835	0.275	0.48	0.760	0.365
0.34	0.830	0.282	0.49	0.755	0.370
0.35	0.825	0.289	0.50	0.750	0.375
0.36	0.820	0.295	0.51	0.745	0.380
0.37	0.815	0.301	0.518	0.741	0.384
0.38	0.810	0.309	0.52	0.740	0.385
0.39	0.805	0.314	0.53	0.735	0.390
0.40	0.800	0.320	0.54	0.730	0.394
0.41	0.795	0.326	0.55	0.725	0.400
0.42	0.790	0.332	0.56	0.720	0.404
0.43	0.785	0.337	0.57	0.715	0.408
0.44	0.780	0.343	0.58	0.710	0.412
0.45	0.775	0.349	0.59	0.705	0.416
0.46	0.770	0.354	0.60	0.700	0.420
0.47	0.765	0.359	0.614	0.693	0.426

注：1. 表中 $M=\alpha_s\alpha_1 f_c bh_0^2$；$\xi=\dfrac{x}{h_0}=\dfrac{f_yA_s}{\alpha_1 f_c bh_0}$；$A_s=\dfrac{M}{f_y\gamma_s h_0}$或 $A_s=\xi\dfrac{\alpha_1 f_c}{f_y}bh_0$。

2. 表中 $\xi=0.518$ 以下的数值不适用于 HRB400 级钢筋；$\xi=0.55$ 以下的数值不适用于 HRB335 级钢筋。

附表 13　等截面等跨连续梁在常用荷载作用下的内力系数

均布荷载

$$M=K_1gl^2+K_2ql^2 \qquad V=K_3gl+K_4ql$$

集中荷载

$$M=K_1Gl+K_2Ql \qquad V=K_3G+K_4Q$$

式中　g、q——单位长度上的均布恒荷载、活荷载（g、q 在表中均用 q 表示）；

G、Q——集中恒荷载、活荷载（G、Q 在表中均用 P 表示）；

K_1、K_2、K_3、K_4——内力系数，由表中相应栏内查得。

（1）两跨梁

序号	荷载简图	跨内最大弯矩		支座弯矩	横向剪力			
		M_1	M_2	M_B	V_A	$V_{B左}$	$V_{B右}$	V_C
1	q; A B C; l l	0.070	0.070	−0.125	0.375	−0.625	0.625	−0.375
2	q; M_1 M_2	0.096	—	−0.063	0.437	−0.563	0.063	0.063
3	P P	0.156	0.156	−0.188	0.312	−0.688	0.688	−0.312
4	P	0.203	—	−0.094	0.406	−0.594	0.094	0.094

（续）

序号	荷载简图	跨内最大弯矩		支座弯矩	横向剪力			
		M_1	M_2	M_B	V_A	$V_{B左}$	$V_{B右}$	V_C
5	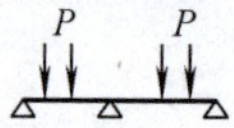	0.222	0.222	-0.333	0.667	-1.334	1.334	-0.667
6	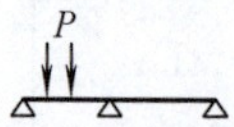	0.278	—	-0.167	0.833	-1.167	0.167	0.167

（2）三跨梁

序号	荷载简图	跨内最大弯矩		支座弯矩		横向剪力					
		M_1	M_2	M_B	M_C	V_A	$V_{B左}$	$V_{B右}$	$V_{C左}$	$V_{C右}$	V_D
1	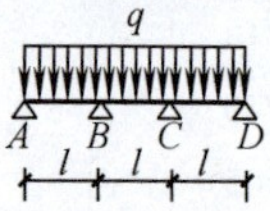	0.080	0.025	-0.100	-0.100	0.400	-0.600	0.500	-0.500	-0.600	-0.400
2	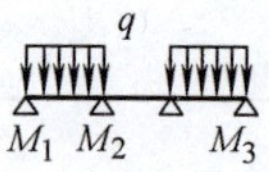	0.101	—	-0.050	-0.050	0.450	-0.550	0.000	0.000	0.550	-0.450
3	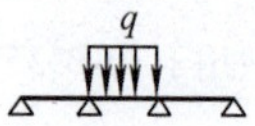	—	0.075	-0.050	-0.050	-0.050	-0.050	0.050	0.050	0.050	0.050
4	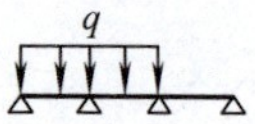	0.073	0.054	-0.117	-0.033	0.383	-0.617	0.583	-0.417	0.033	0.033
5	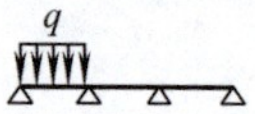	0.094	—	-0.067	-0.017	0.433	-0.567	0.083	0.083	-0.017	-0.017
6	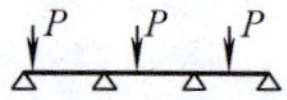	0.175	0.100	-0.150	-0.150	0.350	-0.650	0.500	-0.500	0.650	-0.350
7	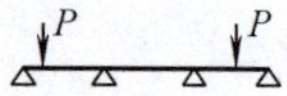	0.213	—	-0.075	-0.075	0.425	-0.575	0.000	0.000	0.575	-0.425
8	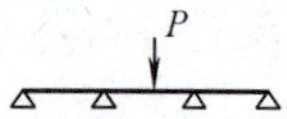	-0.038	0.175	-0.075	-0.075	-0.075	-0.075	0.500	-0.500	0.075	0.075
9	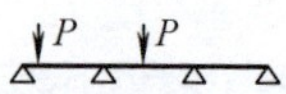	0.162	0.137	-0.175	-0.050	0.325	-0.675	0.625	-0.375	0.050	0.050
10	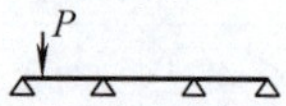	0.200	—	-0.100	0.025	0.400	-0.600	0.125	0.125	-0.025	-0.025
11	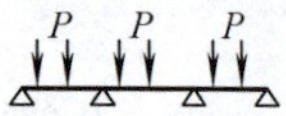	0.244	0.067	-0.267	-0.267	0.733	-1.267	1.000	-1.000	1.267	-0.733
12	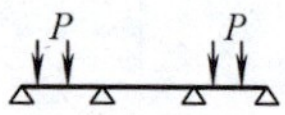	0.289	—	-0.133	-0.133	0.866	-1.134	0.000	0.000	1.134	-0.866
13	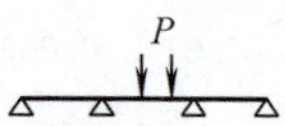	—	0.200	-0.133	-0.133	-0.133	-0.133	1.000	-1.000	0.133	0.133
14	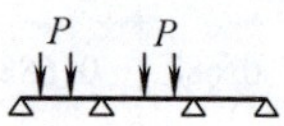	0.229	0.170	-0.311	-0.089	0.689	-1.311	1.222	-0.778	0.089	0.089
15	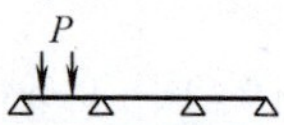	0.274	—	-0.178	0.044	0.822	-1.178	0.222	0.222	-0.044	-0.044

(3) 四跨梁

序号	荷载简图	跨内最大弯矩				支座弯矩			横向剪力								
		M_1	M_2	M_3	M_4	M_B	M_C	M_D	V_A	$V_{B左}$	$V_{B右}$	$V_{C左}$	$V_{C右}$	$V_{D左}$	$V_{D右}$	V_E
1	q; A B C D E; l l l l	0.077	0.036	0.036	0.077	−0.107	−0.071	−0.107	0.393	−0.607	0.536	−0.464	0.464	−0.536	0.607	−0.393
2	q; M_1 M_2 M_3 M_4	0.100	−0.045	0.081	−0.023	−0.054	−0.036	−0.054	0.446	−0.554	0.018	0.018	0.482	−0.518	0.054	0.054
3	b	0.072	0.061	—	0.098	−0.121	−0.018	−0.058	0.380	0.620	0.603	−0.397	−0.040	−0.040	0.558	−0.442
4	q	—	0.056	0.056	—	−0.036	−0.107	−0.036	−0.036	−0.036	0.429	−0.571	0.571	−0.429	0.036	0.036
5	q	0.094	—	—	—	−0.067	0.018	−0.004	0.433	−0.567	0.085	0.085	−0.022	−0.022	0.004	0.004
6	q	—	0.071	—	—	−0.049	−0.054	0.013	−0.049	−0.049	0.496	−0.504	0.067	0.067	−0.013	−0.013
7	P P P P	0.169	0.116	0.116	0.169	−0.161	−0.107	−0.161	0.339	−0.661	0.553	−0.446	0.446	−0.554	0.661	−0.339
8	P P	0.210	−0.067	0.183	−0.040	−0.080	−0.054	−0.080	0.420	−0.580	0.027	0.027	0.473	0.527	0.080	0.080
9	P P P	0.159	0.146	—	0.206	−0.181	−0.027	−0.087	0.319	−0.681	0.654	−0.346	−0.060	−0.060	0.587	−0.413

（续）

序号	荷载简图	跨内最大弯矩				支座弯矩			横向剪力								
		M_1	M_2	M_3	M_4	M_B	M_C	M_D	V_A	$V_{B左}$	$V_{B右}$	$V_{C左}$	$V_{C右}$	$V_{D左}$	$V_{D右}$	V_E
10	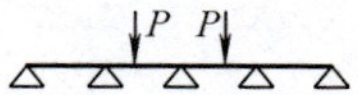	—	0.142	0.142	—	−0.054	−0.161	−0.054	−0.054	−0.054	0.393	−0.607	0.607	−0.393	0.054	0.054
11		0.202	—	—	—	−0.100	0.027	−0.007	0.400	−0.600	0.127	0.127	−0.033	−0.033	0.007	0.007
12	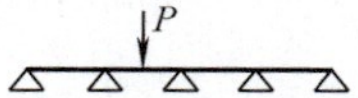	—	0.173	—	—	−0.074	−0.080	0.020	−0.074	−0.074	0.493	−0.507	0.100	0.100	−0.020	−0.020
13	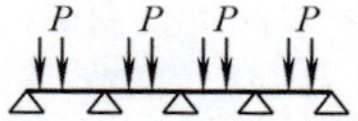	0.238	0.111	0.111	0.238	−0.286	−0.191	−0.286	0.714	−1.286	1.095	−0.905	0.905	−1.095	1.286	−0.714
14	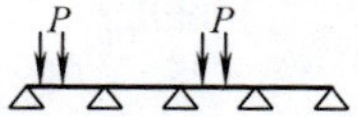	0.286	−0.111	0.222	−0.048	−0.143	−0.095	−0.143	0.875	−1.143	0.048	0.048	0.952	−1.048	0.143	0.143
15	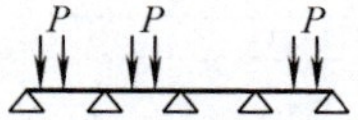	0.226	0.194	—	0.282	−0.321	−0.048	−0.155	0.679	−1.321	1.274	−0.726	−0.107	−0.107	1.155	−0.845
16	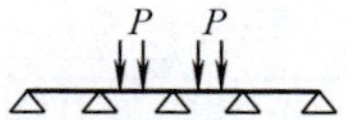	—	0.175	0.175	—	−0.095	−0.286	−0.095	−0.095	−0.095	0.810	−1.190	1.190	−0.810	0.095	0.095
17	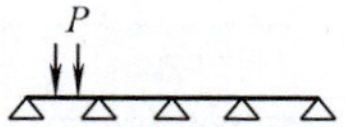	0.274	—	—	—	−0.178	0.048	−0.012	0.822	−1.178	0.226	0.226	−0.060	−0.060	0.012	0.012
18	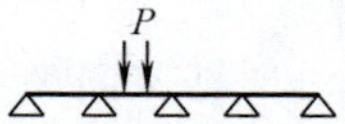	—	0.198	—	—	−0.131	−0.143	0.036	−0.131	−0.131	0.988	−1.012	0.178	0.178	−0.036	−0.036

(4) 五跨梁

序号	荷载简图	跨内最大弯矩			支座弯矩				横向剪力										
		M_1	M_2	M_3	M_B	M_C	M_D	M_E	V_A	$V_{B左}$	$V_{B右}$	$V_{C左}$	$V_{C右}$	$V_{D左}$	$V_{D右}$	$V_{E左}$	$V_{E右}$	V_F
1		0.0781	0.0331	0.0462	-0.105	-0.079	-0.079	-0.105	0.394	-0.606	0.526	-0.474	0.500	-0.500	0.474	-0.526	0.606	-0.394
2		0.1000	—	0.0855	-0.053	-0.040	-0.040	-0.053	0.447	-0.553	0.013	0.013	0.500	-0.500	-0.013	-0.013	0.553	-0.447
3		—	0.0787	—	-0.053	-0.040	-0.040	-0.053	-0.053	-0.053	0.513	-0.487	0.000	0.000	0.487	-0.513	0.053	0.053
4		0.073	0.059	—	-0.119	-0.022	-0.044	-0.051	0.380	-0.620	0.598	-0.402	-0.023	-0.023	0.493	-0.507	0.052	0.052
5		—	0.055	0.064	-0.035	-0.111	-0.020	-0.057	-0.035	-0.035	0.424	-0.576	0.591	-0.049	-0.037	-0.037	0.557	-0.443
6		0.094	—	—	-0.067	0.018	-0.005	0.001	0.433	-0.567	0.085	0.085	-0.023	-0.023	0.006	0.006	-0.001	-0.001
7		—	0.074	—	-0.049	-0.054	0.014	-0.004	-0.049	-0.049	0.495	-0.505	0.068	0.068	-0.018	0.018	0.004	0.004
8		—	—	0.072	0.013	-0.053	-0.053	0.013	0.013	0.013	-0.066	-0.066	0.500	-0.500	0.066	0.066	-0.013	-0.013
9		0.171	0.112	0.132	-0.158	-0.118	-0.118	-0.158	0.342	-0.658	0.540	-0.460	0.500	-0.500	0.460	-0.540	0.658	-0.342
10		0.211	—	0.191	-0.079	-0.059	-0.059	-0.079	0.421	-0.579	0.020	0.020	0.500	-0.500	-0.020	-0.020	0.579	-0.421
11		—	0.181	—	-0.079	-0.059	-0.059	-0.079	-0.079	-0.079	0.520	-0.480	0.000	0.000	0.480	-0.520	0.079	0.079
12		0.160	0.144	—	-0.179	-0.032	-0.066	-0.077	0.321	-0.679	0.647	-0.353	-0.034	-0.034	0.489	-0.511	0.077	0.077

（续）

序号	荷载简图	跨内最大弯矩			支座弯矩				横向剪力										
		M_1	M_2	M_3	M_B	M_C	M_D	M_E	V_A	$V_{B左}$	$V_{B右}$	$V_{C左}$	$V_{C右}$	$V_{D左}$	$V_{D右}$	$V_{E左}$	$V_{E右}$	V_F
13	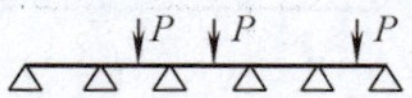	—	0.140	0.151	−0.052	−0.167	−0.031	−0.086	−0.052	−0.052	0.385	−0.615	0.637	−0.363	−0.056	−0.056	0.586	−0.414
14	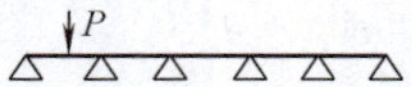	0.200	—	—	−0.100	0.027	−0.007	0.002	0.400	−0.600	0.127	0.127	−0.034	−0.034	0.009	0.009	−0.002	−0.002
15	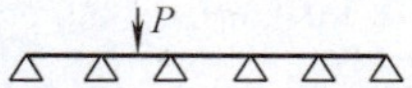	—	0.173	—	−0.073	−0.081	0.022	−0.005	−0.073	−0.073	0.493	−0.507	0.102	0.102	−0.027	−0.027	0.005	0.005
16	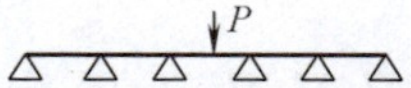	—	—	0.171	0.020	0.079	−0.079	0.020	0.020	0.020	−0.099	−0.099	0.500	−0.500	0.099	0.099	−0.020	−0.020
17	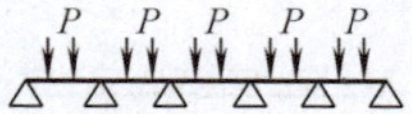	0.240	0.100	0.122	−0.281	−0.211	−0.211	−0.281	0.719	−1.281	1.070	−0.930	1.000	−1.000	0.930	−1.070	1.281	−0.719
18	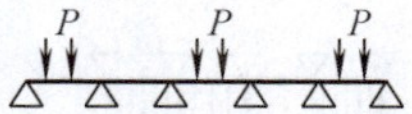	0.287	—	0.228	−0.140	−0.105	−0.105	−0.140	0.860	−1.140	0.035	0.035	1.000	−1.000	−0.035	−0.035	1.140	−0.860
19	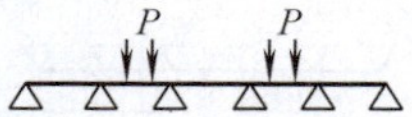	—	0.216	—	−0.140	−0.105	−0.105	−0.140	−0.140	−0.140	1.035	−0.965	0.000	0.000	0.965	−1.035	0.140	0.140
20	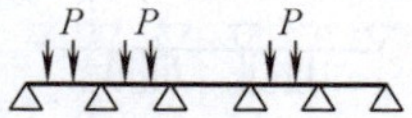	0.227	0.189	—	−0.319	−0.057	−0.118	−0.137	0.681	−1.319	1.262	−0.738	−0.061	−0.061	0.981	−1.019	0.137	0.137
21	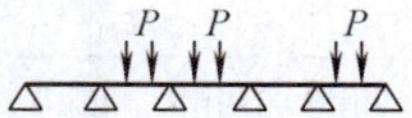	—	0.172	0.198	−0.093	−0.297	−0.054	−0.153	−0.093	−0.093	0.796	−1.204	1.243	−0.757	−0.099	−0.099	1.153	−0.847
22	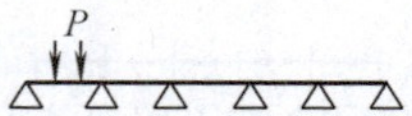	0.274	—	—	−0.179	0.048	−0.013	0.003	0.821	−1.179	0.227	0.227	−0.061	−0.061	0.016	0.016	−0.003	−0.003
23		—	0.198	—	−0.131	−0.144	0.038	−0.010	−0.131	−0.131	0.987	−1.103	0.182	0.182	−0.048	−0.048	0.010	0.010
24	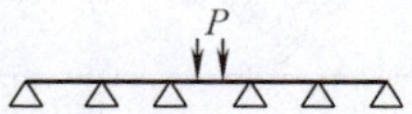	—	—	0.193	0.035	−0.140	−0.140	0.035	0.035	0.035	−0.175	−0.175	1.000	−1.000	0.175	0.175	−0.035	−0.035

附表 14 双向板在均布荷载作用下的弯矩系数

说明：(1) 板单位宽度的截面抗弯刚度按下列公式计算（按弹性理论计算方法）：

$$B_c = \frac{Eh^3}{12(1-\mu^2)}$$

式中 B_c——板宽 1m 的截面抗弯刚度；

E——弹性模量；

h——板厚；

μ——泊松比。

(2) 表中符号如下：

f、f_{max}——板中心点的挠度和最大挠度；

M_x、M_{xmax}——平行于 l_x 方向板中心点单位板宽内的弯矩和板跨内最大弯矩；

M_y、M_{ymax}——平行于 l_y 方向板中心点单位板宽内的弯矩和板跨内最大弯矩；

M_x^0——固定边中点沿 l_x 方向单位板宽内的弯矩；

M_y^0——固定边中点沿 l_y 方向单位板宽内的弯矩。

(3) 板支承边的符号为：

固定边 ⊥⊥⊥⊥⊥⊥⊥⊥⊥ 简支边 - - - - - - - - -

(4) 弯矩和挠度正、负号的规定如下：

弯矩——使板的受荷面受压的为正；

挠度——变位方向与荷载作用方向相同的为正。

(5) 附表 14 中各表的弯矩系数是对 $\mu=0$ 算得的。对于钢筋混凝土，μ 一般可取为 1/6，此时对于挠度、支座中点弯矩，仍可按表中系数计算；对于跨中弯矩，一般也可按表中系数计算（即近似地认为 $\mu=0$），必要时可按下式计算

$$M_x^{\mu} = M_x + \mu M_y$$

$$M_y^{\mu} = M_y + \mu M_x$$

挠度 = 表中系数 × $\frac{ql_0^4}{B_c}$

弯矩 = 表中系数 × ql_0^2

式中，l_0 取用 l_x 和 l_y 中的较小值。

四边简支双向板

l_x/l_y	f	M_x	M_y	l_x/l_y	f	M_x	M_y
0.50	0.01013	0.0965	0.0174	0.80	0.00603	0.0561	0.0334
0.55	0.00940	0.0892	0.0210	0.85	0.00547	0.0506	0.0349
0.60	0.00867	0.0820	0.0242	0.90	0.00496	0.0456	0.0358
0.65	0.00796	0.0750	0.0271	0.95	0.00449	0.0410	0.0364
0.70	0.00727	0.0683	0.0296	1.00	0.00406	0.0368	0.0368
0.75	0.00663	0.0620	0.0317				

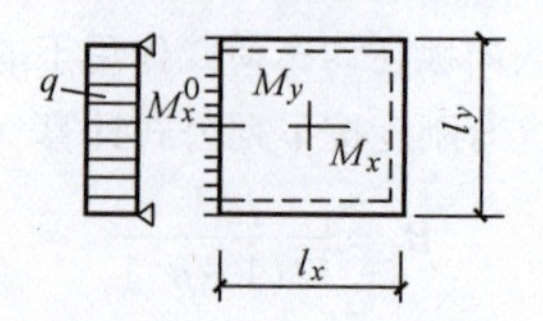

挠度 = 表中系数 × $\frac{ql_0^2}{B_c}$

弯矩 = 表中系数 × ql_0^2

式中，l_0 取用 l_x 和 l_y 中的较小值。

三边简支、一边固定双向板

l_x/l_y	l_y/l_x	f	f_{max}	M_x	$M_{x\,max}$	M_y	$M_{y\,max}$	M_x^0
0.50		0.00488	0.00504	0.0583	0.0646	0.0060	0.0063	-0.1212
0.55		0.00471	0.00492	0.0563	0.0618	0.0081	0.0087	-0.1187
0.60		0.00453	0.00472	0.0539	0.0589	0.0104	0.0111	-0.1158
0.65		0.00432	0.00448	0.0513	0.0559	0.0126	0.0133	-0.1124
0.70		0.00410	0.00422	0.0485	0.0529	0.0148	0.0154	-0.1087
0.75		0.00388	0.00399	0.0457	0.0496	0.0168	0.0174	-0.1048
0.80		0.00365	0.00376	0.0428	0.0463	0.0187	0.0193	-0.1007
0.85		0.00343	0.00352	0.0400	0.0431	0.0204	0.0211	-0.0965
0.90		0.00321	0.00329	0.0372	0.0400	0.0219	0.0226	-0.0922
0.95		0.00299	0.00306	0.0345	0.0369	0.0232	0.0239	-0.0880
1.00	1.00	0.00279	0.00285	0.0319	0.0340	0.0243	0.0249	-0.0839
	0.95	0.00316	0.00324	0.0324	0.0345	0.0280	0.0287	-0.0882
	0.90	0.00360	0.00368	0.0328	0.0347	0.0322	0.0330	-0.0926
	0.85	0.00409	0.00417	0.0329	0.0347	0.0370	0.0378	-0.0970
	0.80	0.00464	0.00473	0.0326	0.0343	0.0424	0.0433	-0.1014
	0.75	0.00526	0.00536	0.0319	0.0335	0.0485	0.0494	-0.1056
	0.70	0.00595	0.00605	0.0308	0.0323	0.0553	0.0562	-0.1096
	0.65	0.00670	0.00680	0.0291	0.0306	0.0627	0.0637	-0.1133
	0.60	0.00752	0.00762	0.0268	0.0289	0.0707	0.0717	-0.1166
	0.55	0.00838	0.00848	0.0239	0.0271	0.0792	0.0801	-0.1193
	0.50	0.00927	0.00935	0.0205	0.0249	0.0880	0.0888	-0.1215

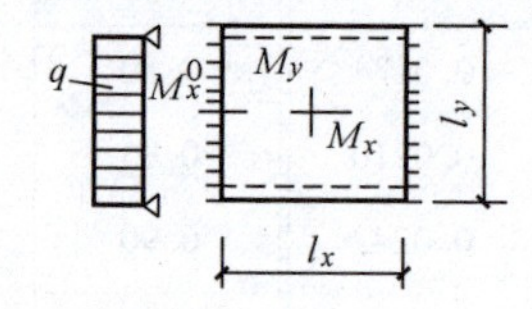

挠度 = 表中系数 × $\frac{ql_0^2}{B_c}$

弯矩 = 表中系数 × ql_0^2

式中，l_0 取用 l_x 和 l_y 中的较小值。

两对边简支、两对边固定双向板

l_x/l_y	l_y/l_x	f	M_x	M_y	M_x^0	l_x/l_y	l_y/l_x	f	M_x	M_y	M_x^0
0.50		0.00261	0.0416	0.0017	−0.0843		0.95	0.00223	0.0296	0.0189	−0.0746
0.55		0.00259	0.0410	0.0028	−0.0840		0.90	0.00260	0.0306	0.0224	−0.0797
0.60		0.00255	0.0402	0.0042	−0.0834		0.85	0.00303	0.0314	0.0266	−0.0850
0.65		0.00250	0.0392	0.0057	−0.0826		0.80	0.00354	0.0319	0.0316	−0.0904
0.70		0.00243	0.0379	0.0072	−0.0814		0.75	0.00413	0.0321	0.0374	−0.0959
0.75		0.00236	0.0366	0.0088	−0.0799		0.70	0.00482	0.0318	0.0441	−0.1013
0.80		0.00228	0.0351	0.0103	−0.0782		0.65	0.00560	0.0308	0.0518	−0.1066
0.85		0.00220	0.0335	0.0118	−0.0763		0.60	0.00647	0.0292	0.0604	−0.1114
0.90		0.00211	0.0319	0.0133	−0.0743		0.55	0.00743	0.0267	0.0698	−0.1156
0.95		0.00201	0.0302	0.0146	−0.0721		0.50	0.00844	0.0234	0.0798	−0.1191
1.00	1.00	0.00192	0.0285	0.0158	−0.0698						

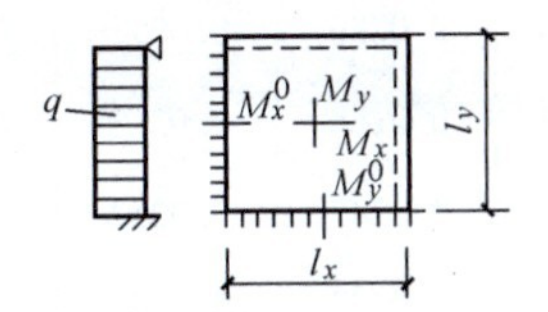

挠度 = 表中系数 × $\dfrac{ql_0^4}{B_c}$

弯矩 = 表中系数 × ql_0^2

式中，l_0 取用 l_x 和 l_y 中的较小值。

两邻边简支、两邻边固定双向板

l_x/l_y	f	f_{max}	M_x	$M_{x\max}$	M_y	$M_{y\max}$	M_x^0	M_y^0
0.50	0.00468	0.00471	0.0559	0.0562	0.0079	0.0135	−0.1179	−0.0786
0.55	0.00445	0.00454	0.0529	0.0530	0.0104	0.0153	−0.1140	−0.0785
0.60	0.00419	0.00429	0.0496	0.0498	0.0129	0.0169	−0.1095	−0.0782
0.65	0.00391	0.00399	0.0461	0.0465	0.0151	0.0183	−0.1045	−0.0777
0.70	0.00363	0.00368	0.0426	0.0432	0.0172	0.0195	−0.0992	−0.0770
0.75	0.00335	0.00340	0.0390	0.0396	0.0189	0.0206	−0.0938	−0.0760
0.80	0.00308	0.00313	0.0356	0.0361	0.0204	0.0218	−0.0883	−0.0748
0.85	0.00281	0.00286	0.0322	0.0328	0.0215	0.0229	−0.0829	−0.0733
0.90	0.00256	0.00261	0.0291	0.0297	0.0224	0.0238	−0.0776	−0.0716
0.95	0.00232	0.00237	0.0261	0.0267	0.0230	0.0244	−0.0726	−0.0698
1.00	0.00210	0.00215	0.0234	0.0240	0.0234	0.0249	−0.0677	−0.0677

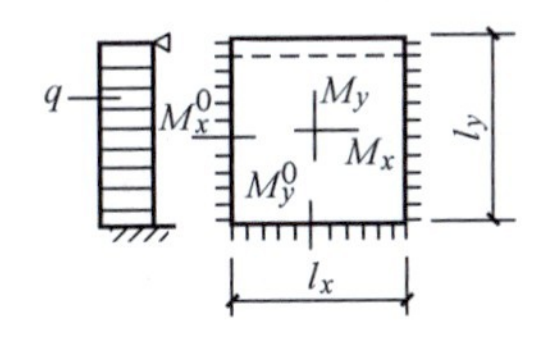

挠度 = 表中系数 × $\dfrac{ql_0^4}{B_c}$

弯矩 = 表中系数 × ql_0^2

式中，l_0 取用 l_x 和 l_y 中的较小值。

一边简支、三边固定双向板

l_x/l_y	l_y/l_x	f	f_{max}	M_x	$M_{x\,max}$	M_y	$M_{y\,max}$	M_x^0	M_y^0
0.50		0.00257	0.00258	0.0408	0.0409	0.0028	0.0089	−0.0836	−0.0569
0.55		0.00252	0.00255	0.0398	0.0399	0.0042	0.0093	−0.0827	−0.0570
0.60		0.00245	0.00249	0.0384	0.0386	0.0059	0.0105	−0.0814	−0.0571
0.65		0.00237	0.00240	0.0368	0.0371	0.0076	0.0116	−0.0796	−0.0572
0.70		0.00227	0.00229	0.0350	0.0354	0.0093	0.0127	−0.0774	−0.0572
0.75		0.00216	0.00219	0.0331	0.0335	0.0109	0.0137	−0.0750	−0.0572
0.80		0.00205	0.00208	0.0310	0.0314	0.0124	0.0147	−0.0722	−0.0570
0.85		0.00193	0.00196	0.0289	0.0293	0.0138	0.0155	−0.0693	−0.0567
0.90		0.00181	0.00184	0.0268	0.0273	0.0159	0.0163	−0.0663	−0.0563
0.95		0.00169	0.00172	0.0247	0.0252	0.0160	0.0172	−0.0631	−0.0558
1.00	1.00	0.00157	0.00160	0.0227	0.0231	0.0168	0.0180	−0.0600	−0.0550
	0.95	0.00178	0.00182	0.0229	0.0234	0.0194	0.0207	−0.0629	−0.0599
	0.90	0.00201	0.00206	0.0228	0.0234	0.0223	0.0238	−0.0656	−0.0653
	0.85	0.00227	0.00233	0.0225	0.0231	0.0255	0.0273	−0.0683	−0.0711
	0.80	0.00256	0.00262	0.0219	0.0224	0.0290	0.0311	−0.0707	−0.0772
	0.75	0.00286	0.00294	0.0208	0.0214	0.0329	0.0354	−0.0729	−0.0837
	0.70	0.00319	0.00327	0.0194	0.0200	0.0370	0.0400	−0.0748	−0.0903
	0.65	0.00352	0.00365	0.0175	0.0182	0.0412	0.0446	−0.0762	−0.0970
	0.60	0.00386	0.00403	0.0153	0.0160	0.0454	0.0493	−0.0773	−0.1033
	0.55	0.00419	0.00437	0.0127	0.0133	0.0496	0.0541	−0.0780	−0.1093
	0.50	0.00449	0.00463	0.0099	0.0103	0.0534	0.0588	−0.0784	−0.1146

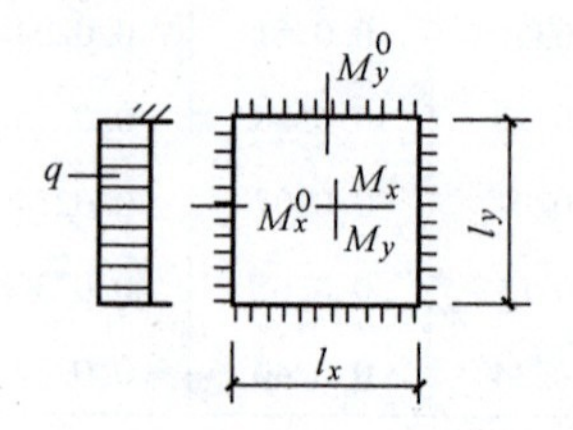

挠度 = 表中系数 × $\dfrac{ql_0^4}{B_c}$

弯矩 = 表中系数 × ql_0^2

式中，l_0 取用 l_x 和 l_y 中的较小值。

四边固定双向板

l_x/l_y	f	M_x	M_y	M_x^0	M_y^0
0.50	0.00253	0.0400	0.0038	-0.0829	-0.0570
0.55	0.00246	0.0385	0.0056	-0.0814	-0.0571
0.60	0.00236	0.0367	0.0076	-0.0793	-0.0571
0.65	0.00224	0.0345	0.0095	-0.0766	-0.0571
0.70	0.00211	0.0321	0.0113	-0.0735	-0.0569
0.75	0.00197	0.0296	0.0130	-0.0701	-0.0565
0.80	0.00182	0.0271	0.0144	-0.0664	-0.0559
0.85	0.00168	0.0246	0.0156	-0.0626	-0.0551
0.90	0.00153	0.0221	0.0165	-0.0588	-0.0541
0.95	0.00140	0.0198	0.0172	-0.0550	-0.0528
1.00	0.00127	0.0176	0.0176	-0.0513	-0.0513

附表 15　规则框架均布水平力作用时标准反弯点的高度比 y_0 值

m	$\overline{K}_r$	0.1	0.2	0.3	0.4	0.5	0.6	0.7	0.8	0.9	1.0	2.0	3.0	4.0	5.0
1	1	0.80	0.75	0.70	0.65	0.65	0.60	0.60	0.60	0.60	0.55	0.55	0.55	0.55	0.55
2	2	0.45	0.40	0.35	0.35	0.35	0.35	0.40	0.40	0.40	0.40	0.45	0.45	0.45	0.45
	1	0.95	0.80	0.75	0.70	0.65	0.65	0.65	0.60	0.60	0.60	0.55	0.55	0.55	0.50
3	3	0.15	0.20	0.20	0.25	0.30	0.30	0.30	0.35	0.35	0.35	0.40	0.45	0.45	0.45
	2	0.55	0.50	0.45	0.45	0.45	0.45	0.45	0.45	0.45	0.45	0.45	0.50	0.50	0.50
	1	1.00	0.85	0.80	0.75	0.70	0.70	0.65	0.65	0.65	0.60	0.55	0.55	0.55	0.55
4	4	-0.05	0.05	0.15	0.20	0.25	0.30	0.30	0.35	0.35	0.35	0.40	0.45	0.45	0.45
	3	0.25	0.30	0.30	0.35	0.35	0.40	0.40	0.40	0.40	0.45	0.45	0.50	0.50	0.50
	2	0.65	0.55	0.50	0.50	0.45	0.45	0.45	0.45	0.45	0.45	0.50	0.50	0.50	0.50
	1	1.10	0.90	0.80	0.75	0.70	0.70	0.65	0.65	0.65	0.60	0.55	0.55	0.55	0.55
5	5	-0.20	0.00	0.15	0.20	0.25	0.30	0.30	0.30	0.35	0.35	0.40	0.45	0.45	0.45
	4	0.10	0.20	0.25	0.30	0.35	0.35	0.40	0.40	0.40	0.40	0.45	0.45	0.50	0.50
	3	0.40	0.40	0.40	0.40	0.40	0.45	0.45	0.45	0.45	0.45	0.50	0.50	0.50	0.50
	2	0.65	0.55	0.50	0.50	0.50	0.50	0.50	0.50	0.50	0.50	0.50	0.50	0.50	0.50
	1	1.20	0.95	0.80	0.75	0.75	0.70	0.70	0.65	0.65	0.65	0.55	0.55	0.55	0.55
6	6	-0.30	0.00	0.10	0.20	0.25	0.25	0.30	0.30	0.35	0.35	0.40	0.45	0.45	0.45
	5	0.00	0.20	0.25	0.30	0.35	0.35	0.40	0.40	0.40	0.40	0.45	0.45	0.50	0.50
	4	0.20	0.30	0.35	0.35	0.40	0.40	0.40	0.40	0.40	0.45	0.45	0.50	0.50	0.50
	3	0.40	0.40	0.40	0.45	0.45	0.45	0.45	0.45	0.45	0.45	0.50	0.50	0.50	0.50
	2	0.70	0.60	0.55	0.50	0.50	0.50	0.50	0.50	0.50	0.50	0.50	0.50	0.50	0.50
	1	1.20	0.95	0.85	0.80	0.75	0.70	0.70	0.65	0.65	0.65	0.55	0.55	0.55	0.55

（续）

m	$\overline{K}_r$	0.1	0.2	0.3	0.4	0.5	0.6	0.7	0.8	0.9	1.0	2.0	3.0	4.0	5.0
7	7	-0.35	-0.05	0.10	0.20	0.20	0.25	0.30	0.30	0.35	0.35	0.40	0.45	0.45	0.45
	6	-0.10	0.15	0.25	0.30	0.35	0.35	0.35	0.40	0.40	0.40	0.45	0.45	0.50	0.50
	5	0.10	0.25	0.30	0.35	0.40	0.40	0.40	0.45	0.45	0.45	0.45	0.50	0.50	0.50
	4	0.30	0.35	0.40	0.40	0.40	0.45	0.45	0.45	0.45	0.45	0.50	0.50	0.50	0.50
	3	0.50	0.45	0.45	0.45	0.45	0.45	0.45	0.45	0.45	0.45	0.50	0.50	0.50	0.50
	2	0.75	0.60	0.55	0.50	0.50	0.50	0.50	0.50	0.50	0.50	0.50	0.50	0.50	0.50
	1	1.20	0.95	0.85	0.80	0.75	0.70	0.70	0.65	0.65	0.65	0.55	0.55	0.55	0.55
8	8	-0.35	-0.15	0.10	0.15	0.25	0.25	0.30	0.30	0.35	0.35	0.40	0.45	0.45	0.45
	7	-0.10	-0.15	0.25	0.30	0.35	0.35	0.40	0.40	0.40	0.40	0.45	0.50	0.50	0.50
	6	0.05	0.25	0.30	0.35	0.40	0.40	0.40	0.45	0.45	0.45	0.45	0.50	0.50	0.50
	5	0.20	0.30	0.35	0.40	0.40	0.45	0.45	0.45	0.45	0.45	0.50	0.50	0.50	0.50
	4	0.35	0.40	0.40	0.45	0.45	0.45	0.45	0.45	0.45	0.45	0.50	0.50	0.50	0.50
	3	0.50	0.45	0.45	0.45	0.45	0.45	0.45	0.45	0.50	0.50	0.50	0.50	0.50	0.50
	2	0.75	0.60	0.55	0.55	0.50	0.50	0.50	0.50	0.50	0.50	0.50	0.50	0.50	0.50
	1	1.20	1.00	0.85	0.80	0.75	0.70	0.70	0.65	0.65	0.65	0.55	0.55	0.55	0.55
9	9	-0.40	-0.05	0.10	0.20	0.25	0.25	0.30	0.30	0.35	0.35	0.45	0.45	0.45	0.45
	8	-0.15	0.15	0.25	0.30	0.35	0.35	0.35	0.40	0.40	0.40	0.45	0.45	0.50	0.50
	7	0.05	0.25	0.30	0.35	0.40	0.40	0.40	0.45	0.45	0.45	0.45	0.50	0.50	0.50
	6	0.15	0.30	0.35	0.40	0.40	0.45	0.45	0.45	0.45	0.45	0.50	0.50	0.50	0.50
	5	0.25	0.35	0.40	0.40	0.45	0.45	0.45	0.45	0.45	0.45	0.50	0.50	0.50	0.50
	4	0.40	0.40	0.40	0.45	0.45	0.45	0.45	0.45	0.45	0.45	0.50	0.50	0.50	0.50
	3	0.55	0.45	0.45	0.45	0.45	0.45	0.45	0.45	0.50	0.50	0.50	0.50	0.50	0.50
	2	0.80	0.65	0.55	0.55	0.50	0.50	0.50	0.50	0.50	0.50	0.50	0.50	0.50	0.50
	1	1.20	1.00	0.85	0.80	0.75	0.70	0.70	0.65	0.65	0.65	0.55	0.55	0.55	0.55
10	10	-0.40	-0.05	0.10	0.20	0.25	0.30	0.30	0.30	0.35	0.35	0.40	0.45	0.45	0.45
	9	-0.15	0.15	0.25	0.30	0.35	0.35	0.40	0.40	0.40	0.40	0.45	0.45	0.50	0.50
	8	0.00	0.25	0.30	0.35	0.40	0.40	0.40	0.45	0.45	0.45	0.45	0.50	0.50	0.50
	7	0.10	0.30	0.35	0.40	0.40	0.45	0.45	0.45	0.45	0.45	0.50	0.50	0.50	0.50
	6	0.20	0.35	0.40	0.40	0.45	0.45	0.45	0.45	0.45	0.45	0.50	0.50	0.50	0.50
	5	0.30	0.40	0.40	0.45	0.45	0.45	0.45	0.45	0.45	0.50	0.50	0.50	0.50	0.50
	4	0.40	0.40	0.45	0.45	0.45	0.45	0.45	0.45	0.45	0.50	0.50	0.50	0.50	0.50
	3	0.55	0.50	0.45	0.45	0.45	0.50	0.50	0.50	0.50	0.50	0.50	0.50	0.50	0.50
	2	0.80	0.65	0.55	0.55	0.55	0.50	0.50	0.50	0.50	0.50	0.50	0.50	0.50	0.50
	1	1.30	1.00	0.85	0.80	0.75	0.70	0.70	0.65	0.65	0.65	0.60	0.55	0.55	0.55

（续）

m	$\overline{K}_r$	0.1	0.2	0.3	0.4	0.5	0.6	0.7	0.8	0.9	1.0	2.0	3.0	4.0	5.0
11	11	−0.40	0.05	0.10	0.20	0.25	0.30	0.30	0.30	0.35	0.35	0.40	0.45	0.45	0.45
	10	−0.15	0.15	0.25	0.30	0.35	0.35	0.40	0.40	0.40	0.40	0.45	0.45	0.50	0.50
	9	0.00	0.25	0.30	0.35	0.40	0.40	0.40	0.45	0.45	0.45	0.45	0.50	0.50	0.50
	8	0.10	0.30	0.35	0.40	0.40	0.45	0.45	0.45	0.45	0.45	0.50	0.50	0.50	0.50
	7	0.20	0.35	0.40	0.45	0.45	0.45	0.45	0.45	0.45	0.45	0.50	0.50	0.50	0.50
	6	0.25	0.35	0.40	0.45	0.45	0.45	0.45	0.45	0.45	0.45	0.50	0.50	0.50	0.50
	5	0.35	0.40	0.40	0.45	0.45	0.45	0.45	0.45	0.45	0.50	0.50	0.50	0.50	0.50
	4	0.40	0.45	0.45	0.45	0.45	0.45	0.45	0.50	0.50	0.50	0.50	0.50	0.50	0.50
	3	0.55	0.50	0.50	0.50	0.50	0.50	0.50	0.50	0.50	0.50	0.50	0.50	0.50	0.50
	2	0.80	0.65	0.60	0.55	0.55	0.50	0.50	0.50	0.50	0.50	0.50	0.50	0.50	0.50
	1	1.30	1.00	0.85	0.80	0.75	0.70	0.70	0.65	0.65	0.65	0.60	0.55	0.55	0.55
12以上	↓1	−0.40	−0.05	0.10	0.20	0.25	0.30	0.30	0.30	0.35	0.35	0.40	0.45	0.45	0.45
	2	−0.15	0.15	0.25	0.30	0.35	0.35	0.40	0.40	0.40	0.40	0.45	0.45	0.50	0.50
	3	0.00	0.25	0.30	0.35	0.40	0.40	0.40	0.45	0.45	0.45	0.50	0.50	0.50	0.50
	4	0.10	0.30	0.35	0.40	0.40	0.45	0.45	0.45	0.45	0.45	0.50	0.50	0.50	0.50
	5	0.20	0.35	0.40	0.40	0.45	0.45	0.45	0.45	0.45	0.45	0.50	0.50	0.50	0.50
	6	0.25	0.35	0.40	0.45	0.45	0.45	0.45	0.45	0.45	0.45	0.50	0.50	0.50	0.50
	7	0.30	0.40	0.40	0.45	0.45	0.45	0.45	0.45	0.50	0.50	0.50	0.50	0.50	0.50
	8	0.35	0.40	0.45	0.45	0.45	0.45	0.45	0.50	0.50	0.50	0.50	0.50	0.50	0.50
	中间	0.40	0.40	0.45	0.45	0.45	0.45	0.50	0.50	0.50	0.50	0.50	0.50	0.50	0.50
	4	0.45	0.45	0.45	0.45	0.50	0.50	0.50	0.50	0.50	0.50	0.50	0.50	0.50	0.50
	3	0.60	0.50	0.50	0.50	0.50	0.50	0.50	0.50	0.50	0.50	0.50	0.50	0.50	0.50
	2	0.80	0.65	0.60	0.55	0.55	0.50	0.50	0.50	0.50	0.50	0.50	0.50	0.50	0.50
	↑1	1.30	1.00	0.85	0.80	0.75	0.70	0.70	0.65	0.65	0.65	0.55	0.55	0.55	0.55

注：

i_1　i_2

i　　$\overline{K}=\dfrac{i_1+i_2+i_3+i_4}{2i}$

i_3　i_4

附表16　上、下层横梁线刚度比对 y_0 的修正值 y_1

α_1 \ $\overline{K}$	0.1	0.2	0.3	0.4	0.5	0.6	0.7	0.8	0.9	1.0	2.0	3.0	4.0	5.0
0.4	0.55	0.40	0.30	0.25	0.20	0.20	0.20	0.15	0.15	0.15	0.05	0.05	0.05	0.05
0.5	0.45	0.30	0.20	0.20	0.15	0.15	0.15	0.10	0.10	0.10	0.05	0.05	0.05	0.05
0.6	0.30	0.20	0.15	0.15	0.10	0.10	0.10	0.10	0.05	0.05	0.05	0.05	0	0
0.7	0.20	0.15	0.10	0.10	0.10	0.10	0.05	0.05	0.05	0.05	0.05	0	0	0
0.8	0.15	0.10	0.05	0.05	0.05	0.05	0.05	0.05	0.05	0	0	0	0	0
0.9	0.05	0.05	0.05	0.05	0	0	0	0	0	0	0	0	0	0

注：

i_1　i_2　　$\alpha_1=\dfrac{i_1+i_2}{i_3+i_4}$，当 $i_1+i_2>i_3+i_4$ 时，α_1 取倒数，即 $\alpha_1=\dfrac{i_3+i_4}{i_1+i_2}$，并且 y_1 取负值。

i_c

i_3　i_4　　$\overline{K}=\dfrac{i_1+i_2+i_3+i_4}{2i_c}$

附表 17　上、下层高度变化对 y_0 的修正值 y_2 和 y_3

α_2	α_3 \ $\overline{K}$	0.1	0.2	0.3	0.4	0.5	0.6	0.7	0.8	0.9	1.0	2.0	3.0	4.0	5.0
2.0		0.25	0.15	0.15	0.10	0.10	0.10	0.10	0.10	0.05	0.05	0.05	0.05	0.0	0.0
1.8		0.20	0.15	0.10	0.10	0.10	0.05	0.05	0.05	0.05	0.05	0.05	0.0	0.0	0.0
1.6	0.4	0.15	0.10	0.10	0.05	0.05	0.05	0.05	0.05	0.05	0.05	0.0	0.0	0.0	0.0
1.4	0.6	0.10	0.05	0.05	0.05	0.05	0.05	0.05	0.05	0.05	0.0	0.0	0.0	0.0	0.0
1.2	0.8	0.05	0.05	0.05	0.0	0.0	0.0	0.0	0.0	0.0	0.0	0.0	0.0	0.0	0.0
1.0	1.0	0.0	0.0	0.0	0.0	0.0	0.0	0.0	0.0	0.0	0.0	0.0	0.0	0.0	0.0
0.8	1.2	−0.05	−0.05	−0.05	0.0	0.0	0.0	0.0	0.0	0.0	0.0	0.0	0.0	0.0	0.0
0.6	1.4	−0.10	−0.05	−0.05	−0.05	−0.05	−0.05	−0.05	−0.05	−0.05	0.0	0.0	0.0	0.0	0.0
0.4	1.6	−0.15	−0.10	−0.10	−0.05	−0.05	−0.05	−0.05	−0.05	−0.05	−0.05	0.0	0.0	0.0	0.0
	1.8	−0.20	−0.15	−0.10	−0.10	−0.10	−0.05	−0.05	−0.05	−0.05	−0.05	−0.05	0.0	0.0	0.0
	2.0	−0.25	−0.15	−0.15	−0.10	−0.10	−0.10	−0.10	−0.10	−0.05	−0.05	−0.05	−0.05	0.0	0.0

注：

$\alpha_2 h$

h

$\alpha_3 h$

y_2——按照 $\overline{K}$ 及 α_2 求得，上层较高时为正值；

y_3——按照 $\overline{K}$ 及 α_3 求得。

$\alpha_2=\dfrac{h_{上}}{h}$，$\alpha_3=\dfrac{h_{下}}{h}$

附表 18　钢材的强度设计值

（单位：N/mm^2）

钢材		抗拉、抗压和抗弯	抗剪	端面承压（刨平顶紧）
牌　号	厚度或直径/mm	f	f_v	f_{ce}
Q235 钢	≤16	215	125	325
	>16～40	205	120	
	>40～60	200	115	
	>60～100	190	110	
Q345 钢	≤16	310	180	400
	>16～35	295	170	
	>35～50	265	155	
	>50～100	250	145	
Q390 钢	≤16	350	205	415
	>16～35	335	190	
	>35～50	315	180	
	50～100	295	170	
Q420 钢	≤16	380	220	440
	>16～35	360	210	
	>35～50	340	195	
	>50～100	325	185	

注：表中厚度是指计算点的厚度。

附表 19　焊缝强度设计值

（单位：N/mm^2）

焊接方法和焊条型号	构件钢材牌号		对接焊缝				角焊缝
	牌号	厚度或直径/mm	抗压 f_c^w	焊缝质量为下列等级时，抗拉 f_t^w		抗剪 f_v^w	抗拉、抗压和抗剪 f_f^w
				一级、二级	三级		
自动焊、半自动焊和E43型焊条的焊条电弧焊	Q235钢	≤16	215	215	185	125	160
		>16～40	205	205	175	120	
		>40～60	200	200	170	115	
		>60～100	190	190	160	110	
自动焊、半自动焊和E50型焊条的焊条电弧焊	Q345钢（16Mn）	≤16	310	310	265	180	200
		>16～35	295	295	250	170	
		>35～50	265	265	225	155	
		>50～100	250	250	210	145	
自动焊、半自动焊和E55型焊条的焊条电弧焊	Q390焊	≤16	350	350	300	205	220
		>16～35	335	335	285	190	
		>35～50	315	315	270	180	
		>50～100	295	295	250	170	
	Q420钢	≤16	380	380	320	220	
		>16～35	360	360	305	210	
		>35～50	340	340	290	195	
		>50～100	325	325	275	185	

注：1. 自动焊和半自动焊所采用的焊丝和焊剂，应保证其熔敷金属力学性能不低于现行国家标准《埋弧焊用非合金钢及细晶粒钢实心焊丝、药芯焊丝和焊丝－焊剂组合分类要求》（GB/T 5293—2018）和《埋弧焊用热强钢实心焊丝、药芯焊丝和焊丝－焊剂组合分类要求》（GB/T 12470—2018）中的相关规定。

2. 焊缝质量等级应符合现行国家标准《钢结构工程施工质量验收规范》（GB 50205—2001）的规定；其中厚度小于8mm的钢材对接焊缝，不应采用超声波探伤确定焊缝质量等级。

3. 对接焊缝在受压区的抗弯强度设计值取 f_c^w，在受拉区的抗弯强度设计值取 f_t^w。

4. 表中厚度指计算点的钢材厚度，对轴心受拉和轴心受压构件指截面中较厚板件的厚度。

附表 20　螺栓连接的强度设计值

（单位：N/mm^2）

螺栓的钢材牌号（或性能等级）和构件的钢材牌号		普通螺栓							承压型连接高强度螺栓		
		C级螺栓			A、B级螺栓			锚栓			
		抗拉 f_t^b	抗剪 f_v^b	承压 f_c^b	抗拉 f_t^b	抗剪 f_v^b	承压 f_c^d	抗拉 f_t^a	抗拉 f_t^b	抗剪 f_v^b	承压 f_c^b
普通螺栓	4.6级、4.8级	170	140								
	5.6级				210	190					
	8.8级				400	320					
锚　栓	Q235钢							140			
	Q345钢							180			

（续）

螺栓的钢材牌号（或性能等级）和构件的钢材牌号		普通螺栓							承压型连接高强度螺栓		
		C级螺栓			A、B级螺栓			锚栓			
		抗拉 f_t^b	抗剪 f_v^b	承压 f_c^b	抗拉 f_t^b	抗剪 f_v^b	承压 f_c^d	抗拉 f_t^a	抗拉 f_t^b	抗剪 f_v^b	承压 f_c^b
承压型连接高强度螺栓	8.8级								400	250	
	10.9级								500	310	
构　件	Q235钢			305			405				470
	Q345钢			385			510				590
	Q390钢			400			530				615
	Q420钢			425			560				655

注：1. A级螺栓用于 $d \leqslant 24$mm 和 $l \leqslant 10d$ 或 $l \leqslant 150$mm（按较小值）的螺栓；B级螺栓用于 $d > 24$mm 或 $l > 10d$ 或 $l > 150$mm（按较小值）的螺栓。d 为公称直径，l 为螺杆公称长度。

2. A、B级螺栓孔的精度和孔壁表面粗糙度、C级螺栓孔的允许偏差和孔壁表面粗糙度，均应符合现行国家标准《钢结构工程施工质量验收规范》（GB 50205—2001）的要求。

附表21a　轴心受压构件的截面分类（板厚<40mm）

截面形式和对应轴			类别
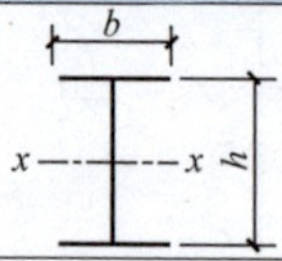 轧制，$\frac{b}{h} \leqslant 0.8$，对 x 轴	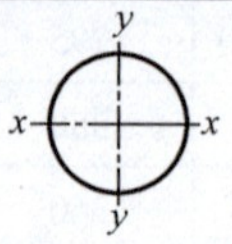 轧制，对任意轴		a类
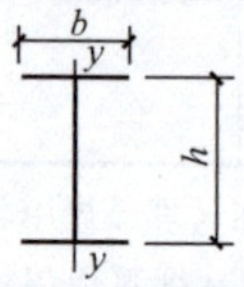 轧制，$\frac{b}{h} \leqslant 0.8$，对 y 轴	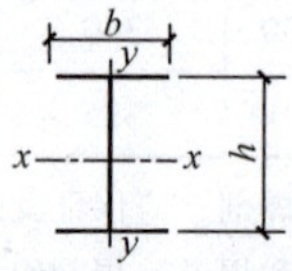 轧制，$\frac{b}{h} > 0.8$，对 x、y 轴		b类
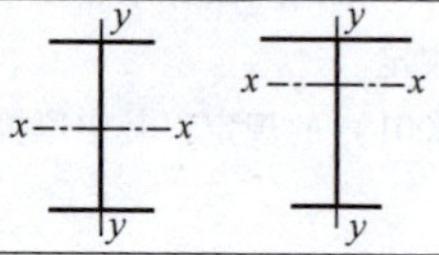 焊接，翼缘为焰切边，对 x、y 轴	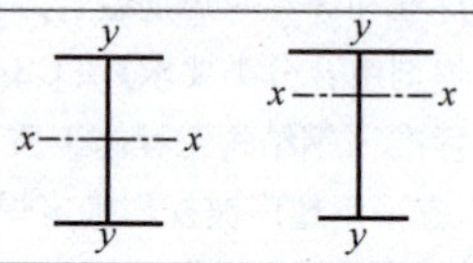 焊接，翼缘为轧制或剪切边，对 x 轴		
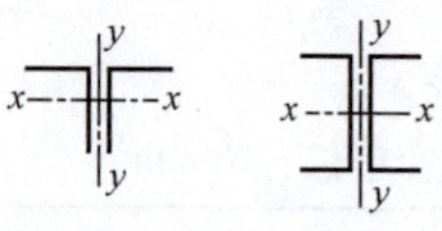 轧制，对 x、y 轴	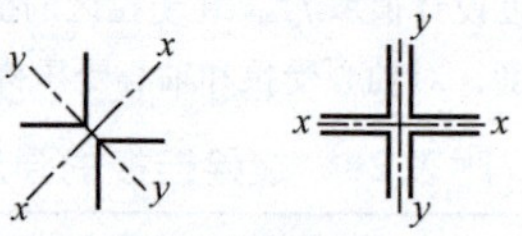 轧制，对 x、y 轴		
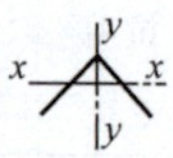 轧制（等边角钢），对 x、y 轴	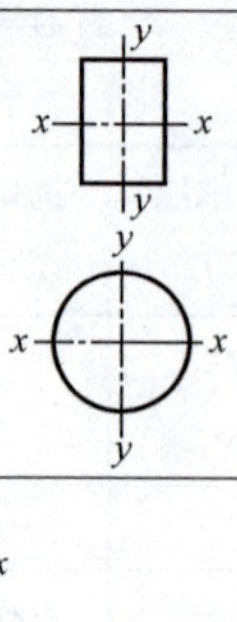 焊接圆管对任意轴，焊接箱形，板件宽厚比大于20，对 x、y 轴		
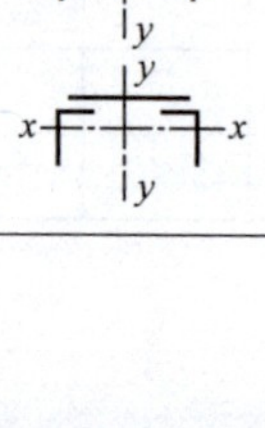 轧制或焊接，对 x、y 轴	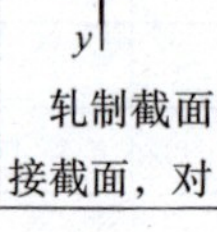 轧制截面和翼缘为焰切边的焊接截面，对 x、y 轴	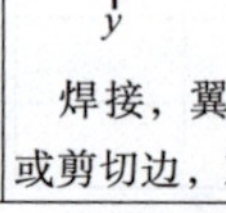 焊接，翼缘为轧制或剪切边，对 x 轴	

（续）

截面形式和对应轴		类别
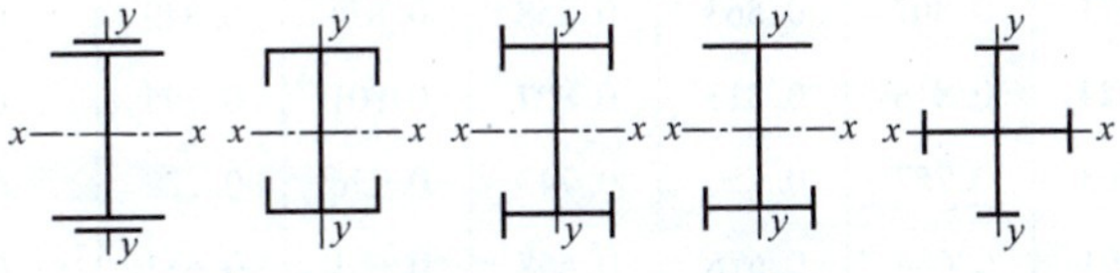 焊接，对 x、y 轴	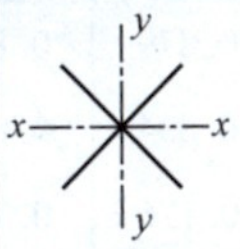 焊接板件边缘焰割，对 x、y 轴	b类
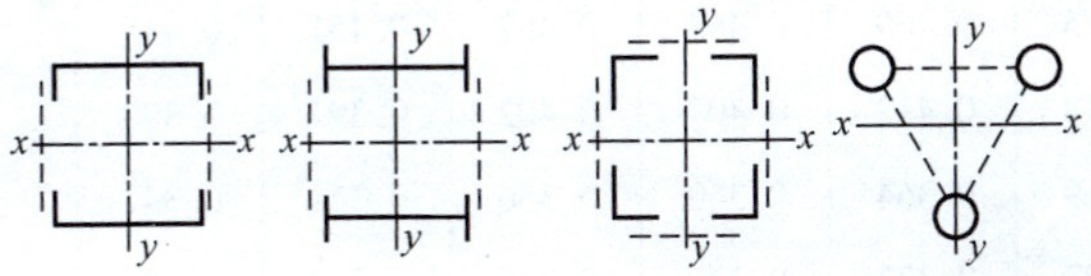 格构式 对 x、y 轴		

附表 21b　轴心受压构件的截面分类（板厚≥40mm）

截面情况			对 x 轴	对 y 轴
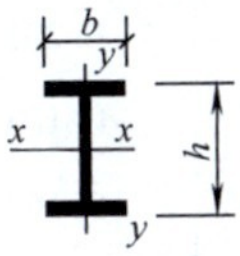 轧制工字形或H形截面	$b/h \leqslant 0.8$		b	b
	$b/h > 0.8$	$t < 80\text{mm}$	b	c
		$t \geqslant 80\text{mm}$	c	d
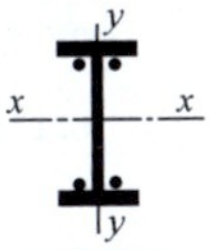 焊接工字形截面	翼缘为焰切边		b	b
	翼缘为轧制或剪切边		c	d
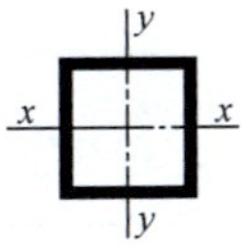 焊接箱形截面	板件宽厚比>20		b	b
	板件宽厚比≤20		c	c

附表 22　轴心受压构件的稳定系数 φ

a 类截面

$\lambda\sqrt{\frac{f_y}{235}}$	0	1	2	3	4	5	6	7	8	9
0	1.000	1.000	1.000	1.000	0.999	0.999	0.998	0.998	0.997	0.996
10	0.995	0.994	0.993	0.992	0.991	0.989	0.988	0.986	0.985	0.983
20	0.981	0.979	0.977	0.976	0.974	0.972	0.970	0.968	0.966	0.964
30	0.963	0.961	0.959	0.957	0.955	0.952	0.950	0.948	0.946	0.944
40	0.941	0.939	0.937	0.934	0.932	0.929	0.927	0.924	0.921	0.919
50	0.916	0.913	0.910	0.907	0.904	0.900	0.897	0.894	0.890	0.886

（续）

$\lambda\sqrt{\frac{f_y}{235}}$	0	1	2	3	4	5	6	7	8	9
60	0.883	0.879	0.875	0.871	0.867	0.863	0.858	0.854	0.849	0.844
70	0.839	0.834	0.829	0.824	0.818	0.813	0.807	0.801	0.795	0.789
80	0.783	0.776	0.770	0.763	0.757	0.750	0.743	0.736	0.728	0.721
90	0.714	0.706	0.699	0.691	0.684	0.676	0.668	0.661	0.653	0.645
100	0.638	0.630	0.622	0.615	0.607	0.600	0.592	0.585	0.577	0.570
110	0.563	0.555	0.548	0.541	0.534	0.527	0.520	0.514	0.507	0.500
120	0.494	0.488	0.481	0.475	0.469	0.463	0.457	0.451	0.445	0.440
130	0.434	0.429	0.423	0.418	0.412	0.407	0.402	0.397	0.392	0.387
140	0.383	0.378	0.373	0.369	0.364	0.360	0.356	0.351	0.347	0.343
150	0.339	0.335	0.331	0.327	0.323	0.320	0.316	0.312	0.309	0.305
160	0.302	0.298	0.295	0.292	0.289	0.285	0.282	0.279	0.276	0.273
170	0.270	0.267	0.264	0.262	0.259	0.256	0.253	0.251	0.248	0.246
180	0.243	0.241	0.238	0.236	0.233	0.231	0.229	0.226	0.224	0.222
190	0.220	0.218	0.215	0.213	0.211	0.209	0.207	0.205	0.203	0.201
200	0.199	0.198	0.196	0.194	0.192	0.190	0.189	0.187	0.185	0.183
210	0.182	0.180	0.179	0.177	0.175	0.174	0.172	0.171	0.169	0.168
220	0.166	0.165	0.164	0.162	0.161	0.159	0.158	0.157	0.155	0.154
230	0.153	0.152	0.150	0.149	0.148	0.147	0.146	0.144	0.143	0.142
240	0.141	0.140	0.139	0.138	0.136	0.135	0.134	0.133	0.132	0.131
250	0.130									

b 类截面

$\lambda\sqrt{\frac{f_y}{235}}$	0	1	2	3	4	5	6	7	8	9
0	1.000	1.000	1.000	0.999	0.999	0.998	0.997	0.996	0.995	0.994
10	0.992	0.991	0.989	0.987	0.985	0.983	0.981	0.978	0.976	0.973
20	0.970	0.967	0.963	0.960	0.957	0.953	0.950	0.946	0.943	0.939
30	0.936	0.932	0.929	0.925	0.922	0.918	0.914	0.910	0.906	0.903
40	0.899	0.895	0.891	0.887	0.882	0.878	0.874	0.870	0.865	0.861
50	0.856	0.852	0.847	0.842	0.838	0.833	0.828	0.823	0.818	0.813
60	0.807	0.802	0.797	0.791	0.786	0.780	0.774	0.769	0.763	0.757
70	0.751	0.745	0.739	0.732	0.726	0.720	0.714	0.707	0.701	0.694
80	0.688	0.681	0.675	0.668	0.661	0.655	0.648	0.641	0.635	0.628
90	0.621	0.614	0.608	0.601	0.594	0.588	0.581	0.575	0.568	0.561
100	0.555	0.549	0.542	0.536	0.529	0.523	0.517	0.511	0.505	0.499

（续）

$\lambda\sqrt{\frac{f_y}{235}}$	0	1	2	3	4	5	6	7	8	9
110	0.493	0.487	0.481	0.475	0.470	0.464	0.458	0.453	0.447	0.442
120	0.437	0.432	0.426	0.421	0.416	0.411	0.406	0.402	0.397	0.392
130	0.387	0.383	0.378	0.374	0.370	0.365	0.361	0.357	0.353	0.349
140	0.345	0.341	0.337	0.333	0.329	0.326	0.322	0.318	0.315	0.311
150	0.308	0.304	0.301	0.298	0.295	0.291	0.288	0.285	0.282	0.279
160	0.276	0.273	0.270	0.267	0.265	0.262	0.259	0.256	0.254	0.251
170	0.249	0.246	0.244	0.241	0.239	0.236	0.234	0.232	0.229	0.227
180	0.225	0.223	0.220	0.218	0.216	0.214	0.212	0.210	0.208	0.206
190	0.204	0.202	0.200	0.198	0.197	0.195	0.193	0.191	0.190	0.188
200	0.186	0.184	0.183	0.181	0.180	0.178	0.176	0.175	0.173	0.172
210	0.170	0.169	0.167	0.166	0.165	0.163	0.162	0.160	0.159	0.158
220	0.156	0.155	0.154	0.153	0.151	0.150	0.149	0.148	0.146	0.145
230	0.144	0.143	0.142	0.141	0.140	0.138	0.137	0.136	0.135	0.134
240	0.133	0.132	0.131	0.130	0.129	0.128	0.127	0.126	0.125	0.124
250	0.123									

c 类截面

$\lambda\sqrt{\frac{f_y}{235}}$	0	1	2	3	4	5	6	7	8	9
0	1.000	1.000	1.000	0.999	0.999	0.998	0.997	0.996	0.995	0.993
10	0.992	0.990	0.988	0.986	0.983	0.981	0.978	0.976	0.973	0.970
20	0.966	0.959	0.953	0.947	0.940	0.934	0.928	0.921	0.915	0.909
30	0.902	0.896	0.890	0.884	0.877	0.871	0.865	0.858	0.852	0.846
40	0.839	0.833	0.826	0.820	0.814	0.807	0.801	0.794	0.788	0.781
50	0.775	0.768	0.762	0.755	0.748	0.742	0.735	0.729	0.722	0.715
60	0.709	0.702	0.695	0.689	0.682	0.676	0.669	0.662	0.656	0.649
70	0.643	0.636	0.629	0.623	0.616	0.610	0.604	0.597	0.591	0.584
80	0.578	0.572	0.566	0.559	0.553	0.547	0.541	0.535	0.529	0.523
90	0.517	0.511	0.505	0.500	0.494	0.488	0.483	0.477	0.472	0.467
100	0.463	0.458	0.454	0.449	0.445	0.441	0.436	0.432	0.428	0.423
110	0.419	0.415	0.411	0.407	0.403	0.399	0.395	0.391	0.387	0.383
120	0.379	0.375	0.371	0.367	0.364	0.360	0.356	0.353	0.349	0.346
130	0.342	0.339	0.335	0.332	0.328	0.325	0.322	0.319	0.315	0.312
140	0.309	0.306	0.303	0.300	0.297	0.294	0.291	0.288	0.285	0.282
150	0.280	0.277	0.274	0.271	0.269	0.266	0.264	0.261	0.258	0.256

（续）

$\lambda\sqrt{\frac{f_y}{235}}$	0	1	2	3	4	5	6	7	8	9
160	0.254	0.251	0.249	0.246	0.244	0.242	0.239	0.237	0.235	0.233
170	0.230	0.228	0.226	0.224	0.222	0.220	0.218	0.216	0.214	0.212
180	0.210	0.208	0.206	0.205	0.203	0.201	0.199	0.197	0.196	0.194
190	0.192	0.190	0.189	0.187	0.186	0.184	0.182	0.181	0.179	0.178
200	0.176	0.175	0.173	0.172	0.170	0.169	0.168	0.166	0.165	0.163
210	0.162	0.161	0.159	0.158	0.157	0.156	0.154	0.153	0.152	0.151
220	0.150	0.148	0.147	0.146	0.145	0.144	0.143	0.142	0.140	0.139
230	0.138	0.137	0.136	0.135	0.134	0.133	0.132	0.131	0.130	0.129
240	0.128	0.127	0.126	0.125	0.124	0.124	0.123	0.122	0.121	0.120
250	0.119									

d类截面

$\lambda\sqrt{\frac{f_y}{235}}$	0	1	2	3	4	5	6	7	8	9
0	1.000	1.000	0.999	0.999	0.998	0.996	0.994	0.992	0.990	0.987
10	0.984	0.981	0.978	0.974	0.969	0.965	0.960	0.955	0.949	0.944
20	0.937	0.927	0.918	0.909	0.900	0.891	0.883	0.874	0.865	0.857
30	0.848	0.840	0.831	0.823	0.815	0.807	0.799	0.790	0.782	0.774
40	0.766	0.759	0.751	0.743	0.735	0.728	0.720	0.712	0.705	0.697
50	0.690	0.683	0.675	0.668	0.661	0.654	0.646	0.639	0.632	0.625
60	0.618	0.612	0.605	0.598	0.591	0.585	0.578	0.572	0.565	0.559
70	0.552	0.546	0.540	0.534	0.528	0.522	0.516	0.510	0.504	0.498
80	0.493	0.487	0.481	0.476	0.470	0.465	0.460	0.454	0.449	0.444
90	0.439	0.434	0.429	0.424	0.419	0.414	0.410	0.405	0.401	0.397
100	0.394	0.390	0.387	0.383	0.380	0.376	0.373	0.370	0.366	0.363
110	0.359	0.356	0.353	0.350	0.346	0.343	0.340	0.337	0.334	0.331
120	0.328	0.325	0.322	0.319	0.316	0.313	0.310	0.307	0.304	0.301
130	0.299	0.296	0.293	0.290	0.288	0.285	0.282	0.280	0.277	0.275
140	0.272	0.270	0.267	0.265	0.262	0.260	0.258	0.255	0.253	0.251
150	0.248	0.246	0.244	0.242	0.240	0.237	0.235	0.233	0.231	0.229
160	0.227	0.225	0.223	0.221	0.219	0.217	0.215	0.213	0.212	0.210
170	0.208	0.206	0.204	0.203	0.201	0.199	0.197	0.196	0.194	0.192
180	0.191	0.189	0.188	0.186	0.184	0.183	0.181	0.180	0.178	0.177
190	0.176	0.174	0.173	0.171	0.170	0.168	0.167	0.166	0.164	0.163
200	0.162									

参考文献

[1] 中华人民共和国住房和城乡建设部．建筑结构可靠性设计统一标准：GB 50068—2018 [S]. 北京：中国建筑工业出版社，2018.

[2] 中国建筑科学研究院．混凝土结构设计规范：GB 50010—2010 2015年版 [S]. 北京：中国建筑工业出版社，2015.

[3] 中华人民共和国住房和城乡建设部．砌体结构设计规范：GB 50003—2011 [S]. 北京：中国建筑工业出版社，2011.

[4] 中华人民共和国住房和城乡建设部．钢结构设计标准：GB 50017—2017 [S]. 北京：中国建筑工业出版社，2017.

[5] 中国建筑科学研究院．建筑抗震设计规范：GB 50011—2010 2016年版 [S]. 北京：中国建筑工业出版社，2016.

[6] 中华人民共和国住房和城乡建设部．建筑地基基础设计规范：GB 50007—2011 [S]. 北京：中国建筑工业出版社，2011.

[7] 东南大学，天津大学，同济大学．混凝土结构：上册 [M]. 6版．北京：中国建筑工业出版社，2016.

[8] 东南大学，天津大学，同济大学．混凝土结构：中册 [M]. 6版．北京：中国建筑工业出版社，2016.

[9] 蓝宗建，朱万福．混凝土结构与砌体结构 [M]. 4版．南京：东南大学出版社，2016.

[10] 梁兴文，史庆轩．混凝土结构基本原理 [M]. 4版．北京：中国建筑工业出版社，2019.

[11] 徐有邻．混凝土结构设计原理及修订规范的应用 [M]. 北京：中国建筑工业出版社，2013.

[12] 刘立新．砌体结构 [M]. 4版．武汉：武汉理工大学出版社，2018.

[13] 丁大均，蓝宗建．砌体结构 [M]. 2版．北京：中国建筑工业出版社，2011.

[14] 沈祖炎，陈以一，陈扬骥，等．钢结构基本原理 [M]. 北京：中国建筑工业出版社，2018.

[15]《钢多高层结构设计手册》编委会．钢多高层结构设计手册 [M]. 北京：中国计划出版社，2018.

[16] 李国强，李杰，等．建筑结构抗震设计 [M]. 4版．北京：中国建筑工业出版社，2014.

[17] 张耀庭，潘鹏．建筑结构抗震设计 [M]. 北京：机械工业出版社，2018.

[18] 朱建群，李明东．土力学与地基基础 [M]. 北京：中国建筑工业出版社，2017.

[19] 孙武斌，焦同战．地基与基础 [M]. 北京：中国水利水电出版社，2018.

[20] 西安建筑科技大学，华南理工大学，重庆大学，等．建筑材料 [M]. 北京：中国建筑工业出版社，2013.

[21] 湖南大学，天津大学，同济大学，等．土木工程材料 [M]. 2版．北京：中国建筑工业出版社，2011.

[22] 同济大学，东南大学，西安建筑科技大学，等．房屋建筑学 [M]. 5版．北京：中国建筑工业出版社，2016.